U0375020

工业和信息化部工业文化发展中心
上海大学中国三线建设研究中心　编

Third National Summit on Industrial Heritage
Proceedings of the Industrial Heritage Symposium

第三届国家工业遗产大会
学术研讨会论文集

主　编　段　勇　孙　星
副主编　吕建昌　周　岚　孙　淼

上海大学出版社
·上海·

图书在版编目(CIP)数据

第三届国家工业遗产大会学术研讨会论文集 / 段勇，孙星主编. -- 上海：上海大学出版社，2025.4.
ISBN 978-7-5671-5222-9
Ⅰ. TU27-53
中国国家版本馆 CIP 数据核字第 20255KA842 号

责任编辑　傅玉芳
封面设计　柯国富
技术编辑　金　鑫　钱宇坤

第三届国家工业遗产大会学术研讨会论文集
段　勇　孙　星　主编
上海大学出版社出版发行
（上海市上大路 99 号　邮政编码 200444）
（https://www.shupress.cn　发行热线 021-66135112）
出版人　余　洋
*
南京展望文化发展有限公司排版
江苏凤凰数码印务有限公司印刷　各地新华书店经销
开本 787mm×1092mm　1/16　印张 34　字数 724 千
2025 年 4 月第 1 版　2025 年 4 月第 1 次印刷
ISBN 978-7-5671-5222-9/TU·31　定价　128.00 元

版权所有　侵权必究
如发现本书有印装质量问题请与印刷厂质量科联系
联系电话：025-57718474

目 录

特 邀 论 文

收藏革命文物,讲好中国故事 ············· 樊建川 （3）

英国运河系统的工业遗产：保护和管理的动因和机制

············· 迈克·罗宾逊 曹福然（译） （9）

超越时代意义的抗战时期工业内迁 ············· 段勇 （20）

进一步保护国家工业遗产 立体讲好中国工业化故事 ········· 刘伯英 白文亮 （27）

探索中国工业文化基因的认识

——采访辽宁科技大学闫海老师 ········· 徐苏斌 马斌 李卓然 艾梦佳 （41）

中国工业类博物馆发展现状及未来发展的建议 ············· 吕建昌 覃覃 （50）

工业遗产保护的理论与实践

"156项工程"相关工业文化资源保护利用现状、问题及建议

——基于对黑龙江省22项"156项工程"的调研报告 ········· 张小鹿 陈晓清 （65）

世界文化遗产视野下的安源工业遗产群普遍价值研究 ········· 刘金林 赵春蓉 （72）

上海"生产存续型"工业遗产的形成和特征初探

············· 孙淼 鲍欣慧 王一聪 （83）

从厂矿到工矿乡镇：粤北南雄743矿工业遗产的空间层积

············· 刘玮廷 彭长歆 （96）

推进新型工业化进程中红色工业遗产价值研究 ············· 尚海永 （108）

陕西省工业遗产保护与利用研究 ············· 路中康 （115）

工业遗产"申遗"的趋势与路径 ············· 杜垒垒 （126）

贵州工业遗产保护利用推进铸牢中华民族共同体意识研究

············· 李然 梁梅 （139）

茂名石油工业遗产的构成与特征研究 ············· 梁桓潇 彭长歆 （152）

工业历史和工业文化

重庆816工程军转民的时代见证
——从单位招待所到建峰宾馆的转型 ……………… 左 琰 王 倩 陈 俊（173）
文化自信视野下工业遗产改造更新的应然取向：基于案例的研究
………………………………………………………………… 汪永平 马子杰（189）
三线建设的江南煤城——六盘水 ……………………………………… 陈晓林（205）
"全能式办报"：单位体制下的三线企业报刊出版及其当代价值 ……… 杜 翼（216）
上海近代工业建筑结构的源流研究
——以杨树浦滨江工业带为例 ……………………… 崔梓祥 张 鹏（228）
华南圭的交通博物馆与中国早期铁路工业发展研究 …… 张凌雨 陈 雳（252）
"156项工程"在洛阳布局建设的历史考察 …………………………… 杨亚茜（266）
石油工业遗产价值发掘与保护利用
——玉门油田工业文化研学实践探索 ………………………… 邱建民（278）

工业遗产的活化再利用

低成本改造视野下工业遗产活化更新利用初探 ………… 孟璠磊 庞羽翔（291）
从工业遗产到定制社区
——原芜湖造船厂城市更新设计刍议
……………… 程雪松 胡 轶 ［荷兰］Joost van den Hoek（303）
面向传播先进文化的红色工业遗产保护与利用研究 ……… 韩 晗 李 卓（314）
铁路遗产再利用后的游客满意度评价研究
——以芭石铁路为例 ………………………………… 唐 琦 刘浩东（329）
洛阳涧西老工业区空间活力测度及影响机制研究
…………………………………………… 闫 芳 刘 煦 李广锋（343）
河南省白酒工业遗产的活化与再利用探研
——以宝丰酒厂为例 ………………………………… 李 萍 郑东军（355）
曲靖地区三线工业遗产的适应性再利用研究 …………………………… 罗 菁（372）
船舶工业遗产的价值意蕴与活化策略研究
……………………… 曲明磊 黄文玲 李金勇 王一然（381）
社交韧性导向下的工业遗产再利用策略研究
——以长春拖拉机厂为例 …………………………… 唐 晔 梁 超（392）
江苏工业遗产活化利用的问题检视与路径思考 ………………………… 章景然（406）

工业文化遗产弘扬科学家精神的探索与研究
　　——以"航空发动机高空模拟试验基地旧址"为例 ………… 黄　利（414）

工业考古与工业遗产修复

晚清制炮技术巅峰：江南机器制造总局仿造的英国式前后装线膛阿摩斯
　　壮巨炮 ………………………………………… 刘鸿亮　任金帅（425）
污水处理厂工业设施遗产修缮与再生议题
　　——基于"南京市第一新住宅区氧气化粪厂旧址修缮和展示工程"的
　　　设计技术探讨 ………… 樊怡君　赵英亓　马松瑞　张雨慧　张　鹏（451）
工业遗产视域下的近现代沉船探析
　　——以中山舰为例 ……………………………………… 高霄旭（472）
世界废弃火车站遗存与保护
　　——加拿大火车博物馆遗存保护印象 …………………… 谢友宁（485）
"156项工程"工业住区周边式街坊形态特征研究
　　——以一汽生活区为例 ………………………… 唐　晔　许婧婧（495）
水利渡槽：人民公社时期河南乡村工业遗产现状调研与价值初探
　　……………………………………………………… 徐嘉豪　郑东军（512）
工业遗产视角下的造币厂比较研究
　　——以法国巴黎造币厂和英国皇家造币厂为例 … 汪哲涵　高霄旭（524）

特邀论文

收藏革命文物,讲好中国故事

樊建川

(四川建川博物馆)

摘 要:本文系统梳理了建川博物馆聚落的建设实践与工业遗产活化路径。该聚落以企业化运营模式构建起包含数十处主题展馆的综合性博物馆体系,涉及成都、西昌、广安和重庆等多地,涵盖抗战、红色文化、工业遗产等重大主题,并通过藏品展示、场景营造和建筑设计等形成多维度的历史叙事。实践表明,革命文物和工业遗产的保护利用需突破静态保护,转向"内容提供商"定位,通过博物馆集群策略、叙事性展陈和文化再生产,实现历史价值转化与文旅产业协同发展,最终形成传承集体记忆、激发文化认同、促进地方经济的复合型平台。

关键词:革命文物;工业遗产;建川博物馆聚落

本文基于博物馆学视角对建川博物馆聚落(下称建川馆)的建设历程与运营机制进行系统梳理。作为国家一级博物馆,建川馆自1999年开始探索企业化运营,经过25年的持续建设,已形成由1个国家级5A旅游景区为核心、4个4A级景区协同发展、75个主题展馆组成的综合性博物馆聚落,构建起抗战文物、红色年代、抗震救灾、民俗非遗四大主题阐释体系。当前,建川馆藏品总量已累计突破800万件,其中经国家文物局备案的珍贵文物达6 258件。在文物定级过程中,国家文物局、四川省文物局及成都市文物局给予了深切关怀与悉心指导,总共历经12次文物专家组严谨评审,最终确立一级文物3 664件,充分彰显了博物馆的收藏实力与历史价值,不仅印证了运营方在文化遗产抢救保护方面的突出贡献,更体现了国家文物政策对民营博物馆发展的制度性支持。

本文旨在全面介绍建川馆的实践历程和现状,重点探讨其如何为工业遗址注入新的活力。定位为一个"内容提供商",建川馆的发展目标聚焦于利用千万件藏品,向公众提供具有深度的历史文化体验与研究素材。

一、建川博物馆聚落的建设情况

建川博物馆聚落内,每一座展馆都承载着厚重的历史记忆。其中,中流砥柱馆建于

20年前，由邢同和院士精心打造，反映了中国共产党在抗日战争中所发挥的中流砥柱作用。紧邻的正面战场馆，由著名建筑师彭一刚院士设计，采用解构主义手法形成空间张力，以实物形式展现国民党正面战场的抗战历程。程泰宁院士设计的战俘馆，集中揭露了侵华日军杀害我战俘的残暴罪行。川军抗战馆则由徐尚志大师设计，向世人展示了川军在抗战中的英勇事迹。此外，日本著名建筑师矶崎新设计的日本侵华罪行馆，逐年分单元进行介绍，用大量的物证揭示了侵华日军犯下的残暴罪行。

在建川馆中，还设有老兵手印广场和壮士广场、援华义士广场。手印广场保存着7 440个抗战老兵的手印，每个鲜红的手印背后都承载着一位老兵血与火的英勇故事；壮士广场矗立着200多位抗日将士的雕像；援华义士广场展示了在抗战期间来自美苏等国的40位援华义士代表。这些公共空间通过场景营造来展现历史记忆。在建设过程中，建川馆还多次到喜马拉雅山脉、岷山等处雪山上收集飞虎队飞机残骸，从而得以将珍贵的历史物件永久保存在博物馆中。

中国共产党百年礼赞陈列馆也是其中极具代表性的一座现代化展馆，其占地面积18 000平方米，仅用一年时间便建成，被中宣部宣布为年度中国共产党建党100年重点展览之一。

抗美援朝文物陈列馆则展示了20世纪50年代的重要历史记忆，新中国生活用品馆和新中国镜面馆则分别以生活用品和镜面艺术为载体，再现了新中国初期的社会风貌和生活场景。知青生活馆由马国馨院士设计，以其独特的视角展现了知青群体当年特殊的生活状态，勾起属于那个时代的记忆。航空工业馆（航空三线博物馆）展示了中国航空工业的发展历程，馆内收藏了包括歼-5、歼-6、歼-8、运-5等多种型号的飞机，是中国航空工业历史的一段经典缩影。"邓公词"陈列于一座异地落架的川西民居建筑内，展出了世纪伟人邓小平的100幅图片和100句话语。金丝楠家具馆、刘文辉（旧居）陈列馆则分别展示了不同领域的历史与文化。"5·12"抗震救灾纪念馆是由中共中央在北京举办的纪念展整体搬迁形成的永久性陈列；而汶川大地震博物馆则是以纪实文物为主，如实记录了这场巨大的自然灾害与军民一心、抗震救灾的伟大历程；"猪坚强之家"则展现了具有顽强生命力、被埋在废墟下36天的"猪坚强"；地震美术馆则陈列着艺术家们精心创作的各类地震主题美术作品。

建川馆中还建有五座红军长征纪念馆，用以展示红军长征的壮丽史诗。改革开放馆和长江漂流馆则分别记录了相应主题下的剧变和壮举。国防兵器馆内展示了刀枪剑戟等古代兵器和步枪、机枪、坦克、东风二型导弹等代表中国军事实力的现代武器装备，其中四台T-34式坦克依然保存完好。建川馆内还设有黄埔100周年纪念馆（黄埔军校建校100周年主题展），以纪念黄埔军校的历史贡献。

借由丰富的藏品、独特的建筑设计和深刻的历史内涵，四川建川博物馆聚落已逐步成长成为传承和弘扬中华民族优秀传统文化的重要平台，而工业遗产更是其重要主题之一。

二、西昌电影博物馆聚落概况

西昌电影博物馆聚落位于四川省凉山州西昌市,已建成并投入运营,该文化综合体依托当地冬暖夏凉的气候条件,构建起独具特色的电影文化体验空间。

聚落内设多个主题场馆,其中纪录片博物馆通过系统收藏与展示中外纪录片文献及影像资料,构建纪录片艺术发展史平台。电影摄影博物馆则由著名建筑师马国馨院士主持设计,其建筑形态与功能有机结合,通过技术演进时间轴与观众近距离互动装置,完整呈现电影摄影设备及其背后的故事。值得强调的是,基于西昌得天独厚的自然环境条件,聚落已建成专业级胶片存储库房,目前典藏逾5 000部珍贵电影胶片。这些具有文物价值的影像载体在此获得科学化保存。电影声音博物馆创新运用数字音频修复技术,构建起涵盖人声、环境声、音乐声及技术声学的多层次展示体系,通过全景声场还原技术实现电影声音艺术的沉浸式体验。

针对当前我国电影衍生品市场与西方发达国家存在的明显差距,聚落特别设立电影衍生馆,对标迪士尼、环球影城等成功案例,旨在探索符合中国电影产业特色的衍生品开发模式,丰富电影产业链,大幅提升电影衍生品收入在电影产业总收入中的占比,推动国内电影衍生品市场的发展。此外,聚落还特别设立故事片馆,专注于展示国内外经典故事片作品,为观众提供多维度的艺术鉴赏体验。

三、广安博物馆聚落概况

当前,建川馆正在广安市推进系统性文化工程建设,规划建设由十座主题场馆构成的博物馆聚落体系,着力深入挖掘区域的历史文化资源。值得注意的是,该聚落选址于邓小平故里这一革命历史场域,具有显著的历史意义。

在建项目中,四川革命故事馆(1921—1949)已接近完工,通过再现中共四川地下党组织在革命战争时期的英勇斗争与光辉历程,对于传承红色基因、弘扬革命精神具有重要意义;生活改变展(1978—2024)以"改变"为叙事主线,寓意着这场壮举给中国带来的深刻变革与巨大成就;票证故事展则聚焦计划经济时期的粮票、布票等特殊经济活动和社会变迁见证物的收藏与研究;老课本博物馆致力于收集与展示古今,特别是近现代各个历史时期的教科书,通过对比与分析,揭示教育内容与教学方法的演变;川剧博物馆深入挖掘并展示川剧这一非物质文化遗产的独特魅力;镜界体验馆创新采用环境剧场模式,实现不同历史时期社会风貌与文化氛围的沉浸式复原;搪瓷博物馆与连环画博物馆分别聚焦搪瓷器皿设计制造与连环画美学,通过丰富的藏品与展览展现艺术价值与历史意义;协兴史迹陈列馆则专注于记录与展示广安协兴地区的历史变迁与文化传承;飞越巴蜀5D体验馆计划采用先进的数字技术,为观众带来身临其境般的巴蜀自然风光和历史文化体验,在互动与沉浸中感受巴蜀大地的壮美自然风光与深厚文化底蕴。

四、工业遗产再生：重庆建川博物馆聚落建设历程

重庆建川博物馆聚落依托过去的工业遗址——汉阳兵工厂搬迁重庆后的厂址建设，具有多重价值和意义。

汉阳兵工厂作为中国近现代军事工业的肇始性工业遗产，其历史可追溯至李鸿章、张之洞等主导的晚清洋务运动时期。抗战时期，汉阳兵工厂为了躲避日军轰炸而战略内迁至重庆，依托本地沿江和高岩陡坎地貌构筑了百余处防空洞厂房，形成独特的战时工业景观，既是抗战军备生产体系的重要实证，亦承载着中华民族不屈不挠的抗争精神。

随着时代变迁，这些承载特殊记忆的防空洞逐渐闲置，沦为建筑废料堆积场。建川馆自七年前启动了改造工程，面临垃圾清运、防潮处理等技术难题，亦需兼顾文物保护、消防安全等规范要求。经过系统性研究论证，建川馆创新采用可逆性改造策略——在完整保留原有洞窟形制与内部结构的基础上，通过植入铝板墙等轻质材料构建展陈系统，既满足现代博物馆的功能需求，还具备极高的可逆性，通过简单拆除即可恢复20世纪40年代原貌。改造过程还对洞内原有设施实施精细化清理与保护性修缮，最大限度维系场所历史信息的完整性。

目前，建川馆已建成并开放11座主题博物馆，涵盖汉阳兵工厂旧址陈列馆、抗战文物博物馆、票据生活博物馆、中医药文化馆、兵器发展史馆等文化地标。通过实物档案与沉浸式展陈形式，系统呈现汉阳兵工厂从初创、迁徙到抗战时期的历史轨迹，让观众能够身临其境地感受时代的风云变幻。

改造实践中尤为注重文化内容的注入以吸引更多观众。例如：以"白头到老"为核心概念的喜文化博物馆为防空洞增添了空间情感温度；依托千余件民间神祇造像构建的民间祈福博物馆，激活了观众民间传统信仰的当代表达；此外，重庆故事博物馆、农民工博物馆、重庆人民防空历史陈列馆以及新中国70周年民间记忆博物馆等特色场馆，不仅丰富了工业遗址的文化内涵，还通过城市记忆切片展现重庆多维度的山城人文图景。

重庆建川博物馆聚落的营建本质上是工业遗产价值转化的创新实践，通过系统深入挖掘并展示这些遗址的历史文化价值，构建起集历史认知、文化体验、生活感知于一体的公共平台，在延续城市集体记忆的同时也为本地文旅产业注入可持续的发展动能。

五、海疆博物馆：工业遗产的阐释载体

重庆海疆博物馆旨在阐释其核心展品——051型导弹驱逐舰"166舰"的工业遗产价值与历史记忆双重意义。这艘承载新中国海军发展轨迹的钢铁巨舰，既是军事工业现代化的里程碑，更是国防建设历程的立体见证。

作为人民海军曾经的主力战舰,"166 舰"退役后经专项申报程序,最终被批准由重庆建川博物馆聚落完成接收。其远距离运输过程堪称工程壮举:自湛江起航后,历经广东、福建、浙江等地,因长江航道净空限制,在上海完成舰体工程解构,再经内陆水运抵渝。在展示中,依托某三线兵工厂遗址实施系统性修复,这艘 3 600 吨级舰船作为国家一级文物,完整保存着独特的历史与文物价值。

该舰具有多重历史坐标意义:不仅是首访美国实现太平洋跨越的新中国海军舰只,更在亚丁湾执行过三次巡逻任务,历史地位显赫。作为末代退役的"051"型导弹驱逐舰,其全系统保留的雷达阵列、声呐装置及导弹指挥体系等关键设备,为后人提供了研究新中国海军发展历程的宝贵实物资料。

军舰在修复和展示过程中注重保留原始细节,贯彻"最小干预"原则:从锅碗瓢盆到演唱组的锣鼓,从墙报到黑板报,乃至所有的奖状与维修工具,均被悉数保留,力求还原军舰的真实面貌,使观众身临其境地感受到军舰的历史氛围与海军官兵的日常生活。为了进一步提升展览效果,建川博物馆配套打造了海疆博物馆,以"166 号"导弹驱逐舰为核心展品,配套展示了 20 架战斗机,通过"比翼双飞"装备阵列形成了空海联动装置,与军舰形成呼应,共同构成了一幅壮丽的海疆画卷。

海疆博物馆遗址群及其"166 号"导弹驱逐舰的营造展示,是对新中国海军发展演进历程的立体诠释,更是对军事工业与国防建设辉煌成就的深刻铭记。通过实物展陈与空间叙事,观众得以深入了解我国海军的辉煌历史,感受海军官兵的英勇与奉献,进一步激发爱国热情与民族自豪感。

六、工业遗址活化,讲好中国故事

在工业遗产保护与活化的语境下,基于实践案例对"遗产活化促产业·文化新质创未来"主题形成以下思考:工业遗产保护应突破物质的静态保护这一单一维度,转向"内容提供商"的创新定位,通过叙事性策划、实物的沉浸式展陈、与文化记忆再生产实现遗产价值的当代转化,从而赋予文物新的生命与活力。

以四川"两弹城"及三线建设"909"基地等为例,针对军工生产功能退场后的空间闲置问题,建川馆构建了遗产本体保护、历史场景复原、文化记忆活化的综合性活化方案,在保留厂房、俱乐部等工业建构筑物基础上,通过入驻博物馆、研学基地、文创产品销售点等形式,将其转变为集教育、休闲与文化体验于一体的综合性场所。具体而言,建川馆计划利用"909"基地的厂房、俱乐部、澡堂等建筑设立多个主题博物馆,以此激发公众对三线建设这段历史的兴趣与认识,同时促进当地经济的多元化发展。

针对金口河等具有特殊历史地位与三线工业遗址,建川馆也在探索一条全新的活化路径。尽管因为历史原因,此类工业遗址对外封闭,但其背后蕴含的核工业历史与三线人的创业、奉献和牺牲精神,有着极高的历史文化价值。通过深入挖掘这些遗址背后的故事与事迹,结合当地经济社会发展特色,打造具有独特魅力的文化品牌,以此吸引游客与研学群体,推动工业遗址的活化与可持续发展。

在活化工业遗址的过程中,建川馆秉承内容为先原则,强调单一博物馆往往难以维持其吸引力与生命力,而多个主题鲜明、内容丰富的博物馆集群则能够形成规模效应,满足公众多样化的文化需求。因此,建川馆在成都、重庆、西昌等地均采用了博物馆集群的发展策略,通过提供充足且高质量的内容,确保观众在参观过程中能够获得丰富的文化体验与历史认知。

作为文化产业的一部分,工业遗址的活化还必须同文化旅游市场紧密结合。在建川馆的建设和维护过程中,尽管得到了国家与地方政府的大力支持,但大部资金仍需自筹。因此,建川馆秉承市场运作原则,致力于吸引更多游客与消费者,通过举办特色活动、开发文创产品、提升服务质量等方式,不断提升工业遗址的知名度与吸引力,以此推动其产业化发展,以此实现经济效益与社会效益的共赢。

工业遗址的保护与活化利用是一项复杂而系统的工程,需要政府、企业与社会各界的共同努力,通过深入挖掘其中蕴含的历史文化价值、丰富展示内容和形式、结合市场与文化旅游需求,有望将工业遗址打造成为传承历史记忆、弘扬时代精神、促进地方经济发展的重要平台。

The Industrial Heritage of the UK's Canal System: Motivations and Mechanisms for Conservation and Management
英国运河系统的工业遗产：保护和管理的动因和机制

Mike Robinson

(Non-Executive Director of Culture, UK National Commission for UNESCO, Professor of Cultural Heritage, Nottingham Trent University and Professor Emeritus, Ironbridge Institute, University of Birmingham)

迈克·罗宾逊

(联合国教科文组织英国国家委员会非执行文化主任，诺丁汉特伦特大学文化遗产教授，伯明翰大学铁桥研究中心荣休教授)

Furan Cao (translator)

(Associate researcher of Zhejiang Provincial Cultural Institute for Grand Canal, Hangzhou City University)

曹福然（译）

(浙江大学城市学院浙江省大运河文化研究院副研究员)

Introduction
引言

While considerable attention has been directed to the railways as the key distribution system for the United Kingdom's industrial development throughout the nineteenth and twentieth century, during the formative years of the industrial revolution it was the network of canals that were of critical importance. The canals were mainly for the transformation of coal, iron-ore and agricultural goods but also helped the distribution of finished goods.

（对于英国工业革命），尽管人们将重点关注指向铁路——因其作为（推动）19世纪和20世纪英国工业发展（壮大）关键的输送系统；但在工业革命初期，运河的作用至关重要。当时，运河主要用于运输煤、铁矿石、农产品（初级产品），但也促进了成品的运销。

From the mid-eighteenth century until the mid-1830s, approximately 6,500 km of canals were constructed in the UK, This was facilitated in 1794 by an Act of Parliament which made it easier for private investment for landowners and helped them to secure navigation rights. Construction of the canals required a vast number of workers, most these coming from rural areas and so feeding the urbanisation of the UK. In the nineteenth century canal constructure had fell to under 5,000 km and in the twentieth century this dropped to around 1,600 km, with most of this being in the context of restoration. The canal system represented a major feat of early engineering and resulted in significant changes in the British landscape. Canals provided the first linkages between the major industrial cities and between the cities and coastal ports. However, with the advent of rail and road development, canals as functional and cost-effective means of goods transport went into a gradual decline.

从18世纪中叶至19世纪30年代中期，英国共开凿约6 500公里运河。1794年，议会通过的一项法案推动了这一进程，该法案使土地所有者更容易获得投资，并保护航行权利。开凿运河需要大量工人，而工人往往大多来自乡村，这也由此成为英国城市化的"养料"。19世纪，（英国）运河里程降至5 000公里以下，20世纪更跌至1 600公里左右，其中多数还处于修缮中。运河系统代表了（工业革命）早期工程的一个重要成就，并导致英国景观的重大变化。运河首次连接了（几座）主要工业城市，以及（工业）城市与沿海港口。然而，随着铁路的出现和公路的发展，作为一种功能齐全、成本低廉的货运系统的运河逐渐衰落。

Britain's canals remained largely forgotten until last quarter of the twentieth century, but through the work of dedicated heritage enthusiasts and community groups, many have been restored and are again proving popular for a range of new functions and for new audiences. This short paper discusses the transformation of the UK's canal system from their foundational role in industrial history to their current function as sites of industrial heritage.

直至20世纪的最后25年，英国运河仍在很大程度上被遗忘；但通过热心的遗产爱好者和社区团体的努力，现在许多运河已经被修复，并且（在实践中）证明，其再次起到了一系列新的作用，在新的受众面前受到欢迎。这篇简短的论文论述了英国运河系统从工业史上的基础性角色到如今作为工业遗产的功能的转变。

A Brief History of Canal Development in the UK
英国运河发展简史

Amongst the many canals built in the eighteenth century the Bridgewater Canal, opened in 1761, is widely regarded as the first industrial canal. It was constructed to transport coal from the Duke of Bridgewater's mines to the city of Manchester. In 1768 a network of canals were built around the rapidly growing industrial city of Birmingham connecting the city to existing rivers. One of the major canals of England was the Liverpool to Leeds Canal which took over fifty years to complete from its initiation in 1770. At a length of 204 km it was designed to ultimately link the important port of Liverpool on England's West Coast, with the port of Hull on its East coast and is the second longest canal in the UK, with the longest canal being the Grand Union Canal linking London to Birmingham.

在18世纪建成的众多运河中,1761年开通的布里奇沃特运河(Bridgewater Canal)被公认为是第一条工业运河。这条运河是为了将煤炭从布里奇沃特公爵(Duke of Bridgewater)的矿井运输到曼彻斯特而开凿的。1768年,在快速发展的工业城市伯明翰周围,一张运河网络得以建成,将城市与现有的河流连接起来。利物浦—利兹运河(Liverpool to Leeds Canal)是英格兰的主要运河之一,从1770年开始,历时50多年才完工。其全长204公里,是英国第二长的运河,旨在最终连接英格兰西海岸的重要港口利物浦和东海岸的赫尔港;而最长的运河是连接伦敦和伯明翰的大联盟运河(Grand Union Canal)。

Given the relatively short period of canal construction prior the rapid expansion of the railway network after 1840, a significant proportion of the UK's canal network has survived. A key reason for this relates to the large scale and, at the time, complex engineering that created canals as fixed points of connection in the landscape. The sheer magnitude of excavation, the diversion of water courses and the technical ingenuity of overcoming difficult geological and geomorphological terrain, particularly in the industrial north of the country, meant that canals were incredibly well-built and quickly became permanent fixtures in the landscape. When railways went through a significant period of closure in the 1960s, their rails could be dismantled cost-effectively and new uses found for the land. While some former railway tracks have remained as walkways and cycle routes, many have left no trace. But though some former canals and canal sections have been drained, filled in or just built over, the process of deconstructing them is more problematic and many were just abandoned and left to nature to take over.

By the early 1960s what had been the world's largest network of canals had been reduced by more than fifty percent.

在铁路网络于 1840 年后的迅速扩张之前,英国运河建设的时间周期相对较短,使英国运河网络的很大一部分得以"幸存"。造成这一现象的一个关键原因,与运河建设工程的大规模和其在当时而言复杂有关,这也使得运河成为景观中的固定连接点。巨大规模的挖掘、水道的改造以及用于克服复杂地质和地貌地形的技术创新——尤其是在该国北部的工业地区——意味着运河的建造工艺惊人的精良,并迅速成为景观中的永久固定建筑。20 世纪 60 年代,在(英国)铁路大量关闭的一段时期,铁轨可以被低成本地拆除,并为土地找到新的用途。虽然一些以前的铁路轨道仍作为人行道和自行车道被保留下来,但同样有很多已消失无痕。尽管一些以前的运河和运河段已经被排干、填平或者仅仅重建,然而拆除它们的过程问题更多,许多(被拆除失败后)只是被遗弃直至为自然接管。到 20 世纪 60 年代初,这张曾经世界上最大的运河网络已经缩减了百分之五十以上。

The Importance of Organised Heritage Enthusiasts
有组织的遗产爱好者的重要性

It is testimony to the permanence of the canal engineers from over three hundred years ago that there still remains over 7,600 km of navigable canals and rivers in UK. For despite their decline as the arteries of industry, a number of key organisations have sought to preserve and restore Britain's canal system. The Inland Waterways Association, founded in 1946, was one of the pioneers in recognising and restoring British canals pointing out their historical significance. One of its key projects has been the restoration of the Wiltshire and Berkshire Canal which had been completed in the early part of the nineteenth century but had fallen into complete disuse by the 1950s. Working with the municipalities and local communities along its length the Association has undertaken the physical clearance of some parts of the canal, the repair and rebuilding of some of its sections and has improved the water quality. As one of many examples, canal restoration has resulted the transformation of canal areas from overgrown, post-industrial space into vibrant spaces of economic and business development.

现在英国仍有超过 7 600 公里的通航运河和河流,这证明了三百多年前运河工程师们的不朽之功。尽管它们作为工业动脉的地位已经下降,但一些重要的组织已经在寻求保护和修复英国的运河系统。成立于 1946 年的内河航道协会(Inland Waterways Association)是认可和修复英国运河的先驱之一,其指明了运河的历史意义。该协会的关键项目之一是修复威尔特郡和伯克希尔运河(Wiltshire and Berkshire Canal),该运河于 19 世纪初建成,但是在 20 世纪 50 年代已完全停用。该协会与沿线的市政当局和地方社区合作,疏通了部分河道,修复和重建了一些河段,并改善了水质。作为诸多例子之一,运河的修复实现了运河地区的转变——从过度发展的后工业空间变为充满活力的经济与商业发展空间。

The UK has many active local canal societies and trusts each recognising the lasting value of protection and preservation of these waterways. The Liverpool and Leeds Canal Society was formed in 1997 and has been active in its restoration with a strong focus on the communities along its length encouraging a linear 'sense of place'. These organisations are largely comprised of volunteers who are passionate about canals and have developed particular expertise in their restoration.

英国有许多活跃的地方运河协会,每个协会都认识到保护和保存这些水道的持久价值。利物浦—利兹运河协会(Liverpool and Leeds Canal Society)成立于1997年,一直积极致力于运河修复工作,强烈关注运河沿线的社区,鼓励线性的"地方感"。这些组织主要由志愿者组成,他们对运河充满热情,并在运河修复方面积累了专业知识。

One example is the Leeds and Liverpool Canal Society, which has undertaken various restoration projects along this historic waterway. The society has worked on improving lock systems, enhancing towpaths for walkers and cyclists, and preserving the unique heritage features of the canal, such as bridges and locks. Their efforts have not only restored the physical aspects of the canal but have also fostered a sense of community pride and ownership.

利兹—利物浦运河协会(Leeds and Liverpool Canal Society)即是一例,其在这条历史悠久的水道沿线开展了各种修复工程。该协会致力于改善船闸系统,拓宽为步行者和骑行者提供的运河步道,以及保护运河独特的遗产特征,如桥梁和船闸。他们的努力不仅恢复了运河的功能,还培养了社区自豪感和主人翁意识。

During the heyday of the canal system and into the early twentieth century the physical up keep of the canals had been carried out by private companies but with their decline in use the companies had no incentive to keep them in working conditions and some were sold to rail companies and others were just abandoned. In 1948, the canal system was nationalised and came under the management of the British Transport Commission. The focus of concern remained one of transport and partial use, reflecting a lack of concern as to their value as heritage assets.

在运河系统的全盛时期,直至20世纪早期,运河的维护一直由私营公司负责,但随着运河使用率的下降,这些公司没有动机让运河保持在运行状态,(于是)有些运河被卖给了铁路公司,其他则被废弃了。1948年,运河系统被国有化,由英国交通委员会(British Transport Commission)管理。(对于运河)(人们的)关注焦点仍然是交通运输和(其)部分用途,这反映出人们缺乏对运河作为遗产资产价值的关注。

The Industrial Heritage Component
工业遗产的组成

The network of remaining canals across the UK are themselves industrial heritage in that the prime reason for their existence was to support the industrial revolution. However, in addition the canal system also includes many surviving associated structures and sites that are important industrial heritage assets. This includes a wide variety of bridges, tunnels, docks and wharfs, locks, weirs, cottages and pubs. These heritage features are important markers in the canal system though now the majority sit within a rural environment rather than in an industrial setting.

现存英国运河网络本身就是工业遗产,因为它们主要就是为了支持工业革命而存在。不过,除此之外,运河系统还包括许多现存的相关建筑和遗址,这些都是重要的工业遗产,如桥梁、隧道、船坞和码头、船闸、堰、农舍及酒吧。这些独特的遗产是运河系统中的重要标志,尽管它们现在大多位于乡村环境而不是工业环境中。

Three outstanding heritage structures relating to the canal system are the World Heritage Site of Pontcysylite Aqueduct in North Wales, Standedge tunnel and the Anderton boat lift in the North West of England.

北威尔士的庞特卡萨鲁岩渡槽(Pontcysylite Aqueduct)、斯坦德奇隧道(Standedge tunnel)和英格兰西北部的安德顿升船机(Anderton boat lift)是与运河系统相关的三个遗产建筑,其均为世界文化遗产。

The Pontcysyllte Aqueduct was designated a UNESCO World Heritage Site in 2009. It was designed and built by the famous engineer Thomas Telford to carry the Llangollen Canal across a river valley and it opened in 1805 after taking ten years to build. Still very much in use, the aqueduct is an 18-arched stone, cast iron structure and only 3.7 metres wide, but 307 metres long and thirty-eight metres above the ground. As well as being the longest aqueduct in the UK, it is also the highest canal aqueduct in the world and it is testimony to the former dominance of canals in the landscape.

庞特卡萨鲁岩渡槽于 2009 年被联合国教科文组织列为世界遗产。其由著名的工程师托马斯·泰尔福德(Thomas Telford)设计和建造,以使兰戈伦运河(Llangollen Canal)跨越河谷。渡槽修筑耗时十年,于 1805 年开通。渡槽是一个 18 拱的石制和铸铁建筑,宽仅 3.7 米,但长 307 米,离地 38 米。其不仅是英国最长的渡槽,也是世界上最高的运河渡槽,目前仍在使用,其为运河的主导地位提供了佐证。

The Standedge Tunnel carries the Huddersfield Narrow Canal through the Pennines (a major range of hills running down the north of England) and was initiated in 1794.

One of four tunnels (the other three were for the railways), it was completed in 1811 and is 4,984 metres in length, again under the direction of civil engineer Thomas Telford. For safety reasons the tunnel was closed in 1943, but through the efforts of a local heritage society — the Huddersfield Canal Society — formed in 1974, the tunnel was restored and re-opened for recreational use in 2001. It remains the longest, highest, and deepest canal tunnel in the UK.

斯坦德奇隧道穿过奔宁山脉(Pennines)(英格兰北部的一片主要山脉),始建于1794年。作为四条隧道中的一条(另外三条是铁路隧道),其于1811年完工,全长4 984米,同样在土木工程师托马斯·泰尔福德的指导下完成。出于安全的考虑,隧道于1943年关闭,但是经过当地一个遗产协会——1974年成立的哈德斯菲尔德运河协会(Huddersfield Canal Society)的努力,隧道于2001年修复并重新开放供娱乐使用。它仍然是英国最长、最高、最深的运河隧道。

The Anderton Boat Lift in Cheshire in the North West of England is a 15.2 metre vertical lift allowing boats to transfer between the River Weaver and the Trent and Mersey Canal. It was built in 1875 and was in constant use until 1983. First powered by a hydraulic system and later with electricity, after over one hundred years of use, corrosion brought it to a standstill. In 1997 it was decided to restore the boat lift and re-instate its hydraulic operation using oil hydraulics. Again, the restoration was driven by a local heritage group — the Friends of the Anderton Boat Lift Trust — working in partnership with the Trent and Mersey Canal Society, the Waterways Trust, the Inland Waterways Association, and others. The restoration cost was £7 million with the UK Heritage Lottery Fund contributing nearly half and rest from fundraising, with more than 2,000 individuals contributing.

英格兰西北部柴郡(Cheshire)的安德顿升船机是一台15.2米的垂直升降机,帮助船只在韦弗河(River Weaver)和特伦特—默西运河(Trent and Mersey Canal)之间转移。它建于1875年,一直使用到1983年。它最初由液压系统驱动,后改为电力驱动;经过一百多年的使用,它因腐蚀而停止工作。1997年,人们决定修复升船机,并恢复其使用油压液压(动力)操纵。同样,修复工作也是由当地的一个遗产组织——安德顿升船机信托组织之友(Friends of the Anderton Boat Lift Trust)——与特伦特—默西运河协会(Trent and Mersey Canal Society)、水道信托机构(Waterways Trust)、内河航道协会(Inland Waterways Association)等合作推进的。修复耗资达700万英镑,英国遗产彩票基金(Heritage Lottery Fund)捐助了将近一半,其余部分来自筹款,有超过2 000人捐助。

Of course, the industrial heritage aspects of the British canal system extend well beyond these three examples. The Canals and Rivers Trust, is now the main organisation responsible for the management and preservation of the UK's canals and they estimate that they look after over 2,700 listed heritage buildings connected to the waterway system. In addition, the Trust cares for 46 Scheduled Ancient Monuments, seven historic parks and gardens, six battlefields and four World Heritage Sites. Just in terms of canal locks, the Trust has to ensure that 1,580 of them across the canal network are in full working order daily.

当然,英国运河系统的工业遗产(在组成)方面远远不止这三个例子。运河与河流信托机构(Canals and Rivers Trust)现在是负责管理和保护英国运河的主要机构,他们估计自己管理着超过 2 700 座与运河系统相关的列入名录的遗产建筑。此外,该机构还管理着 46 个列入名录的古迹、7 座历史公园和园林、6 个(古)战场和 4 个世界遗产(保护区)。仅就运河船闸而言,该机构必须确保运河网络中的 1 580 座船闸每天都处于完全正常的运行状态。

Established in 2012 the Trust is the largest canal charity looking after a network of canals and navigable rivers totalling over 3,200 km. It recognises the fragility of the industrial heritage of canals which are particularly susceptible to changing climate and extreme weather patterns as well as the general deterioration of structures, some of which are over 250 years old. To ensure the conservation of the UK's historic canal system the Trust has 1,600 employees and thousands of volunteers, with many specialists including hydrologists, historians, ecologists and engineers. At all times of the year specialists are working to ensure that the canals are working as well as they did when they were first constructed.

该机构成立于 2012 年,是最大的运河慈善组织,管理着总长度 3 200 多公里的运河网络和通航河流。它认识到运河工业遗产的脆弱性,这些运河遗产——其中一些已有 250 多年的历史——特别容易受到气候变化和极端天气现象以及建筑结构整体恶化的影响。为确保英国历史悠久的运河系统得到保护,有 1 600 名雇员和数千名志愿者在该机构,其中包括许多专家,如水文学家、历史学家、生态学家和工程师。专家们全年都在努力工作,确保运河能够像最初建造时一样正常运行。

Discussion
讨论

The industrial heritage of the British canal system is of international importance, though it is underappreciated as it is not situated in one location, but rather well embedded across the landscape. In comparison to the network of heritage railways, the canals are less visible aspects of the industrial past and generally, the heritage of transport, distribution and trade is under-represented in common understandings of industrial heritage.

英国运河系统的工业遗产具有国际意义,尽管因为并非固着于某处而是嵌入整个景观,其没有受到充分重视。与遗产铁路网相比,运河作为(英国)工业历史的一个侧面,并没有那么受人瞩目;而且通常,对于工业遗产的一般性理解而言,运输、运销和贸易方面的遗产缺少代表性。

Over the past four decades there has been considerable effort put into the conservation and effective management of the canals. As with many aspects of Britain's heritage, and certainly its industrial heritage, the role of local communities, heritage enthusiasts and volunteers has been central and extremely successful. By their nature canals link communities together and have generated communities and social and economic activities along their length. Thus, they are part of a community's 'sense of place'. In a number of places in the UK the restoration of the canal has been central to local community regeneration. This varies from the large scale such as being the focal point of urban centre development as in the cities of Birmingham, Glasgow and London to more rural revitalisation projects such as undertaken by the Cotswold Canals in Oxfordshire.

在过去40年间,人们在运河的保护和有效管理方面进行了大量的努力。正如英国遗产的许多方面——当然(也包括)其工业遗产——一样,地方社区、遗产爱好者和志愿者的作用一直是核心的,而且非常成功。运河自然而然地将社区连接在一起,并在运河沿线产生了社区、社会和经济活动。因此,它们是社区"地方感"的一部分。在英国的许多地方,修复运河是当地社区改造(工作)的中心所在。从(作为)大规模的城市中心发展项目,如在伯明翰、格拉斯哥和伦敦等城市的,到更多的乡村振兴项目,如牛津郡(Oxfordshire)的科茨沃尔德运河(Cotswold Canals)承担的,(不同地区的运河修复工作)各不相同。

What is important to recognise regarding the success of various canal conservation programmes is that their value as sites of industrial heritage is only part of their wider value to society. The restoration of canals and particularly the improvements in water quality and the careful management of local ecology provide a host of benefits to flora and fauna and fit within the goals of increasing biodiversity and subsequent contributions to net zero carbon emissions. In an ironic twist, canals which once encouraged and aided high levels of industrial activity in urban areas, now provide much needed access to nature and an improved environment for residents.

关于各种运河保护方案的成功,重要的是要认识到它们作为工业遗产点的价值只是它们对社会更广泛价值的一部分。运河的恢复,尤其是水质的改善和当地生态的精细管理,为动植物带来了许多好处,符合增加生物多样性的目标和对净零碳排放作出贡献。具有讽刺意味的是,曾经(用以)支撑和帮助城市地区高水平工业活动的运河,现在却提供了

(当下)居民极需要的接近自然的机会和(生活)环境的改善。

However, the real driver for canal restoration has been their value as a recreational resource. According to research undertaken by the Canal and River Trust, boating holidays using traditional canal 'narrow boats' is a substantive leisure sector with approximately 352,000 people undertaking this pursuit the UK each year. This is a high value recreational activity with a dedicated following. Estimates by the Canal and River Trust put the contribution of canal boating at around £1.5 billion per year to the economy through tourism and boating businesses, supporting 80,000 jobs. The construction of new canal boats and the restoration of old boats using traditional craft techniques, is a form of intangible cultural heritage. Further benefits of canals come in the form of walking and cycling recreation along canal paths with attendant payback in terms of improved physical and mental health.

然而,运河修复的真正驱动力是其作为休闲资源的价值。运河与河流信托机构(Canal and River Trust)的研究表明,每年大约有352 000人乘坐传统的运河"窄船"游船度假,这已在本质上发展成为休闲产业。这是一项有着忠实追随者的高价值休闲活动。运河与河流信托机构估计,运河游船活动每年通过旅游和船只业务对经济的贡献约为15亿英镑,提供的就业岗位达8万个。(同时)利用传统工艺技术建造新的运河船只和修复旧船只,(已成为)一项非物质文化遗产。运河带来的另一个好处在于(人们可以)沿着运河小径散步和骑自行车休闲,这可以改善(人们的)身心健康状况。

The industrial heritage of the canal system in the UK directly benefits from the interest and income generated through their use as a recreational resource. Indeed, it can be argued that without this important recreational element, engaging with dedicated enthusiasts, there would less incentive and less interest in protecting and preserving the various industrial heritage sites and structures which add value to the wider leisure experience. According to the National Boating Manager of the Canal and River Trust:

英国运河系统的工业遗产直接受益于运河作为休闲资源所带来的人气和收入。事实上,可以认为,如果没有这一重要的吸引热心爱好者的休闲元素,保护和保存各种工业遗产点和建筑的动机和吸引力就会减少,这些遗产点和建筑有助于提升更广泛的休闲体验。按照运河和河流信托机构的国家游船经理(National Boating Manager)的说法:

"Our unique British canals are enjoying a second golden age. Still navigated by boats just as they were hundreds of years ago, these days people recognise that spending time on the water is a tonic for mind and body. Boating holidays are a way people can step back in time and connect with our nation's living heritage, and it's fantastic to see that people find them so rewarding."

"我们独一无二的英国运河正迎来第二个黄金时代。如今,人们仍然像几百年前一样依靠船只航行,他们认识到,在水上度过一段时间对身心都是一种滋补。游船度假是一种让人们回到过去,与我们国家活生生的遗产联系在一起的方式,看到人们这么喜欢它,真是太棒了。"

The industrial heritage of the UK's canals is an important resource in a historic, educational, social and economic sense. Further study that considers their role in the regeneration of local communities and the mechanisms for their conservation and management will be of great value in the context of global comparative research.

英国运河的工业遗产在历史、教育、社会和经济意义上都是重要的资源。在全球比较研究的背景下,对它们在地方社区改造中的作用以及它们的保护和管理机制的进一步研究,将具有重要价值。

超越时代意义的抗战时期工业内迁

段 勇

(上海大学教授、党委副书记)

摘 要：抗日战争时期的工业内迁，是中国近现代史上发生的以保存工业实力、支持持久抗战为目的的国家战略行动。本文梳理了中国近代洋务运动至全面抗战爆发前夕全国工业发展概况，回顾了工业内迁的决策、准备、经过等历程，探讨了工业内迁在支持持久抗战胜利、改善轻重工业比例、优化全国工业布局、促进西部现代化等方面所具有的超越时代的重要意义。抗战时期工业内迁对今日国家的均衡发展、长治久安仍然具有借鉴价值。

关键词：工业内迁；超越时代的意义；抗日战争

由于日本侵华导致的艰苦卓绝的抗日战争，是中国近现代史上一场关乎民族存亡的最大危机、觉醒和自救。当时国内各种矛盾错综复杂，国力衰微，积弱积贫，国际形势正不压邪，绥靖政策盛行，外敌乘虚而入，数年之内竟占据中华半壁江山。

当时中国工业主要分布的东部沿海地区首当其冲，自清末洋务运动以来，经民国"黄金十年"积累的中国工业实力面临严重威胁和考验。在此背景下，广大爱国民族工业企业为了救亡图存，兴起了波澜壮阔的工业内迁运动，汇聚融入全民族抗战的浩荡洪流之中，为抗日战争的最终胜利奠定了物质和经济基础。

一、抗日战争之前中国工业发展概况

(一) 洋务运动的兴起与成果

在第二次鸦片战争中惨遭失败后，清朝部分官员痛定思痛，逐步接受"师夷长技以制夷"的思想，以"自强""求富"为目标，发起了一场深刻影响近代中国的洋务运动。洋务派官员们首先创办了一系列旨在打造独立自主军事体系的军工企业，如1861年的安庆军械所、1863年的上海洋枪局、1863年的苏州洋炮局、1864年的江南机器制造总局、1865年的金陵机器制造局、1866年的福州船政局等。

为了解决资金及产业配套等问题,又相继开办了一些官督商办的企业,如1872年的轮船招商局、1876年的开平矿务局、1878年的上海织布局、1880年的兰州织呢局、1880年的天津电报总局、1890年的汉阳铁厂等。其中,江南机器制造总局和汉冶萍煤铁厂矿公司的规模与技术,在当时整个东亚地区具有领先地位,拥有较大的国际影响力。

在工业制造成果方面,1865年,安庆军械所制造出中国第一艘蒸汽动力小火轮"黄鹄号";1868年,江南机器制造总局制造出中国第一艘蒸汽动力军舰"惠吉号";1881年,开平矿务局修筑了中国自行建设的第一条铁路"唐胥铁路",制造出中国自行研发生产的第一台蒸汽机车"龙号"。

洋务运动不仅为中国近现代工业体系的形成奠定了最早基础,还通过创办近代学校、翻译馆和报纸媒体等方式,开启并有力推动了中国社会和文化的近代化进程。但是1895年中日甲午战争的失败,使洋务运动和洋务派"师夷长技以制夷"的现代化努力遭受严重挫折。

(二)"黄金十年"的工业繁荣

辛亥革命成功后,中国的民族工业得到了持续发展,并在第一次世界大战期间进一步繁荣。1912年,冯如在广州燕塘研制生产了中国第一架飞机。1919—1922年,北洋政府的江南造船所还承建并向美国交付了其订购的四艘万吨远洋运输货轮"官府号""天朝号""东方号"和"震旦号"(英文名称分别为 MANDARIN、CELESTIAL、ORIENTAL 和 CATHEY),而且动力均为国产三缸蒸汽机。

1927—1937年,以沿海城市为代表的工业开始加速增长,特别是1931年九一八事变爆发后,国民政府加紧社会经济建设,近代工业呈现前所未有的繁荣,这在历史上也被称为民国时期的"黄金十年"。以交通基础设施为例,1937年时中国公路总长度相较于1927年增长了近3倍,铁路总长度同期也增长了30%。同时,这一时期工资收入也在物价相对稳定的背景下有所提升,如1929年上海普通工人的月收入比1926年翻了近一番。据美籍华裔学者章长基估算,"黄金十年"中国机器工业的年均增长率达到了8.4%。

当时,一些相对自治的省份也建立起具有一定实力的工业基础。比如阎锡山的山西兵工厂一年能制造数百门山炮,广西柳州也成为机械制造、采矿冶炼、军工制造的"工业重镇"。

然而从全国范围来看,彼时中国的重工业仍显薄弱,主要体现在军工产品主要依赖进口。为了扭转这一局面,隶属于军事委员会的国民政府资源委员会在1936年3月拟定了《重工业五年建设计划》,拟以湖南中部如湘潭、醴陵、衡阳之间为国防工业之中心地域,并力谋鄂南、赣西以及湖南各处重要资源之开发,以造成一主要经济重心。这一计划拟在五年内投资27 120万元,兴建冶金、化工、机械、能源、电器等30余个大型厂矿,以充实国防力量,促进国家工业化。

可惜,这一工业化进程再次被随后的日本全面侵华战争打断。至全面抗战爆发前夕,我国现代工商业仍主要集中在沿海省市。以上海为中心,北到天津,南到广东的沿海地区,工业规模占全国工业总体的76%;其中尤以上海最为集中,登记的工厂数量、资本总额、工人人数均占全国总数的三分之一。

二、抗日战争时期的工业内迁

(一)决策与初期准备

1937年7月7日卢沟桥事变,标志着日本发动全面侵华战争,抗日战争全面爆发。为了支撑长期抗战,确保不至于因为军事的巨大消耗而造成国民经济的崩溃,国民政府开始组织工业企业内迁。同年7月22日,国民政府设立了国家总动员设计委员会,其下设资源委员会,负责总动员工作中的"资源动员",即研究粮食、资源、交通等统制方案。资源委员会通过了钱昌照的建议,一是资助拆迁上海主要民营工厂移至后方生产,以利继续抗战,二是紧急拨款抢购积存于青岛等沿海城市的战略物资如水泥、钢材、木材等,以供防御之需。8月12日,上海工厂联合迁移委员会成立,负责组织和协调工厂的具体迁移工作。迁移委员会在武汉设立了办事处,负责接收迁移的工厂和设备,如纺织厂、化工厂等,并协助它们重新生产。

1937年8月13日,淞沪抗战爆发,内迁工作变得更为紧迫。8月22日,上海顺昌机器厂率先内迁,由此正式拉开了工业内迁的序幕。其他爱国企业也义无反顾,纷纷拆迁抢运西行。

内迁初期,上海工商业界态度不一,摇摆不定。多数企业表示愿意内迁,为国民政府长期抗战提供支持,一些企业家还联合上书,"誓为政府长期抗战的后盾,以争取最后胜利"。但也有一些企业是以内迁为名申请政府拨付装箱费、运费、旅费、津贴乃至临江地皮、建筑费等,在具体搬迁工作中停滞拖延,甚至还有一些企业心存侥幸,反对内迁。

淞沪抗战爆发后,由于内迁条件恶化、政府组织乏力、日伪汉奸阻挠等多重原因,内迁企业数量远不及预期,比如"上海重要的铁工厂、小规模机器厂十之六七集中于杨树浦、江湾、虹口一带,而实际内迁的仅40余家,十家中有八家以上的钢铁工业没有移动"。好在国民政府重点关注和优先迁移的与国防相关的官营企业,包括80%的兵工厂、40%的重工业和机器厂被成功撤离。比如当时最大的兵工厂金陵兵工厂1937年11月即组织完成了4 300吨器材的长途迁移,据当事人回忆:"当时工人是跟着机器走,时而公路,时而铁路,有的时候就是人拉肩扛。他们就这样一步一步地走到了重庆。毫不夸张地说,他们是用自己的双脚丈量着南京到重庆的距离。"到重庆后即迅速恢复生产:"我们当时一边安装设备,一边生产,一边躲避轰炸。我们就希望多炼一些钢铁出来支援兄弟兵工厂,多生产一些子弹、枪炮,好狠狠地回击日本侵略者。"

(二)艰难的内迁进程与主要目的地

工业内迁最初以湖北、四川和湖南为主要目的地。在内迁初期,借助长江黄金水道和当地相对完善的基础设施,被誉为"九省通衢"的武汉成为大多数内迁工厂的主要目的地或中转站。仅在1937年7月至12月南京沦陷前,就有123家工厂、1.2万吨的机器物资迁至武汉。然而,在争夺地皮等方面与当地企业、居民产生矛盾,且当地电力严重不足也成为焦点问题,许多内迁工厂因此无法在武汉设厂经营,不得不另觅他址。

当时正在汉口养病的四川省主席刘湘欢迎各界入川:"四川有原料有人力,但是缺乏资本缺乏技术人才。四川不仅宜于各种工业的发展,尤其适于国防工业动力工业的建设,我可以代表四川同胞欢迎全国企业家、民族产业家、华侨资本家及一切技术专家在四川投资建设。"次月,刘湘电示四川省政府:"对迁川工厂购地建厂务必予以协助,万勿任地主刁难。"四川省政府随即表示:"凡迁川工厂厂地印契准免收附加税三成。"

湖南省主席张治中也表示欢迎工厂迁入湘境:"湖南为一资源劳力丰富之区,上海各厂家若决心将企业从战区移来,原料人力之取给,较前便利,如果再有困难,本省政府当令财建两厅尽力帮助,总期各项企业得以合理进行,构成全民族抗战之坚强战线。"

于是,在1938年10月武汉沦陷之前,武汉及附近的工厂企业,大多数又紧急迁往四川、湖南两省。

工业内迁过程中,爱国企业写下了无数可歌可泣的史诗篇章。1939年3月13日《大公报》报道:"在炮火连天的时候,各工厂职工正在拼着死命去抢拆他们所宝贵的机器。敌机来了,伏在地上躲一躲,又爬起来拆,拆完马上扛走。当看见前面那位伙伴被炸死了,喊声'嗳哟',洒着眼泪把死尸抬到一边,咬着牙关仍旧向前工作。冷冰冰的机器每每涂上热腾腾的血!"

(三)宜昌大撤退与内迁结束

武汉陷落后,在宜昌聚集了3万名以上的人员和超过10万吨的机器材料,在日军飞机的持续轰炸中焦急等候进一步向西搬迁,"全中国的兵工工业、航空工业、重工业、轻工业的生命,完全交付在这里了","遍街皆是人员,遍地皆是器材,人心非常恐慌"。

1938年10—12月,被誉为"中国船王"的民生公司总经理卢作孚临危受命,坐镇宜昌,针对三峡地区的激流险滩,紧急组织了20艘轮船、800条木帆船、3 000多名搬运工和纤夫,采用"三段航行法",昼夜兼程抢运,赶在枯水期之前的40天,经1 300多里水路把大量的人员、伤兵、难民和抗战物资成功转移到上游的重庆地区。卢作孚在《民生实业公司如何在战时服务》一文中回忆抢运物资的情景:"当轮船刚要抵达码头的时候,舱口盖子早已揭开,窗门早已拉开……岸上每数人或数十人一队,抬着沉重的机器,不断地唱歌,拖头往来的汽笛不断鸣叫,轮船上起重机的牙齿不断呼号,配合成了一支极其悲壮的交响曲,写出了中国人动员起来反抗敌人的力量。"

"宜昌大撤退"成功地使大批工厂、物资和人员被转移到抗战大后方,当时中国所剩无几的宝贵工业实力得以幸存,为持久抗战提供了产业、技术、物资和人员的支撑,被晏阳初誉为"中国实业界的敦刻尔克"。

大规模、有组织的工业内迁从1937年8月开始,至1940年年底基本结束。沿海地区内迁的工业企业共有448家,其中迁入四川的有254家,占54%;迁入湖南的有121家,占29.2%;迁入广西的有23家,占5.1%。以重庆地区为例,这一时期形成了若干工业集聚区,包括沿长江东起唐家沱、西至大渡口地区,沿嘉陵江北至瓷器口、童家桥一带区域,以及沿川黔公路南至綦江的地带,构建起国民政府的工业命脉。

随着抗日战争后期日军孤注一掷打通大陆交通线,湖南、广西大部沦陷,两地的工厂企业绝大部分又迁入了四川。至此,以陪都重庆为中心的西南地区,在抗战时期汇聚了国民政府的行政机关,接纳和新建了近千家工矿企业,吸收和培养了数万名工人,还有内迁的数十所高等院校、文教机构和大量的文化、教育、科技界人士,可以说为中国保留了政治、经济和文化命脉,不仅避免了迫在眉睫的亡国灭种危机,而且为战后国家和民族的新生创造了人力、物力条件。

三、工业内迁超越时代的意义

抗日战争时期的工业内迁,是中国近现代历史上具有重大政治、经济、社会和文化影响的一件大事,不仅对于中国赢得抗战胜利具有重要意义,而且对于改善轻重工业比重、优化全国工业布局、促进我国西部地区工业化,乃至丰富中华民族精神内涵都产生了超越时代的影响。

(一) 符合"持久战"战略思想

全面抗战爆发前夕和初期,国共两党都形成了持久抗战的战略思想,如1937年蒋百里先生出版《国防论》,强调对日抗战"胜也罢,败也罢,就是不同它讲和";1938年5月毛泽东发表《论持久战》,对敌我双方优势和力量转化做了辩证分析;白崇禧将军稍后进一步概括为"以空间换时间,积小胜为大胜"。

而旨在保存国家工业实力的工业内迁,与政府内迁(以重庆为陪都等)、教育内迁(西南联大、西北联大等)、文化内迁(古物南迁、古物西迁等)等一样,都是与抗战指导方针一致的战略行动。

(二) 改善轻重工业比重

为了适应抗战需要,国民政府把发展后方军事及相关工业放在抗战能否长期坚持并取得最后胜利的关键位置,新设工厂与内迁工厂结合,在后方形成了一个包括石油化工、纺织、食品、机械、电力、冶金等上百个工业部门并基本可以自给的工业体系。同时大力发展钢铁、机械、有色金属冶炼、化工、电子等产业,显著增强了重工业实力。

军工和重工业的力量显著发展,产业链条渐趋完整,有效推动兵工产能与修械水平的提高,直接为抗战胜利作出了积极贡献。

抗战前中国的重工业仅占整个工业的14.68%,在工业资本构成上仅占18.27%,抗战期间突出经营重工业,到1941年,后方重工业的产值比1938年增加了60倍左右,其中工业用机器由1938年的842部增加为1940年的3 755部,钢铁产量从1938年的52 900吨增加到1942年的108 900吨。在较大程度上改善了战前中国重工业十分落后、轻重工业比例严重失调的状况。

(三) 优化中国工业布局

工业内迁还显著地改善了中国工业的整体布局。抗战前,中国工业主要集中在东部沿海和长江中下游的若干大城市里,如上海、南京、天津等地,西部地区的工业技术较为薄弱,多数地区仍处在农耕文明时代。据统计,以1936年通车的粤汉铁路作为分界线,西侧的四川、云南、贵州、广西、湖南、陕西、甘肃和西康等面积占到全国国土面积的3/4,但工厂总数仅占全国的6%,发电量只占全国的4%,工业布局失衡。

全面抗战爆发以后,沿海沿江地区大量的工矿企业和技术人员转移到后方,在短期内为西部地区提供了数量众多的机器设备和技术人才,国民政府推动建设,形成了重庆、川中、广元、昆明、贵阳等11个大型工业区。到1944年,西南地区的工矿企业数量占整个国统区(不含日占地区)的88.63%,资本与工人数分别占93.52%和85.61%,极大地改变了此前中国工业布局东西部不平衡的格局,使中国拥有现代工业的地域有了大面积的扩展。

(四) 推动西部地区的现代化进程

抗战时期的工业内迁并非独立发生,而是同行政、文化和教育等资源同步内迁一起,共同促成了中国近现代历史上的第一次"西部大开发"。比如四川在1937年以前仅有工厂100家,到1940年8月猛增至847家,1944年再增长到2 071家。工厂的增多带来了四川经济"跳跃"式的发展,改变了手工制作的传统生产方式,促进了西部工业的现代化进程,并体现出工业投资的长期效应。大批工业的内迁也带来了数量众多的企业家、熟练的专业技术人员及其家属,随着政治、经济、文化和社会资源向西南地区汇聚,西部地区的城市数量显著增加,并表现为不同层级城市的发展。整个西部地区的科技文化水平得到了提升,并推动了西部地区整体的现代化进程。例如至1939年8月,落地重庆的83家机器工厂的4 000多名工人中,约有70%来自中东部地区。除了内迁高校以外,入川企业往往还带有职工学校、子弟学校以及各种职业培训班,这些教育机构联同企业,共同推动了西部地区经济、社会和文化事业的全面进步。

(五) 参与孕育伟大的抗战精神

抗战时期的工业内迁还参与孕育并共同体现了中华民族伟大的"抗战精神",即"天下兴亡、匹夫有责的爱国情怀;视死如归、宁死不屈的民族气节;不畏强暴、血战到底的英雄气概;百折不挠、坚忍不拔的必胜信念"。

工业内迁作为保留中国工业基础的星星之火、贯穿抗战全过程的重大事件以及支撑抗战最终胜利的关键资源获取，见证了抗战时期的几乎所有重要转折和伟大成果。在正确的抗战战略方针指导下，中华民族不畏强暴、团结御侮，在国际反法西斯同盟的支持下，虽然在人力、物力、财力等方面均承受了重大牺牲，但最终取得了完全胜利。抗战精神也成为中华民族精神谱系的重要组成部分，并对中华民族伟大复兴产生了极为深远的历史影响。

四、结论

抗战时期发生的工业内迁，是中国近现代历史上的一次伟大壮举，它与政府内迁（如定重庆为陪都）、文化内迁（如古物南迁）、教育内迁（如西南联大）等一样，都是在抗日战争正确方针指导下的战略行动，不仅为抗日战争的最终胜利奠定了重要物质经济基础，也为新中国推进西部地区的工业化、现代化创造了较好条件，在新三线建设、战略腹地建设以及西部大开发的背景下对国家和民族的未来发展具有更为深远的历史意义，值得我们进一步关注和研究，深入挖掘其蕴含的价值与启示，为实现国家的均衡发展和长治久安提供有益借鉴。

进一步保护国家工业遗产
立体讲好中国工业化故事

刘伯英[1]　白文亮[2]

(1. 清华大学建筑学院　2. 北京华清安地建筑设计有限公司)

摘　要：国家工业遗产已经公布了六批共231项，对这些项目进行归纳总结十分必要。如何将这些项目有序地组织起来，立体地展示出来，更好地讲好中国工业化的故事；通过这些项目进一步丰富工业文化、振奋工业精神、推动新型工业化发展，是国家工业遗产今后发展的方向。

关键词：国家工业遗产；谱系；保护区；文化线路

2021年12月14日，习近平总书记在中国文联十一大、中国作协十大开幕式上的讲话中指出：要立足中国大地，讲好中国故事，塑造更多为世界所认知的中华文化形象，努力展示一个生动立体的中国，为推动构建人类命运共同体谱写新篇章。

2024年10月28日，中共中央政治局就建设文化强国进行第十七次集体学习。习近平总书记在主持学习时强调，要锚定2035年建成文化强国的战略目标，坚持马克思主义这一根本指导思想，植根博大精深的中华文明，顺应信息技术发展潮流，不断发展具有强大思想引领力、精神凝聚力、价值感召力、国际影响力的新时代中国特色社会主义文化，不断增强人民精神力量，筑牢强国建设、民族复兴的文化根基。

习近平总书记强调，要坚定不移走中国特色社会主义文化发展道路。坚持党的领导，提升信息化条件下文化领域治理能力，在思想上、精神上、文化上筑牢党的执政基础和群众基础。坚持马克思主义在意识形态领域指导地位的根本制度，全面贯彻新时代中国特色社会主义文化思想，发展面向现代化、面向世界、面向未来的，民族的科学的大众的社会主义文化。坚持以社会主义核心价值观为引领，不断构筑中国精神、中国价值、中国力量，发展壮大主流价值、主流舆论、主流文化。

为加强工业遗产保护和利用，培育和发展有中国特色的工业文化，根据《工业和信息化部　财政部关于推进工业文化发展的指导意见》（工信部联产业〔2016〕446号）和《工业和信息化部办公厅关于开展第二批国家工业遗产认定申报工作的通知》（工信厅产业函〔2018〕108号），工业和信息化部在全国范围部署开展了国家工业遗产认定工作。2018年11月5日，工业和信息化部印发了《国家工业遗产管理暂行办法》（工信部产业〔2018〕232号），从认定程序、保护管理、利用发展、监督检查等方面，对开展国家工业遗产保护利用及相关管理工作进行了明确规定。2023年3月，工业和信息化部修订印发《国家工业遗产管理办法》（工信部政法〔2023〕24号），进一步加强国家工业遗产管理，弘扬工业精神，发展工业文化，提升中国工业软实力和中华文化影响力；进一步明确国家工业遗产要保护和利用并重，同时强调遗产利用应注重生态保护、整体保护、周边保护，以自然人文和谐共生的理念，实现动态传承和可持续发展；鼓励和支持大运河、黄河、长江沿线城市和革命老区、老工业城市通过国家文化公园、工业遗址公园、爱国主义教育基地建设和老工业城市搬迁改造，系统性参与国家工业遗产保护利用；参考借鉴世界文化遗产评价标准等经验做法，细化完善国家工业遗产认定评价的标准和指标，并重新整合国家工业遗产认定条件。为进一步促进遗产利用发展，鼓励利用国家工业遗产资源建设特色街区、影视基地等新业态，支持利用国家工业遗产相关资源开展工业文化教育实践的应用场景。

一、保护国家工业遗产，构建遗产谱系，凝练工业文化，树立工业精神

国家工业遗产名单从2017年的第一批，至2024年已经公布了六批，共231项国家工业遗产。各项工作有条不紊、严谨有序。各省和直辖市也纷纷开展省市级工业遗产的认定工作，出台了省市地方工业遗产管理办法，极大地推动了工业遗产在全国范围的全面开展。这231项国家工业遗产与中华民族强大的工业创造力相比，数量虽然还不够多，但通过对这些国家工业遗产谱系进行研究，可以初步归纳出中国经济发展的历史沿革、产业分布、地域发展以及历史上涌现出的重要人物；可以初步描绘出我国工业化进程，展现中华民族对人类工业文明作出的贡献；可以发现国家工业遗产认定工作的成绩与不足、发现需要深化和改进的地方，为国家工业遗产的保护利用奠定坚实的基础。

（一）国家工业遗产的历史谱系

国家工业遗产书写着中华民族悠久的文明史，是中华文明智慧的结晶，是中华民族优秀传统文化的精华，是支撑中华民族繁衍生息的经济基础，见证了人与自然相互依存的关系。国家工业遗产承载的生产活动，维系着人类的社会生活，生动、立体地描绘着传承有序、生生不息、光辉灿烂的中华文明。国家工业遗产的历史谱系将描绘出中国5 000年的文明史、180年的近代史、100多年的中国共产党史、75年的新中国史以及40多年的改革开放史（图1），为立体展现璀璨的中华文明、赓续中华文脉提供了重要的支撑。

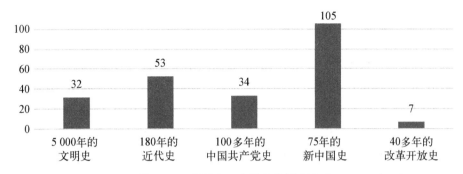

图 1　231 项国家工业遗产的历史谱系

(二) 国家工业遗产的行业谱系

将国家工业遗产项目的行业分布进行谱系划分(图 2),可以看出行业涉及范围较广,多达 14 个行业以上;食品、能源、机械、采矿和其他均在 15 项以上,通信、建材、航空航天、钢铁、纺织均在 10 项左右,而造船、科技、交通、电子均不超过 5 项。说明我们对传统产业门类关注较多,对近代新型工业门类还关注不够,这与国际上工业遗产对行业类型的关注是差别较大的,需要在今后的申报和遴选工作中进行适当调整。特别要关注中国在世界工业史上具有重要贡献的工业项目,要深入挖掘中国工业遗产的"突出普遍价值"(OUV)。

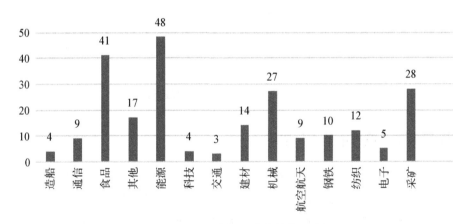

图 2　231 项国家工业遗产的行业谱系

新中国成立后,特别是改革开放以来,中国工业实现了从农业大国向工业大国的历史性跨越,技术创新水平不断提升,正在向工业化强国努力迈进。中国拥有联合国产业分类中的全部工业门类,拥有包括 41 个工业大类、191 个工业中类、525 个工业小类,涵盖了从一颗螺丝钉到航天火箭的所有工业种类,是世界上产业门类最为齐全的国家。完整的工业体系不仅对中国的经济发展和国家安全具有重要意义,也让中国在全球产业链中处于有利地位,在全球市场中占有独特优势,在国际贸易博弈中能够应对各种经济挑战,成为驱动全球工业增长的重要引擎。这些优势如何通过国家工业遗产得到体现,需要今后给予更多关注。

(三) 国家工业遗产的地理谱系

对国家工业遗产的地理分布进行梳理，建立国家工业遗产的地理谱系。从数量上看大致可以分为三个梯队：10 项以上的省份为第一梯队，主要集中在四川、山东、江西、江苏、辽宁、北京、河北等；5 项以上的省份为第二梯队，主要集中在安徽、陕西、云南、黑龙江、上海、浙江、山西等；5 项以下的省份为第三梯队，主要集中在甘肃、西藏、广西、宁夏等偏远省份(图 3)。国家工业遗产的评定采取申报制，这与地方政府的参与程度密切相关，与工业企业的积极性密切相关，与潜在工业遗产的存在状况密切相关。因此，地理谱系并不能完全说明真实情况，还需要进一步提高对国家工业遗产的认识，推动国家工业遗产认定的深入开展。

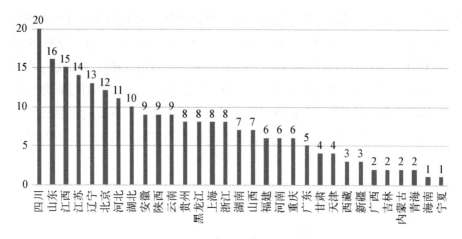

图 3　231 项国家工业遗产的地理谱系

(四) 国家工业遗产中的人物谱系

在庆祝中华人民共和国成立 75 周年招待会上，习近平总书记强调："各行各业的人们都在挥洒汗水，每一个平凡的人都作出了不平凡的贡献！"2024 年全国两会江苏代表团审议现场，电焊工孙景南代表就弘扬工匠精神发言："大国工匠是我们中华民族大厦的基石、栋梁。"习近平总书记为人民深情点赞："只要有坚定的理想信念、不懈的奋斗精神，脚踏实地把每件平凡的事做好，一切平凡的人都可以获得不平凡的人生，一切平凡的工作都可以创造不平凡的成就。"伟大出自平凡，英雄来自人民，平凡造就伟大。"一路走来，我们紧紧依靠人民交出了一份又一份载入史册的答卷。面向未来，我们仍然要依靠人民创造新的历史伟业。"①

1. 人物谱系的构成

每一项国家工业遗产都能够透过核心物项的载体，看到历史人物、科学家、科技工作

---

① 张音，史鹏飞."每一个平凡的人都作出了不平凡的贡献"[N].人民日报，2024-10-05(1).

者、工人群体的智慧和勇气、责任和担当,看到他们艰苦奋斗、克己奉公、精忠报国的品质和精神。国家工业遗产中的人物谱系可以归纳如下:

(1) 历史人物风云榜:李鸿章、左宗棠、张之洞、唐廷枢、阎锡山、荣德生、张謇……

(2) 科技人物精英榜:范旭东、侯德榜、詹天佑、王淦昌、邓稼先、郭永怀、于敏……

(3) 大国工匠群英榜:王进喜、孟泰、赵梦桃、管延安、高凤林、胡双钱、宁允展……

(4) 工业文化精神榜:大庆精神、两弹一星精神、载人航天精神、航空报国精神、劳模精神、工匠精神、企业家精神、创新精神、诚信精神等,以"独立自主、自力更生"为标志,形成了具有中国特色的工业文化。

2. 人物与事件的关系

国家工业遗产中承载着典型的事件和人物,鞍山钢铁厂承载的"鞍钢宪法",新中国第一代全国著名劳动模范孟泰,他组织厂际协作联合技术攻关,先后解决了十几项技术难题,自制成功大型轧辊,填补了我国冶金史上的空白,被誉为"为鞍钢谱写的一曲自力更生的凯歌"。他自己设计制造的双层循环水给冷却热风炉燃烧筒提高寿命 100 倍。他建立的"孟泰仓库"和"身不离劳动,心不离群众"的工作作风,永远激励着广大职工为国家的经济发展做贡献,"孟泰精神"永放光芒[①]。

铁人一口井是大庆精神、铁人精神的重要发祥地和重要物证。铁人一口井承载着以铁人王进喜为代表的老一辈石油人的创业精神,"有条件要上,没有条件创造条件也要上"的豪迈誓言,激励着一代又一代大庆石油人为油拼搏、为油奉献。铁人一口井标志着中国甩掉了"贫油"的帽子,掀开了石油工业的新纪元。自 1960 年 5 月 26 日至今,铁人一口井经历 8 代、12 位"看井人",铁人精神薪火相传。为国争光、为民族争气的爱国精神;自力更生、艰苦奋斗的创业精神;讲求科学、"三老四严"的求实精神;胸怀全局、为国分忧的奉献精神;这些大庆精神和铁人精神的精神内涵,纳入了中国共产党人的精神谱系,成为中华民族伟大精神的重要组成部分,激励一代又一代中华民族优秀儿女不畏艰难、勇往直前[②]。

3. 人物谱系的参考

国家工业遗产中的人物谱系可以参照历届全国劳模大会简介[③]:

(1) 全国工农兵劳动模范代表会议(1950 年)。1950 年 9 月 25 日至 10 月 2 日在北京举行。会议代表 464 人。中央人民政府授予全国劳动模范称号 464 人。

(2) 全国先进生产者代表会议(1956 年)。1956 年 4 月 30 日至 5 月 10 日在北京举行。会议代表 5 556 人。中共中央、国务院授予全国先进集体称号 853 个,授予全国先进生产者称号 4 703 人。

---

① https://baike.baidu.com/item/%E5%AD%9F%E6%B3%B0/2013412
② https://baike.baidu.com/item/%E9%93%81%E4%BA%BA%E4%B8%80%E5%8F%A3%E4%BA%95%E4%BA%95%E5%9D%80/61969095
③ 中国工会新闻网 http://acftu.people.com.cn/BIG5/n1/2017/0526/c412682-29302648.html

(3) 全国工业、交通运输、基本建设、财贸方面社会主义建设先进集体和先进生产者代表大会(全国群英会1959年)。1959年10月25日至11月8日在北京举行。会议代表6 577人。中共中央、国务院授予全国先进集体称号2 565个,授予全国先进生产者称号3 268人。

(4) 全国教育和文化、卫生、体育、新闻方面社会主义建设先进单位和先进工作者代表大会(全国文教群英会1960年)。1960年6月1日至11日在北京举行。会议代表5 806人。中共中央、国务院授予全国先进单位称号3 092个,授予全国先进工作者称号2 686人。

(5) 全国工业学大庆会议(1977年)。1977年4月20日至5月14日先后在大庆油田和北京举行。会议代表7 000多人。中共中央、国务院授予全国大庆式企业、全国先进企业称号2 126个,授予全国先进生产者称号385人。

(6) 全国科学大会(1978年)。1978年3月18日至31日在北京举行。会议代表近6 000人。中共中央、国务院授予全国先进集体称号826个,授予全国先进科技工作者称号1 213人。

(7) 全国财贸学大庆学大寨会议(1978年)。1978年6月20日至7月9日在北京举行。会议代表5 000多人。中共中央、国务院授予全国财贸战线大庆式企业称号736个,授予全国劳动模范和先进生产者称号381人。

(8) 国务院表彰工业交通、基本建设战线全国先进企业和全国劳动模范大会(1979年)。1979年9月28日在北京人民大会堂举行。会议代表340人。国务院授予全国先进企业称号118个,授予全国劳动模范称号222个。

(9) 国务院表彰农业、财贸、教育、卫生、科研战线全国先进单位和全国劳动模范大会(1979年)。1979年12月28日在北京人民大会堂举行。会议代表691人。国务院授予全国先进单位称号351个,授予全国劳动模范称号340人。

(10) 全国劳动模范和全国先进工作者表彰大会(1989年)。1989年9月28日至10月2日在北京举行。与会代表3 065人。国务院授予全国劳动模范和全国先进工作者称号2 790人。

(11) 全国劳动模范和全国先进工作者表彰大会(1995年)。1995年4月29日在北京人民大会堂举行。3 059名代表参加会议。党中央、国务院授予全国劳动模范和先进工作者称号2 873人。

(12) 全国劳动模范和先进工作者表彰大会(2000年)。2000年4月29日在北京人民大会堂举行。党中央、国务院授予表彰全国劳动模范和先进工作者称号2 946人。

(13) 全国劳动模范和先进工作者表彰大会(2005年)。2005年4月30日在北京人民大会堂举行,党中央、国务院授予表彰全国劳动模范和先进工作者称号2 969人。

(14) 全国劳动模范和先进工作者表彰大会(2010年)。2010年4月27日在北京人民大会堂举行,党中央、国务院授予表彰全国劳动模范和先进工作者称号2 115人。

(15) 全国劳动模范和先进工作者表彰大会(2015年)。2015年4月28日在北京人民大会堂举行,党中央、国务院授予表彰全国劳动模范和先进工作者称号 2 968 人。

(16) 全国农业劳动模范和先进工作者表彰活动(2017 年)。2017 年 12 月 29 日上午,全国农业劳动模范和先进工作者表彰活动在京举行。379 人获全国农业劳动模范称号,376 人获全国农业先进工作者称号。

4. 人物谱系的发展

2024 年 1 月,中华全国总工会印发《大国工匠人才培育工程实施办法(试行)》,计划每年培育 200 名左右大国工匠,示范引导各地、各行业每年积极支持培养 1 000 名左右省部级工匠、5 000 名左右市级工匠,形成大国工匠带头引领,工匠人才不断涌现,广大职工积极走技能成才、技能报国之路的良好局面,推动深化产业工人队伍建设改革,建设国家战略人才力量,为推进中国式现代化、推动高质量发展提供重要人才支撑。

2024 年 10 月 12 日,中共中央、国务院印发《关于深化产业工人队伍建设改革的意见》,指出:"产业工人是工人阶级的主体力量,是创造社会财富的中坚力量,是实施创新驱动发展战略、加快建设制造强国的骨干力量","力争到 2035 年,培养造就 2 000 名左右大国工匠、10 000 名左右省级工匠、50 000 名左右市级工匠,以培养更多大国工匠和各级工匠人才为引领,带动一流产业技术工人队伍建设,为以中国式现代化全面推进强国建设、民族复兴伟业提供有力人才保障和技能支撑"[①]。随着时代发展,产业进步,工人阶级从傻大黑粗从事体力劳动,转化为知识型、技能型、创新型的人才,身份和形象都已发生变化。

二、保护国家工业遗产,展示中华文明,夯实文化根基,讲好中国故事

国家工业遗产书写着产业发展的历史,是中国工业化进程的一座座丰碑。铜绿山古铜矿遗址、温州矾矿、贵州万山汞矿,讲述着千年来中华民族的祖先开采矿藏的历史;茅台酒酿酒作坊、五粮液窖池群及酿酒作坊、泸州老窖窖池群及酿酒作坊、李渡烧酒作坊遗址、刘伶醉古烧锅、杏花村汾酒老作坊及传统酿造区,讲述着中国源远流长的酿酒历史;景德镇明清御窑厂遗址、耀州陶瓷工业遗产群、吉州窑遗址、南风古灶、醴陵窑大遗址,讲述着中国千年窑火生生不息的故事;善琏湖笔厂、歙县老胡开文墨厂、泾县宣纸厂、北京珐琅厂展现着中国传统手工业的独门绝技,见证中华民族 5 000 年的文明史。

实现现代化是近代以来中国人民梦寐以求的夙愿,实现中华民族伟大复兴是中华民族最伟大的梦想。旅顺船坞旧址是洋务运动后期一项规模浩大的工程,采用西方最先进的技术,按照国际最高标准建设;开创了中国历史上的多个第一,记录了中华民族的屈辱和血泪。旅顺船坞是清政府北洋水师的保障基地,也是中国海军保障的近代化先驱。洋务运动先后以"自强""求富"为口号,以富国强兵为目标,利用西方军事装备、机器生产和

---

① 中共中央,国务院关于深化产业工人队伍建设改革的意见[EB/OL]. 中华人民共和国中央政府网,https://www.gov.cn/zhengce/202410/content_6981894.htm.

科学技术，挽救清朝统治。前期以"自强"为旗号，引进西方先进生产技术，创办新式军事工业，主要包括南京的金陵机器局和福州船政局。后来以"求富"为旗号，兴办轮船、铁路、电报、邮政、采矿、纺织等各种新式民用工业，包括官办的开滦唐山矿、启新水泥厂、太原兵工厂、沈阳造币厂以及商办的常州大明纱厂、常州恒源畅厂、宁波和丰纱厂、菱湖丝厂、茂新面粉厂、大生纱厂等，极大地推动了近代中国民族工业的发展，这些国家工业遗产成为中国近代工业化的先锋，见证了近代180多年的历史。

实现工业化是众多仁人志士为之奋斗一生的伟大梦想，中国共产党的领导是快速推进工业化的决定性因素。刘伯承工厂旧址、兴国官田中央兵工厂、粤汉铁路株洲总机厂、乐山永利川厂旧址、运-10飞机等国家工业遗产讲述了共产党人为实现民族解放不懈奋斗、可歌可泣的故事。

新中国成立以来，我国工业建设经历了国民经济恢复、"一五""二五"苏联援建"156项工程"、三线建设、改革开放等重要发展阶段。新中国成立特别是改革开放以来，我们用几十年时间走完了西方发达国家几百年走过的工业化历程，创造了经济快速发展和社会长期稳定的奇迹。进入新时代，新型工业化步伐显著加快，新一轮科技革命和产业变革深入发展，全球产业链、供应链、价值链正在深度调整，大国围绕制造业布局的竞争和先进制造技术的博弈日益加剧，工业化的全球格局和技术内涵都在发生深刻变化。顺应新一轮科技革命和产业变革趋势，把握技术先进性，实施制造强国战略，以新型工业化推进中国式现代化正在成为中国未来发展的目标。

国营738厂、北京卫星制造厂、原子能"一堆一器"、第一拖拉机制造厂、一重富拉尔基厂区、洛阳矿山机器厂、成都国营红光电子管厂，见证了新中国成立后在以苏联为首的社会主义阵营援助下，快速发展工业，夯实工业基石的历史。中核二七二厂铀水冶纯化生产线及配套工程、中核504厂、核工业816工程讲述着"两弹一星"的故事；攀枝花钢铁厂、红光沟航天六院、江西星火化工厂、长征电器十二厂、二三四八蒲纺总厂等述说着三线建设的往事；河北沧州化肥厂、葛洲坝水利枢纽豪情万丈，吹响了改革开放的号角。

三、保护国家工业遗产，制定遗产区划，组织文化路径，开展工业旅游

（一）制定遗产区划，构建国家工业遗产网络

1. 美国国家遗产区（National Heritage Area，NHAs）

美国国家公园管理体系中的国家遗产区，是一个由政府划定的区域，以文化、历史、自然或娱乐为主，鼓励对该地区的历史和遗产的保护和欣赏。

国家遗产区不一定是国家公园管理局或联邦拥有和管理的土地，而是由州政府、非营利组织或其他私营公司管理，由国家公园管理局提供技术和咨询、规划和财政援助。国家遗产区不受行政区划的土地利用分区和法规限制，而是由国会划定，并授权制定法规和发展规划。国家遗产区必须具有独特的要素：首先必须拥有独特的自然、文化、历史或景观

资源。其次通过景点之间的连接,能够讲述一个关于美国的独特故事①。自 1984 年以来,已有 55 个国家遗产区域被国会指定。通过公私合作伙伴关系,国家遗产区的实体支持历史保护、自然资源保护、娱乐、遗产旅游和教育项目。充分利用资金和对项目的长期支持,国家遗产区伙伴关系促进了地方自豪感和持久的管理体系。国家遗产区具有如下特点②:

(1) 每个国家遗产区都是通过联邦法律独立创建的。

(2) 被指定为国家遗产区,标明了该地区的遗址和历史对国家具有重要性。

(3) 通过每年的国会拨款,美国国家公园管理局将资金交给国家遗产区管理实体,年度拨款从 15 万美元至 75 万美元不等。

(4) 财政援助通过法律协议、问责措施和国家遗产区管理实体的绩效来保证。

(5) 国家遗产区的划定指定不影响私有产权。

2. 湖北黄石工业遗产片区

2012 年 11 月,占地面积为 15 平方公里、全国唯一的工业遗产保护片区——"湖北黄石工业遗产片区"被列入《中国世界文化遗产预备名单》,开创了工业遗产区域保护的先河。早在殷商时期,黄石铜绿山已开矿炼铜,至今 3 000 余年炉火生生不息,发掘出大量古矿冶遗址;19 世纪 80 年代,张之洞在黄石创办大冶铁矿和大冶铁厂,是汉冶萍公司的主体。汉冶萍公司是当时亚洲最大的钢铁联合企业,堪称"中国钢铁工业的摇篮",建于 1921 年的冶铁高炉,当年系"亚洲第一高炉";华新水泥厂于光绪三十三年(1907)御批肇建,是中国保存最完整、规模最大的水泥工业遗存。其中,1 号、2 号窑当时被誉为"远东第一",是世界上仅存的湿法水泥旋窑设备;大冶铁矿经过 1 780 多年的开采,形成了"亚洲第一采坑"。

黄石矿冶工业遗产是印证古代矿冶文化和近代工业文明的"活化石",3 000 多年的工业文化积淀,使黄石保留了大量以矿冶文化为典型代表的工业遗产,到 2012 年已形成以铜绿山古铜矿遗址、汉冶萍煤铁厂矿旧址、华新水泥厂旧址、大冶铁矿露天采场等为代表的黄石工业遗产片区,具有年代久远、门类多样、空间富集、保护完整等典型特点,是城市发展不同阶段的历史见证,代表了各时期最先进的技术和水平,具有很高的历史价值、科学价值和艺术价值。

借"申遗"的东风,黄石开展工业遗产普查,分类分级认定;编制专项保护规划,出台黄石工业遗产保护管理暂行办法。铜绿山古铜矿遗址是"中国 20 世纪 100 项重大考古发现"之一;2010 年,黄石市筹资 2.57 亿元治理,关停周边 7 个非法矿企,拆除 20 余处违法建筑,缓解了周边环境的压力。整治汉冶萍煤矿旧址,拆除现代住房 4 栋;大冶铁矿东露天采场,建成国家矿山公园……举办了两届黄石矿冶文化节、三届"中国工业遗产保护与利用(黄石)高峰论坛"等专业论坛,探索黄石申报世界文化遗产的思路及路径,凝聚保护

---

① 刘伯英. 美国国家公园保护体系中的工业遗产保护[J]. 工业建筑,2019(07).

② 美国国家遗产区域. https://baike.baidu.com/item/%E7%BE%8E%E5%9B%BD%E5%9B%BD%E5%AE%B6%E9%81%97%E4%BA%A7%E5%8C%BA%E5%9F%9F/24234983? fr=ge_ala.

工业遗产的共识,彰显"矿冶文化"的魅力①。

3. 划定国家工业遗产区,构建国家工业遗产网络

建设国家文物保护利用示范区,是中共中央办公厅、国务院办公厅《关于加强文物保护利用改革的若干意见》部署的改革任务。2019年12月底,国家文物局印发《国家文物保护利用示范区创建管理办法(试行)》《关于开展国家文物保护利用示范区创建工作的通知》。辽宁旅顺口军民融合国家文物保护利用示范区、上海杨浦生活秀带国家文物保护利用示范区入选第一批,江西景德镇瓷业遗产国家文物保护利用示范区入选第二批国家文物保护利用示范区创建名单,为国家工业遗产区的建立打下良好基础。

借鉴美国国家遗产区、我国国家文物局国家工业遗产区以及黄石工业遗产片区的做法,参照我国行政地区的划分,在工业遗产集中成片的区域,甚至城际之间、省际之间,划定国家工业遗产区,编制国家工业遗产区保护利用规划,制定国家工业遗产区管理办法,组建国家工业遗产区投资建设、运营管理的实体,探索国家工业遗产区管理的有效机制,统筹国家工业遗产区保护利用和项目的有力实施。这种方法在德国IBA-Emscher和IBA-See项目中都卓有成效。从按照行政区划的国家工业遗产分布图中可以看出,我国华东片区国家工业遗产数量较多,这与东部沿海地区工业发达的历史现状相吻合;西南片区紧跟其后,这与抗战期间的工业内迁和三线建设时期形成工业建设高潮相吻合;华北和东北、华中片区国家工业遗产数量也较多,与这些地区工业发展的现实相符(图4)。在不同的行政区划中将多个国家工业遗产区组织在一起,编织成国家工业遗产网络,打造工业主题的文化线路,形成更加紧密的联系,将有利于进一步发挥国家工业遗产的社会作用。

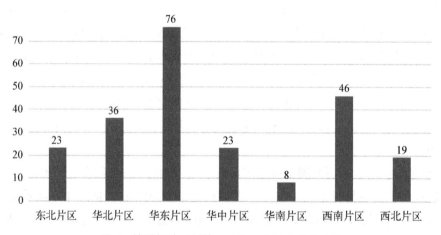

图4 按照行政区划的231项国家工业遗产分布

另外,还有一种区域划分的方法,就是按照传统工业基地进行分区。我国辽中南工业基地的沈阳、本溪、鞍山、阜新等城市,作为我国东北传统工业特别集中的地区,工业遗产

---

① 黄石矿冶工业遗产. https://baike.baidu.com/item/%E9%BB%84%E7%9F%B3%E7%9F%BF%E5%86%B6%E5%B7%A5%E4%B8%9A%E9%81%97%E4%BA%A7/12652159? fr=ge_ala.

丰富,有条件成为国家工业遗产区,建立城际之间的协作关系,组建实施机构,整合相关资源,实现国家工业遗产区的整体打造。京津唐、沪宁杭、珠三角等其他工业基地,也可以采用这个模式,根据遗产分布和遗产特色,参照办理(表1)。

表1 我国主要工业基地分布

工业基地	位置	特点、地位	发展有利条件	工业中心	工业部门
辽中南	辽宁省中部和南部	我国著名的重工业基地	①丰富的资源(煤、铁、石油) ②便利的水陆交通 ③基础雄厚,历史悠久	沈阳、大连、鞍山	钢铁、机械、造船、化工等
京津唐	北京、唐山、天津、秦皇岛、廊坊地区	我国北方最大的综合性工业基地	①科技力量雄厚 ②丰富的资源(煤、铁、石油、海盐) ③交通发达	北京、唐山、天津	钢铁、制碱、石油化工、电子等
沪宁杭	上海、南京、杭州等	我国最大的综合性工业基地	①历史悠久,基础雄厚 ②科技力量强大 ③水陆交通方便 ④市场广阔	上海、南京、杭州、无锡、苏州、常州	钢铁、机械、纺织、电子、通信
珠三角	珠江三角洲	以轻工业为主的综合性工业基地	①交通发达 ②位置优越,外向型位置突出 ③多侨乡,可引进外资和技术	广州、深圳、珠海	家用电器、服装、食品、玩具

(资料来源:https://www.51wendang.com/doc/068a57477750861180e68ca5a074890d9bfe1a39)

我国地大物博,工业遗产资源丰富,随着国家工业遗产数量的增多,省级、市级工业遗产的加入,国家工业遗产将成为"锚点",在遗产的保护利用中起到示范和带动作用。

(二)组织工业主题文化线路,开展工业特色旅游

1. 借鉴欧洲文化线路

人们所熟知的"世界遗产"多是点状的,如我国的颐和园、故宫等。后来,又将点延伸和扩展到了由多点组成的面,由自然风光和人文风光组成的面,即文化景观。随着人们对文化遗产保护认识的发展,文化线路是近年来遗产领域中出现的一种新类型,为世界遗产注入了新的发展趋势,从重视静态遗产向同时重视动态遗产方向发展,从单个遗产向同时重视群体遗产方向发展。

1987年,欧洲委员会(Council of Europe)提出文化线路(cultural routes)一词,用于展示时间和空间范畴下的欧洲文化遗产,并将以宗教为主题的圣地亚哥朝圣之路列为第一条文化线路;1994年,在西班牙马德里召开的"文化线路遗产"专家会议上,与会者一致认为,应将"线路作为文化遗产的一部分";2008年,国际古迹遗址理事会在加拿大魁北克举行的第十六届大会通过了《关于文化线路的国际古迹遗址理事会宪章》(简称《文化线路宪章》),文化线路作为一种新的遗产类型被正式纳入了《世界遗产名录》的范畴。

根据《文化线路宪章》,文化线路是指任何交通线路,无论是陆路、水路还是其他类型,以拥有清晰的物理界限和自身所具有的特定活力和历史功能为特征,以服务于一个特定的明确界定的目的,且必须满足以下条件:

(1) 必须产生于并反映人类的相互往来和跨越较长历史时期的民族、国家、地区或大陆间的多维、持续、互惠的商品、思想、知识和价值观的相互交流;

(2) 必须在时间上促进和影响文化之间的交流,在物质和非物质遗产上得到体现;

(3) 必须存在于与历史相联系并与文化遗产相关联的动态系统中。

截至2022年,欧洲文化线路数量持续增长,已有48条线路列为文化线路,涵盖宗教、景观与建筑、艺术与文化、历史与文明、工业与商业等主题,类型越来越丰富,组成一个大众共享历史与遗产的网络,成为展现欧洲丰富文化遗产的一种方式。

以工业与商业为主题的文化线路有:欧洲陶瓷之路(2012 European Route of Ceramic)串联起11个国家,以虚实结合的方式为游客提供了一个体验欧洲陶瓷文化的途径。欧洲工业遗产之路(2019 European Route of Industrial Heritage),28个国家的2 300多处工厂成为大众探索欧洲工业历史里程碑式发展的场所;16条主题路线以导览、多媒体展示、博物馆等形式,再现欧洲共同的工业记忆,展示科学发现、技术创新、工人生活的历史。欧洲工业遗产之路多以国家为单位作为区域线路;在工业遗产资源特别丰富的德国,则是以重点工业城市为单位开辟了11条区域线路(图5);西班牙组织了3条区域线路。汉萨同盟(1991 The Hansa)是一条以商贸为主题的线路,它见证了形成于13世纪的

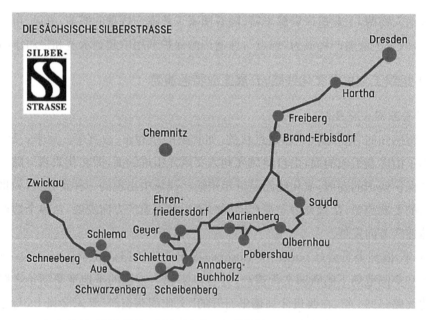

图5　Brochure Saxony of ERIH Regional Routes

(资料来源:https://www.erih.net/)

德意志北部城市商业、政治的联结,加入联盟的16个国家的192座城市中,大部分已被列为世界遗产名录。

欧洲文化线路由欧洲环境保护署定期评估,并由欧洲委员会根据主题、遗产元素辨识、欧洲网络组建、联合行动、统一视觉标识等五个方面开展评定。首先,线路应展现欧洲价值,并包含至少三个欧洲国家;其次,成为跨国、多学科科学研究的主题;文化线路还应能体现欧洲记忆、历史与遗产,阐释今日欧洲的多样性;支持年轻人的文化和教育交流;在文化旅游和可持续文化发展领域开发示范性和创新性项目;最后还要能开发针对不同群体的旅游产品和服务[①]。

2024年第41届欧洲遗产日(European Heritage Days)于9月20—22日举行,主题为"路线、网络和连接的遗产及海洋遗产",涵盖了从罗马大道到朝圣者曾走过的蜿蜒小径,再到曾经连接城市的铁路,促进了贸易发展的河流和运河。这些线路展示了"欧洲不同国家的遗产和文化共同构成了欧洲的文化遗产,通过这些线路可以进行时空穿越旅行,探索欧洲国家共享的主题"[②]。

2. 策划国家工业遗产主题文化线路

运河与铁路本身就是典型线性遗产,除了本身之外,沿线众多的文化遗产又共同组成了一条内容更加丰富的文化线路。以河流、运河、铁路、公路为交通干线,沿线分布着各有特色的城镇、乡村,不同民族的人群沿线分布,相互交流互鉴。而工厂也正是沿水运、铁路和公路等交通沿线分布的,从早期利用水利为生产的动力,到依托交通实现原材料和产品的高效运输。因此今天,工业遗产的分布呈现出沿交通干线分布的特点。中国大运河沿线的城镇和工业密集分布,美国依托洛厄尔运河发展起来了洛厄尔纺织城;依托奥古斯塔运河(The Augusta Canal)形成了几十家面粉厂和多个工人村。德国依托鲁尔河、运河和铁路串联起鲁尔工业区的煤矿、炼焦厂和钢铁厂……我们在关注运河和铁路等线性遗产的同时,也要关心沿线分布的工业遗产,包括工厂、工业城镇、工人住区,通过运河和铁路将这些工业遗产串联起来,形成以工业遗产为主的文化线路。与通常的文化遗产相比,虽然工业遗产体量大,厂区占地面积大,工业城镇的面积更大,但从地图上看,它们仍然是一个一个的点,大大小小的点;但通过将这些点的有效组织,通过将交通沿线工业遗产的有效组织,就能够把单个的点状遗产,串联成内容更加丰富的"链"——即文化线路,国家工业遗产之路;连缀成"网",成为国家工业遗产保护利用示范区。

欧洲工业遗产之路的主题线路包括:"地球的宝藏"——它们是什么、在哪里、何时以及如何从地下开采出来的?"纺织业"——从纤维到工厂的过程中有哪些里程碑?"交通与通信"——追溯工业革命的轨迹。通过这些主题,最终形成一张"网络",将不同主题之间紧密联系起来。

---

① https://www.coe.int/en/web/cultural-routes
② 欧洲文化遗产日|这个周末你计划好了吗? https://www.thepaper.cn/newsDetail_forward_28800244

我国的大运河、茶马古道、蜀道等，中东铁路、胶济铁路、成昆铁路等，这些交通枢纽本身就具有重要的遗产价值，是"线性遗产"。同时，这些交通枢纽沿线，分布的国家工业遗产也极其丰富，可以规划为国家工业遗产文化线路，进行系统保护利用。再有，省际战略规划中沿铁路或高速公路发展的工业带、工业走廊，也为工业遗产文化线路创造了条件。如黑龙江省的"哈大齐工业走廊"，从哈尔滨途经大庆到齐齐哈尔，规划有建设用地总面积为 837.1 平方公里的新型工业经济园区。三个城市形成一条直线，形成一条长约 200 公里的工业走廊。战略规划中的城市群、工业区成点阵布局，为连点成网的国家工业遗产保护利用示范区创造了条件。

四、结语

从 2017 年到 2024 年，历时 8 年，作为工业文化的重要组成部分，国家工业遗产申报遴选和管理工作逐步深入，从入选清单来看，遗产所处时间跨度由最初的近现代为主上溯到 3 000 年前的古代，地域上由以中东部省份为主延伸到西南西北地区，所属行业由传统的食品、纺织、钢铁、采矿开始扩展到电子、能源、科技、通信等，保护对象由一个个不可移动的"物"延伸到背后代表的"人"及精神。可以说，逐批增加的清单从多个维度丰富了工业遗产的内涵，产生了积极的社会影响。由一个个遗产点串联成工业文化线路，继而形成一个个遗产片区，使国家工业遗产更加系统、全面地展示中国辉煌的工业建设成就、悠久的工业文化传统以及内涵丰富的工业精神。从工业遗产的保护到工业文化的建构，再到工业精神的提升，那些被闲置的、冷冰冰的"物"正在转化成无形的力量，成为发展的软实力，推动我国的新型工业化建设。

工业遗产、工业文化、工业精神，三位一体，正在成为取之不尽、用之不竭的文化宝库，成为鼓足干劲、力争上游的精神动力。把国家工业遗产更加有效地组织起来、更加立体地展现出来、更加生动地讲述出来，是我们继续努力的方向。

探索中国工业文化基因的认识
——采访辽宁科技大学闫海老师

徐苏斌　马斌　李卓然　艾梦佳
（天津大学建筑学院、鞍山师范学院）

编者按： 2017年国家工信部成立了工业文化研究中心，并于近期大力推进工业文化的探讨。本次研讨会设置了相关的主题。天津大学中国文化遗产保护国际研究中心承接了国家社科基金艺术学重大课题"中国文化基因的传承与当代表达研究"，该研究旨在从集体记忆的角度探讨中国工业文化，从和工业遗产保护相关者的采访中获得公众集体记忆和认识，发现他们认为的中国文化基因、中国工业的文化基因。课题组设置了"听君一席话"的采访环节。本采访报告是其中一篇的一部分内容，试图提供给大家最基础的记录，引发大家对于中国工业文化的思考。

闫海是民建鞍山市委的副主委、市政协文史委委员，同时也是辽宁科技大学工商管理学院的教师。他曾经在企业的一线担任过基层技术人员、生产管理人员，后来学习工业工程并攻读MBA，以后从事鞍山的工业遗产和工业城市文化研究多年，担任过十几家企事业单位的管理咨询顾问、中共鞍山市委市政府的决策咨询委员会委员、民建辽宁省委智库专家，相关调研成果多次获省市主要领导批示并成为地方经济社会发展的主要战略。闫海还曾作为鞍钢博物馆（国家一级博物馆）的讲述人，参加鞍山电视台《铁西铁西》系列纪录片的拍摄和"鞍钢宪法"、工人雷锋精神的研究，在讲述20世纪40至60年代《人民日报》中的鞍山和鞍钢的故事时，详细回顾了鞍钢在新中国工业化进程中的重要地位和作用。因此他是一位对于工业文化有很多思考的被访者。希望读者从这些了解工业化一线情况的研究者那里了解集体记忆和他们对于中国工业文化基因的理解。

采 访 者：徐苏斌、马斌、李卓然、艾梦佳
文稿整理：栾舒琪、邓嘉新
访谈时间：2024年6月14日
访谈地点：线下、线上访谈

审阅情况:已经被访者审阅

闫海(以下简称闫)、徐苏斌(以下简称徐)

徐:您是如何转入对"鞍钢宪法"和鞍钢相关领域的研究的?是跟您自己的教学科研及高校工作相关联吗?是什么样的缘起?

闫:我1990年上大学,毕业于鞍山钢铁学院,我本科学的专业是煤化工,煤化工就是为鞍钢或者各大钢厂提供炼焦、煤气和化工产品的专业。大学阶段实习无论是生产实习还是毕业实习,都在鞍钢,所以我对鞍钢有深入的了解和深厚的情感。我的家乡在黑龙江,那里有四大煤炭生产基地,我家属于其中七台河矿务局,也是因为这个机缘我选择了煤化工这一专业。1994年大学毕业,那时的经济社会形势和现在很像,就业环境非常不好,机缘巧合,我到鞍山的一家做碳纤维的新厂工作。现在,碳纤维是一种广泛应用在各个领域的先进材料,但在1994年,它是一项从国外引进的高科技。当年,鞍山这家新兴的碳纤维工厂正处于起步阶段,工厂只是一片空地,我从土建开始工作,干了大概三个多月的土建厂房,终于在11月,美国的全套设备顺利抵达,那一刻,我深切感受到了工业化的震撼与力量,这些设备不仅代表着当时美国先进的工业化水平,更预示着中国碳纤维产业的崭新未来。当我第一次看到那些从美国引进的设备被逐一拆解时,我惊讶地发现,它们竟然配备了当时极为先进的大型工业计算机。后来,通过查阅相关资料,我得知这个碳纤维工厂的投资额高达1个多亿,是当时鞍山市最大的项目。在接下来的两年里,经历了从零开始的艰难组装与调试过程,最后投入生产。每一个细节都需精益求精,每一个问题都需及时解决。正是在这段充满挑战与机遇的时光里,我从一个初出茅庐的大学毕业生,逐渐成长为生产一线的车间主任。

在车间安装调试和组织生产的过程中,我遇了一些前所未有的挑战。首要难题便是如何全面理解和掌握美国引进的这套先进的生产技术。在这个过程中,我有幸接触到了国内顶尖的专家们。回想起30年前的那段时光,当我们在安装调试阶段寻求鞍钢、鞍山焦耐院、鞍山热能院专家的帮助时,竟然能够邀请到2位教授级高级工程师。要知道,在那个年代,教授级高级工程师的数量是相当稀少的。这充分说明了鞍钢在人才储备和技术实力上的雄厚底蕴。直至这家企业最终生产完全成熟、调试工作完毕时,我们的团队也仅仅只有120人。其中,外聘的教授级高级工程师就有2位,高级工程师更是多达14位。这样的技术团队配置,即便是放在30年前的高校中,也堪称强大。更令人惊叹的是,团队中还有7名研究生和博士,这在当时是非常罕见的。

在碳纤维工厂工作期间,作为工科专业出身的我,虽然对企业管理并不十分熟悉,但在引进美国设备的过程中,我却意外地接触到了一些新颖的管理方法。这些方法与我们国内的传统管理理念截然不同,它们更加注重车间现场的实际操作管理,后来被专业地称为"工业工程"(简称IE)。由于我们所从事的是连续作业,工业工程在当时国内的应用非常先进且具有重要意义。为了更好地理解和应用这些管理方法,我决定通过自学来提升自己的管理技能。我选择了天津大学(简称"天大")的自考专业,专注于学习车间管理,特别是作业层面的管理。这一学习过程让我深入了解了品质控制、统计分析等关键领域,还涉及了工效学中的动作研究、时间研究等泰勒制管理理论,这些都让我受益匪浅。在工厂实践中,我参与并解决了许多实际问题,如排班问题、生产定额的设定、操作的标准化与规范化等。特别是在那个年代,我们刚刚开始推行所谓的"9000系列"质量管理体系(现在已发展成为ISO 9000系列标准),我参与并推动了这一体系的建立。我们晚上加班加点地编写操作文件、程序文件和质量文件,然后逐步在工厂中推广实施。

后来,我进入地产开发行业工作,积累了丰富的基层工作经验、咨询顾问的历练以及地产开发项目的实践。在此期间,有幸与国内的行业先锋如万科等接触,并与一些资本界的重量级人物交流,这些经历极大地拓宽了我的视野。

再后来,我回到学校教书,将研究聚焦在鞍山本地的工业文化方面。我的学术研究与政协及民主党派的经历紧密相连。加入政协后,我积极参与参政议政活动,对企业经济社会发展进行了深入研究。虽然之前对鞍山有所了解,但真正深入这个领域,还是得益于民盟的刘文彦主席的引领,她带我走进了工业遗产和城市文化的研究殿堂。起初,工业遗产研究的目的是为了推动鞍山的旅游业发展。当时,鞍山旅游业面临着传统旅游项目,如千山山岳旅游和佛道教文化旅游的局限性,因此,我们考虑将鞍山的工业旅游和红色旅游作为新的发展方向。为了深入这一领域,我需要对鞍钢的历史和文化进行深入了解,这也成为了我早期学术研究的重要出发点。在这个过程中,我愈发感受到研究的魅力,特别是当将管理知识与鞍钢这一具体案例相结合时,我自然而然地切入到了鞍钢企业史的研究领域。这一研究路径分为两大分支:一是从历史学的角度深入探究鞍钢的发展历程,二是侧重于管理角度的"鞍钢宪法"研究。两者虽同属于鞍钢研究,但研究方法和侧重点存在显著差异,时常让我感到一种学术上的碰撞与融合。

徐:您认为企业管理的核心理念是什么?

闫:从管理学的角度来讲,真正的企业管理它会涉及几个方面,第一方面就是企业存在的价值。我们讲企业文化就是企业的愿景和使命到底是什么?我们不排除说企业是经济性组织,利润是基础。如果企业的愿景和使命就是为了追求利润的话,这个企业就会陷入虚无,永远会受到长期利润和短期利润的平衡之间的困扰,必须要有个更崇高的使命和价值观去引领这样的企业,所有的优秀企业都是有这样的使命和愿景,也就是精神内核的东西,能把大家凝聚在一起。不然我们仅仅以经济利益为结合,就会陷入矛盾与冲突之中,找不到根本的解决方式。第二方面是企业的领导力量到底是什么?我们按照熊彼得的创新理论,早期是讲企业家精神,是作为资本方的出资人,把企业组合在一起,这是作为生产力四大要素(资本、土地、劳动力、企业家)之一的企业家要素。但是当所有权和经营权分离之后,企业实际控制人就不是资本方,而是变成职业经理人或是管理者,把大家凝聚在一起。如果从管理者的角度来讲,我们又可以把管理者细分几种类型,管理者的出身可以是来自技术、生产、营销、财务甚至研发等不同领域,这个企业就同时会存在不同的领导力量,哪一种力量占到上风,也将会影响企业的经营的形态和文化特点。但是问题是哪个类型的管理者是左右企业的根本力量。如果这个根本的力量领导错误了,企业在经营发展过程中就容易出现战略性失误。

比如说追求财务效益,由财务出身的管理人员主导,企业就会追求短期利润而丧失长期竞争力。如果企业追求技术研发,忽视短期利润,由于研发投入很高,则可能把企业拖垮。如果企业追求市场销售,那么很可能你市场做得很不错,但是你的研发投入不足,发展后劲就不足。就会发现无论追求企业哪方面单一的收益,都会面临决策上的矛盾。

中国共产党的领导、党的力量在这里是有特殊性的,逻辑就是"党除了工人阶级和最广大人民群众的利益,没有自己特殊的利益",这是中国共产党给自己的定义,才能去把有着各个管理诉求和部门利益的技术科研的、市场的、财务的、生产的各个角色的人才聚集在一起,为了一个企业的总体的目标、集体的总体目标、共同体的终极目标,而不是单纯的资本的利益、管理者的利益或工人的利益,凝聚成一个整体。这就是说党在这个企业里头居于领导地位、核心地位,必须要有一个统一的价值观,一个超越一般经济利益的、更高维度的价值观,才能去解决大家的利益平衡问题,才能去把大家凝聚在一起。

徐:能谈谈您是怎样实施企业管理的吗?

闫:我在企业的职业生涯大体可以分为四个阶段或者四个管理层次。大学刚毕业后的四年,主要在碳纤维生产这家制造型企业,担任工程师和车间主任,关注的是企业生产作业层面的管理。1998年到北京后,一边读研一边有过短暂的出租车公司管理经历,主要是出租车的并购,开始关注于一个公司的整体管理流程优化。2002年回鞍山后,曾经在一家传统制造型企业担任管理顾问,并推动了一系列管理制度的变革,真正从一个企业最高层和全局去思考企业管理的问题,虽然这家公司规模不是很大,但在我担任顾问的一年内实现了销售额翻番、利润翻番,同时带出了一支优秀的团队,我也感受到了管理的魅力和成就感。2003年回到辽宁科技大学教书后,因为我校给职工按照市场化方式建设住房,机缘巧合开始涉足房地产行业,并在2006年全面领导房地产公司前期开发和土地拆迁工作。在这段时间里,我深刻体会到了管理的重要性,它绝非仅仅停留在理论层面,而是深深植根于实践之中,使自己对企业管理的认识更提高了一个层次。如果用电影《一代宗师》里的一句话,人要"见自己、见天地、见众生",这次房地产开发的经历,让自己充分体会了这句话的含义,尤其是"见众生"。

在动迁工作中,我更是深切感受到了这一点。虽然我不会过多地详细描述动迁的具体细节,但它无疑是一个充满挑战的管理过程。在这个过程中,我运用了组织行为学的知识,制定了明确的战略,以更加有技巧的方式与动迁户进行沟通。面对2 000多户动迁户,我深知需要花费大量的心思去处理各种复杂的情况。当动迁工作进入收尾阶段,只剩下大约200户时,谈判的难度更是直线上升。这200户往往是最难啃的"硬骨头",他们可能有着更高的期望、更复杂的需求,可能面临更大的生活压力,甚至组织起来形成极强的集体的谈判能力和行动力。因此,我需要一个一个地去谈,耐心倾听他们的诉求,理解他们的难处,然后寻找双方都能接受的解决方案,尤其是能让他们组织在一起的力量,如何去破解这种力量。这个过程中,我面临着巨大的压力。但正是这些挑战,让我更加深刻地理解了管理的真谛。管理不仅仅是制定规章制度、安排工作任务那么简单,它更是一种与人打交道、处理复杂社会和政治情况的能力,不仅仅是单一的企业的经济利益,会涉及到社会的、政治的甚至是文化上的问题。我更加明白,管理需要用心去做,需要不断学习和实践。只有这样,才能在复杂多变的环境中保持清醒的头脑,做出正确的决策,带领团队走向成功。

徐:日本企业经营中的"三大法宝",您了解吗?

闫:当时日本有三个备受瞩目的制度,其中第一个便是年功序列制度,也就是人们熟知的年功序列工资制。这一制度的核心原则在于,员工的工资增长与其工作年限紧密相关,而非仅仅依赖于其绩效或短期内的贡献。换言之,员工的资历成为决定其薪资水平的关键因素。年功序列制度的起源与鞍钢有着不解之缘。昭和制钢所的首任理事长伍堂卓雄,这位曾经的日本海军技术中将,同时也是一名甲级战犯,正是这一制度的创始人。然而,由于他的战犯身份,在战后他无法继续在企业和政府中担任要职。于是,他将精力投入到了推广和传播先进的人力资源管理理念上,其中便包括他一手创立的年功序列制度。他不仅推动了年功序列制度的普及,还对全面质量管理、丰田生产方式以及精益制造等理念产生了极大的影响。这些理念在随后的岁月里,逐渐成为日本企业管理的核心,为日本经济的腾飞注入了强大的动力。

第二个是终身雇佣制,与我们当前企业中所谓的"编制身份"有一定的相似性,主要体现在员工一旦进入某个企业后,就形成了一种相对稳定的雇佣关系。从管理的角度来看,这种稳定性为员工提供了一个长期的依靠,使得他们更愿意投入到长期创新中,而不必过分担心短期的职业变动风险。进一步来说,终身雇佣制鼓励员工将个人发展与企业的长远发展紧密结合。在这种制度下,员工通常能够享受到较为稳定的职业发展路径和晋升机会,从而有更多的动力和信心投身于创新活动。他们不必过分担心因创新失败而面临失业的风险,因为企业通常会给予他们一定的宽容和支持。我们目前观察到的一个显著现象是,大国工匠大多出自央企,民企虽然也有,但相比之下数量较少,而央企更是其中的代表。这一现象的背后,是大国工匠所需技能的长期积累和经验的深厚沉淀,这通常要求员工能在同一岗位上长期工作。在这一点上,民营企业往往难以与央企和国企相比。由于市场竞争的激烈和业务的快速变化,民营企业往往更倾向于灵活用工和快速调整,这使得员工难以在同一岗位上长期积累经验和技能。而央企和国企则因其稳定性和长期性,更能为员工提供这样的环境和机会。因此可以说,央企和国企在培养大国工匠方面具有先天的优势,这得益于它们所实行的类似终身雇佣制的稳定用工制度,这种制度为员工提供了长期、稳定的工作环境,使他们能够专注于技能的提升和经验的积累。

第三个关键制度是员工参与法,这一制度在战后日本经济崛起中扮演着举足轻重的角色,该制度类似于现代的职工代表大会,旨在通过组织工会和确保员工参与企业管理,来解决企业内部的人际关系问题,增强员工的归属感和凝聚力。在战后日本经济重建的过程中,员工参与法发挥了至关重要的作用。它不仅为员工提供了一个表达意见和诉求的平台,还促进了企业与员工之间的沟通与协作,从而确保了企业的稳定运营和持续发展。这一制度的实施,使得日本企业在承接美国等发达国家的制造业转移时,能够迅速适应并站稳脚跟,进而实现经济的快速崛起。值得注意的是,中国也高度重视员工参与企业管理的问题,并在理论上进行了相应的解决。通过借鉴国际先进经验,并结合本国国情,中国建立了职工代表大会等制度,以保障员工的合法权益和参与企业管理的权利。这些制度的实施,不仅提升了员工的满意度和忠诚度,还促进了企业的和谐发展和社会的稳定进步。

徐:您是如何理解"鞍钢宪法"和鞍钢企业史的?

闫:在2020年鞍钢集团探讨"新时代鞍钢宪法"的研究历程时,我有幸全程参与其中,并作为鞍钢外部的唯一专家,见证了这一过程的起伏与进展。起初,我们试图从"鞍钢宪法"中提炼出具有时代特色的元素,并命名其为"新时代鞍钢宪法"。在这一初步尝试中,我参与了第一稿的起草工作,但遗憾的是,该稿并未获得鞍钢集团内部的认可,主要因为其成熟度尚显不足。大约半年后,当鞍钢集团宣传部新的部长上任后,这一项目得以重新启动,新的研究成果在鞍钢集团内部获得通过。这一轮研究成果的核心内容在中央党校的学习时报上得到了发表。在研究过程中,我也发现了一些与个人观点存在冲突的地方。这些冲突促使我更加深入地思考"鞍钢宪法"的本质和内涵,以及如何在新的时代背景下对其进行有效的传承和创新。在接触鞍钢的企业史时,我深感其史料的丰富与详尽,这一点在我后续的文献阐述中也得到了体现。鞍钢作为一家具有深厚历史底蕴的特大型企业,其企业史的编纂工作一直备受重视。在20世纪80年代中期,鞍钢及其下属的二级子公司在这一领域保持了良好的历史传承。鞍钢不仅自身拥有完善的企业史,其下属的矿山、机电、建筑等子公司也都在积极编写自己的企业史。这些企业史不仅记录了各自的发展历程,还展现了鞍钢集团内部的多样性和活力。此外,鞍钢还编写了各类专业史,如科技史、党建史等,这些专业史进一步丰富了鞍钢的企业历史和文化内涵。

在2010年之前,国内"鞍钢宪法"的研究主要聚焦于史实资料的梳理与澄清。这一阶段的研究存在几大争议点,其中最为突出的便是关于第一轮"鞍钢宪法"的作者、具体内容、形成过程以及历史发展的探讨。这些争议不仅反映了学术界对于"鞍钢宪法"研究的重视,也揭示了早期研究中的一些模糊地带和待解之谜。为了深入理解"鞍钢宪法"的实质及其影响,我曾与同事合作撰写了一篇关于"鞍钢宪法"对外传播情况的文章。在撰写过程中,我们发现了一些学术上的误区和理解上的偏差。这些误区不仅影响了对"鞍钢宪法"的准确理解,也阻碍了其价值的深入挖掘和传播。值得注意的是,"鞍钢宪法"在国外的传播和影响往往被形容为"墙内开花墙外香"。特别是在日本全面质量管理的发展过程中,确实借鉴了"鞍钢宪法"中的"两参一改三结合"等核心内容。这一现象不仅证明了"鞍钢宪法"在管理实践中的有效性,也体现了其跨越国界的普适性和影响力。然而,我们也应认识到,"鞍钢宪法"的价值并不仅限于其对外传播的影响。在国内,它作为中国工业企业管理的重要里程碑,对于推动中国工业现代化进程、提升企业管理水平具有不可估量的作用。

在深入研究一线生产实践管理的过程中,我细致考察了与"鞍钢宪法"相关的史料,发现其中存在大量的误传和讹传。关于日本对"鞍钢宪法"的借鉴情况,我发现了一位关键人物——石川馨。石川馨作为日本质量管理领域的重量级人物,他在回忆录中明确提到了对"鞍钢宪法"的思想借鉴,但强调在做法上并未直接模仿。石川馨指出,日本推行全面质量管理(TQC)的初衷,是为了解决一线技术人员,在引进美国科学管理和标准化、自动化作业生产线后,所面临的成就感和归属感缺失问题。全面质量管理的核心在于让一线员工能够参与到企业生产运行的全过程,通过让他们看到并感受到自己参与最终产品价值形成和产品质量影响的过程,来提高他们的责任心和对企业的认同与归属。在此基础上,我重新审视了"两参一改三结合"这一"鞍钢宪法"的核心理念。我认为,它可能并非我们现在所理解的简单概念,而是蕴含着更深层次的管理哲学。这一理念可能更侧重于让员工在参与企业管理和决策的过程中,找到自己的价值感和存在感,从而激发他们的工作热情和创造力。

我对"鞍钢宪法"的研究,一直是基于我在现场一线和实际工作中的亲身体验。我发现,很多时候,我们从政治思想角度去解读和推广"鞍钢宪法",可能会忽略了那些真正在一线苦干的工人们的需求和感受。就像我当年作为车间主任时,经常半夜被工人叫起来解决各种实际问题,有些生产技术上的问题,一线生产人员是能够解决的,或是出于不敢担责而被动等待,甚至是故意为难上级管理者,非得半夜找你。那种管理者与被管理者对抗带来的现场的紧张和压力,是坐在办公室里无法想象的。而这些真实的、一线的体验,往往在政治思想研究中被淡化甚至忽视了。"鞍钢宪法"本质上是一种管理理念和实践,它的核心应该是服务于企业生产和员工发展。如果我们只从政治思想角度去解读和推动,就可能偏离了这个初衷,导致理论与实践的脱节。

另外,我也注意到共产党在领导工人阶级过程中可能遇到的问题。刘少奇等老一辈革命家在汉冶萍领导工人运动时,就深刻指出过工人阶级自我觉醒的重要性。如果工人阶级没有完成自我觉醒、没有党的正确领导,工人运动领导人就可能会蜕变为新的资产阶级,甚至以破坏生产为要挟来满足个人私利或权力欲望。这一点,对我们在实践中理解和应用"鞍钢宪法"有着重要的启示。我们不能仅仅停留在理论层面,更要深入到一线,了解员工的真实需求和感受,确保理论与实践的紧密结合。同时,我们也要警惕在领导过程中可能出现的风险和问题。只有不断加强党的建设和工人阶级的自我觉醒,才能确保"鞍钢宪法"等先进管理理念在实践中得到有效落实,推动企业的持续健康发展。

徐:"鞍钢宪法"为什么有这样的特殊地位?

闫:在讨论世界各工业化国家的工业化进程时,我们不难发现其多样性和特殊性。早期老牌资本主义国家,如英国,通过掠夺、对外侵略和殖民扩张的方式实现了工业化,但这条路对于当今的中国来说显然是不可取的。习近平总书记也明确指出了这一点。随后,以日韩为代表的工业化国家则走了一条依附于全球经济体系的产业转移,实现追赶型的后进工业化道路。这些国家在实现工业化的过程中,虽然也会受到一定的打压,但由于其体量相对较小,对原有经济结构产生的冲击有限,因此相对较为顺利。然而,中国作为一个大国,在工业化进程中必然会对全球经济格局产生根本性的冲击。这是因为中国的工业化进程不仅涉及经济领域的变革,更涉及社会、政治、文化等多个方面的深刻转型。因此,中国在工业化进程中必须更加注重独立自主的原则,这是大国的根本所在。

在回顾历史时,我们可以发现毛主席在思考中国式工业化和现代化进程时,也有着深刻的考量。他强调独立自主,注重人的改造和思想解放启蒙。在研究"鞍钢宪法"和鞍钢史料时,我们可以清晰地看到这一点。鞍钢作为中国工业化进程中的重要代表,其经验和精神对于中国式工业化具有深远的意义。"鞍钢宪法"中的政治挂帅原则,强调了人的思想改造和劳动观念的重要性,这与欧洲宗教改革和思想启蒙有着异曲同工之妙。通过思想革命,人们开始认识到劳动的价值和意义,从而更加积极地投入工业化进程中。这种思想上的转变,对于中国式工业化的成功至关重要。同时,"鞍钢宪法"中的主人翁精神也体现了对个体价值的尊重和肯定。孟泰作为新中国第一代劳模和主人翁精神的核心代表人物,他的事迹和精神对于激励人们积极投身工业化进程具有重要意义。这种主人翁精神不仅体现在个人身上,更体现在整个国家和民族的精神风貌中。

徐: 刚刚您提到主人翁精神,您继续往下说。

闫: 主人翁精神,是一种深入精神自由与灵魂层面的自我控制能力,它体现了个体作为自我主宰的力量。当我们提及雷锋这一典范时,不难发现他与主人翁精神之间的紧密联系。在研究雷锋的过程中,我率先将鞍山定义为雷锋精神的孕育地,这一观点现已被广泛接受,而抚顺则被视为雷锋精神的发祥地。为何称之为"孕育"呢?原因在于,通过考察雷锋的史料、历史背景以及他在鞍钢工作期间的日记,我们可以清晰地看到,雷锋的核心思想与产业工人是紧密相连、相互对等的。雷锋的成长历程经历了从农民雷锋到工人雷锋、再到解放军战士雷锋的三个重要阶段,其中最为关键的转变发生在他作为产业工人的鞍钢时期。这一时期,雷锋不仅实现了个人身份的转变,更重要的是,他的思想与主人翁精神相契合,得到了进一步的升华。孟泰作为主人翁精神的另一代表,也为我们提供了深刻的启示。可以说,正是主人翁精神孕育了雷锋精神,使雷锋成为社会主义新人的典范。毛主席之所以为雷锋题词和批示,正是为了树立一个典型。展现中国式现代化的企业标杆——鞍钢以及与之相匹配的干部标杆焦裕禄和新人标杆雷锋,这三者共同构成中国式现代化社会构建的基石,它们相互联系、相互支撑,共同体现了为人民服务的宗旨。

徐: 能谈谈您对工业文化基因的理解吗?

闫: 从文化基因的视角深度剖析管理文化与工业文化,我们可以清晰地看到,美国的管理和工业文化深受欧洲及其自身的科学管理传统的影响。当这种文化基因传至日本时,它巧妙地融入了东亚儒家文化的精髓,如年功序列制和终身雇佣制,从而孕育出别具一格的日本管理模式,相当程度上消解了欧美企业管理中的劳资对抗、管理者与被管理者对抗,和企业局部经济利益与社会整体利益之间的矛盾。

然而,当我们聚焦于中国时,尽管我们同样拥有儒家文化的深厚底蕴,但在企业实践中,却需要对其进行适当的改造与融合,比如儒家的尊尊和亲亲的等级观念、差序格局,会极大地加重官僚主义、形式主义、圈子文化等现象。中国企业在吸纳儒家文化的同时,也面临着与马克思主义原理的碰撞与融合。习近平总书记提出的将马克思主义与中华优秀传统文化相结合的理念,实际上是在探索一条全新的道路——第三条路。这条道路旨在将儒家思想与马克思主义相融合,共同塑造新的社会伦理与秩序,进而推动中国的工业化和现代化进程,比如中国没有全能全知的宗教的约束,但中国人敬畏历史上的名声,类似于当下工业遗产的工业史研究,应该能起到韦伯《新教伦理与资本主义》中所揭示的作用。

改革开放后,中国引入了西方的先进管理理念,如全面质量管理和战略管理思想,这些理念在一定程度上重塑了中国的企业文化。但与此同时,我们也看到了竞争文化基因的泛滥,以及由此引发的内卷和"996"等现象,哈佛大学桑德尔把这些归结到"绩优主义""精英的傲慢",并试图在中国传统文化中找到答案。这反映出我们在借鉴西方管理理念时,往往缺乏对其背后思想文化内核的深入理解和真正转变。因此,我们需要重新审视和提炼中国的工业文化基因。这包括传统儒家文化中的合理内核、中国共产党在革命和经济建设中积累的宝贵经验和文化,以及改革开放以来引入的西方管理理念。我们需要将这些元素进行有机融合,打造出具有中国特色的工业文化体系。

在当今时代,每当提及中国的现代化,我们实际上是在探索如何将传统儒家文化基因与中华优秀传统文化基因、与现代社会发展需求相结合,以实现国家的全面进步。这种传统文化基因,虽然蕴含着丰富的智慧与价值,但也需要经过适当的改造与提升,以适应现代社会的复杂性与多样性。改造的核心在于,既要保留传统文化中那些符合现代社会需求的积极元素,如儒家思想中的仁爱、礼仪与和谐等,又要摒弃那些与现代社会发展相悖的消极因素。同时,我们还需要借鉴马克思主义等先进思想,对传统文化进行批判性继承与创新性发展,以形成具有中国特色的社会主义新文化。

另外,中国共产党的文化,特别是在新中国成立前的革命斗争时期以及新中国成立后党领导经济建设过程中形成的经验和文化,构成了中国工业文化的重要组成部分。在实践中,我们可以看到许多企业在党的指引下,经历了艰苦卓绝的奋斗历程,形成了独特的工业遗产。这些遗产不仅记录了企业的成长历程,更承载了党的奋斗精神和文化基因,着重体现在对企业性质的颠覆性认识、对人的现代化改造,党的组织动员能力和党的集体领导方式、自我纠错机制这四个方面,进而成功地将一个成熟政党的管理经验,引入到企业的经营管理体系中,在以资本和行政构建的企业组织体系外,增加了企业内部的政治组织维度,加大了企业组织内部的联系和协同密度,使企业更加高效,这是新中国工业化进程中,所形成的中国特色企业管理制度,对世界管理理论的贡献,也应该是当前中国式现代化、新型工业化一项重点研究内容。因此,我认为工业文化遗产研究的重要意义之一,就是通过对工业文化遗产的深入挖掘和研究,更好地提炼和总结党的文化基因和实践经验,将党的文化基因和实践经验融入到工业文化遗产的保护、利用和发展中,推动中国工业文化的传承和创新。

中国工业类博物馆发展现状及未来发展的建议[*]

吕建昌　覃覃

（上海大学文化遗产与信息管理学院）

工业类博物馆是工业化时代的产物。我国的工业博物馆伴随着我国的工业化进程而产生并发展起来，特别是改革开放以来，我国建成了门类齐全、独立完整的现代工业体系，在推进中国式工业化的探索实践中，我国工业类博物馆出现多种行业门类，并呈现良好的发展态势，为传播中国特色社会主义工业文化，弘扬劳模精神、工匠精神，提升文化自信，满足人民群众日益增长的精神文化需求作出了贡献。

一、工业类博物馆的相关概念阐释

历史地看，博物馆经过几百年的发展，至今已有多种类型，工业类博物馆为其中之一种。从文字角度分析，工业类博物馆是一个行业＋机构的复合词汇，基础词"博物馆"确定了其本质上从属于博物馆，具备博物馆应有的功能，但前置的"工业类"限定词，使其区别于其他类型的博物馆，不仅补充说明了其博物馆性质，更表明其是以收藏、研究、阐释与展示近现代工业遗产为主要对象的博物馆。

（一）"工业遗产"有关概念辨析

1. "工业"与"产业"

工业遗产（industrial heritage）作为一个特定概念在中国使用并大量流行开来，只有二十多年的历史。1978年，国际工业遗产保护协会（TICCIH）将原保护"工业纪念物（industrial monuments）"改称为保护"工业遗产（industrial heritage）"。2003年，TICCIH通过了保护工业遗产的纲领性文件《下塔吉尔宪章》（*Nizhny Tagil Charter for the Industrial Heritage*），这是国际上最早关于工业遗产保护的文件，对于工业遗产的定义、

---

[*] 基金项目：国家社科基金重大项目"三线建设工业遗产保护与创新利用的路径研究"（编号：17ZDA207）。

价值、认定及立法、保护等一系列内容做了说明。

英文 industrial heritage 概念在国际上传播的同时,也传入了中国。由于英文 industrial 有"产业""工业"之意,同济大学卢永毅教授将其翻译为"产业遗产"(2006年),同济大学张松教授则将其翻译为"工业遗产"(2007年)。国内遗产研究领域学者有的赞同"产业遗产",有的则赞同"工业遗产"。鉴于国内学界对"工业遗产"的中文翻译存在分歧的情况,我们对工业类博物馆下定义时,有必要对"工业遗产"和"产业遗产"先做一番辨析。

在中国语境中,"工业"被解释为"采集自然物质资源和对工农业生产的原材料进行加工或再生产的社会生产部门……工业可分为采掘工业和加工工业,又可分为重工业和轻工业"[①]。"产业"则被解释为"指各种生产、经营事业……特指工业,如产业革命"[②]。可见"产业"与"工业"在概念上还是存在差异的。工业是指采集原料,并把它们加工成产品的工作和过程,其发展经过了手工业、机械工业和现代工业多个阶段。产业则指各类物质生产、经营部门,每个部门都专门生产和制造某类独立的产品,也就成为一个相对独立的产业部门,如"农业""工业""商业"等。从某种意义上说,产业包含着工业,产业的概念比工业一词更加广义,"产业"的外延明显大于"工业"所包含的内容。

在中国,人们习惯于把农业称为第一产业,把工业称为第二产业,把文创产业和服务业称为第三产业。经济发展到今天,产业之间的相互渗透使产业之间的界线变得越来越模糊,从概念上讲,产业遗产所指涉的范围比工业遗产大,它还可以包括农业、手工业等产业领域的遗产,按照《下塔吉尔宪章》的定义,"产业遗产"不仅包括我们通常意义的传统制造业,也就是我们所说的狭义工业;还包括工程、水力、运输以及史前与"原始生产"相关的"考古遗址",因此"产业遗产"才真正比较准确地涵盖遗产的所有内容。但也有学者认为,"产业遗产"的重点不突出,弱化了主体[③]。为了强调第二产业——工业,尤其是制造业遗存在"遗产"中的代表性,将英文 industrial heritage 译为"工业遗产",概念更加明确。

2. "工业遗产"的狭义和广义

从时间角度看,"工业遗产"概念可以有广义和狭义两个范畴。广义的概念指包括史前时期加工生产石器工具的遗址、古代资源开采、冶炼、水利等大型工程遗址以及酿酒、陶瓷烧造制作等手工业作坊;狭义的概念则指以采用新材料、新能源、大机器生产为特征的工业革命后的工业遗存。

中华民族历史源远流长,民族分布幅员辽阔,在我国,考古发掘出土物异常丰富,从史前时期加工生产石器工具的遗址到古代资源开采、冶炼、水利等工程遗址以及陶瓷烧造和酿酒等历史遗迹(遗址),都早已纳入考古与文物的调查、发掘和研究范围之内,而反映近现代工业文化的遗存,则未受到如同古代工业遗产那般的重视,在快速的城市化发展进程

---

① 辞海编辑委员会.辞海(1999年版缩印本)[M].上海辞书出版社,2000:618.
② 辞海编辑委员会.辞海(1999年版缩印本)[M].上海辞书出版社,2000:2154.
③ 刘伯英.工业建筑遗产保护发展综述[J].建筑学报,2012(01).

中,极易遭到破坏,因而现在特别强调要保护这部分工业遗产。西方发达国家,强调工业遗产保护领域主要研究的对象是工业革命后的工业遗存,即狭义概念的工业遗产,也是由于工业革命以来的工业遗产在去工业化过程中,受到较多的损坏和毁损,工业遗产的价值被忽视了。我们这里所讨论的"工业类博物馆"涉及的工业遗产,尽管也包括古代工业遗存,但主要是以我国近现代工业遗存为主要内容。

(二) 关于行业博物馆

在我国,与工业类博物馆一起互用的另一个词——行业博物馆,常作为工业类博物馆的代名词。行业一词与产业的意思也较为相近,如以国民经济生产经营的部门来划分,行业一词与产业相同。但"行业"除了各种经济生产与经营活动的单位之外,还包括教育、医疗、文化娱乐等非生产领域,其中不以营利为目的的机构和单位就不属于产业。在大多数情况下,行业的范围比产业更宽泛。在指涉工业生产制造部门时,它与工业类博物馆相吻合。但生产部门的多样性,如指代以农业生产部门为主体,则属于农业类博物馆。其他如教育、文化娱乐、医疗、旅游服务等行业,都不属于工业类博物馆。从涉及范围的宽狭而言,行业最为宽泛,其次是产业,再次是工业。所以,在行业类博物馆中,有些可以属于工业类博物馆,有些则不属于工业类博物馆(表1)。

表 1　工业类博物馆涉及的主要行业门类

序号	行业门类(包括但不限于以下)
1	食品制造业;酒、饮料和茶制造业;烟草制品业
2	纺织业;纺织服装、服饰业;皮革、毛皮制品和制鞋业;家具制造业;造纸和纸制品业;印刷业;非金属矿物制品业;金属制品业
3	机械制造业(通用设备制造业、专用设备制造业)
4	汽车制造业;铁路、船舶、航空航天和其他运输设备制造业;电气机械和器材制造业;计算机、通信和其他电子设备制造业;仪器仪表制造业;金属制品、电力、燃气及水生产和供应业;房屋建筑业;土木工程建筑业;交通运输业、仓储和邮政业;软件和信息技术服务业等

近年,工业和信息化部、国家文物局联合组织的对全国工业类博物馆摸底调查发现,我国工业类博物馆覆盖国民经济行业中的 14 个门类,主要集中在消费品、原材料、装备制造三大领域[①]。由于目前国内工业遗产的范围界定还有争议,统计工业类博物馆的数据亦存在一定的差异,有些工业类博物馆未直接冠以与"工业类"相关的名称,造成统计工业类博物馆的数据存在一定的差异,如洛阳东方红农耕博物馆,主要讲述中国拖拉机工业文

---

① 工业和信息化部工业文化发展中心. 中国工业文化发展报告(2022)[M]. 电子工业出版社,2022:123 页.

化,但被认为属于农业类博物馆而未统计在内,有待于在厘清概念基础上进一步统一认识。

(三)博物馆概念变迁与工业类博物馆定义

博物馆不是固化的一个概念。为符合社会不断发展的需求,国际博物馆协会(简称"国际博协")多次修改博物馆定义。如1946年11月国际博协成立后首次给博物馆作出的定义:博物馆是指向公众开放的美术、工艺、科学、历史以及考古学藏品的机构……20世纪50—60年代,国际博协在博物馆的定义修订中,增加了博物馆为公众"提供欣赏、教育的目的"。到70—80年代,国际博协又在定义中补充了博物馆"为社会和社会发展服务"的宗旨,明确博物馆收藏、传播和展示的对象是"人类及人类环境的物证"。随着社会的进步与发展,博物馆的新形态、新职能、新方法、新的收藏对象也不断涌现。2004年的国际博协大会上,又将博物馆定义中的收藏范围修改为"人类及人类环境的物质及非物质遗产",明确将博物馆收藏对象延伸到"非物质遗产"领域,以呼应2003年联合国教科文组织发布的《保护非物质文化遗产公约》。

2022年8月24日,国际博协在捷克首都布拉格的第37届全体大会上,通过了新修订的博物馆定义:"博物馆是为社会服务的非营利性常设机构,它主要研究、收藏、保护、阐释和展示物质与非物质遗产。向社会公众开放,具有可及性和包容性,促进多样性和可持续性。博物馆以符合道德及专业的方式进行运营和交流,并在社区各界的参与下,为教育、欣赏、深思和知识共享提供多种体验。"

博物馆定义的修订,从最初的单纯收藏、保护和研究物质遗产扩展为物质与非物质遗产,又从传统的收藏、展示扩展到公众服务的可入性和包容性,研究和服务对象从"以物为主"转变为"以人为主",充分见证了博物馆定义中的与时俱进理念,这种概念演进也对同时代的工业类博物馆的发展产生影响。工业类博物馆既承担着收藏、保护"人类工业文明见证物"的责任,又是传播工业文化和精神的场所,其生存与发展必然要响应时代与社会发展的需求,与时俱进。因此,在博物馆定义一次次被修订的同时,伴随工业社会发展脉搏跳动的工业类博物馆,其社会功能与服务内容也随之演进,逐渐突破以往仅以企业文化为展览核心的思路,更多地关注社会公众对工业类博物馆服务的需求、倾听弱势群体的呼声,承担起科学技术普及教育的使命。一些有条件的工业类博物馆,在展陈与服务公众中,辅之以数字化手段营造观众沉浸式体验的场景,取得了更佳的视听觉效果。

新的博物馆定义概括了当下所有类型博物馆为社会及发展服务的宗旨、目标及工作方式等。我们依据当代博物馆的使命与任务,结合工业类博物馆的一些特性,尝试对中国工业类博物馆定义作如下表述:

工业企业所设立的非营利性公共机构,收藏与保护工业遗产,研究、展示并阐释工业企业历史、文化和工业精神,提升员工对本企业/行业的认同感与归属感,增进公众了解本企业的生产理念和产品品牌,普及工业行业的科学技术知识,传播与弘扬工业企业的工匠精神、劳模精神和爱国奉献精神，塑造工业企业文化的形象。

以上定义囊括了工业类博物馆的三个构成要素：行为主体、服务对象和基本任务，融合了传播工业文化的使命和为工业企业服务的宗旨。工业类博物馆多由企业为承办主体并进行运作管理，以收藏、保护、研究工业遗产，展示工业发展进程和工业成果，传播工业文化为基本任务，以促进和提高公众认识工业文明为基本目的。中国的工业化道路与西方国家的工业化道路有明显的差异，中国的工业类博物馆反映的中国工业文化也应有自己的特色，如何在工业类博物馆定义中充分体现中国特色，是我们需要进一步讨论的问题。

二、工业类博物馆的发展现状、模式与趋势

（一）中国工业类博物馆的产生

1978年全国科学大会的召开，迎来了中国科学技术的春天。作为科技人员的中国知识分子被纳入中国工人阶级队伍中，成为社会主义建设劳动者的一分子，极大地鼓舞了科技人员的积极性。"科技是生产力"的观念受到全国上下的认同，推动了人们发展科技的信心。在此背景下，建设大型国家科技类博物馆的需求受到关注。1978年，中国铁路总公司所属的中国铁道博物馆首先在北京老火车站建立，是中国工业类博物馆史上的一个标志性事件。1989年，中国人民解放军空军部队在北京创建中国航空博物馆，山西省能源局受命国家煤炭部创办中国煤炭博物馆。1992年，中国运载火箭技术研究院在北京建立中国航天博物馆，原中国纺织工业部和浙江省政府在浙江杭州联合建立中国丝绸博物馆。20世纪90年代前后，三个国家级的工业类博物馆问世，但1992年版中国博物馆志中，收录的工业类博物馆极少，且多为陶瓷窑址博物馆、酒类博物馆，在当时的全国博物馆总数中占比也很低。

中国工业类博物馆的逐步发展是随着工业遗产保护热潮的到来而推进的。20世纪90年代晚期至21世纪初，随着城市化建设进程的加速，民间对工业遗产保护的呼声陆续高涨。2006年至2010年，有两个事件成了工业类博物馆建设提速的推进剂：

一是2006年国家文物局在江苏无锡举办"中国工业遗产保护论坛"，发布了"无锡建议"；紧接着国家文物局发布《关于加强工业遗产保护的通知》，此前由民间自下而上兴起的工业遗产保护热潮开始为政府有关部门所重视，开启了政府主导工业遗产保护的时代。在城市的工业遗产保护中，博物馆收藏、保护文物的功能和优势受到社会青睐。在政府有关部门的推动下，工业遗产的博物馆保护模式悄然升温，建设工业类博物馆的热潮开始流行。2007年，无锡中国民族工商业博物馆、中国邮政邮票博物馆建立；2008年，中国化工博物馆、霸州中国自行车博物馆相继建立。

二是2010年世博会在中国上海举行。从开始筹备到世博会结束以后的一段时间，为充分利用这一机会展示中国优秀传统文化，反映中国式现代化建设的伟大成就，传播建设

人类命运共同体理念,各地政府支持建设了包括工业类博物馆在内的各种博物馆,如杭州中国刀剪剑、扇业、伞业博物馆(2009年),上海纺织博物馆、上海中国航海博物馆(2010年)。在上海世博会场址,部分展馆本身就是利用旧工业建筑改造而成的,在世博会结束后又改造为上海当代艺术博物馆(上海南市发电厂主机房)。此外,还有北京丰台的中国消防博物馆(2011年)、四川乐山的中国核聚变博物馆(2012年)、辽宁沈阳的沈阳工业博物馆(2013年)等。

(二) 发展现状

2015年,第六届全国工业遗产学术研讨会①在广东广州召开,参会的工业类博物馆代表联合发出"工业博物馆发展倡议",提出要充分利用工业遗址和旧工业建筑,建设工业遗址性博物馆,表现出国内工业遗产界和社会各界对工业遗产保护利用与工业类博物馆建设发展的热切期盼。

2018年,工业和信息化部开展首次工业博物馆摸底调查,统计到488座工业类博物馆,虽具体类型不甚详细,但至少反映了当时数量,对照同年的全国博物馆总数(5 134座),工业类博物馆占9%左右。2022年5月,工业和信息化部与国家文物局联合启动工业类博物馆专项调查摸底工作,截至2022年年底,全国已经建成700多家工业类博物馆②,对照2022年年底的全国博物馆总数(6 565家),工业类博物馆占比已超过总数的10%。

在工业类博物馆类型上,工业遗产丰富、与公众生活贴近的行业是工业类博物馆的大宗,交通业、制造业、消费(酒类)、原材料(矿山)为大类。交通业中以航空博物馆、铁路博物馆为主要;消费行业中以白酒、葡萄酒类博物馆和巧克力博物馆为主要;原材料行业中以煤矿、铁矿类博物馆为主要;装备制造业中以汽车博物馆为主要;轻工业中以丝绸、纺织、印染类博物馆等为主要。

三线建设博物馆是近十年兴起的以工业史、遗址、工业遗物融合为特点的工业类博物馆。20世纪90年代起,随着一些三线企业档案的解禁,历史学界率先进入三线建设史领域研究,揭开我国三线建设时期国家备战建设的神秘面纱。收藏与保护当代工业遗产的三线建设博物馆建设,也因三线建设史研究的热潮而受到社会关注。三线建设博物馆在名称上有几种表达,最常见的是三线建设博物馆,如攀枝花中国三线建设博物馆、贵州六盘水三线建设博物馆、都匀三线建设博物馆、遵义三线建设博物馆、甘肃平凉华亭三线建设博物馆等,另外有一些三线建设历史为主题的博物馆,名称上没有出现"博物馆"三个字,实质上具有工业类博物馆的功能,如四川大邑雾山乡的三线记忆展陈馆、成都双流莲花社区的"川齿记忆"(三线建设展示馆)、山西晋中的3202太焦铁路建设纪念馆、四川乐

---

① 2015年11月20—21日,由中国建筑学会工业建筑遗产学术委员会、中国文物学会工业遗产委员会、中国历史文化名城委员会工业遗产学部等联合华南理工大学举办。
② 工业和信息化部工业文化发展中心.中国工业文化发展报告(2023)[M].电子工业出版社,2023:40.

山的铁道兵纪念馆、洛阳工程兵 54 师光辉业绩纪念馆等。由于三线建设是当代中国史上一场以备战为出发点的重大经济建设，以国防科技工业和能源、交通和电力等基础设施建设为主体的西部地区工业建设，三线建设博物馆实质上反映的就是中国西部工业（文化）发展史，因而属于工业类博物馆的一类。

（三）中国工业类博物馆的发展模式

根据国际上以馆藏和展示的内容作为博物馆分类依据的一般惯例，我国博物馆界一般将博物馆分为社会历史类、自然科学类和综合类。自然科学类博物馆依其具体的内容不同，又可划分为自然性质博物馆和科学技术性质博物馆，科学技术性质博物馆还可分为科学技术博物馆（简称科技馆）和科学技术史博物馆两种。收藏、保护和展示近现代工业遗产为主的工业类博物馆归属于科学技术史博物馆中的一类。

"工业类博物馆"从字面上也可以被理解为"工业遗产博物馆"的简称，但是它涵盖了遗址性工业类博物馆和非遗址性工业类博物馆。为了从工业类博物馆馆址区域、馆舍建筑性质以及展陈方式等角度区别两者，这里用"传统工业类博物馆"与"工业遗址博物馆"两种模式来解析。前者属于非原址上建造的科学技术与工业史类博物馆，主要流行于 19 世纪后半期至 20 世纪前半期（当今依然存在），后者则是 20 世纪后期起在欧洲兴起并流行的工业遗址博物馆。

1. 传统工业类博物馆

传统工业类博物馆是工业化时代的产物，至少在 19 世纪 50 年代已经产生。早期工业类博物馆的兴起并非出于考古的动机，而与现实中的工业经济发展、职业教育需要相关联。受工业革命的影响，欧美发达国家对科学技术都较为重视，并且注意到工业遗产在科学技术史上的价值，因而当一些工厂技术升级迭代、生产工艺更新、老旧设备淘汰或工厂关闭、工业遗址被废弃时，就将其中一些具有重要工业史价值的工业设备和产品送到工业类博物馆保存。19 世纪晚期至 20 世纪上半叶，伴随着工业革命给社会带来的巨大经济与技术成就，工业类博物馆在西方国家中获得了较快的发展。传统工业类博物馆是欧美工业考古热潮出现之前工业遗产保护的重要方式。

新中国成立后，国家博物馆建设以革命历史类为主，科学与技术、工业史类博物馆建设并未受到关注。改革开放以后，随着党和国家的工作重心全面转向经济建设，科学技术在社会建设中的地位上升。1978 年的全国科学大会上，邓小平提出"科学技术是第一生产力"的观点，获得社会广泛认同，科学技术与工业史的博物馆建设才开始逐渐提上国家的议事日程。中国铁道博物馆、中国航空博物馆和中国煤矿博物馆的建立，拉开了中国工业类博物馆建设的大幕。

跨入 21 世纪，出现了反映工业发展历史的专题博物馆。以上海为例，有江南造船博物馆、上海纺织博物馆、上海中国烟草工业博物馆、上海铁路博物馆、上海汽车博物馆等。这些由企业自主创办的博物馆都收藏与展示本企业（或与本行业相关）的工业遗物，丰富了我国博物馆的类型。

传统工业类博物馆收藏与展示的工业遗存主要都是将其从原来的工厂搬到了博物馆建筑中,使之脱离了原来的生产环境,工业遗物虽在博物馆中得到了保护,但在展示中却成为孤立的碎片,没有原来的真实场景烘托,难以给观众带来完整的历史感。在博物馆界日益强调陈列展示应给观众以"真实体验"的今天,传统工业类博物馆的单一展示方式遭到越来越多社会舆论的批评。而晚近出现的遗址性工业类博物馆,是在原来工业遗址上展示工业遗存,相比传统工业类博物馆,可给观众呈现更完整的历史场景,从而更具有感染力的历史真实感,这种展陈方式明显地顺应了当前的发展潮流。

2. 遗址性工业类博物馆

20世纪70、80年代以后,西方发达国家都已先后进入后工业化时代,在保护工业遗产热潮中新建的博物馆,主要都是建在工业遗产地的工业遗址博物馆,并且数量快速增长,大大超过了传统工业类博物馆的数量占比。

工业遗址博物馆的大量出现是工业遗产保护运动与博物馆事业结合的产物。遗址性工业类博物馆建立在旧工业遗址之上(或遗址范围内),对可移动与不可移动工业遗产、物质与非物质工业遗产以及环境进行综合性整体保护,或以工业建筑遗产作为博物馆馆舍,收藏与展示工业遗产。根据对工业遗址的保护与再利用方式及状况,遗址性工业类博物馆又可细分为大遗址型和一般遗址型两种类型。

(1) 大遗址型工业类博物馆

这是一种大型露天工业遗址博物馆,既保存工业遗产中的建筑物、生产环境、生产场所和工业设施等物质实体,又保存工业遗产所承载的精神文化等内涵,通过对工业遗产地有形遗产和无形遗产的双重保护,记录并向人们展示人类文明进程中具有杰出贡献的工业文化和历史信息。露天工业遗址博物馆的源头来自19世纪晚期瑞典的斯堪森"露天博物馆"。由于露天工业遗址博物馆将工业遗迹连同其周边的生态环境一起保护,又和现在的"生态博物馆"有些近似,或也可称之为"工业生态博物馆"。

大遗址型工业类博物馆对工业遗产地采取整体性保护的措施,既保护工业遗产,又修复生态环境,使整个工业遗址成为工业遗产旅游景观区,因而在人文地理学界(或旅游界)往往又称其为"工业景观公园"或"工业博览园"。它是在工业遗址基础上建立的公共游憩空间,在保护与展示工业遗存的同时,满足游客历史文化体验和休闲游憩的双重需求。它将工业时代的建筑、构筑物等不可移动遗产纳入保护和展示范围,又承担对工业遗存、工艺技术以及工业时代社会文化记忆的展示和教育的功能。国内建设的一批"国家矿山公园"[1],如辽宁阜新海州露天矿国家矿山公园、湖北黄石国家矿山公园等,都可归为大型露天工业遗址博物馆这一类。

阜新海州露天矿国家矿山公园由主题广场、矿业陈列馆、露天煤矿开采区等组成,一

---

[1] 根据自然资源部网站有关信息统计,为了保护矿业遗迹促进矿产地经济社会可持续发展,原国土资源部于2005年开始建立中国国家矿山公园,截至2017年批准建设国家矿山公园87处。

些煤矿作业的大型设备,如单斗挖掘机、潜空钻机、推土犁、电机车、蒸汽机车等陈列在主题广场,小型的矿业设备等则在海州矿山公园矿业陈列馆(馆中馆)中展示。

黄石国家矿山公园的工业遗迹主要有号称"亚洲第一天坑"的露天铁矿(至今仍在开采)、"井下探幽"和矿业博览园等。"井下探幽"是一个废弃的矿井,观众可下井参观当年矿工的工作现场。矿业博览园区陈列展示大冶铁矿不同时期的采矿机械设备,其中包括苏制爬犁机、美国50B重型矿用汽车、日本大功率产运机及国产矿用汽车、压轮钻、坦克吊等。

(2) 一般遗址型工业类博物馆

此类博物馆的馆址坐落于原来的旧厂房或仓库等工业建筑遗产中,或由旧工业建筑经改造而成其馆舍,其馆藏品和展览一般都是原工业遗物和关于其工业历史的内容。如青岛啤酒博物馆以厂内20世纪初德国人设计建造的糖化大楼为基本馆舍,展示从国内外收集而来的见证青岛啤酒发展各个阶段的实物资料,利用老建筑、老生产设备与设施以及复原的场景等,再现青岛啤酒的生产工艺流程与啤酒生产的历史原貌。

沈阳工业博物馆由原来的沈阳铸造厂建成的铁西铸造博物馆与旁边新建的展厅联合构成整个博物馆主体。这是由老旧遗址和新建筑合成的工业类博物馆,包括机床馆、铸造馆、通史馆、铁西新区十年馆这四大部分,铁西曾生产新中国第一枚国徽、第一台水压机等几百个中国工业史上"第一"的新产品。

但也有一些工业遗址博物馆虽坐落于旧的工业历史建筑中,其馆藏品和展览内容未必一定是反映与该遗址历史文化直接相关的工业遗物,而是其他行业的工业遗产,有的甚至是包含了原址以外的其他工业遗产。如江苏无锡的中国民族工商业博物馆,其馆舍为原荣氏家族的茂新面粉厂建筑,除了收藏与展示原面粉厂的生产机械设备之外,还将无锡的其他旧棉纺织业生产机械设备等也迁移至该博物馆中,形成一种多行业工业遗产并存的保护与展示。

此外,还有两种特殊形式的工业类博物馆:一种是"旧瓶装新酒"式,另一种是在生产区域建立的企业博物馆。前者是将工业遗产的建筑实体保存下来,通过功能置换和空间重组改造成其他主题的博物馆。实际案例中见到较多的是将旧工业建筑改造为艺术类博物馆馆舍,收藏与展示近现代艺术品。由于其馆舍是旧工业建筑,又位于工业旧址,馆址与馆舍都属于工业遗存范畴,因而也与工业遗址博物馆沾上边,属于广义的工业类博物馆范畴。如2012年10月开放的上海当代美术馆,系利用原上海南市发电厂的主厂房改造而成。南市发电厂创立于1897年,至今已有百余年的历史。主厂房在2010年上海世博会期间被改造为世博会的五大主题馆之一——城市未来探索馆。世博会结束后,其被改造为艺术博物馆。该建筑位于市中心的黄浦江畔,作为旧电厂中重要的特征性元素,高耸的烟囱、平台之上的发电机、高中低三级梯度的厂房空间、巨型行车以及屋顶上四个巨大的粉煤灰分离器都被一一保留,高大的建筑体量,一根高达165米的钢筋混凝土烟囱,独特的电厂建筑特征,转化为上海城市的文化符号,成为上海的地标建筑之一。上海当代艺术博物馆每年吸引了大量观众,也带动了黄浦江边的旅游业及餐饮、购物与文化休闲活动,成为旧工业建筑成功转型的代表。

企业博物馆以企业为运营主体,反映本企业(或本行业)的历史发展、重大事件和著名人物。在生产区域的企业博物馆中,一些企业出于保护部分已淘汰的生产设备之需要,在原厂房车间建立博物馆以保存之。企业博物馆对外作为企业的营销品牌,宣传企业成功发展的历史,是产品信誉的一张王牌;对内作为企业文化底蕴的标志,是激发员工工作热情、提高员工对企业忠诚度的重要工具,能够增强企业的凝聚力。企业博物馆与一般工业类博物馆有相似的方面,即以工业遗物见证企业的过去,展示企业的历史记忆。但企业博物馆还有与一般工业类博物馆不同的一面,即企业还生存着,并在不断地发展,除了展示企业过去的生产工艺与机械设备等之外,对当前尚处于生产阶段的部分厂房、设备、工艺流程等,往往也都予以展示。企业博物馆对工业文化的活态展示是开展工业旅游的重要基础。

大型露天工业遗址博物馆由于其占地面积的宽广,工业遗迹的分散,与环境治理修复关系密切,往往建设成为城市中新的文化休闲空间,体现为一个工业文明遗迹的旅游观光景点。而传统工业类博物馆(或一般室内遗址型工业遗产博物馆)除了侧重展示本行业发展史(或工业史)内容之外,更注重与行业有关的科学技术知识的教育普及,将过去与现在相连接,结合展品设计与观众的互动项目,追求给观众以真实的"历史体验"感。两者各有侧重的社会服务定位,可以使观众在体验真实历史与了解科学技术知识方面得到双重享受。

(四)中国工业类博物馆发展趋势

1. 工业类博物馆的数量将持续增长

博物馆的发展是以经济繁荣为基础的。改革开放以来,中国经济腾飞,推动了中国博物馆数量的高速增长。中国工业类博物馆也发展起来。21世纪以来,中国工业类博物馆数量稳步增长,并逐渐形成建设热潮。2021年5月,工业和信息化部、国家发展和改革委员会等八部门联合印发《推进工业文化发展实施方案(2021—2025年)》(简称"实施方案"),指出要完善工业博物馆体系——发挥工业博物馆展示历史、展现当下、展望未来的作用……支持各地建设具有地域特色的城市工业博物馆,鼓励企业建设博物馆或工业展馆、纪念馆。实施方案肯定了工业类博物馆在推进工业文化方面的作用。以博物馆为载体推进工业文化发展的思路受到了前所未有的关注,初步建成分级分类的工业遗产保护利用体系和分行业分区域的工业博物馆体系,是实施方案中的三大具体目标之一。

同一时间,中央宣传部、国家发展和改革委员会等九部门联合印发《关于推进博物馆改革发展的指导意见》(简称"指导意见"),明确提出将博物馆事业主动融入国家经济社会发展大局,实施"博物馆+"战略,促进博物馆与教育、科技、旅游、商业、传媒、设计等跨界融合。全国各地党的宣传部门和政府文化与旅游厅(局)也陆续发布博物馆发展的相关文件,计划更加快速有效推进地区博物馆事业高质量发展。如北京、江苏、浙江、湖北、湖南、广东、广西、山东、安徽、陕西、海南等省市,在计划增加建设的博物馆中,都包括增加建设工业类博物馆。上海工业博物馆已在筹建中。在国家政策引导、地方政府支持、工业企业热衷的背景下,中国工业类博物馆的建设热潮将持续不断。

2. 工业类博物馆进一步与工业旅游融合

近年来,伴随着老工业城市的更新步伐,工业类博物馆对展现工业遗产价值、留存工业记忆、延续城市文脉的重要性日益显现,年轻人中兴起的City Walking(城市漫游)也渐成社会时尚。随着社会公众对工业文化的兴趣上升,工业文化研学与工业旅游受到越来越多人关注。青岛啤酒博物馆、汽车博物馆、巧克力博物馆、茶叶博物馆、丝绸博物馆以及各种酒类博物馆等,都在走与工业旅游结合之路。各工业类博物馆结合自身的行业特色,开发出相关的文创产品,销售文创产品(或)纪念品,不仅获得了经济利益和社会效益,还延伸了公众参观工业类博物馆之后的学习教育、巩固科技知识并引发观众进一步探索科技的兴趣。

三、对策建议

在国家有关部门和各地政府的支持下,在社会各界特别是企业的努力下,中国工业类博物馆建设呈现稳健的发展态势,为繁荣我国社会主义文化事业、推动工业文化传播、提升中华文化软实力作出了积极贡献。但工业类博物馆在发展过程中,依然存在不少问题,与发挥工业文化在推进制造强国建设中的支撑作用、充分满足新时代人民群众的文化需求存在一定的差距。工业类博物馆作为传播工业文化的重要平台和窗口,要与时俱进,结合自身的行业特点,拓展功能,大胆创新,实现高质量发展。

(一)进一步优化工业类博物馆布局

2018年的调研发现,全国488座工业类博物馆的分布很不均衡,其中华东地区工业类博物馆数量在全国工业类博物馆中占比最高,华北地区占比第二,而西北地区、东北地区占比最低①。工业类博物馆的数量多少与当地城市的经济发展水平以及工业发展程度有关。华东地区的长三角经济带是全国经济产值最高的区域,工业经济发达,既有丰富的传统工业遗产资源,又有较为完善的现代产业体系和较强的科技创新能力,在城市化进程中,地方政府较重视工业遗产保护与活化利用,赋予工业类博物馆发展的巨大空间与活力。如江苏省就利用丰富的近现代工业遗产和众多的工业龙头企业建立了100多家工业类博物馆②,较有影响力的包括江苏南京的江宁织造博物馆、南通纺织博物馆、无锡民族

---

① 工业和信息化部工业文化发展中心. 中国工业文化发展报告(2022)[J]. 电子工业出版社,2022:124.

② 根据《江苏省工业博物馆地图》(2022年版)统计。

工商业博物馆、无锡中国丝业博物馆、苏州丝绸博物馆、南通给水技术博物馆等。

而西北地区由于自然条件以及历史的原因，传统工业极少，经济发展落后，还未达到与东部发达工业城市同步的水准。东北地区曾是全国的重工业重镇，新中国成立以后其钢铁冶炼、矿业生产曾为全国经济建设发挥了重要的战略作用。2013年，国家发改委印发《全国老工业基地调整改造规划（2013—2022年）》，把"合理开发利用工业遗产资源建设博物馆"作为老工业城市的发展目标之一。

要平衡全国工业类博物馆的布局，还可以通过加强三线地区的工业类博物馆建设来实现。在西北、西南的大山深处和偏僻地区，有许多当年三线建设留下的工厂遗址（包括生产厂房、仓库、职工生活住宅以及其他老旧建筑），工厂大多数因为交通不便已经搬迁到城市，但厂房和职工住宅等建筑无法搬走，留在了当地，其中一些未受破坏的建筑，稍经修缮即可使用，是十分难得的遗产资源，可以活化利用为工业类博物馆等文化设施。

（二）提升博物馆展陈设计，加快新技术应用

与社会历史类、自然科技类博物馆相比较，工业类博物馆的陈列展览水平总体较低，这与许多工业类博物馆由企业自行管理、运作，运营经费不足，专业人才不足，缺乏一定数量的代表性实物展品等有关。工业类博物馆的陈列展览大多局限于传统博物馆的展陈思路，以时间为轴线，展示工业过去的发展脉络及历程。展品多以各个时期的文字档案、历史照片为主，由于过去不重视对行业内代表性产品和重要生产设备等资料的收集（收藏），缺乏能够突出代表工业遗产核心科技价值的产品、机器设备等实物展品，大大削弱了对"工业"主题的展示。博物馆是用实物说话的，馆藏品是基础。因此，工业类博物馆除了要继续不断地搜集过去工业企业的重要藏品，还要注意储备现代有代表性的产品与生产设备等工业藏品，包括文件档案等，都可作为"当代文物"收藏，以备后用。

近些年来，数字技术快速发展，增强现实（AR）、虚拟现实（VR）、混合现实（MR）、移动互联网、大数据等技术为博物馆的展陈方式更新、升级提供了更多的可能。这些技术可以让观众在欣赏静态展品的同时，领略其在生产、生活中的动态景象。工业类博物馆在展陈设计中应尽可能地利用这些新技术，将静态、单一的展示方式转变为动态、多感官体验的沉浸式模式，以提升参观者的深度体验感。

（三）创新经营管理方式，提升博物馆市场能力

当前，除极少数私人办的博物馆外，绝大多数工业类博物馆均为企业或政府托办，财权、人事权、业务活动安排，均由企业或政府委托机构采用行政手段进行统一管理，博物馆人员结构不合理，管理上产生一系列问题。在资金来源方面，大多数工业类博物馆主要依靠企业自身投资、政府专项补助、社会筹集资金等（少数属于事业单位编制的工业类博物馆，其运营资金来源于地方财政的拨款），没有其他渠道资金收入。工业类博物馆作为非营利性机构，在缺乏大量开拓型、创新性人才的情况下，自主办馆很难实现可持续发展。

从管理体系看,国家文物局系统的博物馆在全国博物馆类型中占比达60%以上,许多博物馆与文创、旅游、商业联动发展,在体制机制改革中取得了较好的成效,建议工业类博物馆予以借鉴并结合自身实际进行创新。

一是总—分馆模式。如南京市博物馆总馆对南京市内的几个分馆(主要是工作人员少、经费少的小馆)进行业务指导,各自经费、人员管理依旧保持独立(财权、人事权自主),类似于一定范围的"联盟",总馆可充分利用分馆的展品举办联合展览,以弥补小馆的展品之不足。已进行这方面尝试的有中国印刷博物馆与上海印刷博物馆(上海出版印刷高等专科学校内)、攀枝花中国三线博物馆与攀枝花市内的几个三线建设纪念馆(大田会议纪念馆)、攀枝花中国三线博物馆与四川遂宁射洪县3635三线建设分馆等,这种打破地域界限、以行业为联盟的总—分馆模式,有助于推进建设分行业、分区域、有地域特色的工业类博物馆体系的目标。

二是运营总监制。参考文化企业的经营管理经验,如有些市场化文艺演出团体实行的总监负责制,在工业类博物馆管理中实施运营总监负责制,作为博物馆管理体制改革的尝试,从而加强对博物馆运营的经济核算要求,一定程度上把博物馆推向市场。但这就要求博物馆经营管理人员既要懂政策,又要懂营销,开发文创产品,开展有偿服务活动,在达到社会效益的同时,又创造一定的经济效益。如上海汽车博物馆从实行运营总监制以来,博物馆的运营效益良好,有效地支撑了博物馆的可持续发展。

三是拓展功能,加强与相关企业机构合作。工业类博物馆可结合博物馆自身的展示空间为企业提供展示场所,承办大型会议、展览等活动,既可以满足企业新产品的发布展示与用户的深度体验需求,又可以借助活动的影响力使博物馆得到更广泛的宣传与推广。有条件的采矿类博物馆也可以设计探险类的游戏活动,让观众在游戏中与展品有更多的互动。

工业遗产保护的
理论与实践

"156项工程"相关工业文化资源保护利用现状、问题及建议

——基于对黑龙江省22项"156项工程"的调研报告

张小鹿　陈晓清

（工业和信息化部工业文化发展中心战略规划研究所）

摘　要："156项工程"是新中国工业化的起点，蕴含着宝贵的工业文化资源。黑龙江省是我国老工业基地，也是"156项工程"重点建设区域。本文基于对黑龙江省"156项工程"多种形式的调研，梳理了黑龙江省在发展工业文化和"156项工程"相关工业文化资源保护利用方面采取的措施、取得的成效，总结了黑龙江省在"156项工程"相关工业文化资源保护利用方面的挑战，并给出相关建议。

关键词："156项工程"，工业文化资源，工业遗产，工信版本，黑龙江。

一、调研背景及概况

"156项工程"是"一五"计划时期苏联援建我国改建、新建重点工矿业基本建设项目的统称，被认为是中国工业化的奠基石、里程碑和新中国工业化的起点。项目蕴含着宝贵的工业文化资源。黑龙江省是我国老工业基地和我国与苏联合作的桥头堡，也是"156项工程"重点建设区域，项目数量（22项）居全国第三位。1950—1957年，这22项工程陆续开工建设，历时11年，至1961年全部建成并投入使用，为新中国工业发展作出了重要贡献；发展至今，多个项目已成为领域内重要企业，成为新型工业化主力军。

黑龙江省22项"156项工程"分布在哈尔滨、鹤岗、齐齐哈尔、鸡西、佳木斯和双鸭山6地市，涉及煤炭、电力、钢铁、有色、机械、轻工和军工7行业。随着经济体制改革和企业改制，多数存续企业为央企/国企或其下属企业，2家企业（富拉尔基特钢厂/建龙北满特钢、哈轴承）已改制为民营企业。项目援建时期主要物项包括厂房建筑物、办公科研建筑物、厂区构筑物和生产设备以及居住建筑等。截至2024年6月，有5个项目获批"国家工业

遗产",3个项目入选 2023 年"黑龙江省工业遗产"名单①。

2023 年 11 月,工信部工业文化发展中心会同黑龙江省工信厅、哈尔滨工程大学组成调研组,对位于黑龙江省的 22 项"156 项工程"相关工业文化资源保护利用现状进行了调研。其间举办了 1 场座谈会(6 地市工信部门、16 家"156 项工程"相关单位参加),进行了 1 次书面调研(15 家"156 项工程"相关单位提供材料),实地调研 2 个地市(哈尔滨、齐齐哈尔)、6 家企业(中国一重、哈尔滨"三大动力"②、东北轻合金、东安发动机),较全面地了解了位于黑龙江省的"156 项工程"相关工业文化资源保护利用现状、实际工作中面临的挑战,听取了部分地方工信部门、企业及有关专家学者的意见建议。

二、黑龙江省围绕工业文化发展和"156 项工程"保护利用开展的工作

黑龙江省工信主管部门及相关地市、企业,在工业文化发展和"156 项工程"相关工业文化资源保护利用上开展了一系列卓有成效的工作,涉及从政策制定到落实的多个环节和方面。

(一) 在全国较早制定发布了省级推进工业文化发展和工业遗产认定管理相关文件

黑龙江省工信厅联合省财政厅等部门,在全国各省级行政单位中较早印发实施《黑龙江省推进工业文化发展实施方案(2022—2026 年)》(黑工信产业联发〔2022〕275 号)和《黑龙江省工业遗产认定管理办法》(黑工信政法规〔2023〕6 号);黑龙江省文旅厅印发的《"十四五"文物事业发展规划》《"十四五"文化和旅游发展规划》,明确提出鼓励依托工业遗产设立博物馆、发展工业旅游。哈尔滨、齐齐哈尔、鹤岗、鸡西等市工业遗产资源丰富的地市积极落实,将发展工业文化作为产业升级、城市转型的一项工作。如哈尔滨市"十四五"规划提出将工业遗产与城市形象塑造有机结合;齐齐哈尔市"十四五"规划多处提及发展工业文化,打造"以工业文化为重点的特色文化旅游目的地";鹤岗市"十四五"规划提出依托厚重矿山工业文化,打造矿山工业之旅;《鸡西市全域旅游产业发展总体规划(2022—2035 年)》明确要活化利用工业遗产、引导推进工业项目旅游化。

(二) 围绕加强包括"156 项工程"物项在内的工业遗产保护利用,省市工信部门、相关企业做了大量工作

一是开展辖区内工业遗存摸排。黑龙江省工信厅会同有关部门在全省范围内对辖区

---

① 5 个"国家工业遗产"核心物项分别属于中国一重(第三批)、富拉尔基特钢厂(第四批)、东北轻合金加工厂(第四批)和哈尔滨锅炉厂(第四批);3 个"黑龙江省工业遗产"核心物项分别位于东北轻合金加工厂、鹤岗东山 1 号立井(现龙煤鹤岗矿业有限公司益新煤矿下属单位)、鹤岗兴安台 10 号立井(现龙煤鹤岗矿业有限公司兴安煤矿下属单位)。

② 指哈尔滨汽轮机厂有限责任公司(哈汽轮机)、哈尔滨锅炉厂有限责任公司(哈锅)、哈尔滨电机厂有限责任公司(哈电机),均属于哈电集团,被称为哈尔滨"三大动力"。

工业遗产、工业博物馆有关情况进行摸底调查,梳理工业遗产、工业博物馆项目资源,建立全省工业遗产资源数据库和工业博物馆资源数据库。鸡西、鹤岗和齐齐哈尔三市对辖区内工业遗存进行了摸底调查工作,初步摸清了资源底数。

二是项目重要物项得到保护和修缮。例如哈量刃具厂(哈量)主楼、围墙和东北轻合金厂(东轻)东、西办公楼已被列入"哈尔滨市第三批Ⅱ类保护建筑",东安机械厂(东安)家属区和建伟机器厂(哈飞)家属区均为"哈尔滨市市级历史文化街区"。中国一重、哈锅、哈飞、东轻等都定期对重要物项进行维护修缮。

三是认定、申报和获批各级各类工业遗产。配合国家工业遗产认定工作,黑龙江省工信厅组织省内单位积极申报国家工业遗产,截至2024年6月已有8项获批,涉及5项"156项工程"。2023年6月,《黑龙江省工业遗产认定管理办法》印发,黑龙江省工信厅启动首批省级工业遗产认定工作,同年12月对名单进行公示。

四是借鉴学习其他地区保护利用工业遗产的经验做法。为更好推动工业遗产申报,黑龙江省工信厅参加工信部产业政策与法规司组织的全国工业遗产保护利用经验交流会、国家工业遗产峰会等活动,多次赴先进地区学习保护利用经验。支持省内各地市交流,如鹤岗市工信局组队赴黑龙江省工信厅交流工业遗产评定工作,带队赴省内大庆"铁人一口井"(第二批国家工业遗产)学习保护利用经验。

五是产权单位发挥主体作用,主动开展"156项工程"工业文化资源开发利用。建龙北满特钢投资修建展厅及工业旅游景区;中国一重工业旅游区、建龙北满特钢工业旅游景区分别于2017年和2023年被评为"国家工业旅游示范基地",并分别获评国家AAAA和AAA级旅游景区;中国一重入选工信部、教育部共建的工业文化"大思政课"实践教学基地,也是全国爱国主义教育示范基地,已累计接待各类游客6万余人次。

三、黑龙江省"156项工程"相关工业文化资源保护利用面临的挑战

(一)项目(企业)援建时期工业遗存遗迹保护利用情况分化明显

"156项工程"经过约70年的发展,多数建筑、机械设备等需要改扩建或更新。调研发现,各企业对建厂初期物项的保护利用存在明显差别,按照物项的保护利用程度,22个项目可大致分为四类。第一类是建厂初期厂区仍在用:此类项目占多数,如中国一重、哈尔滨"三大动力"、东轻均保留有苏联援建的建筑和生产设备,且部分建筑和设备仍在使用。第二类是已搬离建厂初期厂区,但保留原厂区或部分建筑:如哈尔滨电碳厂,2014年搬离原厂区后,原址建设为居住小区,但利用原址良好的绿化、特色厂房规划建设工业遗址公园等;又如哈尔滨轴承厂,该企业于2021年7月搬离原厂址,原厂区保留了大量老厂房,其中"天兴福"①第二制粉厂火磨楼旧址拟规划建设"中国轴承工业展览馆"。第三类

---

① 该建筑始建于1920年,不是"一五"计划时期建筑。

是已搬离建厂初期厂区,但原厂区主体损毁严重:如原哈尔滨仪表厂,2014年搬离原厂区,原厂址全部拆除,厂区原有机理消失,已改建为商业综合体和商品房。第四类是企业仍在建厂初期厂区,但原始物项进行了较大更新:东安即属于此类,企业现在原址生产,但建厂初期物项保留不多。

从更具体物项层面看,企业保护效果也存在很大差异。以各项目历史资料梳理和档案保管为例,中国一重、哈尔滨"三大动力"和东轻均对企业发展历程进行了较系统的梳理并建有独立展馆,对企业发展过程中的重要证章、文字资料、重大事件照片、代表性产品台套原件或模型等进行收集和集中展示;有企业还借由建立秩年出品形式多样的视频和文字作品,例如东轻建厂70周年编写的厂史读本《中国一铝之路》等。与之形成鲜明对比的是,有企业历史档案保存和管理存在明显不足,比如由于产权变更和交接,企业档案保留在原企业,仅有留守人员和保安看管,专业知识缺乏,档案保管情况堪忧;还有企业档案开发利用程度不高,比如东轻,档案保护状况很好但反映档案的开发利用还需进一步提高。

(二)支持资金来源单一催生的项目保护中的"实用主义"倾向,是所有企业面临的普遍问题

《国家工业遗产管理办法》和《黑龙江省工业遗产认定管理办法》以及其他省份类似文件,均明确规定"开展工业遗产保护管理工作,应当发挥遗产所有权人的主体作用",并鼓励将各级"工业遗产的保护利用工作纳入相关规划,用好中央预算内投资等政策,通过专项资金(基金)等方式,支持遗产保护专题研究和活化利用项目实施"。

黑龙江省"156项工程"产权所有权人均为企业,企业是项目工业遗存遗迹保护的唯一出资方。调研了解到,各地市工信部门及所有"156项工程"企业均面临保护资金来源单一、激励不足的情况。以哈飞为例,2010年以来,哈飞文化宫和苏联专家楼的维护改造费用超过200万元,全部由企业承担。资金来源单一、缺乏的表现或原因还体现在,企业投入资金修建展馆或开放式文化景观、景区,在保护工业遗产、宣扬工业文化和精神、塑造当地文化氛围的同时,并未给企业带来经济收益,反而给企业带来了维护等压力。原因在于企业出资兴建的开放式文化景观、景区多免费开放,修建和维护成本基本由企业承担,黑龙江省个别地市较大的财政支出压力使其规划专项资金时捉襟见肘,很难给与补贴支持。

保护成本完全由企业承担的现状,使项目保护表现出明显的"实用主义"倾向。大致分为两类:第一类,援建时期建筑及物项可作为生产场所、办公场所继续用于使用,成为企业保护的重要激励。由于援建时期厂房设计和建设质量较高、生产设备较先进,这类建筑和设备仍在使用的不在少数,如中国一重万吨水压机锻造车间、哈汽轮机叶片车间和哈锅联箱分厂车间和管子分厂车间等。这些车间主体为援建时期建筑,在保持建筑物基本外观的情况下对厂房砖砌体、钢构件、木门窗空腹钢窗、防水层进行定期维护和翻修后,仍能满足企业生产需求,成为"因利用而保护"的典型例子。第二类,援建时期建筑及物项已无法满足企业当前发展需要,自然淘汰不保护。表现较突出的,首先是矿井类项目,该类

项目涉及特殊安全生产要求,保护难度大,不符合当前生产条件和工艺的设备已被淘汰;其次是从事飞机发动机生产的东安,由于生产工艺要求高,配套厂区和设备更新快,维护老车间和旧设备的性价比较低,建厂初期的工业遗存遗迹已保留较少。

除不同企业之间的差异外,"实用主义"倾向保护策略同样表现在同一企业内部不同类型建筑的保护上。企业往往对可继续使用的厂房车间、办公建筑保存较好,而对建厂初期配套的生活区居住用房等维护较差。

(三)工业遗产保护利用尚未引起足够重视,"156项工程"特殊类型项目的保护利用忽视情况尤甚

六地市工信部门有四个较明确地表示,对工业遗产认识和重视程度不足,需加强宣传。具体到"156项工程"和黑龙江省工业遗产保护利用,调研发现至少三类特殊项目的保护利用需引起格外注意。

一是军工类项目和产品。由于新中国成立初期建立独立工业体系的迫切需求和优先发展重工业的战略选择,"156项工程"多为工矿类建设项目,其中包括军工类和煤炭类项目。黑龙江省军工项目包括东安和哈飞,除专门军工项目(企业)外,有些项目从设立至今一直有军工类业务,如中国一重、东轻、哈尔滨"三大动力"等均参与军工产品研发或生产。军工类项目和产品多涉密,即便工业遗存保护较好也很难对外公开展出,而早期军工类产品研发设计和生产,往往蕴含较多体现艰苦创业、自力更生等工业精神的事件和人物,这直接影响了该类项目或产品的转化利用效果。

二是矿井类项目。黑龙江省"156项工程"涉及四个煤炭矿井类项目和三个与之相关的洗煤厂项目。由于安全生产要求,矿井类项目需要经常性维护和改造,保持项目原貌难度较大,维护成本高。还需注意的是,煤炭类项目(企业)当前主管部门为当地煤炭管理局,该类项目的保护利用存在跨部门协调以及安全生产和保护之间的冲突。

三是跨地区物项和相关工业遗存。中东铁路途经黑龙江、吉林、辽宁和内蒙古四省区,鸡西市曾以辖区内中东铁路及沿线相关建筑申报国家工业遗产但未获批,重要原因是中东铁路更适合以"线状"而非"点状"申报国家工业遗产。这涉及国家工业遗产的跨省保护、申报和管理,但目前尚未建立跨省甚至跨市申报和协调机制。

(四)多个项目(企业)将重要物项捐赠给国家博物馆,形式上的展品"集中化"可能导致现实中的保护"分散化"

调研发现,多个项目(企业)已将建厂初期重要证章、资料以及产品设备等捐赠给国家博物馆。企业多认同和积极配合这种捐赠行为,往往将经过筛选、具有较重要历史价值的物项捐赠给国家博物馆。将重要物项捐赠给国家博物馆,有利于项目(企业)重要物项保存,尤其是对缺乏保存场地和条件的项目(企业)而言。但国家博物馆作为国家级、综合类博物馆,藏品多,品级高,"156项工程"相关物项是否能够得到充分展示、更好地发挥其承载的历史价值和工业精神,值得思考。此外,相较众多文物,"156项工程"距今年代尚不久远,而且工业行业属性明显,有些物项对空间要求高,不成体系,不冠以类似于"156项工程"这样符号化、集群化标识,同样会使其宣教效果大打折扣。

总体上,国家博物馆将个别"156项工程"项目的重要物项进行收集和展示,从形式上看有利于"156项工程"核心物项的集中保护;但由于对捐赠物项的高标准要求和非系统性收集,可能难以发挥重要物项应有的积极宣教效果,实际上造成了体现新中国工业化历程的重要物项分散化,不利于整体性保护和开发利用。

(五)掌握、反映项目早期发展历程的亲历者少、外部历史档案收集困难,致使企业"寻根"紧迫性强、难度大

调研了解到,了解"156项工程"早期发展细节的老专家老领导老同志多逝世或年事已高,对项目相关文化资源开发利用带来挑战;有个别"156项工程"企业有意愿对企业发展历史进行更全面系统整理,需要外部档案资料和物项交叉佐证和充实,目前企业难以通过自身能力满足该要求。例如,建厂初期施工图纸是了解企业设计和规划的重要资料,但一些图纸多由承建单位保管,这为企业多角度梳理其发展历程带来困难。具体操作中,企业能确切知道相关资料保管单位的,可以自行联系获取;但有些外部档案资料企业无法与保存单位取得联系、或并不清楚是否有相关外部档案,这客观上造成企业历史档案和企业文化建设的不完备。

四、全国"156项工程"相关工业文化资源整体性保护利用的建议

(一)尽快开展全国范围内"156项工程"相关工业文化资源保护利用情况的摸排梳理,建立项目台账和数据库

加强"156项工程"有关工业文化资源保护利用现状统计调查,盘清家底;在全面摸排基础上,会同档案部门进行项目有关文献、档案资料梳理,确认"156项工程"名录及当前产权人,建设"156项工程"工业文化资源数据库,掌握项目(企业)当前存续、产权人、原址和核心物项以及相关档案资源保存利用情况;工信部门联系资源规划部门、文广旅游部门和住建部门将意义重大、价值突出的物项确定和申报相应文保单位;关注有搬迁改造计划的项目,由企业做好特色建筑物、重要工业设备、珍贵档案、图片、文字资料以及关键人物资料等物项的整理和登记工作;以本轮大规模设备更新为契机,梳理相关行业、地区、企业重要物项,并尝试建立分类分级体系。

(二)统筹各级各类规划加强政府资金支持,支持有条件的企业物项试行商业化运行

调研发现,哈尔滨部分城区的城市建设和发展与"156项工程"息息相关,哈尔滨原动

力区①以及多条街道的命名均与"156项工程"联系紧密,比如三大动力路、电碳路、轴承街、锅炉街等,这种情况在洛阳这样"156项工程"较集中的城市同样存在。为更好解决项目保护资金来源单一、产权人保护激励不足问题,"156项工程"较集中省份和城市,可围绕有重要价值的"156项工程"核心物项建设城市工业遗产,将"156项工程"保护、修复和开发纳入城市整体发展规划;在城市更新过程中,对有价值的项目进行整体保护,尤其是不能满足企业生产需求,但具有重要历史价值的建筑;整合城市秀带建设、城市整体规划、城市旅游规划等,通过统筹规划整合配套资金。企业已建有成熟旅游景区的,支持通过商业化运营方式向公众开放;鼓励社会资本参与企业既有成熟景区的开发运营,确保项目保护利用可持续性;在此次大规模设备更新中,设立基金,加强对重要物项的研究保护利用。

(三)加强工业遗产保护宣传,归纳发布典型案例对不同类型项目(企业)重要物项保护利用给予指导

强化政府在营造工业遗产保护氛围中的积极作用,优化地方政府和企业网站及公众号等对外发布和展示平台布局,对建有展馆和成熟景区的企业进行宣传和报道;各省"156项工程"摸排工作中,注重各级各类工业遗产申报的宣传动员工作;联合档案部门,针对"156项工程"策划举办全国性大型专题展览,并在重点城市进行巡展。结合各地摸排情况,根据行业、项目特点或保护利用情况,确定"156项工程"项目分类,根据不同分类归纳、发布保护利用典型案例,细化不同类型核心物项保护利用指导工作,加强项目保护利用示范效果。对当前不具备保护条件的(如企业缺乏保存场地、核心物项较少导致单独保护成本较高等),可考虑利用现有公共场所建立集中展示区;跨部门、跨地区项目,建立完善部门间、地区间协调机制。鼓励灵活开展合作对不同类别重要物项进行保存:不具备保存条件企业的资料档案,考虑由省市工信部门接洽省市档案馆或部属和其他高校图书馆、校史馆等辟出专区暂存和展览;需室内保存的仪器设备类物项,考虑在具备条件的省市博物馆或部属和其他高校校史馆、博物馆暂存和展览;已经报废且能够户外保存的设备,考虑利用现有公园进行集中展示等。

(四)搭建全国"156项工程"历史档案和重要物项保护利用交流平台

通过研讨会等形式提供"156项工程"企业交流机会,搭建包括企业间档案资料在内的互借平台,建立企业间档案管理和核心物项保护利用的交流协调机制,创造企业在工业遗产保护、申报和利用等方面的交流借鉴条件,满足企业完善历史档案和企业"寻根"的个性化诉求,推进"156项工程"重要物项的保护利用工作,重塑和传播"156项工程"的大IP,为进一步挖掘"156项工程"的历史和当代价值提供可能。

---

① 2006年8月15日,经中国国务院批准,哈尔滨市的动力区与香坊区合并,组成新的香坊区。

世界文化遗产视野下的安源工业遗产群普遍价值研究

刘金林[1]　赵春蓉[2]

（1. 湖北师范大学　2. 黄石港地方文化研究会）

摘　要：安源工业遗产群由安源工业遗产和安源红色遗产组成，通过开展世界文化遗产视野下的安源工业遗产群研究，阐述安源工业遗产群具有世界文化遗产视野下的重要普遍价值。通过开展安源工业遗产群与中外工业遗产相比较研究，特别是与世界工业遗产相比较的研究，找出安源工业遗产群与它们的异同点。通过对照《世界遗产名录》文化遗产评定标准的六个方面的分析，进一步阐述安源工业遗产群具有创造性、重要性、独特性、完整性、创新性、唯一性等普遍价值。

关键词：世界文化遗产视野；安源工业遗产群；普遍价值

一、安源工业遗产群

安源工业遗产群，又称安源路矿工人运动遗产群，是指在安源路矿工人运动背景及其运动过程中形成的工业遗产，它由广义的安源工业遗产和狭义的安源红色遗产组成，简称安源工业遗产群(表1)。

(一) 安源工业遗产

安源工业遗产即安源煤矿工业遗产，主要包括清朝末年兴建的汉冶萍时期的办公楼、住宅楼、厂房、学校、煤矿井口、铁路等工业遗产。有属于全国重点文物保护单位的萍矿总局大楼(盛公祠)、总平巷井口、公务总汇，属于江西省文物保护单位的张公祠，属于安源区文物保护单位的东院、南院、西院、北院、八方井及办公大楼等，还有矿务学堂、萍矿官钱号(金库)、萍安铁路、矿警局西区等。

＊ 基金项目：2024年湖北思想库学术创新项目"长江国家文化公园荆楚文化遗产保护传承的汉冶萍模式研究"(立项编号 HBSXK2024115)研究成果。

表1 安源工业遗产群(全国重点文物保护单位)简表

名称	时间	文物保护单位级别	简介
萍矿总局大楼（盛公祠）	1898年	全国重点文物保护单位	位于安源镇炮台岭，为中西合璧围廊抱厦式建筑，坐南朝北，形如乘风破浪的航船，分前后两栋，前栋为主楼，建在一座高台阶上，台阶下为地下室，共三层；后栋为两层，为电报、电话总机室和储藏室、工友间等，总建筑面积2 500平方米。1907年9月9日，盛宣怀居住在总局大楼内。1916年4月17日，盛宣怀病故后，萍乡煤矿职员为纪念他，改建为盛公祠
总平巷井口	1898年	全国重点文物保护单位	位于安源镇安源煤矿井口，总平巷井口为一对称式三角牌坊，80平方米，正中间一个大三角形，两旁各一个稍小的三角形，中间的主洞是通衢大道，两边各自一个耳室，大三角形下面有"总平巷"三字，下面为岩尖、平头锤相交的图案，这是煤焦商标。总平巷内最长的巷道东平巷，巷道净高2.5米、净宽3.5米、全长2 860米，内铺复线双轨，矿井运输为架线电机车，为安源矿主力矿井，产量占当时总产量的三分之二
安源路矿工人俱乐部（罢工前）	1922年	全国重点文物保护单位	位于安源镇牛角坡52号，原为湖北同乡会会馆，建于1902年，旧址坐北朝南，占地面积806平方米，1922年5月1日，俱乐部正式成立后就在此办公。大罢工期间，罢工指挥部设在这里。俱乐部搬迁后，这里改为工人补习学校第二校校址
安源路矿工人大罢工谈判处旧址（公务总汇）	1906年	全国重点文物保护单位	位于安源镇公务房，安源煤矿矿区内，为两层砖瓦建筑，前后游廊，外沿饰以铁艺栏杆，显得庄重典雅。整栋楼房建筑面积为2 258平方米，矿局管理人员、工程技术人员都在此办公，通称公务总汇。1922年9月16日，刘少奇代表路矿工人在此与路矿当局谈判，展开针锋相对的斗争，迫使对方与工人俱乐部代表李立三于18日晨签订《十三条协议》，大罢工取得胜利
安源路矿工人俱乐部（罢工后）	1923—1924年	全国重点文物保护单位	位于安源镇老正街。安源路矿工人大罢工胜利后，在刘少奇主持下，由工人自行设计、捐款建造，俱乐部分前后两栋，前栋是办公楼，砖木结构，两层楼房。后栋是工人讲演厅，为砖木结构，四层楼房，1924年5月1日落成，建筑面积共计1 266平方米。工人讲演厅设演讲台及大厅，讲演台正面墙上悬挂马克思、列宁像。俱乐部是20世纪20年代安源工人运动活动的中心，也是中国工人阶级的第一所工会大厦

续 表

名 称	时间	文物保护单位级别	简 介
安源路矿工人补习夜校旧址	1922 年	全国重点文物保护单位	位于安源镇老后街五福斋巷内,是一座二层四栋三间砖木结构的楼房,楼房上下对称,四周均为宽1.3米的走廊,原本是距安源4 000米的丹江大地主王守愚(萍矿顾问)家的
秋收起义安源军事会议会址	1922 年前	全国重点文物保护单位	位于安源镇张家湾,坐东朝西,左右两栋相连结,左边为砖木结构的四栋三间二层楼房,右边是七间平房,前面一个大草坪,占地面积共1 717平方米。安源军事会议既是中国工人运动史上的重要事件,也是中国土地革命时期的一次重要会议,在中国建军史上有重要地位,会议确定组建的工农革命军,是中国工农红军的前身,是安源工人运动与农民运动相结合开展武装革命的重要标志

资料来源:《萍乡市志》(萍乡市地方志编纂委员会,方志出版社1996年版),《萍乡市志(1986—2002)》(萍乡市地方志编纂委员会,方志出版社2007年版),《安源区志》(安源区志编纂委员会,方志出版社2006年版),国家文物局、安源路矿工人纪念馆等网站。

(二)安源红色遗产

安源红色遗产主要包括安源工人运动期间形成的红色工业遗产及红色建筑遗产。有属于全国重点文物保护单位的安源路矿工人俱乐部罢工前旧址、安源路矿工人俱乐部罢工后旧址、安源路矿工人大罢工谈判处旧址(公务总汇)、安源路矿工人补习夜校旧址、秋收起义安源军事会议会址;属于江西省文物保护单位的秋收起义二团出发地旧址——张公祠,安源党组织决定大罢工会议旧址,安源毛泽东1921年秋旧居,毛泽东、李立三1921年冬来安源旧居,安源路矿工人消费合作社旧址,黄静源烈士殉难处纪念碑,中共湖南省委机关旧址,中共安源地委旧址,安源工农兵政府旧址等。安源红色遗产有许多也是工业遗产,具有工业遗产与红色遗产双重性质,如安源路矿工人大罢工谈判处旧址、安源路矿工人俱乐部、张公祠等。

二、安源工业遗产群与中外工业遗产比较

由于萍乡工业遗产主要集中在萍乡市安源区安源镇,汉冶萍时期的工业遗产保存完整,红色遗产非常丰富,利用安源工业遗产与红色遗产组建的工业遗产群申报世界文化遗产,能够突出萍乡工业遗产的近代工业文明以及红色文化的双重遗产特色。

安源工业遗产群与中外工业遗产比较,既有中国世界文化遗产预备名单黄石矿冶工业遗产、世界文化遗产日本明治工业革命遗址及德国埃森的关税同盟煤矿工业区等拥有

的世界工业化进程的近代工业文明特色,又具有英国新拉纳克、索尔泰尔以及意大利工业城市伊夫雷亚等工业化社区的社会主义实践特色(表2)。

表2 安源工业遗产群与中外工业遗产比较简表

工业遗产名称	国家及地区	列入时间及标准	简介以及世界遗产委员会对该世界工业遗产的评价	安源工业遗产群与之比较异同点
黄石矿冶工业遗产	中国湖北省	2012年列入中国世界文化遗产预备名单 Ⅱ Ⅲ Ⅳ Ⅵ	由铜绿山古铜矿遗址、汉冶萍煤铁厂矿旧址、大冶铁矿东露天采场旧址和华新水泥厂旧址组成。历史悠久,内涵丰富,分布集中,保存完整,是一个集矿产开采、冶炼、制造、加工为一体的矿冶工业遗产群。铜绿山遗址是我国年代久远、生产时间延续最长、保存最为完好、内涵最为丰富,集采矿、选矿、冶炼于一体的古矿冶遗址。汉冶萍旧址是亚洲最早、规模最大的钢铁联合企业工业遗产。大冶铁矿旧址是中国近代第一座采用机械化开采的大型露天矿山。华新水泥厂旧址是中国现存规模最大、保存最完整的水泥工业遗产[1]	相同点:与汉冶萍旧址、大冶铁矿东露天采场旧址同属于汉冶萍工业遗产,中国近代工业发祥地 不同点:黄石矿冶工业遗产包括古代的古铜矿遗址及近现代水泥工业遗产,具有年代久远、门类多样等特点
明治工业革命遗址:钢铁、造船和煤矿	日本山口、鹿儿岛、静冈、岩手、佐贺、长崎、福冈	2015年列入世界文化遗产 Ⅱ Ⅳ	这片遗址包括11处地产,主要位于日本西南部。这片建筑群见证了日本19世纪中期至20世纪早期以钢铁、造船和煤矿为代表的快速的工业发展过程。这处遗址展示了19世纪中期封建主义的日本从欧美引进技术,并将这些技术融入本国需要和社会传统中的过程。这个过程被认为是非西方国家第一次成功引进西方工业化的示例[2]	相同点:与明治钢铁、煤矿遗址同属于亚洲引进西方工业化的地区 不同点:明治工业革命遗址门类多样,时间略早,地区分布广,规模大
新拉纳克	英国南拉纳克郡(苏格兰)	2001年列入世界文化遗产 Ⅱ Ⅳ Ⅵ	新拉纳克是18世纪苏格兰的一个小村庄。19世纪早期,慈善家、乌托邦理想主义者罗伯特·欧文在此创建了现代工业化社区的模型。令人难忘的棉磨坊、宽敞且装备齐全的工人社区、严谨的教育机构和良好的学校教育,时至今日仍是欧文人文主义的明证[3]	相同点:近代工业化社区,社会实践基地 不同点:新拉纳克是乌托邦空想社会主义实践基地。安源为社会主义实践基地
索尔泰尔	英国西约克郡(英格兰)	2001年列入世界文化遗产 Ⅱ Ⅳ	索尔泰尔是保留完好的19世纪下半叶的工业城镇。这里的纺织厂、公共建筑和工人住宅风格和谐统一,建筑质量高超。城镇布局至今完整地保留着其原始风貌,生动再现了维多利亚时代慈善事业的家长式统治[4]	相同点:近代工业化社区,社会实践基地 不同点:索尔泰尔是空想社会主义实践基地。安源为社会主义实践基地

续 表

工业遗产名称	国家及地区	列入时间及标准	简介以及世界遗产委员会对该世界工业遗产的评价	安源工业遗产群与之比较异同点
20世纪工业城市伊夫雷亚	意大利皮埃蒙特大区	2018年列入世界文化遗产 Ⅳ	工业城市伊夫雷亚位于皮埃蒙特大区,是奥利维蒂的试验场,它是打字机、机械计算器和办公电脑的制造商。它包括一个大型工厂和为行政和社会服务以及住宅单位服务的建筑物。由意大利主要的城市规划师和建筑师设计,大部分在1930年至1960年间,反映了社区运动的理念。作为一个模范社会项目,伊夫雷亚表达了工业生产与建筑之间关系的现代视角[5]	相同点:近代工业化社区,社会实践基地 不同点:伊夫雷亚是社会主义实践基地。时间晚于安源社会主义实践基地
埃森的关税同盟煤矿工业区	德国北莱茵-威斯特法伦专区	2001年列入世界文化遗产 ⅡⅢ	位于北莱茵-威斯特法仑专区的普鲁士"关税同盟"工业区完整保留着历史上煤矿的基础设施,那里的一些20世纪的建筑也展示着杰出的建筑价值。工业区的景观见证了过去150年中曾经作为当地支柱工业的煤矿业的兴起与衰落[6]	相同点:同属于近代煤炭工业区 不同点:埃森工业区时间早、规模大,是世界上最大的、最现代化的煤矿工业区

说明:1.《世界遗产名录》文化遗产评定标准:Ⅰ代表一种独特的艺术成就,一种创造性的天才杰作;Ⅱ能在一定时期内或世界某一文化区域内,对建筑艺术、纪念物艺术、城镇规划或景观设计方面的发展产生过大影响;Ⅲ能为一种已消逝的文明或文化传统提供一种独特的至少是特殊的见证;Ⅳ可作为一种建筑或建筑群或景观的杰出范例,展示出人类历史上一个(或几个)重要阶段;Ⅴ可作为传统的人类居住地或使用地的杰出范例,代表一种(或几种)文化,尤其在不可逆转之变化的影响下变得易于损坏;Ⅵ与具特殊普遍意义的事件或现行传统或思想或信仰或文学艺术作品有直接或实质的联系[7]。

2.资料来源:百度百科《明治工业革命遗迹:钢铁、造船和煤矿》《英国世界文化遗产》《意大利世界遗产》《德国世界文化遗产》。

三、安源工业遗产群的普遍价值

通过开展安源工业遗产及红色遗产组建的工业遗产群申报世界文化遗产研究,特别是与中国世界文化遗产预备名单黄石矿冶工业遗产及世界文化遗产日本明治工业革命遗址、英国新拉纳克、索尔泰尔、意大利20世纪工业城市伊夫雷亚以及德国埃森的关税同盟煤矿工业区进行的比较,进一步说明安源工业遗产群具有重要的普遍价值。

下面将从《世界遗产名录》文化遗产评定标准的六个方面,阐述安源工业遗产群所具有的重要价值。一般情况下,申报世界文化遗产的项目只要达到《世界遗产名录》文化遗产评定标准的任何一条或者数条就可以成为世界文化遗产,安源工业遗产群同时符合《世界遗产名录》文化遗产评定标准的六个方面,该项目申报世界文化遗产的条件已经成熟。

(一)安源工业遗产群的创造性价值

《世界遗产名录》文化遗产评定标准第一条是代表一种独特的艺术成就、一种创造性的天才杰作。安源路矿工人运动遗产具有独特的艺术成就,是一种创造性的杰作,从这一条说明安源工业遗产群的创造性价值。

安源工人运动的创造性是指安源工人阶级在20世纪20年代安源工人运动期间不仅创造性兴建了安源路矿工人俱乐部讲演厅等标志性建筑,还创造性颁布了一系列如《安源工人教育计划大纲草案》等文件,并形成了安源工人运动精神。安源工人运动时期的这些创造性的物质财富和精神财富成为世界工人运动史上的重要遗产。

安源路矿工人俱乐部讲演厅是安源路矿工人大罢工胜利后,由刘少奇主持,工人们自愿捐款建造的工人阶级活动的场所,当时组成了建筑委员会,负责建设事务。讲演厅是一座四层轿顶式楼房,由机械工人金春海设计,外形仿照俄罗斯莫斯科大剧院的样式,并融合中国传统建筑技术。讲演厅楼房外墙为玻璃装潢,楼内栏杆雕刻有花果绿叶,中外建筑特色融合,十分壮观。

这座讲演厅是20世纪20年代中国工人阶级在党的领导下唯一通过自行集资、自行设计而建设的规模最大、建筑风格最具特色的俱乐部大厦,是安源成为世界社会主义实践基地的重要象征和标志。

1924年10月,安源路矿工人俱乐部设立安源工人教育计划委员会,并发布了《安源工人教育计划大纲草案》。这个大纲将工人教育的宗旨归纳为相互联系的四个方面,即识字、常识、促进阶级觉悟、训练战斗能力,并视促进阶级觉悟为"我们教育的生命"。关于工人俱乐部教育组织系统,该大纲认为,"讲演、出版、游艺等项均在教育范围之内,应均属于教育委员会之下"[8]。

《安源工人教育计划大纲草案》成为社会主义实践进程中的安源工人阶级教育体系的系统化纲领性文件,安源工人阶级在社会主义实践中创造性地创建了工人阶级的管理体系、工人阶级的经济体系等并颁布了一系列文件,这些成为安源工人阶级创造性的重要工业文化遗产。

安源路矿工人俱乐部讲演厅以及《安源工人教育计划大纲草案》等,可以成为20世纪20年代世界工人阶级创造的一种独特的建筑艺术成就,一种创造性的工人阶级社会主义实践系统化的杰作。

(二)安源工业遗产群的重要性价值

《世界遗产名录》文化遗产评定标准第二条是能在一定时期内或世界某一文化区域内,对建筑艺术、纪念物艺术、城镇规划或景观设计方面的发展产生过大影响。安源路矿工人运动遗产就是19世纪末20世纪初,世界近代工业革命、社会主义运动与中国传统社会相结合的产物,从这一条说明安源工业遗产群的重要性价值。

安源工人运动使安源成为中国工人运动的摇篮,并形成安源工业遗产群。安源工业遗产在亚洲工业化进程中占有重要地位,安源红色遗产在世界工人运动史上占有重要地位,安源工人运动的重要性主要体现在工业遗产群在世界上的重要价值与地位上。

盛公祠远看似大三巴牌坊，雄踞炮台岭；南院四方中矩；东院坡形屋顶；北院露台尖顶，形似教堂；西院围廊抱厦；八方井办公楼东西两面围廊；公务总汇前后围廊、铁艺栏杆；张公祠高大突兀；总平巷如中国式牌坊；安源路矿工人俱乐部中苏结合。安源工业遗产群这些建筑以欧式建筑为主体，融合中华民族建筑精华，安源成为中外工业建筑遗产的汇聚地，成为近代引进西方技术的活标本，安源工业遗产群的历史文化、社会经济、艺术教育价值高，地位重要。

安源工业遗产群有众多全国重点文物保护单位、省级文物保护单位，都集中在安源镇2平方公里的范围内，聚集程度之高，在中国及世界上都比较罕见。

安源工业遗产群融合了近代工业文明、安源传统文化以及社会主义工人阶级实践的成果，对建筑艺术、纪念艺术、城镇规划等方面的发展产生了重大影响。

（三）安源工业遗产群的独特性价值

《世界遗产名录》文化遗产评定标准第三条是能为一种已消逝的文明或文化传统提供一种独特的至少是特殊的见证。安源路矿工人运动遗产就是20世纪20年代形成的世界近代独有的和平环境下工人管理工业化城镇的典范，这一条可以说明安源工业遗产群的独特性价值。

1922—1925年，安源是工人的世界，是和平的世界，正如刘少奇所说："我们在几万工人里，有绝对无限的信仰，工人是工作、生活的大改善，地位大加提高，人皆称工人'万岁'，工会有最高的权力，有法庭，有武器，能指挥当地的警察与监狱等。"[9]当时的被统治阶级工人与统治阶级士绅、资本家以及军方、县署等军队与政府形成了和平合作的平等关系。

安源工人运动和平、非暴力的这种独特性促进了当时安源的稳定发展。由于安源煤矿是当时全国十大厂矿之一，中国工人阶级及中外技术人才的汇聚地，是中国工人革命运动的策源地，再加上这种和平的环境，对全国工人阶级具有巨大的吸引力，成为全国工人运动精英的集中地，大量人才的聚集，促进了安源社会、经济、教育、文化等事业的大发展。

中共湘区委员会作出的《关于安地事件的决议》指出："安源第一次罢工胜利后，工人运动走进了和平道路，只知道发展教育，改良经济生活，而忘了政治争斗。'五卅'运动之突起与坚持，完全证明了工人阶级是民族革命的领袖，而安源工人在此次运动中，则完全失掉了领袖地位。这种只注重和平的经济生活改良，而不注重政治争斗的错误，本党应完全负其责任。"[10]

中共湘区委员会指出安源路矿工人俱乐部的主要问题在于不注重政治斗争，而是发展教育、改良经济生活。正是由于安源工人运动与中国其他地区的工人运动所走的不同道路的这种独特性，才成就了世界独特的安源社会主义实践以及由此形成的独特的安源工业遗产群，教育、经济等独特的红色遗产突出。

安源工业遗产群以及保存下来的安源工人运动档案文献遗产为1922—1925年这段已消失的独特的安源工人运动文化提供了一种特殊的见证。

(四)安源工业遗产群的完整性价值

《世界遗产名录》文化遗产评定标准第四条是可作为一种建筑或建筑群或景观的杰出范例,展示出人类历史上一个(或几个)重要阶段。安源路矿工人运动遗产就是19世纪末至20世纪20年代形成的工业遗产建筑群,比较完整地展示出中国近代工业化进程以及工人运动等重要阶段。从这一条说明安源工业遗产群的完整性价值。

安源工人运动的完整性不仅体现在其背景、过程、结果方面,还主要体现在其所形成的工业遗产方面。安源工业遗产群是汉冶萍工业遗产保存最完整的工业遗产,安源镇成为汉冶萍早期工业遗产保存最多、分布最集中的地区。安源煤矿工业遗产以萍安铁路为中心,铁路以南为重点;北从安源路矿工人运动纪念馆为起点,东到东绞砂场,西到安源铁厂,南到红水眼暗立井为界,核心区遗址范围约2.06平方公里[11]。

安源工业遗产群的完整性主要体现在安源工人运动时期的工业遗产保存完整以及工业遗产群所在的安源镇及安源煤矿的城镇格局和企业布局保存的完整性。

20世纪初期,随着萍乡煤矿建成投产,安源建成了正街、后街、筲箕街三条街道,形成了上窑坡、中窑坡、牛角坪、方家坳、八方井等矿工住宅区,成为近代工业化市镇。现在这三条街道成为主要道路,近代工业化市镇布局基本保存。

安源工业遗产保存完整。安源煤矿的设施分生产设施、管理与生活设施和教育设施三大部分,煤矿布局基本保存。矿区近代管理与生活设施遗产保存较多,如萍矿办公大楼(盛公祠)、矿务总汇、张公祠、八方井办公楼和金库以及东院、西院、南院、北院四栋建筑。生产设施保存有总平巷、八方井、六方井、洗煤台、炼焦炉、锅炉房以及铁路机车等。教育设施保存有矿务学堂等。

安源红色遗产也保存完整。包括1922—1925年安源工人运动和平时期的遗产,如安源路矿工人运动俱乐部罢工前、罢工后的旧址、补习夜校、消费合作社、毛泽东旧居等。还包括安源工人运动后期的遗产,如安源工农兵政府旧址等。

安源工业遗产作为汉冶萍工业遗产最杰出的范例,标志着汉冶萍地区成为中国近代工业文明的发祥地。安源工人运动红色遗产,成为世界工人运动史上的重要遗产。安源工业遗产群中工业文化与红色文化双重工业遗产完整性突出。

(五)安源工业遗产群的创新性价值

《世界遗产名录》文化遗产评定标准第五条是可作为传统的人类居住地或使用地的杰出范例,代表一种(或几种)文化,尤其在不可逆转之变化的影响下变得易于损坏。安源路矿工人运动遗产就是20世纪20年代形成的工人阶级自治创新的工业文化遗产,这种使用地的杰出范例必须加强保护,避免损坏。从这一条说明安源工业遗产群的创新性价值。

安源工人运动是世界工人自治运动的创举,安源路矿工人俱乐部是世界工人阶级自治管理的创新机构。安源工人自治社区(市镇),成为世界工人运动史上工人阶级独立管理工业社区的典型案例。

安源工人运动创新性主要体现在工人自治的创新。提倡工人自治，是安源路矿工人俱乐部在特定历史条件下进行建设的一项重要内容，当时要求工人运用俱乐部的组织力量教育自己，管理自己的各种事务，处理对内对外的各种关系[12]。

安源路矿工人俱乐部最高代表会议制定了自治条规，要求工人遵守正当的厂规，服从工头职员的正当指挥，禁止工人赌博斗殴。发现赌博斗殴，轻者由俱乐部处罚，重者送警察局处理。由于措施得力，工人自治的效果明显。

组织工人自治，参与企业管理，开展了工人阶级管理工厂的最早尝试。维持产业，促进实业进步，是工人自治的内容之一。1924年6月，成立出产整理委员会，"负责整理萍矿出产，提倡工人自治"。当时安源工人运动的领导者们都非常重视引导和组织工人参与企业管理。"工人对俱乐部之信仰既如此之坚，萍矿之命脉，已操之俱乐部之手"[13]。

安源工人自治的一系列的创新措施和行动起到了积极的作用。中共湖南区委对此于1923年11月写给中共中央的工作报告中指出："安源四个月来，现状颇好。工人颇能在工会指挥之下，练习自治生活，地方军警均失其作用。"[14]李维汉后来回忆说："俱乐部通过了工人自治条规，建立了安源矿区从未有过的社会秩序。"[15]

（六）安源工业遗产群的唯一性价值

《世界遗产名录》文化遗产评定标准第六条是与具特殊普遍意义的事件或现行传统或思想或信仰或文学艺术作品有直接或实质的联系。安源路矿工人运动遗产与19世纪末至20世纪20年代的中国及世界的大事件以及马克思主义思想、社会主义及共产主义信仰紧密联系，如亚洲近代工业革命、俄国十月革命、中国共产党成立及工人运动兴起等事件联系，传播马克思主义思想，形成独特的社会主义实践模式。从这一条说明安源工业遗产群的唯一性价值。

1922—1925年，安源工人运动形成的独特的社会主义实践模式，具有唯一性。它与西方的空想社会主义实践不同，欧文的新拉纳克工厂空想社会主义实验室，索尔泰尔的世界第一个大型空想社会主义实践工业住宅区，伊夫雷亚独特的社会主义的现代设计实验，这些社会主义实践基地实行的都是自上而下的管理方式，由工厂及社区的财产所有者欧文、索尔泰尔、奥利维蒂领导，开展的空想社会主义实践，权利的核心是工厂的领导者，广大的工人阶级是他们招募的，没有管理权。而安源是自下而上的管理方式，最下层的被剥削阶级即一万多名工人是安源社会主义实践的主人，工人组建的安源路矿工人俱乐部是权利的核心，工人阶级通过俱乐部，开展社会主义实践活动，达到与上层的统治阶级士绅、资本家以及军队与政府处于平等的地位，共同管理安源矿区这个工业化社区（市镇）的政治、经济、教育等方面的事务。

安源社会主义实践模式与社会主义革命胜利后的苏维埃俄国、1949年成立的新中国的社会主义实践也不相同，苏联和新中国是在消灭了剥削阶级、工人阶级成为统治阶级的情况下进行的社会主义革命与建设。

20世纪20年代的中国，在大冶工矿区（今黄石）、武汉、广州、上海等地工人运动风起云涌，工人阶级也组建了类似安源路矿工人俱乐部的工会组织，但是这些地方的社会主义实践活动，不论在深度、广度方面都不如安源，关键是这些地区建立的工会组织不具备地方政权管理社会的功能，都以政治斗争为中心。

安源路矿工人俱乐部成立后，成为一个具有地方政府职能的机构，设立了经济、教育、司法、宣传、治安、民事调解、社会保障等部门，在维护工人阶级利益，保障矿区生产，维护社会治安等方面发挥了积极作用，具有地方政权的性质，正如刘少奇所说："执行委员会等于苏维埃俄罗斯的人民委员评议会，与别的国家的内阁相似；各专任委员会等于苏维埃俄罗斯的人民委员会，与别的国家的各部相似。"[16]

安源社会主义实践模式与西方的空想社会主义实践、与社会主义国家的社会主义实践以及其他地方的社会主义实践有许多不同之处，安源社会主义实践模式及其形成的工人运动文化遗产，包括物质方面以及精神方面的工业遗产群、档案文献遗产、安源工人运动精神等，在世界上具有唯一性。

安源工人运动具有重要的世界意义。这些世界意义体现在安源工人运动工业遗产具有的普遍的世界文化遗产价值。安源工业遗产群拥有世界文化遗产日本明治工业革命遗址、德国埃森的关税同盟煤矿工业区等近代工业文明遗产的历史文化内涵、艺术之美，也具有世界文化遗产英国新拉纳克、索尔泰尔以及意大利20世纪工业城市伊夫雷亚等追求人类幸福的社会经济价值、精神之美。

参考文献

[1] 刘金林,聂亚珍,陆文娟.资源枯竭城市工业遗产研究——以黄石矿冶工业遗产研究为中心的地方文化学科体系的构建[M].光明日报出版社,2014：233.
[2] 联合国教科文组织网站.世界遗产名录·明治工业革命遗址：钢铁、造船和煤矿.百度百科《明治工业革命遗址：钢铁、造船和煤矿》.
[3] 联合国教科文组织网站.世界遗产名录·新拉纳克；百度百科.英国世界文化遗产.
[4] 联合国教科文组织网站.世界遗产名录·索尔泰尔；百度百科.英国世界文化遗产.
[5] 联合国教科文组织网站.世界遗产名录·20世纪工业城市伊夫雷亚；百度百科.意大利世界文化遗产.
[6] 联合国教科文组织网站.世界遗产名录·埃森的关税同盟煤矿工业区；百度百科.德国世界文化遗产.
[7] 联合国教科文组织网站.世界遗产的评定标准；百度百科.世界遗产的评定标准.
[8] 中共萍乡市委《安源路矿工人运动》编纂组.安源路矿工人运动（上册）[M].中共党史出版社,1991：293.
[9] 刘少奇.关于大革命历史教训中的一个问题.安源路矿工人运动史料[M].湖南人民出版社,1980：691.
[10] 长沙市革命纪念地办公室、安源路矿工人运动纪念馆.安源路矿工人运动史料[M].湖南人民出版社,1980：51.
[11] 萍矿集团有限公司.国家工业遗产申报书.国家工业信息化部,2017：7.

[12] 刘善文主编,安源路矿工人运动纪念馆.安源路矿工人运动史 1921—1930[M].上海社会科学院出版社,1993:242.

[13] 中共萍乡市委《安源路矿工人运动》编纂组编.安源路矿工人运动(下册)[M].中共党史出版社,1991:866.

[14] 中共萍乡市委《安源路矿工人运动》编纂组编.安源路矿工人运动(上册)[M].中共党史出版社,1991:224.

[15] 中共萍乡市委《安源路矿工人运动》编纂组编.安源路矿工人运动(下册)[M].中共党史出版社,1991:912.

[16] 长沙市革命纪念地办公室、安源路矿工人运动纪念馆.安源路矿工人运动史料[M].湖南人民出版社,1980:192.

上海"生产存续型"工业遗产的形成和特征初探

孙淼[1,2]　鲍欣慧[1]　王一聪[1]

（1. 上海大学文化遗产与信息管理学院　2. 上海大学中国三线建设研究中心）

摘　要："再工业化"背景下，工业遗产的保护与再利用需要一种有别于"去工业化"的新模式。作为仍处于生产活动中且具有保护价值的工业文明的"活态"遗存，上海"生产存续型"工业遗产规模庞大、数量众多、价值重大。本文归纳了上海"生产存续型"工业遗产的定义内涵和三种类型，从工业布局演变视角梳理了"生产存续型"工业遗产形成过程，总结其在特殊的经济社会背景下形成的空间特征、产业特征和文化特征，指出应在价值评价和保护利用等方面做出创新，以期提出具有广泛借鉴意义的"上海经验"。

关键词：工业遗产；生产存续；形成过程；遗产特征；"活态"遗产

近年来，工业遗产研究已日益发展成为一门"显学"，国内相关研究成果呈指数级增长，被列入各级保护名录中的遗产数量也快速增加：由工信部公布的国家工业遗产名单中，从2017年的11个项目增至2022年的231个项目，此外如中国工业遗产，各省、市级工业遗产，工业类文物保护单位和优秀历史建筑等，为普及工业遗产价值创造了良好条件。但数量的激增伴随着大量"生产存续型"工业遗产的出现，为保护利用带来了新问题。

传统的工业遗产研究，主要在"去工业化"的背景下展开（Smith, 2006），即不再作为生产场所。从《下塔吉尔宪章》来看，工业遗产被定义为工业文明的遗存（TICCIH, 2003），也隐含着其已完成代际传承的历史意义。然而我国有大量工业遗产仍在生产，抑或是处于生产环境之中，此类案例在国家工业遗产名单中约有110处，占比高达56.1%，其中又以新中国成立后建设的工业设施为主，并集中在"三线建设""四三方案"和"一五""二五"时期的大规模建设中。如今，随着国内外产业结构的深度调整，"生产存续型"工业遗产的保护利用面临"再工业化"的时代背景，亟待找到一种新模式予以应对。

上海是中国近现代工业发祥地之一，工业遗产研究成果丰硕。然而，当前研究主要聚焦在"一江一河"（黄浦江和苏州河）沿线，也就是上海中心城区内（黄浦、静安、杨浦、虹口、徐汇和普陀区部分）。这里见证了洋务派、外资和民族资本的早期工业成就，民国时期有沪东市政、沪西轻纺和沪南造船三大工业区一说，大量工业遗产也集聚于此。相比之下，"生产存续型"工业遗产的研究较少，主要原因包括：一是缺乏城市更新推动。"生产存续型"的工业遗产所在地区多未开展城市更新，没有"留改拆"的现实需求，也缺乏功能置换带来的空间适应性改造要求。二是缺少支撑研究的资料。"生产存续型"工业遗产的历史档案资料获取难度高，部分甚至涉密。另外在企业长期发展和转制的过程中，资料遗失或转移较为常见。三是实地调研难度大。生产中的工业企业由于安全和保密等考虑，通常采取封闭式管理，研究者难以到达工厂内部进行近距离调查。四是工业考古研究水平有待提升。"生产存续型"工业遗产多始建于新中国成立后，其价值着重于见证了当时生产技术、工艺流程和组织方式等的创新，需要技术史、建筑和规划史、经济和社会史以及考古学等多学科联合工作。然而国内侧重技术的工业考古研究成果较少，专业人才培养不足，跨专业协作难度大。正如刘伯英（2012）所述，我国工业遗产概念提出，没有经历"工业考古"探寻价值的研究阶段，而是直接进入了"工业遗产"的保护阶段。

一、"生产存续型"工业遗产的概念辨析

（一）"生产存续型"工业遗产的定义和内涵

"生产存续型"工业遗产，是指仍处于生产活动中且具有保护价值的工业文明的"活态"遗存。它具有三方面内涵：一是延续初始生产功能，即过去的产业类别未发生重大变化，并未转型为服务业或其他类型的工业；二是生产场所较完整，即是一个由生产区、行政区、后勤区等构成的相对完整的工厂，能较好反映工艺流程、运输仓储和组织管理等主要人类活动；三是原址保留历史物项，即承载着重要历史、科技、社会和艺术价值的工业建筑、机械、车间、矿场、仓库等有形遗存，在原址上或附近得到了真实完整的保留。在本研究中，将工业遗产的始建年代限定于1980年及之前。

（二）上海"生产存续型"工业遗产的类型

上海"生产存续型"工业遗产规模庞大、数量众多、价值重大。从区位、规模和产业来看，可以把这种工业遗产大致分为三类：一是郊区的大型重工业遗产。从"一五"末期到"四五"期间，在上海中心城区周边建设的近郊工业区和远郊卫星城中的工厂，如闵行卫星城的"四大金刚"（汽轮机厂、电机厂、重型机器厂、锅炉厂）、金山卫的上海石油化工总厂、宝山吴淞地区的宝山钢铁总厂等。二是中心城边缘的中型装备类工业遗产。民国末期曾在中心城区边缘的规划工业区内建设的工厂，如军工路沿线的上海机床厂和上海柴油机厂等。三是郊区小型的消费类工业遗产。新中国初期在上海郊区建设的用于服务本地经济社会发展的消费品制造工厂，如奉贤区的四团酒厂、宝山区的利用锁厂等。这三类"生产存续型"工业遗产中又以第一类数量最多（表1）。

表1 上海"生产存续型"工业遗产的代表案例
（来源：作者编制及拍摄）

遗产类型	遗产名称	现址始建年份	遗产物项	现状照片
郊区大型的重工业遗产	上海重型机器厂	1958	12 000吨自由锻造水压机、锻造车间、冶铸车间、煤气站、冷却塔、水压机车间、炼钢车间、工具车间、铁路	
	上海石油化工总厂	1972	猪公馆、红楼、码头岸线、电厂、铁路、海堤码头、30万吨聚酯装置	
	吴泾化工厂	1958	2.5万吨合成氨厂房、30万吨合成氨三机厂房、造粒塔、造气车间、氯磺酸装置等	
	宝山钢铁总厂	1978	宝钢工程指挥部旧址、2050生产线、海事楼、无缝钢厂、原料码头、自备电站等	
中心城边缘中型的装备类工业遗产	上海柴油机厂	1947	民国时期仓库、第一代锅炉房、老办公楼、活动中心、热处理车间等	
	上海机床厂	1946	民国时期的工具车间和液压车间、上机码头、中国自主设计的第一代磨床等	

续　表

遗产类型	遗产名称	现址始建年份	遗产物项	现状照片
郊区小型的消费类工业遗产	四团酒厂	1958	厂房、窖池、仓库、水塔、摊粮机等	
	利用锁厂	1964	生产车间、仓库	

（三）上海"生产存续型"工业遗产的相关讨论

上海"生产存续型"工业遗产的早期研究，大致始于2007—2011年间的第三次全国文物普查，"工业遗产"的概念作为专题被正式列入其中（曹永康，竺迪，2019），一些仍在生产的工业遗产得到关注，如上海重型机器厂、罗店利用锁厂、上海石油化工总厂等（上海市文物管理委员会，2009）。其他相关研究有：刘伯英和孟璠磊（2022）从新中国工业化过程出发，阐释了新中国工业遗产的核心价值；朱晓明（2017）和彭怒（2020）等从建筑史的视角，讨论了关于新中国初期工业建筑设计和建造标准和范式转移；王林等（2023）从城市更新和风貌保护出发，分析了宝钢型钢厂的保护更新；韩晗（2021）从中国共产党领导国家现代化建设角度提出了红色工业遗产；马心成等（2024）讨论了松江南门粮库转型融入社区生活等。这些成果提供了有关建筑史学、历史学或城市更新的分析视角。然而"生产存续型"工业遗产是如何形成的？其遗产本体特征如何？"再工业化"对于保护利用有何种影响？仍有待进一步讨论。

如果说中心城区内已转型的工业遗产代表了上海近代的工业繁荣，"生产存续型"工业遗产则见证了当代的工业成就，同新中国工业化、城镇化和现代化历程同频共振。新中国第一台万吨水压机，第一枚地对空火箭，第一台6 000千瓦电站汽轮机，第一座自行设计、制造和建设的大型氮肥厂，围海造地造就的金山石化基地，以及标志着改革开放新时代的宝山钢铁总厂一期工程等，为上海的经济社会发展作出了突出贡献。研究这些"生产存续型"工业遗产，是未来上海工业遗产研究的重要方向之一。

二、上海工业布局演变和"生产存续型"工业遗产

(一)围绕"一江一河"的早期布局

上海位于长江入海口,中国南北海岸线的中点,具有发展工业的优良条件。1843年,上海成为第一批开埠口岸,设立租界,迈入工业时代。由于公共租界中区北端的黄浦江和苏州河交汇口交通便利,成为西方列强在沪创办工厂的首选之地,如英商在1860年代创办的祥生船厂和耶松船厂。19世纪下半叶,公共租界沿黄浦江向东扩展至周家嘴路,沿苏州河向西扩展至静安寺,工业布局也进一步拓展:外商在租界东区(现虹口和杨浦滨江)大规模建设水厂、电厂和棉纺织厂,在租界西区(现苏州河静安和普陀段)开办以棉纺织和食品加工为主的轻工业,随后带动民族资本家在苏州河北岸华界地区创立大量棉纺、面粉和化工类工厂。同期,由洋务派创办的江南制造总局选址城南高昌庙地区,后沿黄浦江向西逐步发展成为造船、枪炮和飞机等军械生产基地。至1927年,上海已初步形成沪东、沪西和沪南三大工业区(图1)。

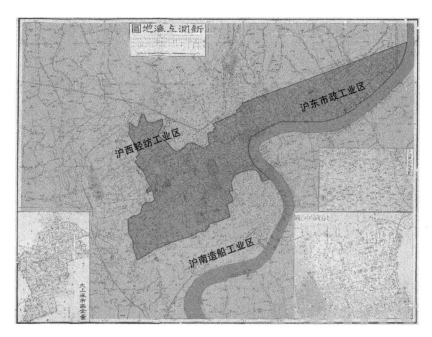

图1 上海租界范围及三大工业区布局
(来源:上海市档案馆,作者加工)

(二)波折中的工业疏散

近代上海辖区面积狭小,在经历了80余年发展后,资源环境不堪重负,发展弊端凸显,这成为上海率先探索工业疏散的动力。1927年7月,国民政府将原属宝山县、南汇县

和松江县的部分地区划入上海,成立上海特别市。同年 10 月,工务局编制《全市分区计划草案》。这一时期,由昆明市政公所督办张维翰翻译日本学者弓家七郎的专著《英国田园市》一书,以及 1929 年问世的译著《都市计划讲习录》等在国内出版,国内学者和官员开始关注欧美建设卫星城这一新趋势(包树芳,2023)。1930 年 6 月,特别市颁布"大上海计划",将部分工业规划在北郊蕴藻浜新商港以西沿铁路一带、真如到大场的工业区内,反映出发展工业卫星城的思想。

1945 年 9 月抗战胜利后,上海市政府委托工务局制订了"大上海都市计划",引入沙里宁(Eliel Saarinen)构建的"有机疏散"理论,提出"工业应向郊区迁移",并设定了 10 大工业选址区。除原曹家渡、杨树浦、南市外,还包括城区边缘的徐家汇、虬江码头、周家桥、吴淞、莘庄—梅陇镇、洋泾、塘桥等地区,借助京沪铁路和沪杭铁路以及苏州河和黄浦江联通四处(图 2)。"大上海都市计划"尽管未能实施,但为新中国上海工业发展奠定了基础

图 2 "大上海都市计划"中的工厂设厂地址分布图

(来源:"大上海都市计划",作者加工)

（忻平等，2019）。

1949年12月，上海政务院邀请苏联专家马科夫和巴莱尼科夫指导上海城市建设，并于1950年3月拟定"关于上海市改建及发展前途问题"的意见书，提出把上海从"消费城市变为生产城市"，重点发展重工业。空间上通过扩大既有市区面积来发展新市区，在吴淞地区建设工业，实际上推翻了"大上海都市计划"中的工业卫星城计划。这一时期的上海，主要通过开发近郊工业区来发展工业，如彭浦机电工业区、桃浦有害化工区等，规模相对较小。且由于城市沿海，不时遭到国民党部队空袭，这一时期的上海工业仍处于恢复阶段，并未得到充分发展。

（三）从卫星城到开发区的扩张

1956年4月，毛泽东在《论十大关系》的报告中，要求"好好利用和发展沿海工业的老底子"。以此为契机，上海提出"充分利用，合理发展"的工业建设新方针。这一时期还出现了一些有别于新中国成立伊始的新形势。在政治上，1956年2月举行的苏共二十大，提出在大城市郊区建立小城市，卫星城不再被认为是乌托邦或资本主义改良运动的组成部分；在用地上，1958年，上海、宝山、嘉定、松江、川沙、南汇、奉贤、金山、青浦、崇明等10县先后被划入上海市，市辖区范围显著扩张，为工业发展提供了充足用地；在产业上，《论十大关系》要求重点发展重工业，而以轻工业为主的上海中心城区不再符合发展要求，在土地广袤的郊区新建卫星城迫在眉睫。

自1958年开始的"二五"时期，上海陆续将中心城区内的机电、化工和冶金工业向郊区疏散，如将化肥生产从苏州河畔的天利氮气制品厂转至吴泾镇，将汽车制造从静安区威海路迁至安亭镇，在吴淞上钢一厂以北新建上钢五厂以生产特型钢等。同期，由苏联专家巴拉金建议、上海市政府批准的新中国第一个工业卫星城——闵行卫星城建设完成，前后仅历时78天。在经历了援助三线建设的特殊时期后，上海在"四五"中期的1972年，将"四三方案"的上海石油化工总厂落地金山卫，陆续上马11.5万吨乙烯装备和20万吨聚酯装备，为全国人民的"穿衣难"问题提供了解决方案。十一届三中全会闭幕的第二天，即1978年12月23日，上海在宝山月浦地区开工建设宝山钢铁总厂，一期工程于1985年正式运行。至此，上海基本完成了工业卫星城的建设任务（图3）。

1979—1995年间，上海工业发展从计划经济体制向社会主义市场经济体制转型。"六五"和"七五"期间，经济开发区作为一种新发展模式开始推动工业布局：一方面新建虹桥、闵行、漕河泾三个国家级经济技术开发区，发展以电子产品、半导体和医药等为主的民用工业；另一方面利用宝山、金山等地的既有工厂建设新流水线，升级传统冶金和化工产业。此外，以1992年浦东大开发为契机，上海开始分片建设保税区、加工区、科技园区等，涌现出张江高科技园区、金桥出口加工区等新模式。

图 3　上海近郊工业区和远郊卫星城布局

(来源：作者绘制)

(四)"退二进三"和"中心—边缘"分异

浦东大开发，在土地、人才和政策等方面为上海工业的新发展创造了条件。自 1990 年代中期开始，上海开始实施"退二进三"和"退城入园"战略，逐步疏散中心城区内的工业生产功能至浦东新区和其他郊区，同时通过发展房地产和文创等新兴产业予以替代，大量工业遗产被改造成创意产业园。2009 年，上海在"两规合一"的背景下进一步提出"104、195、198"地块方案，指出规划产业区以外、城市集中建设区以内的 195 平方公里工业用地，将采用各种方式予以转型。这一政策在 2014 年之后又衍生出更聚焦的工业用地转型和城市更新政策，加快了中心城区的"去工业化"进程。

同期，开发区模式逐步被新城模式取代，工业进一步在城市边缘地带生根。在过去的卫星城和开发区基础之上，上海在"十五"期间提出"一城九镇"规划，包括了安亭汽车城、芦潮港深水港城等工业新城；"十四五"期间，上海进一步提出"五大新城"规划，临港新片区作为汽车、人工智能等新兴产业集聚地得以崛起。时至今日，上海中心城区内除原来的规划产业区外，基本实现了"去工业化"；而郊区的工业布局，则在快速发展并迈向以高端、绿色、智能为特征的现代化制造业体系(图 4)。2023 年出台的《上海市推动制造业高质量发展三年行动计划(2023—2025 年)》中，强调工业增加值占上海 GDP 比重要达到 25%以上。

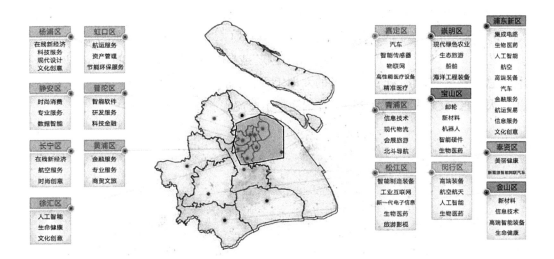

图 4 上海现代化制造业体系
(来源：上海市经济和信息化委员会，作者加工)

三、上海"生产存续型"工业遗产的特征

从工业布局演变来看，维持生产功能的工业遗产，多是新中国成立初期建设的郊区重型工业设施，具有和已完成"去工业化"的工业遗产相异的空间、产业和文化特征，这既反映了其建设时期特殊的经济社会背景，也体现出其能延续生产至今日的独特发展条件。

（一）空间特征

从空间形态上来看，"生产存续型"工业遗产在区位选址、空间布局和建筑形态上具有鲜明特征：

一是选址"铁水联运"枢纽。此类工业遗产多选址在中心城区以外的黄浦江沿线，并且往往在卫星城内的工业区配套建设货运铁路专线，实现铁水联运目标以提升运输资源的高效配置。这种模式最早用于新中国成立初期的全国粮食调运，后在1961年由铁道部、交通部共同颁发了《铁路和水路货物联运规则》予以政策化。为了降低铁水联运的转换成本，多数工厂采取了"长面宽、短进深"的用地形态，形成了"水路—厂区—铁路""水路—铁路—厂区""水路—铁路—厂区"等若干种组织模式，代表案例有上海柴油机厂、吴泾化工厂、上海汽轮机厂等。

二是生产工艺决定空间布局。主要体现在区域布局和厂区布局两个层面。由于工业用地的供给充裕，工业空间布局不再见缝插针，而是采取整合、兼并和统一的规划新模式（李凌洲、彭怒、张俊杰，2020）。在区域层面，空间布局多考虑到能源和原材料的获取便捷性以及降低生产损耗和运输成本，多数"生产存续型"工业遗产都临近电厂或拥有自备电站并靠近上下游的工厂,如宝山钢铁总厂下辖的焦化、炼铁、炼钢、热轧、冷轧、不锈钢、钢管、特型钢等生产基地等,全部位于滨江的吴淞地区(图5)。在厂区层面,空间布局主要反映工艺需要,针对不同的产品类型,采用"并联"或"串联"方式布局空间,前者如上海石油化工总厂建设"油、化、纤、塑"并举的六期工程,后者如上海重型机器厂的炼钢、锻造和金工三大厂区,反映了大型金属铸锻件的完整生产流程。

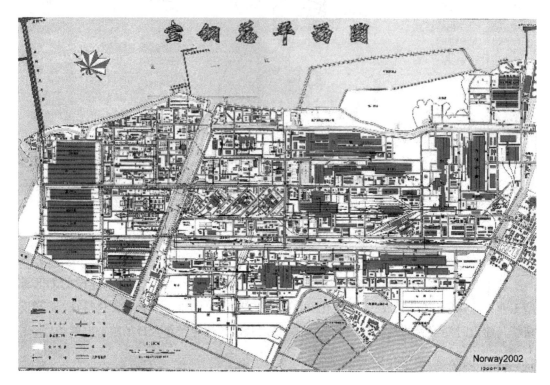

图5 宝山钢铁总厂总平面图
(来源:同济大学彭怒教授课题组)

三是工业制品般的标准化厂房。这类工业遗产的建筑,折射出对于苏联设计标准化的定型化观念引入,以及其在上海的实践和本土化过程。1956年,国务院发布了《关于加强和发展建筑工业的决定》,首次提出建筑工业化要求,这直接导致当时的工业建筑形制呈现出"工业制品般的统一",比如大跨度、模数化、单层排架、预留扩建空地等特征。尽管不同时期的厂房在外墙、承重柱、屋面板、天窗等局部构造会略有差异,尤其是1960年后的厂房,是在对苏联设计本土化改造之上开展的,加入了省材、易于生产和符合本地气候条件等因素,如1970年代常用的钢筋混凝土空腹柱。但这一时期的工业建筑在风格上并没有显著差异,这同晚清和民国时期崇尚的新古典主义或装饰艺术风格相比缺少特殊性。

(二)产业特征

从产业形态上来看,"生产存续型"工业遗产具有特殊的产业集聚形式、技术空间和功能分布特征：

一是产业和技术高度集聚、产品互为补充。在城郊地区经过科学规划，建设具有产业特色的新型工业集聚区，使上海成为群体组合城市。这种模式旨在通过将产业链上下游关联的工厂集聚在一起发展，从而有效降低运输耗损，并充分发挥新建城市的基础设施和公共设施资源的边际效益。时至今日，这一特征仍然显著。如闻名全国的吴泾"五朵金花"（吴泾化工厂、上海碳素厂、上海焦化厂、上海电化厂、吴泾热电厂）。这些工厂的产品互为补充：化工厂使用的氯化氢由电化厂供给，同时将高温蒸汽供给电化厂和焦化厂；焦化厂则将焦炭供给化工厂用来生产合成氨，供给一氧化碳和甲醇用以生产醋酸；热电厂为这些工厂提供能源，工厂之间共享铁路，反映出一个以化工产业为核心的技术互联网络。

二是工艺迭代过程可以完整识别。近年来，上海作为国际化大都市在城市更新、环境治理和产业提质增效等方面提出了新要求，这些工业遗产也选择从"基础性"工艺向"战略性"工艺跃变，即向产品研发或产业链下游职能发展，如上海石油化工总厂定位绿色化工，向碳纤维复合材料、绿色高端涂料等新材料方向转型，因此，被用来生产新产品的老建筑/构筑、铁路和道路等设施多数保存如初，能够较为完整的反映历史上的工艺生产流程。相较于中心城区以文化创意和房地产等第三产业为导向、"拆改留"为手段的工业遗产转型模式，"生产存续型"工业遗产在技术价值上更具研究意义。

三是产城融合的城市和功能分区城区。作为近郊工业区和工业卫星城的一部分，这些工业遗产在建设之初秉承产城融合和功能分区的规划原则，这一功能布局特征至今仍清晰可辨。以闵行工业卫星城为例，以机电工业为主导，沿江川路两侧规划建设了十余个工厂以及配套的市政基础设施、住宅和生活配套设施，十几万名产业工人在此工作和生活，江川路也被誉为沪上闻名的"闵行一条街"，是名副其实的产城融合。而在片区层面则遵循功能分区原则：闵行卫星城将华宁路以西、江川路以南均规划为工业用地，东北片区则定位居住和公共配套用地，边界分明，工业用地占到建设用地的近60%。这一规划思路既不同于民国工业区的无序发展，也不似改革开放初期开发区更推崇的产城分离。

(三) 文化特征

从文化形态上来看，"生产存续型"工业遗产不仅代表了工业历史的转折时代，还同企业和普通职工有着更为紧密的联系：

一是见证了工业发展的自主创新或重大突破。这些工业遗产多隶属于上海乃至全国的重点工业企业，在中国工业化和现代化进程中具有重要的见证意义。如上海重型机器厂诞生了新中国第一台万吨水压机，开启了中国独立自主锻造大型设备的时代；吴泾化工厂是中国自主设计和建设的第一个大型化工厂，为保障全国农业生产贡献了力量；上海汽车厂不仅是"凤凰"牌汽车的诞生地，还在改革开放初期采取"老瓶装新酒"的方式，腾挪历史厂房用于安置"桑塔纳"生产线。这些工业遗产尽管年份较近，但一改近代以来的"舶来"的工业发展模式,在自主性、突破性和创新性等方面呈现出典型性。

二是塑造了强烈的情感依恋和身份认同。生产行为的存续牵动着相关生活行为的存续。作为"企业办社会"的产物,这类工业遗产在其所在地区形成了集体特色鲜明的社会生活方式,包括了企业参与职工的住房建设、教育和医疗保障,职工的日常生活往往集中在工厂周边的商业和文化设施中,技术和身份的师徒传承,职工的责任感、使命感和集体记忆培育等,都折射出国营大厂中个体对集体的一种情感依恋和身份认同。尽管经历了多轮制度性改革,但这些工业遗产仍能够在一定程度上反映集体生活的特征。

三是从发展企业文化迈向发展工业文化。这些工业遗产多为中央直属或上海市属的重点国营企业,生产国家需要的关键工业制品,因此在过去较少面向社会公众开放,主要服务于企业自身文化建设。随着近年来全国工业文化建设如火如荼,这些企业逐渐融入这一趋势,具体表现为:参与的职能部门更多,从打造企业展馆发展为行业展馆,从讲述企业历史转向行业、工业的历程,以及更聚焦于工业遗产物项的保护等。尽管这些阐释和展示手段同传统文化遗产地和博物馆仍有差距,但已表现出巨大的发展潜力。

四、讨论与小结

"生产存续型"工业遗产,是"活态"的遗产,能够真实、完整地反映工业生产活动及相关社会活动原貌,是中国作为制造业大国特有的工业遗产类别。不同于西方国家在"去工业化"进程中出现的工业遗产,抑或是上海中心城区在城市更新背景下留存的工业遗产,"生产存续型"工业遗产源于新中国初期独特的经济社会背景和产业规划战略,在空间、产业和文化等方面呈现出与众不同的特征,这也深深影响了其遗产价值构成。具体而言,"生产存续型"工业遗产的科技价值、社会价值和关联工业化进程的历史价值较为突出。因此,有必要建构更具针对性的价值评价体系。

"生产存续型"工业遗产的保护利用也是未来研究的重要方向之一,即如何摆脱在"去工业化"背景下构建起的传统保护利用思路,基于"再工业化"语境探索一条"边生产、边保护、边利用"的新路径。这里涉及到保护规划制定、遗产物项认定、价值阐释和展示、土地和功能区规划、空间对生产活动的适配性评价、遗产开放和安全生产的平衡、保护利用主体和资金来源等工作,应当有别于城市更新模式下提出的解决方案,亟须形成开拓性思路和创新性方法。

"生产存续型"工业遗产,是工业文明的遗存,更是"活着"的见证者和传承人。研究上海"生产存续型"工业遗产的形成和特征,探讨保护利用的思路和方法,不仅能够为我国规模庞大的此类工业遗产的保护利用树立可借鉴参考的样本,还可以用于指导仍致力于"工业化"或"再工业化"进程中的国家和地区提供有别于"去工业化"的解决方案,在第四次工业革命的浪潮下贡献工业遗产保护利用的"上海经验"。

参考文献

[1] Smith, L. Uses of Heritage[M]. Routledge, 2006.
[2] TICCIH. Nizhny Tagil Charter for the industrial heritage[Z]. Nizhny Tagil, 2003.
[3] 刘伯英. 工业建筑遗产保护发展综述[J]. 建筑学报, 2012(1).
[4] 曹永康, 竺迪. 近十年上海市工业遗产保护情况初探[J]. 工业建筑, 2019(7).
[5] 上海市文物管理委员会. 上海工业遗产实录[M]. 上海交通大学出版社, 2009.
[6] 刘伯英, 孟璠磊. 新中国工业遗产核心价值初探[J]. 新建筑, 2022(4).
[7] 朱晓明, 姜海纳. 建国初期"华东院"的工业建筑设计——以大跃进中上海重型机器厂2500t水压机车间为例[J]. 时代建筑, 2017(4).
[8] 彭怒, 李凌洲. 从定型化到体系化中国现代工业建筑设计标准化的观念与实践(20世纪50—80年代)[J]. 时代建筑, 2021(3).
[9] 王林, 王心怡, 薛鸣华. 上海宝钢型钢厂房的保护更新研究[J]. 时代建筑, 2023(3).
[10] 韩晗. 红色工业遗产论纲——基于中国共产党领导国家现代化建设的视角[J]. 城市发展研究, 2021(11).
[11] 马心成, 李童琳, 汪留成. 复苏与融入, 工业遗产耦合社区生活——上海松江"云间粮仓"的启发[J]. 住宅科技, 2024(3).
[12] 包树芳. 民国时期卫星城学说的引入、传播与运用[J]. 近代史研究, 2023(2).
[13] 忻平, 吴静, 陶雪松, 丰箫. 上海城市建设与工业布局研究(1949—2019)[M]. 上海人民出版社, 2019.
[14] 李凌洲, 彭怒, 张俊杰. 商港向生产性城市的转型从上海工业用地规划与工业建筑建设讨论(1945—1960年)[J]. 时代建筑, 2020(6).

从厂矿到工矿乡镇：
粤北南雄743矿工业遗产的空间层积

刘玮廷　彭长歆

（华南理工大学建筑学院、亚热带建筑与城市科学全国重点实验室）

摘　要：广东省工业遗产粤北南雄743矿的形成经历了新中国核工业发展的早期阶段、"小三线"建设、改革开放后工矿乡镇建设等不同历史时期，其工业遗产保留了鲜明的时代特征和规划思想。基于国家史、社会史视角，运用文献查阅、实地调研和口述访谈等方法，对南雄743矿从早期厂矿、"小三线"建设到工矿乡镇的转变的空间层积开展研究。其空间遗存反映了743矿从"军事化与等级化"到"生活化与市政化"的空间组织特征、演变过程及动力机制。该研究将为工矿小镇的乡村振兴工作提供参考。

关键词：小三线；工业遗产；南雄743矿；空间层积；工矿小镇

　　1964年我国第一颗原子弹爆炸成功，其背后离不开核燃料铀。粤北铀矿（代号"741""743""745"）的发现、开采及加工，为新中国成立初期的核燃料生产提供了原料，在广东核工业乃至中国核工业建设史上具有重要的意义。2024年，正值我国第一颗原子弹爆炸成功60周年，作为我国自行勘探、设计和建造的第一个铀矿，粤北南雄743矿被正式列入广东省第三批工业遗产名单，成为广东乃至中国工业遗产保护传承的一次重要事件。

　　743矿的发展历程可划分为几个关键阶段：1956年至1971年的建矿初期阶段，1971年至1983年的"小三线"阶段，1983年至1994年的工矿乡镇阶段，1994年至2002年"停军转民"阶段，以及2002年至今的退役治理阶段。随着退役治理工作的基本完成、乡村振兴战略的深入实施及广东省工业遗产的成功申报，743矿迎来活化利用的新篇章。尽管如今743矿已废弃空置，但其工业遗产仍保留着鲜明的时代特征和规划思想，展现出与众多三线厂矿迥异的发展脉络。通过研究南雄743矿的空间层积，识别并解析其在不同历史阶段的空间特征，对于推动工矿小镇的乡村振兴工作具有重要意义。

一、共和国核工业与粤北铀矿开采

新中国成立之初,面对以美国为首的西方国家的军事挑衅和核恐吓,国家安全问题变得尤为突出。为了保障国防安全、遏制帝国主义国家的核冒险行为,1955年,以毛泽东主席为核心的党中央作出了发展核工业的重大战略决策,这标志着中国正式迈入开发、利用原子能的时期。1956年5月,地质矿产部勘探局在粤北地区发现铀矿点,揭开了广东铀矿勘探和铀开采的序幕;1958年,第二机械工业部(简称二机部)在韶关成立筹建铀矿办公室,开始筹备铀矿建设,并在韶关翁源县筹建了广东境内的第一座铀矿——代号为"741矿"的铀矿冶炼企业,同时在翁源下庄创办了广东省首个土法炼铀厂;1963年9月,二机部下达了在南雄县(今韶关南雄市)筹建"743矿"的指令,并在此建立了广东省乃至全国首个采用清液萃取工艺流程的现代化水冶厂;建矿之初,743矿便实现了采、选、冶一体化,迅速成为国家核工业原材料供应的重要环节。

20世纪60年代,随着东西方冷战格局的加剧以及中苏关系的恶化,中国面临的外部军事压力和战争威胁陡增。为应对危机并缓解新中国成立初期工业布局不均衡的矛盾,特别是改善西部地区国防工业薄弱的状况,毛泽东主席重申:"在原子弹时期,没有后方不行。现在沿海搞这么大,不搬家不行,一线要搬家,二线、三线要加强。"[1]基于此战略考量,中国将工业发展的重心转向"三线建设",将全国由沿海、边疆地区向内地划分出一、二、三线[2],并决定在三线地区构建完整的国防工业和重工业体系。同时,为了更好地适应战备需要,各省的"小三线"建设也同步展开,为战略后方区域提供必要的军需保障。

在实施"备战、备荒、为人民"的国家战略方针和国防建设背景下,广东"小三线"建设在20世纪60年代末70年代初也正式拉开序幕。通过实施"山、散、洞"的战略疏散,广东省把一批机械厂、军工厂疏散到粤北"小三线",并在韶关、梅县、肇庆等地建立了一批"小三线"厂[3]。1969年2月,二机部十二局从741矿抽调人员于韶关仁化县筹建"745矿",建立粤北地区又一大型铀矿采冶联合企业。

在"小三线"建设的浪潮下,粤北铀矿建设进入快速发展阶段。1971年,741矿、743矿、745矿这三个国营企业分别被整编为中国人民解放军基本建设工程兵第623团、第624团、第625团。743矿各工厂及生活区建设也全面铺开,迅速改变了建矿初期集中生产、生活条件简陋的局面。

改革开放后,1983年"保军转民"政策撤销743矿的部队编制,恢复743矿的国营企业建制,开始同时生产军品及民品,走多元化经营的发展道路;到1995年"停军转民"政策

---

[1] 陈夕.中国共产党与三线建设[M].北京:中共党史出版社,2014:43.
[2] 一线指沿海和边疆地区;三线指云贵川陕甘宁青及湘、赣、豫等内地地区,其中云贵川陕甘宁俗称为大三线;二线指介于一线、三线之间的中间地区。一线、二线地区各自的腹地又俗称小三线。
[3] 彭长歆,刘晖,钟冠球.中国工业遗产史录 广东卷[M].广州:华南理工大学出版社,2023:16.

全面实施,军品任务被全部取消,企业开始全面转向民用产品生产。2002年,743矿因"政策性"原因宣告破产,随后核工业广东矿冶局出资成立"中核南雄市凌江有限责任公司",负责该矿的退役治理工作(图1、图2)。2024年2月743矿被正式列入第三批广东省工业遗产名单。

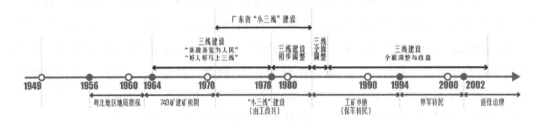

图1　743矿发展简图

(来源:作者自绘)

图2　743矿整体航拍图

(来源:南雄市澜河镇人民政府)

二、粤北铀矿规划与"小三线"建设

新中国成立后,面对战争遗留下的经济困境,人民政府采取集中统一管理财政经济的政策,旨在迅速恢复国民经济并平衡财政收支。为控制工业生产的成本、实施重工业优先发展战略,新中国建立了高度集中的计划经济管理体制,以组织和配置资源,进行强制性工业化积累。在这一体制下,通过不等价交换和税收手段,大量农业资源被转移到工业领域,支持工业扩张。从1949年至1978年,城市普遍执行低工资制度,国民收入中的大部分被用于扩大工业再生产。这种高积累、低消费的政策导向,催生了"先生产、后生活"的口号①,这一口号直接影响了新建厂区的规划与建设。

(一) 选址

粤北铀矿所处的粤北山区,自然条件极为优越。首先,体现在其地理位置上。该区域位于我国南岭多金属成矿带,矿产资源丰富,尤以有色金属著称,被誉为全国"有色金属之乡"之一。在苏联的援助下,地质工作者在粤北地区首次发现了花岗岩型铀矿,并相继发现了英德小江山、翁源下庄、南雄澜河、长江棉花坑等一系列矿点,为后续铀矿田的开发奠定了基础②。其次,粤北山区地处中亚热带和南亚热带的交汇地带,气候温暖湿润,阳光充足,雨水丰沛,为生物的生长与繁衍提供了得天独厚的条件。加之其广袤的山地地形,林业资源丰富,产量高,使该地区成为广东省重要的木材、经济作物和水源林生产基地。再者,粤北山区降雨充足,径流丰沛,不仅满足了工农业生产的用水需求,还因地势陡峭而蕴藏着巨大的水能资源潜力③。

粤北铀矿的选址遵循"靠山、分散、隐蔽"、"大分散、小集中"的方针。此方针旨在远离大城市,实现点状分布,以符合现代战争对机密性军工企业选址的特殊要求。粤北山区连绵的低山与茂密的植被为工厂提供了天然的屏障,确保了防控安全,满足军工企业的战略部署需求④。随着三线建设的全面展开,这一方针更成为三线工业,特别是国防科技工业选址的重要原则,以确保即使在核战争等极端情况下,三线企业和科研单位也能持续进行生产与研究,支持前线⑤。

(二) 生产区:大分散,小集中

743矿的生产区严格遵循"大分散、小集中"的原则,依山而建,巧妙地分布在各个台地上,且各自形成独立的成团(图3)。以302水冶厂为例,其厂房布局严格依据炼铀工艺流程,从山顶至山脚顺势而下,卸矿、粉碎、球磨、堆浸、过滤依次排列;同时主工艺厂房和主要辅助设施布置紧凑,采用了先进的工艺流程设计,并配备了完善的环境保护设施,确保了生产的高效与环保(图4、图5)。对于机修厂、汽修厂等辅助设施,在选址与空间条件受限的情况下,各工艺厂房按照流程顺序排列,并围合成一个相对集中的大空间(图6、图7)。这样的布局不仅提高了生产效率,也体现了对自然环境的尊重与合理利用。

---

① 吕俊华,彼得·罗,张杰. 1840—2000中国现代城市住宅[M]. 北京:清华大学出版社,2003:109-113.
② 张金带. 发现和探明第一批铀矿床(续一)[J]. 铀矿地质,2022(4).
③ 广东省科学院丘陵山区综合科学考察队. 广东山区工业[M]. 广州:广东科技出版社,1991:164.
④ 徐利权,谭刚毅,高亦卓. 三线建设的规划布局模式及其比较研究[J]. 宁夏社会科学,2020(2).
⑤ 张勇. 介于城乡之间的单位社会:三线建设企业性质探析[J]. 江西社会科学,2015(10).

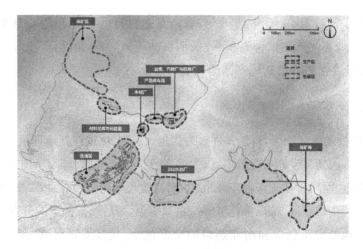

图 3　743 矿生产区布局示意图
（来源：作者自绘）

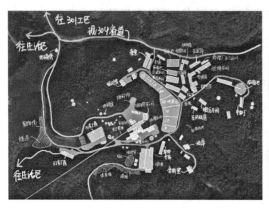

图 4　302 水冶厂总平面示意图
（来源：作者自绘）

图 5　水冶厂碎矿车间及两条生产线的球磨车间
（约摄于 20 世纪 90 年代，现已拆除）
（来源：南雄市澜河镇人民政府）

图 6　油库、汽修连车间及机修厂平面示意图
（来源：作者自绘）

图 7　汽修连车间整体鸟瞰图
（来源：作者自摄）

(三)"先生产、后生活"的生活区规划

在生产优先的指导思想下,743矿生活区沿山脚布置,主干道平行于山体,并衍生出多条次级道路,自然划分出多个空间组团,使得整体布局清晰且富有层次感。建筑沿街道线性分布,平行排列(图7)。受限于早期的资金条件,住宅设计采用标准化的建造方式,多为南北朝向、平行排列的"干打垒"住宅或双层集体宿舍形式(图8)。这些住宅由外廊相连,空间利用率高且通风采光良好,但并未配备厨房和卫生间。到20世纪60年代末,工人俱乐部(亦称大礼堂)及活动中心建成,成为当时厂矿内为数不多综合性设施建筑(图9)。

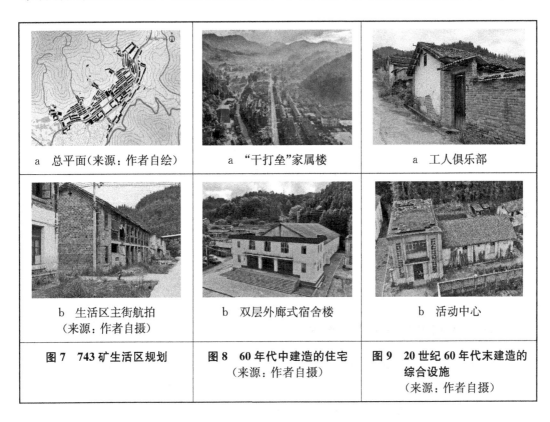

a 总平面(来源:作者自绘)	a "干打垒"家属楼	a 工人俱乐部
b 生活区主街航拍(来源:作者自摄)	b 双层外廊式宿舍楼	b 活动中心
图7 743矿生活区规划	**图8 60年代中建造的住宅**(来源:作者自摄)	**图9 20世纪60年代末建造的综合设施**(来源:作者自摄)

自此以后,743矿厂区布局基本保持稳定,而生活区则有了显著的改变,不断适应并满足职工日益增长的生活需求。

三、"小三线"建设下的营房空间(1971—1983)

随着"小三线"建设的不断深入,为应对我国一些大型基建项目所面临的资金短缺、技术骨干不足、人员调动困难等问题,743矿等工矿企业逐步被整编为"基本建设工程兵",实行部队化的管理体制。体制上的重大变革不仅使743矿在行政架构与管理模式上发生了一系列的变化,也使743矿的建设呈现出军事化的特征。

(一) 军事化组织与营房布局

这一时期,743矿生活区沿主街轴线规划,增建了多个采用行列式布局的组团。这些组团依据行政结构被划分为团部、营部及营房层级,与军队的"团—营—连—排"编制体系对应。在布局上,多栋营房围绕营部中心布局,形成营部组团;同时,家庭住宅则围绕服务设施中心聚集;多个这样的居住组团再围绕团部中心,共同构成生活区整体的空间结构。这种空间结构,不仅通过象征手法在空间上体现军队纪律性与秩序性,也是一种高效的管理手段和直接的指挥体系①(图10)。

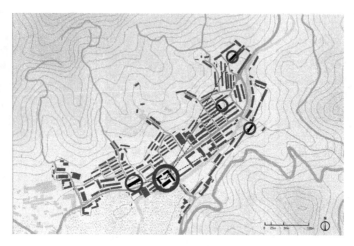

图10　743矿生活区等级结构图解
(来源:作者自绘)

(二) 标准化的组团空间与建设模式

营部组团的设计严格遵循军队等级制度及其在组团中的空间位置关系。以篮球场为中心,组团中最主要、政治属性最鲜明的营部办公楼位于组团轴线上,正对着篮球场和主入口,象征党在日常生活与工作中的核心领导地位。篮球场一侧为食堂,另一侧有序排列着营下各连各排的营房宿舍。这些营房均为标准化建造,由长廊串连统一大小居住单元的简易楼;中部设有楼梯间、公共卫生间和浴室;每个单元均为二人间,设计紧凑,私人空间相对有限。篮球场与食堂则共同构成了组团的中心区域,作为士兵与干部的活动和社交中心,凝聚周边居住单元,增强整体组团的场域凝聚力②(图11)。

家属区组团的设计则更加侧重于日常生活的组织与便利性,围绕公共服务设施布置。为解决住宅短缺问题,家属区沿用了建矿初期行列式排列、标准化建造的"干打垒"住宅模

---

① 程婧如. 作为政治宣言的空间设计——1958—1960 中国人民公社设计提案[J]. 新建筑,2018,(5).
② 谭刚毅. 中国集体形制及其建成环境与空间意志探隐[J]. 新建筑,2018(5).

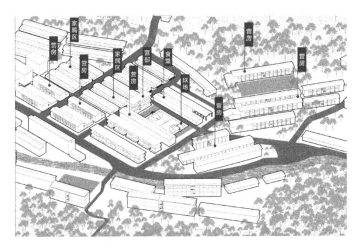

图 11　743 矿营部组团空间布局

（来源：作者自绘）

式,每栋住宅四至五户;每户均为二居室,户型内通常不配备厨房。这一设计使得职工的一日三餐需在规定的时间内前往公共食堂解决,日常用餐因此成为一种强制性的集体行为。食堂周边还整合了开水房等日常必需的服务设施,进一步巩固了其作为职工生活中心的地位,使职工的日常生活高度重叠。在平面布局上,食堂及开水房是整个家属区组团中规模最大、最显著的集体空间,同时承担公共集会的功能。国家通过提供公共产品并强化社交空间的集体属性,塑造集体生活实践,从而实现生产与生活的双重集体化的目的[①][②](图 12)。

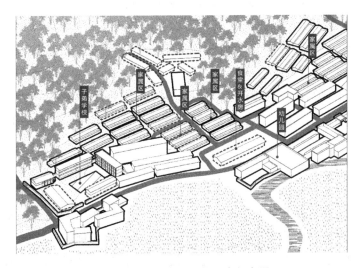

图 12　743 矿家属区组团空间布局

（来源：作者自绘）

[①] 程婧如.作为政治宣言的空间设计——1958—1960 中国人民公社设计提案[J].新建筑,2018,(5).

[②] 谭刚毅,曹筱袤,耿旭初.基于"先生产,后生活"视角的三线工业遗产的整体性及其研究[J].中外建筑,2022(6).

军队生活被安排在几个不同层面上：首先，在居住单元层面，四到五个家庭或几间宿舍共享厨房和卫生间；其次，在组团层面，每个组团内部设有共用的食堂、开水房、篮球场等设施；第三，在总体布局层面，所有居民共用医务室、大礼堂、露天球场、幼儿园、子弟学校等公共服务设施。这种军事化的组织方式和标准化的空间形式，旨在兼顾经济节约和高效军事管理的双重需求。其设计目标可归结为两大方面：一是通过沿轴线布置关键建筑，彰显社会主义政权的领导核心地位和劳动的中心价值；二是巧妙规划居住空间和公共设施，以营造促进社会主义集体精神和无产阶级意识的环境氛围①。

四、工矿小镇的生活化与市政化（1983—1994）

1978年改革开放之后，中国的经济体制开始由计划经济转向市场经济。此前，长达十年的"文革"对国家各方面造成了巨大的破坏。1978年召开的十一届三中全会结束了"无产阶级文化大革命"的极"左"政治路线，并将党的工作重心转向社会主义现代化建设。紧张的国际形势已趋于缓和，迅速恢复国家建设的正常秩序、推动国民经济发展成为整个国家的中心任务。为应对国民经济比例失调的情况，1979年4月5日，中共中央召开工作会议，决定自当年起，实施为期三年的"调整、改革、整顿、提高"的方针，以重塑国民经济的发展轨道。1981年，核工业迎来了历史性的战略调整，经中央批准，核工业从"以军为主"的传统模式，转变为在优先保证军用的前提下，将发展重心转向服务国家经济建设和改善人民生活服务的轨道上（即"保军转民"方针）。这一转变极大地推动了核能和核技术的和平运用，开创了"以核为主，多种经营"的新格局。

在这一背景下，随着国家战略的转变以及743矿自身的持续发展与规模扩张，职工群体对生活质量与生活空间的需求也日益增长。743矿因此逐步向一个集生活化与市政化于一体的工矿小镇转型。

（一）沿街发展公共设施

743矿生活区沿主街线型布局的空间秩序性得到显著强化。原本分散在各个居住组团内的服务设施被有效整合，并集中向主街道迁移，沿主街两侧增设了包括银行、邮局、百货商店等在内的各类服务型建筑。这些服务设施共同构成的公共服务组团，不仅成为整个生活区的核心区域，也成了矿区职工与民居日常生活的中心，满足他们基础且多样的生活需求（图13、图14）。

---

① （澳）薄大伟著，柴彦威等译.单位的前世今生：中国城市的社会空间治理[M].南京：东南大学出版社，2014：149-152.

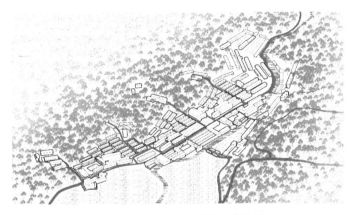

图13　743矿生活区整体空间布局
（来源：作者自绘）

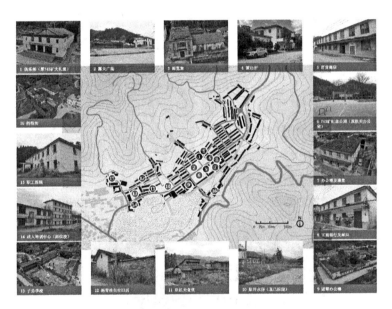

图14　743矿生活区主要公共服务设施分布示意图
（来源：作者自绘）

(二) 纵深发展居住组团

过去由于743矿资源的紧缺、人口的快速增长以及生活模式的单一性，住宅设计和分配难以充分顾及家庭结构对住宅套型的需求，因此住宅户型主要通过居室的数量（如一室户、二室户等）来区分。在住宅投资有限且人口密集的情况下，严格限制住宅的面积标准是缓解住房紧张的重要措施①。随着改革开放的深入和国民经济的恢复，人民生活水平显著提升，生活模式日益多元化，对住宅的使用要求也随之水涨船高。

---

① 吕俊华，彼得·罗，张杰. 1840—2000 中国现代城市住宅[M]. 北京：清华大学出版社，2003：210-211.

首先，最直观的变化体现在人均居住面积的增加。从建矿初期起，743 矿单身职工和职工家属每户住房面积实现了跨越式增长：单身职工住房面积从 0.46 平方米增至 1974 年的 9.8 平方米，再到 1984 年的 12.73 平方米；而职工家属的住房面积则从 18.7 平方米增至 1974 年的 35.12 平方米，并在 1984 年达到 65.8 平方米。其次，生活区内新建了一批多层住宅楼，以两室或三室一厅为主。这些住宅在保持统一模数和户型的基础上，通过组合，形成体型丰富多样、房间使用灵活、5—6 层的多层住宅。房屋进深由过去的 6 米扩展至 9 米，并增设了南北向的生活阳台，便于居民晾晒等活动。此外，建造标准显著提升，普遍采用钢筋混凝土框架结构，部分生活建筑采用了水刷石外立面。对于 20 世纪 60 年代末至 70 年代初建造的家属楼或营房进行了必要的改造与升级：在房屋前后加建了厨房、柴房、厕所等设施；无法加建的空地则被开辟为菜地，有效改善了居住区的使用功能（图 15）。

a 80年代初建造的家属楼1

b 80年代初期建造的家属楼2

c 营房之间空地后加建平房

图 15　743 矿生活区住宅
（来源：作者自摄）

在这一阶段，743 矿职工的生活组织发生了深刻变化。最基本层面上，各家各户拥有了独立的厨房和卫生间。而在更广泛的组团层面和总体层面，职工的生活中心逐渐从各组团内的食堂、篮球场等向公共服务组团转移，促进了人口的"释放"与流动，使得公服组团和主街道成为新的生活重心。

五、结语：空间层积的多维与多向

743矿关停后，人员集体搬出，矿区逐渐空置，但矿区多样化的空间层积得以完好保留。通过剖析743矿历经三个阶段的空间演变历程，不难发现这一过程不仅深刻反映了政治、社会、经济在不同历史时期对空间格局的塑造作用，还鲜明揭示了空间与功能、形态及建造技术之间的复杂而动态的互动关系。尽管在遗产化过程中，这些空间已不再承担原有功能，但其所承载的历史意义、文化积淀和集体记忆，为未来的活化利用工作提供了丰富想象空间和无限可能。展望未来，743矿有望成为乡村振兴战略实施中的一个重要支点。通过创新的规划与设计，实现空间功能的转型升级与形态的重塑再生，不仅赋予这些空间以新的生命力，更为乡村的整体发展注入新活力。

推进新型工业化进程中红色工业遗产价值研究

尚海永

（唐山师范学院）

摘　要：工业是一个国家综合国力的体现，是经济增长的主引擎，也是技术创新的主战场。新型工业化是以新发展理念为引领的工业化。党的二十大报告将基本实现新型工业化作为2035年基本实现社会主义现代化的一项重要目标，并提出推进新型工业化，支持利用国家工业遗产资源，加强国家工业遗产管理，弘扬工业精神，发展工业文化，提升中国工业软实力和中华文化影响力。推进新型工业化进程中，红色工业遗产具有不可替代的价值，本文对红色工业遗产的价值进行了研究与探讨。

关键词：新型工业化；工业遗产；工业文化；红色工业遗产；红色文化

一、我国新型工业化发展进程

（一）新型工业化道路的提出

党中央根据世界经济科技发展的新趋势和走新型工业化道路的要求，针对我国经济建设中的突出问题，在党的十六大报告中提出了走新型工业化道路的战略部署。党的十六大确定了区别于传统工业化道路的新的工业化道路，即坚持以信息化带动工业化，以工业化促进信息化，从而达到科技含量高、经济效益好、资源消耗低、环境污染少、人力资源优势能充分发挥。新型工业化是从我国实际出发，汲取世界各国工业化的经验和教训，立足于当今时代经济科技发展的新水平，充分发挥自己比较优势和后发优势的新型工业化道路。

（二）以新型工业化助推中国式现代化

工业是一个国家综合国力的体现，是经济增长的主引擎，也是技术创新的主战场。新型工业化是以新发展理念为引领的工业化。与以往单纯追求规模扩张的工业化不同，新型工业化追求高质量发展。要完整、准确、全面贯彻新发展理念，把高质量发展的要求贯穿新型工业化全过程,推动制造业实现质的有效提升和量的合理增长①。

党的十八大以来,我国将推进新型工业化作为全面建成社会主义现代化强国的关键支撑。做强做优做大实体经济,加快构建以先进制造业为骨干的现代化产业体系。工业体系更健全、产业结构更优、数字技术与实体经济加速融合。新型工业化扎实推进,为中国经济强筋壮骨,不断培育起新的竞争力②。

党的二十大报告将基本实现新型工业化作为2035年基本实现社会主义现代化的一项重要目标,并提出推进新型工业化。2023年9月,习近平总书记就推进新型工业化作出重要指示指出,新时代新征程,以中国式现代化全面推进强国建设、民族复兴伟业,实现新型工业化是关键任务。党的十八大以来,习近平总书记就新型工业化一系列重大理论和实践问题作出重要论述,极大丰富和发展了我们党对工业化的规律性认识,为我们推进新型工业化提供了根本遵循和行动指南。

二、工业遗产与红色工业遗产

(一) 工业遗产与工业文化——提升中国工业软实力和中华文化影响力

工业遗产是城镇化、工业化进程中保留下来的工业文明遗存,工业遗产是在工业化的发展过程中留存的物质文化遗产和非物质文化遗产的总和。国家工业遗产是中国近现代工业的星星之火,是新中国工业腾飞的里程碑,是中国工业精神的重要载体,是人类共同拥有的财富。

2023年,工业和信息化部印发《国家工业遗产管理办法》,明确支持利用国家工业遗产资源,开发具有生产流程体验、历史人文与科普教育、特色产品推广等功能的工业旅游项目,加强国家工业遗产管理,弘扬工业精神,发展工业文化,提升中国工业软实力和中华文化影响力③。

工业精神与国史叙事是工业遗产的核心价值。工业遗产不仅是工业社会历史的见证与记忆的凝结,更是企业家精神与工匠精神等工业文化的载体。工业遗产最核心的价值,是其传承优秀工业文化或工业精神的教育价值,其工业遗产教育价值的发挥,也和国家历史的叙事有密切关系。工业发展需要一定的精神动力,工业遗产所见证的工业史值得被铭记的最重要理由,就在于其包含了工业企业的艰苦创业与开拓奋进历程以及企业艰苦奋斗背后的精神源泉。

工业遗产是工业文明的见证物,携带着工业文明的价值观、工业技术、工业组织、工业

---

① 黄鑫.新型工业化稳步推进[N].经济日报,2023-12-21(001).
② 新华社记者.强筋壮骨 铸就发展新优势——我国推进新型工业化综述.https://www.gov.cn/yaowen/liebiao/202309/content_6905503.htm(2024-5-14,10:30).
③ 国家工业遗产管理办法(工信部政法〔2023〕24号).https://www.gov.cn/zhengce/zhengceku/2023-03/15/content_5746847.htm,(2024-5-24,22:30).

文化等多方面的信息,是城市工业与科技发展史的载体,这是其他历史遗产所无法替代的。工业遗产是工业文明的载体,过去工业活动赋予其的深厚价值底蕴,对于我们当代人具有重要意义。

(二)红色工业遗产与中国式现代化

新中国成立以后,中国共产党成功推进和拓展了中国式现代化,新中国的工业发展从几乎空白的基础起步,形成一个完整的工业体系,成为中国式现代化的重要物质基础。工业化是现代化的物质基础。中国式现代化是中国共产党领导的社会主义现代化,其重要内容是党领导人民不断探索工业化的道路与模式,总结适合中国国情的工业化的经验与规律,最终走上一条新型工业化道路。经济史学者武力指出,新中国成立后,中国共产党依据当时的内外条件,选择了社会主义工业化道路。改革开放使中国走出了现代化的困境,党的十八大以来,中国式现代化又被推进到一个新的发展阶段。中国式现代化是物质文明和精神文明相协调的现代化,无论是生产态工业遗产还是沉积态工业遗产,其所包含的工业精神与工业文化,都超越了单纯的有形物件,是其作为文化遗产的核心价值所在①。

红色工业遗产正是这一历史进程中的关键组成部分,它们见证了中国工业化进程的不同阶段,从建党之初党领导工人运动,到中华人民共和国成立之初的工业现代化建设时期,再到以经济建设为中心的改革开放时期,这些遗产记录了中国工业化进程中的重大事件和历史转折②。

三、推进新型工业化进程中的红色工业遗产价值

新型工业化是以习近平同志为核心的党中央立足于历史发展趋势与时代发展需求,高瞻远瞩确立的重大决策。工业遗产作为一种文化资源对于工业化具有积极意义。新型工业化需要依靠新质生产力,也要符合高质量发展要求。理解新型工业化,可以从另外两个新概念入手:一是新质生产力,二是高质量发展。这两个概念是当前中国经济发展中的核心议题,它们之间存在着紧密的联系,并且在推动新型工业化进程中发挥着关键作用。在两个概念当中,我们要理顺一个基本逻辑,新质生产力为新型工业化提供了动力和支撑,是推动工业化向更高水平发展的关键因素;而高质量发展则为新型工业化指明了方向和目标,是评价工业化成效的重要标准。两者相辅相成,共同推动着我国经济社会的全面发展和进步③。

---

① 严鹏,黄蓉.新中国工业遗产与中国式现代化的关系[J].经济导刊,2023(6).
② 韩晗.工业遗产再利用服务新型工业化进程的文化路径及其实现机制[J].东岳论丛,2024(2).
③ 刘蓉.加强工业遗产再利用 推动新型工业化发展[N].佛山日报,2024-05-07(A07).

(一) 红色工业遗产与红色文化——传播中国共产党人精神谱系价值

红色工业遗产是自 1921 年中国共产党成立至今、因中国共产党领导国家现代化建设而形成的现代工业遗产体系,是革命文物的重要组成部分,具有无可取代的红色文化资源,其核心价值由党史价值所体现,在我国工业遗产乃至文化遗产体系当中有着不可忽视的地位[①]。

中国的红色工业遗产是在中国共产党领导国家现代化建设过程中形成的一批工业文化与革命文化、社会主义先进文化相融的产物,包括建党之初党领导工人运动、在红色政权内部进行的军工生产以及新中国成立初期、三线建设、改革开放等一系列现代化进程中的重要工业遗存。红色工业遗产不仅见证了中国共产党领导中国人民白手起家干工业的奋斗史,也传承着不忘初心的革命精神,是新时代中国共产党人的精神力量源泉。作为中国共产党领导国家现代化建设的历史见证,红色工业遗产以物质形式再现了苏区精神、"两弹一星"精神、大庆精神、"两路"精神、青藏铁路精神与企业家精神等一系列中国共产党人伟大精神生成的历史场景。

学界于 2022 年、2023 年连续两年召开"红色工业文化研究"学术论坛,研讨中国红色工业的精神谱系,探源红色工业的历史文脉,解析红色工业的文化资源,论述红色工业的实践逻辑与未来图景。研究选题包括红色工业精神、红色工业文化资源保护与利用、红色工业工程史、红色工业文化研学、红色工业文化设计、红色工业文化融入思政课等。从学科维度上主要涉及马克思主义理论、历史学、社会学、设计学和建筑学等多个学科,呈现出较强的学科交叉的特点。

红色工业遗产是中国共产党领导人民进行现代化建设形成的工业遗存,是百年来我国工业化建设的见证。红色工业遗产作为中国共产党的领导下人民进行现代化建设形成的工业遗存,凝聚了老一辈工业人无私奉献的青春,展示了艰苦创业、开拓创新的工业精神。这些遗产不仅是党领导国家现代化建设的重要见证,而且传承了党史中的红色精神,具有特殊的地位和首选价值[②]。

(二) 红色工业遗产与思政育人——"存史、资政、育人"的党史价值

红色工业遗产是红色文化资源的重要载体,它除了一般工业遗产具有的多重价值之外,还具有一切红色文化遗产"存史、资政、育人"的党史价值,是近代以来所形成的中国工业遗产体系的精华。红色工业遗产在党史中具有不可忽视的文化地位,属于重要的革命文物与红色资源。当前,在"全面加强历史文化遗产保护""用好红色资源,赓续红色血脉"等国家政策的号召下,提升红色工业遗产的活化利用水平,对于弘扬中华优秀传统文化、

---

① 韩晗.红色工业遗产传播中国共产党人精神谱系的机制与路径[J].华中师范大学学报(人文社会科学版),2022(2).
② 陈静.解析与建构:红色文化资源思政教育价值实现的思考[N].中国文化报,2024-04-22.

社会主义先进文化,培养青少年的家国情怀,具有重要的价值与意义。

红色工业遗产蕴涵的思政育人价值旨在帮助大学生坚定理想信念,增强"四个自信",更加自觉地爱党、爱国、爱社会主义,引导大学生从伟大的红色工业遗产中汲取营养和力量,在新时代传承革命精神,赓续红色血脉,努力成为实现中华民族伟大复兴的先锋力量,从而达到提升高校思政教育亲和力和针对性,满足学生成长发展需要和期待的目的。

1. 新型工业化进程中的红色工业遗产思政育人价值

挖掘红色工业遗产的红色文化意蕴与思政育人价值,要将红色工业遗产放在新型工业化进程视域来研究,深入挖掘红色工业遗产思政育人价值内涵,构建红色工业遗产党史价值内涵、红色工业文化基因、红色工业文化精神与思政育人之间的逻辑关联,构建与现代化强国相匹配的工业文化体系。推进工业现代化和社会主义现代化强国建设,不仅需要科学技术的刚性推动,更需要工业文化的柔性支撑。构建与现代化强国相匹配的工业文化是走物质文明和精神文明相协调的中国式现代化道路的必然要求,是建设中国特色社会主义先进文化的重要组成部分,是推动我国先进制造业不断升级成为世界制造强国的强大动力。

2. 新型工业化进程中的红色工业遗产思政育人实践

红色工业遗产的党史价值与思政育人价值高度契合,红色工业遗产是中国共产党领导人民进行现代化建设形成的工业遗存,是百年来我国工业化建设的见证。要用好红色资源,赓续红色血脉,通过红色工业遗产传播中国共产党人精神谱系,多维度开展思政育人教育实践活动。红色工业遗产凝聚了老一辈工业人无私奉献的青春,展示了在满目疮痍的旧中国工业状态下中国工业自力更生的不屈精神,昭示着历史转折中开拓创新的工业精神。在当前形势下,深挖红色工业遗产中承载的企业家精神、工匠精神、劳动精神、劳模精神等工业精神,满足并引导人民群众文化需要,能够推动形成工业文化繁荣发展的新局面。在具体实践中,坚持以红色文化研究为基础转化教育资源、以红色基因传承为内核创新教学内容、以红色教育基地为载体拓展教育形式和以红色文化传播为纽带协同多维场域,这是弘扬红色文化的迫切要求,也是实施"大思政课"的必由之路。

(三) 红色工业遗产赋能思政育人价值

红色工业遗产是典型的红色文化资源,是中国革命和建设时期留下的具有重要历史意义的工业遗产,通常与社会主义建设、工业化进程以及革命斗争等历史事件相关联。这些工业遗产承载着特定时期的政治、经济、文化记忆,反映了中国近现代史上的重要转折和发展轨迹。

1. 红色工业遗产——思政育人的物质文化价值

工业遗产是中华民族优秀历史文化的重要组成部分,是承载工业文化、传承工业建设的重要物质载体。如何让工业遗产讲好中国故事,是中国文化自信的重要内容。保护工业遗产就是保持人类文化的传承,培植社会文化的根基,维护文化的多样性和创造性,促进社会不断向前发展。

红色工业遗产是党领导国家现代化的历史物证,其核心文化资源是红色文化。红色文化是广大人民群众在中国共产党的领导下把马克思主义与中国实际相结合而共同奋斗所创造的民族文化、大众文化。红色工业遗产蕴含的革命精神和红色文化是爱国主义教育的重要物质载体,在思政育人实践中有助于帮助学生理解党领导国家发展工业的历程。

2. 红色工业遗产——思政育人的精神文化价值

红色工业遗产的保护和传承,不仅是对历史的尊重和对先烈的缅怀,更是对红色精神的一种传承和弘扬。通过保护和利用这些遗产,可以激发人们的爱国热情和奋斗精神,为实现中华民族的伟大复兴提供强大的精神动力[1]。

每一座工厂、每一处设施都有着独特的故事,每一处痕迹都在述说着那段曾经的光荣和挑战。在这些遗产中,不仅有着工业化进程的印记,更有着那份对未来的信念和对理想的执着。它们不仅是建筑物,更是一种精神的传承,是对革命历程的延续,是对先烈的铭记。

3. 红色工业遗产——思政育人的文化遗产历史记忆价值

红色工业遗产是我们的历史记忆,是我们的文化遗产,更是我们的精神家园。让我们共同努力,保护和传承这些宝贵的遗产,让革命的火种在今天继续燃烧,让我们永远怀念和铭记那些为国家、为人民英勇奋斗的先烈们,让红色工业遗产永远闪耀光芒,为我们的未来指明前行的方向。

走进这些红色工业遗产,仿佛穿越时空,能感受到革命年代的风云变幻,看到那些为国家、为人民奋斗的英雄们的英勇与牺牲。工厂的烟囱,机器的轰鸣,都是那个时代的印记,让人们深刻感受到工业革命的力量和革命精神的伟大。

保护红色工业遗产需要全社会的共同努力,政府、文化机构、企业和社会组织等各方应该携起手来,共同致力于保护和传承这些宝贵的文化遗产。通过开展文化教育活动,举办主题展览、推动文化创意产业发展等方式,可以让红色遗产焕发新的生机,为当地经济和文化的发展注入新的活力。

4. 红色工业遗产——思政育人的场所精神识别价值

场所精神是场所承载或蕴含的生活、社会与精神特质。对于场所精神的保护与传播有助于中国工业遗产保护利用实现以"物"为中心向以"人"为中心的转变,因为构成场所精神的意义、价值、情感和神秘性等特质是由参与该场所的活生生的不同个体共同赋予与建构[2]。在工业遗产与城市、周边环境以及公众关系的协同考量的基础上,积极营造工业遗产的场所精神将极大提升公众对城市及工业遗产的情感认同,这也正是借由工业遗产价值的体现传承城市文化脉络的重要途径。

---

[1] 韩晗.红色工业遗产论纲——基于中国共产党领导国家现代化建设的视角[J].城市发展研究,2021(11).

[2] 杨祥银.口述史与中国工业遗产场所精神保护[N],中国社会科学报,2024-02-28.

当谈及红色工业遗产，我们不仅仅是在保护一些工业建筑或设施，更重要的是在传承一段珍贵的历史记忆和意识形态。这些遗产见证了中国共产党领导下的革命斗争和工业化建设过程，承载着革命先烈的奋斗精神和理想信念。通过保护和利用红色工业遗产，我们可以让这些历史遗产活起来，让人们能够身临其境地感受那个时代的艰辛与辉煌。红色工业遗产，是一座座凝结着革命历史与工业记忆的丰碑，仿佛是时光的见证者承载着那段波澜壮阔的历史。走进这些红色工业遗产，仿佛穿越时空，能感受到曾经的呐喊与奋斗，看到革命先辈们为了国家、为了人民所做出的牺牲与努力。

保护红色工业遗产，就是在保护一段珍贵的历史记忆，是在传承一种特殊的文化基因。这些遗产不仅仅是过去的遗存物，更是我们今天的精神财富。通过保护和利用这些遗产，我们可以让历史在当下得以延续，让革命的火炬在今天继续闪耀。发挥红色工业遗产思政育人价值，对大学生进行红色文化记忆教育，激起文化积淀和情感共鸣，通过红色文化灌溉，培养素质极高且具有创新精神的新时代大学生。

四、结束语

红色工业遗产作为中国近现代史的重要见证，对于理解中国革命历程、工业化发展和社会变迁具有重要意义。保护和传承红色工业遗产，不仅是对历史的尊重和珍视，也是对未来发展的启示和引领。在未来，我们应该继续加强对红色工业遗产的保护工作，注重对其历史意义和文化价值的传承与弘扬。只有让这些红色工业遗产继续为人们所了解和珍视，才能让革命历史的光荣与伟大继续为我们指引前行的道路。红色工业遗产的保护和利用，既是对历史的尊重，也是对当代文化的传承和创新。这些遗产承载着丰富的历史信息和文化价值，通过保护和利用，我们可以让这些宝贵的资源焕发新的活力，为当代社会注入新的文化动力。

陕西省工业遗产保护与利用研究

路中康

（西北大学历史学院）

摘　要：陕西作为西部地区传统工业强省，拥有众多工业遗产，其中9项已经入选国家级工业遗产名录。陕西工业遗产均具有多重价值和时代特色，它们见证了陕西工业发展所经历的各个阶段并对西北地区经济发展起到带动作用。认定和保护这些工业遗产对于维护陕西历史风貌、提升城市文化品位、充分发挥地区优势及特色具有重要意义。本文通过对陕西工业遗产历史和现状的详细梳理，分析其在保护利用中存在的主要问题，进而提出陕西工业遗产保护利用的对策和建议。

关键词：工业遗产；陕西；保护利用

陕西从20世纪初开始发展近代工业，经过百年发展形成了一批具有影响力的机械工业、纺织工业和电子工业。无论是其历史价值，还是开发潜力，陕西近现代工业遗产都值得充分重视。陕西工业遗产研究起步较晚，2008年8月起，陕西省开始第一次全省工业遗产普查工作，相关资料目前已经出版。从目前研究来看，陕西工业遗产的相关研究主要来自建筑学领域，研究者从建筑学、城市规划、城市景观理论等视角进行探讨并取得了一定的成果；现有成果主要集中于西安地区，如王西京、陈洋等对陕西重型机械厂的研究，白莹、姚迪对大华纱厂的研究，刘涛、李杨对西安纺织城的研究，王铁铭对西安"电工城"的研究，多是对西安地区工业遗产的探讨，提出的保护利用策略大同小异，多借鉴北京和上海等地的现有模式，缺乏陕西特色。在经济学、社会学等领域，研究者会将工业遗产与经济发展、旅游资源开发相结合展开探讨。学界现有研究缺乏对陕西近现代工业发展脉络的系统梳理，对陕西各地近现代工业遗产现状系统、深入的调研工作，成果集中于对西安地区代表性工业遗产的个案考察，对省内其他地区，如宝鸡、汉中、安康、榆林等地很少涉及，关注区域狭窄，长时段梳理少见。有鉴于此，本文将在吸收借鉴前人研究的基础上，运用

---

* 基金项目：教育部人文社会科学研究一般项目"建筑师与中国建筑现代转型"（20YJA770008）；陕西省社会科学基金项目"陕西省抗战遗址遗迹保护利用研究"（2022G015）；陕西西凤酒文化研究研究院"西凤酒历史溯源工程"项目（XFJWHYJY2023010-01）阶段性研究成果。

跨学科理论与方法对陕西工业遗产保护与利用进行深入探讨，针对历史发展脉络梳理不细、工业遗产研究区域单一和开发建议没有针对性三个研究薄弱环节做进一步的努力。

一、陕西近现代工业发展脉络

陕西从 20 世纪初开始发展近现代工业，虽然发展时间较晚，但作为西北地区的中心省份，经过四个阶段的发展形成了一批具有影响力的机械、纺织、电子、航天等产业，工业遗存数量大，能够体现陕西不同时期工业的发展状况。"一五"计划时苏联的援建、"三线建设"时期的工业内迁，大多数位于关中、陕南地区，是国家曾经工业政策的体现。从工业门类来看，主要位于西安、宝鸡、咸阳的纺织业，陕北、铜川、渭南等地的采矿业以及陕南秦巴山地区的"三线建设"工业是主要行业类型。从地域来看，陕西的工业遗产主要位于关中地区，以西安和宝鸡为主的工业遗产占全省的 60%，西安从近代以来留存了大量的工业遗产，宝鸡在抗日战争和新中国建设时期一直是陕西的重要工业城市，陕北地区的煤炭和石油工业较为突出，陕南地区的工业相对落后，在新中国成立前以轻工业为主，新中国成立后各类工业逐渐完备。陕西近现代工业的发展在遵循中国工业发展脉络的同时，又有自身的发展特点和阶段，其与沿海、沿江、开埠等城市相比，具有明显的滞后性和不均衡性。随着现代化工业的发展，城市化进程日益加快，目前未受到重视的工业遗产面临着消亡风险，亟待进行保护和合理利用。

二、陕西近现代工业遗产保护与利用现状

（一）陕西近现代工业遗产现状

1. 国家级工业遗产

从 2018 年第一批"中国工业遗产保护名录"的评审开始，截至 2022 年 11 月，全国共评选过五批国家级工业遗产名录，名录中有九处来自陕西（表 1）。在国家的重视和大力支持下，国家级工业遗产评定工作的落实促进了各地区对于工业遗产保护与利用的重视，陕西积极响应国家号召，日益重视与工业遗产相关的各项工作。

表 1　陕西省入选国家级工业遗产名录的九处

序号	名称	地址	核心物项	批次
1	宝鸡申新纱厂[①]	陕西省宝鸡市金台区	窑洞车间、薄壳工厂、申福新办公室、乐农别墅、1921 年织布机、1940 年代电影放映机	第一批

---

① 工业和信息化部关于公布第一批国家工业遗产名单的通告. https://www.miit.gov.cn/zwgk/zcwj/wjfb/tg/art/2020/art_26f9f30006e449c5a082bbda09dd7952.html

续表

序号	名称	地址	核心物项	批次
2	王石凹煤矿	陕西省铜川市印台区	井下735水平采煤巷道、动力用风系统、主扇（主要通风机）、主副井筒、主绞提升室、主绞提升系统、副绞提升室、副绞提升系统、地面乘人绞车、污水处理系统、运输系统、蒸汽机车头、选煤楼、苏联专家楼、办公楼、矿工俱乐部、苏式单边楼、史料档案馆、革命阶级教育馆、霸王窑、火车道、钻床	第二批
3	延长石油厂①	陕西省延安市延长县	延一井、七里村炼油厂、七1井和七3井、延深探一井、延长石油三大石油地质教育教学实践点、延长石油厂工人何延年的窑洞、苏联专家招待所	第二批
4	红光沟航天六院旧址	陕西省宝鸡市凤县	科研楼、机要室、行政后勤楼、力学试验室、"厕所"试验室、201洞、小泵试验室、张贵田院士之家、科研区1号2号专家楼、红光工人俱乐部、指挥部办公楼、大礼堂、招待所、红光沟航天六院旧址总体分布手绘图等历史档案及口述历史材料	第三批
5	中国科学院国家授时中心蒲城长短波授时台	陕西省渭南市蒲城县	金帜山短波授时台发播大厅、杨庄长波授时台地下发播大厅；短波发射机及辅助设备、长波发射机及辅助设备；四塔倒锥形长波发射天线	第三批
6	定边盐场②	陕西省榆林市定边县	苟池盐湖及盐田、三五九旅打盐盐田和住宿遗址、三五九旅盐湖拦洪坝遗址、定边盐化厂办公楼遗址、盐罐（带陕甘宁边区定边盐场字样）、秤砣（带陕甘边区盐场堡盐场字样）	第三批
7	耀州陶瓷工业遗产群③	陕西省铜川市王益区、印台区	耀州窑遗址黄堡保护区：三彩作坊7间、三彩窑炉2座、唐代窑炉2座、宋代窑炉3座；铜川市电瓷厂：东大房、西大房、烧成窑炉、办公楼、前楼、中楼；铜川市建筑陶瓷厂：墙地砖车间、黄堡电影院；陈炉陶瓷总厂：七面窑、几孔砖窑等陶瓷作坊，匣钵生产车间，釉料车间，原陈陶一厂、原陈陶二厂等的13座窑炉，圆窑，泥料场，总厂办公楼，职工礼堂，陈炉陶瓷总厂小学；2T球磨机8台	第四批

① 工业和信息化部关于公布第二批国家工业遗产名单的通告. https://www.miit.gov.cn/jgsj/zfs/wjfb/art/2020/art_13a8ffffdf8241ec9767d2b9f098be3d.html

② 国家工业遗产名单（第三批）. https://www.miit.gov.cn/cms_files/filemanager/oldfile/miit/n1146295/n1652858/n1652930/n4509627/c7575973/part/7576103.pdf

③ 工业和信息化部关于公布第四批国家工业遗产名单的通告. https://www.miit.gov.cn/jgsj/zfs/gzdt/art/2020/art_c39c21927d484be2af399b40b79c930c.html

续 表

序号	名 称	地 址	核 心 物 项	批次
8	西安电影制片厂	陕西省西安市雁塔区	老办公楼、洗印车间、摄影棚、置景车间、8.75车间；电影放映机等设备、老爷车等电影道具；档案资料	第五批
9	西凤酒厂①	陕西省宝鸡市凤翔区	901车间A区，1、2、3、6、14号酒库，制曲车间，成品酒包装车间；酒海、甑桶6个，航行式单吊梁天车、轨道式搅拌机、冷却器、花壶、花苞、丫丫、接酒笼、接酒管等酿酒工具；档案资料	第五批

通过实地调研，我们总结出陕西九处国家级工业遗产的保护与利用现状如下：

(1) 宝鸡申新纱厂较全面保存了建筑形态和原始风貌，场地没有较大的破坏②，目前主要以保护为主，召开了几次开发与保护为主题的学术研讨会，开发和再利用已经开始进入快速发展阶段。

(2) 王石凹煤矿在2015年正式关停后，其保护与利用主要集中于探索煤炭工业的可持续发展和再利用模式，以达到产业的绿色发展，从而建立起相应的煤炭工业保护机制③。目前工业遗产公园和配套设施基本建设完成，已经对外开发。

(3) 延长石油厂的保护与利用探索方向为与石油相关的传统精神教育与科普知识教育基地建设、研究油田的历史场所、展现石油前辈和百年石油厂的一个文化窗口。

(4) 红光沟航天六院旧址保护与利用的方向集中于国家级航天精神文化区项目的建设，从工业遗产的实地情况与特点出发，宣扬爱国主义与航天精神，从而成为一处独特的爱国主义教育基地。

(5) 中国科学院国家授时中心蒲城长短波授时台是北京时间的发出点，"根据我国有关规定，工业遗产大致分为三个级别，以上属于一级工业遗产，已列入文物保护单位，主要以保护为主，需充分尊重历史特征，对建筑原状、结构、式样进行整体保留，不得随意拆除，在合理保护的前提下进行修缮"④。在对其原貌进行保护的同时，主要是从科技价值和文化底蕴方面进行再利用的发掘。

(6) 定边盐场根据国家保护和利用工业遗产的指导方针，对三五九旅打盐盐田遗址、定边盐化工厂的办公楼和拦洪坝等进行了整修，它已成为红色的教育基地和旅游胜地。

(7) 耀州陶瓷工业遗产群由耀州窑文化基地管委会开发建设耀瓷小镇，耀州窑博物馆、耀州窑遗址公园等依托于耀州窑历史文化的产业项目，为耀州陶瓷工业遗产群工业遗

---

① 国家工业遗产名单（第五批）. http://big5.www.gov.cn/gate/big5/www.gov.cn/zhengce/zhengceku/2021-12/14/5660692/files/916b7377d15f47ab8141b2af2a89bd8d.pdf
② 乔治,张新平,史乾东. 宝鸡申新纱厂工业文化价值传承及空间更新[J]. 山西建筑,2020(17).
③ 张辞凡,郝妍璐. 王石凹煤矿工业遗产的价值及其保护与再利用[J]. 城市建筑,2019(23).
④ 武乾,陈旭,张勇. 陕西旧工业建筑保护与再利用[M]. 中国建筑工业出版社,2017:006.

产保护与利用,是对江西景德镇遗产保护方案的本地化借鉴与延伸。

(8) 西安电影制片厂成立于1958年,是中国西北地区成立最早、规模最大的影片生产基地,中国电影从这里走向世界,60多年的辉煌历程记录着中国电影工业发展的印记,是新中国电影发展的缩影。西影一直秉持"无伤痕开发"的理念,最大限度保护好西影文脉。遵循"修旧如旧"原则,严格用对待古建筑的高标准,对老办公楼等保留历史建筑进行保护性修复,延续这些老建筑空间和原有生态、电影工业设备的生命周期,传承建筑背后的文化基因,让老建筑群恢复建厂之初风貌,并结合电影产业集聚区的功能定位,改造成一个集电影博物馆、艺术街区和文化活动于一体的电影主题旅游区,赋予它们在影视产业发展新时代的全新影视链价值。

(9) 西凤酒厂建设了西凤酒工业旅游基地,以中国白酒文化、三千年无断代传承的酿酒工艺、国宝大酒海及文创体验为主要参观游览板块,向游客展示完整的酿酒工艺流程和丰富的文化内涵。近年来,基地深入实施"园区、景区、示范区"三区共建共享发展行动,加快构建"白酒体验+深度旅游+文化创意"的酒文化融合产业路径,打造集生态酒庄、节会活动、生态康养、研学旅游、酒店餐饮等多业态于一体的"大西凤·大旅游"产业体系,实现了旅游品牌影响力的不断提升。2021年,西凤酒酿造技艺和酿酒工业遗产群分别入选国家级非遗代表性项目名录和国家工业遗产名单。

2. 省市级工业遗产现状

按陕西地域进行划分,根据陕西地区工业遗产的分布情况可知,西安、宝鸡、咸阳和汉中的工业遗产占陕西地区比例分别为39.3%、24.9%、8.8%和8.2%,陕西各地区工业遗产占比如图1所示。

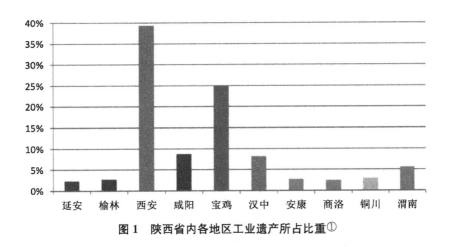

图1 陕西省内各地区工业遗产所占比重①

陕北地区的工业遗产在陕西工业遗产中占比较少,主要包括:延安的延安卷烟厂、延安汽车工业总公司,榆林的榆林第二毛纺厂。关中地区从20世纪初近代工业发展以来,

---

① 武乾,陈旭,张勇. 陕西旧工业建筑保护与再利用[M]. 中国建筑工业出版社,2017:53.

形成了众多工业产业,西电公司高压开关厂,华山机械厂,国营西北第三、第四、第五、第六棉纺织厂属于西安的典型工业遗产,咸阳地区工业遗产的代表主要有咸阳某棉纺厂(一厂)和(四厂)。宝鸡是新中国工业建设时期重点工业发展地,在这里有数量较多的国防军工企业、各类型国有企业,工业种类较为完备,主要工业遗产代表有陕棉十二厂、宝鸡卷烟厂、宝鸡灯泡厂、西北机器局、陕棉九厂和陕西渭河模具总厂等。陕南地区以汉中的汉中卷烟二厂、汉中变压器厂和安康的安康缫丝厂、丝织印染厂等为代表。

"二级工业遗产需在严格保护外观、结构、景观特征的前提下,其功能可做出一定变化,保护与利用的方向要与原有场所的精神相兼容;而三级工业遗产虽暂时达不到优秀历史建筑或文物保护级别,但也应尽可能保留建筑结构和式样的主要特征,实现工业特色与现代城市文化相结合,并在城市化的过程之中,赋予老旧工业遗产以新的功能,并与周边地区环境和城市功能互动发展。"①按照这个标准,从因地制宜的角度出发,主要分为以下几种模式:创意产业园模式以西安半坡国际艺术区、华清创意产业园改造项目为代表;体育场馆模式以西安建筑科技大学华清学院体育馆、西安交通大学羽毛球馆、延安卷烟厂体育馆为代表;展览中心模式以"大华·1935"、咸阳纺织工业博物馆、贾平凹文学艺术馆等为代表;商业改造模式以延安卷烟厂商业楼、延安旺德福大酒店、"大华·1935"精品酒店等为代表;综合开发模式以西安钢铁厂为代表。除此之外,还有主题公园、城市开放空间、工业旅游开发等保护与利用模式。

三、陕西近现代工业遗产保护与利用中存在的问题及其原因

(一)政府对工业遗产的价值认识和保护观念有待提升

目前,陕西省内很多地市正处于城市扩张高峰期,各地政府都以追求经济利益为主要目标,其提高最快的办法就是大力进行新城建设、基础建设和大项目投资。政府通过土地所有权的转让和出租从开发商手中获得利润和财税收入,以此作为城市建设的费用。这就决定了政府不可能把大片的工业遗存地保留下来,因为保护工业遗产需要大量资金投入,虽然其有巨大的社会效益但经济效益短期内却得不到体现,所以政府对工业遗产保护的认可度低。陕西省内最典型的例子就是纺织城区域的改造,部分潜在工业遗产已经被完全拆除。

(二)管理体制和法律法规有待健全

现有的城市规划和文物保护体制下缺乏统一协调管理的机制。没有硬性的法律法规对开发行为进行科学约束是保护与开发工业遗产的最大障碍。相关法律法规不健全是造成陕西省工业遗产保护不当,大量有价值的工业遗产消失的重要原因。直到 2024 年 6 月

---

① 武乾,陈旭,张勇.陕西旧工业建筑保护与再利用[M].中国建筑工业出版社,2017:6.

17日陕西省工业信息化厅才公布《陕西省工业遗产管理办法（试行）》。①

（三）缺乏深入调查研究，认定标准不清

首先，认定标准较为宽泛，评价指标有待进一步深化细化；其次，土地制度的使用权和工业单位的所属性质较为复杂混乱，也影响了工业遗产保护与利用的实际操作可行性，同时开发商和政府的关系、改建的资金问题也在一定程度上影响着工业遗产保护与利用的实际进展；城市规划和决策部门的变动，对于工业遗产的分级认定和价值判断不清晰，同时相关保护工作也缺乏经验，各项工作进展相对滞后。

（四）资金投入有限，影响保护工作开展

陕西省正处于经济发展高峰期，政府财力主要投入到经济建设中，文化事业投入资金相对较少，很难满足文化遗产保护的全部需要。2023年，陕西省级一般公共预算支出955.1亿元，较上年年初支出预算增长1.1%，其中文化旅游体育与传媒支出41.6亿元，仅占全年支出的4.3%，并且主要用于落实基本公共文化服务补助标准，完善公共文化服务设施，开展群众文化活动；支持重点博物馆等建设，实施重点文物、革命文物等保护利用工程；支持文化艺术人才培养和艺术精品创作；扶持骨干文化旅游企业，培育新型文化旅游业态；支持举办大型体育赛事等②，真正落实到文化遗产保护的财政预算非常有限。目前陕西工业遗产保护的资金来源渠道十分狭窄，严重依赖政府财政拨款和民间资金支持，并且投入遗产保护的资金尚未形成规模，导致国家用于文化遗产保护的资金有限，对于刚刚起步的工业遗产保护投入更是少之又少。

四、陕西近现代工业遗产保护与利用的对策与建议

推动陕西工业遗产保护利用是一项系统性工程，需要尊重陕西工业发展历程，彰显工业文化价值，立足陕西社会发展实际，在学习借鉴国内外有益经验基础上，探索加强陕西工业遗产保护利用、打造"生活秀带"的有效途径，需要准确把握影响陕西工业遗产保护与开发中存在的问题，对症下药，找到解决对策，提出有效建议。

（一）工业遗产保护与利用的对策

1. 推进工业遗产资源调查认定

继续开展陕西近现代工业遗产深入调查和新一批市、区（县）级工业遗产认定工作，摸

---

① 陕工信发〔2024〕59号《陕西省工业遗产管理办法（试行）》．http://gxt.shaanxi.gov.cn/webfile/xxgfxwj/7208390977516474368.html

② 陕西省2020年财政预算执行情况和2021年财政预算草案的报告．http://www.mof.gov.cn/zhuantihuigu/2020bghb_15240/202102/t20210224_3661307.htm

清陕西全域工业遗产情况,明确工业遗产类型、内容构成,建档造册、立碑挂牌,建立陕西工业遗产数据库。实行濒危工业遗产登记制度,重点加强工业遗产修缮、保养,加强工业遗产保护利用的动态跟踪。实施工业文化抢救工程,通过音频、视频和文字转录方式,持续开展工业遗产口述历史访谈,抢救工业发展历史记忆和"三线建设"国家记忆,保存影像和语音资料,征集所涉及的工业文物。力争通过开展广泛调研,摸清陕西省内全域工业遗产底数和保护利用现状,强化顶层设计、区域联合与分类管理,谋划长远发展,构建国家、省、市、区(县)等各级各类工业遗址保护利用体系。

2. 打造重点遗产保护利用典范

在推进国家级工业遗产申报和保护的基础上,加强市级以上工业遗产保护和周边环境综合治理,各地市遴选一批市级工业遗产示范区。加强已有国家级、省级文保单位与高校、科研院所合作,支持省内高校建设"大庆精神""铁人精神"展示馆。加强工业遗产价值阐释展示,挖掘陕西工业遗产当代价值,弘扬航天精神。依托9大国保单位和部分省保单位创建国家文物保护示范区。

3. 完善工业遗产博物馆体系

大力推进体制机制、方法手段改革创新,通过招商引资作用聚集社会资源,利用大数据、云计算、VR、AI等现代科技手段提高工业遗产保护、展示和利用水平。整合文物资源,依托韩森寨、电工城和纺织城,提升现有博物馆、展示馆等场馆的科技含量,加强VR、AI等现代技术应用,打造智慧博物馆。依托"大华·1935"博物馆、西安半坡国际艺术区、宝鸡长乐塬抗战遗址公园等馆藏资源推出工业文明展览、红色研学与文创体验活动,实现工业遗产保护利用的认知与体验相统一、教育与娱乐相结合。鼓励各类学校积极与工业遗址保护单位合作,在红色教育和研学活动中促进工业遗产进学校,通过"工业'移'产""云展览"等方式联合举办特色育人与实践活动。

4. 开发新业态新模式

工业遗产保护单位深化与高校、科研院所的产学研合作,加强与各级党员教育培训示范基地、高校思想政治理论课教师研修基地合作,开发特色思政课程,提升服务质量,设计开发并实施以航天精神为核心价值的工业文化旅游、研学研修红色线路,继续实施并完善"延长油田发现之旅""神舟探索之旅"等红色旅游精品线路,并与延安红色文化线路实质对接,形成"西铜延"工业文化旅游精品线路,促进工业遗产的效益转化。发展以工业遗产为特色的会展经济和文化活动,加强与高校、设计公司合作,开发以"156计划"和"三线建设"与城市发展历程为题材,彰显西迁精神、航天精神思想内涵的各类文创产品和周边创意产品,提升市场化水平。

5. 拓展工业文化生活空间

工业遗产保护与利用应突出社会效益、重在传承,寓保护于利用中,强化教育功能,提升传播能力,让工业遗产活起来,让工业文化融入群众生活。依托韩森寨、电工城和纺织城的代表性工业建筑打造高新产业园区、绿色城市会客厅和时尚文化创意街区。强化工业博物馆、展览馆、陈列馆的文化服务功能,推动市级以上工业遗产保护工程对公众开放,提升城市公共文化服务能力。增强文化内涵,增加融入现代设计理念的工业题材景观,提升城市文化品位。

6. 塑造陕西工业文明新形象

以全面保护、整体保护原则,全省统筹推进抢救性与预防性保护、遗工业产与周边环境保护,确保工业遗址历史真实性、风貌完整性和文化延续性。将陕西工业文化特色景观纳入各地城市建设总体规划,形成具有陕西风格的城市建筑群。与高校、科研院所和企事业单位合作,推动工业遗产文化宣传,实施城市工业遗产培育提升行动,弘扬"四个自信",提升陕西品质,彰显陕西特色。

我们相信通过社会各界的共同努力,陕西工业遗址保护利用状况将会得到明显改善,工业遗产保护将会成为全民共识,持续提高工业遗产保护利用水平,打造形成一批集城市记忆、知识传播、创意文化、休闲体验于一体的"生活秀带",形成具有陕西特色、三秦风格的工业遗产保护利用体系指日可待。

(二)工业遗产保护与利用建议

第一,推动陕西省工业遗产普查工作深入开展,将其列入"十五五"期间陕西省历史文化工程项目,在以2018年陕西省工业遗产普查的基础上,由陕西省工信厅牵头,联合省国防科工办、省文物局、省旅发委等相关部门,下发文件至地方各级相关部门,对近代以来省内工业遗产进行详细的摸排与普查工作,以各工业遗产单位自主申报与政府有关部门实地摸查相结合,完成工业遗产的申报、审查、设立、征集文物、保护遗产的工作,形成由陕西省政府公开发布的工业遗产普查名单,由此增加各级部门及公众对于工业遗产的认知和重视,从而为工业遗产的分级认定工作打下良好的基础,更有利于对陕西省内各工业遗产的保护与利用的后续工作的进行。

第二,完善工业遗产的分级分类评定制度,以《陕西省工业遗产管理办法(试行)》为基础,参考学界在相关研究中建立的工业遗产分级指标评价体系①,针对陕西近现代工业遗产的独特性,因地制宜地完善分级分类评定制度。以国家工业与信息化部评定国家级工业遗产为契机,制定相应的陕西省级工业遗产评定指标,在陕西省工业遗产普查完成的基础上,对各工业遗产进行分级评定,提高保护意识,有效创新再利用方案。充分带动广大公众重视工业遗产,增强保护与利用工业遗产的责任心和使命感。

第三,建立工业遗产保护利用成功案例库。在陕西省近现代工业遗产利用实践中,以西安电影制片厂、老钢厂为代表的工业遗产改造成功案例可作为范例与借鉴,以西安为中心,带动陕西省其他地区工业遗产的保护以利用建设工作,在对陕西省工业遗产进行系统梳理的基础上,同时做到因地制宜,以陇海铁路修建而带动的宝鸡工业的发展,由"靠山、

---

① 张旭.陕西工业建筑遗产分级评定研究[D].西安建筑科技大学,2019.

分散、隐蔽"的"三线建设"原则而带动的汉中工业的发展,以悠久的采煤产业而带动起来的铜川工业发展,以石油开采而带动的延安工业的发展,以丝绸工业为特色的安康工业发展,考虑到不同地方的近代历史发展背景与地方产业特色,从本地历史与近代发展的角度出发,深入挖掘其历史文化内涵与精神,从而为其保护与利用提出新的对策与建议。

第四,构筑陕西工业文化体系,推进陕西省工业遗产研究中心实现筹建,并利用互联网科技,加强陕西工业遗产文化产品开发,拓展"互联网＋工业遗产""创意产业＋工业遗产"等新业态[①],通过新兴产业带动工业遗产的保护与利用的创新,使陕西工业遗产的内涵得到深刻的显现。与此同时,通过历史的梳理重塑工业遗产的精神,并在其基础上创新与发扬,加强各渠道的宣传与推广工作,从而构建起陕西工业文化遗产的文化价值与媒体传播体系,树立起公众对于工业遗产的保护意识。

五、结语

作为历史的重要记忆节点,陕西工业文化遗产有着与古代文明同等的历史地位和影响,对其开展保护研究工作十分必要和紧迫。与国内外城市相比,陕西工业遗产研究和实践现处于发展阶段,从城市和区域层面对大量现存工业遗产的基础研究成果不多,公众对工业遗产的价值认识和保护意识也比较缺乏。而那些有价值的车间厂房、仓库、办公楼等,倘若不及时地给予保护重视,会在城市建设中快速消失而造成无法弥补的损失。本项目正是基于陕西工业遗产研究的时代感和紧迫感,在大量实地调研和收集资料的基础上,试图呈现陕西工业遗产的基本概貌及现有的改造利用实践情况,加强人们对这部分凝聚了丰富历史、社会、文化信息的近现代遗产内容有更为全面和深入的认识,为陕西省和各地规划管理部门提供参考借鉴,号召社会各界人士通过保护与利用相结合的手段对工业遗产进行开发利用。期望通过对西安近现代工业遗存的介绍,能够引起社会各方面对西安工业遗产的重视,提高公众的价值认识和保护意识,加快相关部门对遗产的保护认定,制定完善的管理制度法规,拟定老工业园区的保护利用方案,切实将工业建筑遗产作为人类文明财富得以继承和发扬。

陕西近现代工业遗产保护与开发既是一个异常复杂的系统工程,更是一个有着深远影响的历史文化工程,功在当代,利在千秋,需要久久为功。陕西工业遗产保护利用是推动陕西可持续发展、高质量发展的重要内容,加快发展具有陕西特色、三秦风格的新时代中国特色工业文化,推动陕西工业遗产保护开发与文化保护传承、产业创新发展、城市功能提升协同互进,打造一批集城市记忆、知识传播、创意文化、休闲体验于一体的"生活秀带",延续工业发展和城市历史红色文脉,必将为陕西打造"四大旅游高地",建设内陆改革开放高地增添新的发展动力。

---

① 薛健,程圩.建议建立陕西当代工业遗产博物馆[J].西部大开发,2018(Z1).

参考文献

[1] 单霁翔.关注新型文化遗产——工业遗产的保护[J].中国文化遗产,2007(6).
[2] 姚迪.西安大华纱厂价值评估及现状调查[J].文博,2009(1).
[3] 白莹.西安市工业遗产保护利用探索[D].西北大学,2010.
[4] 黄文华,王铁铭,任军强.西安工业遗产保护利用的原则与模式探索[J].中外建筑,2015(5).
[5] 张泉.工业遗产保护与再利用研究[D].西安建筑科技大学,2016.
[6] 张元涛.解构与重生——基于名城保护全链条的西安市工业遗产保护利用思考[J].建筑与文化,2018(6).
[7] 党晓晶.城市更新视角下西安市工业遗产价值评价及保护规划研究[D].西北大学,2020.
[8] 刘博.基于地域与目标导向的工业遗产评定体系研究——以西安市为例[J].居舍,2021(7).

工业遗产"申遗"的趋势与路径

杜垒垒

（菏泽学院）

摘　要：基于入选《世界遗产名录》的工业遗产数量、中国世界文化遗产预备名单状况及各地准备申遗的工业遗产项目、主管部门对工业遗产申遗的政策或答复等现状，统计与分析有关数据，并结合国内工业遗产申遗研究成果，提出行业遗产的空白点是申遗潜在增长点、鼓励联合申报、从发达地区向欠发达地区倾斜、从重点行业向非重点行业侧重等工业遗产申遗的趋势。从策略、内容、态度方面提出挖掘空白项目、走联合申遗之路、注重比较研究、加强宣传、建立机制、另辟蹊径等针对性路径，以期为我国之后的工业遗产申遗提供借鉴与思考。

关键词：中国工业遗产；世界遗产；申遗；趋势；路径

我国目前共有 59 项世界遗产，但工业遗产类项目十分稀缺。工业遗产作为一种新型文化遗产，也可以像我国其他文化遗产一样，积极尝试申遗。在工业遗产申遗受到鼓励、城市化进程推进和乡村振兴实施背景下，工业遗产的研究也逐渐成为热点，但总体来看，目前国内还是以古代文化遗产的申遗研究为主，关于工业遗产申遗的研究成果比较少，它们主要集中于以下三个方面：

一是工业遗产申遗政策及建议。针对具体策略，崔卫华等提出我国的工业遗产申遗，提出开展普查和认定研究，建立工业遗产申遗预备清单，提高我国的国家话语权，使之运用于我国的工业遗产申遗等建议[①]；杜垒垒、段勇指出，我国近现代工业遗产申遗既有国家重视、地方积极、申遗经验较丰富等优势，也存在国内研究相对薄弱、对近现代工业遗产价值认知不足等挑战[②]。至于建议，吴佳雨等提出构建遗产的游憩系统、完善遗产管理维

---

* 基金项目：菏泽学院 2022 年度博士基金项目"洋务运动代表性工业遗产申遗研究"（XY22BS53）。
① 崔卫华，王之禹，徐博. 世界工业遗产的空间分布特征与影响因素[J]. 经济地理，2017(6).
② 杜垒垒，段勇. 近现代工业遗产的认知与保护之路——兼论我国近现代工业遗产"申遗"的机遇与挑战[J]. 中国博物馆，2019(2).

护体系及走可持续发展道路的模式等有助于黄石矿冶工业遗产申遗①；张冬宁提出平衡遗产保护与发展经济的关系、制定科学的保护规划，落实保护专项资金，利用自身优势申遗等建议②。

二是工业遗产申遗的项目推荐。这以具体案例研究为主，如能源遗产方面，黄克进以温州矾矿为例，认为大型矿区申遗需走转型之路③；桥梁工程遗产方面，张冬宁在与入选桥梁比较的前提下，提出我国的石拱桥和木拱桥是最具申遗潜力的桥梁④；铁路遗产方面，崔卫华等建议推动中东铁路遗产以线性文化遗产的整体形式申报世界文化遗产⑤；主题方面，文静、同美欣认为洋务运动工业遗产、三线建设工业遗产等从整体层面具有申遗的潜力⑥。

三是蕴含的世界遗产价值分析。赵晓霞认为黄石矿冶工业遗产具备以第Ⅱ、Ⅲ、Ⅳ、Ⅵ项世界遗产价值标准进行申报的潜力⑦；季宏、王琼简析了黄石矿冶工业遗产、中东铁路建筑群与近代军工造船系列遗产为代表的我国近现代工业遗产符合突出普遍价值的要点⑧。对日本明治维新工业革命遗产申遗的反思，既有通过一定的数据分析，指出日本申遗不想为人知的实质⑨，也有刘伯英对日本明治维新工业遗产申遗提出了八个方面的疑问，包括"工业革命"含义、"急速工业化象征"、遗产完整性、回避完整历史发展等⑩。

这些研究成果大部分以个案研究为主，部分重点工业遗产是主要研究对象，但从整体角度对我国工业遗产申遗的研究还有待加强。

一、我国工业遗产申遗现状

（一）世界遗产中的工业遗产概况

2024年7月，第46届世界遗产大会在印度新德里举行，新增世界遗产24项，其中文化遗产19项、自然遗产4项、双重遗产1项；文化遗产中，日本的佐渡金山属于广义上的工业遗产范畴⑪。2023年，第45届世界遗产大会新增世界遗产45项，其中葡萄牙吉马良

---

① 吴佳雨，徐敏，刘伟国，等.遗产区域视野下工业遗产保护与利用研究——以黄石矿冶工业遗产为例[J].城市发展研究，2014(11).
② 张冬宁.世界铁路遗产研究及其对我国铁路遗产保护的启示[J].郑州轻工业学院学报(社会科学版)，2012(4).
③ 黄克进.浅谈温州矾矿"申遗"和矿区探讨转型之路[J].财经界，2015(11).
④ 张冬宁.世界遗产视野下的中国古代经典石桥申遗研究——以河北赵州桥、福建洛阳桥和北京卢沟桥为例[D].河南大学，2013.
⑤ 崔卫华，胡玉坤，王之禹.中东铁路遗产的类型学及地理分布特征[J].经济地理，2016(4).
⑥ 文静，同美欣.中国工业遗产的"世遗梦"[N].21世纪经济报道，2021-10-13(11).
⑦ 赵晓霞.黄石矿冶工业遗产申遗之路[N].人民日报(海外版)，2022-06-06(11).
⑧ 季宏，王琼.世界遗产视角下的中国近现代工业遗产研究[J].中外建筑，2015(12).
⑨ 日本明治工业革命遗产"申遗"真相[N].中国文物报，2015-07-07(3).
⑩ 刘伯英."明治日本工业革命遗产"申遗的8个疑问[J].世界遗产，2015(7).
⑪ 数据来源：https://whc.unesco.org/en/list/stat.

斯历史中心与库罗斯区(扩展项目)和捷克的扎泰茨及萨兹啤酒花景观2项属于工业遗产范畴。2021年,第44届世界遗产大会新增伊朗纵贯铁路、威尔士西北部的板岩景观、罗马尼亚的罗西亚蒙大拿矿业景观等工业遗产项目3项①。据统计,截至2020年年底,世界遗产中共有81项工业遗产②,故截至2024年7月,世界遗产中共有工业遗产项目87项,其中欧洲56项、亚洲15项、南美洲9项、北美洲5项、大洋洲及非洲各1项。

我国目前共有世界文化遗产40项,广义上的工业遗产项目只有都江堰与大运河2处。

(二)我国世界遗产预备名单中工业遗产状况

据中国提交至世界遗产中心的数据统计,截至2024年7月,我国提交至世界遗产中心的世界遗产预备名单共59项,其中文化遗产23项(中国的世界文化遗产预备名录共有45项③,提交项目见表1,未提交项目见表2),自然遗产18项,混合遗产18项(具体分类比见图1)。

文化遗产项目中,已提交的广义上的工业遗产5项,最近一项是2017年提交的景德镇御窑瓷厂,其他4项分别是2013年提交的青瓷窑遗址和灵渠、2008年提交的中国白酒老作坊和坎儿井,没有严格意义上的近现代工业遗产项目;未提交的预备名单共22项,工业遗产项目包括芒康盐井古盐田、闽浙木拱廊桥、万山汞矿遗址、黄石矿冶工业遗产,前两者属于古代手工业遗产,万山汞矿等属古今混合的工业遗产,黄石矿业工业遗产以近现代工业遗产项目为主,从中也可看出我国近现代工业遗产申遗任重而道远。

表1 中国已提交的世界文化遗产预备名单④

序号	提交名称	列入时间	所属地区及备注
1	景德镇御窑瓷厂	2017.05.09	江西(入选第六批全国重点文物保护单位、第三批国家工业遗产)
2	丝绸之路中国段	2016.02.26	陆上:河南、陕西、青海、甘肃、宁夏、新疆;海上:江苏、浙江、福建、广东
3	辽代木构建筑	2013.01.29	山西、辽宁(2009年中国传统木结构营造技艺入选联合国人类非物质文化遗产名录)

---

① 数据来源:https://whc.unesco.org/en/newproperties/.
② 杜垒垒.我国近现代工业遗产"申遗"研究的回顾与展望//刘伯英.中国工业建筑遗产调查、研究与保护:2020中国第11届工业建筑遗产学术研讨会论文集[C].广州:华南理工大学出版社,2021:11-23.
③ 数据来源:https://whc.unesco.org/en/tentativelists/?action=listtentative&state=cn&order=states.
④ 数据来源:https://whc.unesco.org/en/tentativelists/?action=listtentative&state=cn&order=states.

续 表

序号	提交名称	列入时间	所属地区及备注
4	红山文化遗址	2013.01.29	辽宁、内蒙古
5	青瓷窑遗址	2013.01.29	浙江（海上丝绸之路遗产点）
6	三坊七巷	2013.01.29	福建
7	西夏陵	2013.01.29	宁夏
8	侗族村寨	2013.01.29	贵州、湖南、广西
9	灵渠	2013.01.29	广西（入选第三批全国重点文物保护单位，2018年列入世界灌溉工程遗产名录）①
10	藏羌碉楼与村寨	2013.01.29	四川
11	古蜀文明遗址	2013.01.29	四川
12	中国白酒老作坊②	2008.03.28	河北、江西、四川（五处代表性遗址组成，刘伶醉古烧锅、李渡烧酒作坊遗址、水井街酒坊遗址、泸州老窖作坊群、剑南春酒坊及遗址已全部入选全国重点文物保护单位，前四者也都入选国家工业遗产名单）
13	山陕古民居	2008.03.28	山西、陕西
14	中国明清城墙	2008.03.28	山西、辽宁、江苏、湖北
15	扬州瘦西湖与历史城区	2008.03.28	江苏（已是世界遗产大运河的遗产点）
16	江南水乡古镇	2008.03.28	浙江、江苏
17	丝绸之路中国段：从西汉到清代的路上和海上丝绸之路	2008.03.28	陆上：河南、陕西、青海、甘肃、宁夏、新疆；海上：浙江宁波、福建泉州
18	凤凰古城	2008.03.28	湖南
19	南越国遗址	2008.03.28	广东（海上丝绸之路遗产点）
20	白鹤梁古水文题刻	2008.03.28	重庆
21	贵州南部苗族村寨	2008.03.28	贵州
22	坎儿井	2008.03.28	新疆（第六批全国重点文物保护单位）
23	"明清皇家陵寝"扩展项目：潞简王墓	2008.03.28	河南

① 资料来源：https://icid-ciid.org/award/his_details/101.
② 入选预备名单时，中国白酒老作坊包括7地8处遗产点，但提交至世界遗产中心的只有5处，并且名单发生了变化。

表 2 中国未提交的世界文化遗产预备名单①

序号	名　　称	入选时间	所属地区及备注
1	济南泉·城文化景观	2019 年	山东
2	唐帝陵	2019 年	陕西
3	万里茶道（中国段）	2019 年	湖北、福建、江西、湖南、河南、山西、河北、内蒙古
4	石峁遗址	2019 年	陕西
5	唐帝陵	2019 年	陕西
6	海宁海塘·潮	2019 年	浙江
7	西汉帝陵	2019 年	陕西
8	阴山岩刻	2012 年	内蒙古
9	钓鱼城遗址	2012 年	重庆
10	侵华日军第七三一部队旧址	2012 年	黑龙江
11	无锡惠山祠堂群	2012 年	江苏（无锡惠山古镇已经加入"江南水乡古镇"联合申遗名单）
12	闽南红砖建筑	2012 年	福建
13	芒康盐井古盐田	2012 年	西藏（第七批全国重点文物保护单位）
14	志莲净苑与南莲园池	2012 年	香港
15	辽代上京城和祖陵遗址	2012 年	内蒙古
16	关圣文化建筑群	2012 年	山西
17	金上京遗址	2012 年	黑龙江
18	赣南围屋	2012 年	江西
19	万山汞矿遗址	2012 年	贵州（入选第六批全国重点文物保护单位，被评为国家矿山公园）
20	闽浙木拱廊桥	2012 年	福建、浙江
21	统万城	2012 年	陕西
22	黄石矿冶工业遗产	2012 年	湖北（铜绿山古铜矿遗址②等组成③）

① 数据来源：https://www.wochmoc.org.cn/channels/21.html。
② 1994 年，铜绿山古铜矿遗址就被列入我国的《世界文化遗产预备名单》；2006 年，因保护不力从预备名单中撤销；后经修缮，2012 重新入选。
③ 汉冶萍煤铁厂矿旧址、华新水泥厂旧址都入选全国重点文物保护单位及国家工业遗产名单，大冶铁矿被评选为国家矿山公园。

当然，我国还有不少未列入世界遗产预备名单而具备申遗潜力的工业遗产项目。如浙江温州苍南矾矿因其独特的历史、科技等方面的价值，被不少两会代表看好，已有提案建议将苍南矾矿遗产保护作为试点，将其纳入世界遗产预备名录，条件成熟时可单独或与其他地区共同申请世界遗产①。

据悉，我国预备申报世界遗产的项目，2025年是江南水乡古镇，工业遗产申遗还需耐心等待。在此之前，做好申报所要求的遗产价值提炼、保护管理规划、制定保护法规等工作十分必要。

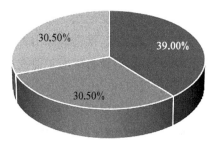

图1 我国已提交的世界遗产预备名单分类图

（三）各地准备申遗的工业遗产项目

申遗是一种很好的宣传手段，有利于提高地方知名度，同时也是促进工业遗产保护利用的有效途径，更可提高全社会对工业遗产的价值认知。因此，我国不少具备工业遗产申遗潜力的地方政府、产权单位或管理方更加紧密地联系起来，从不同方面积极准备申遗，例如：

2018年，萍乡市认为安源是汉冶萍遗产一部分，应联合汉阳和大冶共同申遗，并组织专家对遗存遗迹评估、推荐，使其早入联合国教科文组织文化遗产名录②；2019年，上海市文旅局相关负责人表示，要发挥苏州河沿岸工业遗产优势，支持、助力苏州河沿线工业遗产打包申报世界非物质文化遗产③；2020年，黄石大冶市推进铜绿山古铜矿遗址保护和国家考古遗址公园建设工作，以此助力工业遗产申遗④；在加大陶瓷文物保护力度方面，《景德镇国家陶瓷文化传承创新试验区实施方案》（以下简称《方案》）⑤和《关于贯彻〈方案〉的意见》⑥分别提出支持和推动御窑厂遗址申报世界文化遗产；首届"中国白酒古窖遗址与

---

① 肖建永．"工业遗产保护"提案立案　建议矾矿入世遗预备名录，2017-03-14. http://news.66wz.com/system/2017/03/14/104973040.shtm.
② 李小建，孙正风．萍乡这个地方堪称世界级工业遗产地 | 安源大力申遗正当时，2018-07-17. https://www.sohu.com/a/241734087_99958176, 2018-07-17.
③ 高明静．上海文化旅游局：助力苏州河沿线工业遗产打包"申遗"，2019-06-10. http://www.cinn.cn/gywh/201906/t20190610_213479.html.
④ 但超．省文化和旅游厅来冶调研工业遗产申遗工作，2020-06-11. http://www.hbdaye.gov.cn/xwzx/dyyw/202006/t20200611_634952.html.
⑤ 国家发展改革委　文化和旅游部．国家发展改革委　文化和旅游部关于印发〈景德镇国家陶瓷文化传承创新试验区实施方案〉的通知，2019-09-20. https://www.ndrc.gov.cn/xxgk/zcfb/tz/201909/t20190929_1181932.html?code=&state=123.
⑥ 中共江西省委　江西省人民政府．中共江西省委　江西省人民政府　关于贯彻《景德镇国家陶瓷文化传承创新试验区实施方案》的意见，2020-04-01. http://www.jiangxi.gov.cn/art/2020/4/1/art_396_1691883.html.

传统工艺科学发展论坛"①举办,助力"中国白酒老作坊"申遗;2021年,"黄石矿冶工业遗产"申遗进程加快,推进铜绿山古铜矿遗址、华新水泥厂旧址等遗产点的保护维修、展示利用、环境整治,对黄石矿冶工业遗产等进行实时在线监测等被列入《湖北省文物事业发展"十四五"规划》②;2022年,《全国重点文物保护单位灵渠保护规划》和《桂林市灵渠保护条例》相继发布,灵渠保护和申遗工作也在积极推进中③;2023年,周锋认为,将上海的"一江一河"工业遗产申报世界文化遗产,对中国和世界都有着重要意义④等。这些工作有利于扩大工业遗产的认知度,有利于工业遗产的原真性保护和价值挖掘,从而助力工业遗产申遗早日成功。

(四) 主管部门对工业遗产申遗的政策或答复

目前我国国家工业遗产主管部门是工业和信息化部,文化遗产申遗主管部门是国家文物局,它们对我国工业遗产申遗都有一定表态,如对相关工业遗产申遗提案的答复,从某种程度上可以看作我国政府部门对工业遗产申遗的"风向标"。

工信部赞同、支持推动中国白酒文化遗产申遗的建议,认为酿酒文化对传承保护中国传统文化、增强民族文化认同感和凝聚力具有重要意义。在已印发的《推进工业文化发展实施方案(2021—2025年)》中,明确提出"推动将符合条件的工业遗产纳入文物保护体系,价值突出的推荐申报世界文化遗产"。目前多家单位正积极推进白酒申遗相关基础性工作⑤。

国家文物局也支持万山汞矿申遗,认为万山汞矿是研究我国科技发展史的重要史料,其工业建筑群是中国近现代工业建筑发展的实物见证等。国家非常重视万山汞矿遗址保护工作,如将其公布为第六批"国保"单位,纳入《中国世界文化遗产预备名单》。但与此同时,万山汞矿遗址在文物本体保护、遗产展示阐释等方面存在短板或不足。基于此,国家文物局提出了关于推进万山汞矿遗址申遗工作和保护力度的建议,包括帮助梳理发现其保护利用现状与世界遗产标准要求之间的差距,加强顶层设计,研究制定申遗前期准备工作任务清单、进度计划;将其列入重点培育范围,为其保护、展示、利用提供专业技术指导等⑥。

---

① 11家"国宝"级窖池单位成立"古窖遗址和文化遗产委员会",并签署《依法保护科学利用中国白酒古窖遗址共同宣言》。(茅台时空. 茅台等11家"国宝"窖池单位聚首成立古窖遗址和文化遗产委员会[EB/OL]. https://finance.sina.com.cn/stock/s/2020-10-20/doc-iizncktkc6644348.shtml,2020-10-20)。

② 湖北省文化和旅游厅. 省文化和旅游厅关于印发〈湖北省文物事业发展"十四五"规划〉的通知. (2021-10-28). https://wlt.hubei.gov.cn/zfxxgk/zc/gfxwj/202110/t20211028_3833303.shtml.

③ 杨亚鹏. 加强谋划 突出重点 完善保障——奋力开创广西文物保护新局面,2022-05-27. http://www.ncha.gov.cn/art/2022/5/27/art_722_174604.html.

④ 顾晓红. 让"一江一河"工业遗产早日成为世界文化遗产[N]. 联合时报,2023-04-21(3).

⑤ 工业和信息化部. 对十三届全国人大四次会议第5834号建议的答复,2021-08-02. https://www.miit.gov.cn/zwgk/jytafwgk/art/2021/art_839e50a3517b4251a9382069833442b0.html.

⑥ 国家文物局. 国家文物局对十三届全国人大四次会议第7864号建议的答复,2021-09-23. http://www.ncha.gov.cn/art/2021/9/23/art_2237_44898.html.

二、我国近现代工业遗产申遗趋势

通过分析入选《世界遗产名录》的工业遗产项目,包括分布区域、所属行业、入选年份、采用标准等,并结合目前国内外申遗现状,从中可看出工业遗产申遗的新趋势,具体如下:

(一) 行业遗产的空白点是申遗潜在的增长点

通过梳理已入选的工业遗产,统计其所属行业,可以发现,目前还有部分行业遗产没有项目入选,如见证对人类发展产生重大影响的航空、石油、汽车工业遗产等;另一方面,通过梳理国家级工业遗产名单,诸如国家工业遗产名与国家工业遗产项目等,可以分析具有申遗潜力的工业遗产项目。如入选《世界遗产名录》的工业遗产还没有水泥类工业遗产和航空遗产项目,我国的水泥工业遗产和航空工业遗产具有一定代表性,分布比较广泛且保护较好,具有一定的申遗潜力。

另外,从区域看,特定的区域有其特定的遗产分布。欧洲入选的工业遗产主要是反映工业革命后具有典型性、代表性的工业成就和具有欧洲地方特色的行业遗产,如英国的铁桥峡谷,德国的弗尔克林根钢铁厂,法国的葡萄酒酿造基地,奥地利、意大利和德国的输水系统等;拉美地区主要是具有典型特征的矿区以及与之有关的工业城镇;亚洲和非洲地区主要是与近代西方文明的传入及与自身传统文化有关的项目,如日本的福冈缫丝厂和明治维新工业遗产、中国的都江堰和大运河、非洲的布基纳法索古冶铁遗址等。这一点的启示是要注意挖掘本国具有特色的行业遗产。

(二) 鼓励联合申报

截至 2024 年 7 月,全球共有 1 223 处世界遗产(含 49 项跨国遗产),分布在 168 个国家。从类型划分看,文化遗产 952 项,自然遗产 231 项,混合遗产 40 项;56 项濒危遗产主要分布在中北非、西亚和加勒比地区[①]。部分遗产在申报前已闻名于世,其价值也足以使它们单独入选,而不用联合申报。价值相对不突出的项目可以采取"抱团取暖"的办法,即围绕某个主题,选取能反映主题重大价值并具有代表性的遗产点联合申遗,从而让遗产整体价值大于各遗产点价值之和。这又可细分为两个方向,一是"多点一线",如 2015 年入选的日本明治维新工业遗产围绕非西方国家第一次实现工业化的主题,由 23 个遗产点组成,它们分布在 8 地 11 处[②];二是"一团多点",即选择一处面积足够大的区域,区域内包含众多保存较好,并且有代表性的遗产点,例如英国的铁桥峡谷,被 UNESCO 列入的铁

---

① 数据来自:https://whc.unesco.org/en/list.
② 数据来源:UNESCO. Sites of Japan's Meiji Industrial Revolution: Iron and Steel, Shipbuilding and Coal Mining[EB/OL]. https://whc.unesco.org/en/list/1484.pdf.

桥区、草河谷、杰克山庄即煤港等铁桥峡谷遗址点分布在5.5平方公里范围内①；德国的弗尔克林根钢铁厂占地约6万平方米，构成弗尔克林根市的主体部分，是整个西欧和北美地区现存唯一一处保存完好的综合性钢铁厂遗址等②。

（三）发达地区向欠发达地区倾斜

从地区分布看，目前世界遗产中的工业遗产主要分布在欧洲地区，但这并不能代表全球范围内的工业发展成就，基于此，也为了实施"再平衡战略"和"填补空白"的计划，包括工业遗产在内的世界遗产评选有向亚非拉地区倾斜的趋势，一大表现是这些地区相继有工业遗产项目入选，如2019年的印度尼西亚沙哇伦多的翁比伦煤矿和布基纳法索古冶铁遗址、2021年的伊朗纵贯铁路、2024年的日本佐渡金山等。从中也可以看出联合国教科文组织在促进世界遗产地区及类型平衡方面的努力。

另外，见证发展中国家工业化进程的工业遗产是一大类型。发达国家入选的工业遗产已比较多，而发展中国家的工业遗产项目还较少，从这一现状来看，发展中国家的工业遗产申遗也是一大趋势。

欧洲、北美、大洋洲等发达地区的工业遗产数量占优势，但总趋势趋向于下降；亚非拉等欠发达地区的总趋势较为平稳，但总体呈现稍快增长趋势。

（四）从重点行业向非重点行业侧重

对于一些已入选较多的遗产类型，如墓葬、教堂等的申报，世界遗产委员会采取更加审慎的态度；而对于一些类型较少的项目，如文化景观、文化线路、混合遗产及工业遗产类型等，世界遗产委员会则优先考虑。

从全球范围内工业遗产的入选数量、所属行业可以看出，矿产类工业遗产的价值已被认可，特别是煤矿等对近代化影响深远，为近代化提供了重要的能源支撑，可以说是近代化的"能量包"和"加油站"；钢铁行业的工业遗产项目也早已入选；铁路、造船工业遗产的价值正逐渐得到认可，但同样为人类文明的进步与发展作出了巨大贡献，与近现代关系密切的石油、汽车、航空等行业类世界遗产还很稀缺。

（五）申遗受政治因素影响明显

典型案例是日本明治维新工业遗产的申报。在2015年这样一个敏感的时间点，日本提出明治维新工业遗产申遗，其用意不言自明。此外，在遗产大会之前，日本派出了十几名外交人员进行"游说"。正如燕海鸣所言，"世界遗产的申报，已成为政治话语角力的战场"③。

---

① 数据来自https://whc.unesco.org/en/list/371。
② 数据来自https://whc.unesco.org/en/list/687。
③ 燕海鸣.如何看待日本"明治工业革命遗产"入选世遗名录[N].中国青年报，2015-07-09(11).

此外,从纵向看,单纯的时间长短的重要程度在降低,这也为我国近现代工业遗产申遗提供了更多可能性,也有利于提高包括洋务运动代表性工业遗产、三线建设工业遗产等在内的我国近现代工业遗产申遗成功率。

三、我国工业遗产申遗的途径

从入选数量看,我国的文化遗产项目以古代遗产为主,而文化遗产还有诸多类型,如近现代工业遗产等还没有项目入选,申遗潜力比较大。我国工业遗产申遗,既要做到文化遗产申遗的一般要求,又要考虑到工业遗产的特殊性。基于以上申遗的趋势,笔者提出我国近现代工业遗产申遗的具体途径如下:

(一) 寻找"空白"

这需要增强行业工业遗产的整体研究。从我国入选的文化遗产项目看,反映中国传统工艺特色的陶瓷、青铜冶炼、丝织等行业还没有相关项目入选。以湖北大冶铜绿山遗址为代表的青铜文明、以江西景德镇御窑瓷厂为代表的陶瓷文明、以陕西延长石油和黑龙江大庆油田等为代表的石油类工业遗产及以柳州旧机场及城防工事群、中央(杭州)飞机制造厂、中意飞机制造厂、人民空军东北老航校旧址、三线贵州航空发动机厂等为代表的航空工业遗产等具有特定的价值,一个突出表现是它们或入选全国重点文物保护单位、或入选国家工业遗产名单及中国工业遗产保护名录等,当然,它们的价值还有待进一步发掘、整理与认可。

(二) 联合申遗

从上述趋势可以看出,联合申遗所选择的主题本身也应具有重大意义,因此要加强梳理,突出特色,增强联合申遗能力,特别是梳理国家级工业遗产名录和重点文物保护单位中的工业遗产。从目前情况看,我国的工业遗产尤其是近现代工业遗产单独申遗的成功率较低,联合申请或者以"系列遗产"路线为主题,成功率可能会更高。关于"多点一线"的项目,例如,洋务运动开启了我国走向工业化的第一步,与之对应的洋务运动工业遗产是我国最早的近现代工业遗产,因此其具有特殊的价值,可选择南京金陵机器局、福州船政局、大沽船坞、开平矿务局等具有代表性且保持状况相对较好的洋务运动工业遗产联合申遗;另外,以816洞、攀枝花钢铁厂为代表的三线建设工业遗产广泛分布于我国中西部地区,它们见证了中西部地区工业布局的逐渐完善、交通网络的逐渐完备等,在国际冷战背景下极具代表性和特殊性。关于"一团多点",黄石矿冶工业遗产具有代表性,它是世界范围内罕见的、在一个区域内能够集中体现古代青铜文明和近现代工业文明进程中最高生产力水平的矿冶工业遗产,符合世界遗产Ⅱ、Ⅲ、Ⅳ、Ⅵ的价值标准[①]。

---

① 中国文化遗产研究院. 黄石矿冶工业遗产申遗专家咨询会在我院召开,2021-06-29. http://www.cach.org.cn/tabid/76/InfoID/2628/frtid/78/Default.aspx,2021-06-29.

此外，中国的大矿坑也可尝试联合申遗。以温州矾矿、可可托海钨矿坑等具有代表性且世界遗产名录里没有相关项目的矿产类遗产，一方面，这些矿坑对当地和中国甚至世界其他地区的经济社会发展作出了重要贡献；另一方面，体现了中国的治理特色、方法，对世界上其他地区的矿坑保护、开发有借鉴作用。

当然，联合申遗可国内联合也可跨国合作。基于申报名额的限制及促进世界遗产的代表性、平衡性与可信度，越来越多的国家开始考虑采取跨国联合申报的办法，而这也明确会受到世界遗产委员会的鼓励。如"丝绸之路：长安—天山廊道的路网"由三国联合申报，占用的是吉尔吉斯斯坦的名额①。目前工业遗产类世界遗产中，有三项是两国共同申请。

（三）注重对比

注重比较是当前工业遗产申遗研究中容易被忽略却又不得不重视的一点，因为世界遗产公约操作指南第132条明确提出，应提供该遗产与类似遗产的比较分析，无论类似遗产在国内还是在国外，是否已被列入《世界遗产名录》。比较分析应说明申报遗产在国内及国际范围内的重要性②。因此说，无论从规范性还是态度来看，都应加强工业遗产保护利用及工业遗产申遗经验等的借鉴与研究。特别是入选的工业遗产主要分布在发达国家，我国工业遗产申遗可以借鉴其经验，加强与重点项目或者对标项目的比较与学习，取长补短，发掘特色与优势。如从矿产遗产角度看，亚洲范围内已有印度尼西亚的沙哇伦多煤矿、日本明治维新工业遗产（寺山煤窑遗址、高岛煤矿、端岛煤矿）入选③，因此我国的煤矿申遗，更要具有突出普遍价值及申遗切入点。

从我国的世界文化遗产预备名单看，景德镇御窑瓷厂、青瓷窑遗址是具有我国特色的陶瓷类工业遗产的典型范例，且目前世界遗产中也没有专门的陶瓷类工业遗产，它们都面临难得的机遇，特别是前者，作为我国官窑瓷器生产中的杰出代表，是我国最近更新的世界遗产预备名单里唯一的文化遗产项目，关注度较高，有望成为我国工业遗产申遗的突破点；黄石矿冶工业遗产、万山汞矿遗址属于古近结合的工业遗产，具有特殊性、唯一性和代表性，它们申遗的潜力也不小；中国白酒老作坊属于传统的、具有特色的酿制类工业遗产，我国目前还没有酒类世界遗产，相关单位也正积极准备申遗前期工作；闽浙木拱廊桥属于我国传统的木工类工业遗产，芒康盐井古盐田知名度较小，它们有一定区域代表性，如果主题分别扩展为"中国古桥"或"中国古盐田"，世界遗产中同类遗产也较少，则希望会更大。灵渠、坎儿井属于水利类工业遗产，但我国的都江堰、大运河与伊朗的波斯坎儿井分

---

① 数据来源：https://whc.unesco.org/en/list/1442。
② 中国古迹遗址保护协会.实施《世界遗产公约》操作指南[EB/OL].2020-05-20. http://www.icomoschina.org.cn/uploads/download/20200514100333_download.pdf.
③ 数据来源：UNESCO. Sites of Japan's Meiji Industrial Revolution: Iron and Steel, Shipbuilding and Coal Mining[EB/OL]. https://whc.unesco.org/en/list/1484.pdf，2022-12-31.

别于2000年、2014年及2016年申遗成功,与之相比,灵渠的原真性与完整性保护有待加强,我国新疆的坎儿井普遍价值并不出众,它们申遗成功的难度都比较大。

(四) 重视宣传

一方面,通过电视、广播、纸媒、新媒体等途径加大工业遗产的宣传力度,特别是遗产走出去,提高工业遗产的国内外知名度;另一方面,也要积极举办、参与国际研讨等对外交流活动,这既可以拓宽视野,提高遗产理论研究水平,又可在国际合作中不断积累人气,以提高我国在工业遗产领域的世界遗产话语权。目前世界遗产话语权相当程度上还是掌握在西方国家手中,新兴国家要努力争取,正如燕海鸣所说,"争夺书写历史的话语权,已经是摆在我们面前的重要课题"。戴湘毅等也以矿业遗产为例,认为在全球战略背景下,为降低世界遗产中的欧洲话语权,中国应加强矿业遗产的申报[①]。

(五) 建立机制

工业遗产的特殊性决定了其保护利用工作"牵一发而动全身",因此有必要加强部门之间联系与沟通,设立专项工作机制。例如,《推进工业文化发展实施方案(2021—2025年)》提及积极推动将符合条件的工业遗产纳入文物保护体系,价值突出的推荐申报世界文化遗产[②],可以落实这一方案为抓手,工信部牵头与国家文物局、中央宣传部、住房和城乡建设部、自然资源部等部门深化合作,并加强统筹协调,建立健全部门协同工作机制,形成工作合力。

(六) 另辟蹊径

在联合国教科文组织负责评选的世界遗产申报日趋激烈的今天,作为一种特殊的新型文化遗产,与其坐等,不如调整思路、转换方向,工业遗产也可以选择申报联合国教科文组织或其他国际组织评选的世界级遗产,如中国白酒老工作坊也可申请由联合国教科文组织评选的世界非物质文化遗产。正如国家文物局支持河南将黄河流域的水利遗产、农业遗产申报世界灌溉工程遗产和全球重要农业文化遗产[③],坎儿井等水利类工业遗产也可选择申报它们。再如我国规模巨大、类型多样的矿产类工业遗产可选择申报世界地质公园等。

申遗一方面受遗产本身状况的影响,另一方面也受世界遗产申报变化的影响。由于文化景观、文化路线、工业遗产等新的遗产类型在世界遗产申报中日益受到重视,为体现

---

① 戴湘毅,阙维民.世界遗产视野下的矿业遗产研究[J].地理科学,2012(1).
② 工业和信息化部等八部门.推进工业文化发展实施方案(2021—2025),(2021 - 06 - 04). https://www.miit.gov.cn/cms_files/filemanager/1226211233/attach/20216/e1b14185944445d6a3622d5b0ac85b2e.pdf.
③ 国家文物局.国家文物局对十三届全国人大三次会议第5018号建议的答复,(2020 - 11 - 05). http://www.ncha.gov.cn/art/2020/11/5/art_2237_44176.html.

这一趋势，2012年中国世界文化遗产预备名单更新中加入了坎儿井、中国白酒老作坊、灵渠、景德镇御窑厂遗址等工业遗产项目。不得不提的是，2000年公布、2004年修订的《凯恩斯协议》使中国的申遗热潮在一定程度上得到减缓，但其影响并没有消除。从2020年开始，世界遗产申报开始实行一国一年一项（文化或自然遗产）交替申报的原则，可以预见，包括工业遗产在内的文化遗产的申遗会越来越审慎和激烈。

四、结语

世界遗产体现一个国家的历史和骄傲。近年来，随着"再平衡战略"和"填补空白"计划的推行，世界遗产评选一大趋势是向亚非拉地区倾斜。每个国家都有自己独特的历史发展过程，正是这种独特性，才构成了人类文化的多样性。走向现代化的路径不只有、也不应只有一条。世界文化遗产应在客观、公正、尊重文化多样性的基础上评选，而不仅仅是按照西方普世价值观评价世界各地的申报项目，那样也失去了世界遗产评选的初衷。

从我国的工业遗产保护现状和申遗趋势来看，我国工业地产申遗应选择普遍价值突出、保护状况良好的稀有遗产项目，走联合申报道路。另外，也要密切关注申遗动态，及时调整申遗策略。《下塔吉尔宪章》明确提出"联合国教科文组织的《世界遗产名录》，应给予给人类文化带来重大影响的工业文明以应有的重视"[1]。中国式工业化道路为人类文明的进步和多样性提供了一种特殊范例。我国的工业遗产，特别是近现代工业遗产见证了我国由农业社会向工业社会的转型，在发展中国家向近代化转型中也具有典型性和代表性。中国的工业遗产尤其是近现代工业遗产积极申遗，不但在内容上有利于丰富和改善世界文化遗产的类型，而且在整体上也有利于促进世界遗产的代表性、平衡性与可信性。因此，中国的工业遗产，特别是近现代工业遗产理应、也能在世界遗产之林占有一席之地。

---

[1] TICCIH. The Nizhny Tagil Charter for the Industrial Heritage. (2003 - 07 - 17). http://ticcih.org/about/charter/.

贵州工业遗产保护利用推进铸牢
中华民族共同体意识研究

李 然 梁 梅

（中南民族大学）

摘 要：国家工业遗产代表国家各时期社会生产力的发展历程和成就，是构建中华民族工业文明标识的重要资源。工业遗产中物质载体、精神内涵、文化价值的保护利用与铸牢中华民族共同体意识的价值导向和实践要求协调一致。工业遗产见证了各民族共同推进中国式现代化、创造工业文明、共同团结奋斗建设美丽家园和工业场域中的各民族交往交流交融。工业遗产资源不仅可以赋能经济发展，带动文化创意、环保产业和传统产业升级转型，助力中华民族经济共同体建设，也有利于体悟"四个与共"的共同体理念，厚植"五个认同"思想之基。推进贵州工业遗产保护利用铸牢中华民族共同体意识，要加大工业文化遗产阐释和宣传教育，构筑中华民族共有精神家园；推进工业文化遗产的文产融合发展，促进各民族共同富裕；创新工业遗产旅游发展路径，拓展各民族交往交流交融渠道。

关键词：工业遗产；中华民族共同体意识；内在逻辑；实践路径

中国工业遗产类型丰富、规模壮大、分布广泛，是构建中华民族工业文明标识的重要资源。研究阐释工业遗产在历史上推进各民族共同走向社会主义现代化、促进各族人民群众共同团结奋斗繁荣发展和加快各民族交流交往交融的重要内涵与价值，讲好中华民族工业文明发展好故事，丰富中华民族共有精神家园内容，有利于丰富和拓展铸牢中华民族共同体意识的资源、平台和路径。我国《推进工业文化发展实施方案（2021—2025）》强调，要"强化承载重要文化的工业遗产的保护利用，弘扬中国工业精神"[①]。工业遗产的物质遗存，即厂房、车间、作坊、矿区等生产储运设施，相关的管理和科研场所，其他生活服务设施、构筑物和机器设备、产品、档案等和非物质遗存如生产工艺、规章制度、企业文化、工

---

① 中华人民共和国工业与信息化部八部关于印发《推进工业文化发展实施方案（2021—2025年）》的通知（工信部联政法〔2021〕54号）[EB/OL]. https://www.miit.gov.cn/jgsj/zfs/gzdt/art/2021/art_c17ba6b45e6f42a6a9e501e9a03e3e9.html

业精神等①，既是工业文明的物化形式与历史记忆，更是党带领各族人民站起来、富起来、强起来的生动见证。

20世纪在贵州开展三线建设的大批工矿企业存留了丰厚的工业遗存遗迹。目前，贵州有国家工业遗产名单8项，即茅台酒酿酒作坊、黎阳航空发动机公司、六枝矿区、贵州万山汞矿、长征电器十二厂、贵飞强度试验中心旧址、红枫电厂猫跳河梯级电站、湄潭中央实验茶厂旧址；省级工业遗产名单16项，涵盖酿造、航天航空、电子器械、煤炭、汞矿等领域。三线建设时期都匀市和凯里市083电子工业基地等，也是符合国家工业遗产和世界工业遗产条件的工业遗存。

当前，工业遗产保护利用研究主要集中于旅游开发、景观建设、博览场馆建设与城市更新等领域。工业遗产旅游研究主要关注工业旅游价值评估②、文化场景设计③、文化创意产业园④、工业研学旅行⑤、红色工业旅游⑥等。景观建设研究聚焦共生理论下的工业景观设计⑦、工业遗产景观的叙事性表达⑧和工业遗产街区旧址景观改造⑨。博览场馆建设致力于博物馆建设⑩、记忆场所研究⑪等。利用文化遗产铸牢中华民族共同体意识主要集中于非物质文化遗产⑫、文化生态保护区⑬等生成于传统社会的文化遗产，而对生成于近现代的工业遗产关注较少。因此，民族地区工业遗产保护利用要将工业遗产与当地传统文化、民俗风情相结合，使其更好地赋能地方经济发展和文化建设，同时也要考虑地区

---

① 中华人民共和国工业与信息化部印发《国家工业遗产管理办法》的通知（工信部政法〔2023〕24号）[EB/OL]. https://www.gov.cn/zhengce/zhengceku/2023-03/15/content_5746847.htm

② 刘艳晓,宋飑,马美娜等.工业遗产旅游价值评估指标体系构建与实证——以东北地区为例[J].中国生态旅游,2023(2).

③ 陈波,陈立豪.工业遗产旅游地文化场景维度设计与价值表达研究[J].山东大学学报（哲学社会科学版）,2023(2).

④ 朱佳欣.工业文化创意旅游园区的现状与未来——以济南"798"D17文化创意产业园为例[J].产业创新研究,2023(4).

⑤ 谈津维,姜雨薇.工业遗产的内涵发掘与活化利用——以海州露天矿的研学旅行开发为例[J].辽宁工业大学学报（社会科学版）,2023(3).

⑥ 魏竟雯,陈紫璇,张思卓.江苏红色工业旅游产业发展研究[J].合作经济与科技,2021(24).

⑦ 张淞豪.记忆共生理论下的工业遗产景观设计实践[J].城市环境设计,2023(1).

⑧ 陈晓刚,邢珂,杜春兰等.隐性叙事：工业遗产景观再生中的设计表达理论建构[J/OL].中国园林,2024-03-10.

⑨ 沈希子,房建军.工业遗产街区中新旧空间转化探究——以首钢工业景观遗产改造设计为例[J].艺术与设计（理论）,2023(4).

⑩ 张雨辰.工业类博物馆建设与工业旅游发展的瓶颈与对策[J].博物馆管理,2020(1)；罗丹娜.涪陵816核工业博物馆设计——远郊三线建设工业遗存在地改造策略研究[D].硕士学位论文,重庆大学,2022.

⑪ 徐兰兰.中国工业博物馆记忆场所的游客代际记忆研究[D].硕士学位论文,沈阳师范大学,2019.

⑫ 王丹.非物质文化遗产铸牢中华民族共同体意识的实践路向[J].文化遗产,2023(3)；李亚,汪勇.非物质文化遗产何以赋能铸牢中华民族共同体意识[J].贵州民族研究,2024(1).

⑬ 林继富.文化生态保护区建设推进铸牢中华民族共同体意识[J].湖北民族大学学报（哲学社会科学版）,2024(1).

社会效益、民族团结和环境保护①。

基于此,本文进一步阐释工业遗产蕴含的中华民族共同体意识,分析活化利用工业遗产、弘扬工业文化精神与铸牢中华民族共同体意识的彼此契合性,以期在工业遗产系统性保护利用中促进铸牢中华民族共同体意识有形有感有效。

一、工业遗产保护利用与铸牢中华民族共同体意识的协同逻辑

城乡建设中工业遗产的保护利用与铸牢中华民族共同体意识在价值导向和实践要求上具有很强的耦合性。《关于在城乡建设中加强历史文化保护传承的意见》要求,"在城乡建设中树立和突出各民族共享的中华文化符号和中华民族形象,弘扬和发展中华优秀传统文化、革命文化、社会主义先进文化","全方位展现中华民族悠久连续的文明历史、中国近现代历史进程、中国共产党团结带领中国人民不懈奋斗的光辉历程、中华人民共和国成立与发展历程、改革开放和社会主义现代化建设的伟大征程"②。挖掘工业遗产文化内涵,探究其与铸牢中华民族共同体意识在推进中国式现代化、构建中国工业文明、增进各民族团结和加快各民族交往互动方面的有机统一,有利于为铸牢中华民族共同体意识提供学理依据和实践路径。

(一)工业发展成果推进中国式现代化

工业化推动贵州更快融入国家发展大局,使贵州与全国各地在经济上、政治上更加紧密地融为一体。工业建设初期,电力、铁路运输、国防科技、煤炭、汞矿、机械电子、化工等领域企业为贵州经济社会发展奠定了工业基础,不仅改变了贵州工业生产布局与经济结构,平衡了国家工业布局,还加速了当地城镇化进程。航空、航天、电子、装备制造等工业产品与商贸促进了东西部资源互补,缩小了东西部地区的经济差距,促进区域协调发展,使各地区各民族共享工业发展成果。

贵州在近现代工业发展中积极参与国家战略腹地建设,为维护国防安全和产业发展做出了贡献。三线建设时期,贵州东部电子工业、北部航天工业和中西部航空工业三大工业格局,奠定了国家西部军工产业发展基础。航空航天研发的新技术、新工艺与新材料等成果,增强了国防科技实力与西部区域综合实力。川黔铁路、贵昆铁路和湘黔铁路建设完善,为六盘水煤矿资源以及其他货物输入输出提供了便利。在此基础上创办的铁道邮路,改善了邮电通信条件,为后期开展西部建设、城镇化建设与美丽乡村建设提供发展

---

① 韩晗.中国式现代化中,民族地区如何利用好工业遗产[N].中国民族报,2023-4-7(6).
② 中共中央办公厅 国务院办公厅印发《关于在城乡建设中加强历史文化保护传承的意见》(2021年第26号国务院公报)[EB/OL]https://www.gov.cn/gongbao/content/2021/content_5637945.htm

支撑①。

新时代工业遗产的保护利用激活了工业遗产内在价值,使遗产地居民与企业继续受益。工业遗产的更新改造与功能置换,如遗产地基础设施建设、开发工业旅游、打造工业智能博物馆、"互联网＋工业"、工业文创产品研发等,促进了城市更新,培育了旅游业和文化产业新业态。航空航天基地的"1964文化创意园""芳华里3536文化创意园""牛洞三线文化展示区""黎阳航空展览馆"等主题园区成为省内外知名景区。六枝特区以"山水三线"为主题,打造集建筑、展陈与艺术的"三位一体"工业建筑艺术创新发展模式,培育出后工业社会新业态。

(二)工业科技文化构建中华民族工业文明

工业遗产既赓续中华民族古老的工业文化基因,也是中华民族近现代工业文明生发的历史见证。工业遗产中的酿造技术与制作工艺反映着中国食品工业发展的历史进程。贵州酿造产业发达,酿制技艺丰富。其中董酒的酿造技术与制作工艺最具代表性。董酒发展始于民国时期,新中国成立后大力发展。国务院总理办公室曾批示:"董酒色香味俱佳,建议当地政府恢复发展。"董酒酿制讲求"药食同源,酒药同源",具有综合保健功能。董酒酿制技艺及制曲配方被国家轻工部、科技部和保密局三次列为国家机密技术②。董酒酿酒工业旧址是中国传统白酒古法酿制技术的重要基地,其酿造技艺与制作流程传承了中华民族数千年中医养生之道和酿酒文化脉络,是中华民族食品工业文明的瑰宝。

工业遗产孕育的优秀工业科学技术与文化思想,是构建中华民族工业文明的重要支撑。湄潭中央实验茶场在民国时期开启中国茶叶科研之先河,积累了《茶情》《茶树育种问题之研究》《湄潭茶产调查报告》《贵州湄潭茶叶之试制》《论发展贵州茶叶》《世界茶树名目》等茶科技、茶文化、茶产业的珍贵数据和资料。湄潭茶业创制了功夫红茶、炒青绿茶、湄潭龙井、珍眉、桂花茶、玉露等一系列知名茶叶品牌,加速了民国时期贵州茶叶出口贸易。湄潭茶叶肩负起换购枪支弹药支持抗战的特殊使命,为国家独立、民族解放做出巨大贡献。湄潭中央实验茶场是中国茶业史和中华民族抗战史的重要标志,成为中华民族工业文明的具体标识。

工业发展中积淀的工业科学、生产技术不断革新发展,是中华民族工业文明发展创新的动力。三线建设时期,长征电器公司艰苦创业,实现技术突破与产品质量提升。一方面吸收和借鉴国外电器生产工艺、制作技术经验,广泛收集苏联、日本、瑞典等国家的技术和样机,积极引进德国相关生产工艺。另一方面进行生产技术的自我创新,研发了"ME1600A万能式断路器"等器械,多次获得国家科技进步奖。长征电器研制大批高水平

---

① 何郝炬,何仁仲,向嘉贵. 三线建设与西部大开发[M]. 当代中国出版社,2003.
② 庹文升主编. 贵州酒百科全书[M]. 贵州人民出版社,2016.

电器产品与装备,畅销海内外,展现了中国工业发展实力,为中国电器产业发展和节能环保事业做出重要贡献,也向世界展现了中国工业文明新成就。

(三) 工业遗存遗物体现各族人民共同团结奋斗

工业遗存遗物是各民族在工业生产实践中创制和发展的工业文明产物和工业文化载体,也是各民族团结协作的物质成果和智慧结晶。工业遗存文物既包括博物馆中不可移动的物质,也涵盖与文物相关的环境、建筑物和其他非物质形态遗产[①]。矿区、建筑物、器械设备、档案文书等遗存文物,与工业遗产地的环境、空间一起成为工业文化的载体,保留了各族人民为国家工业建设奉献热血与青春的历史记忆,反映了党带领各族儿女不惧艰险、不畏辛苦、奋力拼搏推进国家工业发展历程。

新中国成立后,国家在贵州建立国防工业战略后方基地,各族军民积极响应赴崇山峻岭投身三线建设。数百万名工人由北向南、由东向西为工业建设万里大迁徙。来自西北和西南四川、云南等民族地区的劳动者,东北、华东、中南发达地区的技术人员以及海外专家团队团结协作,在"地无三尺平,天无三日晴"的贵州山地城市致力于国防工业建设。其中航空、航天、铁路、煤炭基地建设成效显著,使贵州工业发展由"物质洼地"向"精神高地"飞升。"六枝地宗矿矿井"标志着西南煤都大规模开发建设,"六枝关寨火车站"见证了全国各地铁路建设者在贵州的辛勤奉献,"黎阳厂"研发的第一台航空发动机为贵州工业奠定基础。这些极具时代性与历史性的工业遗存,蕴含着各民族青年挥洒汗水为国家发展建设、为贵州开辟新篇章持续奋斗的家国情怀。

工业遗存与文物见证了党领导人民团结奋斗、锐意进取的建设历程。全国各族人民为国家现代化建设通力合作、团结奋斗,共同推进民族地区现代化发展,贵州三线工业基地在中华儿女的共同努力下,使当地由贫穷落后转变为一个经济繁荣、社会和谐、民族团结、山川秀丽的美丽家园。"新时代,要通过加强中华民族大团结促进中国式现代化,将精神力量在现代化建设中转化为推动经济社会发展和民族复兴的实践性、能动性力量。"[②]尤其是发挥工业遗产蕴含的各民族共同团结进步、共同繁荣发展的共创伟业精神,打牢铸牢中华民族共同体意识的思想基础。

(四) 工业场域展现各民族交往交流交融

工业生产场所与生活设施等工业场域为各民族创设了新型交往交流交融空间。工业遗产中的厂房、车间、食堂、宿舍、研究所等建筑空间,为企业职工在生产生活方面的广泛交往交流交融提供集聚场所。医院、学校、食堂、商店、邮局等附属生活设施,集结了教育、医疗、娱乐、生产等功能,形成功能齐全的小型社会,衍生出多元社区活动,增加了个人、家

---

① 吕建昌,李舒桐.工业文物阐释与工业文化传播的思考——以工业博物馆为视角[J].东南文化,2021(1).
② 王延中.中国共产党民族政策与中华民族大团结[J].内蒙古社会科学,2024(1).

庭、社区、邻里、单位等不同主体之间交往互动频率。这种小型社会创造了各民族共居共学、共建共享、共事共乐的生产生活环境。

贵州工业建设为各地域各民族群体提供了交往互动的空间场所。三线建设时期，六盘水迎来了武汉、昆明、重庆、西京、抚顺、鹤壁、舒兰、鞍山、开滦、鸡西等地区的技术人员以及其他职工两万余人，与当地汉族、布依族、回族、彝族、苗族等各族群众在"靠山、分散、隐蔽"的项目原则下，开创了山洞工厂、山洞车间，如菜花洞、牛洞等生产场所，在田间地头搭建生活住房，形成了共同的生产生活空间。随着三线建设带来的工业用地、工业区与工业园区形成了卫星城与新城，成为相对独立的小型城市①，使城镇化与各民族交往交流交融互相促进。三线建设时期，六盘水成为各民族物资往来、文化互动与情感交流的重要场域，被誉为"火车拉来的城市"和"工业建设而来的城市"。大批外来职工除了发展生产，还帮助当地居民解决通电、饮水、就业等问题，当地部分居民也将自己子女送入三线工厂学校接受教育，提高了当地教育文化水平。三线建设的先进生产产品和随之而来发达的东部文化，改善了建设地区资源结构，极大地促进了当地文化发展和社会风尚。

随着城市化发展和产业转型，工业遗址通过景观改造，打造成了集文化公园、生态公园与生态长廊于一体的休闲、娱乐、时尚、智能的城市综合体，成为民众亲子游乐、社交活动和文化娱乐的文化空间，实现工业遗产的价值再生。贵州清镇市将工业遗产水晶厂改造成为金茂水晶智慧生态城水晶公园，为当地居民休闲娱乐提供了共有环境与空间，为各民族交往交流交融创设了新的社会条件，有利于各民族的进一步交往融居，有利于铸牢中华民族共同体意识。

二、工业遗产铸牢中华民族共同体意识的资源禀赋与价值意蕴

工业遗产资源构成丰富，包含了物质性存在的工业文明经济产物和文化性存在的工业文化精神载体，既为"全面推进中华民族共有精神家园建设""推动各民族共同走向社会主义现代化""促进各民族交往交流交融"等铸牢中华民族共同体意识战略提供了物质基础，也蕴含丰富中华民族共同体意识内涵，又为体悟"四个与共"的共同体理念、增强"五个认同"等铸牢中华民族共同体意识宣传教育打牢了思想基础。

（一）工业遗产物质性资源促进产业创新发展

工业遗产资源结构完整，可以为开展铸牢中华民族共同体意识提供产业支撑。利用工业遗产赋能经济发展，采用文化创意、绿色生态产业和产业升级转型等多元化战略，可以助力中华民族经济共同体建设。

---

① 刘伯英，冯钟平. 城市工业用地更新与工业遗产保护[M]. 中国建筑工业出版社，2009.

1. 以工业生产物质要素推动文化创意产业发展,激发经济效能

工业生产物质要素丰富多样,厂房、车间、烟囱、水塔、储罐、煤厂、设施设备、产品、原料等遗存遗物,是文化创意产业发展的重要资源。在此基础上进行博览场馆建设、文化创意产业研发,有利于带动建筑设计、工艺美术、工业文创、影视传媒、计算机软件服务等领域发展。遵义长征电器十二厂旧址活化利用,打造了三线建设博物馆。遵义1964美术馆和遵义市军民融合展示中心,吸引艺术创作、创意设计、教育培训、餐饮酒吧、酒店等文化创意企业入驻,并将建筑空间与特色产品、民俗风情相结合,打造酱酒文化体验空间,开展非遗文创系列活动①。长征电器十二厂"变废为宝",为老工业园区注入新鲜活力,带动了当地经济发展。

2. 以工业生产文化要素推进文化赋能产业发展,激活文化动能

书报杂志、手稿手札、日志笔记、口号标语、招牌字号、票证簿册等文化要素,极具工业文化历史意蕴,有利于推动工业文化精神的创造性转化与创新性发展。一方面运用工业文化遗产提升企业形象,为产业升级转换提供内生动力。六盘水水城钢铁厂将产业发展孕育的"大河精神""炼钢精神""高炉精神""一轧精神"等融入企业文化建设,增强企业员工内部凝聚力与向心力。另一方面结合地区文化资源,带动相关产业发展和城市更新。六盘水推进要"以文促旅,以文赋能",结合三线文化、民族文化以及康养文化,推动新型工业和城市化发展。

3. 以工业生产自然要素促进绿色生态产业发展,增添社会效益

在"创新、协调、绿色、开放、共享"新发展理念指导下,将河流与森林等自然资源与工业遗址遗迹相结合,开展生态公园、矿山公园和城市花园建设,是贯彻落实国家"双碳"政策,发展生态经济的重要路径。贵州万山汞矿面对资源枯竭的境况,将工业遗址与文化旅游、生态旅游相结合,打造以山地工业文明为主题的矿山休闲怀旧小镇,实现了产业绿色转型可持续发展。

(二) 工业遗产非物质性资源厚植"五个认同"思想之基

各民族在工业生产实践中生发的科学技术、制度、精神、理念等非物质性资源,为铸牢中华民族共同体意识提供重要思想支撑。如生产实践中的科学知识、工业技艺、企业制度以及工业故事、英雄事迹、工业精神等,蕴含着对伟大祖国、中华民族、中华文化、中国共产党以及中国特色社会主义的认同情怀。

1. 工业遗产蕴含家国情怀内涵,有利于增强伟大祖国认同

工业遗产在历史上促进国民经济发展、解决就业、改善民生、促进社会发展等方面做出重要贡献。工业发展中生产技术和科学技术上的帮扶支援,带动了西部地区手工业、养殖业、种植业的发展,为贫困地区创造大量就业机会,是各民族共同走向社会主义现代化

---

① 张剑.活化利用"三线建设"遗产再现时代魅力[J].城乡建设,2024(20).

的生动实践。贵州煤炭、冶金、器械电子、电力、化工等大型企业,吸纳农村大量劳动力进入企业务工,增加了居民收入,缩小了地区经济发展差距,为实现各民族共同富裕奠定了基础。各族人民群众在产业发展中共建、共享与共富,生发出对伟大祖国的自豪感与认同感。

2. 工业文化精神突出中华文化内核,有利于增强中华民族和中华文化认同

工业管理资源中的规章制度、企业文化、工业精神由中华民族共同孕育与发展,承载着强烈的中华民族认同感。贵州近现代工业发展展现各族群众为国家工业发展和繁荣积极建设的文化精神,青溪铁厂作为中国近代工业史上第一家钢铁厂,生产了"天字一号"铁锭,是中华民族在技术滞后与环境恶劣下对工业发展的共同探索。工业文化精神作为中华优秀传统文化的组成部分,是涵养社会主义核心价值观的重要源泉。贵州工业发展积淀了内涵丰富的工业精神,如贵州茅台酿造技艺中不计繁复、不计效率、不计心血的"工匠精神",黎阳航空与六枝矿区建设中不畏艰险、艰苦创业、质量至上的"三线精神",贵州万山汞矿发展中爱国奉献、爱岗敬业、艰苦奋斗的"劳模精神"等,既是社会主义先进文化的一部分,也是中华优秀传统文化在新时代的赓续。

3. 工业遗产见证了党领导各族人民站起来富起来强起来,有利于增强对中国共产党和中国特色社会主义的认同

工业遗产中的组织机构、人物事迹、厂史厂志、合同契约、档案文献等历史文化资源,直观反映党对企业建设发展的指导,是中国特色社会主义道路制度优越性的体现。贵州黎阳航空、贵州晶体管厂、长征电器厂等三线军工产业丰富的档案资料,记述了贵州军工产业技术与企业发展历史,反映了在党的思想指导与政策帮扶下,全国一盘棋,各族人民共同团结奋斗、积极探索,促进贵州产业发展的重要历史史实。贵州工业发展在中国社会主义道路指导下,坚决贯彻执行推进工业发展的重要战略决策,积极开展三线建设,完善国家军工产业布局,转换当地物质资源,实现工业化发展。这充分说明只有坚持中国共产党的领导核心,走中国特色社会主义道路,才能实现各民族共同团结奋斗、共同繁荣发展。

三、贵州工业遗产保护利用铸牢中华民族共同体意识的实践策略

"文物和文化遗产承载着中华民族的基因和血脉,是不可再生、不可替代的中华优秀文明资源。"①推进工业遗产保护利用,积极挖掘和阐释工业遗产的多重价值,可以丰富铸牢中华民族共同体意识宣传教育内容和形式;活化利用工业遗产,有利于加快构筑中华民族共有精神家园,促进各族人民群众共同富裕和各民族交往交流交融,推进中华民族共同体建设。

---

① 习近平主持中共中央政治局第三十九次集体学习并发表重要讲话[EB/OL]. https://www.gov.cn/xinwen/2022-05/28/content_5692807.htm

(一) 加大工业文化遗产阐释和宣传教育,构筑中华民族共有精神家园

中华民族共有精神家园"是各民族优秀传统文化品质在交流、借鉴、吸收中的中华文化塑造、体现着中华文化的创新发展"①。铸牢中华民族共同体意识要立足中华优秀传统文化来构筑中华民族共有精神家园,推动共有精神家园的百花园更加巩固、更加璀璨②。工业文化遗产是中华优秀传统文化的重要组成部分,加强工业文明、工业精神、工业技术、工业文化等内容的传播交流,有利于构筑中华民族共有精神家园,为铸牢中华民族共同体意识提供精神文化支撑。

1. 加强工业遗产研究阐释,弘扬以爱国主义为核心的民族精神和以改革创新为核心的时代精神

贵州省要从中华民族现代文明建设的高度出发推进工业遗产研究,设立研究机构,在报纸期刊设立工业遗产研究专栏,出版贵州工业遗产研究系列丛书。开展工业遗产大会、旅游发展大会、博览会、学术研讨会等方式进行学术交流,为工业文化遗产保护利用提供学术理论支撑;加强宣传片、微电影、纪录片、短视频、口述史、文学作品的创作,推动工业遗产价值普及。鼓励如《正是青春璀璨时》《沸腾的群山》《"三线建设"在黔东南》《神秘代号背后的建设人生——贵州黔南三线人口述史》《巍巍乌蒙山,悠悠相思情——六盘水"三线建设"者口述史》等作品宣传贵州工业文化。充分利用现代数字技术,推动"贵州工业文化+大数据"和"贵州工业故事+互联网"建设,发展工业遗产云展览、云阅读、云视听、云体验,多角度讲好贵州工业历史故事,开辟多种形式的工业文化传播交流途径。贵州省工业和信息化厅推出"有声海报——《假如工业遗产会说话》"系列传播贵州工业文化精神,丰富了中华民族共有精神家园的内容和载体。

2. 建设全媒体传播体系,完善贵州工业文化传播机制,构建贵州工业文化传播体系

贵州工业和信息化厅、文化和旅游厅、文物局、省委宣传部、发展和改革委员会以及各省市各部门应加强联动与合作,构建工业文化传播渠道,利用的数字媒体、电台电视电影、图书报刊报纸等形成工业文化遗产传播矩阵。结合各类文化节、艺术节、体育赛事以及民族文化活动等活动赛事载体,多途径传播贵州工业遗产、工业技艺、工业精神,突出贵州工业发展面貌并大力弘扬工业文化,致力于与国际工业文化接轨走向世界,展现中国工业文化的自信心与自豪感,从而增强中华民族同体的文化认同根基,推进共有精神家园建设。

3. 利用工业遗产加强工业文化科普与教育,培养各类群体的工业文化认知,传承与发展中国工业文化,夯实铸牢中华民族共同体意识的思想基础

将工业遗产及其文化精神植入场馆基地、各类产品以及其他娱乐项目,以不同维度传

---

① 郝时远.文化自信、文化认同与铸牢中华民族共同体意识[J].中南民族大学学报(人文社会科学版),2020(6).
② 王延中.深入推进中华民族共有精神家园建设[J].贵州民族研究,2023(1).

播工业文化,让更多大众群体产生工业遗产相关认知,形成社会共识。利用工业文化遗产进行爱国主义教育基地、工业文化科普基地和高校思政课实践教学基地建设,推动工业遗产进校园,以多种方式讲好"贵州工业故事",传承与弘扬"团结协作、勇于创新、艰苦奋斗"的贵州工业文化。平坝黎阳航空展览馆、铜仁万山汞矿博物馆、"凉都记忆·三线文化创意小镇"、凯里市"大三线文化主题公园"等均设有科普教育基地供大中小学生开展研学活动。当地工业博览展馆宣传贵州工业故事、典型人物,深入开展民族团结进步教育,弘扬贵州工业精神,使学生更好地理解、传承和推广工业文化,不断形成中国工业文化认同。

(二) 推进工业文化遗产的文产融合发展,促进各民族共同富裕

工业文化遗产与现代产业、旅游业融合发展,推进工业遗产地各民族共同富裕,是工业遗产铸牢中华民族共同体意识资源价值彰显的首要路径。共同富裕共包含了物质生活和精神生活,"物质生活的共同富裕是'铸牢中华民族共同体意识'的物质基础,精神生活的共同富裕是'铸牢中华民族共同体意识'的思想保障"[①]。文产融合促进产业升级转化,推动企业文化创新发展,为实现各民族共同富裕提供坚实的物质基础与精神需求。

1. 推动工业文化遗产与现代产业融合发展,带动产业创新发展和提升产品文化内涵和品牌影响力

各族人民群众共同创造了生产技艺、手工技能、工业建筑等优秀工业文化,要充分挖掘工业遗产中的原创性科学技术储备和传统工艺绝活,促进当代产业创新发展;宣传弘扬工业遗产中的创业精神和重大贡献,增强产品文化内涵与品牌影响力,为当地工业发展注入新的文化元素,为各民族共同富裕提供文化产业支撑。贵州钢绳集团作为老三线企业,不断强化钢丝、钢绳、钢绞线生产和相关工艺的改革创新,实现钢绳制造技术突破,跻身世界顶尖行列,钢绳产品出口全球四十多个国家,让中国桥梁钢索制造在国际上拥有"话语权"。贵州茅台作为世界闻名的白酒品牌,凭借其卓越品质和独特工艺,以中华文化符号和中国民族形象展现于国际舞台之上,成为中国走向世界的"国家名片",增强了中国酿造工业品牌的国际竞争力与文化影响力。因此,工业遗产保护利用要加强培育新动能,推进产业融合发展和产业产品创新升级,使各民族共同参与生产建设、各民族共同团结奋斗、共同繁荣发展,与中华民族共同体建设紧密结合,为进一步铸牢中华民族共同体意识提供经济支撑。

2. 找准工业文化遗产与铸牢中华民族共同意识的契合点,协同提升企业文化建设水平

企业文化随着工业发展孕育了以人为本、团结奋斗、创新发展、合作共赢的价值观念,是增强企业凝聚力、创新力的重要因素。要以各种形式利用工业文化遗产,加强中华民族

---

① 何星亮. 共同富裕与铸牢中华民族共同体意识[J]. 中南民族大学学报(人文社会科学版),2023(9).

共同体意识与企业文化的建设,激发工业文化内生动力促进企业升级,服务企业发展。一方面,搭建工业文化宣传平台,即专题讲座、主题研讨、书报杂志、宣传专栏、板报墙报、文化标语等方式,涵养企业文化,催生文化动能。另一方面,搭建文化活动平台,将工业文化遗产与铸牢中华民族共同体意识相结合,创作大众喜闻乐见的工业文化演绎剧目,以文艺汇演活动的立体感受,使铸牢中华民族共同体意识深入企业发展环节与职工心中,增强企业群体文化认同感与归属感。

3. 加强工业遗址遗迹、风情风貌和标识标记的保护利用,推动城市更新

推动工业文化遗产的创造性转换与创新性发展,需要政府主导,企业、民间组织以及社会各群体共同参与。在保护方面,摸清贵州工业遗产数量与规模,推进全省全面开展工业遗产调查、收集、评估、认定和申报保护工作;注意维持工业遗产地的街区整体风貌、园区整体结构,为城市发展保留记忆场所。对工业历史建筑、重要器械设备进行分级保护,加强工业遗产从厂房建筑到生产流程工艺的完整性保护,确保核心物项没有损坏、遗失和变卖。在利用方面,建设景观公园、工业博物馆,完善城市公共文化设施;打造一批具有特色的商业街区、文旅街道、创业基地、影视基地、遗址景区,挖掘工业遗产经济价值与社会价值,服务新型工业化、新型城镇化和美丽乡村建设。贵州新华印刷厂工业遗存在城市更新中,以其地理位置和建筑风貌优势,进行工业遗存更新改造与功能置换,成为现代都市的文化创意街区。这类方案既延续了城市文脉,也为当地经济社会发展提供崭新的发展路径。

(三) 创新工业旅游发展路径,拓展各民族交往交流交融渠道

旅游发展是推进各民族交往交流交融,铸牢中华民族共同体意识的重要途径。"旅游作为当前最主要的流动形式之一,极大地带动了各民族在空间上的多维流动,同时也有效推动各族群众文化共享、经济互嵌、社会交往、心理交融。"[①]工业旅游作为当代旅游新类型,丰富的旅游实践活动促使各族人民群众在经济、文化、社会、心理等产生紧密联系,使各民族形成文化、情感、信念、理想上"你中有我、我中有你、谁也离不开谁"的全方位交融局面。因此,工业遗产旅游可以为铸牢中华民族共同体意识贡献旅游力量。

1. 完善工业遗产旅游推动各民族交往交流交融的制度机制

贵州尚未搭建工业旅游发展平台,未明确工业旅游发展路径。因此,贵州省文化和旅游局、工业和信息化厅、文物局等部门应加强合作,共同研讨贵州工业遗产旅游发展策略,制定贵州工业遗产旅游发展规划、标准与规范,全方位提升旅游品质。将工业遗产纳入贵州《开展旅游促进各民族交往交流交融计划实施方案》,推出工业遗产旅游精品路线、工业文化研学路线,为促进各民族在工业旅游发展中实现空间、文化、经济、社会、心理等方面全方位交融互嵌提供体制机制保障。

---

① 温士贤.旅游促进各民族交往交流交融:价值内涵、内在动力与践行路径[J].贵州民族研究,2023(5).

2. 工业遗产利用推进城镇更新建设、公共空间改造与工业博览场馆建设，拓展了各民族交往交流交融旅游场域

贵州工业遗产旅游发展要把握当地物产资源、文化资源、交通便捷等优势，进行公园绿地、城市综合体、开放空间等生态岸线与生活岸线规划建设，即废旧工业园区进行生态公园、文化公园等园林建设；将老旧厂房与建筑物改造为符合现代社会需求的美术馆、图书室、体育馆、艺术影院、非物质文化遗产展示中心等，为游客开展文化体验、情感交流提供多元公共空间与环境。同时，要大力建设工业智慧博览馆，丰富场馆建设类型。贵州作为大数据发展中心，应依托大数据、云计算、互联网，打造数字化、可视化、互动化、智能化工业技术博物馆、工业遗产博物馆、工业纪念馆等，扩大旅游场域类型。目前，贵州工业博览场馆主要有六盘水贵州三线设博物馆、都匀三线建设博物馆、贵州茶工业博物馆、贵州新华印刷体验馆等。此外，省内具有完备资金结构和丰富的工业遗迹遗存的大型企业，应是开展博览场馆建设和开发工业旅游的主体力量，要大力发掘整理企业各类遗存，在企业、矿场、园区原址进行博览馆建设与园区规划，将遗存文物用于收藏、保护、研究、教育和旅游展示，带动工业旅游发展。

3. 打造具有生产流程体验、人文历史与科普教育、特色产品推广等功能的旅游项目、旅游路线和研学路线，创建各民族共居共学、共事共乐的旅游示范基地

贵州工业旅游要大力整合山地康养文化、红色文化、屯堡文化、民族文化、阳明文化等资源，使两者产生叠加效应，促进旅游产业发展。开发红色工业旅游、民族文化＋工业旅游、自然景观＋工业旅游、都市工业旅游等各类旅游项目，不断满足各族群众多元化的观光体验旅游需求，丰富各族人民不同形式上的交往交流交融。如铜仁市梵净山自然风光＋汞矿工业遗产旅游、安顺市屯堡文化＋航空工业旅游、六盘水红色工业旅游、贵阳都市工业旅游等，既可直观感受现代国家工业发展辉煌历程，又可体验多元的民族文化与祖国大好河山。

贵州遵义市工业遗产类型多样，应以铸牢中华民族共同体意识为主线，整合当地工业文化资源，开发以参观和体验为主的工业文化研学路线，如抗战为国的湄潭制茶工业＋三线建设的航天、电子工业＋民族文化传承的酿造工业。仁怀市"茅酒之源"、万山朱砂古镇和都匀东方记忆景区作为酿造技艺、矿产园区和三线建设园纳入国家工业旅游示范基地，将工业文化资源转化为旅游资源带来旅游经济发展，加数旅游地大量人口流动，增强了各民族之间的互动频率。在工业旅游发展中，工业遗产及其所在社区重新活化，各民族共赏工业文明魅力、共享旅游发展红利，增强了人民群众的幸福感与获得感，也有利于各民族在空间、文化、经济、社会、心理等方面的全方位融合。

工业遗产保护利用是铸牢中华民族共同体意识工作的重要途径。工业遗产在工业生产实践中生成的工业文化智慧与工业实践经验等，是中华文化基因和中华民族精神的重要内容，为铸牢中华民族共同体意识提供了资源与载体支撑。贵州作为西部建设地区、多民族聚居地区，应加强工业遗产保护与利用，激发工业遗产的经济效益与文化价值，促进

民族地区的中国式现代化建设。贵州保护利用工业遗产铸牢中华民族共同体意识的核心,在于加强工业遗产阐释与宣传教育,构筑中华民族共有精神家园,为铸牢中华民族共同体意识打牢思想基础;推动工业遗产与产业融合发展,夯实中华民族共同体物质基础,为铸牢中华民族共同体意识提供经济基础;在创新工业旅游发展中加快各民族广泛交往交流交融,为铸牢中华民族共同体意识夯实社会基石。因此,贵州在工业遗产保护利用中推进铸牢中华民族共同体意识时,要把握两者之间的契合性,物质和精神两手抓,既着眼于遗产精神价值弘扬,也着力于遗产"双创"推进中华民族共同体建设,从而有形有效有感地铸牢中华民族共同体意识。

茂名石油工业遗产的构成与特征研究

梁桓潇 彭长歆

（华南理工大学建筑学院 亚热带建筑与城市科学全国重点实验室）

摘 要：茂名石油工业的开发和建设为国家甩掉"贫油帽"、省、市工业发展及经济建设作出了突出贡献，在我国石油工业发展史上具有重要地位。在当前资源型城市转型和旧城改造的背景下，茂名大量的石油工业遗产面临日渐消亡的窘境，整体存在重视欠缺、家底不清、保护经验匮乏等问题，使不少潜在工业遗产成为城市建设发展的牺牲品，工业遗产的发掘和保护成为延续城市文脉亟待解决的问题。本文通过查阅文献和实地调研，对茂名的石油工业发展脉络和工业遗产资源进行梳理，归纳总结其构成及特征。

关键词：茂名；石油工业遗产；工业遗产

一、茂名石油工业的形成与发展概述

（一）形成背景：新中国成立初期的"贫油帽"

石油是工业的血液，国防的命脉。新中国成立初期，国家经济建设急需石油，而我国已发现的天然石油很少，国家主要依靠人造石油来解决。在制订1953—1957年第一个五年计划时，中央确定了"大力地勘察天然石油的资源，同时发展人造石油，长期地积极地努力发展石油工业"的基本方针。当时只有抚顺搞人造石油，远远不能满足国家的需要。1954年年初，茂名蕴藏油页岩的消息引起国家燃料工业部的极大关注。1954—1955年，燃料工业部、煤炭管理总局地质勘探局及中南煤田地质勘探局多次派遣地质队与苏联专家前往茂名调查油母页岩，经一年多的勘察，探明油母页岩储量高达30多亿吨，居全国前列，适宜大型露天开采。甩掉"贫油帽"的迫切需求与巨大的油页岩储量现状相契合，茂名由此迎来发展石油工业的历史机遇。1955年10月28日，周恩来总理以备忘录的方式向苏联提出茂名油母页岩开发建设，此项目为苏联援华建设的第55项①。1956年4月25

---

① 何炜明.油城历史钩沉[M].中国文联出版社，2013.

日,毛泽东主席在中央政治局扩大会议发表《论十大关系》讲话时指出:"现在我们准备在广东的茂名(那地方有油页岩)搞人造石油,那也是重工业。"1956年4月28日,周恩来总理亲笔批示"经中央同意,在茂名建设规模为年产100万吨原油的油母页岩炼油厂",并纳入新中国"一五"计划重点项目之一。在石油紧缺的年代,数以万计的建设者会战茂名,拉开了新中国取石榨油的时代大幕。

(二) 发展历程

茂名油页岩矿藏于1954年勘探,于1955年筹建,于1962年正式投产,从1962年正式投产至1992年停产转为国家能源储备,累计开采油页岩1.02亿吨、生产页岩油292万吨,相当于1949年全国原油产量的24倍,为国家甩掉"贫油帽",为省、市工业发展及经济建设作出了突出贡献。虽1993年正式中止页岩油生产,露天矿光荣地结束了其历史使命,逐渐产生了许多闲置的矿区、厂房、淘汰的设施设备等工业遗存,企业完成了从开采、炼油到加工的转型,茂名石油公司也更名为茂名石油化工公司,技术水平在国内炼化企业中名列前茅,曾多次位列广东纳税额榜首。直至今日,茂名石油工业仍对茂名市乃至广东省的建设与发展有着重大影响力。

二、茂名石油工业遗产的类型构成

经实地踏勘和初步研究,梳理出建议保护的工业遗产共44项(表1),其中已被列入国家工业遗产的10项、中央企业工业文化遗产1项、广东省工业遗产10项、市级文物保护单位1项、区级文物保护单位2项、市辖区历史建筑5项。

茂名现存石油工业遗产行业属性单一,但类型丰富,数量众多。根据《下塔吉尔宪章》《无锡建议》对工业遗产的定义,将茂名石油工业遗产分为物质遗产与非物质遗产两大类,包含厂房、生产设备及大型构筑物、矿区遗存、规划道路、水利工程、配套设施、文字影像档案、工艺流程八小类(图1、图2)。

在类型构成上,茂名石油工业遗产与其他石油类工业遗产既存在相似性,也具备独特性。石油开发早期实行"先生产、后生活"的原则,茂名石油工业遗产同样包含职工住宅、办公楼、饭堂等社会活动配套场所,以及道路、广场等市政基础设施。相较于胜利油田、大庆石油等石油类工业遗产,茂名石油工业初期主要以油页岩开采及炼油为主导,因此在遗产类型上并不涉及钻井、采油平台等传统采油设施。同时,由于油页岩开采的特殊性,还拥有矿区遗存以及为满足大量工业用水需求而开凿的水利工程这两种特殊类型。

(一) 物质遗产

物质遗产包括矿区遗存、生产设备及大型构筑物、厂房、规划道路、水利工程、配套设施六小类,其中与生产密切相关的矿区遗存、生产设备及大型构筑物、厂房重要性最高。

表 1 茂名石油工业遗产调查表

类型	序号	名称	建造年份	保护级别	现状功能	原有功能	保存情况	遗存数量	地点	备注
矿区遗存	1	油页岩露天矿矿坑	1958	国家工业遗产、中央企业工业文化遗产、广东省工业遗产	城市公园	采矿区	保存基本完整，状况良好	矿坑1个，面积约23平方千米	地处茂名市区西北面，距市区约3千米。矿坑位于矿区中部，东至矿业公司调度楼，西至上垌村委杨美埇村，南至油甘窝村委会古城山村，北至牙象村委会木头塘村	"一五"期间国家工业建设的重点项目之一；我国南方第一座大型的油页岩矿山
矿区遗存	2	油页岩露天矿南、北排土场	1958	无	城市公园	排土场	保存基本完整，状况良好	南北各1个	位于露天矿矿坑南北两侧	被剥离土砂和废页岩渣堆叠而成
生产设备及大型构筑物	3	油页岩干馏试验炉	1958	国家工业遗产	空置	页岩油试验	保存基本完整，状况良好	页岩干馏炉1座	广东省茂名市茂南区大塘西路35号	原为1958年茂名干馏实验会战中所设计的第一座页岩干馏炉，炼制出新中国南方的第一瓶页岩油
生产设备及大型构筑物	4	油页岩干馏试验炉配套冷却水塔	1958	无	空置	页岩油试验	保存基本完整，状况良好	冷却水塔1座	广东省茂名市茂南区大塘西路35号	用于储存冷却水，为油页岩干馏试验炉服务
生产设备及大型构筑物	5	油页岩干馏试验炉配套烟囱	1958	无	空置	页岩油试验	保存基本完整，状况良好	烟囱1座	广东省茂名市茂南区大塘西路35号	用于排烟，为油页岩干馏试验炉服务
生产设备及大型构筑物	6	油页岩干馏试验厂油页岩运输通道	1958	无	空置	页岩油试验	局部保存完整，状况良好	运输通道及下料房1栋	广东省茂名市茂南区大塘西路35号	用于运输油页岩，为油页岩干馏试验炉服务

续 表

类型	序号	名称	建造年份	保护级别	现状功能	原有功能	保存情况	遗存数量	地点	备注
生产设备及大型构筑物	7	茂名市国营砖厂轮窑烟囱	1958	无	空置	红砖生产	局部保存完整，状况良好	轮窑烟囱1座	茂名市茂南区金塘镇高魁村附近	苏联设计的98米高主烟囱，红砖厂专门为生产、生活设施建设提供烧结红砖
	8	"自力更生"3米立车	1965	国家工业遗产、广东省工业遗产	机械加工	机械加工	保存完整，状况良好	3米立车1台	茂名市茂南区西环市西路91号茂名石化重力机械制造有限公司厂区内	原中央机修厂"传家宝"
	9	V1003-16497内燃机车	1974	国家工业遗产、广东省工业遗产	空置	运输	保存完整，状况良好	内燃机车1台	现停放于茂南区露天矿生态公园东门地上停车场	
	10	中央机修厂机械加工厂房	1958	国家工业遗产、广东省工业遗产	机械加工	机械加工	保存基本完整，状况良好	厂房1栋	茂名市茂南区西环市西路91号茂名石化重力机械制造有限公司厂区内	
	11	页岩油露天矿配套红砖厂	1971	国家工业遗产、广东省工业遗产	空置	红砖生产	保存基本完整，状况良好	轮窑1座、红砖加工厂房1栋	茂名市茂南区大塘西路与103乡道交叉口东南150米	红砖厂专门为生产、生活设施建设提供烧结红砖
厂房	12	原金塘露天矿机械修理厂	1959	无	企业租赁	机械修理	保存基本完整，状况良好	车辆修理车间、电机车修理车间，机械加工车间，矿山机械修理车间，电修工作部各1座	茂名市茂南区采矿北路与环市北路交叉口往东北约450米	

续表

类型	序号	名称	建造年份	保护级别	现状功能	原有功能	保存情况	遗存数量	地点	备注
规划道路	13	油城路（原工业大道）	1959	无	道路	道路	保存基本完整，状况良好	道路1条	西起茂名市公馆镇，东至茂名东汇城	最早名称为工业大道
规划道路	14	红旗路	1958	无	道路	道路	保存基本完整，状况良好	道路1条	南起茂名市高山桥，北至茂名市露天矿	茂名市区的第一条街道
规划道路	15	永久桥	1958	无	桥梁	桥梁	局部保存完整，状况良好	桥梁1座	茂名市茂南区江东中路与油城四路交叉处	当初茂名第一批建设者们上下班是经常通过永久桥，第一座钢筋混凝土桥梁
水利工程	16	工业引水渠	1959—1960	无	城市工、农业及生活用水	城市工、农业及生活用水	保存完整，状况良好	水渠1条，长约22千米	西起化州南盛，东至茂名河西水厂	为当时工业供水，引入鉴江水流
水利工程	17	高州水库（良德+石骨）	1958—1960	无	水库	水库	保存完整，状况良好		茂名高州水库	为当时工业供水，调节鉴江水量
水利工程	18	南盛拦河坝	1960，1968（改建）	无	大坝	大坝	保存完整，状况良好	200米闸坝1座	茂名市化州南盛街道祥山淀江大桥南面约400米	为当时工业供水，截断鉴江，抬高鉴江水位
配套设施	19	原茂名市委市政府办公大楼	1959	国家工业遗产、广东省工业遗产、区级文保、茂名市历史建筑	政府机关办公	工矿区办事处、建筑工程部第四工程局办公楼	保存基本完整，状况良好	办公楼1栋	茂名市茂南区油城三路319号大院	原建筑工程部第四工程局办公楼

续表

类型	序号	名称	建造年份	保护级别	现状功能	原有功能	保存情况	遗存数量	地点	备注
配套设施	20	茂名工矿区域市筹建工作办公旧址	民国	无	空置	领导办公	保存基本完整，状况一般	民房1栋	茂名市茂南区新坡商业城五街4号许民宗祠斜对面（西南方向）	原为筹建处主任曾源借丁农民李英的民房，作居住办公
	21	原矿业公司办公楼	1958	无	办公	办公	保存基本完整，状况良好	办公楼1栋	茂名市茂南区北山路茂名技师学院西侧约40米	
	22	原建工部第四工程建筑局科学研究所	1958	茂名市辖区历史建筑	空置	办公	保存完整，状况良好	办公楼1栋	茂名市茂南区华山路8号	国家建工部第四工程局下属单位建筑科学研究所的旧址
	23	茂名石化生活区青少年宫园厅	1958	国家工业遗产、广东省工业遗产、市级文物保护单位	空置	娱乐活动	保存完整，状况一般	园厅1栋	茂名市茂南区红旗南路161号青少年宫大院	曾为第四工程局建筑展览馆
	24	原茂名市人民文化公园	1960	无	工人文化宫	公园	局部保存完整，状况良好		茂名红旗中路158号	茂名市第一个公园
	25	原露天矿维修队饭堂	1958	无	企业租赁	食堂	保存基本完整，状况一般	红砖房1座	茂名石矿佳南住宅小区2栋附近	
	26	原露天矿体育场	1958	无	校内运动	职工运动	保存基本完整，状况良好	运动场1个	茂名市茂南区北山路东侧	茂名市第一个体育场
	27	原茂名百货大楼	1959	无	修缮中	生活用品供应	保存基本完整，状况良好	建筑楼1栋	茂名市茂南区河西红旗路及油城路交汇口，今油城三路310号	茂名市建市初期的标志性建筑之一，当时粤西国营南业第一高楼

续表

类型	序号	名　称	建造年份	保护级别	现状功能	原有功能	保存情况	遗存数量	地　点	备　注
配套设施	28	新华书店大楼	1959	茂名市辖区历史建筑	修缮中	书店	保存基本完整,状况良好	建筑楼1栋	茂名市油城三路311号	茂名市建市时苏联专家设计建造
	29	茂名大酒家	1959	茂名市辖区历史建筑	空置	饭店	保存基本完整,状况一般	建筑楼1栋	茂名市茂南区红旗南路25号	茂名市第一个酒家
	30	邮电大楼	1959	无	办公	通讯大楼	保存基本完整,状况良好	建筑楼1栋	茂名市茂南区红旗中路2号	
	31	江滨公园	1976	无	公园	公园	局部保存完整,状况良好		茂名市滨河南路1—3号	公园游湖原为当年支援石油工业建设制砖挖泥形成的洼地
	32	厂前百货大楼	1959	无	商业出租	生活用品供应	保存完整,状况一般	建筑楼1栋	茂名市茂南区红旗中路525号	
	33	茂名石化大岭工人宿舍区	1958	广东省工业遗产	空置	职工居住	保存完整,状况一般	宿舍楼8栋	茂名市茂南区大塘路42号大院69—72号露天矿六公司平房7栋	
	34	"六百户"职工住宅	1958	国家工业遗产、广东省工业遗产、区级文物保护单位	空置	职工居住	保存完整,状况一般	窑洞住宅1栋、三层平房2栋	茂名市茂南区新中路20、22栋、建设路23栋	
	35	苏联专家楼	1958	国家工业遗产、广东省工业遗产、茂名市辖区历史建筑	低保户居住房	专家住宅	保存基本完整,状况良好	住宅楼3栋	茂名市茂南区红旗南路的红旗大院华山路36栋、40栋、44栋	是目前茂名保存得较好的建筑,也是质量保留最完好的苏式住宅

续表

类型	序号	名称	建造年份	保护级别	现状功能	原有功能	保存情况	遗存数量	地点	备注
配套设施	36	"三万七"职工住宅（原市委宿舍）	1958	无	部分空置	职工宿舍	保存完整，状况一般	住宅楼1栋	茂名市茂南区茂新路1号	
	37	矿区职工住宅	1958	无	空置	职工居住	保存完整，状况一般	住宅楼2栋	茂名石化矿南住宅小区西区1,2栋	
文字影像档案	38	页岩油厂福利区第一期工程施工图	1958	无			保存完整，状况良好			
	39	早期茂名城市规划图纸	1957—1958	无			保存完整，状况良好			
	40	相关历史影像	1955—1992	无			保存完整，状况良好			
	41	相关文书档案	1956—1960	无			保存完整，状况良好			
	42	厂史厂志	1969—2020	无			保存完整，状况良好			
工艺流程	43	早期茂名页岩油厂焦化加氢厂流程	1956	无			保存完整，状况良好			
	44	早期油页岩干馏试验工艺	1957	无			保存完整，状况良好			

（来源：作者整理）

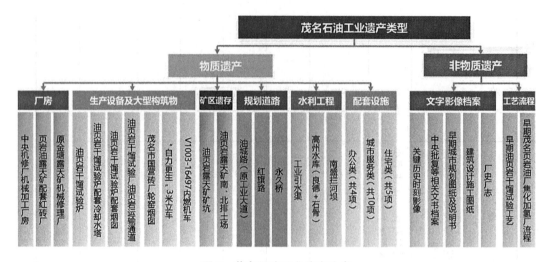

图1 茂名石油工业遗产分类
（来源：作者自绘）

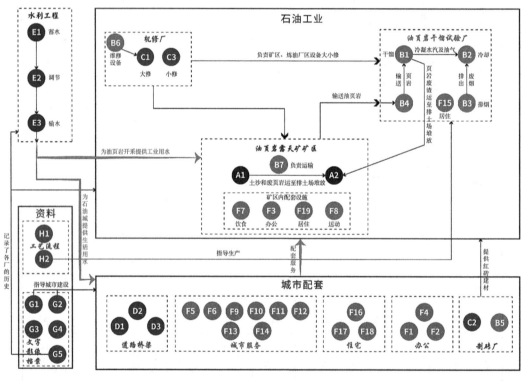

图2 茂名石油工业遗产体系图
（来源：作者自绘）

但石油生产的技术特点及设备迭代速度之快,意味着与石油生产相关的大量历史遗迹是稀有的,如茂名页岩油厂1961年、1965年先后建设的第一部、第二部方炉均于1992年页岩油停产后被爆破拆除。各厂区大部分设施已更新迭代,现存的物质遗产以配套设施居多。

1. 矿区遗存

矿区遗存是采矿活动遗留在地表的切实证据,巨大的地貌变化也使其往往能完整保留下来。作为油页岩开采的重要物证,茂名油页岩露天矿矿坑保存完整。矿坑地处茂名市区西北面,距市区约3公里,在新中国成立之前,已经历过多次勘查,揭示了该地区油页岩的存在。1954年,在全国矿产普查的大背景下,中南煤田地质勘探局130队担负了茂名矿田的勘探任务,历时一年探明"五十多公里长,约三公里宽地带下均埋藏有丰富的油页岩,平均厚度在25~30公尺—400公尺以上的地质储量可达33亿吨"(《露天矿简史(内部资料)》)。经过进一步的详细勘查,到1980年,国家储备委员会正式批准的储量上调至51亿吨,占全国已探明储量的六分之一,是我国南方第一座大型的油页岩矿山。从1961年正式投产至1992年中止转为国家能源储备,累计生产页岩油近300万吨,矿山采掘量近2亿吨,开采油页岩1亿多吨,是新中国甩掉"贫油帽"的"功臣"之一。到1992年停产时,形成了长5.2千米、宽1千米、平均深度约40米、最深处距地表超过100米、呈西北—东南走向、阶梯状、总面积约为1 014公顷的露天矿坑。目前,矿坑已被引水覆盖形成人工湖,成为热门景点露天矿生态公园的重要组成部分。此外,在矿坑形成过程中,表土和岩渣堆积形成的南、北两处排土场也已转变为公众休闲的阳光公园。

2. 生产设备及大型构筑物

生产设备及大型构筑物作为特定历史时期生产活动的核心主体,其遗存也是生产实践的物质证明,其中构筑物多数具有高大的形体,具备一定的地标性。茂名石油工业遗产中留存着一批体现创新精神和自主创新能力的生产设备及大型构筑物。如原中央机修厂的3米立车,该设备上的"自力更生"金属铭文不仅凸显了机修厂干部职工自力更生、艰苦创业的精神,同时也彰显了我国工人阶级为社会主义努力奋斗的豪情,这件仍在使用中的历史遗留设备,已成为机修厂珍贵的"传家宝"。此外,遗产中还包括了一座28米高具有里程碑意义的油页岩干馏试验炉,它标志着新中国南方第一瓶页岩油的诞生。1958年,为迅速获取建立页岩油厂所需的试验数据,临时建立的油页岩干馏试验厂开启了一场页岩干馏的试验攻坚战,为后续茂名石油工业的建设和发展奠定了坚实的基础。目前,试验厂原址不仅保留有试验炉,还有冷却水塔、烟囱等遗存,这类生产性工业遗产不仅展示了技术创新和工业发展的历史轨迹,也反映了社会主义建设初期工人阶级的精神面貌。

3. 厂房

厂房车间是近现代工业建筑遗产的主要部分[①]。茂名石油工业的厂区建设不仅限于页岩油厂,还包括中央机修厂、露天矿机械修理厂、页岩油露天矿配套红砖厂等大型厂区。

---

① 张洁. 济南近现代工业建筑遗产再利用研究[D]. 山东建筑大学,2012.

厂区中一些厂房得以保存,部分建筑至今仍在运营,展现出工业历史的鲜活脉络。同历史时期建造的厂房具有建造方式和建造材料相似的共通特征。如中央机修厂机械加工厂房和金塘露天矿机械修理厂车辆修理车间屋面均采用预制装配式结构,墙体为红砖砌筑。厂区的布局形态也受到生产工艺流程的影响,如页岩油露天矿配套红砖厂以生产线的先后顺序为原则布置厂区。

4. 规划道路

道路是城市的骨架,是城市片区的主要结构要素,也是城市工业遗产中的特殊类型。在茂名石油工业的早期建设阶段,城市的发展与之紧密相连。建市初期的茂名市总体规划中,明确了一纵一横两条主干道,即红旗路和工业大道。设计之初的道路十分宽阔,道路断面为40米,在当时的国内中小城市中甚为少见。作为茂名市的标志性道路,两条主干道采用当时最先进的城市建设理念设计,以体现社会主义工业城市的先进性。道路中间为机动车道,两旁则分别为非机动车道和人行道,道路两侧规划了各类公共建筑与办公建筑。直至今日,红旗路和工业大道(后更名为油城路)仍是联系城市各生产、生活功能区域的关键轴线,是茂名城市道路体系中的重要干道之一。

5. 水利工程

油页岩开采需要消耗大量水资源的特性,塑造出石油类工业遗产中水利工程这一特殊类型。工程启动初期,因矿区邻近的小东江自然流量不足,且地下水储量有限,必须引鉴江干流供水。鉴江年径流量虽大,但年内分配极不均匀,枯水期几近断流。为保证石油生产和生活用水,茂名工业区开启了一系列水利工程的修建,建库筑坝以调节鉴江水量,建渠引水以引流鉴江水源。经勘探,1958年决定在鉴江上游原茂名县(现高州市)的良德、石骨两地修水库,1960年良德、石骨两座水库建成并连通,合并为高州水库。1959年4月,西起化州南盛、东至茂名的工业渠动工兴建,全长22千米,于1960年春建成通水。水库、工业渠与拦河坝组成联动协作的给水系统。该给水系统的协作机制是:当鉴江水量不足时,水库储水放入鉴江,筑拦河坝抬高鉴江水位,经工业引水渠自流至工业区。这项水利工程不仅确保了油城工业用水和城市居民的生活用水需求,还为沿渠各镇提供了21.5万亩农田的灌溉水源,成为早期茂名石油工业及城市发展的生命线。至今,包括工业引水渠、高州水库、南盛拦河坝在内的三大工业遗产,仍承担着工业用水和沿线农田灌溉的关键角色,对茂名地区的工农业生产及城区居民饮用水供应具有重要意义。高州水库也成为广东省六大水库之一,是区域水资源管理和利用的优秀案例。

6. 配套设施

围绕油页岩露天矿开采和页岩油厂建设,茂名建市初期规划建设了一系列配套服务设施,反映了石油工业对茂名城市建设的推动作用。自20世纪50年代起建设石油工业城市的30年里,城市建成区面积15平方千米,职工6万多人,各类公共建筑242万平方米,住宅建筑面积近64万平方米,城市街道总长155千米。茂名市成为20世纪50年代中期开始兴建、以石油为主的新型中等工业城市典型代表。在城市化进程中,许多早期配套设施已被拆除,典型如"三万七"①"六百户"②等住宅区大部分建筑,但也有一些得以保留下来,成为城市的珍贵遗产,为研究茂名城市发展及城市建筑历史提供了重要的实物资料。

至今尚存的配套设施类工业遗产类型多样,形态丰富,包括茂名工矿区城市筹建工作办公旧址、原市委市政府办公大楼、原矿业公司办公楼、原建工部第四工程局建筑科学研究所等办公建筑;青少年宫园厅、原茂名市人民文化公园、原露天矿体育场、原茂名百货大楼、邮电大楼等城市服务设施;茂名石化大头岭工人宿舍区、"六百户"职工住宅、苏联专家楼、"三万七"职工住宅、矿区职工住宅等住宅。

(二)非物质遗产

非物质遗产包括文字影像档案、工艺流程两小类。文字影像档案涵盖了历史影像、相关文书批示、各企业厂志厂史等珍贵资料。由于茂名石油工业与茂名城市建设密切相关,因此还包括了部分早期城市规划图纸、福利区设计施工图纸等,这些文档是茂名石油文化的重要补充。工艺流程涵盖了早期页岩油厂及试验厂的油页岩炼油工艺,代表了在困难时期对于技术探索与创新的勇气和精神。

1. 文字影像档案

这部分主要包括:从勘探到油页岩生产终止期间的关键历史时刻影像,如1955年苏联勘探专家与油甘窝村村民合影,见证了新中国成立初期苏联对中国援助的历史;中央批复的一些关键性史料,如国务院关于茂名页岩油厂设计任务书的批复;早期城市规划图纸及说明书,如1957年茂名区域规划草图说明书、1958年茂名市总体规划总平面图等重要规划文档;建筑设计施工图纸,如茂名页岩油厂福利区第一期工程施工图,记录了当时"三万七"住宅区各类建筑的结构、样式、材料等重要信息,在实物已被拆除的情况下,这些施工图档案成为还原历史景象的关键证据。

2. 工艺流程

这部分主要包括:早期油页岩干馏试验工艺,涵盖试验工艺流程、试验结果等多个部分的文字稿,详细记录了1957年对抚顺式圆炉和方炉进行改良,创造出适应茂名页岩特性的新炉型的过程;早期茂名页岩油厂焦化加氢厂流程,该流程是在苏联专家的建议下,根据茂名的具体条件进行优化设计的,这一流程的优化不仅体现了对苏联技术建议的吸收,也展现了对本地资源特性的深入理解和利用。

三、茂名石油工业遗产的时空分布特征

(一)时间分布特征

茂名石油工业大体经历了三个主要发展时期:会战茂名,取石榨油(1954—1963

---

① 茂名工矿区首期建设协议中有一项建筑工程量为37 050平方米的住宅建筑工程,即现在所说的"三万七"。

② 1958年为大批建设者及家属、苏联专家提供住宿的住宅区,因住了600户人家而得名。

年)→炼油为主,开采为辅(1963—1992年)→炼化一体,战略转型(1992年至今)。超过一半的茂名石油工业遗产分布在"会战茂名,取石榨油"时期,其中1958年、1959年是建设最为集中的两年,这与当时的工业及城市建设浪潮息息相关。

1958年正逢全国"大跃进"运动,茂名响应这一号召,积极推进工业化进程。年初,总甲方(石油部茂名页岩油公司筹建处)先后与中央及地方各有关方面通过协商签订了一系列工程建设的协议①,页岩油厂、水厂、电厂、中央机修厂、有机合成厂、厂前区工程、厂外工程、住宅区及其他附属建筑工程等均为本次协议内的工程项目内容。同年,各项工程均按期开工,于广袤荒野之上形成一个方圆10公里的巨大工地。1959年,茂名因油建市,建设类型主要转向城市服务设施,政府机关办公楼、百货大楼、公园、书店等城市基础设施均在此时期陆续建成。而部分遗产建造年代为20世纪七八十年代,则与后续城市建设与工业发展的新需求有关,如页岩油厂配套红砖厂的建设就是为了满足当年石油工业快速发展和城市建设急需用砖的需求。

(二) 空间分布特征

在空间上,茂名石油工业遗产具有围绕页岩油厂集中分布、多中心组团分布和沿主要道路线状分布三个特征(图3)。

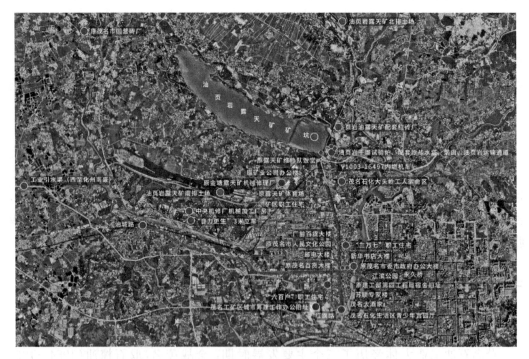

图3 茂名石油工业遗产分布现状(南盛拦河坝及高州水库未标出)
(来源:底图为谷歌卫星图,作者改绘)

---

① 何炜明. 油城历史钩沉[M]. 中国文联出版社,2013.

1. 围绕页岩油厂集中分布

考虑到运输成本和建设成本,早期茂名石油工业建设并未将项目布置得过于分散,主要围绕页岩油厂作为开发和建设重心,布置了一系列配套产业和服务设施。出于经济效益的考量,页岩油厂选址着重于缩短与矿区之间的运输距离,每减少一公里,便能年节省约40万元的费用。最终选取了集中建厂的方案,将页岩油厂与其协作企业集中建于矿区附近,仅满足基本的人防要求,页岩油厂、露天矿、机修厂和热电厂四个国家重点工程项目之间的距离均在4公里以内。除经济因素外,各厂区间的紧密协作也让布局更加集中,其中中央机修厂主要负责页岩油厂及矿区设备的大修和中修工作,而露天矿机械修理厂则作为中央机修厂的补充,两者都从铁路联系的角度出发,力求距离页岩油厂这一服务对象最短。同时,为了落实勤俭建国的方针和便利职工上下班,茂名的工业住宅区也从原定的小东江以东调整至小东江以西,即现在的河西,相比河东离油厂更近。最终遗留的工业遗产因此呈现围绕页岩油厂集中分布的特征。从图4可以看出,37项物质遗产中有31项都在以页岩油厂为圆心半径3.3公里的范围内,占比84%,除南盛拦河坝及高州水库外,其余物质遗产均分布在半径8.5公里的范围内,展现了特定时期工业布局的空间特征与经济逻辑。

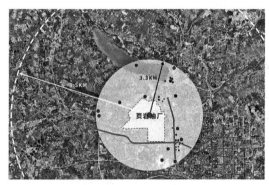

图4 页岩油厂与现存工业遗产的距离关系图
(来源:底图为谷歌卫星图,作者改绘)

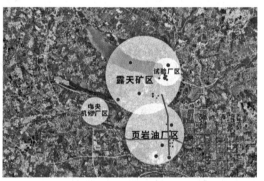

图5 组团状分布
(来源:底图为谷歌卫星图,作者改绘)

2. 多中心组团分布

工业厂区不仅作为生产活动的场所,同时承担着管理和后勤支持的综合功能。这些区域通常设有办公大楼,并在邻近地区配置员工住宅、食堂等后勤设施,从而形成以工厂为中心的小型社区集群。这样的布局促进了功能的集中和区域的整合,自然形成以各厂为单位的区域组团,如露天矿区、页岩油厂区、试验厂区、中央机修厂区等,是工业时代特有的社区组织和空间关系。因此,留存的工业遗产呈现出组团状分布的特点,各矿区遗存、厂房类的工业遗产即为组团中心(图5)。

3. 沿主要道路线状分布

茂名石油工业遗产具有沿主要道路线状分布的特征,这一分布特征不仅反映了对工业污染的考量,而且体现了城市规划中对于土地资源有效利用和交通便利性的重视。具

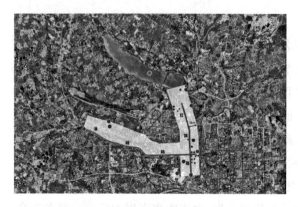

图 6　沿主要道路线状分布图
（来源：底图为谷歌卫星图，改绘）

体来说，为最小化工业区对城市居住环境的影响，生活服务设施如居住区、银行、邮电局、书店、茶楼、百货商店和影剧院等均被规划于厂区和矿区的东南面，并沿红旗路、油城路两条主干道线性布置，形成一条连接各个生产单元和辅助服务设施的连续带状结构。在两条主干道的交汇处，生活服务设施的密集度达到最高。其中大约 76% 的工业遗产（即 37 项物质遗产中的 28 项）位于道路沿线范围内（图 6）。这不仅确保了运输的高效性，减少建设用地与交通基础设施之间的空间距离，也便于职工通勤，加强了工业厂房与配套生活服务设施之间的紧密联系。

四、茂名石油工业遗产的矿、厂区规划布局特征

（一）厂、矿相邻布置

基于厂、矿之间工艺过程的协作联系和统一管理的需求，厂、矿往往相邻布置。以茂名油页岩露天矿为例，其矿坑及南北排土场与油页岩干馏试验厂及页岩油厂相邻，便是基于这一布局策略。根据总体开发规划，原计划将矿田划分为羊角、新圩、金塘等五个矿区进行开采。然而，基于经济考虑，最终仅开发了金塘矿区。原因之一在于其靠近油页岩干馏试验厂，便于协作和管理，也尚存足够的西北方向扩展空间①。从产业链效率的视角出发，将油页岩从开采场地直接输送至页岩油加工厂进一步加工和炼化，具有显著的经济优势，因此，矿场与加工设施的近距离布局成为一个重要的战略选择，这种布局减少了物料运输成本和时间，最终呈现出油页岩干馏试验厂和页岩油厂的遗存均位于露天矿矿坑边缘的特征（图 7）。

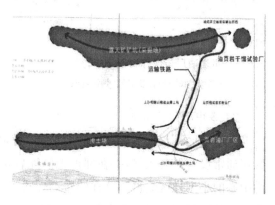

图 7　露天矿矿坑与试验厂、油厂的关系
（来源：底图来自《茂名露天矿简史》，作者改绘）

---

① 页岩小型露天矿开采方案（内部资料）.

(二)采取组团式布局

矿、厂区倾向于采取组团式布局,其生产和各项配套设施以短距离和便捷性为布局原则。以露天矿区为例,为尽量缩短供电供水的距离,并保证生产上的便利,矿区各类设施也都邻近采掘场布置(图8)。矿业公司办公楼是矿区内最早建立的管理中心,负责日常行政和管理工作;金塘露天矿机械修理厂负责矿山机械设备的定期维护和紧急修理,包括采掘、运输和排水等设备的维护;露天矿排土场负责处理矿区的废弃物;大头岭工人宿舍和矿区职工住宅则提供给矿工及其家属住宿;为满足矿区职工的休闲需求,还专门建设了矿体育场等运动场地。各项配套设施与生产设施邻近布置,矿区内遗存呈组团状。

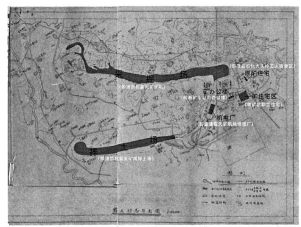

图8　露天矿总平面图图　　图9　红砖厂各厂房位置关系图

(来源:底图均来自茂名露天矿博物馆,作者改绘)

(三)厂房布局规划与生产流程关联性强

各厂矿内部厂房的总平面布置有着生产流程上的先后顺序与关联性[①]。以页岩油露天矿配套红砖厂为例,砖厂选址位于露天矿临近区域,便于直接利用废页岩泥矿作为原料制作出高质量的砖块。在具体的生产流程中,先于加工车间进行炼泥,再送往120米长的制砖廊制砖坯,制好的砖坯在干燥室(利用轮窑余热)里晾晒烘干,最后通过全自动运输轨道运输至霍夫曼轮窑[②]进行装窑,砖瓦坯体经燃烧后制成红砖成品。因此,砖厂的布局设计(图9)也与工业生产流程的系统性相契合,加工车间、干燥室等辅助生产车间和主要生

---

① 徐苏斌,孙跃杰,青木信夫.从工业遗产到城市遗产——洛阳156时期工业遗产物质构成分析[J].城市发展研究,2015(8).

② 霍夫曼轮窑为德国人霍夫曼于1867年首创,是一种连续式焙烧窑炉,它是我国过去砖瓦生产中普遍使用的窑型。

产车间霍夫曼轮窑通过全自动运输轨道有序连接在一起，形成一个连续的生产线，各个环节紧密相连。

五、茂名石油工业遗产的价值特征

（一）历史价值

茂名石油工业的发展是一部筚路蓝缕的创业史，是一部百折不挠的奋斗史，是一部敢于突破的创新史。作为矿藏勘探新发现，茂名油页岩矿开发成为打破西方国家能源封锁的突破口，是新中国石油工业发展的重要事件，在国家石油短缺的年代发挥了举足轻重的作用。此外，国家领导人的亲笔批示，也让茂名石油工业肩负起新中国石油工业发展重任。

作为华南地区工业化发展的重要基础，茂名石油工业的诞生填补了新中国时期广东省重工业的空白。因地处国防前线，根据新中国成立初期国际形势和地区资源情况，广东省第一个五年计划以农业为重点，本未安排国家重点项目。1955 年，中央决定在茂名兴办石油工业，华南分局及后来的广东省委十分重视，迅速成立中共茂名工矿区工作委员会和茂名工矿区城市筹建处开展建设工作。1962 年，页岩油厂正式投产。由于茂名石油工业的建立，广东省工业产值大幅度提高，打破了无重工业的局面，经济结构发生了很大的变化，为新中国成立初期解决广东和西南地区能源紧缺困难打下了基础。

（二）科技价值

茂名石油工业的发展结束了华南地区没有石油工业的历史。在发展过程中，科研成果丰硕，设备更新领先国内其他炼化企业，工业建筑的建造技术和施工等工艺居全国先进水平。

作为新中国的第一批现代化工业企业之一，茂名石油工业炼油装置创新和突破始终走在最前列，以科学研究推动工艺优化。1958 年第一座页岩干馏炉首次干馏出页岩油，是茂名油页岩开采炼油建立最早并成功出油的装置。在引进国外先进装备的同时，技术人员自力更生，奋发图强，自主研发出 3 米立车等机械设备。

在茂名石油工业的建设过程中，工业建筑设计与建造也达到当时国内一流水平。广东省建筑设计院、华南工学院建筑设计院等国内知名设计院参与茂名油城的规划以及工业及民用建筑的设计，建造过程不断改良施工工艺及工法，工业建筑大量采用新型结构形式，使茂名早期城市与建筑呈现出较高的技术水准。以华南工学院薄壳结构研究组等为代表研发薄壳新技术的探索实践，产生了茂名市青少年宫园厅和河东圆薄壳馆礼堂等圆顶建筑。此外，新材料、新技术的发明也填补了多项国内空缺。如试验成功高强石膏木屑制品代替木门窗，节约了大量的木材；同时研制出耐火漆、香蕉叶稻草制成塑化剂等，均为当时我国建筑行业复杂的新技术。

(三) 社会价值

茂名石油工业是改善人民生活、提高地方经济的基石。油母页岩的勘探与开发缓解了油荒年代的急需用油问题，对中国经济建设作出了重大贡献。以油母页岩开发为基础，茂名石油工业促进了上下游产业发展以及城市工业体系的形成。自20世纪60年代起，通过油页岩开采及炼油，茂名建立了上下游齐全、配套完整的工业体系，安置了大批青年就业，为茂名经济社会发展作出了巨大贡献。

石油工业也进一步带动了茂名城市建设，推动基础设施不断发展。建厂初期的茂名城市建设百业待兴，来自全国各地的建设者一边开发矿山、建设工厂，一边建设城市基础设施与生活配套设施，推动了城市的兴起与繁荣。1959年年底，供应全市施工和照明用电的列车发电已经送电，1959年竣工的良德水库满足大量的工业用水以及城市生活用水，为城市服务的银行、邮电局、影剧院和百货商店等先后落成，一座新兴工业城市渐具雏形。

作为城市记忆的重要组成部分，茂名石油工业遗产承载着矿业历史文化，在全国矿业发展史上留下了深刻的历史记忆。茂名市露天矿矿区保留了大量极具工业时期色彩的机器设备、生产工具等工业遗产，这些形成茂名市独特的历史风貌与地方特色。尽管露天矿开采已经终止，但茂名石油工业的根脉仍在延续，历久弥新的矿山文化和创业传统正成为茂名市大发展的精神动力，激励着一代代的建设者薪火相传，继往开来。

(四) 艺术价值

茂名石油工业遗产具有无法替代的工业遗产之美，对于提升城市文化品位、维护城市历史风貌、保持生机勃勃的地方特色，具有特殊意义。

作为新中国成立初期工业城市规划的典型代表，茂名油城的规划布局塑造了多样化的城市空间风貌。工业总体规划考虑了厂矿内部的工艺和协作关系。各厂区及居住区规划布局合理，并十分重视环境建设，形成了绿树成荫的厂区及居住环境。其街道空间设计体现了社会主义的空间美学。工业大道作为茂名城市标志性道路，采用当时最先进的城市建设理念设计，以体现社会主义工业城市的先进性。

作为新中国成立初期工业城市空间形态与建筑艺术的代表，工业建筑均采用现代工业建筑设计方法，造型简洁；大量使用预制装配结构，室内空间高大，完全根据功能需要而设置，体现当时的工业建筑设计特点，也反映了在苏联建筑影响下以功能为先的特征。这些遗留下来的旧厂房已成为城市历史风貌的重要组成部分。厂区内非生产性配套建筑类型多样、形态丰富。其中，青少年宫园厅采用穹隆建筑造型，是我国当时最具特色的建筑物之一。

工业历史和工业文化

重庆 816 工程军转民的时代见证

——从单位招待所到建峰宾馆的转型

左琰[1] 王倩[1] 陈俊[2]

(1. 同济大学建筑与城市规划学院 2. 重庆建峰工业集团有限公司)

摘 要：816 工程是重庆市的三线建设重点项目，建峰集团作为 816 工程转民后的存续企业，其生活区得以保留和连续使用。建峰宾馆是 816 工程停军转民时期建设的公共建筑，见证了从 816 厂到建峰的成功转型和发展。本文以建峰宾馆为例，梳理其从单位招待所逐步转变为商业宾馆的发展历程，并对建筑的功能布局、立面构成、建筑结构以及园林设计等四个层面展开剖析。在此基础上进一步总结和探讨建峰宾馆作为核工业生活区转型的重要公共建筑代表的历史文化价值和社会意义，为其后续的更新利用提供理论支撑。

关键词：重庆 816 工程；招待所；建峰宾馆；核工业生活区；更新利用

一、重庆 816 工程及其生活区历史沿革

1964 年，在三线建设的时代背景下，中央决定修建我国第一个地下原子反应堆和放射性化学后处理厂联合企业（即 816、818 联合建厂）[1]，同时也是我国第二个核原料工业基地（我国第一个核原料基地为苏联援建的位于甘肃玉门的 404 核工厂），称为 816 工程。816 工程的发展可以概述为国家筹建、转民创业、建峰发展三个阶段（表 1）。

表 1 816 工程发展历程（来源：作者根据档案资料编制）

发展阶段	年份	事迹
国家筹建阶段	1964	816 工程建设筹备工作开始启动[2]
	1966	周恩来总理代表党中央和国务院批准建设"816 地下核工程"[3]
	1966	经中央批准中央军委直属工程兵 54 师（部队番号 8342）承担 816 地下核工程的洞体任务，并要求于 1972 年完成打洞任务[4]
	1976	816 生活区的规划与建设是由 816 厂自行负责完成，初步完成基础设施建设

续　表

发展阶段	年份	事　迹
转民创业阶段	1982	816工程正式转为缓建项目[5]
	1983	816厂召开"民品项目论证组"与"企业管理组"成立大会，并确实分三步走进行停军转民调整工作，即"一干二抓三争取"[6]
	1984	中央批准同意停建816原子反应堆的申请，并指示做好工程维护工作，充分利用现有设备、技术转向民品生产[7]
		创业初期阶段，816厂以各分厂、部门为单位，各自为政进行自救，根据工程特点经历了养蚯蚓、种蘑菇、打铁钉、烤面包等创业尝试，在5年时间内开发了16个项目以及19种产品，但终是以"短平快"告终[8]
	1985	5月，核工业部向国家计委报送了关于816工程改建30万吨合成氨大型化肥厂的项目建议书；同年7月，国家计委批准了《关于利用八一六工程建设大型化肥厂项目建议书》，并列入国家"七五"计划
	1987	国务院同意批示国家计委国1979号文《关于利用八一六工程建设大型化肥厂设计任务书的审查报告》，是816厂实现停军转民的重大进展
建峰发展阶段	1990	816厂正式更名为"中国核工业建峰化工总厂"
	1993	建峰化工总厂成功生产出尿素产品，标志着建峰总厂创业成功，对于816厂转民为建峰总厂具有里程碑意义
	2001	重庆市人民政府宣布核工业建峰化工总厂（816厂）正式移交给重庆市属地管理
	2006	重庆建峰化工股份有限公司挂牌成立
	2008	完成集团化改制，正式更名为重庆建峰工业集团有限公司[9]
	2009	816工程洞体部分被列为重庆市文物保护单位
	2016	转让涪陵交旅集团打造红色旅游基地
	2017	816工程被列入第二批中国20世纪建筑遗产名录
	2023	816工程生活区（麦子坪生活区）17栋建筑被列入重庆市第七批历史建筑名录
		816工程洞体部分、816小镇、麦子坪生活区曾获重庆市市级干部培训基地、重庆市工业旅游示范基地、全国科学家精神教育基地等荣誉称号

　　816生活区的规划与建设是由816厂自行负责完成，于1976年初步完成基础设施建设。生活区与工业区之间的直线距离约为7公里，由乌江大桥及公路相连。生活区总用地面积约93公顷，其中，荒坡占据了大部分面积。从东西方向来看，其直线跨度约为2公里；在南北方向上，其最宽阔处的直线距离则为0.75公里。规划时功能上大体分为西区和东区两部分：西端场地较为完整，布置堆工与化工（一区）两个主工艺分厂的宿舍区、厂机关（三区）、医院（四区）、运输处（二区）等和宿舍区以及文教系统，在规划上构成完整的小区，简称为"西区"（"麦子坪"区）；东端靠近816厂区，布置机修分厂、木材加工厂、木材加工车间（八区）、压力容器厂（七区）和宿舍区，在中段布置商业服务业的仓库、副食品加

工车间及动力处的宿舍区（五区与六区）。东端和中端共同构成整个生活区的辅助生产及仓库区、宿舍区，简称为"东区"（图1）[10]。

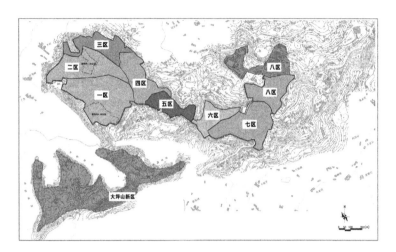

图1　816工程生活区分区示意图
（作者自绘）

在816工程停军转民的关键时期，为顺应其战略转型与发展需求，厂区内部实施了一系列基础设施建设与升级，其中尤为显著的是一批新厂房与公共服务设施的建设。建峰宾馆作为816工程大型化肥厂综合开发项目中重要的组成部分，不仅见证了816工程停军转民的这段历史和建峰集团的发展变迁；也标志着在不同政治和社会形态下从对内的单位招待所模式向对外的商业化现代宾馆的深刻转型，成为研究保存至今的816工程生活区遗产转型和改造利用的宝贵资料。

二、816工程停军转民的见证——建峰宾馆的建设始末

建峰宾馆，又称为国营816工程大型化肥厂招待所，位于重庆市涪陵区白涛街道办事处麦子坪迎宾路（图2）、816工程生活区三区，是为参加816工程大型化肥厂建设的国外专家和国内有关单位人员而建设的。因此，建峰宾馆由外招（外国专家招待所）和内招（内宾招待所）两部分组成。随着利用816工程建设大型化肥厂设计任务书的批示，1988年3月，国营816厂报请审批内、外招扩初设计的报告[11]，选择816厂生活区总厂办公楼西侧100 m外的山坡上修建招待所，由国营建峰设计院设计、四川省建十三公司施工，场地面积约7 600 m²，建筑面积共6 358 m²，其中外招3 358 m²、内招3 000 m²[12]。根据816厂招待所建筑安装工程承包合同显示，1988年年底交付建峰宾馆"内外招"以及厨房餐厅等部分，其余工程于1989年3月底前全部竣工。1995年，建峰化工总厂决定成立中国核工业建峰化工总厂建峰宾馆，为正科级单位，编制40人[13]。1997年3月，核工业部建峰化工厂对建峰宾馆进行室内外装修，并新增公共盥洗室，设计单位为核工业建峰设计院，施

工单位为泸县建安公司[14]。2006年8月,建峰化工总厂对建峰宾馆进行装饰改造,施工单位为重庆易山装饰设计工程有限公司[15];同年9月,建峰宾馆正式成立为独立法人单位,并开始对外营业。2009年12月,建峰宾馆更名为"重庆建峰工业集团有限公司建峰宾馆"。2021年,为了更好地适应社会发展需要,同时满足816小镇以及816工程的景区需求,建峰集团对建峰宾馆内外招部分空间进行更新与升级,包括对客房、接待大厅、公共卫生间、会议室、走廊等,共3 500 m²。目前,建峰宾馆外招部分共47间客房,其中25间标准间、18间大床房、4间套房;内招部分共38间客房,其中12间标准间、23间大床房、3间家庭房。除居住功能外,还承办会议、餐饮等活动,同时配备餐厅、会议室、泳池、茶室等配套服务区(图3、图4)。

图 2　建峰宾馆区位示意图

(来源:作者自绘)

图 3　建峰宾馆现状鸟瞰图

(来源:作者自摄)

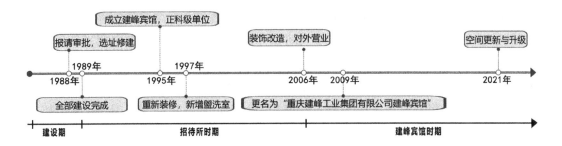

图 4 建峰宾馆发展历程图
（来源：作者自绘）

三、建峰宾馆初建建筑特征剖析

（一）注重功能分区的规划布局

在总体布局上，建峰宾馆采用围合式且不对称的布局方式，从东南向到西北向依次按照功能以及地形高差由高到低进行集中式布置。功能分区主要分为两部分（图5）：一是接待及客房空间，场地东南部为上风向，并且地势较高且采光较好，与816厂总厂办公楼在统一水平标高，具有通行和停车的条件，故将集散广场、接待大厅以及客房布置在东南处；二是厨房及用餐空间，布置在下风向，即场地的西北部分，一方面符合餐厨空间布局的卫生原则，另一方面也考虑到西北部与二区食堂道路较近，可以高效解决餐食的运输问题。

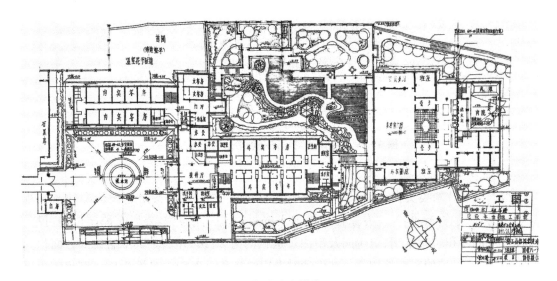

图 5 1992年建峰宾馆首层平面图
（底图来源：重庆建峰工业集团有限公司档案馆）

在功能布局中建峰宾馆采用了双塔楼布局策略，将内招与外招的住宿功能明确区分于两栋独立建筑之内，两者之间通过底层接待大厅实现便捷联通，而上层空间则维持严格的物理隔离,确保各自区域的私密性与独立性,共设有客房 120 个自然间①。专家客房(外招)64 个自然间,其中包括 48 间单人间和 8 间双人间;内宾客房(内招)56 个自然间,包括高级客房 12 个自然间、普通客房 44 个自然间,高级客房中双人间 4 间、单人间 4 间。初建时可接待外国专家 50~55 人,内部专家 12~24 人,一般客人 88~132 人。在化肥厂建成后,将专家客房改为双人间使用,可增加 50~55 人的入住量,共可招待 260 人左右。

在流线组织上,建峰宾馆针对外宾和内宾设计了两条独立高效的人行流线(图 6),针对外宾组织了集散广场—接待大厅—客房—附属用房—休闲空间—餐厅的空间序列,针对内宾形成了集散广场—接待大厅—客房—休闲空间—餐厅的流线布局,有效避免两种宾客的流线交叉,提高各自的使用效率。此外,对于厨房、餐厅、理发室、办公室等服务功能建筑中均设置了可由室外直达的服务流线,保障服务的同时减少对客人的影响。

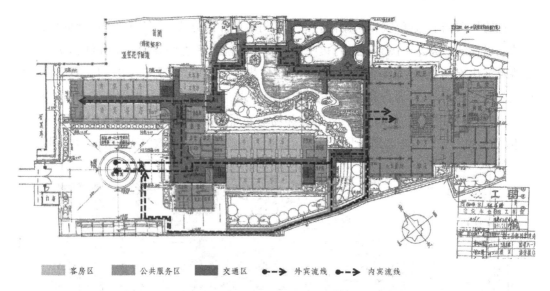

图 6　1992 年建峰宾馆首层功能及流线分析图

(图片来源:作者自绘)

根据国家计划委员会(计标〔1985〕1956 号文)《外国专家招待所建设标准的若干规定》[16](以下简称《标准》):"专家住房原则上按照一人一间考虑,要留有加床位的可能。单间客房的面积包括壁橱、卫生间及室内过道在内为 20 m² 左右。其中居住部分面积为 14 m² 左右。"故建峰宾馆外招部分在设计时采用的是开间 3.6 m,进深 6.9 m,客房室内居住净面积为 14.01 m²,客房净面积为 20.39 m²。此外,通过将国家计委《标准》和建峰宾馆的设计对比发现,在用地指标、客房标准、公共服务设施等方面,建峰宾馆外招客房部分

---

① 自然间指的是建峰宾馆设计及施工时的标准间,可理解为单人间;双人间由两个单人间中间开门灵活组合。

符合国家对于外国专家招待所的建设标准(图7、表2、图8)。内招区域在配置标准上虽有所简化,但仍保持了基本的居住功能(图9),通过高效的空间布局设计,如采用公共卫生间设施以降低单间成本,并依据实际需求灵活配置双床或三床房型,实现了对空间资源的最大化利用。自然间开间 3.6 m,进深 4.5 m,客房室内居住净面积为 14.31 m²,人均居住面积为 4.77~7.12 m²。

图7　1992年建峰宾馆内外招二层竣工图
(来源:作者根据档案重绘)

表2　《标准》与建峰宾馆设计对比表
(来源:作者自绘)

对比		《标准》要求	建峰宾馆
建设规模	综合建筑面积	50~60 m²/床	52.5 m²/床
用地指标	用地系数	0.8(5F以下)	0.84
		1.5(带电梯的多层建筑)	
客房标准	客房功能	床、壁橱、卫生间	床、壁橱、卫生间
	布置原则	一人一间,套间采用灵活开门方式组合	48个单人间,8个双人间
	客房面积	20 m² 左右,其中居住部分 14 m² 左右	20.39 m²,其中居住部分 14.01 m²
	层高	≤3 m	3 m
服务设施	功能配置	根据专家的生活与工作习惯,可设置小型会议室、会客、阅览、文娱、小卖部、理发、医疗、邮电等	总服务台、卫生所、理发室、小商店、接待室、会议室、内外宾餐厅、小宴会厅、多功能厅、洗衣房等公共设施

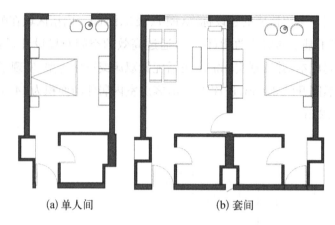

(a) 单人间　　　　　　　(b) 套间

图 8　1992 年建峰宾馆外招房型布置图
（来源：作者根据档案重绘）

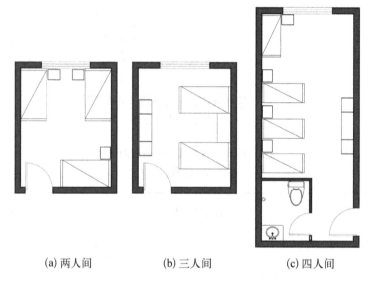

(a) 两人间　　　(b) 三人间　　　(c) 四人间

图 9　1992 年建峰宾馆内招房型布置图
（来源：作者根据档案重绘）

除客房空间外，根据国外专家的生活及工作习惯，建峰宾馆外招部分也配置了总服务台、小商店、卫生所、理发室、接待室、会议室、内外宾餐厅、小宴会厅、多功能厅、洗衣房、公用厨房等公共服务设施，主要布置在建筑的两端。在满足国外专家居住习惯的同时，也考虑未来对于该空间的功能再利用，贯彻勤俭节约的精神。内招部分相比之下公共服务设施配置较少，仅在每层配置有休息室或者会议室。

（二）现代简约的立面构成

建峰宾馆整体上为现代建筑风格，建筑形态凸显了线条的直接性与流动性，摒弃复杂的装饰，追求形式与功能的纯粹表达。宾馆的灰色屋顶、简洁的立面设计以及水平或垂直窗户排列均体现出现代建筑的特点。建峰宾馆西立面为主入口及形象展示面,依据1992年竣工图纸所呈现(图10、图11)的那样,塔楼区域巧妙运用了"虚实相生"的设计手法,通过形态与空间的巧妙组合,隐喻性地构建出"JF"(建峰缩写)的字母形态,这一设计不仅是对建筑名称的直观表达,更深层次地映射出建峰集团对于企业文化、品牌身份与时代精神的强烈认同与彰显,体现了建筑作为文化载体与时代符号的双重价值。

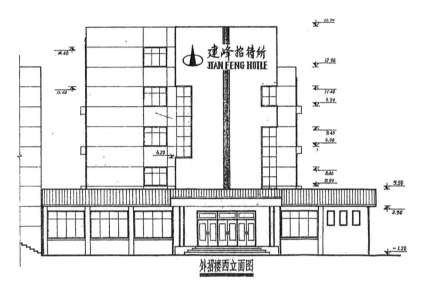

图10 1992年建峰宾馆外招西立面竣工图

(来源:重庆建峰工业集团有限公司档案馆)

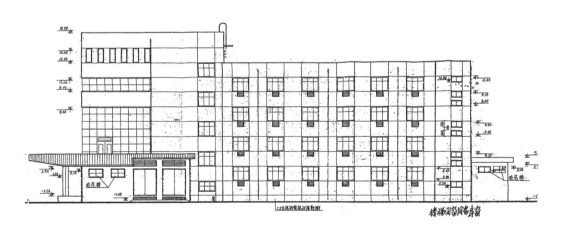

图11 1992年建峰宾馆外招南立面竣工图

(来源:重庆建峰工业集团有限公司档案馆)

(三) 实用耐久的建筑结构

建峰宾馆内外招分别采用了两种结构形式,以满足不同的功能需求和空间特点。外招部分采用的是框支剪力墙结构,由于门厅大空间的布置需求,使其上部的房间剪力墙无法直接落地,故由框支剪力墙和框架结构共同承担建筑的水平和竖向荷载。内招部分采用的是砌体结构,具有造价低、耐久性好、施工便捷、功能性强等优势,但抗拉、抗剪、抗弯、抗震能力相对较差。

(四)园林式景观置入

整个宾馆大楼在客房及餐厅中间设置了园林景观,作为宾客的主要休闲场所。宾馆大楼根据地形逐级递减,建亭榭,架小桥,用步行连廊连接主楼与水池周边的服务设施共同组成中心庭院。利用场地高差,将前庭喷水池溢流水引入亭侧面山石流出以形成泉瀑,经小溪流入池中,池岸巧植花草树木,形成环境幽美的具有中国传统设计的庭院空间(图12)。这种对中国传统园林设计理念的借鉴与运用可以看出20世纪80年代末建筑风格的设计特征和发展趋向。

图 12　建峰宾馆庭院现状图

(来源:携程网)

在庭院的装饰上,建峰宾馆采用了许多中国传统庭院必备的月洞门、美人靠、景窗、挂落、凭栏等设计装饰元素。以月洞门(图13、图14)为例,设计师在学习传统的基础上将元素简化重构并使用绿色钢材这样带有现代特征的材料进行制作[17],不仅实现了对传统符号的现代转译,更在材质层面实现了传统与现代的融合,创造出既承载传统文化意涵又彰显时代特色的设计语言表达。

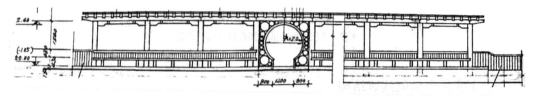

图 13　1992 年建峰宾馆外招庭院连廊立面竣工图

(来源:重庆建峰工业集团有限公司档案馆)

图 14　建峰宾馆庭院月亮门实景图

（来源：作者自摄）

四、从单位招待所到建峰宾馆的转型发展

（一）对外营业时期立面改造（2006—2021）

2006年，建峰化工总厂针对建峰宾馆展开了正立面装饰性重塑工程（图15），其核心在于将正立面塔楼区段的主立面材质更新为具有现代审美特征的镀膜玻璃，而裙楼区域则选用了黑金砂石材进行饰面，通过材质更替的手法营造出一种形式上的对称性错觉，显著提升了建筑外观的简洁性与时代感，成为整个建筑立面的视觉焦点。然而此改造方案在后续实践中也引发了社区民众的关注和热议，居民普遍认为改造后的主立面形态与"墓碑"相仿，在我国的传统认知体系中被视为不吉之兆。鉴于此，2021年对建峰宾馆外立面又进行了一轮立面改造，力图恢复其原始建造时期的立面风貌，同时为打破正立面可能造成的形式单调与对称性过强的问题，于二楼增设了连廊结构，这一举措不仅丰富了建筑的层次与空间感，还有效削弱了先前的对称性视觉效果，实现了功能性与文化性的双重优化（图16）。

图 15　2006 年建峰宾馆西立面图

（来源：作者自摄）

图 16　建峰宾馆西立面现状图

（来源：携程网）

（二）空间更新与升级（2021—2022）

2021年，建峰集团对建峰宾馆内外招部分进行空间更新与升级（图17）。针对内招客房内无独立卫生间的问题，建峰宾馆取中间客房拆分两半，为左右房间提供了空间以加装独立卫浴设施，同时也增加了原客房的使用面积（图18）。将走廊尽端的男卫生间改造为楼梯，以用于消防疏散，并对客房内部以及走廊重新装修；在外招区域增设了电梯系统，提高了通行效率，有效缓解了高层客房出入不便的问题，客房内部没有进行较大的空间调整，在原有基础上进行了重新装修（图19）。此外，在二楼新增内招和外招间的连接通道，实现统一化管理，服务设施配置上新设棋牌室、茶室、屋顶花园等，满足客人的多元性居住需求。尽管历经了近25年的使用与更新，建峰宾馆的整体平面布局保持了稳定性与连续性，其空间布局与核心设计元素基本维持原貌未变，仅在功能配置上进行一定程度的拓展。在当前的使用中，宾馆继续沿用传统的房间编号体系来区分内外招区域，即内招客房

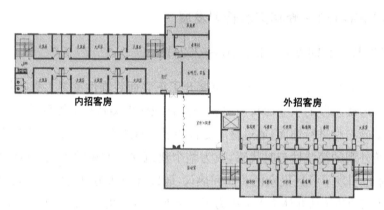

图17　2022年建峰宾馆内外招二层平面图

（来源：重庆建峰工业集团有限公司）

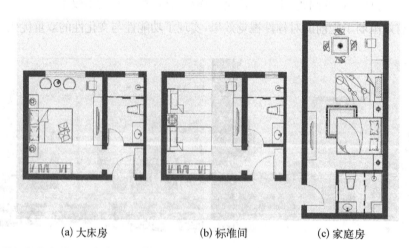

(a) 大床房　　　　(b) 标准间　　　　(c) 家庭房

图18　2022年建峰宾馆内招房型布置图

（来源：重庆建峰工业集团有限公司）

以"6"为开头编号,而外招客房则采用"8"作为编号前缀,这一做法不仅便于管理与识别,也延续了宾馆原有的设计特色与传统(图20)。

(a) 大床房　　　　(b) 标准间　　　　(c) 套房

图 19　2022 年建峰宾馆外招房型布置图

(来源:重庆建峰工业集团有限公司)

(a) 外招客房入口　　(b) 内招客房走廊　　(c) 内招休闲区

图 20　建峰宾馆内外招室内现状图

(来源:作者自摄)

(三) 招待所升级宾馆客房定价的改变(1992—2024)

通过进一步档案查询以及现场访谈,发现当年招待所内招和外招除上述的空间差异外,在内外售价方面具有显著差异(表3)。在单位招待所时期,在价格水平上,外招的客房收费显著高于内招客房,有两方面原因:

一是两者的消费群体之间存在差异。外招主要面向国外专家、国外友人以及上级领导等,内招则是为国内专家、员工家属等群体使用;

二是外招自身的客房面积、装修、布局、服务以及公共设施等方面具有优势,其客房成本较高，进而影响到房间费用。

纵观价格方面，随着计划经济向市场经济过渡，房间价格随着年份增长而适当增加，但内外招收费的相对差异未发生显著变化，内外招部分各三种房型的价格在不同年份之间均保持较稳定的差异间隔，体现了计划经济时期房价制订的稳定性和连续性。但建峰宾馆成立后内招与外招在价格层面的界限趋于模糊，差距显著缩小。特别是自2021年建峰宾馆实施大规模改造升级以来，随着物理空间差异的逐步减小，内外招客房的价格也愈发接近，这一变化体现了市场经济体制下住宿服务市场适应现代化需求的灵活调整。

表3 建峰宾馆历年收费价格统计表
（来源：作者根据档案资料和居民口述编制）

对内营业	外招			内招		
	套房	单人间	双人间	双人间	三人间	四人间
1992年	100元	80元	40元	15元/8元	6元	5元
1994年	150元	100元	60元	25元/13元	10元	10元
1997年（厂内价）	40元	26元	16元	10元/7元	5元	5元
1998年	250元	150元	80元	25元/20元	15元	10元
对外营业	套房	单人间	双人间	单人间	家庭房	双人间
2006年	298元	198元	168元	138元	158元	138元
2024年	398元	318元	348元	298元	368元	338元

注：表格中对内营业期间内招双人间存在两种房间规格，即带有卫生间的双人间和不带有卫生间的双人间。带有卫生间的房间费用较高。

五、建峰宾馆价值解析和时代意义

建峰宾馆作为816工程大型化肥厂建设项目中的组成部分，在其竣工后35年的服务期间内完成了从单位招待所到对外经营的商务宾馆逐步转变，它不仅是816工程停军转民成功的标志和象征，也承载了816人转型为建峰人的集体记忆，体现了我国核工业人坚韧不拔、勇于创新的时代精神。作为建峰集团企业形象的代言人，建峰宾馆虽不是三线建设时期遗留的建筑遗产，却也具有独特的历史价值和时代特征。

招待所最初形成于20世纪30年代，单位招待所是新中国成立后各级政府和机关、团体、企事业等招待内部往来人员出差和开会的住宿旅馆。随着我国改革开放的政策带动了社会经济的复苏和腾飞，单位招待所的住宿标准也在不断提高和优化，不仅承担了本系统人员的接待任务，还逐步向社会开放。建峰宾馆从最初建成作为接待外宾和内宾的单位高级招待所,到 2006 年成为独立法人对外营业,再到 2021 年全面升级改造提升住宿环境和质量,历经几次大的转型升级。建峰宾馆在其最初的规划与建设历程中,严格遵循了我国颁布的《外国专家招待所建设标准的若干规定》,不仅在平面布局上实现了空间优化与功能整合,在建设标准、功能划分及成本效益控制等方面均体现了当时我国针对涉外接待设施所制定的建筑规范与标准,映射出我国单位招待所这一特有的建筑文化现象的历史使命和价值取向。

招待所主要依据其设施和服务的质量进行划分,按 1997 年国务院机关事务管理局和国家计划委员会发布的《中央国家机关宾馆招待所分等定级标准》对照,建峰宾馆当时的建造标准处于特级和一级标准之间。按一级招待所标准,客房部分要有 50 间以上,标准间面积不少于 14 m^2(不包括卫生间面积),卫生间不少于 4 m^2。建峰宾馆客房面积和卫生间面积都正好卡点。在建筑立面上,建峰宾馆主立面呈现出简洁大方的现代感,而在场地规划布局中却汲取了中国传统元素如月洞门、美人靠等构件和植栽,使得建筑充分展现出 30 年前现代建筑形成初期与传统建筑耦合共生的设计特征,彰显了其背后的时代审美和设计价值观。

建峰宾馆在社会价值方面也有较好的体现。作为建峰化工总厂专家接待的核心设施,建峰宾馆通过其良好的居住环境与优质的服务质量成为建峰集团企业形象的直接对外窗口,其次,建峰宾馆落成使用为社会提供了近 40 个就业岗位,使得军工企业 816 厂的转型减轻了地方就业压力,维护了社会稳定。

国营 816 工程大型化肥厂招待所到建峰宾馆的转型历程折射出国营 816 厂到重庆建峰工业集团有限公司的变革发展过程,从单位招待所到商业宾馆的转变,其本质是计划经济体制向市场经济体制的转型。许多三线时期的工厂尤其是大型军工企业一般都设有内部招待所,它们随着三线时代的结束和军转民的时代发展需求下如何留存下来并得到合理的转型利用是学界的一个研究空白。建峰宾馆无疑是一个成功案例,通过对它的转型历程以及对它的历史、文化、社会等多方面价值的解读,旨在揭示它在 816 工程生活区乃至核工业生活区中蕴含的独特价值和时代意义。

参考文献

[1] 国营八一六厂:《八一六工程初步设计说明书(一)工程总论》[A],重庆建峰工业集团有限公司档案馆:1976.12。

[2] 国营 404 厂:《关于我厂 9 号任务投资计划的报告(1965 年 9 月 23 日)》[A],重庆建峰工业集团有限公司档案馆:1965-4。

[3] 第二机械工业部:《关于八一六厂一九六六年基本建设计划的批复》[A],重庆建峰工业集团有限公司档案馆:1966-17。

[4] 重庆建峰工业集团. 816 地下核工程:一个无法抹去的生命代号(内部资料). 重庆,2010:03-04.

[5] 建峰集团发展历程[EB/OL]. https://cnjf.com/aspx/ch/about.aspx? classid=100.

[6] 建峰集团发展历程[EB/OL]. https://cnjf.com/aspx/ch/about.aspx? classid=100.

[7] 探访重庆涪陵地下核工厂旧址:记住"816"人的故事[EB/OL]. https://people.cctv.com/2019/07/

23/ARTIK2yrwrN6SwxA55PC0IZz190723. shtml.
［8］"816",一个无法抹去的生命代号(人民眼·本期聚焦·三线建设)(3)[EB/OL]. http://military. people. com. cn/n/2015/0626/c1011-27210012-3. html.
［9］建峰集团：三次创业的坚守与担当[EB/OL]. https://m. thepaper. cn/baijiahao_12908429.
［10］国营八一六厂：《八一六工程初步设计说明书(七)生活设施》[A],重庆建峰工业集团有限公司档案馆：1976.12.
［11］国营八一六厂：《关于报请审批大化肥厂内、外招扩初设计的报告》[A],重庆建峰工业集团有限公司档案馆：1988：1。
［12］国营八一六厂：《关于报请审批大化肥厂内、外招扩初设计的报告》[A],重庆建峰工业集团有限公司档案馆：1988：5-7。
［13］中国核工业建峰化工总厂：《关于成立中国核工业建峰化工总厂建峰宾馆的决定》[A],重庆建峰工业集团有限公司档案馆：1995：102。
［14］中国核工业建峰化工总厂：《涪陵八一六厂招待所改造竣工图》[A],重庆建峰工业集团有限公司档案馆：1997：1-5。
［15］中国核工业建峰化工总厂：《建峰化工总厂建峰宾馆装饰改造工程竣工图(一)》[A],重庆建峰工业集团有限公司档案馆：2006：3-25。
［16］中华人民共和国国家计划委员会.关于外国专家招待所建设标准的若干规定(计标〔1985〕1956号)[S].1985.
［17］国营八一六厂：《关于报请审批大化肥厂内、外招扩初设计的报告》[A],重庆建峰工业集团有限公司档案馆：1988：8-9。

文化自信视野下工业遗产改造更新的应然取向：基于案例的研究

汪永平　马子杰

（西北工业大学马克思主义学院）

摘　要：在当今全球化的浪潮中，文化自信作为国家软实力的重要组成部分，正日益成为推动社会进步与文化创新的关键力量。而工业遗产作为历史与现代交织的见证，不仅承载着工业文明的记忆，更是城市文脉不可或缺的一部分。文化自信与工业遗产更新之间，存在着一种微妙而深刻的交互关系。文化自信是工业遗产更新的精神源泉，工业遗产更新是文化自信建设的重要舞台，两者融合共生，共同塑造着城市的独特风貌与文化底蕴。中外工业遗址改造成功提高了城市居民文化自信的案例很多，如我国首钢工业园、成都东郊记忆、陶溪川文创街区和美国纽约曼哈顿SOHO创意园区、德国鲁尔工业区、意大利都灵工业遗址公园等，其共性有：历史记忆的活化与传承、创新设计与文化融合、生态修复与可持续发展及公众参与与社区复兴等。文化自信视野下的工业遗产更新，是一场关于历史与未来、传统与现代、保护与创新的深刻对话，它要求我们以文化自信为引领，尊重历史，保护历史的原真性，通过创新驱动和融合发展，实现工业遗产的文化价值再现与可持续发展。

关键词：文化自信；工业遗产；改造更新；应然取向；案例

在当今全球化的浪潮中，文化自信作为国家软实力的重要组成部分，正日益成为推动社会进步与文化创新的关键力量。而工业遗产，作为历史与现代交织的见证，不仅承载着工业文明的记忆，更是城市文脉不可或缺的一部分。文化自信与工业遗产更新之间，存在着一种微妙而深刻的联系，它们相互依存、相互促进，共同塑造着城市的独特风貌与文化底蕴。工业遗产的更新，有经济、政治、社会、文化等多个维度的考量，文化维度的重要性显然是其中一极。从文化传承及文化记忆的角度探讨工业遗产的更新改造的研究成果已有呈现，然而从文化自信这样一个意识形态的角度去探讨的学术成果还不多见。期刊类成果有《文化自信视阈下工业文化遗产的记忆激活、时代耦合与未来展望》（许颖、张晓宇，《文化创新比较研究》2023年第1期）和《文化自信视域下吉林省工业文化遗产保护与活化利用研究》(戚萌,《长春理工大学学报(社会科学版)》2022 年第 1 期),还有数篇会议论文及硕士毕业论文。这说明该课题的探讨还处于破题阶段。议题重要而成果有待丰富,说明了该课题研究有着较强的学术价值和实践意义。

一、文化自信和工业遗产更新的交互性

2016 年 11 月,习近平总书记在中国文联十大、中国作协九大开幕式上的重要讲话中指出:"文化自信,是更基础、更广泛、更深厚的自信……是更基本、更深沉、更持久的力量。坚定文化自信,是事关国运兴衰、事关文化安全、事关民族精神独立性的大问题。"[①]作为民族精神的深层内核,文化自信是推动社会进步与文化繁荣的不竭源泉。文化自信的建设,是一个复杂的社会系统工程,需要全员、全过程、全媒体及全渠道的"四全"合力协同。随着新型工业化时代的到来,工业遗产的更新在塑造文化自信方面开始彰显其无可替代的重要功能。

因此,中央各部委在制定工业遗产更新战略规划及指导方案中,都有提升文化自信的考量。比如,2016 年,工业和信息化部、财政部《关于推进工业文化发展的指导意见》中指出:"工业文化在工业化进程中衍生、积淀和升华,时刻影响着人们的思维模式、社会行为及价值取向,是工业进步最直接、最根本的思想源泉,是制造强国建设的强大精神动力,是打造国家软实力的重要内容。在着力推进制造强国和网络强国战略的关键时期,既需要技术发展的刚性推动,也需要文化力量的柔性支撑。大力发展工业文化,是提升中国工业综合竞争力的重要手段,是塑造中国工业新形象的战略选择,是推动中国制造向中国创造转变的有力支撑。"2021 年 5 月,工业和信息化部、国家发展和改革委员会、教育部、财政部、人力资源和社会保障部、文化和旅游部、国务院国有资产监督管理委员会、国家文物局印发的《推进工业文化发展实施方案(2021—2025 年)》中提出:"坚持以社会主义核心价值观引领文化建设,把工业文化建设作为推动制造业高质量发展的重要内容,完善工业文化发展体系,强化承载重要文化的工业遗产的保护利用,弘扬中国工业精神,促进文化与产业融合发展,丰富中国制造的文化内涵,培育工业文化的新业态新模式,不断增强国家文化软实力和中华文化影响力。"显然,"不断增强国家文化软实力和中华文化影响力"是各部委推进工业文化发展的重要考量。

(一) 文化自信:工业遗产更新的精神源泉

文化自信,是工业遗产更新的精神源泉,也是价值旨归。相比较于工业遗产更新这样的社会实践活动,文化自信显然具有明显的理论指导、现实驱动和价值导向作用。

第一,文化自信促使民众深入挖掘工业遗产背后的故事与意义。每一座老旧的厂房,

[①] 习近平. 在中国文联十大、中国作协九大开幕式上的讲话(2016 年 11 月 30 日)[M]. 人民出版社,2016:6.

每一台斑驳的机器,都承载着时代的记忆与工业的辉煌。通过文化自信的视角,民众不再仅仅将其视为废弃之物,而是开始探索它们所蕴含的历史价值、艺术美感以及对社会经济发展的贡献。这种深度的挖掘,为工业遗产的再利用提供了丰富的文化素材与创意灵感。

第二,文化自信激发了人们对工业遗产保护的责任感与使命感。在全球化与现代化的浪潮中,许多具有历史价值的工业遗产面临着被遗忘或拆除的命运。然而,文化自信让人们意识到,这些遗产是连接过去与未来的桥梁,是城市文脉的重要载体,是接续社会记忆的文化符号。

第三,文化自信推动了工业遗产更新模式的创新与发展。在文化自信的引领下,人们开始尝试将工业遗产与当代文化、艺术、科技等领域相融合,创造出既具有历史韵味又符合现代审美需求的公共空间、文化创意园区等新型业态。这种创新性的更新模式,不仅赋予了工业遗产新的生命力,也为城市的文化产业发展注入了新的活力。

总之,文化自信是工业遗产更新的精神源泉与动力源泉,它让人们以更加开放和包容的心态去审视和珍视这些宝贵的文化遗产,以更加创新的思维和方式去保护和利用它们。

(二)工业遗产更新:文化自信的实践舞台

工业遗产的更新与再利用,远不止于物理空间的翻新或重构,它是一场深刻的文化觉醒与自信重塑的过程。这一过程,如同一位匠人细心雕琢着历史的痕迹,使之在新时代的阳光下焕发异彩,成为展现文化自信的璀璨舞台。

第一,工业遗产的创造性转化是对传统文化资源的一次深度挖掘与再创造。通过巧妙的设计与创新思维,那些曾经轰鸣的机器、斑驳的墙壁、废弃的厂房,被赋予了新的功能与意义,转变为充满现代气息的文化地标。这些地标不仅承载着城市的历史记忆,更成为新时代文化创新的重要载体,吸引着国内外游客的目光,促进了文化的交流与传播。

第二,工业遗产的创新性发展是推动文化产业繁荣与经济社会可持续发展的重要途径。将废弃的工业空间转变为艺术展览馆,为艺术家提供了广阔的创作空间,促进了艺术产业的蓬勃发展;转化为设计工作室,则吸引了众多创意人才汇聚,激发了创新灵感,推动了设计产业的升级;而打造时尚购物中心,则进一步拉动了消费,为城市经济注入了新的活力。这种多元化的更新模式,不仅提升了工业遗产的经济价值,更为城市的文化建设增添了色彩。

第三,工业遗产的更新与再利用可以增强民众的文化认同。通过亲身体验这些经过精心改造的工业遗产,人们能够深刻感受到本土文化的深厚底蕴与独特魅力,从而增强对本土文化的认同感和自豪感。这种文化自信的提升,将进一步激发人们的文化创造力和凝聚力,为城市的全面发展提供强大的精神动力。

总之,工业遗产的更新与再利用,是文化自信在现代社会中的生动实践。它以其独特的魅力与价值,不仅促进了城市的可持续发展与文化的繁荣兴盛,更为社会留下了一笔宝贵的精神财富。

(三) 融合共生：文化自信与工业遗产更新的未来趋势

文化自信与工业遗产融合共生的壮丽图景及交融趋势，正以前所未有的力量塑造着城市的文化风貌与未来走向。在这一趋势的引领下，工业遗产不再是被遗忘的角落，而是从历史的尘埃中焕发新生，成为城市文化创新的重要源泉。通过科技赋能与艺术创意的巧妙结合，工业遗产将被赋予新的生命与意义，转化为集文化体验、创意产业、休闲娱乐为一体的多元化空间，吸引着国内外游客与居民的目光，激发无限可能。

同时，文化自信在这一过程中得到了前所未有的彰显与提升。工业遗产作为城市记忆的一部分，承载着丰富的历史信息与地域特色，其更新再利用不仅是对历史的尊重与传承，更是对本土文化价值的深度挖掘与弘扬。人们通过参与工业遗产的改造项目，亲身体验文化的魅力，加深对本土文化的认同与自豪感，从而构建起更加稳固的文化自信基石。

此外，融合共生还促进了城市文化的多元融合与和谐发展。在文化自信与工业遗产更新的共同作用下，城市不再仅仅是钢筋水泥的堆砌，而是成为一个充满生机与活力的文化生态系统。不同文化元素在这里相互碰撞、相互融合，形成独具特色的城市文化景观，为居民提供了丰富的精神食粮与情感寄托。

随着文化自信与工业遗产更新融合共生模式的不断深化与拓展，社会群体完全有理由期待一个更加璀璨夺目的文化时代的到来。

二、国内外工业遗址活化焕新提升文化自信的成功案例

随着全球城市化进程的加速，工业遗址的更新与再利用成为一个重要议题。这些承载着历史记忆和工业文明的场所，通过巧妙的改造与设计，不仅焕发了新的生机，还极大地提升了城市的文化自信。国内，成功改造的工业园区案例有200～300多个，可以说是中国设计界向世界呈现的一部"中国方案"①。首钢工业园、成都东郊记忆、江西陶溪川等都是成功案例的代表。国外，美国、英国、德国、法国及意大利的成功方案更是堪称楷模，都极大地改写了城市形象，重构了民众的地方文化认同。以下我们通过一些中外工业遗址更新的成功案例，探讨其如何通过创新设计让旧工业区焕发新颜，并增强民众的文化认同感。

(一) 首钢工业园

首钢工业园，这个曾经见证了新中国工业辉煌历程的地方，如今已不仅仅是一个钢铁生产基地的代名词，它更是一座承载着深厚文化底蕴与时代变迁记忆的文化地标。在这片充满历史感的土地上，文化认同成为连接过去与未来、传统与现代的重要桥梁，为园区

---

① 韩晗等. 中国方案：工业遗产保护更新的 100 个故事[M]. 华中科技大学出版社，2023.

的转型升级注入了新的活力与灵魂①。

首钢工业园的每一次变迁,都是对中国工业发展史的深刻烙印。从最初的钢铁冶炼,到后来的产业升级、环境改造,再到如今的文化创意产业园区,每一次转型都凝聚着几代首钢人的智慧与汗水,也见证了中华民族自强不息、勇于创新的精神风貌。这种精神,正是首钢工业园文化认同的核心所在。它不仅仅是对过往辉煌的缅怀,更是对未来发展的期许,激励着每一位踏入这片土地的人,都能感受到那份沉甸甸的历史责任感和使命感。

在首钢工业园的转型过程中,文化融合成为一个显著的特点。园区充分利用其丰富的工业遗产资源,如高炉、冷却塔、铁轨等,通过艺术化的设计改造,将其转化为具有独特魅力的文化景观和公共空间。这些曾经的生产设施,如今成为展示工业文明、传承工业文化的重要载体,吸引着众多艺术家、设计师和游客前来探访。在这里,人们可以近距离地感受到工业文明的力量与美感,体验到传统与现代、工业与艺术之间的完美融合。

文化认同的构建,不仅仅是对历史文化的传承与保护,更是通过文化创新来激发园区的新活力。首钢工业园积极引入文化创意产业,打造了一系列以设计、艺术、科技为核心的产业集群。这些新兴产业的入驻,不仅为园区带来了经济效益的增长,更重要的是,它们为园区注入了新的文化元素和思维方式,促进了文化的交流与碰撞,激发了更多的创意火花。这种文化创新的过程,正是首钢工业园文化认同不断深化的体现。

首钢工业园的文化认同,是历史与现代的交响,是工业与文化的融合,更是创新与传承的并蓄。在这片充满活力的土地上,我们不仅能看到钢铁巨人的辉煌足迹,更能感受到文化认同所带来的强大凝聚力和向心力②。

(二) 成都东郊记忆

东郊记忆,原名成都东区音乐公园,位于成都市成华区,这里曾是成都老工业基地的核心区域,见证了成都工业发展的辉煌岁月。随着城市产业结构的调整与升级,这片曾经轰鸣的工业区逐渐沉寂,但幸运的是,它没有被遗忘或彻底抹去,而是以一种全新的姿态重生——成为一个集音乐、美术、戏剧、摄影等多元文化于一体的创意产业园区③。

走进东郊记忆,首先映入眼帘的是那些经过改造的旧厂房,它们被赋予了新的生命,化身为艺术展览空间、特色店铺、音乐酒吧和演艺剧场。这些建筑保留了原有的工业风貌,红砖墙、钢铁架构、老旧的机器设备……无一不在诉说着往昔的故事,让人们在感受现代艺术氛围的同时,也能深刻体会到成都工业文明的厚重与深邃。

文化认同,在东郊记忆得到了淋漓尽致的体现。这里不仅是成都本地文化的展示窗

---

① 胡安华.首钢园:从传统工业园区到城市复兴新地标[N].中国城市报,2023-04-10(A08).
② 王林生.美学新空间:文化再生产视域下城市工业遗产的转化与利用——以首钢工业区为例[J].中国美学,2024(1).
③ 张红娟,刘丽华.新中国工业遗产国家记忆建构及游客体验研究——以成都东郊记忆为案例[J].辽宁经济职业技术学院辽宁经济管理干部学院学报,2024(1).

口,也是国内外文化交流的重要平台。通过定期举办的音乐节、艺术展览、戏剧演出等活动,东郊记忆吸引了来自四面八方的艺术家、文化爱好者和游客,他们在这里碰撞思想、交流创意,共同构建了一个多元、开放、包容的文化生态。这些活动不仅丰富了市民的精神文化生活,也促进了成都乃至中国与世界文化的深度交流与融合。

尤为值得一提的是,东郊记忆在传承与创新的道路上不断探索,努力将传统文化与现代元素相融合,创造出独具特色的文化产品。无论是利用老厂房改造的创意市集,还是融合传统工艺与现代设计的文创产品,都让人们感受到文化创新的力量与魅力。这种对文化的尊重与传承,以及对新事物的开放与接纳,正是东郊记忆能够成为文化认同重要载体的关键所在。

总之,成都东郊记忆不仅仅是一个地理上的坐标,它更是一种文化的象征、一种精神的寄托。在这里,人们可以追寻历史的足迹,感受文化的魅力,体验创新的力量。东郊记忆以其独特的方式,讲述着成都的故事,传递着文化的温度,让每一位到访者都能在这片充满活力的土地上,找到属于自己的文化认同与归属感[①]。

(三) 陶溪川文创街区

一是历史与文化的传承。陶溪川工业遗址,其核心区域为原宇宙瓷厂,这座始建于1958年的机械化陶瓷企业,见证了景德镇乃至中国陶瓷工业的发展历程。从最初的隧道式煤烧窑炉,到后来的油烧隧道窑、气烧隧道窑,直到保留至今的两栋1960年的倒焰煤窑(俗称"馒头窑"),这些窑炉不仅是技术进步的见证,更是陶瓷文化的重要载体。在更新过程中,陶溪川项目团队坚持"修旧如旧"的原则,保留了这些珍贵的工业遗产,使之成为连接过去与未来的桥梁。

二是现代设计的融入。在保留历史遗迹的基础上,陶溪川项目巧妙地融入了现代设计元素。例如,将原有的烧炼车间改建为陶溪川工业遗产博物馆和美术馆,不仅保留了建筑的整体结构和风貌,还通过现代展览手段展示了陶瓷生产的历史变迁和技艺传承。此外,设计团队还利用老建筑撤换下来的砖瓦进行环境铺装,实现了材料的循环再利用,既环保又富有创意。同时,园区内设计的水池不仅呼应了陶瓷生产中对水的需求,还成为现代景观的一部分,为游客提供了休闲和观赏的好去处。

三是文化自信的展现。溪川工业遗址的更新,不仅仅是对物质文化遗产的保护,更是对文化自信的一次深刻诠释。通过保留和展示陶瓷生产的各个环节和工艺,陶溪川让公众能够直观地感受到景德镇陶瓷文化的深厚底蕴和独特魅力。同时,园区内还设有陶艺体验空间、双创平台和国际艺术中心等,为年轻人提供了实现梦想和创新的舞台。这些举措不仅激发了公众对传统文化的兴趣和认同,也促进了陶瓷文化的传承与发展。

四是社会与经济的双重效益。陶溪川工业遗址的更新,不仅为景德镇带来了文化上

---

① 吴雅婷.打破舞台边界提升游客沉浸式体验感[N].成都日报,2023-12-17(002).

的繁荣,还产生了显著的社会和经济效益。一方面,园区的开放吸引了大量游客和艺术家前来参观和交流,促进了文化旅游产业的发展;另一方面,通过提供创业平台和孵化服务,陶溪川为年轻人提供了实现梦想的机会,推动了当地经济的转型升级。此外,园区的成功改造还带动了周边区域的复兴和发展,形成了良好的示范效应。

在文化自信的视野中,陶溪川工业遗址的更新是一次成功的尝试和探索。它通过保留历史遗迹、融入现代设计、展现文化自信等方式,实现了传统文化与现代社会的和谐共生。这一项目的成功实施不仅为景德镇的陶瓷文化注入了新的活力也为中国乃至世界范围内的工业遗产保护提供了有益的借鉴和启示。[1]

(四)美国纽约曼哈顿的SOHO区:创意心脏地带

美国纽约曼哈顿的SOHO区,一个昔日的老工业区,在历史的洪流中经历了从衰败到重生的华丽转身。20世纪50年代,随着制造业的衰退,这片区域曾一度被遗忘,铁锈斑驳的工业厂房见证了时代的变迁与工业的衰退。然而正是这份荒凉与空旷,吸引了众多艺术家与创意工作者的目光,他们纷纷入驻,用艺术的力量唤醒这片沉睡的土地。

在政府的积极支持与引导下,SOHO区逐渐蜕变为全球瞩目的文创产业商业街区。这里的每一栋铸铁工业厂房都被赋予了新的生命,通过精心的设计与改造,它们摇身一变成为充满个性与特色的百货商店、时尚饰品店以及风味独特的餐馆。这些空间不仅保留了原有的工业韵味,更融入了现代时尚元素,创造出一种独特的混搭美学,吸引着来自世界各地的游客与时尚爱好者。

世界顶级品牌如PRADA、CHANEL、LOUIS VUITTON等,也看中了SOHO区独特的文化氛围与商业价值,纷纷在此开设旗舰店或概念店,进一步提升了该区的国际知名度与时尚地位。这些品牌的入驻,不仅为SOHO区带来了更多的商业机会与消费活力,也促进了区域经济的多元化发展。

SOHO区的成功,离不开其"以旧整旧"的旧城改造策略。政府通过明确SOHO以艺术品经营为主的发展方向,并辅以餐饮、旅游、时装等时尚化元素,打造了一个集文化、艺术、商业于一体的历史文化景区。这种在保护中发展的模式,不仅有效保留了老建筑的历史风貌与文化价值,还赋予了它们新的功能与生命力,使SOHO区成为了纽约乃至全球文创产业的璀璨明珠。

如今,SOHO区已不仅仅是一个商业街区,它更是一个文化的象征、一个创意的源泉。在这里,传统与现代交织,历史与未来对话,共同编织出一幅幅动人心弦的城市画卷[2]。

---

[1] 童敏慧,盛成龙,黎晶,等.陶溪川文创街区的发展启示——基于场景理论的视角[J].陶瓷研究,2023(2).

[2] 程力真,陈巍.棕地的"邻里复兴"——下曼哈顿滨水西区工业遗址改造启示[J].华中建筑,2015(7).

(五)德国鲁尔工业区的华丽转身:文化认同引领下的华丽转身

在世界的工业版图上,德国鲁尔工业区曾是一个辉煌的名字,它见证了工业革命的力量,铸就了德国乃至欧洲的工业基石。但是,随着全球产业结构的调整和资源枯竭的挑战,这片曾经的钢铁丛林也面临着前所未有的困境。然而,鲁尔人没有选择放弃,而是以一种独特的文化认同为引领,开启了工业区的全面改造与复兴之路[①]。

鲁尔工业区的改造,首先是一场深刻的绿色革命。面对环境污染和资源枯竭,当地政府与民众携手,将废弃的工厂、矿井转化为生态公园、文化中心和旅游景点。昔日的钢铁巨兽被赋予了新的生命,成为展示工业遗产与现代环保理念的窗口。在这一过程中,文化认同的力量不可忽视。鲁尔人意识到,他们的工业历史是宝贵的文化遗产,值得被尊重、被传承。于是,通过艺术装置、博物馆、文化节等形式,鲁尔工业区成功地将工业记忆融入现代生活,形成独特的"绿色文化"景观。

在改造过程中,鲁尔工业区还积极培育和发展文化创意产业。利用丰富的工业遗产资源,吸引设计师、艺术家和创意工作者入驻,将废弃空间改造成工作室、画廊、设计中心等。这些新兴的文化创意产业不仅为当地经济注入了新的活力,还促进了文化的多样性和创新。鲁尔人通过文化创意的方式,重新定义了工业区的价值,让这片土地焕发出新的生机与魅力。

改造的主体,不是自上而下的政府行为,而是政府与民众、企业、社会组织等多方共同参与的结果。在改造过程中,社区的力量被充分激发,居民们积极参与规划、设计、实施等各个环节,形成强烈的文化认同感和归属感。这种文化认同不仅体现在对工业历史的尊重与传承上,更体现在对未来发展的共同愿景和期待中。正是这种文化认同的力量,让鲁尔工业区的改造不仅仅是一场物质空间的重建,更是一次精神家园的重建。

德国鲁尔工业区的改造,是文化认同引领下的成功范例。它表明,面对产业转型和城市发展的挑战,文化认同是不可或缺的精神支柱。通过挖掘和传承本土文化,激发社区活力,培育创新产业,就可以将困境转化为机遇,实现城市的可持续发展。鲁尔工业区的华丽转身,不仅为德国乃至世界提供了宝贵的经验,也为人类城市文明的进步贡献了新的智慧与力量[②]。

(六)意大利都灵工业遗址改建公园

意大利都灵工业遗址改建公园是另一个具有标杆意义的案例,堪称城市更新与文化遗产保护融合的典范。该项目的核心在于其深刻的可持续发展理念与创意无限的改造策略。该公园位于Dora河畔,原为废弃的工业用地。政府和企业合作,将这一区域改造成

---

① 保罗·拉维茨科(德),孔洞一.德国鲁尔区工业遗产的文化景观阐释——混合型工业文化景观[J].风景园林,2020(7).
② 黄鹏飞.德国鲁尔区"工业文化之路"对我国工业城市旅游规划的启示[J].城市建筑,2024(19).

一个拥有可持续发展理念的公园。公园内保留了多处工业遗迹,如维塔利钢铁厂的大厅结构和菲亚特钢铁厂的设施,并通过新的设计将这些旧有元素融入现代公园景观中。公园被划分为五个独立区域,每个区域都具有独特的个性和功能,相互联系紧密,共同构成一个整体。这种改造方式不仅保护了工业遗产,还创造了一个集休闲、娱乐、教育于一体的公共空间,增强了市民对工业文化和城市历史的认同感[①]。

公园选址于Dora河畔,这一地理位置的选择不仅赋予了公园天然的生态优势,还巧妙地利用了水系资源,增强了公园的生态多样性和景观吸引力。通过精心的水系规划与生态修复,Dora河成为了公园内一道亮丽的风景线,也为市民提供了亲水、休闲的绝佳场所。

在保留与再利用工业遗迹方面,公园展现了极高的尊重与智慧。维塔利钢铁厂的大厅结构,以其宏伟的体量和独特的建筑风格,被精心改造为多功能活动空间,既保留了工业时代的记忆,又赋予了新的生命。菲亚特钢铁厂的设施则被巧妙地融入公园景观之中,或成为雕塑艺术的一部分,或转化为儿童游乐设施,让人们在游玩中感受工业文明的魅力。

公园的五个独立区域设计,更是体现了规划者的匠心独运。每个区域都围绕着特定的主题和功能进行布局,如自然生态区、历史文化区、亲子游乐区、运动健身区以及创意艺术区等,既满足了不同年龄段、不同兴趣爱好的市民需求,又促进了区域间的互动与交流,形成了一个充满活力与和谐的社区空间。

此外,公园还注重了教育与科普功能的融入。通过设置工业历史展览馆、环保知识宣传栏以及互动体验区等,让市民在享受休闲时光的同时,也能学习到关于工业发展、环境保护等方面的知识,增强了公众对可持续发展理念的认知与认同[②]。

综上所述,中外工业遗址的更新与再利用不仅是对历史文化遗产的尊重和保护,更是提升城市文化认同的重要途径。通过巧妙的设计和创新的改造方式,这些旧工业区得以焕发新的生机和活力,成为城市的地标和代表性文化符号,提升了城市的文化软实力,增强了民众的文化认同。

三、国内外工业遗址活化焕新提升文化自信成功案例的共性

在当今全球化的时代背景下,工业遗址作为城市历史与文化的重要载体,正逐步从废弃与遗忘的边缘走向复兴与再利用的前沿。无论是中国还是外国,对工业遗址的更新与提升,不仅是对过往工业文明的致敬,更是文化自信在新时代背景下的生动展现。本部分试图探讨中外工业遗址更新过程中提升文化认同的共性特征,以期为未来类似项目的规

---

① 韩逸冰,赵吉夫. 意大利都灵古旧建筑博物馆的修复及更新[J]. 华中建筑,2020(3).
② 福·厉博. 意大利都灵国立剧院的文化和竞争力发展模式[J]. 戏剧(中央戏剧学院学报),2014(5).

划与实施提供借鉴与启示。

（一）历史记忆的活化与传承

中外工业遗址更新的首要共性在于对历史记忆的活化与传承。这些遗址见证了工业时代的辉煌与变迁，承载着丰富的历史信息和文化价值。通过保留原始建筑风貌、恢复生产场景、设立博物馆或展览馆等形式，将工业遗产转化为文化教育资源，让公众在参观体验中感受工业文明的魅力，增强对本土文化历史的认同感与自豪感。

一是活化历史场景，再现工业辉煌。为了让历史记忆生动再现，许多工业遗址采取了保留原始建筑风貌、修复生产线、重现生产场景等措施。这不仅为公众提供了直观感受工业文明发展轨迹的机会，也让那些曾经辉煌的工业故事得以在新时代继续讲述。通过高科技手段如虚拟现实（VR）、增强现实（AR）等，游客还能身临其境地体验那个时代的生产氛围，加深对工业历史的认知与理解。

二是设立博物馆与展览馆，打造文化教育平台。将工业遗址转化为博物馆、展览馆等文化教育设施，是活化历史记忆、传承工业文化的重要途径。这些场所不仅展示了工业遗产的物质形态，更深入地挖掘其背后的文化内涵与社会价值，通过展览、讲座、互动体验等多种形式，向公众普及工业知识，激发人们对工业文明的兴趣与尊重。例如，德国的鲁尔工业区就通过一系列工业博物馆的建设，成功地将废弃的工业遗址转变为世界级的工业文化旅游目的地。

三是促进文化创新，展现时代活力。在活化与传承历史记忆的同时，中外工业遗址的更新还注重与当代文化的融合与创新。不仅保留了工业建筑的原始风貌，更融入了现代艺术的元素与创意，成为展示文化创新活力的重要窗口。这种将工业遗产与当代艺术、设计、时尚等领域相结合的做法，不仅赋予了工业遗址新的生命力，也为城市的文化发展注入了新的动力。

（二）创新设计与文化融合

在更新过程中，中外工业遗址普遍注重创新设计与文化元素的深度融合。设计师们巧妙地利用现有建筑结构和空间布局，通过现代设计理念和技术手段进行改造升级，既保留了工业遗址的原始韵味，又赋予其新的功能与生命力。同时，将地域文化、传统文化或国际文化元素融入设计中，创造出既具有时代感又富含文化内涵的公共空间。这种创新与文化融合的方式，不仅提升了工业遗址的艺术价值和文化品位，也促进了文化的交流与传播，增强了文化自信。

在创新设计层面，设计师们突破传统思维框架，不拘泥于原有建筑形态的限制，而是灵活运用现代设计理念和技术手段，对工业遗址进行个性化、差异化的改造升级。他们巧妙地将现代材料与工业遗迹的原始材质相结合，创造出既对比鲜明又和谐共生的视觉效果。同时，通过优化空间布局、增强功能分区，使工业遗址在保留其独特风貌的同时，能够满足当代社会多样化的使用需求,如文化创意产业园区、艺术展览中心、休闲娱乐空间等,从而焕发出新的生机与活力。

在文化融合方面,设计师们致力于将地域文化、传统文化乃至国际文化元素巧妙地融入工业遗址的更新过程中。他们通过艺术装置、雕塑、壁画等多种形式,将文化的精髓以视觉化的方式呈现给公众,使人们在欣赏工业之美的同时,也能感受到文化的厚重与魅力。这种跨文化的交流与融合,不仅丰富了工业遗址的文化内涵,也促进了不同文化之间的理解与尊重,为构建多元共生的社会文化环境提供了有力支撑。

创新设计与文化融合的深度实践,不仅提升了工业遗址的艺术价值和文化品位,更使之成为城市文化新地标和对外交流的重要窗口。它不仅吸引了大量游客和市民前来参观体验,促进了当地旅游业的繁荣发展;还通过举办各类文化活动、展览和论坛,搭建起文化交流与合作的平台,推动了文化的传承与创新,增强了文化自信与国际影响力。

(三) 生态修复与可持续发展

面对工业遗址普遍存在的环境污染和生态破坏问题,中外在更新过程中均强调生态修复与可持续发展的重要性。通过生态治理、绿化改造、雨水收集利用等措施,恢复和改善遗址周边的生态环境,构建人与自然和谐共生的美好图景。同时,注重项目的长期运营与管理,推动文化旅游、创意设计、科技研发等多元业态的融合发展,实现经济效益、社会效益与生态效益的共赢。这种以生态为基、文化为魂、产业为支撑的发展模式,为工业遗址的可持续利用提供了有力保障,也进一步提升了文化自信的内涵与外延。

在应对工业遗址普遍遭遇的环境污染与生态失衡挑战时,全球范围内均将生态修复与可持续发展提升至前所未有的战略高度。这不仅是对过往工业活动遗留问题的积极回应,更是对未来世代负责的体现。具体而言,在生态治理方面,采用先进的环保技术与手段,如土壤污染修复、水体净化等,从根本上消除污染源,为生态恢复奠定基础。同时,大规模的绿化改造行动,通过种植本土植物、构建生态廊道等,不仅美化了环境,还增强了生态系统的自我恢复能力和生物多样性。

在生态修复的基础上,工业遗址的更新还深度融合了文化、创意与科技等多元要素。通过挖掘和保护工业遗产的历史价值与文化内涵,打造具有独特魅力的文化旅游目的地,吸引国内外游客前来参观体验,带动地方经济发展。同时,鼓励创意设计产业的入驻,利用工业遗址的独特空间形态和历史氛围,激发创意灵感,孵化出一批批富有创新精神的文化产品和服务。此外,科技研发也成为推动工业遗址可持续发展的重要引擎,通过引入高新技术,提升产业附加值,促进产业升级转型。

这种以生态为基底、文化为灵魂、产业为支柱的综合发展模式,不仅实现了工业遗址从废弃到重生的华丽转身,更为城市可持续发展探索出了一条新路径。它强调了人与自然和谐共生的理念,彰显了文化自信的力量,促进了经济效益、社会效益与生态效益的全面协调与可持续发展。

（四）公众参与与社区复兴

公众参与是中外工业遗址更新过程中不可或缺的一环。通过举办文化活动、艺术展览、工作坊等形式，吸引社区居民、学生、游客等广泛参与，激发社会各界对工业遗址的兴趣与关注。同时，注重遗址更新与社区发展的有机结合，利用工业遗址的独特优势，带动周边区域的经济繁荣和社会进步，实现社区的全面复兴。这种公众参与与社区复兴的模式，不仅增强了民众对工业遗址的情感联系和文化认同，也促进了社会凝聚力的提升和文化自信的增强。

首先，文化活动成为凝聚人心的重要载体。通过策划系列主题文化活动，如工业遗产文化节、历史记忆分享会等，邀请社区居民、学生群体、艺术爱好者及游客共同参与，让工业遗址成为活的历史教科书，讲述往昔辉煌，激发人们对工业文明的敬畏与好奇。这些活动不仅丰富了民众的文化生活，更在无形中增强了他们对工业遗址的情感纽带，促进了文化的传承与创新。

艺术展览与工作坊则是激发创意与灵感的火花。利用工业遗址的宽敞空间与独特风貌，举办各类艺术展览，展示当代艺术家的创作成果，同时开设工作坊，邀请艺术家现场教学，让公众亲身体验艺术创作的乐趣。这样的互动不仅提升了工业遗址的艺术氛围，还激发了社区居民的创造力与参与热情，促进了艺术与生活的深度融合。

此外，公众参与还体现在遗址更新与社区发展的深度融合上。通过科学规划与合理布局，将工业遗址的更新改造与周边区域的经济社会发展紧密结合，形成互动共生的良好局面。利用工业遗址的地理位置优势、历史文化底蕴及潜在的发展空间，引入文化创意产业、旅游休闲项目等，为社区注入新的活力与动力，带动就业增长，促进经济繁荣。同时，注重社区环境的改善与提升，打造宜居宜业的优质生活圈，让居民在享受现代化生活便利的同时，也能感受到工业文化的独特魅力。

综上所述，中外工业遗址更新在活化历史记忆、创新设计与文化融合、生态修复与可持续发展、公众参与与社区复兴等方面展现出提升文化自信的共性特征。这些经验与实践不仅为工业遗址的保护与利用提供了宝贵启示，也为文化自信在新时代的传承与发展注入了新的活力与动能。

四、文化自信视野下工业改造遗产更新的应然之道

在文化自信的时代背景下，工业遗产的更新与再利用不仅是城市空间重构的重要议题，更是文化传承与创新的关键环节。文化自信，作为一个国家、民族乃至个体对自身文化价值的深刻认同与积极践行，为工业遗产的活化赋予了新的生命力与使命。本部分基于前文案例分析，探讨在文化自信视野下，工业遗产更新的应然之道，即如何在尊重历史、

保护遗产的基础上,通过创新与融合,实现工业遗产的文化价值再现与可持续发展①。

(一)文化自信:工业遗产更新的精神内核

正如前文所言,文化自信,作为工业遗产更新改造的核心理念与精神内核,是推动这一过程不断向前的深层动力,它不仅关乎对工业遗产物质层面的珍视与再利用,更触及对其背后深厚文化底蕴的深刻理解与传承。

文化自信促使我们超越表面,深入挖掘工业遗产的内在价值。每一座厂房、每一条生产线、每一件工具都是历史的见证者,它们承载着工业文明的辉煌与沧桑,记录着社会发展的轨迹与变迁。通过文化自信的引导,人们能够更加敏锐地捕捉到这些隐藏在物质形态背后的文化记忆与工业精神,让工业遗产不再是冰冷的建筑或设备,而是成为活生生的历史教科书,讲述着过去与现在的对话。

文化自信是工业遗产保护与传承的基石。在快速的城市化进程中,许多工业遗产面临着被拆除或遗忘的命运。然而正是文化自信的力量,让人们意识到这些遗产的不可替代性和独特性,从而激发起保护它们的责任感和使命感。通过科学规划、合理改造和有效宣传,能够让工业遗产在新时代焕发出新的生机与活力,成为城市文化的重要组成部分和独特的风景线。

文化自信还促进了工业遗产与现代社会的融合发展。在保留其历史韵味和文化特色的基础上,通过创新设计和技术手段的运用,人们可以将工业遗产改造成博物馆、创意园区、艺术展览空间等多种形式的文化场所。这些场所不仅为市民提供了休闲娱乐的好去处,也成为了展示城市文化软实力和吸引外来游客的重要窗口。同时,工业遗产的更新改造还带动了周边地区的经济发展和产业升级,为城市的可持续发展注入了新的活力。

综上所述,文化自信是工业遗产更新过程中不可或缺的精神支柱。它要求我们不仅要看到工业遗产的物质形态价值,更要深刻挖掘其背后的文化内涵和精神价值;不仅要保护好这些珍贵的文化遗产,更要让它们在新的时代背景下焕发出更加绚丽的光彩。

(三)尊重历史,保护遗产原真性

在工业遗产的更新与再利用进程中,首要且核心的原则便是深刻体现对历史的尊重

---

① 王冬冬,潜伟.推进工业遗产保护促进历史文化传承[J].思想政治工作研究,2024(7);陈济洲,朱蓉.工业遗产更新中的文化表达——对英国工业遗产的思考[J].东南文化,2024(2);翁春萌,陈子阳.文化记忆理论视角下三线工业遗产的活化设计策略研究[J].家具与室内装饰,2024(1);窦世宇.城市过时空间文化和创新导向下工业遗产的再生[J].城市建设理论研究(电子版),2023(17);许颖,张晓宇.文化自信视阈下工业文化遗产的记忆激活、时代耦合与未来展望[J].文化创新比较研究,2023(1);翁春萌,陈子阳.文化记忆理论视角下三线工业遗产的活化研究态势及展望[J].文化软实力研究,2022(6);金莉丽.文化自信视域下鞍山工业遗产的时代价值和保护性开发[J].鞍山师范学院学报,2022(2);戚萌.文化自信视域下吉林省工业文化遗产保护与活化利用研究[J].长春理工大学学报(社会科学版),2022(1);丁小珊.三线工业遗产文化记忆的再生路径研究[J].社会科学研究,2021(3);张凌浩,赵畅.文化互动视角下中国工业设计遗产社会体验策略探究[J].福建论坛(人文社会科学版),2020(2).

与敬畏，坚决守护遗产的原始真实性与完整性。这一原则不仅是对过往岁月与劳动成果的致敬，更是对未来世代文化传承的负责。

在实际操作中，需要采取一系列细致入微的措施，以最小干预原则为指导，力求在改造的每一步骤中减少对原有建筑结构与风貌的不可逆损害。这包括但不限于精细化的结构加固、非侵入式的修复技术以及针对特定历史痕迹的专项保护方案，确保每一处历史印记都能得到妥善保留与展现。

同时，科学评估与规划的重要性应得到足够的重视。通过组建跨学科的专业团队，运用先进技术手段，对工业遗产进行全面的历史、文化、技术等多维度评估，为制定科学合理的保护与发展规划提供坚实依据。在此基础上，精心挑选适宜的修缮技术与方法，力求在保留遗产原真性的同时，赋予其新的生命力与功能。

此外，公众教育与意识提升对于遗产保护工作也至关重要。因此，应该积极开展各类宣传活动与教育项目，如举办工业遗产展览、开展导览解说服务、编写普及读物等，以提高公众对工业遗产价值的认识与理解。通过这些行动，能够激发社会各界对工业遗产保护的关注与参与热情，共同营造出一个全社会共同保护、共同传承的良好氛围。

(三) 创新驱动，激活文化新活力

文化自信，这一深植于民族血脉中的精神力量，其展现不仅局限于对传统精髓的虔诚守护，更在于勇于探索、敢于创新的实践精神。在工业遗产的活化与再生过程中，更需要这种创新驱动的力量，以激活沉睡的文化资源，赋予其时代的新意与活力。

具体而言，工业遗产的更新不再仅仅是简单的修复与保留，而是融入了现代设计理念与先进技术手段的深刻变革。通过功能置换这一核心策略，能够将昔日轰鸣的厂房、冷峻的机械设备，转化为充满创意与灵感的文化创意产业园、博物馆或艺术展览空间。这一过程，不仅保留了工业遗产独特的外观风貌与历史记忆，更通过空间的重构与功能的重塑，为其注入了全新的生命力与文化价值。

例如，废弃的厂房被改造成充满艺术氛围的创意园区，吸引了众多艺术家、设计师及文化创业者入驻，成为城市文化的新地标。在这里，传统与现代交织，工业美学与创意灵感碰撞，孕育出无数令人瞩目的文化成果。同时，这些改造后的空间也成为了市民休闲娱乐、学习交流的重要场所，极大地丰富了城市的文化生活，提升了城市的文化品位。

此外，工业遗产的创新性更新还促进了文化产业的发展，为城市经济注入了新的增长点。随着文化创意产业的蓬勃兴起，这些改造后的工业遗产成为文化产业的重要载体和平台，吸引了大量投资与关注，带动了周边区域的经济发展。同时，这种更新方式也实现了经济效益与社会效益的双赢，既保护了文化遗产，又促进了社会的可持续发展。

综上所述，创新驱动是激活文化新活力、增强文化自信的关键所在。在工业遗产的更新与保护中，应积极引入现代设计理念和技术手段，通过创新性的更新方式赋予其新的生命力与文化价值。这样，不仅能够让工业遗产在新时代焕发出新的光彩，更能够推动文化产业的发展繁荣,为城市的文化建设贡献新的力量。

(四) 融合发展,构建多元文化生态

在工业遗产的更新与活化进程中,融合发展策略的核心在于构建一个多元共生、和谐共进的文化生态系统。这一系统不仅限于工业遗产自身的复兴,更强调其作为文化载体,如何与其他文化元素无缝对接,共同编织出一幅丰富多彩的文化织锦。

一是塑造独特文化地标。倡导工业遗产与不同类型文化遗产的深度融合,如历史建筑、传统村落、民俗艺术等,通过创意改造与再利用,形成集工业记忆、历史文化、艺术审美于一体的新型文化地标。同时,将工业遗产融入自然景观之中,如依托山水资源,打造工业与自然和谐共生的生态景区,为游客提供独特的文化旅游体验。

二是构建文化景观带与旅游线路。基于工业遗产的独特魅力,应该规划并建设一系列具有鲜明特色的文化景观带和文化旅游线路。这些线路将串联起多个工业遗产点,同时融入周边的自然风光、人文景观,形成完整的文化旅游体系。通过科学合理的布局与设计,使游客在游览过程中,能够充分感受到工业文明的厚重与现代文化的活力,体验到文化的传承与创新。

三是打造节庆活动促进文化互动。为了进一步增强工业遗产与市民及游客之间的互动与融合,可以定期举办各类文化节、艺术节、创意市集等活动。这些活动不仅展示了工业遗产的独特魅力,还为市民提供了参与文化创作、体验文化生活的平台。通过活动的举办,不仅丰富了市民的精神文化生活,还加深了他们对工业遗产及其所承载的文化价值的认识与认同,从而增强了城市的文化凝聚力和向心力。

四是数字化赋能,拓宽文化传播渠道。在融合发展的过程中,还应充分利用数字技术,对工业遗产进行数字化记录、展示与传播。通过建立线上博物馆、虚拟现实体验馆等方式,让更多的人能够跨越时空限制,近距离地感受工业遗产的魅力。同时,利用社交媒体、短视频平台等新媒体手段,扩大工业遗产的知名度和影响力,吸引更多的人关注并参与到工业遗产的保护与传承中来。

综上所述,融合发展是构建多元文化生态、推动工业遗产更新与活化的重要途径。通过跨界融合、文化景观带与旅游线路的构建、节庆活动的举办以及数字化赋能等手段,可以共同打造出一个充满活力、独具特色的文化生态体系,为城市的可持续发展注入新的动力。

五、结语

文化自信视野下的工业遗产更新,是一场关于历史与未来、传统与现代、保护与创新的深刻对话。它要求人们在尊重历史、保护遗产的基础上,以文化自信为引领,通过创新驱动和融合发展,实现工业遗产的文化价值再现与可持续发展。只有这样,我们才能真正让工业遗产成为连接过去与未来的时空隧道,成为城市文化的重要组成部分,为城市的可持续发展注入新的活力与希望。

参考文献

[1] 工业和信息化部工业文化发展中心.工业文化发展报告(2022)[M].北京:电子工业出版社,2022.
[2] 工业和信息化部工业文化发展中心.工业文化发展报告(2023)[M].北京:电子工业出版社,2023.
[3] 彭南生,严鹏.工业文化研究(第1辑、第2辑、第3辑)[M].北京:社会科学文献出版社(2017、2018、2020).
[4] 彭南生,严鹏.工业文化研究(第4辑、第5辑)[M].上海:上海社会科学院出版社(2021、2022).
[5] 韩晗等.中国方案:工业遗产保护更新的100个故事,武汉:华中科技大学出版社,2023.
[6] 于思颖."活化"中国铁路工业遗产[J].文化产业,2024(3).
[7] 朱天梅,于梦洁.文化场景视域下工业遗产档案叙事:理论回溯、行动框架及设计向度[J].山西档案,2023(4).
[8] 杨柘傲.基于工业文化理念下的旧工业建筑空间改造研究[D].鲁迅美术学院,2023.
[9] 张淞豪.记忆共生理论下的工业遗产景观设计实践[J].城市环境设计,2023(1).
[10] 许颖,张晓宇.文化自信视阈下工业文化遗产的记忆激活、时代耦合与未来展望[J].文化创新比较研究,2023(1).
[11] 戚萌.文化自信视域下吉林省工业文化遗产保护与活化利用研究[J].长春理工大学学报(社会科学版),2022(1).
[12] 张宁.文化软实力视角下上海市工业遗产利用与管理问题研究[D].东华大学,2022.
[13] 徐利权,何盛强.文化价值导向下三线建设工业遗址保护与规划[C]//中国城市规划学会,成都市人民政府.面向高质量发展的空间治理——2020中国城市规划年会论文集(09城市文化遗传保护).华中科技大学建规学院,2021:11.
[14] 白松强,李惠,饶睿.新世纪中国工业遗产发展现状管窥[C]//中冶建筑研究总院有限公司.2021年工业建筑学术交流会论文集(上册).湖北民族大学鄂西生态文化旅游研究中心,湖北民族大学南方少数民族研究中心,2021:6.
[15] 武海娟.东北老工业基地的城市记忆延续研究[D].哈尔滨工业大学,2019.

三线建设的江南煤城——六盘水

陈晓林

（重庆工程师协会三线建设分会）

摘　要：从1964年到1980年的三线煤炭工业建设，国家累计投入了130.54亿元，其中在六盘水地区投入了26.67亿元，拉开了西南炼焦煤矿区建设为主的三线建设的序幕。从1964年9月起，煤炭部从全国各省市调集了大批的勘探、设计、建设队伍，采取了"老区带新区、老矿带新矿、老人带新人"的办法，由河南老矿包建六枝，开滦煤矿主包盘江，山东老矿包建水城。参建大军逾10万人，从四面八方汇集到六盘水的崇山峻岭之中，头顶青山，脚踏烂泥，在极其艰苦的条件下，终于建成了年产1 120万吨原煤的国家大型煤炭基地。这就是三线建设的江南煤城——六盘水的发展历程。

关键词：六盘水；西南炼焦煤矿区；发展历程

六盘水市位于贵州省西部，为贵州省辖地级市，总面积9 914平方公里，截至2023年，全市辖原六枝、盘县和水城三个县（特区），常住人口301.67万人。六盘水气候为副热带高原性季风气候，夏无酷暑，冬无严寒，年平均气候12.3 ℃～15.2 ℃，有"中国凉都"的美誉。六盘水地处黔西乌蒙山区，滇、黔两省交界部，东邻安顺市，南连黔西南布依族自治州，西接云南省曲靖市，北毗毕节市，大地构造属扬子准地台上的扬子台褶带，有着十分丰富的矿产资源。现已发现的主要矿产资源有煤、铁、铅锌、石灰石等20多种金属和非金属矿，其中煤炭资源得天独厚，且分布广、储量大、种类全、埋藏浅，被誉为"江南煤城"。

1964年，根据"三线建设"和"备战备荒"的需要，国家决定建设与四川攀枝花钢铁基地相配套的六盘水煤炭基地。1964年9月，煤炭部决定从全国各地成建制抽调建设队伍进入六盘水。一年多的时间里，从15个省、25个矿务局抽调28个工程处（含新组建）、8个地质勘探队到六盘水参加煤炭基地建设，连同新招工人和外系统支援人员，至1966年3月，西南煤矿建设指挥部基建队伍有职工52 426人。一时"千军万马"云集六盘水，在阴雨连绵、寒气逼人、露天食宿、"干打垒"工棚的极其困难的条件下，投入了这场惊天动地的大会战。在不太长的时间内，将六盘水煤矿建设成为一个初具规模的新型矿区①。三线建设工业史也是一部波澜壮阔、荡气回肠的共和国的发展史，为了真实地从不同角度再现和挖掘这段历史，2022年年中至今，我们三次前往六盘水，花了不少时间和精力深入原六盘水的六枝、盘县和水城60多个单位，采访上百位六盘水三线建设亲历者，方行成下列文字。

一、建设六盘水煤炭基地的目的及组织构架

六盘水地区的煤炭开采历史悠久，但由于过去经济投入乏力、交通不畅、技术落后等原因，在新中国成立初期的建设都是小打小闹。1958年2月，煤炭工业部与贵州省曾共同商定过开发六枝和水城煤田，但在"三年困难"时期，大部分工程都停止了建设。直到1964年，中央确定以六盘水地区为重点建设三线煤炭基地，以便与攀枝花钢铁基地建设配套，这才产生了与之相适应的组织构架。

（一）六盘水悠久的煤炭开采历史和文化

早在春秋战国时期，乌蒙山区的土著居民们就开始自发地就近获取一种"黑土"资源用来做饭和取暖。明永乐十六年（1418）刊行的《普安州志》中录有易绒的《过普安诗》，其中有"窗映松脂火，炉飞石炭煤"的名句，这是六盘水乃至贵州境内最早记载煤炭的文字。清光绪二十年（1894），郎岱厅六枝凉水井开办有煤矿，占地数十亩，开采者数十人。民国十八年（1929）地质学家乐森璕在其编著的《贵州西部地质矿产》中就较为详细地介绍郎岱黑拉孔等处的地质情况。民国二十九年（1940）《贵州省主要各县每月煤矿产量及最近市场调查表》中就有盘县每月平均产煤250公吨的表述。1949年11月后，为了满足当地民需和小手工"红业"的需要，六枝、盘县、水城各县的小煤窑也纷纷开启了年产几千吨、上万吨的煤炭生产和供给。据相关部门统计，1953年，六枝、盘县和水城当年共计生产原煤3万吨。

（二）三线建设前煤炭工业部同贵州省共同商定了六盘水地区的煤炭开发事宜

贵州虽然包括煤炭在内的资源丰富，但毕竟是中国西部欠发达的地区之一。为了帮助贵州发展经济，1958年2月，煤炭工业部钟子云副部长代表煤炭部专门前往贵州与时任省委书记兼省长的周林并陈璞副省长专题会商贵州煤炭资源开发事宜并决定：由煤炭工业部负责抽调技术、业务干部及人员来黔，先行开发六枝、水城煤田。部省定调后，随即在六枝成立了六枝矿务局和水城建井工程处等单位。六枝总设计年产原煤300万吨并开工了10对矿井。1958年8月，第一对矿井——凉水井矿井正式拉开了掘进序幕。与此

---

① 六盘水市地方志编纂委员会.六盘水市志·煤炭工业志[M].贵阳：贵州人民出版社，2000：3.

同时成立的水城建井工程处也承担了王家寨、周家湾矿井的施工任务。1959—1960年，洗煤厂3座也相继开工建设，设计年入洗原煤90万吨。1961年，为了贯彻"调整、巩固、充实、提高"的八字方针，六枝矿井、地宗矿井、矿山机械厂、地宗铁路专线、六枝电厂全部缓建，茅家寨、龙潭口、四角田、倒马坎、邓家寨、猫猫洞矿井全部停建，同时撤销了六枝矿务局。

（三）为了配套攀枝花钢铁基地，1964年国家重启了六盘水煤炭基地建设

1964年，直面错综复杂的国际形势，党中央和毛泽东主席认真吸取了中国抗日战争和苏联卫国战争的经验教训，痛下决心决定建立起中国自己的面对未来战争的战略腹地——开展了投资2 065亿元的轰轰烈烈的三线建设。1964年7月底，中共中央西南局在四川西昌召开了三线建设规划工作会议，史称"西昌会议"。会议主要有四个方面的内容，其中之一就是以六盘水为中心的西南煤炭基地建设。为了满足三线建设的需要，煤炭工业部在国家的统一安排部署下，积极主动开展工作，确定了由钟子云副部长负责西南煤炭工业建设，随后又在贵阳召开了专题会议，于六枝设立了西南煤矿建设指挥部。

1964年11月30日，煤炭工业部即发出了《关于成立西南煤矿建设指挥部的通知》，并在六枝县的下管盘设立了代号叫作"大华农场"的西南煤矿建设指挥部，对六枝、水城、盘县及云南的宅鼎山、珙县的芙蓉山五个矿区指挥部以及云南、贵州两省的煤管局和重庆煤矿设计研究院实行统一指挥。西南煤矿建设指挥部，在其存续期间，先后设立了政治部、办公室、总工室、计划室、生产管理部及后勤部、监查委员会等机构，对职责范围内的规划设计、生产建设、领导班子建设进行了集中统一的一元化领导，并经常性地深入基层调查研究，解决了很多需要及时处理的问题。西南煤矿建设指挥部成立之后，煤炭工业部曾两次调整了该指挥部的管理体制，以期加强其指挥体系和组织建设。直到1972年12月2日，国务院、中央军委发出《关于六盘水地区体制问题的批复》，同意对六盘水地区的体制进行调整，建立了六盘水地区革命委员会（为地区一级的行政机关），才撤销了原来的西南煤炭建设指挥部。

二、六盘水煤炭资源探勘及规划设计

贵州煤田地质勘探，始于1925年11月至1926年1月地质学家乐森璕在安顺、镇宁、花江、郎岱以及水城等地所作的矿产调查，并于1927年10月《地质汇报》第二号上发表了《贵州西部地质矿产》一文，记述了郎岱（今六枝）黑拉夏煤田[1]。1937年，贵阳交通书局出版的《贵州矿产纪要》中，详细记载了盘县等地煤田的基本情况。1939年，"贵州矿产勘测团"经过勘测，提出了煤田地质报告及简报30多件，且把煤炭列为了贵州四大矿产之首。

---

[1] 贵州地方志编纂委员会.贵州省志·煤炭工业志[M].贵州人民出版社，1989：19.

六盘水煤炭工业在"大跃进"之前没有进行过整体的规划设计,且均为土法开采。1958年9月,根据"大跃进"时煤炭工业发展的需要,贵州省煤矿管理局在基本建设处内成立了设计组。1965年1月,三线建设展开之后,在六盘水才成立了"水城煤矿设计研究院",省煤管局的设计机构同时撤销,将其中部分人员合并于水城煤矿设计研究院。

(一)六盘水煤炭勘探会战从1964年到1973年全面展开

1965年8月,继"西昌会议"之后,中共中央西南局三线建设委员会又在成都召开了专题会议。会议议定了六盘水煤炭建设的总能力为1 200万吨/年。西南煤矿建设指挥部确定地勘部门首批进行精查(或精查补勘)的项目,要求于1966年底前完工,并提交能一次性通过审批合格的地质报告。北京、吉林、湖南、广东、河北、云南等省市地质勘探队伍奉调支援了六盘水的煤炭地勘大会战。1964年9月4日,吉林省煤田地勘公司一二二队成建制调到了盘县矿区,拥有钻机10台、职工561人;同月,北京京西煤田勘探队职工148人、钻机4台,调入六枝矿区。1965年3月,河北省煤炭工业管理局地勘公司水文队钻机2台、职工120人调入六枝矿区,后扩建成贵州省煤田地勘公司水源队,拥有职工423人、钻机3台。1965年5月,云南省煤田地勘公司勘测队115人成建制调到了盘县城关镇,8月并入贵州省煤田地勘公司地测大队,职工594人;同月,云南省煤田地勘公司一九八队成建制从昆明调到盘县,后改为贵州省煤田地勘公司一九八队,拥有职工395人、钻机5台;同月,广东省煤田地勘公司一五二队成建制从韶关调往水城,后改为贵州煤田地勘公司一五二队,拥有职工527人、钻机6台。加之1964年10月,湖南省煤田地勘公司一二九队成建制从湖南郴县调往盘县,后改为贵州省煤田地勘公司一二九队,拥有职工530人、钻机6台……

(二)勘探会战总况和后续勘探成果

六盘水的勘探会战是在"备战、备荒、为人民"和"要准备打仗"的口号下进行的。当时为了"争时间、抢速度",矿区建设采用了"边勘探、边设计、边施工"的会战方式,地勘施工速度跟不上将直接影响六盘水煤矿项目的建设进度。为此,地勘工作采取了一些特殊的做法,灵活执行地质勘探分阶段(即普、详、精三个阶段)程序和勘探规范中的"三类九型"的规定,实行了三个阶段交叉过渡的形式。会战投入经费约计1.1亿元,累计完成钻探任务58万米,查明储量133.78亿吨,其中精查储量88.74亿吨。勘探会战所获地质成果满足了六盘水煤炭基地建设生产的需要。会战中贵州省地质局所属地质队开动钻机31台,完成钻探进尺145 326米,提交详查、精查报告13件,探明储量25亿吨。会战结束后,勘察继续进行。截至1990年年底,六盘水累计探明储量1 666 290.19万吨,其中六枝煤田213 312.5万吨、盘县煤田983 526.69万吨、水城煤田469 451万吨[①]。

---

① 贵州省六盘水市地方志编纂委员会.六盘水三线建设志[M].当代中国出版社,2013:82,83.

(三) 六盘水煤炭基地建设地质勘探会战遗址现状

全面完成了国家统一安排的六盘水煤炭地质勘探任务之后，绝大部分参加会战的单位及主要设备都被调回了原址，或接受了新的任务调往了新的战场。在 2024 年国家三线建设 60 周年前，我们前后花了近一年时间考察调研了六盘水三线建设遗址。现将遗存的一一三、一四二、一五九和水源队在六盘水三线建设时期煤炭勘探会战情况列表如下（表1）。

表 1　六盘水三线建设时期煤炭勘探会战情况简表

序号	企业名称	投建地址及时间	建设内容简况	遗址现状
1	一一三队	水城钟山区南街，1957年建队，三线扩能单位	由四川一三五、一四一队绥黔调入。地勘 3 408 平方公里，探明工业储量 25.4 亿吨，远景储量 23.9 亿吨	已被开发
2	一四二队	六枝下营盘，1957 年建队，三线扩能单位	调入四川一三六队并徐州 36 人建队，主要负责贵州高原西部的物勘，落实地勘经费 5 061 万元，探明地质储量 56 亿吨	遗址仅存部分家属区，正在开发中
3	一五九队	盘县跃进坡，1958 年建队，三线扩能单位	普查、详查、精查 27 个煤矿（井田），探明煤炭储量 188.3 亿吨	保存完好
4	水源队	六枝主城"青杠村"，1965 年建队	河北水文分队对内迁 120 人，钻机 2 题，扩建而成；主要职责是负责建井前的水文地质勘探	保存完好

(四) 三线建设开展之前，六盘水地区的煤炭开发之规划设计

"二五"期间，重庆煤矿设计院深耕六盘水，于 1958 年年初就提出了六枝煤田的开发意见：规划大中小型矿井 13 对，总设计产能为 586 万吨，选煤厂 4 座，年入选原煤为 270 万吨，辅助企业 7 座；并于 1958 年 10 月，提交了《水城煤田大河边矿区总体规划》，提出开发矿井 7 对，总设计年产原煤能力为 645 万吨，选煤厂 3 座，总设计年入选原煤 645 万吨。同时，还提交了《水城煤田小河边矿区总体规划》，提出开发矿井 4 对，总设计年产原煤能力为 150 万吨；选煤厂 1 座，年入选原煤 90 万吨。1960 年 6 月，重庆煤矿设计院提交了《水城煤田大河边、神仙坡、土地垭矿区总体规划》，提出开发矿井 19 对，总设计年产原煤 1 092 万吨。选煤厂 7 座，总设计年入选原煤 846 万吨。但其规划设计除大河边五号矿井即现今的汪家寨平硐于 1958 年 7 月动工、1961 年 8 月停工缓建，小河一号、二号、三号平硐及新斜井开工建设之外，由于受"大跃进"之后的八字方针影响，均未及时开工。但这些设计及思路，为后来三线建设时期六盘水地区的煤炭工业大开发打下了坚实的基础。

（五）三线建设全面展开后，"大会战"时期的规划设计

1964年下半年，根据国家三线建设的总体要求和"西昌会议""成都会议""贵阳会议"布置，六盘水地区确定了开发规模为1 200万吨/年，设计投资5.12亿元，共完成新井建设16对。1966年2月7日，中共中央西南局三线建设委员会确定六盘水矿区"三五"计划期间开工规模由原定的1 200万吨/年增加到2 000万吨/年，移交生产能力1 200万吨/年，1970年新井产煤600万～700万吨。1964年8月，煤炭部开始调兵遣将筹建云贵煤矿设计院即后来的水城煤矿设计研究院。

1964年8月，煤炭工业部根据西南三线建设"西昌会议"精神，在贵阳召开了关于开发六盘水煤矿建设专题会议。会议决定从武汉煤矿设计研究院、重庆煤矿设计研究院、上海煤矿机械设计研究院、武汉工厂设计院、华东煤矿设计研究院安徽分院的机关人员，调入贵州省六盘水市水城特区的土桥，组建"云贵煤矿设计研究所"，随后改名为"水城煤矿设计研究院"。新成立的水城煤矿设计研究院拥有职工528人，其中技术人员364人。该院先后成立了8个设计队承担不同的设计任务。其中一、二、三、四队为矿井设计队，五队为选煤设计队，六队为勘探队，七队为工厂设计队，八队为机动综合队。至1966年3月，该院已拥有1 003人，组成了一个能够承担大型矿井和矿区的设计规划团队。该院设计规划的项目主要有汪家寨矿井、大河边矿井、老鹰山矿井、木冲沟矿井、拉顶矿井、木湾矿井、火烧铺矿井、老屋基矿井、月亮田矿井、地宗矿井以及贵阳矿灯厂、六盘水煤矿机械厂、六枝电厂等。其工作及科研成果受到煤炭部、各级政府及所在单位的表扬与欢迎。1984年12月，该所迁入贵阳市郊"大水沟"，翌年开始了新的基建。

（六）六盘水地区煤炭开发的总体规划设计的形成

1965年9月，西南煤矿建设指挥部提出了《六枝、盘县、水城矿区建设规划资料》。1965年12月，水城煤矿设计研究院根据西南煤矿指挥部的意见，首先编制出《六枝矿区总体规划》，规划开采三丈水背斜和大煤山背斜两个构造单元的部分井田，计8对矿井，规模331万吨/年；地宗筛分厂1座，规模150万吨/年。《盘西矿区总体设计》界定矿区主要由盘关向斜西翼、照子河向斜西段、土城向斜北翼西段组成。盘县井田规划分为6对大中型矿井和7对小型矿井，规模900万吨/年，同时规建了与之配套的选煤厂。1968年1月5—14日，煤炭部委托审查的水城总体规划为矿井8对，规模600万吨/年，选煤厂3座，年处理原煤350万～380万吨。

三、六盘水煤矿建设及主要煤矿

三线建设时期，六盘水煤炭工业的基本建设贯彻执行了大中小相结合的方针，建成了一批大中小型建设项目。三线建设初期，西南煤矿建设指挥部在六盘水矿区共领导31个

工程处(队)、矿区建设职工46 170人。1958—1990年,统配煤矿共完成基建投资21.88亿元。其中用于矿井建设14.04亿元,新建成矿井24对,设计年生产能力1 219万吨;用于选煤厂建设1.54亿元,新建选煤厂7座,年入选原煤800万吨,投产6座,年入选原煤590万吨;另停建报废5座,年入选原煤150万吨,耗资290.1亿元[①]。

(一)六盘水煤矿的建设概况

新中国成立后,为了恢复国民经济和后来的"大跃进""大炼钢铁"需要,六盘水迎来了第一次千军万马浩浩荡荡建设煤炭工业的盛况。三线建设展开后,为了让伟大领袖毛主席能睡好觉,煤炭部调集了全国各地可以调动的资源30多个施工队伍、近10万人的"好人好马"进驻六盘水,形成了一个排山倒海、众志成城的全国最大的煤炭产业化现代化建设主战场。三线建设任务完成后,同勘探队伍一样,绝大多数单位回归了故里或另外投入了新的战场,但现今仍然留下来下列遗址,供大家追忆和参观(表2)。

表2 六盘水三线建设时期煤矿建设会战主要参建单位简况表

序号	企业名称	投建地址及时间	建设内容简况	遗址现状
1	煤炭基本建设局	水城钟山中路,1979年4月	主管六十四、六十六、九十四工程处;建地宗选煤厂、土城矿井等	基本保存完整
2	六十四工程处	水城钟山区人民路,1965年	承建凉水井、六枝矿井、木岗矿井、土城矿井	仅保存了家属区
3	六十五工程处	六枝平寨镇,1958年8月成立,1964年扩能	承建地宗、四角田、化处、木岗、凉水井等煤田	家属区保存完整
4	六十六工程处	六枝平寨,1958年入黔,1965年组建完成	承建煤矿机械厂、六枝局、凉水井矿、六枝矿、地宗矿、大用矿、化处矿、木岗矿、四角田、土城矿、那罗寨矿、六枝电厂100米烟囱	家属区保存基本完好
5	水城建安公司	钟山区大垭口,20世纪60年代中期	由"大河农场"土建队、建材厂、煤炭部九十四工程处合并而成,从事矿业地面及选煤厂施工	家属区保存基本完好
6	基建工程兵四十一支队	盘县两河街道亮山村,1966年8月1日	承建火烧铺、月亮田、老屋基、土城等矿井,生产能力270万吨/年	部分保存

(二)六枝矿区主要煤矿、洗选厂建设

1958—1959年,六枝矿区业已开工10对矿井(因凉水井二号井与六枝矿井合并,

---

① 六盘水地方编纂委员会.六盘水市志·煤炭工业志[M].贵州人民出版社,2000:140.

实为9对)、总设计能力301万吨/年,"三年调整"时停建5处165万吨/年。三线建设开始后,1965年12月,西南煤炭建设指挥部决定六枝矿区新开工和复工矿井4处、小井5处,共增加能力140万吨/年。至1990年,共建成矿井7对,年设计能力255万吨。它们分别是凉水井15万吨、六枝60万吨、地宗45万吨、大用45万吨、四角田15万吨、木岗45万吨、化处30万吨,因大用矿井于1988年1月关闭,实际矿井6对,设计年产能力210万吨(表3)。

表3　六盘水三线建设时期"六枝矿区"主要煤矿简况表

序号	企业名称	投建地址及时间	建设内容简况	遗址现状
1	六枝矿务局	六枝下营盘,1964年	矿区总储量25.6亿吨,辖7对矿井(六枝、地宗、凉水井、四角田、大用、木岗、化处)及选煤厂、自备电厂等	基本保存完好
2	凉水井煤矿	六枝高峰村,1958年动工(三线补套)	地质储量999万吨,贵州省煤炭工业局设计处设计,15万吨/年,投资717.21万元	保存完好
3	六枝煤矿	六枝大用镇岱港村,1958年动工(三线补套)	地质储量4 903万吨,重庆煤矿设计院设计:60万吨/年	保存完好
4	地宗煤矿	六枝平寨镇,1958年动工(三线补套)	地质储量5 533万吨,设计生产能力45万吨/年;邓小平、李富春、薄一波、李井泉曾视察	保存完好
5	大用煤矿	六枝同仁村,1966年3月	地质储量5 831万吨,原设计能力45万吨/年,累计投资2 824万元,1988年封矿	保存完好
6	四角田煤矿	六枝乡林家冲村,1965年	地质储量4 499万吨,水城煤矿设计研究院设计,15万吨/年,投资概算1 005.5万元	保存基本完好
7	木岗煤矿	六枝木岗镇木岗村,1966年11月16日	地质储量6 030万吨,水城煤矿设计研究院设计,45万吨/年,64处建设,累计投资5 063.66万元	保存完好
8	化处煤矿	六枝低簸乡岱港村,1970年12月	地质储量3 272万吨,原设计能力30万吨/年	保存完好
9	地宗选煤厂	六枝平寨镇,1965年	水城煤矿设计研究院设计,入筛能力105万吨/年,主要入选六枝、地宗两矿原煤,累计投资2 525.1万元	保存完好

(三) 盘县(盘江)矿区主要煤矿、选洗厂建设

1965年8月,煤炭工业部下达《盘县矿区设计任务书》,确定盘县"三五"计划煤炭开

发规模为500万吨;1966年10月10日,煤炭工业部以〔1966〕煤计字1390号文调整建井规模为705万吨;经过三线建设和十年补套,到1990年年底共建井4对、生产能力435万吨,计有火烧铺120万吨,月亮田60万吨,山脚树45万吨,老屋基90万吨,土城120万吨。同时配套建设的还有年入选能力为120万吨煤的火烧铺洗煤厂和年入选能力为150万吨的老屋基选煤厂(表4)。

表4 六盘水三线建设时期"盘县(盘江)矿区"主要煤矿简表

序号	企业名称	投建地址及时间	建设内容简况	遗址现状
1	盘江矿务局	盘县盘关镇沿塘村,1965年	煤炭储量755 470万吨;占全省煤炭总量的15.4%	异地重建
2	火烧铺煤矿	盘县火烧铺镇,1966年3月	由京西矿务局调来的七十六处负责井下施工,六十八、六十九、九十二工程处负责地面工程;工业储量2.5亿吨,设计年采煤矿120万吨	正在使用当中,原址保存完好
3	月亮田煤矿	盘县盘江镇,1966年3月	地质储量1.84亿吨,设计能力60万吨/年,辽宁煤管局支铁大队、抚顺矿务局十九工程处负责施工	保存完好
4	山脚树矿井	盘县盘关镇,1965年	保有储量6 139万吨,设计生产能力45万吨/年	保存完好
5	老屋基煤矿	盘县盘关镇,1966年9月	保有地质储量29 384万吨,设计年产能力90万吨/年,累计投资8 333.36万元	保存完好
6	火烧铺选煤厂	盘县火烧铺镇,1966年	煤炭部从辽宁阜新海海选煤厂抽调108人援建,六十八处负责土建,九十二处负责机电设备安装,年入选原煤90万吨	正在使用
7	老屋基选煤厂	盘县盘关镇,1969年。	由基建工程兵四十一支队、六十九工程处、七十二工程处承建,入选老屋基、山脚村、月亮田煤矿,累计投资3 028.99万元	保存完好

(四)水城矿区主要煤矿、选洗厂建设

水城矿区根据西南煤矿建设指挥部审定的总体设计进行建设,投产后又进行了补套工作。到1990年年底,建成投产矿井7对,设计生产能力430万吨/年。其中汪家寨150万吨/年,大河边60万吨/年,老鹰山90万吨/年,木冲沟90万吨/年,顶拉15万吨/年,红旗10万吨/年,小河15万吨/年。配套的老鹰山选煤厂年入选能力为80万吨,汪家寨选煤厂150万吨/年(表5)。

表5 六盘水三线建设时期"水城矿区"主要煤矿简表

序号	企业名称	投建地址及时间	建设内容简况	遗址现状
1	水城矿务局	水城城中心,1964年	由煤炭部调集山东煤炭基建局,山西太原煤矿建安公司,淮北煤炭基建局杜集厂及6个工程处;后又增调枣庄矿务局、徐州矿务局200人组建。地质储量69亿吨	保存完好
2	汪家寨煤矿	水城钟山区汪家寨镇,1965年	地质储量25 745万吨,设计生产能力150万吨/年	保存完好
3	大河边煤矿	水城钟山区大河镇,1966年	地质储量9 592万吨,设计生产能力60万吨/年	保存完整
4	老鹰山煤矿	水城钟山区滥坝镇,1967年	地质储量15 934万吨,设计生产能力90万吨/年	保存完整
5	木冲沟煤矿	水城大湾镇,1966年	地质储量1.2亿吨,水城煤矿设计研究院设计生产能力90万吨/年	基本完好
6	顶拉煤矿	水城东风镇格书村,1971年6月	地质储量2 121.6万吨,设计生产能力15万吨/年	基本保存完好
7	红旗煤矿	水城钟山区大河镇,1964年	地质储量806万吨,设计能力10万吨/年,现已停产封矿	保存完整
8	小河煤矿	水城滥坝镇万全乡,1966年9月	可采储量678万吨,设计生产能力45万吨/年	基本保存完好
9	老鹰山选煤厂	水城滥坝,1965年11月	由水城煤矿设计院提出初步设计,总建设规模为入选原煤80万吨/年。1966年5月由七十二工程处建设施工,1969年2月建成投产,总概算1 072.21万元	保存基本完好
10	汪家寨洗煤厂	水城大河镇,1965年	贵州第一座群矿型大型选煤厂,设计洗煤能力150万吨/年。水城煤矿设计研究所设计,六十七处、九十二处负责土建及设备安装	保存完好

四、六盘水煤矿建设中的其他配套工程建设项目

从20世纪50年代末期国家开始启动六盘水煤炭基地建设开始,到三线建设轰轰烈烈展开之时,国家在重视整体勘探、规设、建设的同时,从总体上都把握了与之配套的矿山机械、火工产品、建筑材料以及交通运输等相关配套工程的建设。现将六盘水煤矿建设中的其他配套工程建设项目列表如下(表6)。

表6 六盘水三线建设时期其他配套工程建设项目简表

序号	企业名称	投建地址及时间	建设内容简况	遗址现状
1	六盘水煤矿机械厂	六枝平寨镇，1966年2月	徐州煤矿机械厂一分为二，调来职工715人，设备81台，再从抚顺、本溪、阜新等地调入160人，累计投资3 586万元	保存基本完好，正待开发之中
2	贵阳矿灯厂	贵阳花溪区蔡冲，1966年8月	由抚顺矿灯厂一分为二迁建，原始投资142万元，设计规模为生产矿灯4万盏，矿灯充电架200台(套)	原址保存完好
3	六枝矿务局总机厂	六枝下营盘，1965年7月	负责六枝矿的设备维修和更新，国家分别投入26.63万元、143.16万元、497.36万元	保存完好
4	六七一厂	盘县亦资孔区，1965年	按煤炭部〔1965〕煤发2263号文件，迁辽宁省抚顺矿务局七一厂的一半经云南中转来六盘水，设计年产炸药1万吨、雷管3 000万发	部分保留
5	德坞砂砖厂	水城三十七工程处，1968年	年产砂砖1 000万块，主要供水城矿务局和六盘水建筑使用	基本保存完好
6	盘江矿务局水泥厂	盘县城关镇，1966年2月	贵州建筑设计院设计，5.6万吨/年，累计投资879.72万元	基本保存完好

五、三线建设把一个落后的贫困山区变成了一座现代化的中型城市

六盘水在三线建设以前，交通闭塞，经济贫困，文化落后，1964年还没有一个现代化的企业，仅有几个为本地服务的小型粮油加工厂和小煤矿，工业产值1 128万元，粮食产量4.7亿斤，63%的乡不通公路。1964年，国家把建设六盘水矿区列为重点项目，先后投资26.67亿元，形成固定资产21.33亿元，初步建成了一个以煤炭工业为基础，并有冶金、电力、建材、机械等配套发展的新兴工业城市。已建成19个煤矿、22对矿井，年产能力1 120万吨；洗煤厂5座，入洗原煤能力530万吨；还建有为煤炭生产配套的勘探、设计矿灯、火工、机械修配、自备发电厂和工程建筑、安装等单位，共有职工2.7万人。1985年，生产原煤1074万吨，洗精煤270万吨，每年有700多万吨原煤、焦炭可供外调。1985年，全市工农业总产值11.81亿元，比1964年增长了10倍。其中工业产值7.16亿元，比1964年增长62.5倍；农业产值4.16亿元，比1964年增长3.2倍，粮食产量达到7.62亿斤，比1964年增长61.8%[①]。这就是六盘水的三线建设发展历程，它也是中国工业化发展进程的一个典范和缩影。

---

① 三线建设编写组.三线建设(内部资料).1991：211～212.

"全能式办报"：单位体制下的三线企业报刊出版及其当代价值*

杜 翼

（重庆师范大学新闻与传媒学院）

摘 要：作为新中国成立以来在国家的重要战略方针推动下发展起来的基层传播媒介，三线企业报刊出版在单位体制下面临重构与完善。基于三线建设与国家治理的结构性需求，在"全党办报""群众办报"的双重路径下，三线企业报刊既建立起自上而下的宣传动员机制，又在服务企业生产和员工需求、凝聚强大精神力量、助力国家治理中实现自下而上的正能量扩散。横贯改革开放前后两个历史时期，三线企业报刊的出版实践在单位体制下形成了"内容全能""服务全能""政治全能"的"全能式办报"经验。三线企业报刊从三线工业基地的"工地战报"，经由一系列演化、升华，最终成为中国式现代化中"国家—单位—个人"基层叙事的表征符号，充分折射出马克思主义新闻观中党报作为"组织者"的功能建构与运行机制的中国实践，对新时代媒体承担社会责任、传承红色基因、深刻理解中国式现代化叙事仍然具有启发意义。

关键词：单位体制；三线企业报刊；三线建设；三线企业；当代价值

三线建设开展于1964年到2006年左右，是中国共产党领导的一次独立自主的、制度性创新的社会主义现代化建设实践，共涉及13个省区（以及小三线建设地区），共投入2 052.68亿元，几百万工人、农民、干部、科技人员、解放军官兵发扬"艰苦创业，无私奉献，团结协作，勇于创新"的三线精神，在中西部建起了一个个现代化企业和交通设施，书写了一段可歌可泣的峥嵘岁月①。三线企业报刊正是源于这场国家的重大战略实践，它是记载中国共产党领导中国人民在西部山野中改天换地故事的重要史料。近年来，随着三线建设档案的公开和相关史料的出版，三线建设研究已成为当代中国研究中的一个重要议

---

* 2024年重庆市教育委员会人文社会科学研究项目"中国共产党领导川渝三线建设的图像叙事研究"阶段性成果，编号：24SKGH083；重庆师范大学博士启动基金项目"三线建设宣传史料的搜集、整理与研究（1964—2024）"阶段性成果，编号：23XWB057；2024年度重庆市语言文字科研重点项目"重庆三线建设语言景观调查及其城市文化元素整理、传播研究"，(yyk24104)。

① 《中华人民共和国简史》编写组.中华人民共和国简史[M].人民出版社，2021：95～97.

题,呈现出研究视角趋于多元,研究对象更加丰富、立体的特征①。2018年2月习近平总书记考察四川时,对三线建设给予了高度评价②;同年8月,中组部、中宣部印发相关文件,强调保护利用三线建设遗迹,挖掘有关历史文化和革命传统教育资源,并倡导在全国对其进行主题宣传报道③,这段报刊出版史逐渐浮出水面,一种与同时期新中国报刊相互联系又自成体系的基层报刊出版实践逐步呈现。

中国共产党人领导的企业办报实践可以追溯到党成立初期领导的工人运动,从制度安排到报纸网络的形成都沿着"全党办报、群众办报"的双重路径得以建构④。早在革命时期为《中国工人》撰写的发刊词中,毛泽东同志就发出"《中国工人》应该成为教育工人,培养工人干部的学校"的倡议,从而贯彻将工人报刊作为"组织者"的功能建构融入革命事业的思想⑤。新中国成立以后,单位体制成为完成社会主义工业化改造、控制和调节整个社会运作的重要机制,"工厂办社会"等全能性公共职能开始向单位压缩⑥,企业办报也按照"单位"的路径进行重构。从中央到地方、工厂、农村等各个单位建立的党报网络,成为一种始终围绕国家目标以及具体工作实践中连接中央和地方、上级和下级的治理资源⑦。上海大学历史学系徐有威团队在国内最早注意到此类史料的价值,其主编的《新中国小三线建设档案文献整理汇编(第一辑)》,整理出版了全国最大的小三线企业——八五钢厂创办的两份报纸,时间跨度从1970年到1984年,呈现了以战备为目的开展小三线建设的基本样貌⑧;美国学者柯尚哲也曾评价该套著作所收集的三线企业报刊是了解冷战中的中国社会、经济、军事的新窗口⑨。还有学者将企业报刊纳入近现代大众传播活动中进行探讨⑩。除此之外,现有研究极少对三线企业报刊进行系统化的剖析,这与新中国成立以来我国工业的迅猛发展、现代化企业的逐步崛起而兴起的"企业办报"热潮是不相符的。因此,本文以1964—2006年三线企业报刊为研究对象,在统计出71种三线企业报刊和梳理其发展概况、特色的基础上,总结提炼中国共产党领导三线企业报刊出版的文化特质及其形成过程中的价值逻辑、实践路径和历史经验等,以期为新时代基层社会治理、出版工作传承红色基因、中国共产党的创新理论传播提供参考。

---

① 徐有威,张杨. 三线建设学术研究的现状、特征与推进路径[J]. 中国高校社会科学,2024(5).
② 中国社会科学院当代中国研究所. 新中国70年[M]. 当代中国出版社,2019:105.
③ 中共中央宣传部. 中共中央组织部中共中央宣传部关于在广大知识分子中深入开展"弘扬爱国奋斗精神、建功立业新时代"活动的通知[N]. 光明日报,2018-08-01.
④ 黄伟迪. 协作生产:革命时期党报通讯员的网络建构与技术改造[J]. 编辑之友,2019(12).
⑤ 毛泽东. 毛泽东新闻工作文选[M]. 新华出版社,1983:47-48.
⑥ 路风. 单位:一种特殊的社会组织形式[J]. 中国社会科学,1989(1).
⑦ 黄伟迪,王钰涵. 争做"笔杆子":单位体制下党报通讯员的身份嵌入与生活机遇[J]. 新闻记者,2022(1).
⑧ 张杨. 一幅时代变革的历史图景——《新中国小三线建设档案文献整理汇编(第一辑)》述评[J]. 当代中国史研究,2022(2).
⑨ Covell F. Meyskens. A Rich New Window Into The Social, Economic, And Military History Of Cold War China[J]. Twentieth-Century China,2022(10).
⑩ 操瑞青. 企业员工刊物:被忽视的民国组织传播活动初探[J]. 新闻与传播研究,2018(5).

一、三线企业报刊出版简史

三线建设时期,中国共产党以备战为指导思想,要在我国内陆 13 个省区加强以国防为中心的工业化建设,同时还要在全国 28 个省区市腹地建设"小三线",面临着社会资源总量不足与构建现代化的组织形式的挑战,因此,三线企事业单位的生成与单位制的建构,成为三线建设得以顺利开展的必然产物。与此同时,在单位体制与整个复杂行政体系的运转过程中,国家借助特定媒介来连接国家、单位和个人,并以此来指导建设、开展基层宣传动员。正如 1973 年 8 月 12 日,攀枝花特区党委曾发出"关于出版报纸问题的通知",阐明了三线企业报刊的指导思想是"宣传党的政策,表彰好人好事,树立标兵,开展以'五好'为目标,以'三高一低'为内容的比、学、赶、帮、超增产节约运动,促进生产建设高潮",要求各基层单位大力支持①。时任全国人大常委会副委员长、中国科学院院长郭沫若同志,曾在攀枝花特区党委机关报《火线报》创刊一周年时为其题词:渡口②英雄们活学活用毛主席思想在改天换地,让我们的笔杆像风镐一样,为新兴工业基地写出一部伟大的创业史③。于是,三线企业报刊网络沿着党和国家对三线建设的战略布局,向各条三线工业战线、各个三线企事业单位进行扩张。

所谓三线企业报刊,学界尚未形成统一的界定。戈公振曾在《中国报学史》中将企业报刊称之为"工厂之报纸"和"商店之报纸",并且把它们归入"特殊之报纸"一类;方汉奇认为企业报是企业自己创办的,以同业和业内职工为主要发行对象的报纸④。从三线企业的定义看,有学者根据形成方式,将三线企业划分为新建型、迁建型和改扩建型三类⑤。鉴于三线企业报刊发展的历程几乎与三线建设的时空重合,本文结合史实和前人的研究,将三线企业报刊定义为:自三线建设开始,党中央委派参与三线建设的各级组织续办、创办、主编和内部发行的进步报刊,集中反映了此段国家现代化建设史的文化财富、老一辈新中国建设者的理想信念。三线建设开始后,随着三线企业、项目的建设需要及时向广大职工宣传党的政策、交流经验、表扬好人好事、开展生产运动等内部沟通事务,许多三线企业报刊应运而生。事实上,三线企业有相当一部分是由一、二、三线地区企业迁建、续建或扩建的,其企业报刊也存在这三种情况。如重庆钢铁公司参与了三线建设钢铁工业的建设,其自办报刊《重钢报》的前身是《钢铁快报》,创刊于 1950 年,1964 年根据需要又复刊,改名《重钢简讯》,为四开四版,周三刊。此刊到 1967 年停刊,直到 1975 年全国企业整顿,

---

① 中共攀枝花市委党史研究室. 三线建设在四川·攀枝花卷四[M]. 内部资料,2017:1520-1521.
② 四川省攀枝花市最早建市时定名为渡口市,后改名攀枝花市。
③ 政协攀枝花市委员会学习文史委员会. 共和国不会忘记——攀枝花文史资料(第 10 辑)[M]. 内部资料,1999:290.
④ 范垩程. 中国企业报发展史[M]. 上海三联书店,1999:1~2.
⑤ 张勇. 介于城乡之间的单位社会:三线建设企业性质探析[J]. 江西社会科学,2015(10).

重钢党委决定恢复《重钢简讯》，于同年5月复刊，到1980年扩大编制，才正式改名为《重钢报》①。因此，根据创办的脉络，可将三线企业报刊分为三类：一是由改扩建企业在三线建设中续办的企业报刊；二是新成立的三线企业自办的企业报刊；三是三线企业短暂创办后停刊，在后来复刊的企业报刊。

20世纪70年代末到1985年，迎来第二波三线企业报刊出版或复刊的发展高峰。一是改革开放以后，党中央号召调动各方面的积极因素，为国民经济服务，推动不少停办的三线企业报刊陆续恢复出刊②；二是20世纪80年代初，三线建设进入调整改造阶段，三线建设的相关资料逐渐解密，许多三线企业走上了"军转民"的道路，需要自谋出路，这时企业报刊能够重新凝聚士气，有助于三线企业向社会主义现代化企业转变。如四川德阳东方汽车汽轮机厂的《东汽战报》于1981年更名为《东汽工人》，第二年正式更名为《东汽厂报》；重庆国营长江电工厂的《长江报》，在1982年至1983年以《长江工人》出刊一年后，于1984年5月经中共重庆市委宣传部批准改为现名。可见，更名或创刊后的三线企业报刊更多地向现代企业报刊的名称靠近。

二、全能式办报：单位体制下三线企业报刊出版的历史经验

从党中央提出三线建设的号召到三线建设进入调整改造阶段，中共领导的三线企业报刊出版实践工作，逐步形成从单位到个人的宣传动员机制，在不同时期积累了构建三线报刊文化图景、实现"全厂一盘棋"及融入国家治理等历史经验。

（一）内容全能：以飞地式出版强化"三线人"的身份认同

飞地在国内外研究中已发展成为一个多尺度并行的概念，而中文中的飞地则（插花地）主要是在人员流动、历史遗留、社会风气与资源配置差异所形成的马赛克式的隔离景观意涵③。由此来看，三线建设作为新中国成立以来的一次以备战和改变东西部工业布局为目标的大规模移民活动，所形成的一个个三线企业虽然地理空间上属于所在省份，但其行政、物资供应、各项荣誉评奖、职工及子女教育、语言、饮食、风俗习惯等都与援建单位直接关联，与所在地的关联较少，这就为文化空间上飞地的产生奠定了基础。

三线企业报刊出版同样具有飞地文化属性，对构建三线报刊文化图景具有重要意义。首先，三线企业报刊大量存在。据中国三线建设研究会常务理事、重庆市巴南三线建设研究会会长、原重庆晋江机械厂《晋江报》主编秦邦佑先生介绍："由于迁入地大多属于'靠山、分散、隐蔽'之处，而当时报刊最能调节职工们艰苦、单调的生活，许多三线企业成立不

---

① 《中国企业报名录》编群部. 中国企业报名录[M]. 中国新闻出版社，1985：200-201.
② 范垦程. 中国企业报发展史[M]. 上海三联书店，1999：16.
③ 姚丹燕，刘云刚. 从域外领土到飞地社区：人文地理学中的飞地研究进展[J]. 人文地理，2019(11).

久,就开始筹办厂报。可以说,现在所知的近2000家三线企业基本上都办有自己的报刊,为来自全国各地的职工们提供了业余生活的精神食粮。"① 其次,企业新闻信息中心的打造。三线企业既是一个企业,也是一个小社会,学校、医院、街道、社区,从生到死,样样都要管。因此,三线企业报刊在栏目设置上也涵盖三线职工相关的工作、生活、教育、时政、娱乐等方方面面的内容。如原重庆晋江机械厂的《晋江报》设有晋江一旬、我为晋江做贡献、车间动态、科室简讯、支部工作、闪光的团徽、工会短波、校园生活、共产党员、老工人、青春、半边天、耳闻目睹、大家议、读者来信、文摘、为您服务、话说晋江、小草(文艺专栏)等栏目②。除了以新闻报道为主的企业报,三线企业报刊还包括三线企事业单位主办的学术刊物、文艺刊物。例如,1971年,原电子工业部1424所发起创办了当时国内最早的集成电路专业期刊《微电子学》,介绍国内外微电子行业最新动态和研究成果,搭建了国内广大技术人员开展集成电路学术交流和技术成果展示的重要平台③。1973年11月,攀枝花文化局创办了《攀枝花文艺》,初为不定期刊,后改为季文艺刊,以及《攀枝花影讯》(1978年创刊)、《渡口广播电视报》(1985年创刊)等,在丰富三线职工的精神生活、开展国家宣传动员等方面持续发力,为三线地区的现代化建设发挥了积极作用④。有学者曾对三线企业报刊的发展史展开追溯,认为三线企业报刊呈现了三线企业开拓西部山野、为西部建设现代化工业和交通设施的创业史,有助于全面、客观、准确地评价三线建设⑤。

主流价值、单位特色和地域特色凝结成三线企业报刊的飞地式出版形态。在党的领导下,三线企业报刊在三线文化空间的建构中起到了维系情感认同和强化族群记忆的作用,让波澜壮阔的三线企业发展史"跃然纸上",构成一幅幅飞地空间的三线报刊文化图景。

2. 服务全能:利用三线企业报刊实现"全厂一盘棋"

"全厂一盘棋"是三线企业结合党中央的"全国一盘棋"政策发展而来的宣传动员方针,并以此作为制度优势,推动三线企业报刊的产生和发展,对三线建设的开展产生了深远的影响。"全国一盘棋"这个深入浅出的形象化用语,最早被用于国家经济建设中从全局出发的重要方针,后来逐渐扩展到国家治理、大型建设、突发事件等各个方面的全局性安排⑥。针对新中国成立初期的工业化建设,《人民日报》曾于1959年2月24日发表题为

---

① 秦邦佑,1958年生,历任重庆晋江机械厂《晋江报》主编、高级政工师、《中国兵器报》记者部主任等,现为重庆市巴南三线建设研究会会长、中国三线建设研究会常务理事、宣传联络部副部长。访谈时间:2022年1月9日;访谈地点:秦先生家中。遵循访谈的伦理原则,保护访谈对象的隐私,本文中出现的访谈对象信息均已得到授权。
② 致读者[N].晋江报,1984-11-25(2).
③ 杜翼.三线建设时期中国集成电路事业建制化的历史考察——以原电子工业部第24研究所为中心[J].西南科技大学学报(哲学社会科学版),2022(1).
④ 《攀枝花市志》编纂委员会.攀枝花市志[M].成都:四川科学技术出版社,1994:832.
⑤ 徐有威.开拓后小三线建设的国史研究新领域[J].浙江学刊,2022(2).
⑥ 杨洪源.从抗击疫情看"全国一盘棋"的重要地位[J].理论探索,2020(3).

《全国一盘棋》的社论,强调:"必须更好地加强集中领导和统一安排,必须从全国着眼,把全国经济组织成全国一盘棋。"①1970年,周恩来在指示国家计委、建委和工交、财贸、农林等11个部委组通过调查研究制定云、贵、川三省的三线建设计划时,强调:你们这次下去,不要瞎指挥,计划还是全国一盘棋②。三线建设涉及大规模的企业搬迁、人员流动和物资供应以及大型工业项目的建设和技术攻关等难题,都需要集中巨大的人力、物力和财力才能解决。因此,"全国一盘棋"的制度优势在三线建设中得到大力发扬,进而发展出"全厂一盘棋""车间一盘棋""部门一盘棋"的指导思想,并成为三线地区、企业谋求现代化发展的必然要求。

据悉,作为山沟里创办的报刊,首要任务是实现上下沟通、左右交流,让党的方针政策、厂党委工作部署、生产任务等都能及时顺畅下达,职工的批评、建议也能及时上传,并得到迅速整改,实现领导要求一呼百应、职工意见有求必应③。可见,三线企业报刊在实现"全厂一盘棋"中发挥了双重作用:一是作为基层宣传基础设施,搭建了党与三线企业之间的沟通导线;二是密切联系群众,坚持为人民服务、为社会主义服务的方向。首先,保证基层宣传的时效性。大多三线企业建在西部山野,办报条件自然十分艰苦,没有起码的铅印设备,一块钢板、一支铁笔、一台油印机就是全部印刷"家当",但三线企业党委发扬艰苦朴素精神,在有限的条件下及时为职工们带去新鲜资讯。如攀枝花地区的《火线报》创刊时为八开油印,开始只有一台手摇铸字机和一台手摇印刷机,报纸要用手一张一张地"摇"出来,然后到西昌群众报社去制版。印一张报纸,要跑近200公里的路程④。即便条件简陋,许多三线企业报刊还是坚持了定期出版,以正刊、特刊、专刊或情况简报的形式来保证消息的时效性,如晋城县民兵团参与太焦铁路建设时自采自编的《晋城民兵》小报,自1970年创刊到1971年5月,编印达260期以上,平均每周出3~4期⑤。其次,坚决抵制和反对精神污染。三线企业报刊以政治领先为宗旨,以为民服务为根本,将清除精神污染作为重要的任务之一。为此,"清除精神污染"的倡议常常出现在三线企业的重要讲话报道中,开展各类读书活动和分享读书心得也成为连续报道的内容。最后,切实解决职工的实际困难。三线企业深入乡村,位置较为偏僻,为了生产和生活需要形成了"厂办社会"的格局,各个部门都肩负了不同的社会职能,三线企业报刊亦隶属其中。"厂办社会",即企业从一个单位的职能性质逐渐演变为一个无所不包"小福利国家"⑥。当时的三线企业党委一方面要统筹生产工作部署,另一方面还要通过办报刊服务全体职工,在

---

① 全国一盘棋[N].人民日报,1959-2-24(1).
② 川、贵、云三省1970年计划执行情况和"四五"规划几个问题汇报提纲(1970年)[M]//陈夕.中国共产党与三线建设.北京:中共党史出版社,2014:262.
③ 倪国钧.创办《八五通讯》的初心[M]//徐有威.新中国小三线建设档案文献整理汇编(第一辑)[M].上海科学技术文献出版社,2021:3348-3351.
④ 陶昭上.关于《火线报》的一些情况[A]//四川省攀枝花市政协文史资料委员会.政协攀枝花市第三届委员会文史资料委员会(第5辑),1990:124-125.
⑤ 太焦铁路建设研究基地.太焦记忆[M].内部资料,2020:328.
⑥ 刘建军.单位中国:社会调控体系重构中的个人组织与国家[M].天津人民出版社,2000:318.

坚持调查研究中为职工解决实际困难。例如,针对大龄青年找不到对象的难题,八五钢厂团委在其厂报《八五团讯》上刊登了关于"大龄青年的婚姻问题"的调研报告,引起了地方团市委、市政府的高度关注,市政府专门形成解决方案和相关政策。《八五团讯》曾连续报道了厂内部的婚介工作进展,并由厂报牵头在上海《青年报》上刊登征婚启事:"遍招全国各省市未婚青年,恋爱成功后调进我厂安排工作,分配婚房……"启事发表后,先后收到各省市 1 628 位未婚青年来信,解决了厂内 720 多位大龄青年的婚恋难题①。

党的十九届四中全会提出:"全国一盘棋,调动各方面积极性,集中力量办大事的显著优势,是我国国家制度和治理体系 13 个显著优势之一。"②三线企业报刊的创立与实践,倾注了几代三线企业报人的全部心血,是"全国一盘棋""为人民服务"等党的优良传统在三线建设中的真实写照。

3. 政治全能:将三线企业报刊"组织者"的功能建构融入国家治理

在新中国成立初期,国营企业始终作为一个核心部门被纳入社会动员体系之中,以单位体制为主体的参与式动员实践也就此发展起来③。为了扮演好连接中央、地方和三线企事业单位的"组织者"角色,三线建设中逐渐形成了指挥部(公司、院)党委,各区、市级各部、委、室,各局(厂、行、校)党委,各班组和个人共存的三线企业报刊出版发行体系。各地方三线指挥部和各区、市级部门主要负责制定三线企业报刊出版的发展规划、主要任务和人员安排等工作,各三线企业党委直接参与报刊的制作、发行。一般三线企业党委是三线企业报刊出版的主体,下设记者、编辑、理论教员及各车间通讯员等参与人员④。其中,理论教员是在响应国家关于"认真看书学习,弄通马克思主义"的指示下设立的岗位,旨在打造一支学习马列主义、毛泽东思想的理论队伍,运用企业报刊对职工进行理论辅导、开展读报活动,从而加强党的思想建设⑤。而车间通讯员则是响应当时国家大力开展"工农通讯员"的号召,选拔优秀的中、青年干部担任,平时工作除了负责新闻采写以外,还要负责对接企业部门、地方政府以及发展通讯员队伍等通联工作⑥。三线企业党委专门制定了三线企业各职能部门、车间与三线企业报刊的联动机制,将每个部门的供稿数量和质量纳

---

① 徐有威. 新中国小三线建设档案文献整理汇编(第一辑)[M]. 上海科学技术文献出版社,2021:3351.
② 中共中央关于坚持和完善中国特色社会主义制度 推进国家治理体系和治理能力现代化若干重大问题的决定[N]. 人民日报,2019-11-06(1).
③ 田毅鹏,刘凤文伫. 单位制形成早期国营企业的"参与性动员"[J]. 山东社会科学,2020(8).
④ 潘开太,1936年生,历任原某三线企业修建处处长、车间宣传干事、高级工程师等。访谈时间:2022年6月20日;访谈地点:潘先生家中。
⑤ 中共攀枝花市委党史研究室. 三线建设在四川·攀枝花卷四[M]. 内部资料,2017:1548-1549.
⑥ 中央宣传部办公厅. 党的宣传工作会议概况和文献(1951—1992年)[M]. 中共中央党校出版社,1994:82-83.

入全年考核、与绩效挂钩①。如此,三线企业报刊的组织者、积极参与者、潜在的行动者或边缘行动者都进入到一个团结奋进的群众路线中,在自上而下的出版发行体系中将三线企业报刊打造为共建共治共享的媒介平台。

作为国家动员的基层宣传媒介,三线企业报刊既建立起自上而下的宣传动员机制,又在助力国家治理中实现自下而上的正能量扩散。这集中体现在三线企业报刊宣传在组织和发掘动员力量中推进"厂社结合"②、二次创业和塑造新风尚等方面,彰显了三线企业报刊传承红色基因的特殊属性。首先,宣传导向与现实需求的一致性。随着三线建设规模的扩大与人员的增长,三线企业报刊的建制与信息网络也不断完善,党和国家的力量更容易延伸到三线企业及其所在地的每个角落,从而丰富了国家对社会基层的动员结构,将三线企业报刊的"组织者"功能建构融入国家治理的现实需求中。几乎每份三线企业报刊都详尽记录了三线企业保质保量完成国家订单、响应国家号召开展"厂社结合"、移风易俗、加强法制宣传以及改革开放后向市场经济转型等现代化发展历程。其次,动员机制的有效性。通过三线企业报刊建立的从单位到个人的发行体系,单位、报刊及职工三者互动的机制得以完善。"党员突击队"就是其中一个较为突出的例子,成为三线企业中不可或缺的中坚力量。据悉,"党员突击队"最初由三线企业报刊的骨干人员组成,后来经宣传部、工会选拔和员工自发参与,发展为由50名身强力壮、精力充沛的各工种的党员组成,各支部也相应成立"党员突击小组",他们将承担企业生产中的急、难、险、重突击任务。三线企业报刊通过专栏形式定期报道他们承担的各种生产危险、困难任务,激励全厂发扬三线建设的创业精神,成为三线企业报刊屡屡提炼、升华的文化资源③。再次,坚持党性原则的长期性。三线企业报刊将毛泽东同志曾提出的新闻宣传要坚持"政治家办报"、"各地党报必须无条件地宣传中央的路线和政策"、"实事求是"等论断落实为办报原则。几乎每一期的头版头条都会宣传中央的路线和政策,除此之外篇幅最多的就是表彰先进,把蕴藏在职工中的各种积极因素调动起来,潜移默化地引导职工升正气、压邪气,让全厂职工始终保持着昂扬的精神风貌,促进了生产,协调了人际关系。如创刊于1969年4月1日的《东风汽车报》到2020年9月1日迎来了第10 000期的出版,从铅字印刷到数字出版,从纸上相见到屏上相遇,在这51年的岁月里,其平均每年出版196期、每个月出版达16期,见证了东风汽车筚路蓝缕的开创到放眼世界的进击④。如今,虽然大多"三线人"已年逾古稀,有

---

① 安振久,1931年生人,原某三线企业党政办主任,1973年调到三线企业。访谈时间:2022年6月20日;访谈地点:安先生家中。
② 在三线建设之初,中共中央西南局贯彻工农结合的国民经济总方针,探索出的一套工农业并举的工作方法和措施,称为"厂社结合",并在三线建中进行了广泛推广。参见李德英,粟薪樾.三线建设初期"厂社结合"模式检视(1965—1966)[J].中共党史研究,2021(4).
③ 冯川勇,原国营"816厂"宣传部部长,负责厂内广播、厂报、电视台等宣传工作。访谈时间:2022年4月30日;访谈地点:冯先生家中。
④ 本报编辑部.与时代同行 为东风放歌 写于《东风汽车报》出版第10000期[N].东风汽车报,2020-09-01(1).

的已是耄耋老人,但对手机通信软件中的"三线群""三线一家亲群"关注密切,时常组织聚会、研讨、旅游,为一般企业所少见。

这种"从群众中来,到群众中去"的组织化、群众化和基层化的单位传播实践,不仅形塑了三线企业报刊作为"组织者"在三线企业单位社会中的权威性,还形成三线企业传承至今的文化资源,强化了国家对基层社会的动员效力,这是对马克思主义新闻观中作为"组织者"的党报的创造性实践①。

三、担当与赓续:单位体制下三线企业报刊出版的当代价值

作为党领导三线建设、动员社会的重要途径,单位制度不仅形塑了特定的办报实践,也为党和国家借助媒体资源推动工业建设、基层治理提供了路径支持。因此,三线企业报刊的出版史是记载中国共产党带领中国人民在西部山野干工业的重要史料,理应作为中国式现代化的伟大实践之一,对推动新时代出版工作传承红色基因仍具有现实意义。

(一)为新时代媒体更好承担社会责任提供行动指南

党的二十大报告指出,全面落实意识形态工作责任制,巩固壮大奋进新时代的主流思想舆论,加强全媒体传播体系建设,推动形成良好网络生态②。在推动落实意识形态工作责任制过程中,要实现基层社会治理,就必须通过制度化与组织化实现社会治理与社会资源的流动,深入群众,深入基层,增进民生福祉,绘就融心向党的同心圆。因此,媒体有助于基层社会治理的维度,不再局限于舆论引导和内容服务,而是将媒体的组织功能融入国家治理需求,做好连接各方的枢纽角色,不断实现人民对美好生活的向往。

三线企业报刊诞生于国家如火如荼开展三线建设的初期,发展于三线企业进入调整改造时期以后,几十年来担负起深度嵌入基层组织、积极整合和拓展"在地性"资源、打通基层传播"最后一公里"的重任。具体表现在以下三个方面:一是明确定位和发挥正面宣传的引领作用。三线企业报刊始终围绕党的方针政策和企业生产两大主题,用最平实的话语来报道事实,不断宣传先进人物和好人好事,逐渐渗透党的精神和榜样的力量,并将其提炼、升华为三线企业的文化资源。二是搭建好连接国家、地方与基层单位的平台。三线企业报刊所编织的以"单位"为节点的纵横交错的发行体系,不仅发挥企业报刊的"组织者"功能,深度嵌入三线基层社会的方方面面,又在助力国家治理中实现单位、报刊、职工三者的多方连接与深度互动。三是深入践行群众路线。作为在严酷的环境下诞生的基层

---

① 列宁.从何着手?//中共中央马克思恩格斯列宁斯大林著作编译局.列宁全集(第5卷)[M].人民出版社,1986:1-10.
② 高举中国特色社会主义伟大旗帜 为全面建设社会主义现代化国家而团结奋斗——习近平同志代表第十九届中央委员会向大会作的报告摘登[N].人民日报,2022-10-17(2).

报刊,不管是三线企业报刊的创建、出版、发行,还是融入国家治理,都离不开广大人民群众的支持与共建。如以三线企业报刊为主体发起的"党员突击队"等参与式动员活动,及时解决了企业中的急、难、险、重突击任务,让三线企业团结奋进的风气得到发扬,党的以人为本、为民服务的理念得到贯彻,实现了基层公共化、社会化的媒介平台构建。当前,新闻媒体应履行社会责任,自发地、有水平地宣传党的路线、方针和政策,连接各方力量,形成国家、地方与基层单位之间稳定高效的互动关系。坚持走群众路线,坚持以调查研究发现群众需求,拓展媒体服务群众的功能建构,牢牢把握党性与人民性相统一的正确方向。

(二) 为新形势下赓续传承红色基因提供实践经验

几十年来,党的领导人多次肯定了三线建设的重要功绩与留下的宝贵财富,使得三线企业赓续传承党的红色基因获得了自上而下的认同和推动。1993年,中共中央总书记江泽民曾为《中国大三线报告文学丛书》题词:"让三线建设的历史功绩和艰苦创业精神在新时期发扬光大①。"2011年,胡锦涛同志在党的十七届六中全会小组会上的讲话也充分肯定了三线建设②。2021年,庆祝中国共产党成立100周年之际,在中宣部组织编写的《中华人民共和国简史》中,不仅以"三线建设及其成就"作为小节标题概述了三线建设的发展历程,而且高度评价了"艰苦创业、无私奉献、团结协作、勇于创新"的"三线精神",让三线建设及其精神得到广泛传播③。可见,在国家层面对三线建设的评价已达成共识,而且连接起历史与现实,将三线建设与新时期国家建设并置,通过高度赞扬前者的卓越贡献,完成对三线精神传承的充分肯定,并为后者的开展注入文化资源。

追溯三线企业报刊的发展历程,不难发现三线企业报刊传承红色基因并没有陷入形式主义的泥淖,而是借由三线企业报刊建立了多元有效的"大口径"宣传动员机制。所谓"大口径"宣传动员机制,是指三线企业党委口径下的宣传动员,就是要加强企业基层组织以多种形式参与三线企业的中心工作,办好三线企业报刊隶属其中④。一方面,三线企业党委直接领导企业报刊的出版实践,各个时期报刊的重点宣传内容都会与党的方针路线、企业中心工作相结合,并通过自上而下的企业报刊发行体系,让办好企业报刊成为从组织到个人的政治任务,基层组织、企业员工参与办报的效果和程度成为三线企业考核的主要指标。另一方面,可歌可泣的三线建设,诞生了大量的先进人物和英雄集体,汇聚成三线建设的时代精神,他们往往成为三线企业报刊在新形势下调动的文化资源,并冠之以"某某三线企业精神"或是以三线企业中一位功勋卓越的领导人名字来命名企业精神,进行深

---

① 国家计委三线建设调整办公室. 中国大三线[M]. 中国画报出版社,1998:1.
② 陈东林. 评价毛泽东三线建设决策的三个新视角[J]. 毛泽东邓小平理论研究,2012(8).
③ 《中华人民共和国简史》编写组. 中华人民共和国简史[M]. 人民出版社,2021:95-97.
④ 胡长庚,1944年生人,原长安机器厂长安电视台台长,负责厂内广播、厂报、电视台等宣传工作。访谈时间:2023年3月12日;访谈地点:胡先生家中。

入解析,从而凸显"三线人"身份的独特性,唤醒青年职工的身份意识、组织意识。因此,在当下赓续传承红色基因工作中,基层党委、新闻媒体应借鉴三线企业报刊开展"全能式办报"传承红色基因的经验,不仅要牢记党的使命、做好宣传工作,还应该由组织地大口径来执行,将传承红色基因与中心工作相结合,增强组织的权威性和资源调动能力,塑造基层人员的身份意识和责任意识。

(三)为深刻理解中国式现代化叙事提供有力支撑

三线企业报刊记载了中国共产党领导中国人民在西部进行社会主义现代化建设的创业史,不仅颇具史料价值,可以帮助我们了解改革开放前后国家建设的体制变迁,组织、个人的叙事如何与大规模的国家建设结合起来,而且这种连接"国家—企业—个人"的基层叙事,可以为深刻理解中国式现代化提供有力支撑。在实践维度,三线企业报刊伴随三线企业经历了建设、改革和新时代三个时期,实现了从艰难初创到转型升级的累积性发展。在内容上,三线企业报刊从最初的生产报道和好人好事宣传拓展到党、团生活,工、青、妇工作,文艺创作以及教育、卫生、体育等对三线企业工作、生活的全景呈现。相关研究表明,三线企业报刊不但开拓了三线建设新的研究方向,而且会成为党史、国史、改革开放史研究领域新的学术增长点,其学术价值是显而易见的[1]。在空间范围上,从三线企业拓展到三线地区、从线下拓展到网络空间(三线企业报刊数字版),不少三线企业报刊成长为地方的重要媒体或是全国知名的科技期刊,实现了真正意义上的转型升级。在办报办刊理念上,从侧重党的方针政策和企业生产转向调动职工积极性的主平台构建,推进三线企业社会主义现代化转型。在出版主体上,从自上而下的出版发行体系转为共建共治共享的媒介平台。在出版方式上,从传统出版转为内容全能、服务全能、融入国家治理的"全能式办报"格局。在这样的实践演化中,使得三线企业报刊深具中国共产党政治文化的集体化行为和集体性精神,并成为单位体制下三线企业社会主义现代化转型的生动写照。

当前,国内学者主要从历史、理论和实践三个维度来解析中国式现代化的生成逻辑。所谓历史逻辑,是指在更广阔的历史背景中,剖析中国式现代化产生的必然性。理论逻辑是指中国式现代化蕴含的理论素养,中国共产党是如何开辟中国道路,如何形成中国模式的。实践逻辑是指中国式现代化从革命战火中走来,在改革建设中发展成型,于新时代焕然一新,是中国共产党运用马克思主义中国化理论领导的现代化,具有深厚的实践基础[2]。不少研究认为三线建设是中国式现代化历程的一个剪影[3];一些地方发改委还以此历史战略为基点提出"新三线建设"的经济建设方案,并将"三线精神"作为新时代国家建

---

[1] 张杨.一幅时代变革的历史图景——《新中国小三线建设档案文献整理汇编(第一辑)》述评[J].当代中国史研究,2022(2).

[2] 吴大娟.国内学界关于中国式现代化新道路的研究现状与未来展望[J].理论建设,2023(4).

[3] 吕建昌.三线建设与三线工业遗产概念刍议[J].学术界,2023(4).

设的精神资源①。因此,换一个角度看,作为三线建设表征符号的三线企业报刊,便蕴含了中国道路或中国模式的形成过程,从而构建了一个更加体系化、大众化、通俗化的中国式现代化叙事载体。

四、结语

对国家建设的支撑、对"厂办社会""全国一盘棋"的现实关切、凝聚强大精神力量、横贯改革开放前后两个历史时期的基层社会治理创新实践,构成了三线企业"全能式办报"的当代价值,也是三线企业报刊能够从三线工业基地的"工地战报",经由一系列演化、升华,最终成为中国式现代化中"国家—企业—个人"基层叙事的表征符号之关键。在这个意义上,对作为三线建设载体的三线企业报刊进行全面理解必须超越企业报刊的视野,将其置于中国式现代化叙事体系中来认识和定位。三线企业报刊是中国式现代化这一中国共产党的创新理论在现代化建设、基层社会治理领域的一个显现,作为大量存在的企业办报实践,它内含着中国单位体制的基本原则和要素,促使三线企业中建立起广泛的身份认同和亲密关系,体现了马克思主义新闻观的中国实践,为当代新闻理论研究对象的社会化转换,国家方针政策下沉到基层社会的新媒体实践提供了经验借鉴。

---

① 澎湃新闻.林毅夫建言成渝双城经济圈:在新形势下启动"新三线建设"[EB/OL]. https://ishare.ifeng.com/c/s/7xPdkvQEipl,2020-6-18/2022-11-30.

上海近代工业建筑结构的源流研究
——以杨树浦滨江工业带为例*

崔梓祥 张 鹏

(同济大学建筑设计研究院(集团)有限公司,同济大学)

摘　要：在近代中国建筑实现现代转型的诸多因素中,西方建筑材料与结构技术的引入及本土化是最为直接的动因之一。与近代民用建筑结构演进相比,近代工业建筑的功能引导和技术前瞻特征赋予了其独特的研究价值。本文选择杨树浦工业遗产为研究对象,以近代工业建筑结构技术为聚焦,通过实地调研和文献检索,分析上海近代工业建筑结构体系发展的脉络和特征,并以类型化的视角分析不同的建筑类型对结构技术的选择倾向,在此基础上分析先进的工业结构技术在上海引入、适应和优化的过程。

关键词：上海近代工业建筑,杨树浦滨江工业带,工业遗产,技术史

一、研究背景

在现代主义的观点上,建筑的革新和新材料新技术的应用首先发生在非纪念性的普通建筑上,"我们从公共建筑、政府官员宅邸或大纪念馆方面绝无法看出这时期的真正特质。我们必须改从较平凡的建筑物的研究上着手,只有在普通而完全实用的建筑方面(而非 19 世纪初叶哥特式或古典的文艺复兴式建筑方面)才能产生决定性的事件而导使新潜能的发展"①。随着工业革命而兴起的新类型建筑——工业建筑,即是这平凡建筑的重要组成部分。

中国近代建筑的转型具有后发外生型的特征②。工业建筑并不是最早进入上海的西

---

* 基金项目:"十四五"国家重点研发计划项目"基于文脉保护的城市风貌特色塑造理论与关键技术"课题"立足地域材料与传统工法的活化利用技术研发与综合应用示范"(2023YFC3805505)。

① 迪恩.王锦堂,孙全文译.空间·时间·建筑一个新传统的成长[M].华中科技大学出版社;2014:127.

② 中国建筑现代转型[M].东南大学出版社,2004:342;陈卓.中国近代工业建筑历史演进研究(18401949)——后发外生型现代化的历程[D].同济大学,2008:212.

式建筑,但是新技术在上海的发展成熟,离不开工业建筑的贡献。从手工技术为基础的工场手工业过渡到采用机器的工厂,非传统的空间需求刺激着西方技术成果在上海的应用和发展。

本文在既有文献研究的基础上,借助实地调查的机会,对上海近代结构体系的演进成果进行深入的研究,并以此为依据,分析上海近代工业建筑在结构技术引入、适应和优化上的源流问题。在时间上,以1843—1943年的百年时间为具体的范围展开,主要研究租界制度影响下的上海近代工业建筑建造;在空间上,以上海作为地域性的研究范围,以厂区集聚的杨树浦滨江工业带作为具体的实证研究范围——北至今杨树浦路,西至今秦皇岛路,东至今黎平路。选取案例包括具体研究范围内的所有现存近代工业建筑59处、设施设备3处(表1、图1)。

表1 研究实例——杨树浦滨江工业带现存工业建筑列表

编号	类型	厂区	编号	类型	厂区
1	建筑	黄浦码头	19	建筑	
2	建筑		20	建筑	
3	建筑		21	建筑	
4	建筑		22	建筑	
5	建筑	东方纱厂	23	建筑	
6	建筑	瑞镕船厂/英联船厂	24	建筑	杨树浦水厂
7	建筑		25	建筑	
8	建筑	怡和纱厂	26	建筑	
9	建筑		27	建筑	
10	建筑		28	建筑	
11	建筑		29	建筑	
12	建筑		30	建筑	
13	建筑	杨树浦水厂	31	建筑	
14	建筑		32	建筑	祥泰木行
15	建筑		33	建筑	
16	建筑		34	建筑	明华糖厂
17	建筑		35	建筑	
18	建筑		36	设施设备(烟囱)	

续 表

编号	类型	厂区	编号	类型	厂区
37	建筑	永安纺织印染厂	50	建筑	工部局电气处江边蒸汽发电站
38	建筑		51	建筑	
39	建筑	三新纱厂	52	建筑	
40	建筑	大纯纱厂	53	建筑	
41	建筑	上海纺织株式会社	54	建筑	
42	建筑		55	建筑	
43	建筑	慎昌洋行杨树浦工场	56	建筑	
44	建筑		57	建筑	
45	建筑		58	建筑	裕丰纱厂
46	建筑	中国制皂厂	59	建筑	
47	建筑		60	建筑	
48	设施设备(储气罐)	上海煤气公司	61	建筑	
49	设施设备(储气罐)		62	建筑	亚细亚火油公司

二、以建筑类型为线索的杨树浦工业建筑结构选型

在西方工业革命的大背景下,外生型的上海近代建筑结构技术,也经历了砖木结构、新型砖混合结构、框架结构的各个阶段。在这一过程中,工业的空间、荷载等需求可以说是技术引入的动力之一。

从1883年市政工业开始,杨树浦滨江工业带的形成就覆盖了上海近代建筑发展的各个阶段,甚至一直持续到了20世纪末。此处集聚了上海近代工业的各个门类;接受了来自不同国家的技术影响;反映了上海近代工业的水平,如电厂、煤气厂、制皂厂等规模都达到了远东第一。杨树浦工业带实例的多样性及其对于上海近代工业建筑演进历程的代表性,使这一区域具有了重要的研究价值。本文以此为例,以点带面地分析上海近代工业建筑结构类型的演进脉络与应用特征。

参考当时上海公共租界工部局工务报告对建筑的审查分类,并根据杨树浦工业带的实际情况,将区域内的工业建筑单体分为市政建筑(Public works)、纱厂建筑(Mills)、工厂建筑(Factories)、货栈建筑(Godowns)四类,分别讨论这几种类型的工业建筑在近代结构体系选择中的特点,及其最终表现出来的形式特征。

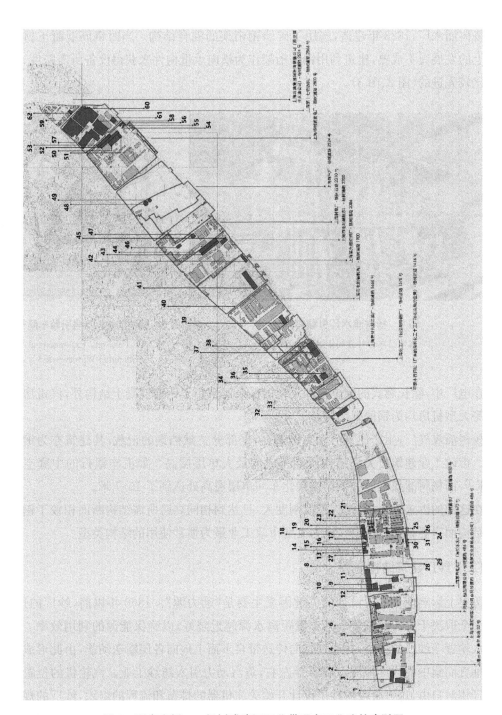

图1　研究实例——杨树浦滨江工业带现存工业建筑索引图

(一) 市政建筑结构选型

杨树浦工业带水、电、煤三大市政工业,市政工厂的建筑往往被工程师视为"遮蔽设备的房子,承载设备的基础",故其建筑结构的主要目的也是形成足以容纳设备的空间。

杨树浦水厂，1883年建造，选用了砖墙钢桁架的混合结构。当时钢筋混凝土材料在建筑上的发展尚不成熟，建筑利用钢铁桁架作为横向承重构件来获得设备所需跨度，可以说是比较先进的（图2、图3）。

图2　杨树浦水厂引擎车间
（《慎昌洋行廿五周年纪念册》）

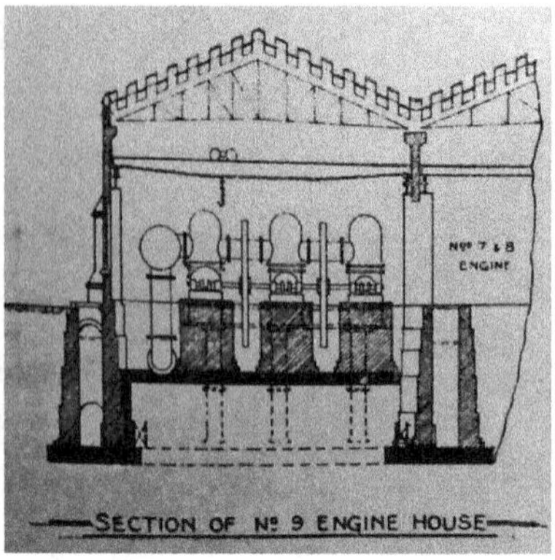

图3　杨树浦水厂9号引擎车间剖面图
(C. D. Pearson, Extensions at the Shanghai Waterworks)

在电厂中，除长廊式的配电室和小型的循泵房采用了钢筋混凝土结构外，汽机房和锅炉房等大型机房均为钢框架结构。

杨树浦煤气厂，生产建筑已无实例遗存，据部分文献档案的记载，其建筑亦为钢框架结构。市政工业建筑更关注结构所能完成的最大单层层高。如汇丰银行的中庭空间为9.4米①，而杨树浦煤气厂的钢结构炭化车间单层通高处达到了16.7米。

在这样的诉求之下，钢结构不仅刚度大，且达到相同高跨所需结构断面相较于钢筋混凝土结构而言更小，自重更轻，成为大型市政工业最为惯常使用的结构类型。

（二）纱厂建筑结构选型

历史上影响现代纱厂设计的关键因素主要是"动力源"。1860年以前，纱厂的选址、设计完全取决于水源的位置。其布置距离水源越近越好，以确保能源的利用效率。一般是将水轮置于纱厂的中心，并通过竖向传送带自下而上地向各层输送动能，由此形成这一时期垂直而集中的纱厂特征。1860年左右，蒸汽动力引入纺纱工业。汽轮机的位置较水轮而言相对自由，这一阶段的纱厂设计开始关注机器的排布和流程的组织，纱厂的规模也开始扩大。至1893年，纱厂逐渐开始采用电力传动，机房与纱厂的距离已不再成为决定因素，纱厂建筑被视为"为织机而服务的房子"。

1889年，上海第一个现代化的纱厂建立，即位于杨树浦工业带的上海机器织布局。因此上海建造的纱厂，基本只经历了后两个阶段，即蒸汽动力和以电力作为能源的阶段，

---

① 杨奕娇.上海近代结构技术史研究——以外滩建筑为例[D].同济大学，2016：39～40.

所以小平面垂直集中的纱厂车间在上海并不多见。其建筑的特征、平面布局都比较自由。

杨树浦地区地价相比租界较低，在用地宽裕的情况下，为适应大规模生产，纱厂建筑往往选择一层铺开，以获得更为温和的日光。建筑的自然采光和通风主要有两种形式：一是依赖于框架结构体系开大面积侧窗；二是通过连续跨桁架结构，提供屋面的采光。从结构技术的角度来看，上下独立的桁架体系就为大体量的集中工作空间提供了更多的可能。（图4、图5）

图4　1917年的怡和纱厂

（virtualshanghai.net）

图5　1915年的新怡和纱厂

（virtualshanghai.net）

从实例来看，杨浦滨江的纱厂建筑经历了从砖木结构、新型砖混合结构、钢结构以及钢筋混凝土结构桁架体系的各个阶段。其中钢筋混凝土结构虽未见保留，但从文献记载中判断，钢骨水泥之厂房亦应盛行一时，如新怡和纱厂和永安纱厂[①]的纺织车间等。随着建筑材料的发展，桁架体系获得更高的结构强度。（图6至图12、表2）

图6　怡和纱厂砖木结构车间生产情况

（virtualshanghai.net）

图7　永安纱厂钢筋混凝土车间生产情况

（《上海永安纺织股份有限公司开幕纪念册》）

---

① 据上海永安纺织股份有限公司开幕纪念册载："（纺纱厂）占地约十四亩共建两层建筑材料全用钢骨水泥地脚悉打木桩四周窗户嵌用铁钢玻璃顶脊建有气楼长与厂屋相等光线充足空气流通有电气升降机二部以为运货上落之用厂之内部遍设暖喉调和气候使冬令工作不虞冷冽建筑工程颇称完备。"

图8　怡和纱厂车间　　　　　　　图9　上海纱厂车间

图10　上海永安第一纱厂之织布厂

(《慎昌洋行廿五周年纪念册》)

表2　杨树浦滨江工业带不同结构类型连续跨纱厂车间比较

建筑结构类型	砖木结构纱厂	新型砖混合结构纱厂	钢结构纱厂	钢筋混凝土结构纱厂
建筑编号	怡和纱厂 10	裕丰纱厂 60（已经过改造）	上海纺织株式会社 41	永安纺纱厂（未见遗存实例）
平面图形（英制/公制）	约 90 m×80 m	约 136 m×136 m	442′×174′ 134.7 m×53.0 m	
建筑层数	1	1	2	2
单层高度（英制/公制）	约 4.3 m	14′6″ 4.4 m	21′3″ 6.5 m	
典型跨度（英制/公制）	约 6.9 m	19′3″ 5.9 m	28′0″ 8.5 m	

续　表

建筑结构类型	砖木结构纱厂	新型砖混合结构纱厂	钢结构纱厂	钢筋混凝土结构纱厂
典型开间 （英制/公制）	约 6.8 m	23′0″ 7.0 m	22′0″ 6.7 m	
竖向构件尺寸 （英制/公制）			I5 47：8″×6″ ×35LBS+2-9″ ×(5/8)″FLATS —	
外砖墙厚度 （英制/公制）	约 740 mm	15″ 381 mm		
建造时间	1913—1923 年	1931 年	1916 年	1924 年
建筑商	马海洋行	冈野建筑事务所	公和洋行	慎昌洋行建筑工程部

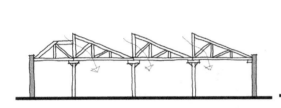

图 11　怡和纱厂砖木结构车间剖面示意图
（作者根据现场调研绘制）

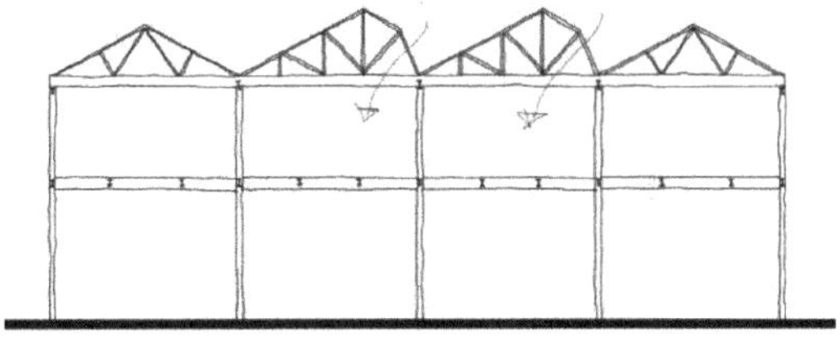

图 12　上海纱厂钢结构车间剖面示意图
（作者抄绘于上海城市建设档案馆）

（三）工厂建筑结构选型

根据《上海近代工业史》的统计，上海近代工业中的主要生产行业有棉纺织业、缫丝业、毛纺织业、面粉业、卷烟业、造纸业、火柴业、制药业、机器与船舶修造业。此处工厂建筑包括除棉纺织业、缫丝业、毛纺织业之外的其他各行业的生产厂房。除纱厂以外的工厂与某一特定建筑形式或结构类型的关联较弱，没有太多固定的规律可循。工厂建筑只能笼统地说符合一般工业建筑的特征，而视其具体的工艺要求选择相应的建筑结构。

其中比较突出的特点在于其体量和平面图形。大规模机器化生产使得建筑的单体较以往变得很大。连贯的流水作业使工厂在平面上展开。一些工厂，如船厂的维修车间和慎昌洋行机器厂等，形成长宽比很大的纵长空间，从而引发了对于建筑不均匀沉降问题的思考。

工厂建筑的跨度，相较于纱厂来说也是灵活而多变的，如同为连续跨钢结构的上海纱厂和中国制皂厂，纱厂的跨度一般为 8.5 米，而制皂厂则达到了 18.3 米，这就对结构构件的抗弯能力提出了要求。（图 13 至图 16、表 3）

图13　慎昌洋行机器厂车间

(《杨浦百年史话》)

图14　中国制皂厂生产车间

(《上海图典》,转引自董一平《"东外滩"工业文明遗产及其保护性改造研究》)

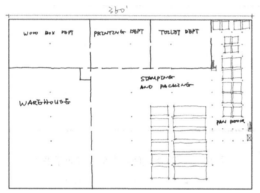

图15　中国制皂厂生产车间平面图

(作者抄绘于上海城市建设档案馆)

图16　中国制皂厂生产车间钢结构照片

表3　杨树浦滨江工业带遗存工厂实例比较

建筑编号	英联船厂 6	英联船厂 7	明华糖厂 34	慎昌洋行机器厂 43	中国制皂厂 47
结构类型	钢筋混凝土无梁楼盖结构	砖木结构	钢筋混凝土梁板结构	连续跨钢结构	连续跨钢结构
建造时间	1923—1927年	1923—1927年	1924年	1921年	1923年
平面图形	▬	■	▬	▬	■
(英制/公制)	16.8 m×77.0 m	36.0 m×42.0 m	65′×148′ 19.8 m×45.1 m		238′×360′ 72.5 m×109.7 m

续 表

建筑编号	英联船厂 6	英联船厂 7	明华糖厂 34	慎昌洋行机器厂 43	中国制皂厂 47
剖面图形	▬	▬	▬	～～～	∧∧∧
层数	3	2	4	1	2
典型跨度（英制/公制）		4.5 m	13′ 4.0 m		60′ 18.3 m

（四）货栈建筑结构选型

仓储建筑是近代工业的一个重要环节。上海近代工业活动中涉及的货栈有两种情况：一是经销商的栈房，二是各厂区内的仓库。经销商的仓库一般依码头而建，成为货物的一个中转，如慎昌洋行货栈；而厂内的仓库，从工业流程的角度考虑，一般都与生产建筑有一定的联系，如明华糖厂的仓库和永安纺织印染纱厂的货栈，据《上海永安纺织股份有限公司开幕纪念册》(1924)载："二层有桥一道直达纺纱厂上层之成包间棉纱成包后可直接送存货栈省时省工便利无比复于南部紧接墙边加建滑梯一座纱货出栈可经由上层运推使下尤为便捷"(图17)。

在技术上，货栈的楼面活荷载设计值相较于其他各类型建筑都要大得多；在空间上，货栈建筑，尤其是经销商的货栈建筑，要求能够灵活地进行划分，以容纳大型的机器或细碎的物件。

杨树浦滨江工业带的实例中，货栈有砖木结构和钢筋混凝土结构两种。砖木结构建造时代较早，体量较小，一般不超过两层。1920年代以后的货栈建筑多采用钢混结构，以钢混无梁楼盖最为常见，这一类型施工速度快，结构高度小，兼顾经济与空间要求，因而被很多工业仓库所采用(图18)。

（五）小结

从杨树浦滨江工业的实例来看，近代建筑结构类型的产生时间有先后之分，引入时间有先后之分。自西式砖木结构、新型砖混合结构、钢结构至钢筋混凝土结构，大趋势是从传统材料向高强度结构材料发展，从混合结构向单一结构体系发展，从局部改变结构构件向整体改变结构体系发展，从而获得适宜于工业生产或仓储的建筑空间。

对于结构的选择和应用并不是单线程推进的，各个结构类型的建造在时间上是交叠并存的，其中考虑到建筑类型、建筑形式、建造的经济性等因素。从类型学的角度来分析，不同的工业门类对建筑的需求不同，故其对建筑结构的选择也不尽相同，如纱厂

(a) 黄浦码头四号仓库

(b) 明华糖厂仓库

(c) 纺织印染厂仓库

(d) 三新纱厂仓库

图 17　货栈建筑平缓的滑梯

图 18　慎昌洋行仓库的无梁楼盖结构
(《慎昌洋行廿五周年纪念册》)

建筑对于连续跨桁架结构的青睐,货栈建筑对于钢筋混凝土框架结构的青睐等。(图19、图20)

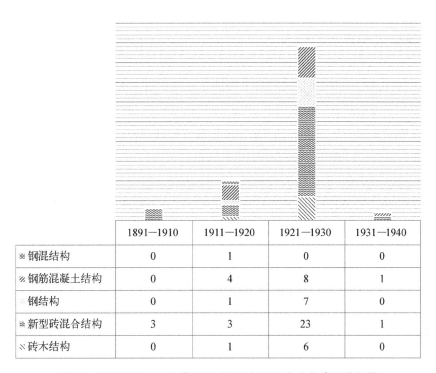

	1891—1910	1911—1920	1921—1930	1931—1940
钢混结构	0	1	0	0
钢筋混凝土结构	0	4	8	1
钢结构	0	1	7	0
新型砖混合结构	3	3	23	1
砖木结构	0	1	6	0

图19 杨树浦滨江工业带不同时期实例采用各结构类型的数量

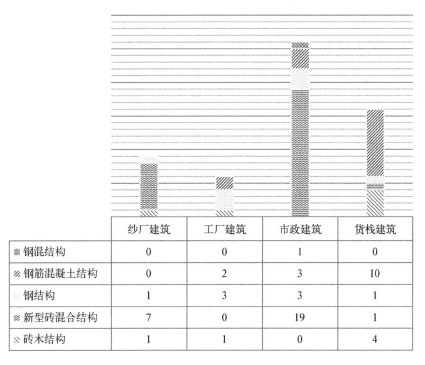

	纱厂建筑	工厂建筑	市政建筑	货栈建筑
钢混结构	0	0	1	0
钢筋混凝土结构	0	2	3	10
钢结构	1	3	3	1
新型砖混合结构	7	0	19	1
砖木结构	1	1	0	4

图20 杨树浦滨江工业带不同类型实例采用各结构类型的数量

即便如此,根据实例分析,在每一个建筑类型各自的范畴内,其结构技术的发展依然符合上述结构技术演进的大趋势,即趋向更优良的受力性能和物理性能。

三、工业建筑结构技术的引入

《"西化"的历程》一书中曾经提到,上海的工业生产建筑是作为近代西方生产技术的一个附属部分直接由欧洲移植而来的,与经过其他殖民地演化后传入东亚的殖民地建筑或教堂等历史主义倾向的西方建筑相比,其具有进步意义[①]。可以说工业建筑与西方工业技术的源头保持了一种更为直接而密切的联系。

杨树浦地区的工业,正是在英美租界这一特殊的背景下发展起来的。无论是洋务运动时对西方技术的主动引入,还是外商资本进入后对西方技术的被动接收,都在很大程度上影响了上海近代工业建筑结构体系的发展。

(一)各国资本与技术的进入

在工业建筑的领域,厂方的资本控制着建造活动的进行。在上海近代工业史上,民族资本以及四方涌入的外商资本纷纷设厂,都推动着西方新结构新技术对上海的影响。

1895年以后,大批英、德、美、日外商借《马关条约》涌入上海,外商聘请在沪执业的外国工程师、建筑师,或是直接安排厂内的建筑工程部(entrepreneurial architect)在上海进行厂房的设计和建造。1937年开始,杨树浦一带的工厂陆续受到日军控制,或交由日商托管。至1941年,除部分日资工厂能够自主经营外,其余各厂均受到日军控制。战时的孤岛繁荣虽使工厂在经营上艰难地维持,但扩建活动就比较少了。

在近代起起伏伏的工业环境中,随着资本而来的建造者为上海近代工业建筑技术的引入打下了基础。

20世纪初,在沪执业的工程师、建筑师以英国人居多。从杨树浦地区来看,这一阶段不仅是英资工厂由英国工程师、建筑师设计,由民族资产家和日本商人在沪投资的工厂亦聘请英国建筑事务所建造。在这样的大背景下,英国建筑技术对于上海近代工业建筑的影响可以说是很广泛的。而后随着工业资本的丰富,建造活动逐渐活跃,各国的工程师、建筑师开始进入上海。慎昌洋行带来了美国的工业建造体系,日商也开始选择在沪从业的日本建筑事务所,建筑技术的源头开始向多元化发展。其中英美的建筑师直接地与新技术的源头发生密切联系,而日本建筑事务所则经过对西方的学习,间接地将建筑技术引入上海。

英国工程师和建筑师进入上海的时间较早,英国建筑事务所从最初的砖木结构开始,

---

① 沙永杰."西化"的历程:中日建筑近代化过程比较研究[M].上海科学技术出版社,2001:86.

就影响着上海近代工业建筑的建造,并且各有所长,其在上海的结构发展脉络比较完整。而美国工业建筑体系的进入时间相对较晚,以引入先进的钢结构和钢筋混凝土结构为主。(表4、图21、图22)

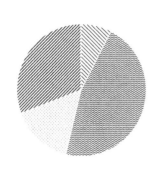

图例:民族资本工厂　英商资本工厂　美商资本工厂　日商资本工厂

图例:厂内建筑由中国建筑师工程师设计　厂内建筑由英国建筑师工程师设计　厂内建筑由美国建筑师工程师设计　厂内建筑由日本建筑师工程师设计

图 21　不同资本来源的工厂所占比例　　图 22　工厂聘请各国建筑师的比例

表 4　杨树浦滨江工业带厂方资本及所聘建筑师来源

资本来源	纺织工业	建筑师	其他工业	建筑师	公用事业	建筑师
民族资本	上海机器织布局	不详	上海机器造纸局	不详		
	华新纺织新局	不详				
	大纯纱厂	不详				
	永安纱厂	美国				
	申新纺织公司	不详				
英商资本	怡和纱厂	英国	祥泰木行堆栈	中国	上海自来水公司	英国
	老公茂纱厂	不详	中国制皂厂	英国	上海煤气公司	英国
	东方纱厂	英国	英联船厂	不详		
	三新纱厂	英国				
	上海纱厂	英国				
德商资本	瑞记纱厂	不详	瑞镕船厂	不详		
美商资本			慎昌洋行	美国	上海电力公司	英国

续 表

资本来源	纺织工业	建筑师	其他工业	建筑师	公用事业	建筑师
日商资本	公大纱厂	不详	明华糖厂	日本		
	上海纺织株式会社	不详	黄浦码头货栈	日本		
	同兴纱厂	不详	三井木材堆栈	不详		
	大康纱厂	英国				
	裕丰纱厂	日本				

（二）中国工程师的参与

中国本土建筑力量在工业建筑中的出现，首先是中国工程师零星地任职于各厂的建筑部门中，如美商慎昌洋行的建筑工程部中的留美归国学生[①]。

而由中国建筑工程师独立执业，当属设计祥泰木行的洪裕记号（Hong Yue Kee Construction Dept.）[②]。不过在其英文行名中并未出现 Architects 或 Engineers，而是使用 Construction Dept. 来表述他的商行性质。这一类型的建筑工程部门，主要是由中国工匠在以往的项目中与西人交流学习，而获取的打样技能，用于厂房和货栈的设计。

可见，中国建筑工程师开始独立地出现在近代工业建筑的设计建造中。一是中国工匠在上海的建造活动中向西方建筑师学习略有成效，二是一批海外留学生的归国。这也反映了建筑体系本土化在工业建筑领域中的发生，但是对工业建筑结构技术发展的影响就比较微弱了。（表5、图23）

表5　杨树浦滨江工业带厂方所聘建筑工程师及作品

英国工程师和建筑师	上海公共租界工部局工务处 the Public Works Department	工部局	上海电力公司
	J. W. Hart	工部局	上海自来水公司

[①] *Andersen, Meyer & company limited of China: March 31, 1906 to March 31*, 1931，即《慎昌洋行廿五周年纪念册：一九零六年三月卅一日至一九卅一年三月卅一日》：该部常任职员有中西工程师设计员绘图员工程监察员及监工共二十五人其中中国工程师中有数员系在美国大学毕业并曾在美国著名大公司如美国桥梁公司及纽约中央铁路公司实习多年经验丰富上海及他埠对于建筑上每有垂询无不悉心答复该部平时常备存千吨左右之钢条及大宗钢料以备顾客需用。

[②] 查阅上海城市建设档案馆档案。

续 表

英国 工程师和建筑师	利华兄弟建筑工程部 Lever Brothers, Ltd.-Architects of Port Sunlight	厂方建筑 工程部	中国制皂厂
	建兴建筑师事务所 Davies, Brooke & Gran Architects Shanghai	建筑事务所	中国制皂厂
	爱而德公司 Algar & Co., Ltd.	建筑事务所	三新纱厂
	马海洋行 Spence Robison & Partners	建筑事务所	怡和纱厂 杨树浦煤气厂
	公和洋行 Palmer & Turner Architects & Engineers	建筑事务所	东方纱厂 上海纺织株式会社 大康纱厂
美国 建筑师和工程师	慎昌洋行建筑工程部 Andersen, Meyer & Co., Ltd.	厂方建筑 工程部	慎昌洋行 永安纱厂
日本 建筑师和工程师	裕丰纱厂建筑工程部 The Toyo Cotton Spinning Co., Ltd.	厂方建筑 工程部	裕丰纱厂
	冈野建筑事务所 S. Okano	建筑事务所	裕丰纱厂 明华糖厂 黄浦码头货栈
中国 建筑师和工程师	洪裕记号 Hong Yue Kee Construction Dept.	Construction Dept.	祥泰木行

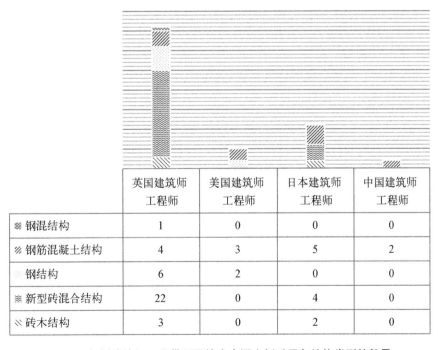

图 23　杨树浦滨江工业带不同技术来源实例采用各结构类型的数量

(三) 从工程师到建筑师

出于工业生产的特点,建筑与机器的配合、厂区与工艺的配合往往是工厂设计最主要的关注点。在上海近代工业的起步阶段,很多工厂的设计建造由厂方的工程师直接完成,如自来水厂、发电厂等市政工业。厂方选择的建筑事务所也多有土木工程师背景,如马海洋行、爱而德公司、建兴建筑事务所等。工业建筑的结构设计由土木工程师主导,故而其技术性更强,对新技术发展的吸收也更快。

另有一些工业门类,则经历了由工程师设计转向建筑师设计的过程,如裕丰纱厂,在1920年代设厂之初,纱厂建筑由厂方的建筑工程部直接承担,由工程师(Mill engineer)完成对生产工具的安排及建造容纳生产工具的建筑,而至1930年代扩建时,则由在沪开业的日本冈野建筑事务所设计。

发生这一转变的原因,一是上海在地建筑行业的成长,私人建筑事务所的发展,为厂方提供了更多的选择,使得工厂的工业生产与工业建筑设计职能分离,向专业化的方向发展。二是经历了漫长的争论与磨合,一些建筑师群体逐渐认可了"技术形式"的建筑美学,工业厂房也因此以建筑的身份重新获得评价。三是结构体系的逐渐成熟,使得建筑的设计者从结构的实验者转变为结构算法的使用者。由此建筑师的角色与结构师也开始分离。

四、工业建筑结构技术在上海的适应

虽然对于上海近代工业建筑结构技术来源的分析中更倾向于将其归于"技术移植"的范畴,具有拿来使用的特征,但建造活动有其不可磨灭的在地属性。在这一过程中,结构技术的本土化不可避免。

工业建筑相对于其他类型的建筑来说,受到社会文化等因素的影响较小,其本土适应主要有以下两种情况:一是结构技术为应对上海自然条件限制而发生的适应,形成具有本土特征的结构方式;二是结构体系顺应上海相关行业发展而发生的适应,结构发展的需求推动上海材料工业的进步和近代营造业的完善,在这一过程中外来的结构体系从经济考虑也适应了本土的建筑材料和本土的施工队伍,从而推进了整个系统的本土化。

(一) 地质条件和气候特征适应

自大量外籍工程师、建筑师进入上海,中国工程师、建筑师逐渐成长。回顾时间跨度较大的上海工程师、建筑师学会会刊[①],1902—1939年间,与结构技术相关的文章有31

---

① 杨奕娇.上海近代结构技术史研究——以外滩建筑为例[D].同济大学,2016.上海工程师、建筑师学会,成立于1901年,最初招募85名外籍会员。次年开始刊发该学会年报 *Proceedings of Shanghai Society of Engineers and Architects*,1912年更名为 *Proceedings of Engineering Society of Shanghai*,1913年更名为 *Proceedings of Engineering Society of China*。

篇,其中13篇直接关注上海的建筑基础,1篇直接涉及上海的风荷载。另有其他文章间接地提及上海在地条件的限制。可见,近代对于上海自然条件的回应主要体现在地质条件和气候特征两个方面。

1. 上海的地质条件适应

工业建筑虽然不需要向高层发展,但是由于工业设备所产生的恒载和活载都比较大,这就对建筑基础提出了很高的要求。

1911年,Tarrant & Morriss 设计上海总会时,使用了一套新的地桩系统来加强这座大楼的稳定性①。桩基础被证明非常适宜应对上海松软而不稳定的土质,此后,上海建筑工程师对于建筑基础的讨论就集中于桩基础的改良了。从杨树浦地区工业建筑的实例来看,除单层钢框架的纱厂外,也基本采用桩基础。

在1914年江边电站的建造实践中,Charles Luthy根据试验得出,打桩基础相较于不打桩的基础,其沉降慢,但总的沉降量基本上是一致的,对未经建造的新基地有利。在上海低水位以下的建筑基础,则不得不使用木桩来抵抗松软土质导致的不均匀沉降和水平位移。为应对新建建筑沉降引起相邻建筑裂缝的问题,宜采用钢桩或钢筋混凝土桩来限定泥土的范围,从而减小对周边建筑的影响。可见当时已经掌握了木桩、钢桩和混凝土桩的技术,相较于1925年公和洋行在新海关大楼中使用混凝土桩②要早了许多。(图24、图25)

图24 江边电站锅炉房筏型基础施工照片

(C. Luthy, The Foundations of the New Municipal Power Station at Riverside)

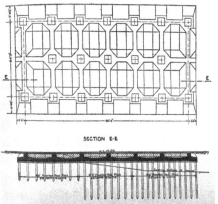

图25 江边电站储煤坑桩筏基础平面图、剖面图

(C. Luthy, The Foundations of the New Municipal Power Station at Riverside)

---

① HAWKS POTT F. L., A Short History of Shanghai: Kelly & walsh, 1928: 183. 转引自娜塔丽. 工程师站在建筑队伍的前列——上海近代建筑历史上技术文化的重要地位//第五次中国近代建筑史研究讨论会综述[M]. 中国建筑工业出版社, 1996: 101.

② 公和洋行设计了外滩的新海关大楼,新的建设系统得到了考验,16 m长的混凝土地桩取代了传统的Oregon松木桩(娜塔丽. 工程师站在建筑队伍的前列——上海近代建筑历史上技术文化的重要地位//第五次中国近代建筑史研究讨论会综述[M]. 中国建筑工业出版社, 1996: 1925)。

另外在江边电站的结构设计中,工程师不仅使用了其惯常的基础做法,更有其他创新之处。如基础垫层的问题、沉降缝的问题等,在电厂建筑的建造时,工程师在筏型基础下,先铺一层 3″到 6″厚的碎砖,由木槌夯实,再铺一层 1″厚的水泥(水泥由上海常用的国产材料制成,水泥强度经工部局测试满足英国标准),以增强混凝土基础。这一做法不仅加固了土层表面,并有助于更均匀地分散上部是重量,从而减小建筑的不均匀沉降,其在 Luthy 建造德律风大楼时已有应用。同时期在 Logan 的联合保险公司大楼中也采用了类似的做法。可见工业建筑与其他类型建筑之间的技术流动,是依靠建筑工程师群体本身来完成的,建筑工程师并不单一地从事工业建筑设计或公共建筑设计。

近代建筑工程师在上海建筑基础问题上作出的努力,无疑是西方结构技术在本土适应上的一大进展。(表6)

表6　杨树浦滨江工业带部分遗存实例基础类型

建筑编号	建造年代	结构类型	层数	基础类型	桩材质	桩截面(英制)	长度(英制)
39	1921	砖木结构	二层	砖墙下条形基础 木柱下单柱基础	不详	6″	12′
18	1927	砖墙钢框架结构	一层	建筑下筏型基础 设备下联合基础	俄勒冈州松木桩(O. P. Piles)	不详	不详
60	1931	砖墙钢框架结构	一层	砖墙下条形基础 钢柱下单柱基础	无	无	无
5	1920	钢筋混凝土无梁楼盖结构	四层	单柱基础加联系梁	混凝土桩	12″ * 12″	39′
35	1923	钢筋混凝土板梁结构	二层	单柱基础	HANKOW PILES	6″	30′

2. 上海的气候特征适应

建筑所需承受的风荷载也是建筑工程师所关心的问题之一。由于气温变化和地面摩擦,风速随着高度的升高而增加。对于工业建筑来说,虽不像外滩的洋行大楼那样向集中高层发展,但一些大型工业生产厂房或构筑物对风荷载还是十分敏感的,比如高挑的烟囱。

与其他建筑技术一样,对于风荷载的认识和计算首先是借鉴西方的经验算法和试验数据。在1914年电厂的烟囱的建造中,工程师曾尝试使用本地的风荷载数据,并获得了徐家汇天文台对于风速数据的回复,但由于风速与压力转化的公式尚不成熟,故最终直接延用了其在别处的设计经验,且认为在当时不同地域对风荷载计算值并没有太大的差异[①]:

---

① C. Luthy. The Foundations of the New Municipal Power Station at Riverside, Shanghai. The Engineering Society of China. in Proceedings of the Society and Report of the Council, 1913 - 1914, Volume XIIIIMI.

Mr. Luthy referring to the wind pressure said that no results of local experiments were obtainable. The figures taken into consideration were the same as he had used previously in designing similar structures elsewhere. The figures assumed in different countries did not vary very much as may be seen from the following table:-

Countries	At right angle to a flat surface	At right angle to the projected Area of a Cylindrical surface
England	$W = 50$ to 56 *lbs per s. ft*	$0.50 * W$
U.S.A.	$= 40$ to 50 *lbs per s. ft*	$0.50 * W$
France	$= 55$ *lbs per s. ft*	$0.67 * W$
Germany	$= 30$ to 50 *lbs per s. ft*	$0.67 * W$

虽然在电厂的设计中并未采用上海的气象数据，但 Luthy 在年报中的文章已引起了建筑工程师们对地域风荷载这一话题的广泛讨论。

1916年上海公共租界工部局参考《伦敦建筑法》颁布的《新西式建筑规则》中开始对上海的建筑风荷载设计作出规定。至1932年，徐家汇天文台的负责人对风载及建筑结构进行了专项而详尽的叙述。以上海地区测定的数据，提出了应对台风和季风的问题。这一问题的地域性再次显现出来。

(二) 常用建筑材料和建材生产能力本土化

新结构引入之后，对于新的结构材料的需求也推动了本土材料工业的发展；与此同时，逐渐成长起来的建材工业给结构技术在上海的推广和进步提供了重要的支撑，两者形成互相匹配的工业化程度。注重"经济性"的工业建筑自然地接受了当地的建筑材料。

上海近代工业建筑的建材获取主要有三种渠道：一是完全依赖国外进口；二是由外商在沪设立的建材公司提供；三是由民族资本在沪设立的建材公司提供。

早期的建造活动，外籍建筑工程师往往选择熟悉且质优的进口材料来完成，而这一高成本的建造方式毕竟不是长久之计。第一次世界大战之后上海本地建材工业迅速发展，建材质量提高，更经济的国产材料得以广泛应用。

外商建材厂采用在地材料外国技术，而中国建材厂则是采用在地材料以及经由中国人消化的外国技术，对国产建材的选择，是结构技术对在地材料的适应。

1. 砖

上海地区的传统建筑由青砖建造，开埠之初，本地的砖瓦业作坊也只有手工生产青砖的能力。1883年，杨树浦水厂建造之初，就地取材，采用本地青砖，饰以红砖色带。当时对于青砖的性能没有把握，对结构安全量的计算也不成熟，故墙垛的厚度很厚。后来在20世纪20年代的扩建中，可能为保持厂区风格的一致，仍采用青砖建筑，但墙厚、墙垛就趋于合理了。

20世纪后，中国砖瓦业开始了机械化制造，上海及其周边地区兴办了一些规模大、设备新的砖瓦制造厂,成为全国最为发达的砖瓦制造业中心①。根据工部局建材报价表,上海砖常用规格为青砖 10″×5″×1.75″,红砖 10″×5″×2″,英制砖的规格为 9″×4.5″②。据此推断,杨树浦地区的工业建筑,除与英国总部密切联系的中国制皂厂外,已基本采用上海当地生产的机制红砖了。

表7 杨树浦滨江工业带部分遗存实例用砖情况

厂名	建筑编号	砖墙厚度（英制）	砖墙厚度（公制）	用砖推断	砖墙砌法③	建造时间	结构类型
三新纱厂	39	15″ 20″	381 mm 508 mm	上海红砖	英十字砌法	1921年	砖木结构
杨树浦水厂	18	15″	381 mm	上海青砖局部饰红砖	英十字砌法	1927年	新型砖混合结构
裕丰纱厂	60	15″	381 mm	上海红砖	英十字砌法	1931年	新型砖混合结构
中国制皂厂	47	9″	229 mm	英式红砖	哥特砌法	1923年	钢结构
东方纱厂	5	10″	254 mm	上海红砖	涂料覆盖,砌法不详	1920年	钢筋混凝土结构
明华糖厂	35	10″	254 mm	上海红砖	英十字砌法	1924年	钢筋混凝土结构

2. 混凝土

从水泥材料传入国内以来,中国的水泥工业发展很快。光绪二十四年(1898),国内开办第一家水泥厂开平矿务局④,在此之前水泥完全依靠进口,而自此以后,国内大小规模的水泥厂就开始活跃起来,可以和进口水泥抗衡了。

1911年,江边电站建造中所用混凝土即均由国产材料制成:水泥用湖北水泥和启新水泥,并送样至工部局混凝土实验室检定,符合英国标准;沙选用上海常用的宁波沙;石头采自工部局平桥采石场,用机器压碎;水取自黄浦江,经由过滤和沉淀使用⑤。可见中国之建材质量已完全可以胜任新式工业建筑之建造了。

1925年建成的上海自来水公司急性滤水池,为节约造价,为由厂内工程师根据上海的建材条件自行研制钢骨水泥建筑,"除开关一项购自外洋外,其余工料均系华人供给"⑥。这

---

① 陈卓.中国近代工业建筑历史演进研究(1840—1949)——后发外生型现代化的历程[D].同济大学,2008:122.
② 杨奕娇.上海近代结构技术史研究——以外滩建筑为例[D].同济大学,2016:82.
③ 砌法参考:张海翱.近代上海清水砖墙建筑特征研究初探[D].同济大学,2008:16.
④ 吕骥蒙.中国水泥工业的过去现在及将来[J].建筑月刊,1934(2).
⑤ C. Luthy. The Foundations of the New Municipal Power Station at Riverside, Shanghai. The Engineering Society of China. in Proceedings of the Society and Report of the Council, 1913 - 1914, Volume XIIIMI.
⑥ 上海自来水公司公共租界概况画册,1930.

都反映了钢筋混凝土结构对上海当地国产材料的适应。

3. 钢材

中国的钢铁工业发展较为缓慢,砖钢结构和钢框架结构的建筑用钢主要还是依赖进口。同时,西方国家对中国的钢材倾销以及外国建筑师控制工业建筑的设计都加剧了这一状况。外国建筑师首先考虑选用本国制定的技术规范、参数、指标作为设计计算依据,以及选用相匹配的钢材,来提高设计的效率。即便是中国建筑设计师也只得借助于西方的技术体系[1]。这在先进的工业建筑中反映尤为明显。

以杨树浦工业带为例,1923年利华公司在上海投资的中国制皂厂,其生产车间采用工字钢柱子和钢架屋面结构,全在英国做成构件,届时运来铆接组装[2],包括洗衣皂生产车间、溶油车间、碱化车间、粗甘油生产车间等。1916年公和洋行设计的上海纱厂,其结构构件标号为 BSB 21, BSB 23, BSB 28, BST 10, BST 14 等[3],亦为英国标准的进口型钢。

直到20世纪30年代,和兴钢铁厂等一些民族资本的大中型钢铁企业才开始发展起来,逐渐有外籍建筑事务所选择相对价廉的国产钢料。但主要应用于民用建筑,在工业建筑中的例子较少。

(三) 本土营造业的施工能力及体系建立

在西方建筑进入中国之时,其建造体系也不可避免地冲击着中国的传统的建筑从业者。一方面建筑的设计与施工分离,需要大量劳动力的施工队伍不可能完全由在沪外国人完成;另一方面,中国匠人为谋求出路,积极学习新式建筑之法,与外国营造厂抗衡,承接更多的工程。这两者都促进了上海营造业施工能力的提升,为上海近代建筑提供了强大的施工队伍。

以杨树浦工业带为例,除杨树浦水厂由英商耶松船厂承建,其他各厂均由中国营造厂承包。这些营造厂都有着丰富的工程经验。其中周瑞记营造厂在建造杨树浦发电厂泵房时,遇到围堤打桩多次失败的困境,英国业主颇有微词。于是,周瑞记营造厂想方设法在挡水坝中加进牛粪和明矾,并到外滩天文台了解施工期间黄浦江最高潮位的资料,最终挡住了潮水,使打桩获得成功,如期完成施工任务[4]。施工队伍也在实际问题的解决中逐渐成长起来。(表8,图26)

---

[1] 李海清. 中国建筑现代转型[M]. 东南大学出版社,2004:178-179.
[2] 上海制皂厂厂志编审委员会. 上海制皂厂厂志[M]. 上海社会科学院出版社,1993:95.
[3] 查阅上海城市建设档案馆图纸。根据 Bates W. Historical structural steelwork handbook[Z]. British Constructional Steelwork Association(BCSA), 1984. "BSB"所指应为"British Standard Beams",而"BST"暂未查到实据,根据图纸推测为"British Standard Trusses",存疑。这两类型钢均已不再使用。
[4] 上海建筑施工志编纂委员会. 上海建筑施工志[M]. 上海社会科学院出版社,1997. 转引自陈卓. 中国近代工业建筑历史演进研究(1840—1949)——后发外生型现代化的历程[D]. 同济大学,2008:128-129.

可以说近代上海的营造业已完全能胜任钢结构和钢筋混凝土结构及其他砖混合结构的施工,并基本占领了这一市场。新结构新技术与中国施工队伍的合作与相互配合成为上海近代工业建筑建造的一个特点,为外来结构技术在上海的广泛应用打下了基础,是结构体系本土化的一个重要环节。

表8　部分近代营造厂及其在杨树浦地区承建项目

营　造　厂	工　程　项　目	结　构　类　型
耶松船厂(英)	杨树浦水厂	砖混合结构
裕长泰营造厂	1911年工部局电气处江边电站主厂房	钢结构
周瑞记营造厂	杨树浦发电厂泵房	钢筋混凝土结构
大宝工程建筑厂	上海电力公司杨树浦锅炉房 上海电力公司杨树浦发电间	钢结构
新金记营造厂①	裕丰纱厂	砖混合结构
创新营造厂②	杨树浦煤气厂	钢结构
陶桂记营造厂③	永安纱厂	钢筋混凝土结构

(a) 在建中的上海电力公司杨树浦锅炉房　　　　(b) 在建中的上海电力公司杨树浦发电间

图26　大宝工程建筑厂承建杨树浦电厂施工照片
(《建筑月刊》第一卷第七期)

---

①　陈卓.中国近代工业建筑历史演进研究(1840—1949)——后发外生型现代化的历程[D].同济大学,2008：附录.
②　陈卓.中国近代工业建筑历史演进研究(1840—1949)——后发外生型现代化的历程[D].同济大学,2008：附录.
③　陈卓.中国近代工业建筑历史演进研究(1840—1949)——后发外生型现代化的历程[D].同济大学,2008：附录.

五、结语

与其他类型建筑的结构演进历程略有不同,工业建筑作为一个专业性较强的新类型建筑,在上海发展之初就表现出比较清晰的技术拿来特征。其建造由专业的工程师或建筑师控制,与成熟的施工队伍合作,而没有经历过与早期公共建筑或住宅建筑一般的挣扎融合。

西方结构体系在上海近代工业建筑中的源流发展大致经历了两个过程:一是结构体系的引入,即结构技术的移植;二是结构体系的适应与优化,即结构技术的本土化。两者几乎是同时进行的。其中前者出于工业建筑的功能需求在上海建立了结构的系统,而后两者通过工程师和建筑师在上海的实践以及经验累积,调整了结构的细节,从而获得更适宜于上海本土的工业建筑结构方式,并且推动了结构技术的发展。

华南圭的交通博物馆与中国早期铁路工业发展研究

张凌雨　陈雳

（北京建筑大学建筑与城市规划学院）

摘　要：华南圭先生早年在法国留学并在欧洲铁路部门工作，归国后为中国近代铁路发展作出了重要的贡献。由他主持创建的交通博物馆，不仅展示了当时中国铁路成就，也成为中国近代工业发展和现代化进程的一个缩影。博物馆的主要展品又参加巴拿马万国博览会，向国际社会呈现了早期中国铁路工业的辉煌成就，获得了巨大的成功。本文以近代交通博物馆的建设为切入点，分析了中国早期铁路建筑发展状况与取得的成就，积极评价了以华南圭为代表的中国早期铁路工程师的卓越贡献，展现了20世纪初期中国铁路建筑的发展历程。

关键词：华南圭；交通博物馆；铁路工业遗产；黄河铁桥；中央车站

华南圭（1877—1961），字通斋，出生于江苏无锡荡口镇[①]，在巴黎的公益工程大学土木工程系留学六年，并在法国的北方铁路公司与比利时的公共工程部（路桥司）进行为期两年的工作实践，于1913年任北京交通大学的教务主任。他是我国近代第一代建筑师，早期铁路工程师和工程教育家。

交通博物馆是中国最早的一座专题型博物馆，建设该馆的倡议是在全国铁路协会会议上提出的，时任交通部副总长兼该协会副会长叶恭绰草拟了报告。民国二年（1913），交通总长朱启钤批复，交通部正式决定创建交通博物馆，并委任华南圭为筹备处主任。

1914年10月10日，交通博物馆正式向公众开放，华南圭担任馆长。刚创建时交通博物馆位于北京交通大学前身交通传习所内，坐落在府右街25号，入口在北侧的李阁老胡同，西邻交通部，东邻南海总统府。交通博物馆地理位置显要，且由交通部直接督办管辖。

---

① 郝博，徐苏斌. 华南圭对近代建造技术文化交融的探索——以《房屋工程》为例[J]. 建筑创作，2021(4).

一、交通博物馆的发展变迁

1906年,清廷五大臣出洋考察归来,提出了四大"导民善法",即开办博物馆、图书馆、公园和万牲园。出于启发民智与培养专业人才的考量,交通博物馆应运而生。开放之初的交通博物馆深受关注,引起参观热潮。随着藏品的增加,交通博物馆经历了两次馆址迁移。

创办之初的交通博物馆借用交通传习所的附属建筑作展览厅、库房和办公室。博物馆分工务、机务、车务、总务四处。1914年,铁路协会会报《交通博物馆参观记》一文记录:工务股映入眼帘的是一段意造条形铁路轨道,墙上悬挂各种道钉及各种工程使用的工具零件等,窗户间置放修建站房所用的砖瓦,屋墙三面有绘制精细的津浦、正太、京张、京汉各铁路线高低比较图,意造铁路旁有新式测量仪器以及铁路灯塔、京汉黄河空心螺头桥墩、圆形机车房、意造车站等模型。机务股门上悬挂着机车全形油墨图和唐山制造厂油墨图,屋内置有机务所用的零件及制造用品、机车客车模型等(图1)。门外有津浦黄河铁桥模型。车务股屋内陈列有国有各路价格表和各路营业表及各类车票样式。总务股陈列各种照片及书册,并设有休息室①。

图1 交通博物馆陈列室工务股

1916年,随着展品的不断增加,交通部决定扩建馆屋,博物馆迁至交通传习所南面旧屋,并在府右街开辟一门,定为博物馆正门②。馆舍是一排造型朴素的坡屋顶建筑,单层砖木结构,每间设有一窗。最右侧末间是馆屋的主入口,设有一扇对开的格子门,门窗均是带西洋拱券顶的木窗格玻璃窗。屋面采用三角木桁架,覆盖中国传统式筒瓦。馆舍整

---

① 交通博物馆参观记[N].铁路协会会报,1914(26).
② 龚建玲,谭瑞杰,纪丽君.图说民国铁路[M].中国铁道出版社,2011:10.

体风格朴实简洁,在中式四合院的基础上改进了建筑结构和材料,反映了以实用功能和经济技术为导向的建筑观念(图2)。1919年,博物馆又进行扩充,原有的铁路门,改为路政股,另添设邮、电、航三股。至此,该馆成为完备的交通博物馆。1927年国民政府南迁,交通部将博物馆交由北京交通大学管辖。

图2　1917年交通传习所南屋前全体职员合影

伴随着北京交通大学的搬迁,交通博物馆于1936年在新校区建成竣工。北京交通大学校园中心是中国第一火车头Rocket of China,这也是交通博物馆的镇馆之宝。围绕花园一圈的是一条轨距仅宽一尺五寸、长约七八丈的小型铁路线,轨道一直延伸至交通博物馆北门①。交通博物馆位于校园南部,坐北朝南,是一栋三层砖石结构仿清官式宫殿建筑。建筑设计之初就是按照展示功能划分区域的,平面呈工字形,由六个厅和一条走廊组成,包括轨道和工程构件厅、机车车辆厅、运营厅、综合厅等,已经初步具备了现代博物馆的特征。立面有三层,第一层为博物馆,第二、第三层为图书馆。主入口稍外凸,由贯穿三层的壁柱划分三段,立面嵌矩形平窗。主楼三层,与主楼后部垂直贯穿;配楼一层,以坡屋顶连廊相连,C字形环绕主楼。博物馆的歇山屋顶垂直相贯穿,高低错落有致。屋面曲线和缓,屋脊带悬鱼、脊兽、正吻等中式装饰。整体建筑比例和谐,造型优美,风格庄重古朴,表达了对中国传统文化的尊重。(图3)

---

①　交通大学北平铁道管理学院学生自治会编. 交大平院季刊[M],交通大学北平铁道管理学院学生自治会,1936.

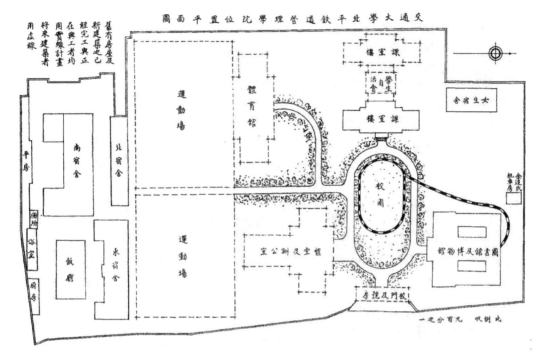

图 3　交通大学北平铁道管理学院位置平面图

1937年,抗日战争全面爆发,北平沦陷。交通博物馆被毁,博物馆内模型与图片大规模散失。抗战胜利后,学校着手准备重整博物馆,但收获寥寥。1951年,为存放全国铁路展览会展品,北京交通大学重建铁路陈列馆①。新的交通运输科学馆代替曾经的交通博物馆,持续丰富铁路展品,完善铁路实践教育体系,延续爱国自强的实业精神。

二、交通博物馆的重要展陈

交通博物馆虽然场地有限,但展品丰富多样,涵盖铁路、建筑、桥梁、机车等。展品形式主要分为几类:其一为模型,如沪宁铁路苏州车站模型、江华号轮船模型、京汉铁路电气列车操作装置模型;其二为实物,如"龙"号机车(图4)、标准钢轨截面和紧固件;其三为图表照片,如铁路报告和条例、中国政府铁路统计图表、京奉铁路唐山商店照片。交大纪念刊《本院交通博物馆概略》一文记载:"博物馆的陈列品总计约有八千余件,包括北宁路之中国第一机车实体、正太铁路小机车、平汉路津浦路黄河桥之模型、车站职员之蜡像、各路机车货车之模型、各项汽船之模型等,俱属精贵珍奇,外间不易见者。"②

---

① 高杰.北京交通大学校园特色文化景观建设的实践与思考[C].//中国高等教育学会校史研究分会第十五届学术年会论文集.2018:157-163.
② 交通大学北平铁道管理学院学生自治会.交大平院廿三周年纪念特刊[M].交通大学北平铁道管理学院学生自治会,1932.

图 4　停放在交通博物馆机车库的"龙"号机车照片和北宁铁路纪念印章

除此之外,同时期还有众多优秀铁路建筑成果,遗憾的是现存的相关资料很少。华南圭呈交通部文提及:杭州车站布置尤为特色,站前有一带花园的大广场,场外有纵横两大马路。京张铁路上的青龙桥站地势颇为特别,但考虑到制作模型太过费工,车站只陈列了图画照片①。下文重点介绍博物馆内最具代表性的展品,即两大黄河铁桥、华南圭设计的中央火车站及沪宁铁路上海站与苏州站。

（一）平汉铁路郑州黄河铁桥

中国早期铁路兴建以北京为中心布局,其中京汉铁路、津浦铁路均为南北架设,横跨汹涌的黄河。因此,黄河铁路桥梁的修建,对于整条铁路线的开通极为重要。北京交通博物馆中陈列有中国近代最早修建的两座黄河大桥的模型——平汉线上的郑州黄河铁桥与津浦线上的泺口黄河铁桥。华南圭在个人的略历手稿中写到:"黄河大桥,在津浦线上者,模型齐全,挑梁完全明显。其在平汉线上者,只陈列螺椿之桥墩,未能作全桥之模型,因该桥总长三公里,无大厅可容之也。"②

郑州铁路黄河大桥始建于 1903 年,为全钢结构,共有 102 跨,是当时世界上最大的跨径桥梁。1934 年《京报》记载:"陈列室正门内,有平汉铁路黄河大桥巨大模型,凡三节,均

---

① 华南圭. 技正华南圭关于路政博物馆及其它之报告[N]. 铁路协会会报,1914(16).
② 华新民. 华南圭选集　一位土木工程师跨越百年的热忱[M]. 同济大学出版社,2022：1.

系铜质,长约二丈,为民二长辛店机厂所制。"①铁桥总长达3公里,没有展厅可容纳,因而仅展示两个跨度。尽管如此,郑州黄河铁桥模型清晰地展示了这座桥的钢桁架跨度和板梁跨度。铁桥的所有桥墩和桥台均由钢柱制成,用螺丝深深地固定在河底。华南圭任黄河铁桥设计审查会委员长期间,考察到该段黄河河底50公尺处仍是沙泥,新桥墩不免稍降,则梁中之正号负号之动积,处处变更。因此他主张该桥设计的第一条件为不用统梁,得到各委员的一致赞成,并在此模型中得到清晰地展示。(图5)

图5 交通博物馆内的平汉铁路黄河大桥模型

郑州黄河铁桥作为我国首座横跨黄河的铁路大桥,其建设经历了巨大的自然和技术挑战。作为平汉铁路的控制性工程,郑州黄河铁桥对平汉线的联结贯通起到关键作用②。由于郑州物资匮乏且缺乏大型机械,建桥材料的运输与桥梁的架设安装都极其艰难。黄河铁桥还未建成,就因为比利时公司的设计问题,在遭遇洪水的剧烈冲击时损失惨重。大桥建成后,总工程师萨多表示:这座桥的保固期只有15到20年。此后郑州黄河铁桥要不断依靠抛石稳住桩基,这必然造成河流不畅。终至1960年,这座第一代老铁桥被拆除,只保留了南岸一小段供后人参观。

(二)津浦铁路泺口黄河铁桥

交通博物馆的另一黄河大桥,是1909年建设的津浦铁路泺口黄河铁桥。桥梁模型齐

---

① 交通博物馆陈列之詹天佑购买第一机车[N].京报,1934-9-17.
② 星光,张裕童.路政与河政的纠葛:以郑州黄河铁路大桥为中心(1903—1937)[J].史学月刊,2023(3).

全,挑梁完全明显。根据《世界日报》报道:1933年3月,为避免模型损毁于战火,黄河铁桥模型曾运往南京陈列。至同年8月平津安定,模型运回交通博物馆①。

泺口黄河铁桥的设计方案历经五轮修改,中方深度参与其中。1899年《津浦铁路借款草合同》签订后,德国蒙阿恩桥梁公司选定泺口镇为黄河铁路桥址并绘制设计图。开工典礼上,河工道员提出桥墩阻水问题,引发"桥孔之争",最终磋商无果。1908年,詹天佑等中国铁路工程专家到济南协调,提出"减少桥墩、扩大桥孔、加固堤身"的方案。后经过双方不断沟通,先后修改多次才得以定稿。

泺口黄河铁桥采用先进的工程技术,完成艰难施工。沈琪在南北两段分别担任主副"稽查及会办"并担任黄河大桥监修,是核心的技术力量②。最终确定的12孔桥设计,最大孔跨度为164.7米,是当时中国孔径最大的铁路桥梁,梁下留有足够通航空间。桥面宽9.1米,桥上铺设单条轨道,轨道两旁为工作便道,更外是两条行人便道,留有铺设双层线路的余地。黄河铁桥采用三联孔悬臂挂梁,桥墩施工过程中采用气压沉箱法(图6)。交通博物馆还陈列有该工程使用的水下空气箱模型。泺口黄河铁桥以其壮观的规模和创新的工程技术,成为当时亚洲最大的悬臂梁铁路大桥,钢结构体系也影响到了济南近代建筑发展。瑞蚨祥绸缎店是济南最早采用钢结构的建筑,有说法是其钢材来自修建大桥时剩余的材料③。

图6 泺口黄河铁桥的三联孔悬臂挂梁与气压沉箱法的应用

---

① 交通博物馆交通模型昨日回北平[N].世界日报,1933-8-19.
② 程力真.北平交通大学创始人沈琪——中国近代卓越的铁路工程师和建筑师[J].建筑师,2020(4).
③ 倪博研.济南近代铁路建筑遗产研究[D].北京建筑大学,2019.

建成后的泺口黄河铁桥经受多次洪水仍安然无恙,证明了桥梁基础的稳固。1928年北伐战争时期,张宗昌败逃时炸毁该铁桥。茅以升等中国桥梁专家与该路中国工程司胡升鸿等拟定修复方案,次年修复竣工,完好如初①。至今泺口黄河铁桥仍在使用,并入选第一批中国工业遗产名单。

泺口黄河大桥是近代中国工程师走向铁路桥梁技术前沿的重要标志。面对路权分割与西方技术优势难题,以詹天佑为代表的中国工程师积极参与到桥梁建设中,凭借他们的专业技能和远见卓识,为泺口黄河铁路大桥的建设作出了重要贡献。这座桥梁不仅见证了中国铁路桥梁行业的独立自主发展,也是中国本土工程技术实力的有力证明。(图7)

图7　詹天佑等在济南审定泺口黄河铁桥图时合影

(三) 华南圭设计的中央车站

交通博物馆陈列有一个造型精美的双层中央车站,这座建筑模型是依华南圭的设计制造而成的。华南圭个人略历中提及:三路中央车站之议,始于民国九年(1920),交通部饬平汉、平奉、平绥商议办法,会议结果,择定天坛北之空旷大地,由通斋与牛麻治、陈西林拟具图案,惜其时未能实行②。根据设计时间与建筑造型推测,该模型大概率为天坛之北的三路中央车站原型。

该站是从经济角度设计的,一层用于交通,二层用于铁路办公室。平面近似矩形,开间七间,进深三间。立面竖向由壁柱划分,横向设有连续的平券门窗,为厚重坚实的车站增添了玲珑剔透感。屋顶为三角桁架结构,左右为坡度平缓的四坡盝顶,中间为山面朝前的人字坡顶,檐口之上环以短石柱栏杆。车站主入口处有一座平面方形的钟楼,以层叠的腰线分割

---

① 中国铁路济南局集团有限公司. 泺口黄河铁路大桥[M]. 山东人民出版社,2023:7.
② 华新民. 华南圭选集　一位土木工程师跨越百年的热忱[M]. 同济大学出版社,2022:1.

为四层,造型繁复优美。每层均设有带有弧形和三角形双层山花的长窗;顶层四面皆挂着24小时不停摆的大圆钟;大圆钟之上是带有采光亭的圆穹顶,既增添了曲线美,又增加了室内光亮度。铁路线采用典型的平线式布局,车站朝铁路线的一面带一排雨棚,方便旅客在此候车。

铁路站房是中国近代较早从西方引入的建筑类型,是中国建筑界西学东渐的重要见证。该火车站为西式折中主义建筑风格,建筑空间合理,比例匀称,造型优美,虽未正式建成,但能够充分展现当时先进的建筑技术和成熟的设计手法,说明我国建筑师当时已经完全有能力独立设计复杂的大跨度工业建筑。

(四)沪宁铁路上海站与苏州站

据文献记载,交通博物馆还珍藏了"沪宁站"[①]与"木质苏州车站"[②]两个车站模型,由记载时间和相关描述可以推断,分别是沪宁铁路上的两个重要站点——沪宁铁路上海站与沪宁铁路苏州站(图7、图8)。

图7 沪宁铁路上海站

1906年3月,随着沪宁铁路上海至苏州段的建成通车,沪宁铁路上海站开站。沪宁铁路局在上海站(即沪宁车站)建成一座四层红色外墙、城堡模样的办公大楼。该楼由英国人设计,位于上海县郊的公共租界内,是上海站的标志。车站的站房紧邻办公大楼,由6间平房组成,其中4间用于售票、电报、邮政和办公等业务,另外2间则作为候车室。作

---

① 严智怡. 巴拿马赛会直隶观会丛编[M]. 1921.
② 陈占彪. 清末民初万国博览会亲历记[M]. 商务印书馆,2010:4.

图 8　沪宁铁路苏州站

为当时全国最大的火车站,上海站规模和设施都处于领先地位,其前身可以追溯到清末的上海火轮房,它见证了中国第一条商业运营铁路——吴淞铁路的诞生。

同年 5 月,沪宁铁路苏州站也正式投入使用。限于清末苏州府城墙的阻挡,苏州车站选址在苏州城郊北侧①。站房面积 205 平方米,拥有 2 座站台,以及 1 座 340 平方米的货物仓库和 174 平方米的雨棚。外籍总工程师格林森称:"规模除上海外,实为各处之冠。"华南圭在其著作《铁路》中将苏州车站列为头等车站②,并绘制了站房平面图。苏州车站的站房采用了单层双坡顶砖木结构,仅中部的穿堂和塔亭高出一层,巧妙地将平面划分为东、中、西三段。车站平面功能布置清晰有序,西部设有头等候车室、餐饮室、询问室等服务区;东部则是站长室、电报室、仓库等工作区。

1937 年淞沪会战爆发,上海站与苏州站遭到日军轰炸破坏,建筑受损严重。此后两站均被日军占领,更名为"苏州驿"与"上海驿"。直至 1946 年苏州站得到修复,上海站主体建筑则一直沿用至 1989 年,现为上海铁路博物馆。尽管遭受了战争的摧残,但这两个车站的建设推动了上海和苏州进入中国最早的近代民族工业城市之列。他们不仅是交通的重要枢纽,也促进了长三角地区经济发展,是城市现代化进程的象征。

1914 年,美国旧金山举办巴拿马-太平洋国际博览会,中国应邀赴赛,陈琪担任巴拿马博览会赴赛监督。华南圭作为筹备处长,将馆内展出的模型、统计数据、图表等资料装箱寄往美国,参加展会,交通部赴赛特派员夏昌炽前往美国对接布展。包括黄河铁桥、华南圭设计的中央车站、沪宁铁路上海站与苏州站等模型在内的一系列展品获得一致好评,斩获大奖 1 枚、名誉优等奖 2 枚、银牌奖 3 枚。此次博览会是中国铁路工业第一次走出国门,不仅成功塑造了进步、现代的中国形象,还推动了中国铁路乃至中国工商业的进一步发展。(图 9、图 10)

---

① 朱宁. 空间生产视角下的旧城火车站地区更新研究[D]. 东南大学,2018.
② 华通斋. 铁路(第二辑)[M]. 1919.

图 9 巴拿马世博会中国馆鸟瞰

图 10 交通馆中国区展示的铁路设备模型

三、以华南圭为代表的中国铁路工程师的成长

民国初期,詹天佑、叶恭绰、陈琪、夏昌炽、华南圭等精英人才投身铁路事业,华南圭是其中非常重要的一员,他在交通博物馆的建设与管理中发挥了重要作用(图11)。

作为民国初期重要的铁路工程师，华南圭归国后参与了多条铁路的管理和建设工作。他不仅参与平汉铁路、粤汉铁路、京奉铁路等线路的管理，还参与郑州黄河大桥、北宁铁路滦河新桥等工程设计，推动了铁路制度的改革与工程建设的提升（表1）。

华南圭还致力于建筑工程教育，出版一系列工程学教材。华南圭不仅在叶恭绰担任交通大学校长期间任教务处处长，主持建设了交通博物馆，同时他还协助叶恭绰筹设了中国第一所铁路中学——天津扶轮学校。华南圭亲自编写了《房屋工程》系列书籍，结合自己绘制的图纸，详细介绍了住宅、旅馆、医院、学校、市政厅、监狱等多种建筑类型的选址与设计。他出版的第一套由中国人编写的铁路工程教材《铁路》，涵盖了铺路工程、铁路建筑设计、铁路的策划与养护等内容。书中不仅详细描述了铁路总局和车站的规划设计，还结合货件、驶务、工务、职员、医务等不同功能需求，分析了其他铁路附属建筑的设计要点。

图 11　交通博物馆首任馆长华南圭

表 1　华南圭参与的铁路建设

铁　路	时　间	职　　务	负　责　内　容
京张铁路	1911 年之后	詹天佑的主要助手	参与京张铁路建设
卢汉铁路	1911—1913 年 1920—1922 年 1924—1928 年 1946—1948 年	京汉铁路安阳段段长 京汉铁路总工程师 京汉黄河新桥设计审查委员会副会长 京汉铁路顾问	负责日常管理事务与兵灾水灾等抢险工程；设计郑州黄河大桥桥墩等
汴洛铁路	1919—1920 年	陇海铁路汴洛段局长	参与汴洛铁路管理
粤汉铁路	1926 年前后	中华工程师学会会务主任兼会报主编	在《致英庚款委员会意见书》中提出建设粤汉铁路南段；协助夏昌炽建设粤汉铁路
北宁铁路	1929—1934 年 1936—1937 年	北宁铁路局总工程师兼北宁铁路改进委员会主席 北宁铁路局工务处处长	主持 1930 年大水之抢险工程；主持天津东站之雨棚天桥、唐山厂改用河水等经常性工程；设计北宁铁路滦河新桥，建设天津北宁公园等

在《铁道泛论》一文中，华南圭高度概括了"铁道是文明之媒介"的观点，为铁道文明在中国的推广和接受奠定了理论基础。他还提出了中国铁路发展"十五经、十四纬"的建设构想，这一构想覆盖了当时中国版图上所有地区的铁路建设，对今日铁路建设仍有借鉴意义。华南圭的这些思想和贡献，展现了他作为民国初期铁路工程师的卓越远见和深厚影响力，对中国铁路事业的发展产生了深远的影响。

四、管窥清朝末年至民国初期的中国铁路发展（1886—1915）

1913 年交通博物馆筹备时期，北洋政府的交通部原计划路、电、邮、航四政各置一门，但综合考虑后，认为"以铁路潮流为最激，而铁路机关又为最繁，议决于本年度先从铁路一门筹备"[①]。由此可见，此时的中国在各种交通与通信方面，铁路建设是最重要紧急的，同时也是进展和成果最突出的。

自 1886 年津唐铁路的成功建设和运作，国民近代化交通意识逐步觉醒。交通博物馆成立后，陆续征集了全国各地的铁路技术成果，最终在次年巴拿马万国博览会展出。从 1915 年巴拿马万国博览会夏昌炽的报告中[②]，可以看出这一阶段中国铁路建设取得的显著进步（表 2）。

表 2 1886—1915 年中国铁路网建设情况

阶　　段	时　　间	中国的铁路运营总里程
第一阶段：截至甲午战争爆发	1886—1894 年	444 公里
第二阶段：甲午战争结束至日俄战争结束	1895—1905 年	2 842 公里
第三阶段：日俄战争结束至满清王朝灭亡	1906—1911 年	4 661 公里
第四阶段：中华民国建立至交通博物馆成立	1912—1915 年	5 475 公里

（一）铁路网络迅速扩展

民国成立之初，中国铁路的总里程相对较短，但随着近代交通技术和观念的引入，清政府和百姓明显意识到铁路的重要性。政府和民间资本陆续投入铁路建设，新线路的开辟和旧线路的改造成为常态，铁路网络得到了迅速扩张。

（二）专业教育和技术进步

北平交通大学、天津扶轮中学等学校开始提供铁路工程和相关领域的专业教育，培养

---

① 交通博物馆筹备大纲[M].中华民国史档案资料汇编（第 3 辑）.南京：江苏古籍出版社，1991.
② Xia Changchi. Modern transportation and communications in the Republic of China[R]. San Francisco，1915.

了一批批专业的工程师,为铁路建设提供了人才保障。通过引进、消化和吸收国外先进技术,中国工程师逐渐摸索出适应本国文化背景和经济条件的铁路建筑设计风格与技术。

(三) 铁路建设自主化

相较于晚清而言,这一阶段中国技术人才的参与度明显提高。即使是津浦铁路这样原本由外国资本和技术主导的项目,也开始有中国技术人员的广泛参与,这表明中国在铁路建设方面的自主化程度正在逐步提高,开始在铁路建筑设计等领域发挥更大的作用。

(四) 相关民族工业兴起

铁路建设的推进也带动了相关民族工业的发展,如钢铁、机械制造、建筑等行业。如"龙"号机车建成后,唐胥铁路全线建成通车,解决了开平煤矿的运输问题,标志着中国铁路运输的开端和工业化的起步。这些产业的发展不仅支持了铁路建设,也为中国的工业化和现代化奠定了基础。

这段时期的铁路发展带动了中国自主的铁路建筑技术的飞跃,从完全依赖洋人到独立自主掌握技术,中国铁路迈出了坚实的一步,同时为未来发展打下了坚实的基础,也为后人留下了大量宝贵的铁路建筑遗产。

五、结语

中国铁路工业起步较晚,清朝末年至民国初期中国处于半殖民地半封建社会,铁路发展面临路权分割、管理制度不统一等纷繁问题,加之连年战火不断,在近代种种不利的大背景下,铁路工业的发展注定荆棘丛生、举步维艰。然而我们同时应该看到,从唐胥铁路的开通,到京汉铁路、津浦铁路、沪宁铁路的修建,中国铁路建设跨越了从晚清到民国成立初期的 29 年,该阶段正是近代中国铁路从艰难起步到框架形成的重要时期,见证了中国人民在西方强权压迫下,争取民主权利和民族发展的伟大过程。以华南圭为代表的铁路技术人才逐步投身铁路建设与管理,克服重重困难,推进铁路建筑技术的民族化创新,为中国铁路未来的现代化发展奠定了基础。

(感谢华新民女士为本文完成提供了重要的帮助)

"156项工程"在洛阳布局建设的历史考察

杨亚茜

(洛阳理工学院人文与社会科学学院)

摘　要："156项工程"是新中国成立初期苏联援建我国的156个以重工业为主的工业建设项目的统称,是城市文化遗产的重要内容。洛阳作为"156项工程"重点建设地区之一,共有6项工程项目在此布局建设,先后历经"筹建准备—组织施工—交工验收—正式投产"等复杂过程,呈现紧张有序推进、多方联动聚合力、苦难与辉煌并存的特点。它们的建设极大地推动了国家工业化发展进程,带动了地方工业和城市化发展。

关键词："156项工程";洛阳;建设;历史

新中国成立伊始,为应对复杂严峻的国内外局势考验,奠定我国工业化发展基础,巩固国防安全,在苏联帮助下组织编制了以"156项工程"项目建设为核心的第一个五年计划,构成我国"一五"时期大规模经济建设的中心任务,由此也开启了对新中国工业化发展道路的探索。当前,学界关于"156项工程"研究已取得一定进展,相关成果主要集中在"156项工程"的确立与建设过程研究、"156项工程"对城市建设以及工业发展的影响研究、"156项工程"与中苏关系研究、"156项工程"与技术引进研究、"156项工程"与中国共产党研究等多个方面[1]。但长久以来相关研究多采用宏大的论述方式展开,较为缺乏基于具体个案的微观探析,这也使得整个研究常常给人一种只见结果不见过程之感,重复性研究内容较多。

洛阳作为"156项工程"重点建设城市,有中国第一拖拉机制造厂(简称一拖)、洛阳矿山机器厂(简称洛矿)、洛阳铜加工厂(简称洛铜)、洛阳轴承厂(简称洛轴)、河南柴油机厂(简称河柴)以及配套建设的洛阳热电厂(简称洛热)等6项"156项工程"在此布局建设,直接推动了整座城市的现代化跨越式发展。但遗憾的是,目前针对洛阳"156项工程"研究才刚刚起步,研究文献数量十分有限,对洛阳"156项工程"建设与发展历史等重要问题

---

[1] 李彤."一五"时期156项工程研究现状与思考[J].北京党史,2018(3).

关注也不够。鉴于此,本文拟通过对地方史志、企业厂志、当时的报纸、回忆录、口述史料等材料的挖掘运用,围绕"156项工程"在洛阳布局建设的背景、过程与成效等中心问题,从微观视角开展更为细腻、真实与丰富的研究,以期生动、立体地还原新中国成立初期"156项工程"在洛阳建设实施的历史情景。

一、"156项工程"在洛阳布局建设的背景

随着"156项工程"的确立和我国"一五"计划的编制,大规模工业建设随之全面拉开。从1953年到1957年,包含中国第一拖拉机制造厂、洛阳轴承厂等在内的6项"156项工程"成组地在洛阳布局建设,这是综合考虑当时国内外发展形势、改变内地工业基础薄弱状况的需要,也与洛阳在自然、地理、资源、交通等方面呈现出来的独特发展优势密切相关。

(一) 改变内地工业基础薄弱状况的需要

旧中国的工业布局极不平衡,全国有超过70%的工业设施都集中在沿海城市,如上海、广州、天津、沈阳、青岛等地,而广大内陆地区工业基础长期以来都十分薄弱。这种区域发展不平衡的状况,不仅不利于资源的合理配置,而且对于国家的经济安全也是极为不利的①。为改变旧中国工业布局不合理的状况,促进区域经济的均衡发展,巩固国防安全,在"一五"计划编制时就提出"我国工业基本建设的地区分布,必须从国家的长远利益出发,根据每个发展时期的条件,在全国各地区适当分布工业的生产力,使工业接近原料、燃料的产区和消费地区,并适合于巩固国防的条件,来逐步地改变这种不合理的状况,提高落后地区的经济水平"②。毛泽东在《论十大关系》中也指出:"新的工业大部分应当摆在内地,使工业布局逐步平衡,并且利于备战,这是毫无疑义的。"③根据这一指导思想,"156项工程"在地区布局上选择布置在我国东北以及兰州、西安、洛阳等中西部内陆地区。

(二) 洛阳具备相对明显的发展比较优势

"156项工程"的选址建设,需要综合考虑区域的地理位置、资源储备、交通运输、工业基础、水文地质等多种因素。其中,河南洛阳以其重要的战略意义和相对突出的发展比较优势,被国家确定为"156项工程"重点建设地区之一。从地理位置看,洛阳居于我国第二阶梯的东部前缘,东傍嵩岳,西连秦岭崤山,南有伊阙,北依黄河天险,是连接东西、沟通南北的交通要冲,区内山川纵横交错,地貌景观复杂多样,群山环抱,形势险峻,素为历代兵家必争之地,区位条件优越。从气候特征看,洛阳地处中纬度地带,大部分地方属于北温

---

① 董志凯,吴江. 我国三次西部开发的回顾与思考[J]. 当代中国史研究,2000(4).
② 中共中央文献研究室. 建国以来重要文献选编(第6册)[M]. 中央文献出版社,2011:365.
③ 毛泽东. 毛泽东著作选读(下册)[M]. 北京:人民出版社,1986:724.

带大陆性气候,四季分明,气候温和,降水适中。从水文特征看,洛阳位于黄河流域中游,地跨江、淮、黄三大水系,境内水系发达、河流纵横、伊河、洛河、瀍河、涧河等从中流过,是北方地区少有的富水城市。从资源储备看,洛阳地区拥有储量丰富和种类繁多的矿产资源,如煤炭、铁、锰、钼、铝、铜、金、银、水泥灰岩、白云岩、萤石等。其中,钼、白钨、金、银、铝等矿产资源在全国乃至世界范围内都占有十分重要的位置。丰富的矿产资源为洛阳工业持续发展奠定了坚实基础。从交通运输看,洛阳素有"九州腹地,十省通衢"之称,陇海铁路穿越其间,交通运输便利。

通过对国家战略布局需要的综合考量和洛阳地区发展优势的比较分析,经过调查组的实地勘察,从1953年起包括一拖、洛矿、洛轴、河柴、洛铜、洛热等在内的6项"156项工程"在洛阳陆续实现落地建设。

二、洛阳"156项工程"建设发展的历程

"156项工程"在洛阳的布局建设先后历经了"筹建准备—组织施工—交工验收—正式投产"等复杂过程,呈现紧张有序推进、多方联动聚合力、苦难与辉煌并存的建设特点。

(一)洛阳"156项工程"的筹建准备

在洛阳的6项"156项工程"项目都属于新建工业项目,这就首先需要进行科学选址、资料搜集、项目设计等多项筹建准备工作,之后才能进入项目的施工建设阶段。

1. 几经波折的项目选址

选址是"156项工程"建设的重要一环,需要综合考虑区域地理位置、资源储备、交通运输、工业基础、水文地质等多种因素。1953年初,根据农业部意见,第一拖拉机厂筹备处(简称一拖筹备处)初步拟定在哈尔滨、石家庄、郑州和西安四地筹建拖拉机厂。但在一拖筹备处现场勘察后,发现以上四地都存在一些不利于建厂的问题。对此,中央要求对拖拉机厂另择新址,指示可在河南省内选择厂址。1953年5月,一拖筹备处调配力量到河南进行厂址选择调查工作,并初步确定选址洛阳市西工区。同一时间,重型矿山机械厂筹建处在经过实地勘察和周密考虑后,决定放弃最初在武汉选厂的计划,转向洛阳建厂,并与一拖筹备处联合,一起在洛阳进行厂址选择工作。

1953年7月中旬,由一机部、建工部和地方政府参与,一拖建厂筹备处为主,矿山机械厂筹备处参加的联合调查组,对洛阳市西工区展开了选厂勘察工作。联合调查组经过两个月的实地调查,基本确定现今周王城遗址所在地为建厂地址。但当联合调查组按照规定向有关部门进行汇报审批时,遭到文化部坚决反对,指出该地留存有周王城遗址,且地下古墓多,不宜建厂,最终不得不放弃在此选址。于是联合调查组开始转向郑州、偃师、新安、陕州以及洛阳的洛河以南、涧河以西、白马寺进行选址勘察。到11月,联合调查组针对在何处选址问题出现了两种声音:一种是主张在洛阳建厂,另一种是主张在郑州建

厂，对此争论一时难以定夺。后经进一步论证，中央有关部门作出明确决定，即"在洛阳建厂最适合"。接着，联合调查组再次回到洛阳进行选址勘察工作。

根据中央在洛阳建厂的指示，联合调查组考虑到洛阳东郊白马寺地下有大量唐宋古墓，洛河以南地下水位高、居民点比较稠密，认为两地都不宜建厂。比较而言，最理想的建厂之地是洛阳西端的涧河以西地区。这里地处邙山以南，是一片开阔的农田，地势比较平坦，地下水位低，土壤承载力好，而且北临陇海铁路，洛潼公路横贯东西，更为适宜建厂。

此时，随着滚珠轴承厂筹备处在西安选址勘察，发现该地在建厂方面存在许多不便之处，如湿度不合适、离拖拉机厂较远等。后经苏联专家建议，1953年12月，中央批准放弃滚珠轴承厂在西安选址，并转向洛阳与第一拖拉机厂和洛阳矿山机器厂共同选厂①。1954年1月，滚珠轴承厂筹备处正式由西安迁到洛阳，改称洛阳滚珠轴承厂筹备处，厂址定在洛阳符家屯以南。1954年2月20日，经毛主席批示，国家计委批准一拖、洛轴、洛矿三厂正式确定在洛阳涧河以西建厂②，并指示"在洛阳的厂址不得离涧西工业区太远"。

为便于企业间的协作交流，节省基本建设投资费用，1954年4月，国家计划委员会结合苏联专家建议，决定将原计划建设在兰州的有色金属加工厂迁移至洛阳建设，厂名定为洛阳有色金属加工厂。后经过筹备组的实地勘探和资料搜集，最终选定在洛阳涧西七里河地区建设③。

工业发展，电力先行。随着一拖、洛轴、洛矿等厂矿企业选址洛阳，1954年年初，中南电管局下达指示"在洛阳组织热电厂筹建机构"，以适应各厂和基建工程的动力需要。1954年4月，洛阳热电厂筹建处在洛阳老城区正式成立④。经过实地勘察，1955年2月洛阳热电厂确定布址在涧西工业区，厂址北临涧河、西南两面与一拖毗邻。

1955年5月，一机部决定新建我国第一个船用高速柴油机厂，专门研制、生产轻型高速大功率柴油机，为海防建设服务，厂址选在山西侯马，后确定厂名为高速柴油机厂（代号407厂）。1956年1月，407厂筹建机构在侯马正式成立。后因国防条件、自然环境等种种原因，407厂暂缓在侯马建设并重新进行选址。1957年8月，经国家建设委员会批准，407厂迁址洛阳涧西，后更名为河南柴油机厂⑤。

至此，在洛阳的6项"156项工程"项目全部完成选址工作。通过分析发现，"156项工程"在洛阳的建设始于一拖在洛阳的选址布局，正是在一拖选址洛阳的磁场效应影响下，滚珠轴承厂、矿山机械厂、热电厂、铜加工厂、柴油机厂等厂矿随之而来，纷纷选择落户洛阳涧西，使得洛阳逐步发展成为新中国重要的工业基地。

---

① 洛阳轴承厂志总编辑室．洛阳轴承厂志(1953—1983)．内部资料，1984：87.
② 第一拖拉机制造厂志总编辑室．一拖厂志(1953—1984)上．内部资料，1985：46.
③ 洛阳铜加工厂志编纂办公室．洛阳铜加工厂志(1954—1985)．内部资料，1986：13-15.
④ 洛阳热电厂．洛阳热电厂志．内部资料，1987：15.
⑤ 胡文澜，中共河南省委党史研究室．河南省"一五"计划和国家重点工程建设[M]．河南人民出版社，1999：337～350.

2. 项目基础资料搜集

资料收集、整理与编纂是项目建设的基础,能否全面、准确、及时地完成将直接影响项目建设的质量与进度。为加快项目资料搜集,1954年年初,"洛阳新厂资料搜集联合办公室"成立,整合了住建、考古、地质、水利等多部门力量,具体负责一拖、洛矿、洛轴三厂的建厂基础资料的汇集整理工作。经过调查人员夜以继日、不辞辛劳的搜集整理,仅一拖就整理出供国内外设计所用的基础资料共计3套12项42册,包含气象、水文、山洪、地震、地质构造等在内的各种基础性资料。实际上,在资料搜集过程中"常常狂风卷起雪浪,雪团在空中飞扬,天上没有飞鸟,路上行人稀少"①,或"晴天时骄阳似火,晒得人汗流浃背,当时几乎没有什么防暑降温的措施"②,但测量、勘探人员不顾辛苦和困难,经常一夜只能睡上四五个小时,眼睛熬得红红的,可是精神状态依旧饱满,也没有一丝的怨言③。

洛热、洛铜和河柴的地质勘探和建厂资料搜集工作是在各厂筹备处的组织下有序开展。1954年,洛热厂筹备处请北京设计分局开展了厂区的地质勘察和地下蓄水抽取试验等工作。1956年起,洛铜厂筹备处对厂区进行了地形测量和地质钻探工作,最终编制完成了《工程地质及水文地质篇》《区域概述及气候气象篇》等设计基础资料④;同时,筹备处通过对厂区的古墓铲探工作,先后发现古墓4 800多个、古井古坑及河床三千多个⑤。大量建厂所需的原始性基础资料的搜集整理,为后续项目设计工作提供了可靠依据。

3. 委托进行项目设计

洛阳"156项工程"设计工作是由苏联帮助设计完成的,具体有以下三种做法:一是前期工程由苏联帮助开展设计,积累经验后由国内自主进行二期、三期工程设计。例如,洛阳热电厂第一期建设工程设计是由苏联莫斯科动力设计院完成的,第二期扩建工程设计由水电部北京电力设计院承担,第三期扩建工程设计由武汉电力设计院完成。二是工程项目核心部分由苏联设计,辅助部分国内自主设计完成。例如,一拖与生产有关的内部核心部分由苏联方面负责,包括工厂的工艺设计、技术设计、产品设计以及生产车间建筑的设计等内容;而一拖工厂的公共基础设施设计、宿舍福利设施设计等外部辅助工程部分设计工作,则由我国的相关设计院、土建部门承担,涉及厂房建筑、厂区道路、厂区小型建筑物、厂区上下水、供电、照明、通信以及厂区与宿舍区园林绿化等内容。三是苏联承担总体初设和技术设计,施工图设计则由中苏共同完成,或由中国自主完成。例如,洛矿的初步设计和技术设计全部由苏联煤矿工业部乌克兰国立煤矿工业设计院承担,施工图设计由中苏分工完成⑥。

---

① 高林生.萍踪集[M].中州古籍出版社,1991:15.
② 魏庆恕,中铝洛阳铜业有限公司.建设洛铜的回忆.中铝洛阳铜业有限公司公众号,2022-4-19.
③ 新华社.一个大企业建设的开端.1954-6-23.
④ 洛阳铜加工厂志编纂办公室.洛阳铜加工厂志(1954—1985).内部资料,1986:15.
⑤ 洛阳铜加工厂志编纂办公室.洛阳铜加工厂志(1954—1985).内部资料,1986:16.
⑥ 洛阳矿山机器厂总编辑室.洛阳矿山机器厂志(1955—1983).内部资料,1986:35.

(二) 洛阳"156 项工程"的组织基建

为保证洛阳"156 项工程"顺利施工建设,1954 年 9 月 1 日,中央决定组建建工部洛阳工程局,由华东建筑工程公司第五工程处和中国人民解放军建筑第八师合并组成,并从全国各地抽调部分优秀干部,共计 3 万人,构成了洛阳"156 项工程"施工建设的骨干力量,下设 101、102、103 等八个工区,承担一拖、洛矿、洛轴三厂的厂区、宿舍区的土建工作。经过施工前的充分准备,从 1954 年下半年起,一场大规模的建厂施工大会战在洛阳涧西工业区展开。按照毛泽东"集中优势兵力,打歼灭战"的教导,洛阳"156 项工程"建设决定采用"先宿舍、后厂房""先辅助车间及服务性建筑、后主要生产车间"的方法,逐个有序地推进工程项目的施工建设。

到 1958 年 7 月洛轴一期工程建成投产时,累计完成建厂投资 10 510.8 万元,建筑面积 17.3 万平方米,包含厂房建筑面积 7.3 万平方米、宿舍建筑面积 10 万平方米,铺设各种管线 15 万米,安装机械设备 4 864 台/件套;到 1958 年 11 月洛矿建成投产时,完成建设投资 13 272 万元,建筑面积 19.4 万平方米,包含厂区建筑面积 9.8 万平方米、生活福利区建筑面积 9.6 万平方米,铺设铁路长度 6.6 公里,敷设各种管道 2 万多米,安装加工、电气、起重设备 2 487 台、508 套、551 件[①];到 1959 年 10 月一拖一期工程基本建成时,累计实现投资 2.89 亿元,建设厂房建筑 30.31 万平方米、宿舍建筑 27.05 万平方米[②],敷设管道 25 万米,架设电缆、电线 106 万米[③]。

洛热的土建工程由电力部基建局第七工程处承担。1956 年 6 月 20 日,洛热第一期工程主厂房破土动工。1957 年年初,洛热开始转入设备安装与土建结尾工程交叉进行阶段,年底洛热即实现正式并网交付生产,结束了涧西无电的历史。到 1958 年 12 月,洛热第一期工程全部建设完成,共投资 69 773 千元,实现全厂发电出力达到 75 000 千瓦[④]。

河柴的土建工程由河南省六建公司承担。1957 年 10 月,施工队动工建设河柴职工宿舍。1958 年 5 月,河柴主厂房正式开工建设。到 1964 年,河柴第一期基建工程完成,建成厂房 38 910 平方米[⑤]。

洛铜的土建工程由第六冶金建设公司承担。1956 年至 1957 年,洛铜率先开始了职工宿舍等生活福利设施以及厂区铁路专用线、设备仓库等附属设施建设。1959 年 1 月,洛铜厂区最大的主体生产设施工程即压延车间开始建设,随之工厂建设进入施工高潮期。但由于原材料不足,再加上苏联专家撤走,直到 1965 年年底,洛铜"三主一辅工程"才全面竣工投产,共计完成国家投资 3.12 亿元。

---

① 《洛阳建筑志》编纂委员会.洛阳建筑志[M].中州古籍出版社,2004:102.
② 洛阳市地方史志编纂委员会.洛阳市志 第七卷[M].中州古籍出版社,2000:11.
③ 洛阳市地方史志编纂委员会.洛阳市志 第七卷[M].中州古籍出版社,2000:101.
④ 洛阳热电厂.洛阳热电厂志(内部资料),1987:18.
⑤ 河南柴油机厂厂史办公室.河南柴油机厂厂志(1955—1985).内部资料,1988:5.

（三）洛阳"156项工程"的试验生产与交工验收

按照"边土建、边安装、边调试生产"的发展方针,当土建工程基本完工时,工厂便会组织开展设备安装、工艺调试与试验生产工作,由此形成土建、安装、试生产立体交叉进行的繁忙建设场景。

1956年8月,一拖开始了设备调试和试验生产工作。1958年7月20日,第一台"东方红"牌54型履带式拖拉机面世,标志着我国结束了不能制造拖拉机的历史。到1959年4月,一拖又陆续试制成功东方红-75型履带式拖拉机、东方红-54G排灌机。此时,一拖基本具备了交工验收和开工生产的能力;同年10月31日,国家验收委员会对一拖组织进行了验收鉴定工作,在会上宣布"第一拖拉机制造厂已经建成,工程质量总评为优等,批准其自1959年11月1日起正式动用投入生产"[1]。至此,历时四年时间,一拖一期工程基本完成了基础建设任务,并正式开启批量生产。

1956年12月22日,洛矿综合辅助车间率先投入生产。1958年4月,洛矿生产出第一台2.5米双筒卷扬机;同年11月,洛矿基本完成建设,并提交国家验收。经国家验收委员会鉴定,洛矿一期工程通过验收,质量总评为优。

1957年7月,洛轴进入试验生产阶段。当年年底,洛轴已能够生产轴承14个品种、13.62万套,为正式投产打下了良好基础。1958年2月,洛轴成立了验收准备委员会;同年6月,洛轴一期工程建成,由一机部和河南省、洛阳市有关同志组成的国家验收委员会开始进厂验收,认为"该厂建筑工程质量总评为良",可以正式投入全面生产。

1958年11月,河柴的两个辅助车间先后开工生产。到1959年5月,河柴生产车间中已有一部分零件开始投入试生产。1961年12月,河柴成功装配出两台轻12V-180型柴油机样机,经试车质量优良。1964年上半年,河柴第一期工程基本建设完成;同年7月,轻12V-180型柴油机生产得到国家定型委员会正式批准,同意河柴转入成批生产阶段。

1960年10月,洛铜成立了工程交工验收委员会,办理了一些附属工程和民用工程的中间交工验收手续。与此同时,部分车间也率先开始了设备安装和设备试车生产工作。1962年,洛铜厂区土建工程基本完工,部分主要设备进入安装调试阶段,交工验收工作随即全面展开。到1965年,全厂大部分设备安装调试完毕,并通过无负荷试车;同年12月,洛铜正式办理交工验收手续,标志着洛铜基本建设结束,正式投产。

（四）洛阳"156项工程"的正式投产

洛阳"156项工程"项目通过国家验收委员会验收后,便可正式投入生产,但要达到各大厂矿原本设计的生产能力,必须解决生产技术薄弱、人才匮乏等问题。

---

[1] 第一拖拉机制造厂工程质量优良 国家验收委员会批准今日投入生产[N].人民日报,1959-11-1.

1. 劳动人员来源多元

洛阳"156项工程"投产建设时的劳动人员来源多元,主要包括以下几个方面:一是从全国老厂和其他地方调入的熟练工人;二是从社会直接招收的新工人;三是从大学、外部技校与厂办技校分配的毕业生;四是委托老厂和大专院校成套培养的技术骨干;五是接收的退伍转业军人。

以洛矿为例,为解决建厂初期遇到的技术骨干力量匮乏这一问题,1953年至1957年,在一机部、河南省委的组织下,从全国各地老企业抽调大批干部、技术人员等支援洛矿建设,陆续获得上海矿山机器厂、上海柴油机厂、沈阳重型机器厂、沈阳矿山机器厂、大连工矿车辆厂、大连起重机厂、抚顺挖掘机厂、太原重型机器厂、太原矿山机器厂、开封机器厂等省内外几十个老厂的无私支援和帮助①,为工厂建设提供了宝贵的技术力量。据《上海矿山机器厂志》载:"1955年至1958年,为援建洛阳矿山机器厂,该厂共派去146人,其中包括厂长1人,中层干部5人,工程师2人,技术员23人,其他干部10人。"②

为尽快培养出自己的技术人员,洛矿从建厂初期就十分重视人才的培养,着眼于发展自己的技术力量。按照干部的不同情况和任务,洛矿选送一大批工程技术和管理人员到沈阳、抚顺、长春、大连和上海等地的老厂和大专院校实习、代培,或者选送一批有条件的干部去上大学③,以便让他们及时地适应生产。从1955年10月开始,洛矿按照生产组织需要,累计委托老厂和大专院校成套培养人员达1 000多人。到1958年10月,洛矿第一期工程完工投产时,在外地培训人员陆续返厂,保证了开工生产的人员需要。这一年,洛矿还从城市和乡村招收了一大批新工人,加上技校分配进厂的学生以及兄弟厂支援的工人,在厂职工人数达到7 583人,比设计规定的3 206人增加1.37倍,建厂所需各类人员基本配齐。

可以说,洛阳"156项工程"投产建设离不开全国各地企业厂矿的全力援助。据统计,在"一五"时期洛阳工业项目建设期间,有超过10万名的学生、工人、干部来到洛阳参与建设。

2. 生产技术得到发展

洛阳"156项工程"在建设之初就得到了苏联成套的技术援助以及苏联专家组的知识技术支持与指导,表现为以翻译、消化和掌握苏联提供的生产技术资料为重点,并开始尝试结合本土生产实际,突破原有工艺设计中的局限,不断推进工艺改造和技术革新工作。

以一拖为例,按照原计划,一拖原设计生产单一产品德特54农用柴油履带式拖拉机,生产技术基本来自苏联,并以乌克兰哈尔科夫拖拉机厂作为建设样板。因而在建厂初期,一拖的生产技术准备工作是从翻译、复制苏联原工艺文件和技术资料开始,并聘请道钦

---

① 洛阳矿山机器厂总编辑室.洛阳矿山机器厂志(1955—1983).内部资料,1986,11.
② 他们制造拖拉机去了,一批五金技工昨天赴洛阳[N].解放日报,1956-7-24.
③ 洛阳矿山机器厂总编辑室.洛阳矿山机器厂志(1955—1983).内部资料,1986:7.

科、列布柯夫等40名苏联专家到厂工作，担任技术指导，解决建厂中的技术和管理问题。为了更好地学习和引进外国的生产技术和管理方法，一拖派遣人员到苏联、瑞士、丹麦、法国、捷克斯洛伐克等国家实习、考察和接受技术培训。1955年至1956年，一拖就先后派出150多人到苏联哈尔科夫拖拉机厂进行为期一年的工厂管理实习。有一拖老职工回忆道："在苏联学习的那一年学到的东西很多，先是实际操作，然后就是按照工艺原理编制工艺，完了以后就是写总结，总结都写了十来本。"① 为适应产品发展形势，充分利用工厂潜能，一拖从1958年投产之时便围绕技术改造工作，开始对苏联原工艺技术、设备、工艺装备进行改进设计与变型设计，研制出许多新工艺、新材料，并推出了一些新产品，使得我国拖拉机整机装备性能不断提高，给农业生产提供性价比高、适应性强的农机产品。

3. 生产能力快速提升

洛阳"156项工程"项目投产之初大都呈现出快速发展态势，生产能力不断向上攀升。1959年一拖正式投产不久，便陆续试制生产出一些新产品。1960年至1964年，随着经济调整时期"八字方针"的贯彻执行以及445项基建收尾和配套工程的施工建设，一拖基本能够保持拖拉机年产量在6 000～8 000台左右。据统计，1964年，一拖实现拖拉机年产量达8 868台，千元产值利润达594元②。

1958年7月，洛轴正式投产，当年即完成轴承品种183个，产量585.72万套，商品产值4 840.5万元，利税总额1 127.4万元，相当于国家基建投资的1/10③。在国民经济调整时期，洛轴生产能力稳中向前。到1966年，洛轴共生产轴承1 213种，为原设计水平的5.4倍，产量1 493.28万套，为原设计水平的149.3%④。

1958年，洛矿建成投产当年即完成年工业总产值1 245.7万元，商品产值1 230万元，机器产品产量4 264吨⑤。1958年到1960年，尽管受到"大跃进"影响，但洛矿总产值、机器产品产量都有较大增长，三年共计完成工业总产值14 700.7万元，工业商品产值11 836.9万元，机器产品产量完成46 001.2吨，试制生产新品种47种，利润总额完成785.4万元⑥。

1965年年底，洛铜全面建成投产，当年即承接各种加工材订货5 954.5吨。但由于缺乏经验，成品率低，费用开支大，造成1964年至1965年连续两年亏损共计110.4万元。1966年，洛铜转亏为盈，产量增加，全年实现利润317万元⑦。

1958年，洛热实现正式发电，完成年总产值1 493万元，比原计划多93万元。数据显

---

① 周晓虹，周海燕，朱义明.新中国工业建设口述史　农业机械化的中国想象　第一拖拉机厂口述实录　1953—2019[M].商务印书馆，2022：47.
② 第一拖拉机制造厂厂志总编辑室.一拖厂志(1953—1984)上.内部资料，1985：70—71.
③ 洛阳轴承厂志总编辑室.洛阳轴承厂志(1953—1983).内部资料，1984：101.
④ 洛阳轴承厂志总编辑室.洛阳轴承厂志(1953—1983).内部资料，1984：102.
⑤ 洛阳矿山机器厂总编辑室.洛阳矿山机器厂志(1955—1983).内部资料，1986：54.
⑥ 洛阳矿山机器厂总编辑室.洛阳矿山机器厂志(1955—1983).内部资料，1986：55.
⑦ 洛阳铜加工厂志编纂办公室.洛阳铜加工厂志(1954—1985).内部资料，1986：327.

示,在洛热正式投产初期生产能力成倍增长,常超额完成各项计划任务指标。例如,1959年,洛热完成总产值3 505万元,较1958年增长134%,比原计划多451万元①。

三、洛阳"156项工程"建设的历史影响

洛阳"156项工程"项目作为"一五"时期国家重点实施建设的工业项目,也是全国同行业中第一流的、规模最大的生产企业,它们的建设极大地平衡了国家机械工业生产的空间格局,加速了国家工业化发展进程,对洛阳工业和城市化发展产生了深远影响。

(一)加速了国家工业化发展进程

洛阳"156项工程"建设取得了显著的产业效益,填补了我国在农业机械制造、重型矿山机械制造、轴承制造、有色金属材料加工、高速柴油机制造等工业制造领域的空白,为国家工业化发展作出了积极的贡献。数据显示,到20世纪80年代,洛阳"156项工程"厂矿就已分别创造出超过国家投资3~5倍的产业价值②。洛阳"156项工程"项目建设还使洛阳发展成为我国中西部地区重要的机械制造工业中心,这极大地改变了我国机械工业原来偏重于沿海地区的布局形式。同时,洛阳"156项工程"项目企业在自身发展过程中,还积极发挥国家骨干企业的作用,通过派出技术人员或输送设备,支援、帮扶相关工业企业发展。例如,在洛轴开工投产25年时间里,先后抽调了各类干部、技术人员2 671人,支援全国17个省、市、自治区的工业企业、科研单位与设计部门③。

(二)带动地方工业和城市化发展

洛阳"156项工程"项目建设开启了洛阳大规模工业建设的序幕,推动了洛阳从落后的消费型城市到工业生产型城市的转变。

1. 实现洛阳工业的快速发展

为配合洛阳"156项工程"项目建设,国家动员了一批中小型企业、科研院所迁建洛阳。据统计,仅20世纪50年代从上海、广州等沿海城市迁往洛阳的工厂就有17个,如上海建筑机械厂、上海水泥制品厂等。同一时间,国家在洛阳还直接投资兴建了一些大型企业,如洛阳钢铁厂、洛阳单晶硅厂、洛阳曙光机器厂、洛阳前进化工厂、洛阳制冷机械厂等,使得洛阳快速发展成为全国的工业重镇。有数据显示,到1958年年底,洛阳已拥有各类型工厂627个,产业工人增加到5万多人,工业年产值达到1.4亿元④,洛阳现代工业的框架体系和基本面貌得以初步构筑。

---

① 洛阳热电厂.洛阳热电厂志.内部资料,1987:53.
② 洛阳市涧西区志编纂委员会.洛阳市涧西区志(1955—1985)[M].海潮出版社,1988:98.
③ 洛阳轴承厂志总编辑室.洛阳轴承厂志(1953—1983).内部资料,1984:5.
④ 唐凤纪.洛阳今昔[M].河南人民出版社,1960:10.

2. 促进了洛阳的城市化进程

随着大规模工业建设在洛阳展开，从1953年到1957年，洛阳市累计投资1 943万元用于城市交通、排水防洪等市政建设，占总投资额的3.98%[①]，带动洛阳城市基本建设的迅速发展。

为解决职工在职培训和职工子弟入学问题，各厂矿纷纷兴办起了哺育室、职工幼儿园、职工子弟小学、职工子弟中学、技工学校、职工大学，形成了从幼儿园、小学、初中到高中一套完整的教育体系。事实上，很多"工二代"就是在这样的厂办子弟学校接受了完整的学校教育。厂办教育的发展也使得涧西工业区成为全市文化素质最高区，并推动着洛阳教育工作的发展。

为推动职工体育工作发展，各厂矿在建厂后都陆续成立了体委或体协并配备专职干部，经常组织开展球类、田径、游泳、棋类等各类体育竞赛，一些单位还形成了自己的优势和传统项目。

为解决职工看病问题，1956年起，一拖、洛轴、洛矿、洛铜、河柴等厂矿先后建起了厂矿职工医院，这极大地方便了职工就诊，并有力地促进了地方医疗卫生水平的提升。

3. 加快洛阳社会文化的变迁

随着各地援建人员云集涧西工业区，在多种地域文化相互适应的过程中，也给洛阳城市文化发展带来了新风。例如，婚丧嫁娶礼仪不断从简；传统节日风俗习惯日趋科学简化；看望亲友时，馈赠礼品多以糕点、烟酒、罐头、水果为主，原有的"炸油条""送枣糕"等旧俗逐渐不兴；在外省籍人口强势文化地位推动下，河南方言在工人间的影响力处于下风，带有南方口音的普通话得到更多的使用。有工人回忆道，在一拖，部分车间因上海人"扎堆"，互相用方言交流，年轻人甚至也耳濡目染地学会了上海话[②]。当走进涧西工人社区不只是可以听到居民们说话时全操着外地口音，如上海话、苏州话、东北话、广东话……还能看到别具特色的生活景象，[③]这种南北混合的生活方式也是整个涧西区所独有的。

四、结语

"156项工程"项目在洛阳的布局建设，使得洛阳一跃成为全国八大重点工业建设城市之一，但在具体实施过程中也存在一些不可忽视的问题，比如，对苏联模式的教条式、盲目性模仿，缺乏结合中国实际国情的研究分析，导致在发展过程中出现不切实际的照搬、学习质量不高、资源的浪费以及忽视自身主观能动性的发挥等问题。

---

① 洛阳市地方史志编纂委员会.洛阳市志 第三卷 城市建设志 交通志 邮电志[M].中州古籍出版社,1997：7.
② 陆远,黄菡,周晓虹.新中国工业建设口述史 工人阶级劳动传统的形成 洛阳矿山机器厂口述实录(1953—2019)[M].商务印书馆,2022：81.
③ 张健虹.上海人在洛阳[N].人民日报,1956-9-7.

如今,洛阳"156项工程"项目已走过了70年极不平凡的复杂曲折的建设发展历程,前后历经了多个建设发展环节和历史时期,摸着石头过河,实现了从以计划为导向到以市场为导向、再到以高质量发展为导向的历史演变。在这一过程中,还涌现出无数可歌可泣社会群体,他们用自己的青春年华、辛勤汗水和拼搏努力,为中国式工业现代化建设作出了历史性贡献,建构出中华民族独特的当代奋斗史,并孕育形成了以工匠精神、劳模精神、企业家精神等为核心的富有中国特色的工业精神。

石油工业遗产价值发掘与保护利用
——玉门油田工业文化研学实践探索

邱建民

（中国石油天然气集团公司玉门油田分公司党委宣传部）

摘　要：石油工业遗产是工业遗产的重要组成部分，如何保护利用好这些珍贵遗产，深入挖掘并利用好这些遗产价值是一个具有时代意义的课题。本文以玉门油田建设工业文化研学实践探索为例，从工业文化研学的理念创新、价值发掘、模式创造入手，为解决新时代工业遗产保护利用提供实践路径和工作方法。

关键字：石油工业；遗产保护；玉门油田；文化研学

习近平总书记指出："要系统梳理传统文化资源，让收藏在禁宫里的文物、陈列在广阔大地上的遗产、书写在古籍里的文字都活起来。"从保下来到用起来，从活起来到火起来，工业文化研学在工业遗产价值发掘和保护利用中演绎着"创造性转化和创新性发展"的生动实践。石油和天然气的发现和利用，已有几千年历史，但形成一门工业，只有100多年。20世纪30年代，我国相继在陕北、新疆等地发现油田，1939年玉门油田得以规模开发建设，中国现代石油工业启航。玉门油田是第一个由中国工程技术人员独立设计、采用工业化手段开发的油田，这里诞生了中国现代石油工业的第一口油井、第一个油田，建成了中国第一个现代石油矿场、新中国第一个天然石油基地。这里有油矿初期开发建设的矿场、厂房等工业建筑，有最初炼油装置、设备等工业设施，有勘探开发工艺、技术等工业科技，有石油工业特有的理念、精神等工业文化。进入新时代，玉门油田坚持"保护第一、传承优先"的理念，正确处理工业遗产保护与利用、保护与发展、保护与开发的重大关系，在保护中发展，在发展中保护，为玉门油田的工业遗产保护传承打下了坚实的基础。油田现存工业遗产遗存100多处（套），保存完好的有50多处（套）。其中，国家工业遗产4处、中央企业工业文化遗产1处、中国石油工业文化遗产3处。2022年8月，玉门油田被命名为国内首家"工业文化研学实践教育试点示范基地"。

一、坚持系统思维，打牢工业文化研学基础

2016年，教育部等11部门联合下发的《关于推进中小学生研学旅行的意见》中明确

指出,中小学研学旅行是"引导学生走出校园,在与日常生活不同的环境中拓展视野、丰富知识、了解社会、亲近自然、参与体验","让广大中小学生在研学旅行中感受祖国大好河山,感受中华传统美德,感受革命光荣历史,感受改革开放伟大成就,增强对坚定'四个自信'的理解与认同"。在推进工业文化研学实践教育试点示范基地过程中,玉门油田坚持系统思维、整体规划、综合赋能,着力强化顶层设计、资源整合。

(一)坚持规划的整体性:系统策划,全程管理

石油工业涉及门类多、领域多,遗产种类杂,地域分散广。做好顶层设计的系统化和整体策划的全面性,是提升工业遗产价值和工业文化研学质量的关键所在。在工业文化研学的规划设计和建设管理的过程中,玉门油田借鉴首钢、开滦和核工业集团先进保护管理理念,坚持从建立工业遗产分级保护机制入手,加大对具有历史文化价值的老厂区、老厂房等工业遗产的保护力度,坚持把工业遗产保护利用、企业转型发展统筹考虑、一体化布局,不断探索创新老企业工业遗产保护利用新模式,坚持从完善政策支持和制度保障体系入手,实现了规划引领、制度保证、流程控制和结果考核的保护利用新局面,为开展好工业文化研学实践教育奠定了坚实基础。玉门油田先后制定发布了《新时代文化引领指导意见》《工业遗存保护管理办法》等政策文件、玉门油田《工业文化研学整体方案》《工业文化研学旅行课程手册》《工业文化研学路线执行手册》等技术文件、玉门油田《工业文化研学任务单》《工业文化研学导学指南》《工业文化研学讲解文本》等操作文件,形成"整体有目标、年度有计划、推进有标准、执行有清单"的全流程、规范化工作体系,实现了全局性、闭环式的制度、流程、体系保障。

(二)坚持建设的原真性:原态保护,活态传承

原真性是文化遗产保护的生命线,是文化遗产价值的真实体现。没有原真性或伤害原真性就失去文化遗产保护真正意义。文化遗产保护的原真性原则是《威尼斯宪章》首先提出的。只有坚持工业文化遗产保护的原真性,才能保证工业文化研学过程的原真性。在工业遗产保护利用过程中,玉门油田联合玉门市、酒泉市地方政府,按照原址、原貌、原状保护利用要求,形成"两区、多点"工业遗产保护利用格局。"两区"是工业遗产保护的核心区,是工业文化研学的示范区,是指原生产区、原办公区。原生产区主要包括玉门老一井、四号井、王进喜住过西河坝窑洞、西河炼厂、老君庙油田展览室等遗址,这里是油田开发建设的先行区,是玉门油田最原始、最直观、最典型的生产装置、生产方式、生产过程的集聚地,定位为"工业文化研学体验区";原办公区主要包括玉门石油老机关办公楼、苏联专家接待楼、祁连别墅、石油工人文化宫、693防空洞、玉门市委和市政府办公楼等遗址,这里刻着国共合作、中苏合作、各国石油专家合作等经典历史故事,定位为"工业文化研学教学区"。"多点"是指距离生产核心区较远的铁人王进喜钻井整体搬家井和首创全国钻井记录井旧址、老君庙干油泉、石油沟露头、东方红履带拖拉机、水电厂双曲线冷却水塔

等,是中国石油工业文化的"活化石"等,是工业遗产保护的重点区,是工业文化研学的体验点。研学者通过深入工业遗产当中,在现场观察、直觉体验、亲身感悟、实地探究中取得具身认知,在原态保存的工业遗产中读懂承载的历史、记忆、乡愁,让人们从留存的可持续工业生产系统中汲取工业文化智慧,在活态传承中发挥工业遗产价值。(图1)

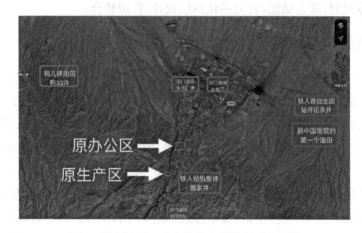

图1　玉门油田工业文化遗产保护利用布局图

(三)坚持传播的文化性:赓续文脉,赋能文化

工业文化遗产的灵魂是工业文化,工业文化研学的灵魂同样也是工业文化,失去文化性就失去了传播性,文化性传承是工业文化研学必须坚持的基本原则。在推进工业文化研学时,玉门油田从活态文化育人的高度出发,深入挖掘工业遗产承载的历史文化、工业精神、工艺技术等遗产附着的多元价值,按照干部教育培训、大学生社会实践、中学生工业体验、小学生劳动教育四种研学方式,反复优选研学路线,不断优化研学内容,设计以"走进石油摇篮、传承石油精神"为主题,以玉门石油——石油勘探、石油开发、石油炼制,玉门油魂——艰苦奋斗、三大四出、自强不息,摇篮英模——实业救国、石油报国、能源强国为主线的三条精品研学路线,设计宣讲类、科普类、劳动类、思政类为内容的四大研学课程,形成了能够实地参观、实景体验、实时交流的六十多个研学点。通过参观课程、体验课程和讲解课程一体化设计,突出"石油摇篮"工业遗产的展示性和地域性,直觉体验石油工业的魅力,深入探源工业遗产历史,寻找工业遗产基因,赓续工业遗产的文化,讲好"工业故事""石油故事""玉门故事",将研学旅行变成和石油历史对话、与石油先辈对话、与石油科技对话的过程,体悟工业遗产蕴含的历史价值、社会价值、科技价值和文化价值。

二、坚持创新驱动,构建工业文化研学生态

玉门油田在85年的发展历程中,不仅为国家奉献了巨大物质财富,而且为社会创造

了底蕴丰厚的精神文化,留下了珍贵的历史遗迹和工业遗存。这些精神财富和历史遗存极具典型性和稀有性,具有其他企业无法比拟的文化优势,是油田发展文化产业取之不尽、用之不竭的资源宝藏。玉门油田地处西部偏远地区,企业发展历程较长,当工业化浪潮成为过去、工业遗产出现时,当初这些工业遗产的历史价值、科技价值、文化价值、社会价值、教育价值和保护价值没有能够引起企业高度重视,曾经一度被当作闲置的工业废物对待,特别是改革开放后,企业规模快速扩大,大量工业遗产被当作占地、占资源的赘物对待。在这种认识引导下,一些工业遗产被无情地拆除,凝聚石油工业智慧的工业化遗迹消失在历史烟云中。石油工业是中国工业体系中非常重要的一个行业。石油工业遗产如何通过保护再利用延续生命、焕发新生机,如何更好地带动石油企业转型发展、绿色发展、低碳发展,如何更好地与企业文化、地域文化和传统文化有机结合,是我们在推进工业文化研学实践教育基地建设中需要思考解决的重要的问题。

(一) 创新研学理念

工业文化研学是活态文化育人过程,目的是让研学者走进活态工业文化,开展全方位、立体式、体验式学习,培养生存能力、探究能力、实践创新能力等,增强热爱自然情怀、社会责任感和民族文化自信心自豪感。活态文化研学必须具有三个特征:

1. 工业遗产要有文化性

遗产要有深厚的历史文化、地理文化和工业文化,不能把遗存当遗产。失去文化性,就失去传承性,也就失去了工业文化研学的价值。

2. 文化研学要有催化性

文化研学只有将环境始源性、地域实践性和展演鲜活性结合起来,才能体现出活性文化的特征。催化性是文化研学的有别于其他学习教育的根本,也是文化研学的价值所在。

3. 文化研学过程要有实践性

文化研学是通过研究性学习与旅行性体验,让身心在场,陶冶心性,形成独特直觉感受。文化研学是通过实践获取直觉感受、体验,其与"文本"教育最大的不同就是实践性。

(二) 构建研学生态

研学生态是指遗产物态、文化显态、学习动态和运营状态之间优势组合呈现。形态构建好坏直接关系到工业文化研学的质量和未来发展。

1. 形态

形态是工业遗产呈现的历史状态和空间效果。在工业文化研学中,要利用形态在原貌、原态、原状中读懂历史、感悟遗产背后故事,体现历史价值。

2. 文态

文态是工业遗产承载的文化底蕴和精神内涵。在工业文化研学中,要利用文态感悟文脉、发掘内涵,让研学者体验到工业遗产承载的文化、精神、艺术成果,体现教育价值。

3. 数态

数态是工业遗产呈现的科学技术、艺术魅力的数字化展现形式。在工业文化研学中,要利用数字化、数智化生动、形象地展现工业遗产的科技和艺术成就,体现科技价值。

4. 业态

业态是工业遗产带来的消费需求和产业潜力。在工业文化研学中,要发挥自身文化优势和市场的对接,利用"工业+教育+服务"产业模式,专业化运营、特色化发展,实现社会价值和经济价值的双赢。

工业文化研学的形态、文态、数态和业态,互相呼应、相互作用,构成工业文化研学的整体生态。其中,形态是基础、文态是核心、数态是载体、业态是关键。没有形态文化研学就是无源之水、无本之木,没有文态文化研学就失去灵魂和价值,没有数态文化研学就会走新路穿老鞋、失去吸引力,没有业态文化研学就会失去后劲、没有发展支撑。(图2)

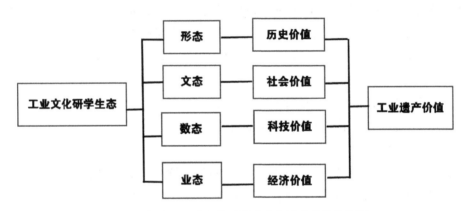

图 2　玉门油田工业文化研学生态与遗产价值转化图

(三) 激活研学价值

工业遗产价值影响着工业文化研学的价值,同时工业文化研学价值体现了工业遗产价值再现。在推进工业文化研学过程中,玉门油田努力构建工业文化研学生态,促进工业遗产价值和工业研学价值相互转化、相互作用。

1. 传承石油工业文化

工业文化研学打通了工业遗产保护到利用通道,把工业遗产蕴含的工业文化传承下去、发扬光大,实现了遗产价值到教育价值再到文化价值的连续转化,使得工业文化薪火相传、代代守护,将工业文化研学作用发挥到了一个新高度,将工业遗产价值利用提升到了一个新高度。玉门油田坚持深入挖掘工业遗产多重价值,大力传播承载石油文化、石油精神的工业价值和文化产品。

2. 打造企业知名品牌

工业文化遗产是企业特有的文化符号和品牌标识,是企业从历史走向现在的文化纽带,是社会了解企业历史、认识企业管理、读懂企业文化的有效载体。玉门油田坚持把工业文化研学作为传承弘扬石油精神的"玉门品牌",作为传播展示石油文化的"玉门窗口",作为保护利用石油遗产的"玉门实践",不断提升石油文化的软实力和影响力,为继续推动文化繁荣、建设文化强国作出石油摇篮的历史贡献。

3. 助推企业转型发展

工业文化产业具有绿色、低碳、环保特征,代表了新质生产力发展方向,是资源型老企业转型发展的重要途径。玉门油田把工业遗产保护利用与价值挖掘结合起来,把工业文化研学与企业转型发展结合起来,借助新时代国家西部大开发、甘肃省打造"一带一路"黄金段、酒泉市发展大敦煌文化圈、玉门市创建省级全域旅游示范区等历史机遇,深入分析工业文化研学的社会需求和市场需要,培育打造具有石油特色、玉门特点和工业特征的工业文化新产业。

三、坚持特色发展,打造工业文化研学模式

工业文化研学是以工业园区、工业企业、工业遗产、工业博物馆、重大工程项目、理工院校、科研院所等为主体开展的研学实践、工业文化传承、工业精神传播等教育活动,是研学实践教育、综合实践教育的重要组成部分。工业文化研学实践教育基地必须是有至少一类工业文化特色主题资源,具备独特的教学功能和价值,具备多样化的教学设施设备和实践活动课程,能够独立地集中组织、接待、管理、教育、培训,适合学生前往开展体验式学习和研究性学习的优质资源单位。玉门油田工业属性鲜明、文化遗产丰富、研学设施齐全,为高质量开展工业文化研学奠定了基础。在工业文化研学中,油田探索总结了四种模式。

(一)开展体验式研学,以"遗产+遗存"展示石油工业发展轨迹

玉门油田是一座汇聚红色经典、凝聚黑色魅力的石油矿区,留存了大量的工业遗址遗迹、建筑设施、机器装备等,涵盖建筑、工业、科技、文化、历史等各方面,见证了中国石油从无到有、从小到大、由弱变强、走向海外的历程,散发着独特的石油工业韵味(图3)。老君庙油矿旧址工业遗址群将油藏地质构造与工业设施兼容并蓄,将石油工人工作场景与西部戈壁地域特色文化结合,展现着厚重的石油文化力量和难以比拟的工业人文情怀,是中国工业文明、石油文化的完整遗存组合。油田通过工业文化研学实践活动,让研学者在相同的地点、不同的时空,真切体验那些石油工业真实故事,用"看得见、摸得着"的直观方式,触动并将研学者融入石油工业,让他们切身体验玉门油田艰苦的创业历史,体悟中国石油艰难的发展历程,见于有形、直抵内心,超越时空、激起共鸣,传承优良传统、传播石油文化。

图 3　玉门油田老一井旧址

（二）开展沉浸式研学，以"展馆＋展览"传播石油精神丰富内涵

玉门油田是石油精神的萌芽地、铁人精神发祥地，是中国石油工业峥嵘岁月的典型缩影，是中国石油文化的丰富宝藏。油田独有的历史记忆和丰富的精神积淀，具有无可替代的教育价值和独具特色的文化魅力。多年来，吸引无数专家学者、社会团体、莘莘学子前来观摩学习、技术交流、精神教育、文化传承，成为培养爱国情怀、理想信念、文化自信的宝贵文化资源。油田先后建成了玉门油田矿史展览馆（图4）、玉门老君庙油矿展览馆、中国石油第一岩芯库、中国第一炼油厂、603岗展览室、抽油机展示场等一大批展馆和展览场

图 4　玉门油田矿史展览馆

所,专门配套数字化演示展览设备设施,依托 AR、VR 技术,采用"人机交互、仿真体验"智能化功能,通过触感体验、沉浸感悟,让研学者沉浸式感知以孙建初为代表的老一辈石油人实业救国的历史贡献、感悟以铁人王进喜为代表的新中国石油人石油报国的感人事迹、感受以陈建军为代表的新时代石油人能源强国的精神力量。

(三) 开展教育式研学,以"工业 + 培训"宣传石油工业特色文化

玉门油田被列入全国红色旅游经典景区,是甘肃省唯一以工业内容列入红色旅游的项目,是一座品读工业文明、重温石油历史、体验工匠精神、开展科普教育、进行教育培训的老石油工业基地。油田坚持以工业为主题、以红色为内容、以石油为特色,以研学为载体,着力打造红色文化教育基地、石油精神传承基地、科普教育示范基地(图 5),出版了《石油摇篮——印迹》《图说玉门》《数说玉门》等 30 多部图书,成为传承石油精神、铁人精神、玉门精神的生动教材;建成集"培训 + 参观 + 体验 + 教育"为一体油田培训学校,为"多元人群 + 多元需求 + 多元服务"的文化研学奠定基础;精心打造研学课程,从石油文化的传播功能、认知功能、规范功能、凝聚功能入手,不断丰富研学课堂的广度、研学内容的深度、研学方式的温度,借助油田的 2 个国家级和 1 个省部级技能大师工作室,让青少年和高技能人才面对面交流、手把手学习,倾听工匠故事,感受劳动光荣、技能宝贵、创造伟大,让研学课程有血有肉,让研学过程感同身受。

图 5 玉门油田岩心库及实训基地

(四) 开展网络式研学,以"数字 + 智能"展现石油工业时代新貌

玉门油田被誉为"新中国石油工业的摇篮",创造了中国石油工业的 86 个第一,发挥

了"三大四出"历史作用；玉门油田是中国石油新能源发展的示范基地，创造了中国石油新能源建设领域的 11 个第一。油田采用数字技术，通过建设网络观光工厂、网上学习观摩现场直播，云上遗产展览展馆，开展网上研学活动。建成了"云上老君庙油田"数字展馆，将老君庙油田 15 处特色文化场景绘制成 3D 模型，打造网上虚拟实景体验；举办"云上学铁人"纪念铁人公益活动，通过云上学铁人精神、走油田创业之路、忆玉门优良传统，集中展示玉门精神特质与禀赋、集中体现玉门油田精神面貌和价值追求（图 6）；通过网络直播和实景展示，不定期展示油田"建新能源示范基地、当氢链主企业"过程中的科技创新和发展面貌，用数字技术、网络方式、现场实景、第三视角等方式，大力展示新时代玉门油田科技创新、产业创新、管理创新的成就和做法，让研学者足不出户就能体验到石油工业的科技性、知识性和趣味性。

图 6　玉门油田开展"云上学铁人"研学活动

近年来工业文化研学越来越热，发展势头强劲，成为一种新型的教育方式。但工业文化研学发展的问题也不少：一是工业遗产资源良莠不齐，保护利用尚未形成规模效应；二是研学模式传统单一，不能满足新时代教育要求。未来，工业文化研学必须走主题化、品牌化、融合化发展道路。

主题是方向：发展工业文化研学要保证思想性，突出工业主题，深挖工业文化内涵，融知识性、科学性、娱乐性于一体，真正达到寓教于游、以学促教的目的。

品牌是目标：要突出企业特色、突出遗产特色，形成精品研学线路和课程；要加大对基础设施、教育设施、服务设施的建设，精心打造精品景区；充分利用媒体宣传、活动等多种方式，对工业文化研学品牌进行宣传推广。

融合是路径：工业文化研学需要走融合发展的道路，形成以"工业遗产＋文化研学＋课题研究＋培训教育""1＋N"的新型业态，满足市场多元需求。

参考文献

[1] 单霁翔.工业遗产保护探索篇之一　为工业遗产保护注入新的活力[J].中华建设,2010(6).
[2] 段勇,吕建昌.使命　合作　担当：首届国家工业遗产峰会学术研讨会论文集[M].天津：天津人民出版社,2022.
[3] 工业和信息化部工业文化发展中心.中国工业文化发展报告(2023)[M].北京：电子工业出版社,2023.
[4] 李先逵.建筑文化遗产活态保护理论与实践新探(上)."中国民族建筑"微信公众号,2021-05-19.
[5] 李睿,张奕伟.活化工业遗产　传承工业文化."光明网"微信公众号,2023-11-28.
[6] 孙发成.非遗"活态保护"理念的产生与发展."徐州工程学院"微信公众号,2020-07-06.

工业遗产的活化再利用

低成本改造视野下工业遗产活化更新利用初探*

孟璠磊　庞羽翔

（北京建筑大学建筑与城市规划学院）

摘　要：工业遗产改造利用是城市可持续更新领域中重要议题之一，现实改造受限于遗产的价值、区位和改造的定位及改造的成本等多方面因素影响。既有研究多聚焦于遗产价值挖掘、保护改造理念策略、遗产管理技术的建立等方面，但是城市更新背景下低成本改造实则是一个关乎着工业遗产及城市可持续发展的重要理念，目前并没有得到足够的重视。本文引入"低成本改造"这一理念，聚焦工业遗产改造利用中的低成本概念，将建造含义进行延伸拓展并落脚于改造过程，重点探讨改造阶段中技术条件层面的低成本可能性及策略，并延伸低成本改造在方案、效益层面的内涵，尝试以全寿命周期的眼光审视低成本改造，最后得出工业遗产低成本改造的策略建议，力求为工业遗产的改造提供新的思考与视角。

关键词：工业遗产；低成本改造；城市更新；改造策略

一、引言

工业遗产是重要的存量空间资源，其改造利用不仅局限于单体层面的价值研究，更在于如何从可持续性城市更新的视角思考其潜在能力。近年来，工业遗产的可持续再利用与发展在发展中国家的城市更新中扮演越来越重要的角色，以中国为例，每年数百万平方米的工业遗产面临着改造利用，其更新模式的转变、改造成本的控制以及建筑可持续利用等问题已成为工业遗产保护与再利用领域中不可忽视的重要议题。正是因为面临改造的工业遗产数量众多以及在城市更新需求的驱使下，前期的研究与实践多关注于短期内的活化利用，缺乏对于工业遗产改造成本效益的权衡以及未来与城市可持续之间联系的考量，导致长远来看工业遗产改造无法满足城市可持续更新的要求。

---

* 基金项目：国家社科基金艺术学一般项目（批准号：23BG139）。

本研究将目光聚焦于改造过程中的技术条件层面，但是工业遗产改造过程期间的低成本建造策略不仅考虑改造过程中的成本投入，改造前后的成本效益比也是衡量低成本建造的一个重要指标，将功能、空间甚至是结构进行更新，转化成适合当下的建筑模式并具有未来改造的灵活性，为以后建筑的连续更新提供便利及降低改造成本。因为现阶段极大部分的工业遗产改造更新的初期目标是短暂快速的收益，不符合建筑可持续的理念，所以在工业遗产更新的当下阶段，迫切需要重新审视更新改造的目标导向和引入"低成本改造"策略。"低成本改造"策略目光不局限于某个特定的过程与维度，将会在实践角度上更适合建筑遗产类的更新改造，更易促进工业遗产未来再生的可能性。

本文分析探讨了在改造过程中技术条件层面下三个角度的低成本改造策略导向：结构、材料、性能。以技术条件层面的操作手法作为先行，尝试得出该维度下的低成本改造策略，然后将低成本改造这一概念延伸拓展至方案层面与效益层面，多元全面地探讨低成本更有助于系统方法体系的形成。

二、相关研究综述

（一）工业遗产既有研究概况

从2006年《无锡建议》提出保护中国工业遗产的理念，到2010年首届中国工业遗产学术研讨会提出"抢救推土机下的工业遗产"倡议，再到2021年住建部城市更新实施意见中要求"坚持以用促保，推进活化利用工业建筑与历史地段"，我国的工业遗产保护与再利用工作经历了抢救式保存到创造性利用的历史转变。中国建筑学会、中国城市规划学会、中国历史文化名城委员会等先后成立工业遗产学部，来自建筑学、城乡规划、风景园林、社会学、经济学、技术史学等领域的专家围绕工业遗产的研究积累了丰富成果。

1. 工业遗产价值认知与评估体系研究

单霁翔（2006）、王建国（2008）、刘伯英（2006）、徐苏斌（2016）等较早探讨了工业遗产价值构成及评分方法，"空间再利用价值"被纳入工业遗产价值评价体系中；蒋楠（2016）等通过定性定量相结合的方式，提出了工业遗产适应性改造利用评价方法；刘伯英、李匡（2010），青木信夫、徐苏斌（2011），李和平（2014），莫畏（2015），哈静（2014）等分别围绕北京、天津、重庆、吉林、辽宁等地区工业遗产保护与再生利用展开综合研究；谭刚毅（2018）等围绕我国中部地区三线建设时期的工业遗产展开调查研究，揭示特殊历史时期、特定地域条件下的工业遗存在规划与建造方面的特点；柴彦威、张艳（2013）等从人文地理学视角关注到工业"单位制度"下的城市空间形态结构变化，对工业遗产中的单位制度内涵以及社会情结等方面进行了解读。

2. 工业遗产活化利用方法策略研究

李蕾蕾、刘会远（2002）等通过对德国鲁尔区工业旅游的深入研究，指出推动工业遗产旅游开发的重要意义和潜在价值；王建国（2008）等较早归纳总结了工业建筑遗产单体空间实施更新利用的模式与方法;刘抚英(2016)等按照尺度层级与构成要素的不同,建构了我国近现代工业建筑遗产保护与再利用的模式谱系;王悦(2020)从经济学视角剖析了单位大院在更新过程中所遇到的问题与矛盾,提出了社区资产的发展策略等。还有一批青年学者如季宏、张家浩、孙德龙、闫觅、贾超等围绕工业遗产保护与再利用议题开展了多视角讨论,进一步拓展了该领域研究的深度和广度。

（二）工业遗产改造中低成本的研究概述

在 Web of Science 和 CNKI 中以"低成本改造"为关键词搜索可得,围绕于景观,城市公园等领域,学者引入了低成本改造概念,营造适应于城市更新可持续的低成本景观(图1)。而针对工业遗产而言,再利用价值判断以及使用后评价是当前国内学者们研究的热点,前期文献显示,该研究可以帮助进一步挖掘工业遗产的价值存在以及改造潜力,但工业遗产作为城市存量空间资源的重要组成部分,不可忽视的要点是如何通过低成本的有效评估,来进一步促成工业遗产改造策略的科学化和合理化。而为了达到这个结果,借用其他学科方法,测算建造行为的成本效益,有效地全方位评估遗产为后续的低成本改造提供了可能,也为工业遗产的可持续利用创造了机会。建筑能源的更新节能成为建筑谋求成本节约的重要方式之一,结合着新技术能更好的把控成本的消耗与产值。而实体改造的成本需要在整个改造过程中都能有良好的判断与局势走向的把控,能最大化优化结构、部件的处理方式,发挥工业遗产的改造潜力。总的来看,想达到工业遗产的低成本改造目标,是需要不同阶段、不同层面的措施共同协作的结果,也是经济、技术、文化、科学共同融合的结果,而目前对于工业遗产改造期间的成本问题,存在着不同理解,彼此之间缺乏统一的归纳和总结。

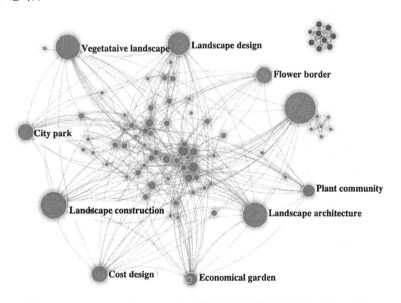

图 1　Web of Science 与 CNKI 中以"低成本改造"为主题词的共现分析

三、技术条件层面下低成本改造

在改造利用阶段,需要重点关注结构体系的保存与替代,通过对结构安全评估、结构鉴定加固、材料的维护修缮以及物理性能的优化提升等一系列流程达到较为理想的改造效果。工业遗产改造利用过程中技术条件的选择与实施直接影响着成本的高低,低成本的改造目标需要在不同的技术条件层面尽可能合理化地实施改造策略,包括但不限于结构体系、建筑材料以及物理性能三个层面。

(一) 结构体系保存与替代

改造过程中以低成本为目标,考虑到遗产价值等问题,会视原有结构的保存情况及价值而采用不同的处理办法。此外,为了保护遗产的原真性,以留为主,以改为辅,尽可能地保护原有形态,不做大程度上的改动。

1. 局部结构的处理

(1) 新旧结构的适应性组合。新旧结构的适应性组合也可以看作是旧有结构的扩建,因为物理性能的下降及缺失,必须通过相应的技术进行加固与局部扩建,这是现阶段工业建筑遗产改造最常见的处理手法之一。局部加固扩建是在物理性能表现良好的旧有结构体系基础上进行的,即当旧结构不仅能够支撑自身重量,还能承担部分外加荷载时,对其进行加固和局部扩建。在改造过程中,为了最大限度地发挥原有结构构件的效能,可以通过悬吊、拉结或悬挑等技术手段,让它们承担起新加部分的荷载,从而实现对旧工业建筑的优化升级。对于那些因年代久远或外部因素导致结构受损的建筑,在经过系统性的评估与清理工作后,移除或修复原有结构中损坏的部分。随后,在保持旧有结构主体框架的基础上,引入新的结构元素以增强或恢复其完整性。尽管新的结构元素被融入,但建筑的整体结构设计和承重体系依然以原有的结构为主导。然而,在新旧结构相结合的改造过程中,会改变原有结构的力学性能,即部分原有的结构不再承担主要的承重功能。这些结构元素可能转变为装饰性的角色,仅用于美学或文化价值的体现。在这种情况下,这些旧结构与新建结构在物理和力学上形成了一种独立的关系,彼此之间的体系和功能互不干扰。这种策略不仅有助于保护和恢复建筑的历史风貌,还能确保建筑在改造后的安全性和稳定性(图2)。

(2) 新建结构的更新性代替。新建结构的更新性代替是指原建筑结构损坏程度较大,无法承载荷载,其他的物理性能也都受到严重损坏,以新建的结构作为主要结构体系的改造方法。在此种改造情况下,不可避免地面临关于新建结构形态的决策问题,涉及"修旧如旧"与"修旧如新"两种截然不同的选择。本研究将加建结构也视为新建结构主导的一类重要改造方式。如图3中左图所示,两栋厂房的二层加建了一个阁楼,原先的结构体系受到很大程度上的改变。这种改造策略也破坏了原有建筑的原真性,这种改变主要为了满足当下功能的需求,却在一定程度上牺牲了建筑的原始风貌。又从图3中右图可

图 2　结构体系的改造

（图片来源：作者自摄）

图 3　改造中的新建结构的更新性代替

（图片来源：作者自摄）

见，大面积的玻璃幕墙和铝板封边替换了原有的建筑材料，仅在纵向立面上保留了部分砖墙作为装饰性元素。

2. 整体结构的处理

"房中房"作为阁楼的一种衍生形态，成为一种常见的空间规划手段。其概念核心在于：在主体建筑内部构建出若干座小型建筑，这些结构犹如内嵌于主体空间的小型楼宇，明确且完整地划分出一系列独立、完整的子空间。然而，这种结构并非仅停留在对空间的简单物理分割层面，而是在大空间内保持了一定的相对独立性。

"房中房"的设计特点在于它不仅拥有自身独立的屋顶，其结构体系也往往独立于原有的厂房结构之外，形成了自成一体的空间单元（图 4）。尽管这些内部空间在物理上与单层厂房的开阔内部空间有所隔离，但它们屋顶之上的空间却与厂房的主体空间在功能上、视觉上乃至空间体验上相互融合，共同构建了一个既独立又相互连接的整体。

在工业建筑遗产改造项目中，原有的工业厂房结构常为框架、砖混或混合结构形式。

图 4 "房中房"
(图片来源：作者自摄)

在进行改造方案的设计时，需要注重保留原有结构的造型特点以及原有结构的荷载分布、传递方式以及受力特征。因为这些结构选型是不同时代建筑技艺的反映，最大限度地保留它们有助于展现旧工业建筑的独特场所精神，使改造后的建筑既能满足现代使用需求，又能体现历史价值。此外，原有结构体系的保护一方面可以降低改造的成本投入，另一方面也可以展现工业建筑遗产斑驳的历史遗迹。但是，这些建筑遗产在长年累月的使用中会出现很多不合理的私搭乱建现象，影响了原有的荷载承受能力，造成了潜在的危险，需要对这些搭建进行清理，还原建筑应有的历史风貌和结构。

（二）建筑材料维护与替代

工业建筑遗产改造利用过程中的最为关键的一环便是对原有材料的清理与养护。首先，需要清除腐朽破烂、无法恢复的部分，这些部分不仅影响了建筑的美观，还可能对使用造成安全隐患。对于无法挽救的材料，必须进行更换或修复，以确保建筑的整体稳定性和安全性。其次，清理的对象还包括有害的微生物和寄生物，如青苔等。这些生物附着在建筑材料上，不仅可能破坏材料的结构，还可能对周围环境造成污染。最后，还需要处理的是由酸雨、烟尘、霉点、锈蚀等各种因素造成的污染痕迹，需要根据污染的类型和程度，选择适合的清洗剂和清洗方法。在进行清理工作之前，要对建筑进行全面的检查和评估，了解每种材料的特性和状况，从而制定出科学合理的清理方案。

在改造过程中，需要利用不同材料的性能，发挥其最大的优势。对于有价值的材料在保证其原真性的基础上进行清理修缮及改造，尽可能保证将改造的成本降到最低，减少多余不必要的成本花销。工业遗产在改造利用中遇到频率最高的材料有砖、混凝土、金属材料等。

1. 砖

砖材在当时因其成本低廉、烧制难度低成为工业建筑建造时最为常见的材料之一。

斑驳的表面肌理承载着工业历史发展的记忆，随着时代的更迭成为工业建筑标志性的材料之一。有意识地保护这些材料成为改造的重点。但是，由于目前我国的政策限制，黏土烧制的实心砖已经被禁用，仅作为饰面材料出现。因此，在改造利用的设计阶段，需要考虑该类型材料的下的保护以及未来寿命周期内的长久维护，选用合适的维护及改造策略手法。

如图 5 的建筑为砖混结构，建造材料主要为砖材，因雨水天气等原因，导致维护墙体结构产生了不同程度的损坏，对荷载承载能力产生影响。同时，窗户过梁下部的砌砖也出现了破损，造成了结构的潜在风险。在后续的改造利用中需要对其进行鉴定及维护等操作。可通过采用传统的清洗方法进行表面纹理的修复。此外，如果砖石破损严重，可采用激光清洗技术对表面的污垢进行清洗。在修复过后，砖材本身的质感纹理成为工业建筑遗产的独特元素，反映着历史印记，同时也可营造出独特气质的空间属性。具有针对性"量身定做"的材料修缮方案才能降低多余成本花费，减少多余改造支出。

图 5　以砖材为主要建造材料的工业建筑遗产

（图片来源：作者自摄）

2. 混凝土

钢筋混凝土材料具备良好的抗压能力、防火性能和耐久性能。由于工业建筑大部分荷载较大，所以在对建筑的结构稳定性和安全性的检测上需要细致的严谨全面性检查，然后对无法满足现有支撑荷载能力的进行加固或者更换。引起工业建筑遗产中钢筋混凝土结构损坏的因素主要包括功能需求的改变、人为损坏、自然灾害、超负荷使用等。

混凝土以其高强度和强大的稳定性著称，但这也导致了它缺乏必要的弹性和可塑性。其次，混凝土在凝固过程中会析出可溶性盐类，这些盐类可能溶解并破坏如大理石等多孔材料和装饰，对历史建筑造成潜在的损害。混凝土的自重较大，在结构维护加固时会增加建筑的荷载，需要额外考虑其承载能力。此外，混凝土的施工周期长，湿作业过程可能对环境造成一定程度的污染，尤其对于历史建筑而言，这种污染是不容忽视的。所以在工业遗产改造中,需要综合考虑混凝土的多方面特性,权衡其利弊。不可逆的材料处理需要更为谨慎的施工选择,此层面下改造的策略对于成本的控制极为重要,需要与施工团队紧密合作,共同制定科学合理的改造策略。

3. 金属材料

工业建筑遗产中金属材料也是常用的材料之一,往往承载着重要的历史和文化价值,因此,需要进行精心的修复和维护。金属材料中运用较多的是钢材,钢结构抗拉强度高、截面小,符合工业建筑对大空间高度、跨度的需求。钢结构通常是工厂生产,现场通过螺栓、铆钉进行连接安装,具有施工周期短、可拆卸更换、施工湿作业少等优点。但是,由于年久失修,金属材料会产生不同程度的锈蚀,对于可以继续沿用的原有金属材料构成的结构,会通过增大截面法、涂抹除锈涂漆、焊接钢板、粘贴纤维复合板、构建置换等方式进行加固更新(图7)。

图7　金属材料的维护与运用

(图片来源:作者自摄)

(三) 物理性能优化与提升

在工业建筑遗产改造利用的设计阶段中,改造方案的生成不能仅依靠传统建造技术,还应选择合理的改造方式,才能最大限度地节约成本、降低建筑能耗、实现资源利用的最优化,同时使工业建筑遗产在采光、通风、保温与隔热等性能上得到提升。物理性能的提升对于工业遗产改造后的使用极其重要,能避免大程度的二次改造,极大地节约成本再支出。本小节主要从物理性能中的采光、热舒适出发探讨物理性能的优化策略,有助于实现低成本改造。

不同建筑的室内光环境不尽相同,旧工业建筑由于当时功能属性的需求,一般情况下采用屋顶天窗或高侧窗采光,开窗面积小,且入射角度较高,因此室内进光量较少。在工业建筑遗产改造中,要根据改造功能的长期需求及空间需求合理地优化其采光条件。采光优化的策略大致分为两种：直接优化与间接优化。直接优化涉及改变建筑的开窗设计,如调整窗户的形状、增加窗户的数量,以增大光线的入射量(表1)。而间接优化则侧重通过改变室内材料的反射性能来调控光线,如将原有的粗糙砖砌表面替换为反射率更高的材质,这样就可以使光线更加柔和地进入室内。

表1 改善窗户采光条件类型
（表格来源：作者编制）

种 类	图 示		
改善天窗			
改善侧窗			

建筑的外围护体系是建筑内外的交界面,直接影响室内热舒适性。对于工业建筑遗产而言,其原有的外围护体系主要是为了满足当时的工业生产需求而设计的,因此在热工性能上往往只能达到基础标准,室内热舒适性较差。随着时代的进步和建筑技术的发展,现今的建筑标准,特别是民用建筑标准对建筑热舒适性的要求已显著提高,这使得工业建筑遗产在转型为其他功能建筑时,应充分地考虑其外围护体系的热工性能。在改造中可通过一定的设计策略改善建筑的隔热性能,降低能源消耗。屋面是隔热措施中的关键部位。常见的屋面隔热策略主要是采用保温屋面,此外,还可以考虑采用架空通风屋面、种植屋面和屋顶蓄水池等方式。同样,墙体和门窗的隔热性能也不容忽视。为了提升窗户的隔热性能,可以采用Low-E中空玻璃或断热型窗框等高效隔热材料,有效降低窗户的整体传热系数,从而减少热量的传递。鉴于工业建筑遗产原主要用于生产,往往缺乏适当的遮阳措施,在改造过程中,可以在外墙面上增设遮阳设施,如遮阳百叶、遮阳板和遮阳玻璃等,它们能有效地阻挡阳光直射,降低室内温度,提升室内环境的舒适度(表2)。

表 2　遮阳形式
（表格来源：作者编制）

遮阳形式	图　示
遮阳板遮阳	
百叶外遮阳	
立面遮阳	
百叶内遮阳	

四、低成本改造内涵延伸

(一) 方案权衡促进低成本

当着眼于建筑本身的改造方案时，会发现工业遗产改造方案的复杂性与多样性是造成此类建筑质量不一的重要原因之一。在面对具有历史元素的建筑时，由于资本的大量涌入，造成工业遗产的改造承载更多不必要的功能，而造成负荷过重。事实上，工业遗产的可持续改造并不只是谈论可持续改造技术以及可持续能源的使用，还包括对建筑未来各种变量的预先规划，对日后产生影响的提前预判以及现阶段改造的系统性与权衡。工业遗产改造过程中的低成本改造策略与低维护设计本质上都是体现建筑可持续的思想，是一个彼此之间存在相同特征的关系。从一开始的建筑定位，到改造方案的选取，再到对未来建筑的运营维护预估，低成本改造不只是局限于某一个阶段的成本控制，而是在建筑整个寿命周期背景下与可持续改造共同讨论的策略视角。

(二) 综合效益实现低成本

毋庸置疑，以工业遗产的更新来带动城市片区的整体复兴是一项重要的效益，不管是社会效益、环境效益，还是经济效益。当讨论效益时，可以借用经济学领域的知识——效益成本率去衡量该项目的可行性。但是工业遗产的改造并不只是商业行为，还伴随着历史文化、城市文脉、工业精神的延续以及带来的社会正面效应等，因此，运营维护阶段的成本消耗与效益应当追求相对平衡，包括成本方面的运行成本、管理成本、日常维护成本以及效益方面的提升片区经济收益及城市空间活力等。通过效益的生成与受益抵消成本，尽可能与其达到一种动态的平衡也是广义低成本改造的含义。不局限于狭义上低成本的经济概念将更有助于在改造过程中实现低成本这一目标，具有更高的普适性与可行性。

五、结论

本研究重点聚焦工业改造过程中技术条件层面的三个角度，试图探究低成本改造的策略，并在方案及效益层面同时将内涵进行拓展。工业遗产低成本改造利用需要全方位地衡量成本与绩效，特别是重视和评估工业遗产改造利用项目所产生的各类效益对成本投入的对冲与平衡。当数量广泛的工业遗产能够通过低成本改造的方式实现适应性再利用，那么将对可持续性城市更新产生积极影响。对于技术条件层面来说，材料成本影响相对较大，但是低成本改造与昂贵的绿色建筑材料并不矛盾，前期必要的成本花费会给后期带来可观的效益。

以下是研究的初步结论，也可为未来的进一步研究指明方向：

第一，工业遗产低成本改造的成本效益比在何种区间内会使"低成本改造"效益最大化以及大致的分布规律特征，可以研究划分出大致的区间范围，这将有利于更加清晰地指导改造前期的成本针对性投入与效益估算。

第二，当成本总量不变、各阶段的成本达到何种比例时会使成本发挥出最大效益，也是进一步研究的方向之一。

参考文献

[1] 单霁翔.关注新型文化遗产——工业遗产的保护[J].中国文化遗产,2006(4).
[2] 王建国等著.后工业时代产业建筑遗产保护更新[M].北京:中国建筑工业出版社,2008.
[3] 刘伯英,李匡.工业遗产的构成与价值评价方法[J].建筑创作,2006(9).
[4] 徐苏斌.工业遗产的价值及其保护[J].新建筑,2016(3).
[5] 蒋楠.基于适应性再利用的工业遗产价值评价技术与方法[J].新建筑,2016(3).
[6] 刘伯英,李匡.北京工业建筑遗产保护与再利用体系研究[J].建筑学报,2010(12).
[7] 季宏,徐苏斌,青木信夫.天津近代工业发展概略及工业遗存分类[J].北京规划建设,2011(1).
[8] 李和平,肖瑶.文化规划主导下的城市老工业区保护与更新[J].规划师,2014(7).
[9] 莫畏,何岩.吉林省辽源市工业遗产保护与利用研究[J].江西建材,2015(8).
[10] 哈静.中国工业遗产史录·辽宁卷[M].广州:华南理工大学出版社,2021.
[11] 谭刚毅,高亦卓,徐利权.基于工业考古学的三线建设遗产研究[J].时代建筑,2019(6).
[12] 张艳,柴彦威.北京现代工业遗产的保护与文化内涵挖掘——基于城市单位大院的思考[J].城市发展研究,2013(2).
[13] 李蕾蕾.逆工业化与工业遗产旅游开发:德国鲁尔区的实践过程与开发模式[J].世界地理研究,2002(3).
[14] 叶雁冰.旧工业建筑再生利用的价值探析[J].工业建筑 2005(6).
[15] 李慧民;田卫;闫瑞琦.旧工业建筑(群)再生利用评价指标体系构建.西安建筑科技大学学报(自然科学版),2013(6).
[16] 14. Milošević, D. M.; MiloševiMilošević, M. R.; SimjanoviMilošević, D. J. Implementation of Adjusted Fuzzy AHP Method in the Assessment for Reuse of Industrial Buildings. Mathematics 2020, 8, 1697.
[17] Liu, Y.; Li, H.; Li, W.; Li, Q.; Hu, X. Value assessment for the restoration of industrial relics based on analytic hierarchy process: a case study of Shaanxi Steel Factory in Xi'an, China. Environmental Science and Pollution Research 2021, 28, 69129 – 69148, doi: 10.1007/s11356-021-14897-0.
[18] Piselli, C.; Romanelli, J.; Di Grazia, M.; Gavagni, A.; Moretti, E.; Nicolini, A.; Cotana, F.; Strangis, F.; Witte, H. J. L.; Pisello, A. L. An Integrated HBIM Simulation Approach for Energy Retrofit of Historical Buildings Implemented in a Case Study of a Medieval Fortress in Italy. Energies 2020, 13, 2601.
[19] Galbiati, G.; Medici, F.; Graf, F.; Marino, G. Methodology for energy retrofitting of Modern Architecture. The case study of the Olivetti office building in the UNESCO site of Ivrea. Journal of Building Engineering 2021, 44, 103378, doi: https://doi.org/10.1016/j.jobe.2021.103378.
[20] De Vita, M.; Duronio, F.; De Vita, A.; De Berardinis, P. Adaptive Retrofit for Adaptive Reuse: Converting an Industrial Chimney into a Ventilation Duct to Improve Internal Comfort in a Historic Environment. Sustainability 2022, 14, 3360.
[21] 梁爽.成本效益分析在中小企业内控体系构建中的应用[J].会计之友,2012(4).

从工业遗产到定制社区
——原芜湖造船厂城市更新设计刍议*

程雪松[1]　胡 轶[2]　[荷兰] Joost van den Hoek[3]
(1. 上海大学上海美术学院　2. 上海工艺美术职业学院
3. Vandenhoek 设计事务所[荷兰])

摘　要：数字时代的到来，让城乡物质空间面临网络虚拟空间的空前挑战。本文以诞生于19世纪初的原芜湖造船厂城市更新设计的逻辑和方法为例，阐述了在实体经济与城市衰退的背景下，建设定制化社区的重要性和迫切性，并且从"城网竞合""双线耦合""体认融合"三个层面描述和分析了互联网作用下定制社区的结构和特征。文章进一步指出，面向未来的定制城市将呈现与互联网空间相呼应的拓扑映射结构，会进一步推动国家产业和文化复兴。

关键词：工业遗产；定制社区；城市更新

一、城市/网络

后世博以来的城市实体经济难掩其疲弱下颓势，比如曾经作为消费主义"胜地"的"太平洋百货"长期面临"钱场"难支、"人场"不足的窘境，前不久关闭了在上海的最后一家门店。在劳动力成本高企、人力资源短缺的后计划生育时代，作为世界工厂的东莞也在经历人工智能化艰难转型。在数字经济和城市物理空间的交锋中，作为生产和消费空间载体的城市面临困境。而与此同时，按照现代主义原则规划的都市生活社区则演绎着无数当代"蚁族""码农""房奴"的故事，许多地方成为"身体被掏空"的"回龙观"。被效率和欲望裹挟的城市正站在抉择的十字路口。在互联网、算法、人工智能的参与下，城市能否避免衰退、收缩？社区能否走向身心协同、情境交融？这是当代城市设计师不容回避的问题。

---

* 基金项目：2021年度教育部首批新文科研究与改革实践项目"深化艺教协同，拓展多维融合：建设综合性大学一流环境设计专业"(2021160030)。

二、互联城市

美国加州大学伯克利分校的曼纽尔·卡斯特(Manuel Castells)在其著作《网络社会的崛起》中前瞻性地透视了信息化带来的网络社会的特征及其相关问题①;麻省理工学院的威廉·米切尔(Willam J. Mitchell)教授在《我++——电子自我和互联城市中》一书中描述了个人身体和心灵的电子化延展,城市物理空间发生的深刻变异②。南京大学的席广亮、甄峰等人的研究指出,互联网时代智慧居住、智慧办公、智慧消费和智慧产业空间都呈现不同的流动性特征,而城市规划则应通过基础设施整合、要素与城市空间协调、混合用地功能空间建设、存量空间规划的互联网化、智慧城市规划管理等策略,应对这种流动性带来的变化③。清华大学的周榕在《向互联网学习城市——"成都远洋太古里"设计底层逻辑探析》一文中讨论了城市面临互联网的挤压一路溃败的现实,若想"扳回一城",唯有向互联网学习造城④。从都市低头族和互联网一代身上不难看出城市的没落和网络的兴起,城市生活、城市空间和城市体验在面对电子竞技、虚拟现实、场景漫游、带货主播等"异(E)"托邦要素时,显得落后而被动,缺乏吸引力。连最具体验性的身体感知终端都已被大量可穿戴设备占据,缺乏插足之处。面对虚拟世界的挤压,未来城市到底应该往何处去?

笔者以为,只要身体体验和心灵认知存在,实体空间和虚拟空间就必然共栖共生。城与网应是竞合关系,线上空间与线下空间应是耦合关系,体验真实世界与认知虚拟环境应是融合关系,互相补充和促进,而非对立和抵抗。与这样的思考同步,我们展开了关于原芜湖造船厂工业遗产(以下简称"老船厂")城市更新的定制化的设计,探索城网互联的必要性和可行性。

(一)城网竞合塑造定制社区

体系化的网络让公共服务更完善。前互联网时代的服务反馈以电话、问卷等形式传递到分析师和客服人员,反应慢,效率低,环节多,体验差。大数据和云平台今天使样本获取变得快捷,使反馈可视化,同时倒逼实体设施品质提升。路网、水网、管网、电网等城市中的基础设施网络铺满城市,通过不计其数的传感器供城市管理者和运营者感知、研判。互联网让舆情反馈顺畅直接,推进城市治理走向精细化。

城市和互联网之间的竞合关系使人民城市建设成为可能。过去规划师和建筑师重视投资人管理者而忽视底层使用者,疏离城市而设计城市,容易造成人为城市割裂审美主

---

① 曼纽尔·卡斯特.网络社会的崛起[M].社会科学文献出版社,2006.
② 威廉·J·米切尔.我++——电子自我和互联城市中[M].北京:中国建筑工业出版社,2006.
③ 席广亮,甄峰.互联网影响下的空间流动性及规划应对策略[J].规划师,2016(4).
④ 周榕.向互联网学习城市——"成都远洋太古里"设计底层逻辑探析[J].建筑学报,2016(5).

体,畸变为技术假体。今天在互联网的支持下,城市设计者和使用者协同参与式设计城市,微观城市体验信息编码通过感应终端传送到云端,成为基础信息和设计参照,用于改善城市体验,最终实现城我共融。

那么,互联网空间仅仅是城市实体的虚拟版本,还是本身具有独立意涵？建构虚拟网络可以促使现实网络不断完善,那么两者之间究竟是什么关系？是前者跟从后者亦步亦趋,还是两者并行甚至前者牵引后者发展呢？笔者通过芜湖老船厂的城市更新设计,试从宏观、中观、微观三个层面对物理空间与虚拟社区的网络化构建进行了探究与实践(图1)。

图1　芜湖老船厂城市设计总平面图及沿江鸟瞰图
(资料来源：笔者自绘)

1. 城市网格：交通路网

作为最具网络特征的物理空间和现实要素流动的载体,交通网络决定未来城市和外部世界的连接性,并调节因资源集中而带来的城市交通。对外交通包含城市枢纽的外联性,对内交通则需规划一张着眼未来的高效路网,既需按照现代主义原则考虑主次干路的等级和效率问题,又要顾及毛细血管路网的均好性和可达性。交通体系具有与自然生态、历史文脉等相比拟的资源价值,并且随着互联网产业和电商力量的壮大,其重要性不断凸显。线下道路建设和线上卫星导航、AI技术发展,带来了无人驾驶未来普及。物流业和电子商务发展让快递小哥成为城市街景中的主角。高快速路、主干路和次/支路网,不同级配的道路理论上可满足人们对于时间和速度的差异化选择。

在老船厂项目中,主次干路主要关注地理形态和效率维度,次支路则更强调连接价值和公平选择。芜湖历史上是临江发展的典型带状城市,南北长、东西窄的城市形态造成路网东西密、南北疏而主干路东西窄、南北宽的现状。东西向城市进深有限,车行通勤目的地不多；南北向城市钟摆式交通流量大,从城市中心商贸区到南北两侧产业区的流线长,可选择性弱,道路承载压力大。老船厂区域采取扩容南北向道路、加密东西向路网的办法,以契合场地和城市自身的空间特征。该区域作为城市尽端,结合滨江景观带弱交通性、强景观性交通特征,道路承载性从近江到远江区域逐级提升,对开发地块强度也形成一定制约。

2015年年底,中央城市工作会议从国家层面对过去城市建设"宽马路、大街坊"模式进行了深刻反思。与世界上大多数要素集聚城市相比,中国的城市路网显得过于松散(在芜湖市区甚至有边长超过1.3公里的超大街坊)。土地开发的粗放,成为交通选择的掣肘,影响了资源在城市中流动和转换的效率。街道不仅是车行的载体,更是满足多样化交通选择的人性空间,是城市环境作为人体延展的重要标志。脱胎于1900年福记恒机器厂、1950年代苏联援建的老船厂核心区域,拥有约70 m×90 m的密布路网,难以想象良好的人性尺度和美学肌理竟然蛰伏在曾经建造万吨级船舶的工业遗址里(图2)。

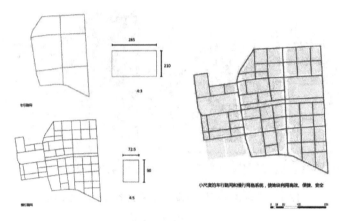

图2 芜湖老船厂高密度小尺度路网规划设计

依托路网建立的信息地图,未来将实现"位置信息"与"现实世界"的深度叠合。比如"AR增强现实地图"和"无人车"计划。应用广泛的成果包括位置共享、环境景观可视、运动轨迹可测度等。当互联网的位置信息能够精确到厘米级时,网络现实甚至比物理现实更加纤毫分明,城市交通环境必将深度改变。

2. 虚拟网络:线上社区

互联网强大的连接功能拓宽了人与人之间沟通的渠道,丰富了交往的界面。互联网社交通常传递的是编码信息,面对面接触交换的则是非编码信息。编码信息容量大、传递速度快,易于复制。非编码信息则更具体、个性化、强感知度、弱传播性。感悟、情绪、想象、体验等难以数字化却又动人心弦的信息传递,本是城市存在的价值之一。虚拟社交网络的发展,支撑和强化了这一价值。

从网上聊天室到微信群、公众号,以虚拟社区为代表的网络公共空间发展见证了互联网强大的建构和动员力量。虚拟社区已经成为社会变革的重要舆情集散地,也成为内容、主题、事件等的发酵场,以自身独特方式推动城市更新。强调公众参与的城市微更新,就通过与百姓息息相关的社区环境改造为突破口,通过线上线下的互动,引发广泛参与和讨论,成为环境有机更新的依据。虚拟社区的重要属性是包容性、开放性和互动性,任何同社区访问者有关的话题都可能成为广泛参与的基础。

当下的城市设计关注以兴趣地点(POI)为核心的虚拟社区关系网,把名称、类别、经纬度等信息与话题、内容等相关联，促进多层次、分主题的虚拟关系网建构。针对当地居民、未来用户等利益相关者进行有针对性的舆情采集，是推进设计日益重要的力量。城市设计师通过互联网创造出互动开发、定制设计的新典范，并衍生出众包、众筹、众创等微型自组织建设新模式。

荷兰阿姆斯特丹的"德海伦（de Hallen）"社区，即是经过政府、开发者、使用者、原住民、设计师等群体线上线下反复沟通十多年，完成了原有电车修理厂的规划设计和建设实施。建设方案综合协调了各方利益，形成集图书馆、电影院、餐饮、创意市集、手作工坊、艺术酒店、停车、居住等多种功能混合杂糅的多元文化社区（图3）。

图3　荷兰 dE Hallen 社区改造后实景照片

（图片来源：笔者自摄）

笔者在老船厂项目中以此模式为参照，建立公众号"老船厂新朋友"和关联朋友群，与过去和现在的船厂职工、当地住户、商业从业者、地方文化学者等进行历史信息和设计节点的交互，通过线上渠道不仅搜集了一些珍贵的图像资料，还原了历史上的领导人考察实况、大型机器生产模式等事件信息，还吸纳了一些来自民间的设计提案，强化了"情感利益相关者"的设计参与度和社区归属感。比如原"长江大梗（当地俚语，大梗即大坝）"关键信息就是在设计师与原船厂职工的信息互动中被挖掘出的。

社区定制从自上而下的分配到由内而外的制约，从不同维度建立竞合关系，交叉形成立体化的城市空间。城市网格好比空间骨架，而虚拟社区并非简单的模型复刻，通过网络提供城市贴近生活的精微信息，为社区规划决策补充了设计依据与数据支撑。定制化价值在于互联信息可作用于空间载体，构建活态的、可进化的智慧型社区。

（二）双线耦合完善定制社区

在差异性节点之间建立连接通道，可以畅通要素和信息流动，催生新的机会和领域。连线既包括构建联系渠道，也涵盖内容精准传递。内容生产和传播的活跃度，不仅可以带来连线的强度变化，而且可以辅助相关公共政策的制定。线下有形的自然廊道、活力街巷，线上无形的产业、历史文脉，都演化为线性的心理空间。它们存在的价值：

一是联系原本断裂的节点,使节点间要素流动成为可能,比如上海陆家嘴的人行天桥连接起被世纪大道分隔的两边地块;

二是疏通淤塞的节点,使要素和信息流动通畅,比如黄浦江两岸 45 公里的贯通,开放了原本封闭的仓库码头、产业地块,市民可以自由行走、骑行于江岸;

三是串联系列节点,如同编织珍珠项链,使原本孤立的节点协同发挥更大作用,比如苏河湾的步行桥把苏州河地区的历史文化节点都串联起来,形成完整有序的风貌空间。

在城市设计中,发挥线上线下空间交融同构的作用,让虚拟空间可视化,在城市地理空间中塑造与虚拟空间相耦合的物理空间,通过可见可感的线性空间唤醒人的心理感知,对于改变日益技术化、工具化的城市空间及不断完善社区定制具有重要实践意义。

1. 线上文脉:历史秀带

在地、在场和在线文化建构了城市文化。山川田林等地理要素创造了在地文化,培育了独特的生活方式和文化语言;"场域"源于社会学者布迪厄(Pierre Bourdieu)的场域理论,是对单纯地理概念的拓展和超越,强调具有符号性和内在张力的社会学网络空间,如殖民地时期的城市人文空间,在场文化往往表现为一种心理投射;在线更强调虚拟空间价值,让文化摆脱时空约束,发挥更大影响力。在城市设计中,我们一方面需避免孤立地看待场地文脉,将其放在广阔的场域和历史文化网络中去分析研究;另一方面也要防止保守与僵化,既要向后看,更要向前看。如此文化才能生动,同步时代的脉搏,贴近当代的心灵。

城市更新中,老旧街巷和建筑因拆迁、功能的置换慢慢消失,变成一些碎片化的记忆和空间。线上虚拟平台能够缝合被割裂的城市空间,并将难以再现的生活状态通过可视化、可体验的形式记录并永久保存,在具有仪式感、在场感的氛围中构成群体记忆,获得相应的文化认同①。线上串联的不仅仅是时空,更是城市文脉与世道人心。

数字化模型让文化遗产保护与修复有了新突破。莫高窟通过透视扫描,将洞窟里表层、覆盖层的壁画在虚拟空间里层层分解并置,呈现出不同时期的壁画作品。武夷山于 2022 年发布"元宇宙新链计划",以数字化虚拟平台的形式,将自然风景与人文活动,以全空间、全时段、多视角的数字化游览体验方式呈现,开启"数字经济+智慧文旅"的新模式②。这都为数字化时代的城市更新提供了技术与思路。

芜湖是安徽省首个开埠城市,旧城中心区零散的西洋建筑遗迹是 1876 年以来城市开埠文化的见证。这些遗址片段分布在长江、青弋江交汇区域,如天主教堂、原英国领事馆、原芜湖海关、原英国轮渡公司旧址、王稼祥就读的原圣雅阁中学等,还有部分位于弋矶山医院(原教会医院)周围,如原教会医院病房楼、沈克非、陈翠贞故居小洋楼等。老船厂地块恰巧位于文化敏感地带的风貌区,在城市更新中应如何对周边空间上分散、时间上断裂

---

① 简圣宇."元宇宙":处于基础技术阶段的未来概念[J].上海大学学报(社会科学版),2022(2).
② 林东晓,张子剑.遇上"元宇宙":福建武夷山开启全新旅游方式[EB/OL].(2022-01-12)[2023-7-19].http://fj.people.com.cn/n2/2022/0112/c181466-35092739.html.

的遗址和景点做出积极响应？（图4）

为了再现城市开埠文化对城市历史产生的巨大变革，芜湖积极构建在线数字化云游平台，将西洋建筑遗迹与历史事件相结合，通过虚拟空间映射芜湖开埠之文脉。1900年始建的百年老船厂串联在沿长江发展的历史秀带上，船厂停工封闭后，几代人工作、生活的集体记忆也一并被封存。今天老船厂作为数字化平台上的重要节点再度激活。未来市民不仅能观摩当年军舰、万吨轮下水的影像，还可以通过在线打卡、上传图像与信息、讲述"我与船厂的故事"等，填补历史空白。交互中生生不息的老船厂转型成为综合性开放社区。为传承百年船厂精神，延续城市文脉，项目以"老船厂智慧港"为题，基于航运物流服务业将替代第二产业，积极构建大数据平台，发挥现代智慧物流管理可视化、运作高效能的优势，持续为城市商贸运输、经济发展赋能。

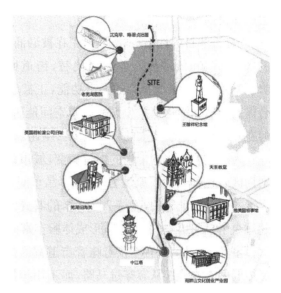

图4 芜湖滨江西洋建筑遗址与规划地块的联系
（资料来源：笔者自绘）

2. 线下通道：文化走廊

如今，线上展览、文化体验等日趋活跃，受到文旅产业和消费者的青睐。但这如同一把双刃剑，将考验城市对人持续的吸引力。为了避免因互联网冲击造成的城市衰退，定制化社区还应兼顾实体空间的具身体验，将城市线下空间与线上相耦合，让非编码信息在线下被感知，恢复社区"温度"和"烟火气"。

在构建芜湖开埠文化数字化云平台及"老船厂智慧港"数字中心的同时，有没有办法把非物质的历史文脉转化为可感知的风景走廊，为城市创造怀旧和观光场所同时整合更多的区域旅游资源？老船厂项目也尝试给出解答。

笔者对开埠文化脉络的梳理中，发现地形图中有一条与城市路网扦格的斜向道路是历史上夯土形成的"长江大埂"，这条线性空间恰好连接起基地南、北两侧的开埠建筑遗产，形成一条比较完整的开埠文化风景线，成为研究和叙事的题眼所在。它使老城区的若干历史遗存和文化故事成为带形文脉，相关文化节点因为这条历史廊道而成为连贯的场域存在，它的发现和贯通重现了时空融合、城埠一体的江城历史风貌。

设计并未拘泥于老船厂固有时空，而是在这条风景线上按顺序设计了长江沿线若干典型口岸城市的标志性开埠建筑片段，如上海外滩的海关大楼、南京下关的候船码头、与汉口的汉江关等形式片段，它们景观化地融入空间，在"长江大埂"的串联下，把时空结合、文旅融合，把历史场景植入场所拓展为场域，把被遗忘的"长江大埂"活化为近代历史教育基地。原"长江大埂"成为超越时空的连接器，其空间演绎成为城埠文化交融、新旧场景共生的催化剂。

"昔日非目的性出行的人流,正在被汹涌的车流、忙碌的快递小哥、无暇顾及街道风景的'低头族'和低端商业业态所代替,街道原有的'场所角色'表现出被'地点化'的趋势。"①而过去街道所承载的城市功能,正被越来越多的商业综合体、办公综合体、文化综合体们分散和消化掉。今天的城市空间能否使人们不阈限于网络,回归线下生活呢?如何在实体空间环境与人的体验之间产生超越物质性的深层次感受呢?

为了改善互联网带来的街道畸变,城市设计要重点研究如何控制尺度、疏通路网、塑造街区。比如老船厂原动力车间、军品车间、木工车间、舾装车间区域都完整保留了细密尺度的工业遗址风貌,保持7~12米的巷弄空间,周边新建路网与之精确衔接,精心保留超过半个世纪历史的行道树,形成体验丰富的步行街坊。

事实上,尺度适宜不仅意味着街道宽度的步行舒适性,比如在红灯闪亮之前,老人或者体弱的人也能够从容穿过马路,而不用担忧体力;还意味着街道界面高度的宜人性,人在站立行走时正常视角下可以看见天空,被建筑轮廓线包围的天空面积与建筑立面保持合适比例,就不易产生过分压抑或者过度开放的感觉;街面的底层空间强调近人的尺度和通透的展示气氛,利于漫步者与橱窗内部场景进行更活跃的交互。(图5)

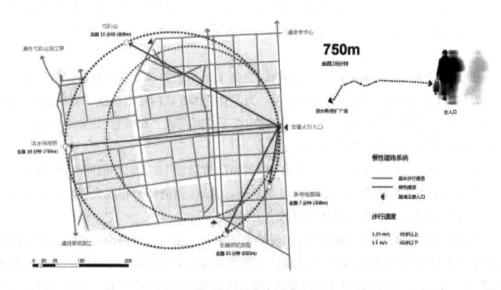

图5 适宜的步行尺度

(资料来源:笔者自绘)

(三)体认融合发展定制社区

康德说,我们对世界的体认可以通过感官体验和理性认知而获得。当虚拟世界大举

---

① 龙瀛,高炳绪."互联网+"时代城市街道空间面临的挑战与研究机遇[J].规划师,2016(04).

占领我们的认知世界时,身体作为外部世界和内在心灵连接之媒介的意义更显重要。既要留驻感官体验,又要触动心灵认知,城市方能真正吸引人。在 Web 0.0 时代,人通过实体场所直接参与城市生活;在 Web 1.0 时代,人通过门户网站接入城市;在 Web 2.0 时代,人只要通过移动终端接入,随时互联,自媒体成为人连接城市的重要接口。单向的供给源被交互的供给/使用端口所取代,这就是"用户生成内容"(User Generated Content)的基础。自拍、晒图、短视频、排行、位置信息等自媒体表达成为认知和体验融合交互的重要窗口;在未来 Web 3.0 时代,人们可以一个通用的数字身份穿行于不同平台,基于区块链技术的网上数据可实时同步。接入的自由度和有效性在改变公共参与的积极性,使得倡导式规划和沟通式规划在新时代成为主流,进一步推动定制社区的发展。

1. 定制匹配:手作建筑

"定制"概念出自产品和时尚领域,如成衣定制、汽车定制、家居定制等,是大数据技术支持下的个性化制造方式。如前文所述,城市空间的可选择性和选择的多样性,作为高密度聚居的重要价值之一,把选择心理和身体延展相关联,这也是定制存在和发展的基础。定制可以让选择(心)与产品(物)匹配,创造优质的客户体验。过去权力或技术支配的城市设计以精英标准来供给城市产品,常常忽略使用者反馈,城市体验缺乏参与感和获得感。今天的大数据和人工智能技术能迅速捕捉大量空间类型样本和使用者需求样本,快速获得最佳定制方案。定制化脱胎于设计者与使用者之间的积极互动。

在定制化城市设计中,建筑可以超越技术性的功能、流线和平立剖面设计,只需采用手作模型、触觉交互的方式,对各地块重点保留的工业遗存进行整体协同性的处理,这样可以打通人们在数字空间中身体感知,也契合制造业"工匠文化"的意涵。概念模式的确立力图强调其整体性和新旧互动性,而不鼓励单体的张扬营造,从而为后期具体空间的弹性设计及深化定制预留空间(图 6)。

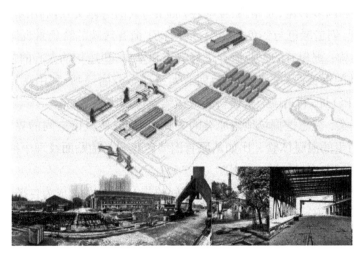

图 6　老船厂拟保留厂房及构筑

(资料来源:笔者自绘)

重点工业厂房的保留改造考虑以亲民业态为核心，围绕"在房子上面造房子（将宿舍改造成大数据交易中心）""在房子下面造房子（将军品车间改造成文创展示中心）""在房子里面造房子（将船体加工车间改造成园区会展中心）"等数种改造模式，"房子"进一步心理图式化成为对象和方法，而不仅仅是资源和场域，从而更好地匹配认知。植入手作艺术、运动健身、餐饮、园艺等体验性功能，强化氛围。新建建筑以实用性和经济性为先导，强调轻、薄、绿色和表皮可变的外观特征。

2. 身体接入：微境塑造

现实的城市空间若要聚集人气，还需留驻人们的身体。崇尚身体主义的人们在马拉松和瑜伽运动中卸载烦恼，获得存在感，黄浦江两岸为跑者贯通，都市白领们青睐泥塑、编织等手作艺术活动，淄博烧烤的烟火气抚慰人心，天津大爷在狮子林桥上跳水火遍全网，这些都是身体接入在当前环境塑造中扮演重要角色的实证。当对城市关注从恢弘的上帝视角走向微空间更新的身体语言，城市设计就回归了"人"的本原。未来的城市空间更加关注近体尺度的交互。临街建筑底层的通透开放改善视觉，街道家具的造型质地激发触觉，立体绿化的葳蕤芬芳调动嗅觉，路面铺装的材料感应关联听觉，街道转角的精致餐饮也勾引味觉，连跑者的奔跑地图和配速、能耗指标也让双脚丈量的城市体验异常丰富。如同2010年上海世博会法国馆"感性城市"展览主题表达的一样，城市并非单独诱惑眼睛的一维建构，而是满足身体体验、熨帖情感心灵的多维世界。设计更不能陷入简单造型的窠臼，更需关注业态、自然、人性和行为，唯有如此才能促进身体与情感互联。

如今我们已经可以收集大量人的活动数据，比如签到、通勤、言论和表情，通过对这些数据信息进行分类整理，可以获得很多价值信息来指导我们身边的微环境规划设计。这种设计方法更加关注个体行为与微观感受，同流水线式或者闭门造车式的操作迥异。

在老船厂项目中，城市设计试图以"人"为核心、以"工业制造"为主题，通过不同层次的环境设计，来贴近人、吸引人、聚拢人、教化人。在景观和公共艺术层次的设计中：

（1）植栽：强调多彩化、立体感、互动性，加强与人的身体交互，利用塔吊、钢轨、船台、桁架等工业奇观，创造绿色与锈色相交织、钢铁和生命齐辉映的特色景观体系。

（2）工业遗构：把现有的工业遗存进行解构和重构，塑造扣动人心的艺术构筑。比如利用场地内残缺的钢板铁片压弯上色后创造大型动态金属壁画，利用高耸塔吊改造成与交易所互联的IPO屏，利用废旧仪器拼装成微缩航母和飞船等。

（3）铺装图案：注意挖掘场地内原有的文脉图案，与新城市空间的界面肌理相融合，塑造既熟悉又陌生的温暖体验。比如从原有围墙砖花和彩釉贴面纹理中抽象出新的视觉语言并在步行街区和广场铺装上应用。

（4）街道家具：关注街道家具等小尺度空间的艺术设计，使其成为自媒体传播的空间。

三、面向未来的定制城市

城市告别了房地产的强心针，其繁荣的动力何在？面对着互联网的倾轧，人们也已习惯了宅居的生活方式,还有哪些城市体验无法取代?在激变时代挣扎的人们,如何构建未来的生活?城镇化怎样以"人"为中心升级转型?新时代的空间运作,不能只局限于实体物理空间的优化和提升,更需结合"互联网+"实现与虚拟空间的深度融合,成为真正意义上的定制社区。

范德米尔(Van der Meer)等人定义了城市数字飞轮(Digital Flywheel)及其三要素:基础设施(Infrastructure)、内容(Content)、接入(Access),以此关联城市建设和信息通信技术(ICT)的发展。原芜湖造船厂项目城市更新设计,试图建立:宏观——构建网络(Constructing NETWORK)、中观——连接通道(Connecting CHANNEL)、微观——交互接入(Activating ACCESS)三个层面的设计路径。根据Pratchett的分析,信息通信技术(ICT)会在地区公共管理机构中扮演三个角色:公众参与的促进者、公共决策制定的辅助者及直接公共服务的提供者,上文"NETWORK—CHANNEL—ACCESS"路径的三个层次对应这三种角色,期待它可以对未来的定制城市建设产生积极影响。

从以上的讨论可知,与互联网扁平化、去中心化、自组织化特征相对应,定制社区也不同于过去中心明确、功能分界、层级清晰的规划模式,而是聚焦于互联、定制、分享、数据、身体、体验、公共等当下时代转型过程中的基本概念和价值,呈现迥异于传统城乡空间的样态。一方面关注历史和传承,通过对物质和非物质遗产的活化操作,使其展现当代价值;另一方面更加关注未来和创新,以互联网思维对空间和环境进行消解和重构,重新思考和定义新的语言和模式。

2021年的元宇宙、2023年的ChatGPT都催生着划时代的变革。游戏、工业、交通、文旅,各行各业都加速布局,纷纷建立起数字孪生、多维交融的应用场景。新时代的城市更新与社区定制又将走向何处?正如斯皮尔伯格(Steven Allan Spielberg)执导的电影《头号玩家》中描述的那样,沉浸式、代入感的影像叙事引发观众联想的同时,也在改变人们对未来社区的定义。相信在不久的将来,人工智能、人机互动将使信息转换更为实时、精准,虚拟社区或将通过模型训练,进化为更先进、更智慧的社区形态。虚拟社区是否终将替代物理社区而独立存在呢?"数字原生"依然是"数字孪生"的基础,虚拟世界所生产的数字内容最终目的是赋能现实社会,从而达到以虚促实、虚实相生的全新经济社会与产业形态[①]。可见,虚拟空间为现实生活服务,为我们带来便利和效率,但终究难以覆盖真实世界的千姿百态。当下最好的方式是互融共生。老船厂项目以定制社区探讨城市更新的新途径,遵循虚实共构、城我相融、身心协同的建构原则,为实现有故事、有情感、有温度的"城网共生"友好型社区提供一种方法和可能。

---

① 王雯莹.上海文旅元宇宙应用场景典型案例调研[J].科学发展,2023(6).

面向传播先进文化的红色工业遗产保护与利用研究

韩 晗 李 卓

（武汉大学国家文化发展研究院，上海交通大学马克思主义学院）

摘　要：红色工业遗产是中国共产党领导国家现代化建设的历史物证与重要的革命文物，在时间、内涵与价值上均自有其特性。红色工业遗产不仅是承载着媒介记忆的场所，更是先进文化传播的重要媒介。红色工业遗产以通过回到历史现场的"凝视—沉浸"、形成物质感知的"抽象—具象"与阐释时代价值的"历史—现实"三种机制实现了先进文化的有效传播。但因工业遗产管理多遵循"年代优先"原则，以致大量红色工业遗产难以得到有效保护，再加上文旅产业介入工业遗产保护利用时，也多考量工业遗产的年代价值、区位价值或审美价值，而对其红色文化资源价值关注、开发不够，削弱了红色工业遗产传播先进文化的功能。近年来随着"四史"学习教育的开展，红色工业遗产逐渐受到重视，为其传播先进文化提供了良好的契机。先进文化的传播路径也因此得以拓展，包括保护更新、IP赋能以及社区参与三种，这又是由红色工业遗产时代性、创新性与人民性三个改造再利用的方向所决定的。

关键词：红色工业遗产；先进文化；传播；记忆场所；媒介记忆；保护与更新

红色工业遗产是中国共产党领导中国式现代化建设的历史物证，具有历史、经济、科技、艺术、社会等多重价值，见证了中国共产党领导现代化建设的历史征程，彰显了我国社会主义制度的优越性。作为工业化建设的物质载体与革命文物的重要组成部分，红色工业遗产中蕴含着内容丰富的先进文化。所谓先进文化，是指中国共产党领导国家建设而形成的一整套关于社会主义核心价值观的文化系统，它代表了中国共产党的价值取向以及中华民族走向伟大复兴的奋斗精神，是我国目前主流文化体系[1]。具体而言，先进文化就是符合人类社会发展方向，体现社会生产力发展要求，代表社会成员的根本利益，能够

---

[1] 陈晋. 毛泽东与先进文化论纲(上)[J]. 党的文献，2002(1)；李维武. 中国文化的古今变化及其联系：关于中华优秀传统文化、革命文化、社会主义先进文化关系的思考[J]. 中南民族大学学报(人文社会科学版)，2017(5)；孙家正. 不断提高建设社会主义先进文化的能力[J]. 求是，2004(24).

使人自由全面发展,并得到大众支持和拥护的文化①。

红色工业遗产中的先进文化蕴含着丰富的精神文化内涵,具有重要的时代价值。对内,红色工业遗产能够与"四史"学习教育等重要主题结合起来,以不怕牺牲的革命精神和艰辛开拓的奋斗精神激发起民族的向心力与凝聚力,形成推动党领导国家文化现代化建设的精神动力。对外,红色工业遗产作为因全球化运动而形成的遗产体系,反映了全球化视野下人类的技术转移与文化交流,对红色工业遗产当中的社会主义发展史、世界范围内的技术史等资源进行活化利用,讲述红色工业遗产背后的故事,推动红色工业遗产积极参与跨文化交流,能够唤起全世界对共同价值的有效共鸣,有效服务于中国国家形象的正向塑造。

近年来,工业遗产研究伴随着后工业化时代的到来,在城市结构调整、空间结构变革、存量更新等背景中逐渐受到关注。学术界对工业遗产的研究已经从考古学、建筑学领域扩展到跨学科的探索,涉及历史学、城市规划、公共管理学、文化产业学、科技史、旅游管理学等众多学科。基于中国式现代化的独特性,中国对工业遗产的研究从关注"如何改造"的案例研究,走向了"保护什么"的价值评价和文化内核探索②,于是颇具中国特色的"红色工业遗产"研究应运而生,学界对于相关问题已有一定研究,主要体现在以下几个方面:一是红色文化遗产的活化利用研究,如"红色文化遗产"的分期、分类与形态③或对于与"红色文化遗产"有关系的概念进行探讨,如"红色文化经典"④与"红色文化资源"⑤等。二是与"红色工业遗产"有关的研究,如"红色工业文化"研究⑥、三线工业遗产的价值研究⑦与安源矿区红色工业遗产价值研究⑧等。三是基于传播角度,将工业遗产作为空间场景的媒介记忆的研究,如工业旅游文化传播功能⑨、工业遗产对城市形象传播的作用⑩与依

---

① 刘顺厚.青年学生社会主义核心价值观的培育和践行:基于多元文化的视角[M].复旦大学出版社,2015:87.
② 高迎进,肖明珊.利用策略、价值内核与发展要义——国内外工业遗产研究的可视化分析[J].北华大学学报(社会科学版),2021(6).
③ 刘建平,刘向阳.区域红色文化遗产资源整合开发探析[J].湘潭大学学报(哲学社会科学版),2006(5).
④ 刘康.在全球化时代"再造红色经典"[J].中国比较文学,2003(1).
⑤ 张泰城.论红色文化资源[J].红色文化资源研究,2015(1).
⑥ 范彬,况志华,徐耀东,冯毅.文旅融合视域下的红色工业文化传播研究[J].南京理工大学学报(社会科学版),2020(5).
⑦ 左琰.西部"三线"工业遗产的再生契机与模式探索——以青海大通为例[J].城市建筑,2017(22).
⑧ 黄检文,文侃.安源样本:中国工运红色遗产传承、保护和利用的研究设计[J].苏区研究,2018(2).
⑨ 李蕾蕾.逆工业化与工业遗产旅游开发:德国鲁尔区的实践过程与开发模式[J].世界地理研究,2002(3);黄芳.我国工业旅游发展探析[J].人文地理,2004(1).
⑩ 冯林.埋留、传播与工业遗产治理系统建构——以黄石历史文化名城情景图式为个案[J].理论月刊,2015(6).

托工业遗产改造的工业博物馆传播知识的路径与机制①等。

总体而言,红色工业遗产仍是一个新兴概念,其内涵、历史跨度以及价值尚未得到充分挖掘和全面阐释,其系统研究尚处于空白阶段。这不仅限制了学术界对于红色工业遗产的深层次研究的推进,也在一定程度上妨碍了其在实践应用中的效能发挥。为了突破这一局限,必须持续深化对红色工业遗产的学术探讨和实践应用,解锁其在传承和弘扬先进文化中的潜力和多样途径。

一、红色工业遗产概念界定与价值阐释

衡量某个工业遗存是否是工业遗产,目前已经有了较为成熟且公认的评判标准,但界定某个工业遗产是否属于红色工业遗产,至今还没有相对健全的指标,这无疑对深入研究其内涵和价值构成了障碍。

(一) 红色工业遗产的概念界定

工业化作为现代化进程中的关键一环,对中国的现代化建设起到了至关重要的作用。作为代表工农联盟利益的政党,中国共产党与工业化之间天然地有着密不可分的逻辑联系。早在建党之初,中国共产党就将工人运动与工业生产作为党的重点工作,以毛泽东、刘少奇、邓中夏、陈潭秋等为代表的中共领导人,活跃在工业生产第一线,在安源煤矿、大冶铁矿与长辛店二七机车厂等地播下了革命的火种。中国共产党先后在苏区、边区与解放区等革命根据地大力发展工业生产,实现军事斗争与工业生产相结合的革命道路。如中央红军曾在瑞金开设印刷厂、兵工厂等企业,实行军需自给自足;新四军在苏北、皖南等地筹办大鸡烟厂、东海烟厂等多家工厂;八路军则在冀晋鲁豫边区开办被服厂、造纸厂,开辟出以工养战的局面;党中央在延安兴办利民毛纺厂、新华化工厂、振华造纸厂等工业企业,在原本基础薄弱的延安地区打下了坚实的工业基础。中华人民共和国成立后,"把我国尽快地从落后的农业国变为先进的工业国"②成为中国共产党领导国家现代化建设的总目标。在这个过程当中,因中国共产党领导国家现代化建设而形成的红色工业遗产体系由是而生。

红色工业遗产作为一个客观存在但却未被明确定义的概念,判定其价值、限定其时间并界定其内涵是对其进行系统研究的基础。遗产的价值是多维度的,不同的遗产具有不同的价值属性。对遗产进行价值判定,需要从价值维度、价值目标和价值标准三个方面进行综合考量,这是界定某一遗产类型的重要基础。首先从价值维度来看,红色工业遗产是

---

① 姜晔,马骞.博物馆教育中的工业文化遗产传播策略[J].大连大学学报,2021(3).
② 中央档案馆,中共中央文献研究室.中共中央文件选集 1949年10月—1966年5月 第24册[M].人民出版社,2013:52.

红色文化资源的重要载体,也是工业遗产价值观念转变的体现。近年来,工业遗产的价值广受重视,很大程度上在于其再利用所带来的经济效益而非社会效益。对于那些没有经济价值的工业遗产,除非有特别重要的年代价值,否则它们往往面临被拆除的命运。在价值目标方面,红色工业遗产作为党领导国家现代化建设的历史见证,是革命文物的重要组成,在党史中拥有重要地位并能够传承党史中的红色精神。在价值标准上,红色工业遗产的特殊性在于其是党领导国家现代化建设的重要见证,其首选价值须以党史价值为中心。当然,我们在进行遗产价值评估时,也会考虑到其他的价值标准,如审美价值、经济价值与区位价值等,但都不可能凌驾于党史价值之上。

"工业发展是一个不断创新与沉淀的动态变迁过程,工业遗产正是这一过程的产物。"[①]因此,红色工业遗产从时间维度上看是一个有始无止的开放性概念。正如哈贝马斯所言"现代性是一个未完成的设计"[②],中国共产党领导的国家现代化建设显然是长期并时刻处于进行时而非完成时的状态。红色工业遗产包括建党之初党领导工人运动、在红色政权内部进行工业生产特别是军工生产以及中华人民共和国成立后的工业现代化与改革开放时期经济建设等一系列现代化进程中的重要工业遗存。这些遗存沿着一条射线时间轴延伸,展现了一个不断向前发展的历程。不仅如此,红色工业遗产的时间限定还体现在其时空交错上,其射线时间轴具有明显的跨空间特征。立足全球史与社会主义运动史来看,中国与世界其他社会主义国家保持密切的技术交流关系,是社会主义阵营当中技术转移的重要主体,尤其是以"156项工程"为代表的工业遗产,不仅是中国工业发展的重要里程碑,也是世界社会主义运动工业遗产的重要组成。

从内涵界定来看,由于红色工业遗产的核心主体是中国共产党,必须要将其置于中共党史视域下界定其内涵,即其是否见证了党史的重大转折或重要事件,并在党领导国家现代化建设过程中扮演了关键角色。因此,红色可以视作某些具体工业遗产的一个侧面,故而红色工业遗产可以与其他工业遗产分类形成交集。例如在工人运动史中有着重要地位的敌伪、外资或官僚资本兴办的企业厂矿亦可以视作红色工业遗产。

结合上文所述,本研究拟如是定义红色工业遗产:自1921年中国共产党成立至今、因中国共产党领导国家现代化建设而形成的现代工业遗产体系,既包括已纳入文保框架下的重要文物,也包括未纳入文保框架但却有重要价值的历史物证(如大量改革开放工业遗产),是无可取代的红色文化资源,其核心价值由党史价值所体现,在我国工业遗产乃至文化遗产体系当中有着不可忽视的地位。

(二)红色工业遗产的价值阐释

红色工业遗产是红色文化资源的重要载体,除了具有其他类型工业遗产的多重价值

---

① 严鹏,黄蓉. 新中国工业遗产与中国式现代化的关系[J]. 经济导刊,2023(6).
② (德)于尔根·哈贝马斯(Jurgen Habermas). 现代性的哲学话语[M]. 曹卫东等译. 译林出版社,2004:1.

之外，还具有一切红色文化遗产"存史、资政、育人"的党史意义，是近代以来所形成的中国工业遗产体系的精华，具有历史、文化、经济、技术、艺术等多重价值。然而价值阐释的面面俱到难以彰显红色工业遗产的"独特性"和"精准性"，唯有将其置于国家历史、国民经济、国防外交、社会文化等综合领域中，才能清晰地反映出红色工业遗产的特点及其对世界工业发展的贡献①。

第一，作为中国共产党领导中国式现代化建设的历史见证，其价值突出体现在党史价值上。红色工业遗产体系庞大、数量巨大，不仅是党在不同历史阶段工业建设成就和发展历程的实物证据，更是传承和弘扬党的革命精神和工业精神的重要载体。一方面，红色工业遗产在政治上具有重要的象征意义，记录了中国工业从无到有、由弱到强的发展历程，彰显了中国特色社会主义制度的优越性，为党史学习教育提供了生动的教材和实践场所。另一方面，红色工业遗产还是中国共产党领导下的工业文化的重要组成部分，体现了自力更生、独立自主开展工业化建设的民族气节和实现民族复兴、国家富强的坚定理想信念。

第二，红色工业遗产具有多维度的经济社会文化价值。作为社会记忆的载体，红色工业遗产保存了宝贵的历史信息，为公众特别是年轻一代提供了深入学习和了解国家历史、工业发展和社会主义建设成就的平台。作为特有的文化遗产类型，红色工业遗产展示了中国的工业发展轨迹和文化软实力，所传递的工业文化和革命精神，对于塑造社会主义核心价值观和道德标准具有积极作用。同时，作为创新与创意的源泉，红色工业遗产通过活化利用，被改造为艺术园区、创意工作室或文化展览空间，为艺术家和设计师提供了创作空间，成为新业态和新文化的孵化器，为地区品牌价值的提升提供了有力支撑。作为独特的文化旅游资源，红色工业遗产更新改造丰富了公众的文化体验，为当地旅游业的发展注入了活力，为当地居民创造了就业机会，进而带动周边地区的文化和经济活动。社区凝聚力和社会资本的积累也因共同参与遗产保护和利用项目而得到加强，社区的整体福祉得以提升。不仅如此，红色工业遗产的保护和利用过程中，通过棕地治理、生态修复等方式，还践行了可持续发展的理念。

第三，与其他文化遗产相比，红色工业遗产的特殊性还体现在其技术价值上。红色工业遗产不仅是党领导国家现代化建设历程的生动见证，也是现代中国工业和科技发展史的重要章节，这些遗产在生产工艺的先进性和行业创新方面尤为突出。举例而言，在"156项工程"中，苏联负责完成各项设计工作和设备供应，给予其他各种技术援助，并派专家到我国提供技术资料，帮助培养科技人才和管理干部②。在短短10年内，我国工业技术水平从落后工业发达国家近一个世纪迅速提升到20世纪40年代的水平③。这一时期的工业几乎涵盖了全部重要的工业行业，对新中国工业的发展起到了积极的作用。此外，我国相继通过德意志民主共和国、波兰和捷克斯洛伐克的对华援助和技术转移，实现了无缝钢

---

① 刘伯英，孟璠磊. 新中国工业遗产核心价值初探[J]. 新建筑，2022(4).
② 陈夕. 中国共产党与156项工程[M]. 中共党史出版社，2015：223.
③ 陈夕. 156项工程与中国工业的现代化[J]. 党的文献，1999(5).

管、超导玻璃纤维、高精度硅半导体等产品生产技术的落地与本土化。不仅如此,红色工业遗产的技术价值还体现在大量的技术档案资料中。因其距今时间较短,这些档案资料数量巨大,涉及的行业领域非常广泛,如早期的选址、布局、建设、工艺设备的购买、企业党组织的发展情况、技术人员的聘请等方面,形成了包括行政管理档案、科技档案、人事档案和财会档案等在内的科技档案遗产,见证了我国工业技术发展的变革。

二、红色工业遗产传播先进文化的优势及机制

红色工业遗产具有物质遗产与精神遗产双重属性,其所蕴含的先进文化依赖于物质实体尤其是建筑物、构筑物及场景实体而存在,经过改造更新之后承载的先进文化元素丰富,并具有强大的叙事功能。

(一) 红色工业遗产传播先进文化的优势

红色工业遗产中的先进文化从战火纷飞的年代初步形成,在新中国工业化进程中发展持续更新,在党全面领导国家工业化建设中与时俱进,天然地具有传播先进文化的能力与条件,为先进文化的传播提供了坚实基础和广阔空间。

第一,从文化学的角度审视,红色工业遗产不但是一种具有特定文化符号的景观,更是有着媒介记忆功能的记忆场所,大多以建筑物或构筑物的形式再现了一系列先进文化的历史场景,并通过碎片化的特定场所构建起人们的集体记忆,使人们获得自豪感和身份认同感[①]。红色工业遗产的媒介记忆功能,赋予其独特的叙事能力,许多遗产本体可以通过空间更新与改造,使之兼具宣教意义与实用价值,从而通过媒介记忆强化了历史在当代身份叙事建构中的重要性,这种功能是一般革命文物、文艺作品、新闻报道或实景演出等媒介所不具备的。作为媒介记忆的载体,红色工业遗产最大限度地保留了历史的痕迹与物证,天然地具有讲好故事的合法性,特别是将故事当中的细节以"百闻不如一见"的方式予以视觉呈现,展现媒介记忆,增强了传播效果的生动性。红色工业遗产又是具有物质性的记忆场所与具有场景再造功能的文化景观,小至文博陈列、文化创意,大到城市更新,红色工业遗产都有深度参与的空间,并可以通过日常生活美学的渠道形成更广维度的场景传播。

第二,红色工业遗产在传播先进文化中的引领作用,得益于其丰富的载体资源。中国共产党带领人民进行工业化建设历经百余年时间,从工人运动到社会主义经济建设,其历史物证无处不在,遗留下了基数非常庞大且具有重要价值的红色工业遗产,分布于全国各地。而且一些红色工业遗产至今仍承担或部分承担生产职能,所形成的媒介记忆也具有连贯性,当中不少遗产本体甚至完整地见证了中国共产党人某种具体精神的发展沿革(如

---

① 陆邵明. 拯救记忆场所,构建文化认同[N]. 人民日报,2012-04-12(5).

大庆油田与"铁人精神"),构成了重要的记忆场所。它们共同见证了党领导人民进行现代化建设中艰苦卓绝的努力,保留了无数建设者的青春记忆,红色工业遗产所承载的个体记忆都是独一无二的,而且许多红色工业遗产的见证者仍然健在,他们的故事和经历能够为这些遗产增添了鲜活的生命力。

第三,红色工业遗产改造再利用以场景呈现的形式,实现了媒介记忆的符号化转化,使遗产本体从普遍意义上的文化景观转变为一个具有文化符号传播功能的历史场景。需要说明的是,这种传播不是单向的,而是形成了从可沟通性、可塑性到可参与性的三级复合传播路径。作为传播主体的红色工业遗产本体与作为传播客体的受众,在记忆场所(主体)中实现了媒介记忆的交互传达。传播主体指的是"传播者"即传播观念的载体,它可以是具体的人,也可以是承载观念的物体。在传播过程中,客体的观念既被主体塑造,同时也塑造主体,这种塑造通过不同个体受众的感知、体验与消费对遗产本体的客体再阐释——如通过自媒体形成 SoLoMo① 的传播结构,进而构成主体与客体的双向可参与性,最终实现红色工业遗产对先进文化的有效传播。

(二) 红色工业遗产开发传播先进文化的机制

传播机制,指的是传播主体、客体与本体三者之间的互动规律。从理论上看,传播机制并非是由上述三者中哪一方独立决定的,而是共同决定的②。一般来说,三者关系中,处于中心地位的是传播主体,它在机制确立过程中扮演着主要角色。红色工业遗产通过提供沉浸式的体验感、独特的场景呈现以及符合时代需求价值阐释等不同方式,实现了先进文化的有效传播,其传播机制可以分为"凝视—沉浸""抽象—具象"与"历史—现实"三种。

1. 凝视—沉浸:构成具身认知

符号在传播过程中,很大程度上依赖于视觉传播。视觉传达系统将捕捉到的信息经过"编码—解码"的符号提炼后,再通过视觉修辞(visual rhetoric)让受众接受。从生物学与认知心理学的角度来看,受众首先通过眼动获得光感,依次经过眼角膜、瞳孔、晶状体、玻璃体、视网膜与视觉神经,产生生物学上的视觉,再以刺激大脑皮层的形式形成短时记忆,继而形成记忆信息,其基础就是视觉修辞。在文化研究领域,包括视觉修辞一整套内容在内的过程,因具有权力、欲望、资本与身份等多元特征,而被称为凝视(regard/gaze)。凝视具有双向性,既包括凝视者(作为客体的受众)也包括被凝视者(作为主体的遗产本体)。

---

① SoLoMo 是美国经济学者约翰·杜尔(John Doerr)于 2011 年提出的关于互联网场景的观念,认为未来互联网场景将形成 Social(社交)、Local(本地)与 Mobile(移动)三位一体的传播结构。在这个结构中,任何本地的场景都可以通过社交媒体的移动性,形成互联网空间中二次虚拟传播的场景。

② B. J. Malin, "Communicating with Objects: Ontology, Object-Orientations, and the Politics of Communication," Communication Theory, Vol. 26, No. 3, 2016: 236 - 254.

凝视是一种沟通形式，目的是完成符号的视觉解码、传达。作为被凝视文化景观而存在的红色工业遗产，随着文化科技、自媒体技术与旅游观念的不断发展，已经呈现出"从凝视走向对话"这一"主客之间新型的文化关系"①，即从"可沟通性"走向"可塑性"与"可参与性"。"可塑性"指的是受众通过自身的二次传播，对场景本体形成再塑造（如通过自媒体形塑"网红景点"）；"可参与性"指的是受众参与到场景呈现当中（如受众通过衣食住行的体验，从而与场景本体共为一体），构成具身认知（embodied cognition），即心理体验激活生理体验。"可塑性"与"可参与性"的前提是沉浸式场景的出现。处于沉浸式环境下的受众，其感受将会通过"沉浸"而不断强化"凝视"感，进而提升先进文化的传播效果。

凝视有一种不容置疑的直接性②，但沉浸却具有间接性特征，这种间接性由从单纯的文化景观发展为具有生命力的历史场景所赋予，它给予受众抽离感与体验感，使受众可以通过长时间置身于其中并与场景本身形成观念互动。从传播的效果来看，"凝视—沉浸"的接受门槛并不高，且能够最积极地调动传播客体自身的知识储备、认知结构与心理预设，通过具身认知产生"各取所需"的传播效能，从而形成媒介记忆的传达，最终促进先进文化的有效传播。

2. 抽象—具象：形成物质感知

先进文化的传播依赖于不同媒介，红色工业遗产作为媒介之一，在传播机制上有一个关键特征：在感知上实现了从抽象向具象的物质性跨越。

相较于先进文化的另一传播媒介——革命文物，两者虽然都具备通过具象的物质载体深刻且生动地呈现中国共产党峥嵘岁月中的某一个具体片段，形成"存史、资政、育人"具象感知的特性，但是大多数革命文物特别是不可移动文物由于其天然的文物属性与所具有的宏大叙事文化符号，使之难以从被凝视的文化景观改造为具有沉浸式的历史场景。与革命文物相比，大量红色工业遗产还有两个重要的特征：一是绝大多数红色工业遗产深入影响甚至决定当地文脉格局，蕴含独一无二的地理信息，这是其地理物质性；二是有较大的更新空间用于阐释遗产本体，使之可以在传统的文化符号上孕育出新的精神符号，这是其空间物质性。

这种具象不只是为受众提供一种可塑或可参与的物质存在（如具体的文物或场景），更为进一步丰富有关文化符号的物质性打下基础，使先进文化当中一些抽象的精神内涵与今天具象的时代精神实现对接。如黑龙江省大庆市是"铁人精神"的发源地，拥有大量"铁人主题"的红色工业遗产。但近年来大庆市以"环保立市"，在城市建设工作中，保护自然环境先行，实施"绿水青山"战略，倡导"双修"城市理念，昔日"铁人精神"面临着再阐释的时代需求。该市审时度势，将红色主题建筑物、构筑物或设备改造为街区公园雕塑或城市商业街区，构造"以'铁人精神'还绿水青山"的新型城市文化，实现了弘扬"铁人精神"与

---

① 胡海霞. 凝视，还是对话？——对游客凝视理论的反思[J]. 旅游学刊，2010(10).
② 汤拥华. 福柯还是拉康：一个有关凝视的考察[J]. 文艺研究，2020(12).

建设"人民城市"相契合的发展愿景,从而为"铁人精神"赋予了具象的新时代内涵。

通过红色工业遗产将先进文化予以具象演化的机制,既体现了红色工业遗产的物质属性,也生动诠释了先进文化根植于中国共产党伟大革命实践的实践性,具有一加一大于二的传播效果。

3. 历史—现实:阐释现实价值

先进文化是中国共产党革命、建设和改革实践的产物,是百年党史中提炼的精华。而相当多的红色工业遗产与先进文化密切且保留了物质空间,但当许多空间随着经济结构转型、城市更新失去了生产功能之后,面临着媒介记忆不断流失的困境,标志性符号也逐渐淡化。通过利用红色工业遗产可塑性、可参与性的特征,对既有文化符号的再阐释,构建新的媒介记忆,形成"历史—现实"相联系的记忆场所,不但可实现遗产本体对先前所承载的先进文化的赓续,更可与其他具体文化特质相对接。

就此而言,"历史—现实"这一基于新时代背景下对先进文化进行价值阐释的传播机制值得关注。以上海市杨浦区赤峰路鞍山新村的"NICE2035未来街区"为例,该街区是上海重要工业遗产街区,大量建筑为20世纪50年代遗留下来的工业住宅建筑,属于上海工具厂、手表厂与自来水厂等企业的"劳模宿舍",时称"一人住新村,全厂都光荣",有数百位国家及省部级劳模曾居住于此,是重要的红色工业遗产。但因时过境迁,大多数工厂已经改制或不复存在,许多老劳模告别人世,新村逐渐失去了往日的辉煌。近年来,同济大学师生立足街区更新,调动社区参与,将老旧工业遗产社区改造为"NICE2035未来街区",营造"红色工业遗产+时尚街区"场景,以年轻人喜闻乐见的"城市创客新工匠"形式,在新的时代背景下赓续"劳动精神"、传承"工匠精神",从而弘扬传统"劳模精神",产生了较好的传播效果。

以"历史—现实"相对接的方式阐释先进文化的现实价值,体现了红色工业遗产作为传播媒介的灵活性,也是其传播优势所在。如何利用好这一优势,增强其可沟通性、可塑性与可参与性,使之在传播的过程中发挥最大效能,是需要进一步深入探索的现实课题。

三、红色工业遗产保护利用现状

作为不可再生的文化资源,工业遗产在文化和技术史上的载体作用是其公认的最大价值,也是工业考古学研究的对象[1]。近20年来,得益于相关部门的积极作为与有关法律、政策的有效落实,相当一批有价值的工业遗产得到了妥善的保护利用。但与此同时,由于不少红色工业遗产尚未列入文保框架,这给红色工业遗产的保护留下了政策空白,时常造成"应保未保"现象的发生,即便在那些得到保护的红色工业遗产中,也多强调其年代价值或区位价值,而对其红色文化资源价值的关注与开发还不够。

---

[1] M. Stratton and B. Trinder, Trventieth Century Industrial Archaeology, London: Taylor & Francis, 2014: 20-21.

（一）双重关注盲区导致"应保未保"

就目前红色工业遗产的现状而言，当中大部分因未达到文物保护的年限，难以处于被保护的状态，再加上其建筑风格单一，历史风貌审美感较低，利用价值也未得到应有关注，处于文物保护与工业遗产再利用的双重关注盲区。特别是那些诞生于改革开放初期的车间、码头与办公楼等工业建筑，它们本是改革开放的重要见证，但这些建筑多半尚未到文物保护的年限，而且不少建筑处于城市中心地带，不得不为城市发展而"让步"，被迫湮灭在城市发展进程中。

改革开放时期工业遗产本是红色工业遗产重要组成，但其命运并不乐观，属于关注盲区中的重灾区。以改革开放的重镇深圳特区为例，近十年来已经拆毁改革开放时期工业建筑多达数百处（栋）。蛇口区诸多工业建筑基本被拆除殆尽，只剩下极少部分改造为"南海意库"得以保留。2017年，见证深圳特区城市化的最大天然气库"东角头油气库"正式进入拆平阶段，深圳多位政协委员提案，建议改建为"深圳改革开放纪念公园"[①]。蛇口街道办也希望可以建设为"一座有温度的工业遗址生态公园"[②]。但至今上述方案仍未有效落实，"东角头油气库"却早已灰飞烟灭。

不独改革开放时期工业遗产命运如此，即使新中国建设期的一些重要工业遗产，因未达到保护年代，亦难逃厄运。作为"共和国长子"的武汉市，拥有大量的新中国建设期工业遗产。笔者通过实地调研了解到，武汉全市范围内共有1949年之后的工业遗产点231个，当中有157个处于"几乎或完全拆毁（破坏）"的状态，当中包括"156项工程"之一的武汉重型机械厂旧址（仅剩厂门）等，但邦可面包房、宗关水厂、汉口英商电灯公司等晚清、民国工业遗产却得到了妥善的保护利用。

上述问题当然非武汉所独有，就全国范围而言，"双重盲区"确实造成了红色工业遗产"处处不受待见"的境遇，忽视了红色工业遗产作为党领导国家现代化建设的文物价值，造成大量红色文化资源的浪费，丧失了应有的社会教育意义，这是今后工业遗产管理中尤其应当警惕的问题。

（二）忽视党史意义造成红色文化符号缺失

我国红色工业遗产长期在"保"与"拆"之间挣扎，再加上工业遗产管理工作所遵循的是年代价值或经济价值优先，兼顾审美价值、技术史价值、区位价值等多重复合价值标准，反而党史价值在一定程度上被旁落。调研发现，部分已经得到保护的红色工业遗产，在保护过程中更多强调"遗产"的多元价值，而非"红色"的党史价值。这种偏重使得在再利用过程中造成红色文化符号的缺失，削弱了红色工业遗产在传承红色精神和历史记忆方面

---

① 政协深圳市委员会.关于在蛇口山建设"深圳改革开放纪念公园"的提案[DB/OL]. http://www1.szzx.gov.cn/content/2017-05/19/content_16264574.htm

② 丁侃.南山蛇口山将建成工业遗址生态公园[N].南方日报.2017-03-21(2).

的重要作用。

与一般历史遗产相比，工业遗产多属于近代建筑或设施，常位于城市中心地段，具有较高的再利用潜力。因此，工业遗产一般朝着工业博物馆、文创园、特色小镇或商业综合体等具有公共属性的改造目标进行空间更新与场景再造①。但是，即便是得到保护和利用的红色工业遗产，也主要多以新中国成立之前与之初的工业遗存为主，且当中不少还因盲目照搬照抄国外工业遗产改造模式，仅仅只关注其审美与年代价值，使改造路径出现了偏移。

例如1954年成立的武汉锅炉厂本是"武字头四大厂"之一。作为新中国最大的成套锅炉生产基地，不但是国防工业与重工业的重要见证，而且朱德、周恩来等老一辈革命家都曾亲临视察，是重要的红色工业遗产。2014年，武汉锅炉厂搬迁时，原址作为地产项目进行开发并入驻了餐饮、剧院、书店等文旅业态，形成有一定规模的文创街区，但对原厂的红色文化资源挖掘仍有待提升，红色文化符号依然彰显不足。

我国工业遗产的再利用方向主要是文旅产业介入的城市公共空间改造，这是一个文化符号解码—编码的过程，即日常所说的从"老旧厂房"转为"网红园区"。一般来说，文化符号解码—编码有两种方式：一种是完全去掉先前的工业符号，重建具有"怀旧/商业"复合符号的历史建筑景观；另一种是保留先前的工业符号，通过梳理城市的工业文脉来建构具有社会教育意义的公共空间，大部分红色工业遗产保护利用多以前者为路径。

在调研中发现，因党史兹事体大，常常涉及领袖人物或重大历史事件，导致红色文化符号开发难度较大。部分具有重要社会教育意义的红色工业建筑，都无一例外地被改造为大众品牌入驻的酒吧街、小微企业创业园或民宿旅馆等千城一面的商业空间，使之丧失了红色工业遗产应有的价值。改造难度大并不意味着放弃改造，而是应当遵循党史价值，以实事求是的原则，在通过工业遗产的改造更新过程中，进行红色文化符号的再编码，实现"红色＋"的工业遗产再利用。

(三) 在"四史"学习教育之下渐受重视

2019年11月2日至3日，习近平总书记在上海考察。他来到杨浦区滨江公共空间杨树浦水厂滨江段，沿滨江栈桥察看黄浦江两岸风貌时指出："百年上海，中国工业的发祥地，现在已经是沧桑巨变了。如今，'工业锈带'变成了'生活秀带'。城市归根结底是人民的城市、老百姓的幸福乐园"②。2021年2月，习近平总书记出席党史学习教育动员大会并发表重要讲话时又指出："要教育引导全党胸怀中华民族伟大复兴战略全局和世界百

---

① 梁晖昌. 以保存之名：上海工业遗产再利用的初期观察[J]. 台湾大学建筑与城乡研究学报，2015(21).

② 习近平. 人民城市人民建，人民城市为人民[DB/OL]. http://politics.people.com.cn/n1/2019/1103/c1024-31434666.html

年未有之大变局,树立大历史观"、"要树立正确党史观"①。

立足于中国共产党百年华诞之际,在全面推进"四史"学习教育的时代背景下,全社会开始主动学习"四史"特别是党史,革命文物前所未有地得到广泛关注与爱护,这为红色工业遗产渐受重视起到了重要的促进作用。具体而言,主要体现在如下两个方面:

一是全社会开始积极关注红色工业遗产的命运,形成群策群力保护红色工业遗产的社会舆论,红色工业遗产的党史价值、文旅意义均引起社会重视。仅 2019 年以来,不少红色工业遗产通过媒体宣传成为社会关注的焦点,如山东机车车辆有限公司的"厂史馆"本身影响有限,但经过《齐鲁晚报》等媒体以《创造了俩山东"红色"第一的"济南铁路大厂"》报道之后,受到社会多方关注;新疆独山子炼油厂入选国家工业遗产名单(第四批)后,被多家媒体报道,当地政府适时打造"新疆第一口油井"红色主题研学项目等等。2023 年 9 月,"第三批中国工业遗产保护名录"发布,该名录首次以中国式现代化进程中的"红色工业遗产"为主题收录了 100 个工业遗产,更是意味着红色工业遗产研究与实践逐渐受到官方认可和重视。

二是相关部门逐渐出台政策落实红色工业遗产的保护。2020 年 7 月,国家发展改革委员会、工业和信息化部等五部门联合印发《推动老工业城市工业遗产保护利用实施方案》,明确对"特别是新中国成立之后的不同历史时期"的工业遗产予以保护利用。同年,国家文物局发布"全国革命文物保护利用十佳案例",代表航天工业遗产的中国酒泉卫星发射中心历史展览馆、代表国防工业遗产的青海原子城纪念馆与代表水利工程遗产的河南林州红旗渠等三个红色工业遗产点上榜。

"四史"学习教育之下红色工业遗产渐受重视,推动了红色工业遗产的社会价值回归。但遗产保护向来是一个时不我待的系统工程,应本着科学决策、保护优先、有效利用的原则,趁势而上,推动红色工业遗产保护利用水平有质的突破。

四、红色工业遗产保护的策略

就目前我国工业遗产保护再利用现状而言,大量得到妥善改造再利用的工业遗产,多是通过城市更新、文旅融合或文化再造等方式,将"一馆三区"作为改造目的,这也是目前国内工业遗产实现改造再利用的重要途径。但就传播先进文化的路径而言,红色工业遗产作为一种特殊的媒介,主要有三条传播路径:保护更新、IP 赋能与社区参与,而这又是由时代性、创新性与人民性这三个红色工业遗产的改造再利用方向所决定的。

(一)以"先进文化 + 群众路线"带动红色工业遗产保护更新

与革命文物不同,大量红色工业遗产以历史建筑或构筑物的形式体现,部分尚处于使

---

① 习近平.在党史学习教育动员大会上的讲话[J].求是.2021(7).

用期限范围内,而且多数遗产具有社区属性,属于曾经的大型国有企业旧址,是成规模的遗产群,与人民群众日常生活深度融入。对具有社区属性的红色工业遗产保护更新,需依据其时代性特征,打造"群众路线"的传播路径。

理论只有被群众接受,才能转化为改造世界的实践力量①。适应时代需求的大众化传播是先进文化与时俱进的发展之路。目前承担先进文化传播的物质媒介主要是革命文物,但革命文物目前存在着保护薄弱、挖掘不足、利用浅显等实际情况②。而红色工业遗产凭借其可塑性特别是可参与性特征,在满足时代需求中当有更大作为。

满足时代需求是红色工业遗产保护更新的重要方向,它可以人民群众喜闻乐见的形式呈现出遗产的全新面貌,进而在潜移默化中传播先进文化,实现"先进文化+群众路线"的传播路径。以深圳华侨城创意产业园为例,该地曾是改革开放之初的"东部工业园",一度聚集60多个工厂,时称"特区第一工业园",被誉为"深圳特区建设的活化石",属于改革开放初期重要的红色工业遗产。经历产业结构转型后,深圳市政府为适应经济发展与市民精神文化等时代新需求,与央企华侨城集团联手将其改造成主打特区文创特色的华侨城文化创意园,并开辟有关图片展厅,年接待访客逾百万人,一度成为自媒体上"吸粉"无数的"网红打卡地"与周边群众"微度假"的首选去处,成为传承"改革开放精神"的重要阵地。

此外,"群众路线"还应重视自媒体与大众媒介的推动作用。如梓潼"两弹城"提供给游客自拍、直播等对外宣传渠道,形成较大社会反响。2021年3月,文物学者单霁翔应浙江卫视之邀,联合文艺名人,在湖北省黄石市拍摄"万里走单骑"系列节目,介绍黄石红色工业遗产与工人运动史。2021年7月,央视新闻联合工业和信息化部新闻宣传中心等机构,制作"网红打卡地&工业遗产"节目,集中推出了一批红色工业遗产地。上述电视节目通过对红色工业遗产的宣传,生动传播了"苏区精神""雷锋精神"与"铁人精神"等伟大精神,为传播先进文化起到了重要的推动作用。

（二）以"先进文化+红色文创"带动红色工业遗产IP赋能

红色工业遗产之所以具有传播先进文化的作用,很大程度上在于红色工业遗产具有独特的文化价值。从文化产业理论看,它具有智慧产权(即IP,Intellectual Property)特征,这是彰显文化遗产特征的核心符号。不言而喻,红色工业遗产的IP就是红色文化,即中国共产党百年党史中所形成的先进文化积淀。

近年来,随着文博文创的迅速发展,相关历史主题IP的文创可谓百花齐放,形成以故宫文创、敦煌文创等为代表的文创体系,在文创产品开发上,也体现出从实体产品向商业服务、虚拟产品过渡,从IP授权向IP转换的纵深转型。但红色文博文创却是我国文博文创领域的短板。造成这一问题的原因当然有很多,一个重要原因就是,红色文化的IP化

---

① 杨丽雯.积极推进马克思主义大众化[N].人民日报.2020-07-23(9).
② 陈颖丽,王昆.革命文物的多重现实意义[N].中国社会科学报.2021-06-10(7).

存在着一些不可避免的舆论与政治风险,这使得一些文博机构(包括革命文物文化单位)在面对红色文化IP转换时,不得不求稳求慎,因而整体开发相对滞后①。

相比之下,红色工业遗产在实现IP转换时,显然比革命文物的空间要大得多。因为红色工业遗产如果不实现IP转换,那结局多半只有拆除一途。从实现方式来看,红色工业遗产的IP转换更多是IP赋能,即将自身的媒介记忆转换为IP,再通过市场化运作实现场景再造,从而提升其传播先进文化的功能,这正是由红色工业遗产的创新性所决定的。

例如,黑龙江省哈尔滨市平房区是红色工业遗产重镇,在"一五"计划时期,党中央在平房区建起哈飞、东安、东轻三大国家级军工龙头企业,与"哈军工"形成"一校三厂"的军工重镇。近年来,平房区利用自身资源,打造"红色工业研学"特色旅游的区域游新模式,将现有红色工业遗产与"侵华日军第七三一部队罪证旧址"作为旅游线路合并开发,实现了"东北抗联精神"与"工匠精神"的对接,为红色工业遗产实现IP赋能,从而提升了整个区域文旅产业的价值与当地红色工业遗产的影响力。

"先进文化+红色文创"是红色工业遗产传播先进文化的重要路径,IP赋能使之产生了具有创新性与活力的创新价值,但这也对红色工业遗产本体周边的环境状况提出了较高要求。

(三)以"先进文化+地域文化"推进红色工业遗产社区参与

前文所述红色工业遗产传播先进文化的两条路径,都是基于访客机理。但就目前红色工业遗产的现状来看,大量遗产所在地属于曾经的大型国有企业社区,部分社区人口密度大、总体收入较低、生活环境较差,当中居民多为过去退休老职工及其家属等原住居民及少部分外来低收入租户。调研发现,目前分布于全国各地的红色工业遗产,不少附着于这样的大型社区之上②。部分建筑物与构筑物已经成为社区的一部分,形成规模极其庞大的记忆场所。虽然当中一些社区以腾退、拆迁等形式实现了用地更新,但大多数社区因改造难度大、重建成本高,且已经与城市融为一体(如宜昌葛洲坝社区、鞍山鞍钢社区等),维持现状反而是最好的结果。而与先进文化密切相关的企业文化,也已经成为地域文化的一部分。

在这种情况下,工业遗产保护更新工作,也必须依赖于社区参与才能实现,而这也成为红色工业遗产传播先进文化的重要渠道。简而言之,就是促进地域文化的在地扎根传播。此处所言之社区参与,指的是在不改变社区现有居民结构、文化场景的情况下,立足地域文化积淀,挖掘利用"乡愁"资源,将工业遗产保护更新的主体由政府或机构转变为社

---

① 韩晗,高洋.我国文博文创工作"十三五"总结及"十四五"建议——基于全国71家文博单位的调研[J].东南文化,2021(6).
② 我们对国内29个省份的340个红色工业遗产点做了摸底调研,当中有279个位于目前尚存的企业社区内,这一分布特征在区域当中亦有体现,如四川、重庆、贵州、云南、西藏西南五省市和自治区的61个工业遗产点,当中就有34个位于尚存企业社区内部,有的已经成为了企业社区的一部分。

区居民，以建设"人民城市"为抓手，实现先进文化的有效传播。

例如，红旗渠是新中国水利工程的代表，该工程以"劈开太行山，引来漳河水"的气概功彪史册，是新中国水利事业"自力更生、艰苦创业、团结协作、无私奉献"的精神写照，"红旗渠精神"一直被看作新中国水利工作者改造自然、征服自然这一大无畏品格的具体体现。新中国成立以来，水利工作者长期甘于奉献，四海为家，全国各地形成了数以千计的大型水利企业社区，留下不计其数的建筑物与构筑物，这是非常独特的红色工业遗产类型。其中以人口最为庞大的宜昌葛洲坝社区最为典型，它在行政区划上属于湖北省宜昌市西陵区，拥有数十万名葛洲坝集团老职工。近年来，该集团总部搬迁至武汉并与中国能源建设集团合并，留下了规模庞大的"后方基地"。搬迁之前，葛洲坝集团与宜昌市西陵区政府合作，在移交物业的同时，依托该集团下属文旅公司、园林公司等二级企业，以国家工业遗产葛洲坝船闸为中心，保护修缮城区内数百处老建筑与构筑物，重塑街区园林绿化，新修葛洲坝公园沿江栈道，新建体现企业发展历程的景观广场与文化墙，保留并丰富了媒介记忆，成功地实现了历史场景再造，并通过维护与建构既有的记忆场所，推动"先进文化＋地域文化"的在地扎根传播。

不言而喻，这一传播路径也反映了先进文化的一个重要特征：根植于群众的人民性。当红色工业遗产被处理为记忆场所时，它具有地理物质性与空间物质性双重属性，这一空间是建构在具体人地关系之上的客观实在，不可能脱离对具体人地关系的关注。就此而言，探讨其传播路径尤其应当重视人地关系，要充分调动人民群众的积极性，才能产生事半功倍的传播效果。

五、结语

传播先进文化是一个巨大的系统工程，红色工业遗产只是诸多媒介之一。需要注意的是，不同的媒介之间并不存在排他性，而且彼此间可以通过媒介交替来拓宽先进文化的传播渠道。但在传播实践当中需要做到两个避免：一是避免同质化。任何具体的红色工业遗产都具有自身特殊的媒介记忆，不可能做到传播先进文化整体，因此应当抓住标出性文化符号，打造有特色的历史场景，尤其要避免当前许多工业遗产改造之后的"千物一面"。二是避免庸俗化。即应当在传播实践中把握先进文化的内涵要义，要注重时代性、创新性与人民性三个改造再利用方向，使之与中国共产党人高贵的精神品格、百年党史的宏大叙事以及当前具体的时代需求相符合。如果采取"口号式"的硬性宣教或"拉郎配式"的强制"跨圈"，将相关工作庸俗化，很可能最终导致事与愿违，甚至产生不必要的负面反应。

概而言之，红色工业遗产体量大、社会涉及面广、党史价值丰厚，在先进文化的传播中更多的积极作用尚待进一步挖掘，诸多关键学术问题尚待进一步探讨。本文旨在抛砖引玉，希冀有学界先进能更为深入全面地展开讨论，以丰富相关研究并指导具体实践。

铁路遗产再利用后的游客满意度评价研究
——以芭石铁路为例

唐　琦[1]　刘浩东[2]

(1. 四川建筑职业技术学院　2. 贵州农业职业学院)

摘　要：铁路遗产作为一类特殊的工业遗产，本身具有极高的历史价值与人文价值，进行铁路遗产游客满意度评价研究，能够补足铁路遗产再利用后满意度评价板块的研究缺失，是构建铁路遗产判定-再利用-再利用后评价-改进的系统性学术理论的关键一环。本研究从"提高铁路遗产旅游各方面质量，满足游客需求，以此提升铁路遗产游客满意度，实现铁路遗产再利用的可持续性"的思路出发，通过分析得到当前游客对于铁路遗产旅游的关注点，并进一步划分各项铁路遗产旅游要素，构建铁路遗产游客满意度的评价指标体系，结合实例来明确当前铁路遗产开发方面存在的问题，并提出优化策略，为铁路遗产的游客满意度提升探索可参考的路径与方式。

关键词：工业遗产；铁路遗产旅游

一、引言

工业革命深刻地改变了大地景观与生活方式，18世纪至19世纪，人们大量开采矿产、林产及其他生产原材料，建造起庞大的工业文明，当时留下的工业遗产作为文明的里程碑，记录了人们的磨难与功绩，具有特殊的意义。工业考古学强调了工业场所的人造物，认为它们在我们的历史上具有与多年来受到更多关注的宗教造物、建筑具有同样重要的意义。但事实上工业遗产不仅包括磨坊和工厂，还包括新技术催生的社会和工程成就——城镇、运河、铁路、桥梁和其他形式的交通和电力工程等等①。

作为工业时代的重要交通运输手段，铁路遗产本身具有特殊的历史价值和人文价值，能够为民众提供地方感、身份感和共同认知。有学者认为铁路遗产作为一种文化遗产，具

---

① Falser M S. Is industrial heritage under-represented on the World Heritage List: Global Strategy Studies: Industrial Heritage Analysis: World Heritage List and Tentative List[M]. UNESCO World Heritage Centre, 2001.

有公共物品的属性,因此应具有存在价值、选择价值和遗产价值三方面的非使用价值或被动使用价值①。

经济的发展、铁路技术的迭代、铁路资源的逐步现代化导致许多铁路线逐步淘汰了一系列铁路建筑、地标建筑(车站、发电厂、车库)和辅助设施,这些设施的使用已经过时,或者不再履行它们当时的主要功能②。铁路遗产是工业遗产的一个重要组成部分,其以过去工业时代的资源为基础,因为其具有的教育、娱乐以及研究价值而受到关注③。

本研究以芭石铁路为研究对象,收集芭石铁路旅游开发后的游客评论,结合文献回顾和问卷收集构建铁路遗产游客满意度的评价体系以及对芭石铁路游客满意度进行总体评价。

二、铁路遗产游客满意度评价模型构建

(一)满意度评价理论基础

游客满意度(Customer Satisfaction)这一概念兴起于20世纪90年代的西方国家,迄今为止,关于游客满意度的定义很多,但是大多数都是建立在期望差异理论基础上的。Gursoy等提出,游客满意度是许多旅游研究中研究最多的领域之一,因为它在决定旅游业的成功和可持续方面非常重要④。

满意度评价方法基本上采用定量方法,评价结论依据的数据一方面可以来源于受访对象填写的问卷,这些问卷一般由作者依据实际情况设计,另一方面基于大数据的发展,也可以网络文本数据作为数据进行满意度评价,评价的方法和使用的研究模型也较多,常见的有内容分析法、SEM结构方程模型、层次分析法(AHP)、主成分分析法(PCA)、模糊综合评价、Kano模型、美国顾客满意度指数模型(ACSI)、IPA(Important-Performance Analysis)等等。

Ozturkoglu及张强等人通过多元线性回归分析建立了多因素工作满意度模型,研究了土耳其汽车工人在工作中最能影响到工作满意度的因素以及老年人对公办养老机构评估轮候制度的满意度及影响因素⑤⑥;Zhang等通过结合偏最小二乘法和结构方程模型来评价中国公共交通的乘客满意度⑦。

---

① Throsby D. Economics and culture[M]. Cambridge university press,2001.
② LLANO-CASTRESANA U, AZKARATE A, SÁNCHEZ-BEITIA S. The value of railway heritage for community development[J]. WIT Transactions on The Built Environment,2013(3).
③ Alfrey J, Putnam T. The industrial heritage: managing resources and uses[M]. Routledge,2003.
④ Gursoy D, Mccleary K W, Lepsito L R. Propensity to complain: Effects of personality and behavioral factors[J]. Journal of Hospitality & Tourism Research,2007(3).
⑤ Ozturkoglu O, Saygili E E, Ozturkoglu Y. A manufacturing-oriented model for evaluating the satisfaction of workers-Evidence from Turkey[J]. International Journal of Industrial Ergonomics,2016(54).
⑥ 张强;王晓庆;王蒲生;老年人对公办养老机构评估轮候制度的满意度及影响因素研究——基于广州市调研数据的分析[J]. 中国物价,2022(12).
⑦ Zhang C, Liu Y, Lu W,等. Evaluating passenger satisfaction index based on PLS-SEM model: Evidence from Chinese public transport service[J]. Transportation Research Part A: Policy and Practice,2019(120).

IPA 模型同样也被人们作为一种常用的满意度评价方法用于学术研究和社会调查当中,其最早由 Martilla 和 James 提出①。Bellizzi 等采用分类回归树法(CART)和重要性绩效分析法(IPA)对高学历人群对航空公司服务的满意度进行了研究,确定了决定乘客满意度的最关键因素②;Ding 等人则是通过应用 Kano 模型对某工业园区公共仓储产品服务体系以及结合 ISA(重要性-满意度分析法)对航空公司乘客对于服务质量的满意度进行了评价③④。还有些学者在内容分析的基础上应用 LDA(Latent Dirichlet Allocation)主题模型对文本内容进行更深一步的挖掘,归纳文本主题进行评价,或是应用 IPA 模型对研究对象各方面感知要素在重要性和表现度方面进行划分,来进一步提出相关改进策略。LDA 还可以与结构方程模型进行结合,Deerwester 等使用了一种估计文本数据中潜变量的方法,该方法将文本中的主题视为潜变量,并使用潜在语义分析(LSA)提取的主题中的单词作为观测变量⑤。

综上所述,本文拟定从网络文本数据入手,通过构建 LDA 主题模型结合 SEM 结构方程模型,以 LDA 文本聚类得到的文本主题作为潜变量,以此为基础进行文献回顾选出观测变量(图1),构建路径模型后探析各潜变量和观测变量之间的相互关系,最后对铁路遗

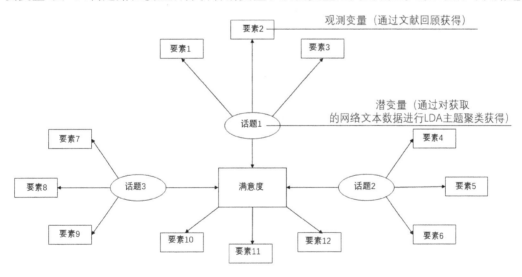

图 2-1 LDA-SEM 示意图

(图片来源:作者改绘)

---

① Martilla J A, James J C. Importance-performance analysis[J]. Journal of marketing, 1977(1).
② Bellizzi M G, Eboli L, Mazzulla G, et al. Classification trees for analysing highly educated people satisfaction with airlines' services[J]. Transport Policy, 2022(116).
③ Ding K, Han G, Zhang F, et al. Service satisfaction evaluation of product-service system for public warehousing in an industrial park[J]. Procedia CIRP, 2019(83).
④ Tahanisaz S. Evaluation of passenger satisfaction with service quality: A consecutive method applied to the airline industry[J]. Journal of Air Transport Management, 2020, 83: 101764.
⑤ Deerwester S, Dumais S T, Furnas G W, et al. Indexing by latent semantic analysis[J]. Journal of the American society for information science, 1990(6).

产旅游的游客满意度进行评价，提出铁路遗产旅游开发后的现有问题，并且给出相关策略以指导未来的改进方向。

（二）铁路遗产旅游满意度评价体系

1. 基于 LDA 模型的文本主题模型构建

LDA 算法是一种无监督机器学习，其采用词袋模型的形式，将一篇文档视为由词组成的矩阵，通过文档—词频矩阵实现文档—主题矩阵和主题—词矩阵的转化，挖掘给定数据集的潜在主题。LDA 主题模型在众多主题模型中占有非常重要的地位，其主要应用于推测文档的主题分布，能够将文档中的主题以概率分布的形式进行主题聚类。

对预处理过后的文本进行 LDA 文本聚类处理，需要输入聚类个数，也就是主题数量，当主题数量过多时，聚类结果过度拟合；当主题数量过少时，聚类效果不明显，不能清晰归纳出聚类结果描述的主题。为了确定主题数，采用困惑度（perplexity）和主题一致性（coherence）验算，并且通过 pyLDAvis 包进行可视化对比分析来得出最佳主题数。

2. SEM 结构方程模型构建

采用结构方程模型（SEM）来解析五个感知意象对于铁路遗产游客满意度的影响关系。结构方程模型由 Jöreskog 提出，其主要由两个部分组成：一是将各个潜在变量相互联系起来的结构部分；二是用验证性因素模型将潜在变量和观测变量联系起来的测量部分[1]。SEM 是一种强大的多变量方法，它同时使用回归、因子分析和方差分析等各种技术来分析多种关系[2]。在本研究中，潜在变量是基于 LDA 分析结果得来的各指标，如交通、服务质量、景观等，无法通过普通线性回归直接测量。SEM 可以建立这些潜变量与其相应的观测变量之间的关联，同时将潜变量之间的关系通过路径图直观显示，能够有效帮助本研究探寻各感知意象与铁路遗产游客满意度之间的关系。

3. 评价指标问卷设计与数据验证

铁路遗产游客满意度调查问卷发放采用线下与线上相结合的方式。线上发放通过贴吧等网络平台，在具体的相关论坛求助进行过铁路遗产旅游的游客进行填写，例如火车迷吧、普速列车吧、爱上火车吧等等。

信度（Reliability）是判断量表和测验优劣的重要指标，其表示了量表结果的可靠性，具有多种形式与计算方法，其中内部一致性克隆巴赫信度 α 系数得到了最为广泛的运用[3]。故而本研究选择采用克隆巴赫系数（Cronbach's Alpha）来对问卷信度进行检验，克隆巴赫系数是由克隆巴赫在 1951 年提出，取值范围在 0~1 之间，克隆巴赫系数越高，问卷的信度就较高。

---

① Jöreskog K G. A general method for estimating a linear structural equation system[J]. ETS Research Bulletin Series，1970(2).

② Gupta A, Bivina G R, Parida M. Does neighborhood design matter for walk access to metro stations? An integrated SEM-Hybrid discrete mode choice approach[J]. Transport policy，2022(121).

③ 焦璨，张敏强，黄庆均，等. 非正态分布测量数据对克隆巴赫信度 α 系数的影响[J]. 应用心理学，2008(3).

在效度检验中,主要对结构效度以及收敛效度和区分效度进行检验,结构效度的检验主要是考察铁路遗产游客满意度量表的内部结构与设计量表时的理论假设是否相符,即题项与测量维度是否一致。结构效度的检验通常采取探索性因子分析(Exploratory Factor Analysis,EFA)和验证性因子分析(Confirmatory Factor Analysis, CFA)的方式。

三、研究对象及数据获取

(一)研究对象

芭石铁路位于四川省乐山市犍为县,地处犍为县芭沟镇、石溪镇境内,该铁路是为了方便运送煤炭的矿山铁路,全长 19.84 公里,其轨距仅 762 毫米,只有普通列车轨距的一半,被称为寸轨,故而小火车也因此被称为寸轨火车,其于 1959 年 7 月 12 日开通,并被附近居民用作代步。铁路起点处停止产煤后,居民仍然需要以小火车进出山岭,被称作嘉阳小火车①。嘉阳小火车采用第一次工业革命的技术,至今仍保留着传统的燃煤式炉膛门、人工手铲加煤、锅炉蒸汽传动、古曲式汽笛、窄小的轮轴和铁轨,采用特殊的詹天佑人字形机车掉头方式,信号传递和扳道器也一直沿用传统的手动方式②。全线共有隧洞 6 个,弧线 109 段,最小转弯半径 70 米,最大坡度 36.14‰,爬升高差 238 米。每列车拉 7 节载人小车厢,车厢之间相对独立,每车座位 18 个。全线设停车站点 8 个,风景观光点 4 个③。小火车的终点站是工业古镇芭蕉沟,是嘉阳煤矿最早的工作地点,始建于 1938 年。2006 年 4 月,芭石铁路被列入市级工业遗产保护名单;2018 年,入选第一批"中国工业遗产保护名录"。由于它作为铁路遗产的特殊价值,吸引了大批的铁路爱好者,加上当地对其的保护和开发,嘉阳小火车逐渐成为一个著名的旅游景点。(图 2、图 3)

图 2　嘉阳小火车内部现状

图 3　嘉阳小火车火车头

---

① 嘉阳小火车及芭石窄轨铁路[Z/OL]//维基百科,自由的百科全书.
② 先俊敏,杜伊,邓小艳,等.嘉阳小火车历史文化与发展前景展望[J].美与时代(城市版),2016(8).
③ 黄颖,张祥.嘉阳小火车蒸汽时代的活化石[J].青海科技,2012(5).

(二) 数据获取

与其他的铁路遗产相比,如胶济铁路,滇缅铁路,宝成铁路等,芭石铁路在旅游开发方面已比较成熟,以嘉阳小火车为主题在各旅游网站及论坛上进行搜索,包括去哪儿、携程、马蜂窝等,都有单独设置的主题界面,可以看出,芭石铁路已经具有一定的旅游市场和影响力。

本研究通过python与人工整理实现游客评论文本数据的爬取,python数据爬取以携程网(https://www.ctrip.com/)的嘉阳小火车界面评论数据,最后通过循环,分别读取各条评论的信息后保存,完成相关的评论数据爬取。截至2023年8月,于携程网总计获得评论659条。马蜂窝与去哪儿网由于存在有相当数量的游记,相关数据通过人工收集,最终通过整理携程、马蜂窝以及去哪儿网三个网站的相关评论和游记数据,总计获得数据共69 787字数(图4、表1)。

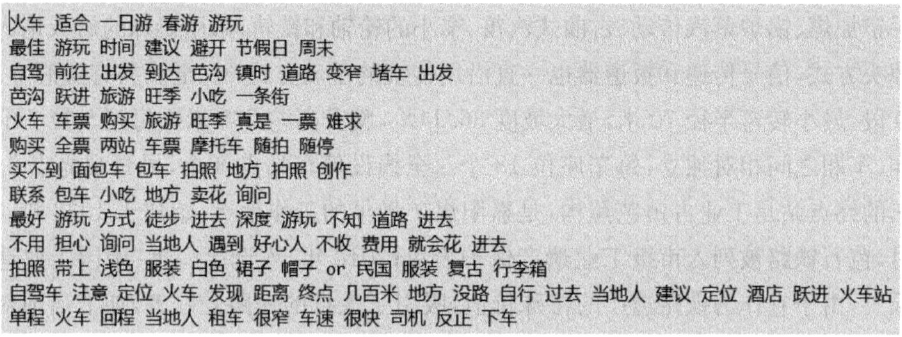

```
火车 适合 一日游 春游 游玩
最佳 游玩 时间 建议 避开 节假日 周末
自驾 前往 出发 到达 芭沟 镇时 道路 变窄 堵车 出发
芭沟 跃进 旅游 旺季 小吃 一条街
火车 车票 购买 旅游 旺季 真是 一票 难求
购买 全票 两站 车票 摩托车 随拍 随停
买不到 面包车 包车 拍照 地方 拍照 创作
联系 包车 小吃 地方 卖花 询问
最好 游玩 方式 徒步 进去 深度 游玩 不知 道路 进去
不用 担心 询问 当地人 遇到 好心人 不收 费用 就会花 进去
拍照 带上 浅色 服装 白色 裙子 帽子 or 民国 服装 复古 行李箱
自驾车 注意 定位 火车 发现 距离 终点 几百米 地方 没路 自行 过去 当地人 建议 定位 酒店 跃进 火车站
单程 火车 回程 当地人 租车 很窄 车速 很快 司机 反正 下车
```

图4 文本预处理后

表1 研究数据来源

数据种类	数据来源	
文本数据(截至2023年8月)	携程网(https://www.ctrip.com/)	旅游火车评论
	去哪儿网(https://www.qunar.com/)	
	携程网(https://www.ctrip.com/)	
评价指标问卷数据	线上收集(火车迷吧、普速列车吧、爱上火车吧等平台)	评价指标确定
	线下收集(嘉阳小火车景区)	
满意度评价问卷	芭石铁路现场游客填写	满意度评价结果

本研究共发放问卷两次,先是采用线下与线上共同发放的方式对满意度评价问卷的评价进行筛选。在确定满意度评价问卷指标后采用线下调查方式进行,通过向在嘉阳小

火车景区展开旅游活动的游客发放问卷来了解游客对铁路遗产旅游各个感知意象的评价。

四、芭石铁路遗产游客满意度评价过程及结果

(一) 文本主题模型构建与优化

1. 文本主题模型构建

模型的构建主要通过调用 gensim 库中的 LdaModel 实现,将前文已经完成分词后的文本数据导入设定好的模型,读取文本路径后对其进行建模,词典与词袋模型也都通过 gensim 库实现,通过构建词典与词袋模型后,设定 LDA 模型的主题数目、主题下的词语数目以及训练次数,可得到在预设好的各参数条件下的输出结果。在模型的可视化方面,要想直观地展示模型运行结果,需要通过导入 pyLDAvis 工具实现,将 gensim 包内的 LDA 模型直接传入,运行后将可视化结果保存在独立网页内。在此初次运行模型,设定主题数为 5、主题下的词语数为 20、训练次数为 50(图 5)。

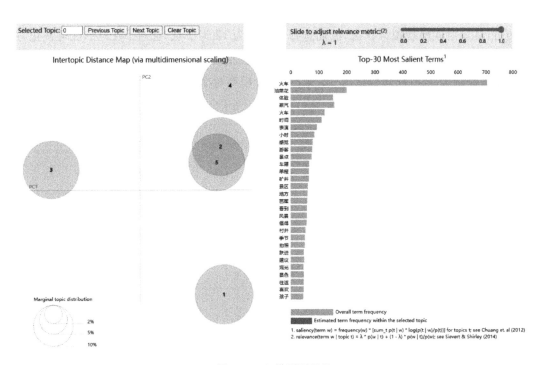

图 5　LDA 模型可视化

2. 铁路遗产旅游评论主题优化

在 LDA 模型构建过程中需要手动调整各项参数,要想设定合理的潜变量,则需要确定文本数据的最佳主题数,为后续的潜变量确定夯实理论基础。本小节对铁路遗产游客评论文本数据构建的 LDA 主题困惑度和一致性进行计算。设定主题数从 1~20,分别计

算其对应的困惑度与一致性,验算结果如图 6 所示。

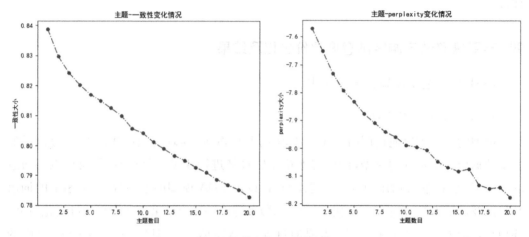

图 6　困惑度与一致性验算

由困惑度和一致性曲线可以看出,一致性的值基本上一直随着主题数目的增多而减小,证明话题数越小时,主题数量越接近最优;困惑度折线在话题数等于 12、16、19 时出现了转折,其余时候呈现拟合状态,故而选择话题数为 12 为节点,通过 pyLDAvis 可视化方法对比话题数为 2~12 时的气泡图。通过对比,在话题数等于 4 时,各主题相互离散,故而设定主题数为 4,特征词数量为 20,运行 LDA 模型对文本数据进行聚类,图 7 及表 2 展示了主题数为 4 时的模型运行结果。

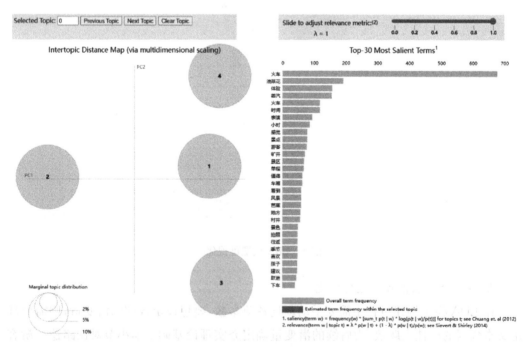

图 7　主题数为 4 时的 LDA 模型可视化

表 2　LDA 主题聚类结果

主题 1	主题 2	主题 3	主题 4
单程(0.019)	体验(0.044)	火车(0.033)	火车(0.188)
景色(0.014)	时间(0.033)	表演(0.026)	油菜花(0.053)
季节(0.013)	小时(0.024)	游客(0.021)	蒸汽(0.043)
下车(0.011)	感觉(0.022)	矿井(0.020)	景点(0.022)
旅游(0.011)	地方(0.016)	看到(0.017)	景区(0.019)
煤灰(0.010)	村井(0.016)	芭蕉(0.016)	值得(0.017)
回程(0.009)	往返(0.013)	孩子(0.013)	车厢(0.017)
好玩(0.009)	喜欢(0.013)	跃进(0.012)	风景(0.016)
返程(0.009)	建议(0.013)	方便(0.010)	拍照(0.013)
票价(0.008)	观光(0.011)	景色(0.010)	车票(0.011)
单程票(0.008)	乘坐(0.011)	全程(0.009)	回来(0.009)
煤矿(0.008)	推荐(0.011)	携程(0.008)	彩虹(0.009)
服务(0.008)	值得(0.009)	特色(0.008)	工作人员(0.008)
口罩(0.008)	网上(0.009)	回到(0.008)	终点站(0.008)
有意思(0.008)	感受(0.008)	公里(0.008)	芭沟(0.008)
停车(0.008)	参观(0.008)	不好(0.008)	套票(0.008)
门票(0.008)	铁路(0.007)	小朋友(0.007)	出发(0.007)
世界(0.008)	返回(0.007)	运行(0.007)	沿途(0.007)
公交车(0.007)	游玩(0.007)	春天(0.007)	喷气(0.007)
分钟(0.007)	火车票(0.007)	适合(0.007)	价格(0.007)

(二) 基于 LDA 结果的指标选取及假设提出和权重计算

1. 基于 LDA 结果的指标选取与模型构建

基于上文,根据 LDA 话题聚类结果,文本话题归纳为四个大类,分别为交通、服务质量、活动与设施、景观,以此为基础,在 Google Scholar 上搜索与"铁路遗产旅游"、"railway heritage tourism"相关的文献,进行文献回顾,选取有关上述方面的具体评价指标,剔除与研究相关性较弱的指标,在确定指标时注意从属于上一层类别,且不与其他类别交叉重复。

本节将便于之后的研究和模型体系搭建,基于文献阅读得出的感知意象相关要素进行编号整理,得到初步的结构方程模型变量表,其中潜变量包括5个方面,分别是交通、服务质量、活动与设施、景观、原真性。潜变量"交通"的观测变量共有15项;潜变量"服务质量"的观测变量共有17项;潜变量"活动与设施"共有8项;潜变量"景观"的观测变量共有9项;潜变量"原真性"的观测变量共有12项;总体满意度的潜变量设置为满足事前期望(OS1)、是否值得推荐(OS2)、回访可能性(OS3)。

(三)满意度问卷数据收集与处理

1. 问卷数据收集与检验

数据收集:本次的铁路遗产游客满意度调查问卷发放采用线下与线上相结合的方式。线上发放通过贴吧等网络平台,在具体的相关论坛求助进行过铁路遗产旅游的游客进行填写,例如火车迷吧、普速列车吧、爱上火车吧等,发放的时间为2023年9月12日至12月17日,线下问卷在嘉阳小火车景区进行发放,发放的时间为2023年9月15日至9月20日,最后回收线上有效问卷320份,线下有效问卷109份。

数据检验:首先,将已经收集的问卷数据导入SPSS中进行分析,信度分析的结果:各个维度的克隆巴赫系数均大于0.7,表明此次问卷调查数据的信度较高,所使用的量表具有良好的一致性,同时整体的克隆巴赫系数也达到了0.957,满足了下一步数据处理的要求。其次,再将本次研究的研究数据导入SPSS中进行计算,结果:KMO的值为0.806,大于0.8,Bartlett显著性的值为0.000,小于0.05,表明适合进行下一步的因子分析。再进行主成分提取,采用主成分分析法开展因子分析,以特征值大于1为因子提取公因子,最大收敛迭代次数设定为25次,通过最大方差法旋转进行因素分析。通过首次因子分析过后,得到累计15项主要成分,尽管总的解释能力大于50%,证明主成分具有良好的代表性,但是成分过于分散,并未满足期望,故而通过检查各变量旋转后的成分矩阵,剔除在各成分中荷载不足0.4的题项以及同时在多个成分中荷载较大的题项,最终剩余18个题项。对剩余18个题项展开因子分析,通过题项筛选后,第二次因子分析总计得到5项主要成分,此时筛选出来的5项主成分拥有良好的代表性。

根据旋转后的成分矩阵,重新划分5个潜变量下的所属观测变量,基于修正结果,通过AMOS软件建立模型,对剔除部分问题后的潜变量进行检验,主要检验各个题项对于其测量的潜变量的因子载荷量,对于经典量表来说,因子载荷量需要大于0.6,对于探索性研究来说,因子载荷量需要大于0.5,本次研究是探索性研究,故而采用后者作为标准并对各潜变量及其对应观测变量进行建模。

2. 评价指标权重确定

通过修正,得到对铁路遗产游客满意度产生影响的感知要素共18个,可以分为交通、服务质量、活动与设施、景观、原真性5类。将5类感知意象作为评价体系的一级评价指标,再通过分析在结构方程模型中作为潜变量的这5类感知意象对于游客满意度的影响路径系数,将各系数求和后做归一化处理,即可以计算出对于影响铁路遗产游客满意度的一级评价指标的权重。

研究将各个感知意象下的要素作为评价体系的二级指标。将其与对应的结构方程模型中的观测变量的因子载荷总和占比进行归一化处理,确立二级指标的指标权重,进一步分析二级指标对于铁路遗产游客满意度评价问卷调查及评价等级划定意度影响的重要程度,构建完整的评价体系。

3. 满意度评价问卷调查及评价等级划定

满意度评价问卷调查采用线下调查方式进行,发放时间为2023年9月15日至9月20日,通过向在嘉阳小火车景区展开旅游活动的游客发放问卷来了解游客对铁路遗产旅游各个感知意象的评价,问卷的发放和收集工作主要由同行团队成员及笔者进行,共收集线下问卷118份,剔除其中的无效问卷,得到109份有效问卷。

由上文的满意度评价体系指标表,对收集的问卷数据进行加权计算,得出具体的满意度评分。

为了直观了解各级指标的满意度评价情况,通过参考相关的文献,可以将铁路遗产游客满意度等级划分为5个等级(表3)。

表3 铁路遗产游客满意度等级划分

满意度得分	满意度等级	等 级 说 明
≥4.50	极高	完全达到游客心理预期,游客极有可能回访,也非常愿意向别人推荐,游客满意度极高
3.50—4.49	较高	达到游客心理预期,游客有回访倾向,会向别人推荐,游客满意度较高
2.50—3.49	一般	勉强达到游客心理预期,游客会视情况回访,不太会向别人推荐,游客满意度一般
1.50—2.49	较低	未达到游客心理预期,游客不会回访,不会向别人推荐,游客满意度较低
<1.50	极低	游客体验糟糕,绝不回访,绝不推荐,游客满意度极低

五、芭石铁路遗产旅游满意度再利用策略

(一)芭石铁路铁路遗产游客满意度分析

通过数据处理,可以得到芭石铁路,即嘉阳小火车的各要素游客满意度评价(表4)。

表 4 芭石铁路相关旅游要素游客满意度评价表

指 标	得 分	满意度等级
交通	3.13	一般
旅行信息获取便利性	3.61	较高
交通标识完备性	3.41	一般
交通连接	2.43	较低
服务质量	2.37	较低
车厢舒适度	1.97	较低
车厢整洁度	2.64	一般
火车平稳度	2.17	较低
火车拥挤度	2.74	一般
活动与设施	3.45	一般
旅游活动规划	3.74	较高
特殊活动	2.89	一般
公共设施	3.72	较高
景观	3.72	较高
森林景观	4.30	较高
聚居地景观	3.69	较高
视觉干扰	3.05	一般
原真性	4.20	较高
桥梁及隧道原真感	4.31	较高
铁路线原真感	4.25	较高
材质原真感	3.97	较高
火车原真感	4.43	较高
其他废弃空间	4.07	较高
总体满意度	3.22	一般

由表 4 可以看出嘉阳小火车的总体游客满意度评价得分为 3.22,表现为一般,嘉阳小火车的铁路遗产再利用方面仍具有可上升的空间。与此同时,对各个感知意象的游客

满意度可视化表现后可以发现在嘉阳小火车景区进行铁路遗产旅游的过程当中,游客对铁路遗产再利用后的原真性满意度最高,其次是景观、活动与设施、交通,最低的是服务质量,反映出当前嘉阳小火车的服务质量方面有较多不足之处。

(二) 芭石铁路再利用提升策略

嘉阳小火车的游客满意度评价中,交通的最终得分为 3.13,表现为一般;在铁路遗产游客满意度评价体系中,交通的权重指标为 18.11%,证明当前嘉阳小火车的交通方面尚存有一定的提升空间;服务质量的最终得分为 2.37,低于其他四个方面,等级表现为较低;在铁路遗产游客满意度评价体系中,服务质量的权重指标为 22.05%,证明服务质量方面具有较大的改进空间;活动与设施方面得分为 3.45,尽管等级表现为一般,但已非常接近较高,其权重指标为 15.75%,可以看出活动与设施方面还具有一定的改进空间;景观方面得分为 3.72,表现等级为较高,尚有较小的提升空间。但值得注意的是在铁路遗产游客满意度评价体系中,景观的权重指标为 33.86%,高于其他四个感知意象,证明铁路遗产旅游中景观的游客满意度评价的高低在很大方面影响着游客总体满意度的走向;原真性方面得分为 4.20,是得分最高的一个感知意象,已经趋于极高等级,证明游客对于嘉阳小火车的铁路遗产保存度比较满意,在进行铁路遗产旅游活动过程中的确能够让游客感受到过去的工业时代气息,满足人们的怀旧需求,故而应当在发展旅游业的同时继续保持当前嘉阳小火车的原真性,给更多的游客带来怀旧体验(图 8 至图 11)。

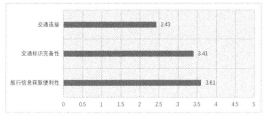

**图 8　芭石铁路交通相关要素游客　　　　图 9　芭石铁路服务质量相关要素
　　　　满意度评价分析图　　　　　　　　　　　游客满意度评价分析图**

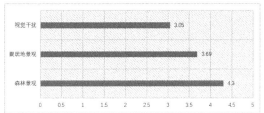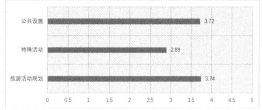

**图 10　芭石铁路活动与设施相关要素　　　图 11　芭石铁路景观相关要素游客
　　　　游客满意度评价分析图　　　　　　　　满意度评价分析图**

六、结语

铁路遗产旅游是其保护和活化的重要路径之一,也是能够实现铁路遗产整体保护的有效方法。通过剖析铁路遗产的特征,确定保护部分和活化部分,实现全线线路的合理利用,并结合历史、文化以及工业文明的教育宣传,重新赋能铁路遗产在当代的价值。

本文从"提高铁路遗产旅游各方面质量,满足游客需求,以此提升铁路遗产游客满意度,实现铁路遗产再利用的可持续性"的思路出发,通过分析得到当前游客对于铁路遗产旅游的关注点,并进一步划分各项铁路遗产旅游要素,构建铁路遗产游客满意度的评价指标体系,结合实例来明确当前铁路遗产开发方面存在的问题并提出优化策略,为铁路遗产的游客满意度提升探索可参考的路径与方式,从而为铁路遗产活化工作提供依据和考量方法。首先以构建的铁路遗产游客满意度结构方程模型为基础,通过将各项变量的路径系数进行归一化处理得到各项指标权重,确立了铁路遗产游客满意度评价的指标体系,将其应用到实证研究中,调查了芭石铁路的铁路遗产游客满意度;而后基于调查结果对各项指标进行逐个分析,阐述了现状与改进策略,提出提升芭石铁路游客满意度的具体措施,为铁路遗产旅游开发再利用提供思路。

洛阳涧西老工业区空间活力测度及影响机制研究

闫 芳[1,2] 刘 煦[2] 李广锋[1]

（1. 郑州航空工业管理学院　2. 西安建筑科技大学）

摘　要：老工业区曾经是城市乃至国家发展的活力，近些年老工业区衰退与转型成为趋势，本研究探讨了如何通过改变功能和土地利用的分布与组合来增强老工业区的活力，利用百度热力地图、POI数据和百度水柱建筑等数据，以洛阳涧西老工业区为例，通过其人群活力分布和建成环境中地块功能、城市形态、交通、绿地率四个维度八个指标，分析老工业区的时空活力特征，并依据活力与老工业区社会功能属性及空间物质形态的相关性，基于GWR模型建立空间回归模型，测度老工业区活力的影响因素与机制。结果显示，涧西老工业区人群聚集维度上多中心与星罗散点同时出现，活力中心呈现稳定的现象，空间维度上呈现"南热北冷极不平衡"对比强烈的空间格局，涧西老工业区的影响因素上，活力强度与功能多样性、容积率、POI设施数量、功能密度为正相关关系，与建筑密度、平均建筑高度、路网密度和绿地率则为不相关关系。研究有利于延续城市文脉、提高资源利用效率、合理规划布局，为老工业区打造"生活秀带"提供有效路径。

关键词：老工业区；空间活力；影响机制；洛阳涧西

2022年，中国城镇化率达到65.22%，诺贝尔经济学奖获得者约瑟夫·斯蒂格利茨（Joseph Eugene Stiglitz）认为，美国的高科技发展和中国的城市化将是影响21世纪人类社会发展进程的两大主题。中国城镇化规模庞大，影响深远。在以人为本、和谐生活理念的指导下，中国城镇化经历了从规模发展到内涵增长的转变，但也存在着城市建设趋同化、城市特色缺失等问题，许多老工业区在这种快速发展的浪潮中逐渐被高楼林立所取代。在"实施城市更新行动"的时代背景下，老工业区既要保留城市文脉，又要盘活低效用地，"让城市留下记忆，让人们记住乡愁"。重塑提升老工业区成为新时期城市规划建设的新要求，而大数据时代的到来，推动了城市数据增强设计及研究的新方式，因此通过新数据对老工业活力进行探测，解析城市活力的影响机制，可为老城区重新焕发生机与活力提供有效支撑。

简·雅各布斯（Jane Jacobs）首先提出"城市活力"，认为城市活力来源于其多样性，活力是人、活动、场所相互交织的过程；扬·盖尔（Jan Gehl）认为活力是人们在慢速城市空间中交流和沟通的结果；王建国认为城市活力首先来自人的活动，包容共享是其最重要的特点；卢济威认为城市活力是基于功能交混、特色环境及邻里交流等方面的综合活力。

传统的定量研究通常通过问卷调查、实地调查、现场访谈和摄影来获取研究数据，通过比较、案例分析和专家评分等方式来评估活力。然而，传统的数据是静态的、小尺度的，并且不能阐明动态的空间行为。近些年，城市规划活力研究逐渐转向多源数据动态的多种尺度定量分析为主。手机信令克服了固态测算城市活力的不足，通过提供大样本及时空跟随性，探索城市空间活动的特征。因此，手机信令数据被越来越多地应用于研究人类活动模式和人与空间相互作用的表征，有助于城市或片区活力的研究。龙瀛、钮心毅、叶宇、王德等人分别采用手机信令、POI数据、LBS定位、空间句法等创新方法对城市活力展开不同方向的研究；通过POI数据获得的特定设施的数量或密度也常被用来量化城市活力。在城市更新与文化遗产保护语境下，目前集中在理论和策略探讨，而整体定量研究的分析还比较少。阮仪三曾对城市遗产保护原真性的定义及意义提出探讨，郭海博等利用宜出行数据对哈尔滨老城区三种典型街区空间活力与街区空间形态的关系展开研究。以往的数据使用方面侧重于商业、旅游等活动，并且模型构建方式单一尚待优化，对影响机制的研究分析有待深化。

基于此，本研究以涧西老工业区（以下简称老工业区）为实证研究对象，通过手机信令、POI数据、从POI设施数量、功能多样性、交通可达性、功能混合度、建筑密度、建筑平均高度、绿地率等要素对老工业区的时空活力特征进行测度，并结合老工业区物质空间及功能空间数据，运用GWR地理加权回归构建老工业区活力影响机制测度体系，试图阐释老工业区活力内在影响机制，为提升老工业区活力提出建议（图1）。

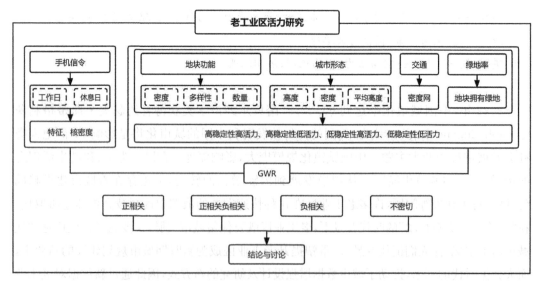

图1　涧西老工业区活力测度体系

一、研究概况与数据来源

(一) 研究范围

本次研究的老工业区位于洛阳市涧西区,是中国现代工业基础"156项工程"最集中的工业区之一,由苏联援助重点建设,该区涵盖七个工业项目(由西到东依次为洛阳矿山机器制造厂、洛阳耐火材料厂、洛阳柴油机厂、第一拖拉机制造厂、洛阳热电厂、洛阳轴承厂、洛阳铜加工厂),如图2(a)所示,七个大厂连续成片,东西向沿建设路连绵约6公里。洛阳拖拉机厂区办公楼、洛阳铜加工厂办公楼及二号、十号、十一号街坊为国家级文物保护单位(工业遗产类),生产区、生活区、科研教育区规律分布,总用地约为1 531.71公顷,如图2(b)所示。

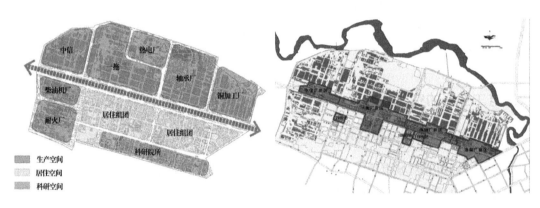

(a) 老工业区空间布局　　　　(b) 老工业区国家级工业遗产

图2　研究范围概况

(图片来源:作者绘制)

涧西老工业区在1951年开始规划设计并施工建设,整体建设规模宏大、气势恢宏,是新中国在"一穷二白"的基础上,自力更生、工业强国的历史见证,具有重要的历史、文化、科学、艺术及社会情感价值,是中国乃至世界工业遗产最优秀、最有代表性的老工业区之一。

研究对象为涧西老工业区并将其进行分区研究,由于学术界对城市设计尺度的腹地研究范围没有明确界定,因此本研究参照5分钟步行可达距离,并考虑到道路网络对步行活动的影响,将腹地研究范围界定为0.5~1 km² GIS服务区范围。结合城市道路、用地性质、街区习惯、服务半径、居住区、工厂所属等要素所围合而成的多边形凸空间面状地块,共计有98个地块。

(二) 研究方法

研究数据包含手机信令数据、地图兴趣点POI、路网和建筑数据。手机信令是基于腾讯系列产品用户基数,记录腾讯各类产品活跃用户实时位置的服务产品,可以有效反映区域内的人群聚集空间分布情况,通过脚本获取 2021 年 7 月 19 日(星期一)10:50、9 月 12 日(星期日)18:05、11 月 12 日(星期五)10:30、11 月 12 日 12:00、11 月 12 日 21:00、11 月 13 日(星期六)11:05 六个时间段的数据进行热力分析(空间分辨率 25 m),具有工作日和休息日以及一天内不同时刻的对比,以此体现老工业区内活力的空间分布情况;POI 数据采集自 API 平台,包括宾馆、餐厅、金融、旅游等 12 个类别,该区域内共采集到 8 265 条数据,反映功能多样性及空间分布特征;其中路网数据基于开源地图平台 OSM(Open Street Map)获取,建筑数据从高德 API 平台采集提取其建筑轮廓与楼层信息,构建老工业区空间形态基础数据。

研究首先通过多时段手机信令数据,对老工业区人的活力冷热点进行测度识别,总结老工业区人的活力强度的时空变化特征;其次,依据老工业区建成空间环境中地块内 POI 设施数量、多样性及其功能密度和建筑密度、容积率、平均高度与绿地率作为变量指标,通过回归分析得出影响程度较高的指标,分析结果并探讨形成机制,进一步提出老工业区的活力提升策略。

二、老工业区的空间活力

(一) 老工业区空间活力测度

根据前期研究对城市活力的定义,城市活力体现为提供给承载人们进行聚集的多样性活动的能力,研究使用 python 脚本获取得到宜出行相对人口热力值作为城市活力的外在表征。参照王世福等学者的研究,按照 150~300 米搜索范围使用核密度分析生成六个时间段的热力分布图,通过将每日各时段活力值进行整合,对比工作日与休息日的活力特征,定义每日活力强度值为各时段强度值的平均值。

(二) 老工业区活力强度空间分布特征

根据上述的方法计算得出工作日(2021 年 7 月 19 日、11 月 13 日)和休息日(9 月 12 日、11 月 12 日)夏季、冬季的老工业区活力强度值,按照自然间断点法分为五类活力热度,分别为高热、副高热、中热、低热、普通。其在空间上的分布如图 3 所示。将其与老工业区相关重要地点信息叠合对比分析,并通过空间自相关分析与局部空间关联指数研究街区空间活力的特征。

1. 极不平衡南热北冷的空间分布

对整体活力强度空间分布研究,涧西区整体呈现北部生产区(冷)低热、普通及南部生活区(热)高热、副高热、中热的"冰火两重天"对半分布状态,北部生产工业区 M33、M34、M42 等活力最低,北部工作日、休息日、白天及夜晚活力都呈现出普通的状态;南部生活及科研区活力较强,活力强度高的街区成线状连片分布,其余少许热点地块零散分布。

2. 斑块分散性的高热区分布

生产科研区中的高热区中 R77 地块在以上六个时间段的热力值均为最高,地块内设有小学、奥斯卡广场、广州市场商业街,周围交通便利;在其活力场的作用下,从牡丹广场沿着西苑路进入,形成东西轴带效应带动两侧街区的活力增加;M1 为洛阳市东升第二中学以及一些高层密度较高的住宅,活力一直为高热状态,R68 为河南科技大学第一附属医院,其热力值呈钟摆式交替分布,不稳定突出;R61、R65、R66 三个历史街区及工业遗产区处于低热状态。南部各中心之间呈现出连接、蔓延、斑状分散现象。

3. 结构稳定的冷热空间分布

高热力的点与低热力点和普通热力点较为稳定,老工业区白天和晚上的人的活力分布没有大变化,晚上的活力并没有突出,夏天的活力点比冬天的活力点密集,在上午时段活力点趋向密集,下午时段则逐渐分散,夜间活力中心依然是以高密度居住区为主要聚集地。北部工业区处于活力普通区域,说明北部工业用地土地利用率较低。

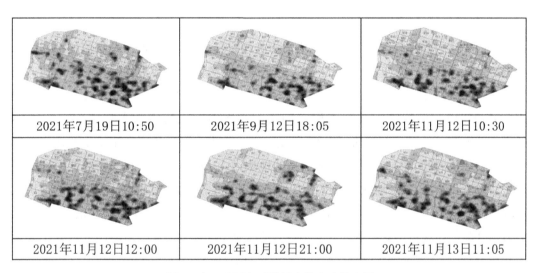

图 3　老工业区各时段活力核密度演变图

工作日活力强度平均值高于休息日,高热(深色地块)与副高热(浅色地块)特征区域存在转换增多,普通特征区域则存在局部增多。周末的活力随着高峰的减少而更加平衡。夜间活力开启周末比工作日要高。工作日与休息活力点没有较大的差异,空间特征类似;通过对比休息日、工作日与全天各类活力热度面积,休息日高热、副高热、次热、较热类的面积并没有高于工作日,活力变化围绕 R77 广州市场进行变化,由工作日的点块状变为休息日的带状;休息日的活力度相比工作日的活力较少五个区域,主要分布在北部的工业区穿插的三个居住小区、南部的三个行政区域。整体上呈现出不同时间段老工业区活力的异质性,南部的生活活力表征较强,北部工业区工作日和休息日均呈低活力状态。南北差异性大,表现出北部低活力集中成片,南部高活力、较高活力散点分布的结构特征(图 4)。

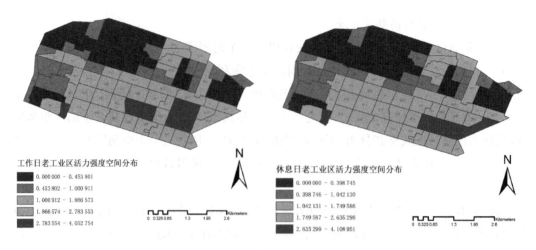

图 4　工作日与休息日活力对比

（三）老工业区的活力类型

我们将活力强度高于平均值的地块活力类型定义为高强度，低于平均值的地块活力类型定义为低强度。同样，高稳定性和低稳定性的分类依赖于活力稳定性的平均值。按照上述划分规则，这些类别是高稳定性和高强度活力地块（HSHI）、高稳定性和低强度活力街道（HSLI）、低稳定性和高强度活力地块（LSHI）、低稳定性和低强度活力地块（LSLI）。相同活力强度的地块，其活力稳定性差异较大。平日活力变化稳定的地块占高强度活力地块的89.8%，而活力变化剧烈的地块占10.2%。此外，43.6%的低强度活力地块活力变化不大，其余地块高强度活力变化剧烈。在周末，具有相似活力强度的地块也表现出显著的稳定性差异。因此，有必要结合活力强度和稳定性来描述地块的动态活力。活力强度高的地块占据老工业区的生活商业繁华地带，活力强度从生活服务区到工业生产骤然降低，活力高低的稳定性分布呈嵌套状，HSHI 和 LSHI 分布在 R77 广州市场周围，活动始终处于密集状态。

三、洛阳涧西老工业区活力影响机制研究

（一）老工业区活力影响因素

1. 功能的供给

城市活力的形成离不开人的行为活动、相应功能的供给与城市物质空间，从老工业区功能与城市形态两方面进一步探讨对城市活力的影响。研究选取 POI 设施数量、功能多样性、功能密度等作为影响老工业区活力的影响因素。

如图5（a）—（c）所示，以 POI 设施数量计算的密度反映了老工业开发的强度，街区功能的丰富度反映了街道功能的多样性，功能地块类型是吸引活力和主导地块功能的关键，

我们可以看到POI密度与街道活力类型的活力强度呈正相关,高活力地块的POI密度高于低活力街道的POI密度,总之,土地开发强度对街道活力强度有正向影响,活力稳定性与POI丰富度、高稳定性街道的丰富度均高于低稳定性街道。因此,土地利用越丰富、越统一,越能满足不同时期不同人群的活动需求,老工业区活力的可持续性也就越高,功能密度反映着POI设施的密度和老工业开发的强度,地块提供各类型服务的水平与能力,功能密度越大,该街区越能够满足日常生活需求,从而提升片区的活力。功能密度可通过

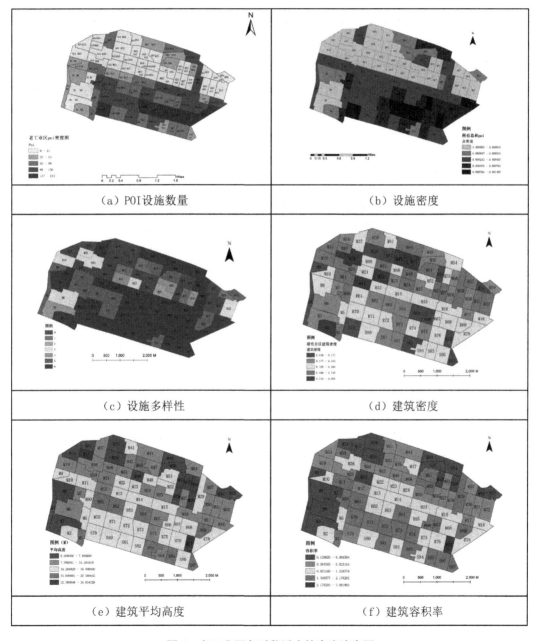

(a) POI设施数量　　　　　　　(b) 设施密度

(c) 设施多样性　　　　　　　(d) 建筑密度

(e) 建筑平均高度　　　　　　(f) 建筑容积率

图5　老工业区各时段活力核密度演变图

单位面积内的 POI 设施数量来表征。

2. 城市物质空间

如图 5(d)—(f) 所示，建筑密度能够反映街区内建筑覆盖率，可以间接描述街区内的建成环境空间特征，利用 Arcgis 分区计算研究范围内街区地块的建筑基底面积与用地面积的比值，到每个街区的建筑密度空间分布特征。作为衡量城市用地开发强度的指标，容积率关系到建成环境的整体空间特征，一方面高容积率可能带来过高的开发强度，产生拥挤的混乱的城市空间环境，引起人心理上的不安或产生紧张焦虑感，而另一方面容积率的提高也可能提升建成环境的功能容量而进一步提升服务能力，带来城市活力的提升。

建筑高度代表着城市天际轮廓线与风貌形象，由于建造技术的差异，在老城区内的建筑高度普遍差距较小，楼层低矮，相比较于高楼密布的城市新区有着宜人的空间街道尺度。因此以街区内建筑平均高度作为城市风貌表征，探讨其与街区活力的联系，根据统计结果，老工业区内建筑高度平均值在 15 m 以下，整体建筑高度较低。

(二) 基于 GWR 模型的影响因素分析

根据 GWR 模型的分析结果，八个影响因素中，功能多样性对老工业区活力强度的影响最显著，其次是 POI 设施数量和功能密度，容积率指标与街区活力强度呈正相关，影响程度依次降低，平均高度、建筑高度、绿地率、路网密度在不同地理空间下的回归系数具有差异性。回归系数由西往东逐渐增大，老工业区的建筑平均高度及建筑密度对街区活力的提升作用呈负值，北部工业生产区建筑平均高度及密度高但活力并不足，绿地率与交通可达性对涧西老工业区的活力有正值也有负值，因此功能的供给指标可延续老工业区的历史风貌格局、增强其吸引力，有效提升老工业区内的活力。

1. 功能的供给影响机制分析

由老工业区 POI 回归系数分析可知，其回归系数较大的地块集中分布在老工业区东部，且整体地块由东到西回归系数的值呈现由大到小的阶梯式分布。POI 回归系数的值越大，说明 POI 对于该地块的影响越大，且涧西老工业区活力强度比较高的区域主要分布在东南部，因此 POI 与活力强度呈现正相关的关系。而在老工业区 POI 多样性回归系数分析中，呈现出由东南部向西北部阶梯式下降的态势，与活力强度空间的分布态势相同，故 POI 多样性与活力强度更是呈现正相关的关系。

老工业区地块 POI 数量指标均为正值，但相比其他影响因素其影响作用较小，在空间上作用效果由西南向东北逐渐增强，在涧西广州市场这类商业活力极点，由于集聚效应，越多的城市公共服务设施可凝聚更多的街区活力。在老工业区生活街区内，由于小尺度的街区，从功能密度来看，回归系数均为正值，平均值仅次于容积率，说明提升单位面积内的服务设施数量可以吸引并服务更多的人群而聚集城市活力，如图 6(a)—(d) 所示，其空间影响特征为由东北向西南作用逐渐提升。

2. 城市形态影响机制分析

如图6(e)、(f)所示,由老工业区建筑密度回归系数分析图可知,其回归系数较大的地块集中分布在老工业区西南部,且整体地块由西南到东北的回归系数值呈现由大到小的阶梯式分布。建筑密度回归系数的值越小,说明对于该地块的影响越小,因此建筑密度与活力强度呈现负相关的关系。

而在老工业区建筑高度回归系数分析图中,呈现由南向北阶梯式下降的态势,与活力强度空间的分布态势不太相同,在西南部地区的活力强度较低而建筑高度回归系数却较高,故建筑高度与活力强度并无太大的关系。容积率对街区活力的影响为由南到北容积率所发挥的影响作用逐渐提升,容积率越高,街区活力强度则越高。从建筑的平均高度看,平均高度与街区活力呈负相关关系,老工业区活力受建筑高度提升的负面影响要较南片区更大,因而老城区内的控制高度措施十分必要,可结合实际情况分等级管控,减少城市空间环境的负面效应。

如图6(g)、(h)所示,老工业区容积率回归系数分析图以及绿地回归系数分析图显示,其回归系数较大的地块与活力强度较高的区域不相同,且其分布态势也不相同。故在涧西老工业区内,容积率以及绿地对于地区活力强度没有明显的相关关系。老工业区功能密度回归系数分析图以及交通可达回归系数分析图显示,其回归系数较大的地块与活力强度较高的区域不相同,且其分布态势也不相同。故在涧西老工业区内,功能密度以及交通可达性对于地区活力强度没有明显的相关关系。

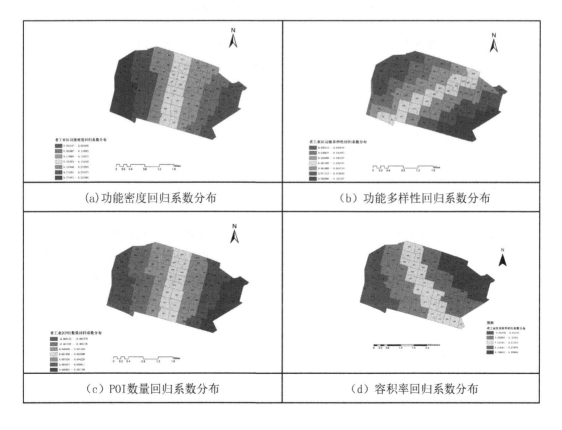

(a) 功能密度回归系数分布　　(b) 功能多样性回归系数分布

(c) POI数量回归系数分布　　(d) 容积率回归系数分布

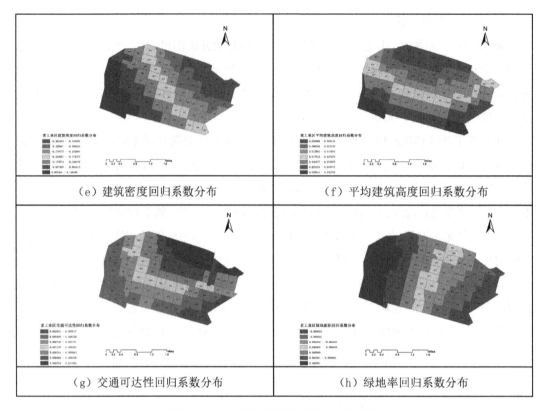

（e）建筑密度回归系数分布　　（f）平均建筑高度回归系数分布

（g）交通可达性回归系数分布　　（h）绿地率回归系数分布

图 6　老工业区各时段活力核密度演变图

综上所述，在涧西老工业区街区活力的影响因素的分析中，POI 设施数量、功能多样性、建筑密度、绿地、功能密度存在相关性，其中 POI 设施数量、功能多样性均为正相关关系；建筑密度、绿地、功能密度则为负相关关系。POI 设施数量、功能多样性在地理空间内也呈现不同的影响作用，针对不同实际情况对老工业区内各类空间要素分级别管控，适当增加 POI 设施数量、功能多样性有助于增加街区的活力。

四、结论与讨论

活力作为市民对城市空间和功能服务的反应与品质感知，其营造的关联因素复杂多元，虽能从中提取老工业区"活力营造"的评价指标，但现实中仍存在老工业区的活力与其功能强度、多样性、开发强度等紧凑集约的空间形态不匹配的现象。然而，对该现象进行空间识别的实证研究较少。研究大多关注历史街区、城市街道等，缺少对关于老工业区类型活力的研究。相比传统的定量质性及非空间统计方法，本研究过程中采用手机信令数据量化老工业区的活力，对相关因素采用 GIS 空间统计方法进行空间识别，验证了老工业区活力与相关因素的相关性现象，并对该现象基于 GWR 模型进行递进研究。

研究表明，第一，洛阳涧西老工业区活力具有显著的时空异质性。总的来说，老工业区南部比北部更为强烈和集中，呈现南北热冷两重天的空间格局，且热点均为商业广场和高密集居住小区，工业生产区在工作和休息日均处于低热状态，分布模式上，随着时间的变化，多中心星罗状结构，活力中心呈现融合与分离的现象。第二，老工业区的活力与POI设施数量、容积率、功能密度均为正相关关系，功能多样性对街区活力的正相关性最强，吸引力基本吻合，建筑密度、平均建筑高度、绿地率和路网密度与活力存在相关性，其中平均建筑高度与建筑密度则为负相关关系，交通可达性和绿地率与活力关系不大。八个因素在地理空间内也呈现不同的影响作用，可针对不同实际情况对老工业区内各类空间要素分级别管控。第三，北部工业区因为"大院"体制等方面的问题，可以通过实施"小街区，密集路网"策略，适当的功能密度及多样性有助于增强活力。第四，HSHI和LSHI分布始终位于广州市场中心周围，活力始终密集，指标相关性强，HSHI对老工业区活力贡献显著；在城市形态方面，生产工业区的建筑密度、高度及平均高度与生活区相差不大，但其属于稳定性、低强度活力地块（LSLI），因此工业生产区公共性差、功能混合度低，对活力造成明显限制。要丰富生产工业区的购物、餐饮、交通、休闲、娱乐功能，从而形成区域活力微循环，尽量减少工作场所与住宅的分离，增强地块活力的稳定性。

研究进一步表明，第一，老工业区内的2、10、11号街坊及第一拖拉机制造厂等历史街区及文保单位的活力不足，功能多样性等指标也不高，与其知名度不匹配，活态利用历史街区及文保单位需要加强；第二，老工业地块中绿化及景观资源质量不佳，对活力营造与环境的提升有一定的限制。高活力也未必意味着空间的知名度和影响力，空间的知名度和影响力也不一定表现为高活力，由此带来的思考是：活力的实质就是空间最大化满足人的内生性需求，而这种基本的内生性往往与使用人群的社会、文化、经济等不同的背景以及意愿偏好相关。即相同的空间形态，也可能因不同的腹地人群对公共生态资源需求存在差异，从而表现出不同的活力特征。

研究在某程度上回应并强化了城市规划的经典理论和传统认知：具有多样性、混合度功能导向的街区形态是活力的基本保证，一定程度上体现地块对人流量、活动量的潜在吸引力。

对规划师及管理者而言，要有意识地进行活力环境引导：一是要重视工业生产区的公共开敞空间的品质建设，满足各类功能和活动需要，优化城市空间资源共享的社会公平性。二是要结合老工业区内历史街区及文保单位等特色环境特征，丰富功能，活态利用，塑造有地方特色的活力空间。三是关注活力核心，进一步提高环境品质。

本研究客观反映了涧西老工业区目前的活力特征与影响因素，但是单一手机信令数据并不能掌握使用人群的状态，人们活动特征方面的考量不足，并不能全面体现老工业区的活力。研究可以从如下几个方面继续完善：第一，结合社交网络等数据，从更多维度与更细且高品质的数据来考量城市活力；第二，部分影响活力的相关因素指标并未纳入本次研究中，如街道的绿化特征、建成环境的状况，可通过街景地图进一步分析；第三，宜出行的信息采集时间间隔可以进一步缩小，以获得连续动态的老工业基地时空活力变化特征。

参考文献

[1] Malakoff, D. Use our infographics to explore the rise of the urban planet. Science, 2016, 10: 1126.
[2] 简·雅各布斯. 美国大城市的死与生[M]. 金衡山译. 北京：译林出版社, 2005.
[3] 李萌. 基于居民行为需求特征的"15分钟社区生活圈"规对策究[J]. 城市规划学刊, 2017(1).
[4] 卢济威, 王一. 特色活力区建设——城市更新的一个重要策略[J]. 城市规划学刊, 2016(6).
[5] 童明. 城市肌理如何激发城市活力[J]. 城市规划学刊, 2014(3).
[6] 蒋涤非. 城市形态活力论[M]. 南京：东南大学出版社, 2007.
[7] 李云, 黄明华等. 活力再造导向下的铜陵镇区空间更新[C]. 2019城市规划年会论文集, 2019.
[8] 闫芳, 黄明华, 杨辉, 敬博. 基于集体记忆的老工业区更新改造策略研究——以洛阳涧西区为例[J]. 城市发展研究, 2022(12).
[9] Jalaladdini, S.; Oktay, D. Urban public spaces and vitality: A socio-spatial analysis in the streets of Cypriot towns. Procedia Soc. Behav. Sci. 2012, 35: 664-674.
[10] 刘笑男, 李博. 国家信息中心城市的测度评价及比较分析[J]. 河南社会科学, 2021(11).
[11] Liu, Y.; Kang, C.; Wang, F. Towardsbig data-driven human mobility patterns andmodels. Geomat. Inf. Sci. Wuhan Univ. 2014, 39: 660-666.
[12] 黄舒晴, 徐磊青. 社区街道活力的影响因素及街道活力评价——以上海市鞍山社区为例[J]. 城市建筑, 2017(11).
[13] Fang, C. L. Basic rules and key paths for high-quality development of the new urbanization in China. Geogr. Res. 2019, 38: 13-22.
[14] 周垠, 龙瀛. 街道活力的量化评价及影响因素分析——以成都为例[J]. 新建筑, 2016(1).
[15] 赵渺希, 曹庭脉, 汤黎明. 广州老城区空间活力特征及影响因素研究[J]. 城市观察, 2019(5).
[16] Gou, A.; Wang, J. Research on street space vitality evaluation based on SD method. Planners 2011, 27: 102-106。
[17] 郭海博, 陈玉玲, 邵郁, 等. 哈尔滨市老城区典型街区空间活力及其影响机制研究[J]. 建筑学报, 2020(2).
[18] 段亚明, 刘勇, 刘秀华, 等. 基于宜出行大数据的多中心空间结构分析——以重庆主城区为例[J]. 地理科学进展, 2019(12).
[19] 韩咏淳, 王世福, 邓昭华. 滨水活力与品质的思辨、实证与启示——以广州珠江滨水区为例[J]. 城市规划学刊, 2021(4).
[20] 吕飞, 王帅. 线上线下视角的黄浦江核心段滨水空间活力测度与影响因素研究[J]. 规划师, 2023(9).
[21] 高小宇, 郑晓晖, 朱云浩, 等. 历史文化街区创意更新共生效应评估研究——以苏州平江历史文化街区为例[J]. 规划师, 2024(1).

河南省白酒工业遗产的活化与再利用探研
——以宝丰酒厂为例

李 萍 郑东军

（郑州大学建筑学院）

摘 要：河南是农业大省，也是酿酒大省，拥有众多的国内知名白酒企业和县办酒厂，是重要的工业建筑遗产类型之一，有珍贵的历史、文化和建筑价值，具有保护与再利用的现实要求。本文结合首次对河南省白酒工业遗产的认识和关注，以宝丰酒厂为例，对白酒工业遗产的活化进行探究，以期为河南省白酒工业遗产的再利用提供参考。

关键词：白酒工业；宝丰酒厂；工业遗产；活化与再利用

河南省发达的农业、手工业，为白酒的酿造提供了基础条件。关于白酒的起源，历史上的仪狄造酒说与杜康造酒说都发生在河南境内，距今九千年的酿酒坊在河南贾湖遗址中被发现，这些都佐证了白酒起源于河南。河南省内现今仍存在众多与酿酒业相关的遗迹，如杜康酿酒遗址、郑州二里岗商代酿酒遗址、宝丰县商酒务榷酒遗址等，这些遗迹见证了中国古代酒文化与酿酒技术的发展。新中国成立初期，河南省酒厂达百余家，各个县也纷纷兴建自己的地方酒厂；1980—1990年，河南酒业发展到达高峰，以张弓、宝丰、林河、杜康、宋河、仰韶酒业为代表的白酒走向全国。河南白酒利税可占全省轻工业的三分之一，酿酒产业已然成为全省的支柱产业之一，为河南省经济、就业、相关产业的发展作出了重要贡献。然而从1990年中后期开始，河南酒业逐渐衰落，因体制、市场、商标竞争等因素错过了发展的"黄金十年"，川酒、黔酒、徽酒、苏酒逐渐占领白酒市场，豫酒被挤出白酒舞台，河南省众多的地方酒厂被废弃并面临着拆迁改建的问题。（图1）

白酒工业不同于其他工业遗产，它们大多拥有优越的地理位置，紧邻水源与农业、手工业等资源，又以丰富的酒文化为背景。与上海、北京、天津、广州等发达城市不同，河南省内的白酒工业遗产大多位于地市县区域，远没有发达城市那样的经济基础和社会基础，规模上也以中小型为主，具有历史文化特性。此类的工业遗产面临如何在县域城市中发展，如何长期可持续的保护与利用的问题。因此，本文以宝丰酒厂为例，调研河南白酒企

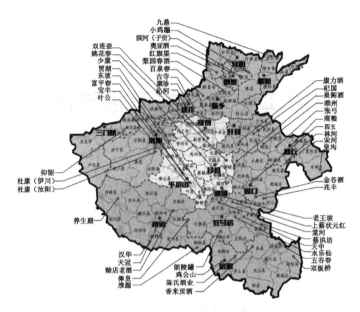

图 1 河南省拥有 40 年及以上历史白酒酒厂分布图

(图片来源：作者自绘)

业工业发展现状，分析其保护与再利用的价值，探索适合河南省白酒工业遗产改造和利用的发展策略，实现活化白酒工业遗产的目的。

一、宝丰酒厂历史沿革及价值

（一）历史沿革

宝丰县位于河南省中部，属平顶山市，其酿酒业可追溯到夏代，隋唐时兴盛，唐代所产的龙兴佳酿为朝廷贡酒，到了北宋时期，宝丰地区的酿酒业更是呈现"万家立灶，千村飘香"的繁荣景象，朝廷特此设立酒务来管理。到新中国成立前夕，宝丰地区仍有 40 多家酿酒作坊。

宝丰酒厂前身为裕昌源酒馆，1947 年解放军接管了裕昌源酒馆并建立了"豫鄂陕边区第五军分区酒局"，用于生产军需物资，为前线提供医疗、燃料、庆功等方面用酒。1948 年，人民政府接管了酒局，并更名为"地方国营宝丰县裕昌源酒厂"，成为河南省建厂最早的白酒厂。1957 年，由国家投资，酒厂兴建了仓库、厂房、化验室和发酵池等设施，化学仪器代替人工，开始了机械化生产模式，产品产量得到大幅提升。1966 年，宝丰酒厂受到国家、地区财政、县财政的多次拨款，原厂第二次扩建，生产规模得到扩大。

现存的宝丰酒厂建设于 1969 年，建设经历了三个时期。初期：宝丰酒业在宝丰县城南关筹建新址，建造了曲房、糠库、装酒车间、装酒楼、发酵池和员工宿舍，1975 年年初，宝丰酒业除在原厂址保留一个大曲车间外，其余全部迁至新址，生产实现部分机械化和半机械化。中期：1980 年，由国家投资兴建机电室、锅炉房、办公楼、家属楼、科研楼等。盛期：1985 年，宝丰酒厂生产规模、工艺进一步得到扩大和提高，建造了科研楼、试验楼、酒库楼、职工浴池等。至1987年宝丰酒厂发展为河南省规模最大的曲酒生产厂家之一,成为地方财政的主要来源。2023年,宝丰酒业新建了1 200亩宝丰酒产业园和大型成品酒智能化立体库。宝丰酒厂见证了豫酒的发展变革,其厂房在2023年被评为第四批平顶山市级文物保护单位。宝丰酒厂自建厂以来取得的成果对宝丰地区人民生活、社会经济发展和地区文化发展有着特殊的意义和贡献。(图2、图3)

图2 宝丰酒厂鸟瞰图

(图片来源:作者自绘)

图3 宝丰酒厂建筑年代划分

(图片来源:作者自绘)

（二）价值分析

1. 历史文化价值

宝丰地区内仪狄造酒的传说和发掘的商酒务榷酒遗址、古应城遗址都佐证了古代宝丰地区酿酒业兴盛发展久远。唐朝时李白曾与好友共饮龙兴酒（宝丰酒前身）后创作了《将进酒》，除此外还有刘希夷、元好问、溥杰等文人对龙兴佳酿给予盛赞和推崇，在历代名人推崇和文学作品影响下，宝丰酒的知名度不断扩大。宝丰地区的酿酒活动在北宋时达到鼎盛，拥有"明时曲商竟赴宝丰，远近传说宋官造遗法，程夫子监制更精"的记录，并留下"酒务春风"的佳话。在近代经历裕昌源酒馆、第五军分区酒局、地方国营酒厂等多次变革。宝丰酿酒业的发展与城市发展紧密相连，宝丰酿酒历史反映了宝丰是一个集商业、工业、农业发展于一体的城市，为研究宝丰地区的发展提供资料支撑，是豫酒发展的重要佐证，为研究宝丰地区的酿酒历史和社会历史提供依据。

2. 红色历史文化价值

宝丰是革命老区，是解放战争时期中原解放区的核心。1947年，解放军接管裕昌源酒馆成立了鄂豫皖边区第五军区分酒局，成为解放战争时期中共中央中原局、中原军区军需工厂，为前线提供军需物资与医疗救护，为解放中原作出了贡献。酒厂发展过程中也多次受到上级领导的关怀，酒厂内部保留的具有红色特征的细部装饰，彰显珍贵的红色历史价值。（图4、图5）

图4　国营酒厂时期照片

（图片来源：作者自摄）

(a) 第五军分区酒局牌　　　　　　　(b) 宝丰酒厂原址

图 5　宝丰酒厂革命历史照片

（图片来源：宝丰县文化广电和旅游局）

3. 艺术美学价值

宝丰酒厂经历三次大规模的建设，建筑展现出不同时期的建筑特点。建筑材料上多使用地域性材料，造型上采用硬山式造型，建筑风格上有着明显的北方特色，反映出不同时代和地区的审美。厂区内遗存的陶坛、酒海、地缸等工业遗存展现清香型白酒独特的工业特色与风格。宝丰酒业作为河南省最早建成的酒厂，对河南省其他酒厂的建设产生了深远的影响。

4. 社会经济价值

宝丰酒业承担了地区发展的经济责任，在各个历史时期都对宝丰地区社会经济发展起推动作用，至今仍是当地经济的支柱产业之一。酿酒生产劳动是宝丰地区人们生活的重要活动之一，是宝丰人的奋斗记忆。宝丰酒业的经济效益位列河南省 50 家最佳经济效益企业之一，是全国白酒工业百强企业，吸收了大量的劳动工人，为这些工人提供社会认同感、归属感、自我价值的实现。作为地方纳税大户，宝丰酒业为宝丰地区的建设提供了经济上的帮助，承载着宝丰工人的荣誉与奋斗记忆，也承载着宝丰地区人们追求美好生活的心愿。

5. 科学技术价值

在近代，宝丰酒凭借优秀品质获得颇丰荣誉：1915 年，摘得巴拿马博览会最高奖——甲等大奖章；1979 年、1984 年，蝉联两届国家优质产品奖；1989 年，荣获国家金质奖，被评为"十七大中国名酒"；2008 年，酿造技艺入选第二批国家级非物质文化遗产名录；此后又获得"中华老字号""中国驰名商标"等荣誉（图 6）。在生产建设方面，1975 年建厂时，建设了现代化生产车间，引入现代化生产设备，实现生产部分机械化和半机械化；1979 年，酒厂研制的微波老熟白酒新工艺填补了国内用现代技术促使白酒老熟的技术空白；在生产上，宝丰酒生产工艺是具有独创性和传承活态性的系统，它见证了白酒酿造技术的发展，对研究清香型白酒酿造技术具有重要价值，是研究中原地区传统酿酒技艺的重要线索。

(a) 巴拿马博览会奖牌

(b) 中国十七大名酒奖

(c) 国家非物质文化遗产证书

(d) 中华老字号证书

图 6　宝丰酒厂获得的荣誉
（图片来源：宝丰酒企业官网）

二、宝丰酒厂保护策略与方法

（一）宝丰酒厂工业遗产保护与再利用现状

宝丰县是河南省平顶山市的下辖县，位于河南省的中西部，地处郑、洛、宛、漯的中心地带，境内铁路和公路网发达，为郑、漯、洛、宛、平城市的协同发展提供便捷的交通条件。现今随着城市发展，原本位于城市边缘的宝丰酒厂已位于城区中心位置，北邻人民路，南邻迎宾大道两条城市内主要道路，距离铁路较近，物流便利。酒厂南侧为文化纪念性场所——中原解放纪念馆，北侧与东、西两侧都为密集的老居民聚集区。此位置为宝丰酒厂开展文化、展览、商业、旅游等活动提供了便捷的交通优势和区位优势。

宝丰酒业利用自身优势对产品、文化、旅游进行融合发展，对工业遗产进行有限的保护和利用，建设宝丰酒文化博物馆和宝丰酒业党建展览馆等用于展示物质与非物质遗产。2018 年，宝丰酒业旅游园区被宝丰县旅游局选定为河南省旅游标准化试点景区，并被评定为国家 3A 级旅游景区。（图 7）

随着酒企原有措施不再适用于现有情况和未来发展，且原有措施存在展陈方式形式单一和娱乐性、互动性低及对遗产的利用低、活力低等问题。

(a) 宝丰酒文化博物馆展品

(b) 窖池

(c) 酿造车间

(d) 酒库

图 7　宝丰酒厂现状照片
（图片来源：作者自摄）

一是宝丰酒业对于工业遗产的保护意识和价值发掘还处于浅层次阶段。2008 年，在第三次全国文物普查中宝丰酒厂被发现；2023 年其内的酿造车间及酒库被认定为第四批市级文物保护单位，后又被认定为省级工业遗产。宝丰酒厂的保护虽已上升至法律层面，但酒厂内只有小部分工业遗产受到法律保护。

二是社会公众参与度低，现阶段采取的措施不够完善。宝丰酒厂是豫酒发展的重要见证，蕴含着丰富的历史、社会经济价值，对于传承工业精神和弘扬工业文化具有重要意义。宝丰县因酒而兴盛，见证和参与宝丰县重大历史发展，承载着当地当民众的归属感、认同感和集体记忆，但现有的措施缺乏面向社会公众的工业遗产保护意识的引导宣传。

三是遗产利用方式单一，保护和利用策略同质化严重，针对性不强，缺乏新意识，展览缺乏规划，对工业遗产内在文化价值挖掘不够。此外，对酒文化博物馆和党建馆等展览建筑也缺乏专业的管理。

四是对文化的发掘和利用不够充分，没有利用好地方文化资源。宝丰县是文化资源大县，是国家级文化生态保护区，是中国民间文化旅游名城。宝丰地区的陶瓷文化、宝酒文化、曲艺文化、魔术文化、观音文化、红色文化都是宝丰特有的地方文化。宝丰酒业缺乏与地方文化的协同发展,对文化内涵的挖掘不够深入,缺乏文化之间的互动,对文化的发掘仅停留在白酒文化上。

(二)宝丰酒厂内工业遗产保护与活化策略

1. 动态保护策略

白酒工业遗产是酿酒工业发展与社会变革共同作用下产生的,两者的成果并非一日之功,而是日积月累的结果。宝丰酒和宝丰城市的地域特征也随着社会发展不断变迁,演化的过程是持续的,未来也将继续进行。白酒类工业比其他类别工业遗产更多地传承过去的发展,未来也将持续发展。因此对于工业遗产的保护与利用要做到有的放矢,要秉持可持续发展的理念,在尊重工业历史真实性的基础上,紧密结合城市发展方向进行长期的保护规划并为未来进一步的保护更新留出余地。动态保护可以为白酒工业遗产提供长久发展的空间与对遗存的保护。

此外,在遗产保护时还要尊重历史的真实性和完整性,在工业遗产保护时尊重原有工业风格和时代特点;满足现状,立足当下的经济与文化基础,在历史建筑的存续需求下满足对工业遗产的活化;保持未来发展,在城市快速更新的背景下留有余地,满足未来城市发展需求,实现工业遗产的可持续发展和有机更新。

2. 工业旅游策略

工业旅游是企业展示品牌价值和扩大影响力的有效方式,近年来越来越多的企业选择工业旅游的方式宣传自己的品牌,国内工业旅游市场发展向好。采用沉浸式工业旅游可以真实、有趣、全面地展示工业遗产的历史文化面貌,加强对工业遗产与酒文化的挖掘,加深参观者对酒厂的记忆,并且减少对酒厂内建筑的拆建,为未来酒厂的保护利用留有余地。(图8)

此外,宝丰地区有着打造工业旅游的环境。未来宝丰县将建设生态宜居、智慧人文、高效集约的中原先进制造基地和全国文化旅游城市。宝丰县内拥有众多制造业基地,拥有新材料、建材、煤化工业等产业基地;拥有宝丰酒业、伊利乳业、康龙集团等龙头企业;同时,县内农业发展蓬勃,形成以酒品、乳品、养殖为主的产业集群。除产业丰富外,宝丰县内还有马街书会、宝丰魔术、清凉寺汝窑三张文旅名片,未来宝丰县可推进全域旅游,打造文旅强县。

(三)宝丰酒厂内工业遗产保护与活化方法

1. 与宝丰地区文化资源协同发展

宝丰地区地方资源丰富,如马街书会、红色革命遗址等,宝丰酒业的发展要根据自身资源、发展优势与地区的资源基础相整合,寻求合理清晰的定位。利用宝丰地区丰富的地方文化资源基础和产业基础等优势条件,使资源整合利用融合发展。

(a) 蒸粮

(b) 陈酒

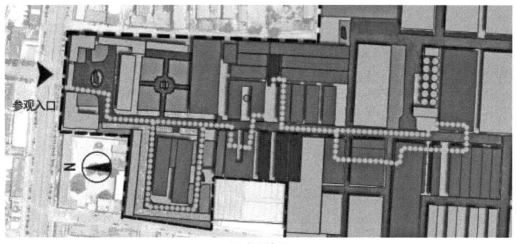
(c) 参观路线

图 8　宝丰酒厂生产照片与参观路线

(图片来源：作者自绘)

2. 完善管理制度

宝丰酒厂内的展览设施由酒企生产管理者管理，缺乏对工业遗产的专业管理知识与能力。工业旅游园区应该引进具有专业能力、创新意识与市场化能力的人才进行管理运营。

3. 工业建筑及构筑改造

原有的厂区规划存在流线交叉、开放展览空间小等问题，可对厂区重新规划实现参观路线的便利性、增强与遗产的互动性、增加游览的趣味性、增强对工业遗产的利用，对宝丰酒厂的重要历史信息与宝丰酒的文化信息进行重点保护。

4. 与新技术相结合

当今是互联网的时代，互联网是主流宣传媒介，借助互联网在社交、视频平台以及评分网站对园区进行宣传。在保护过程中更为广泛地与游客、爱好者和经销商交流，建立交流社区以得到及时反馈，作为园区内创意活动更新的来源。利用 VR 等新技术，将工业遗产建筑用虚拟方式展现，便于保留遗产信息与传播，可增加展示的趣味性。创意与科技相互促进、交融发展,紧密利用技术可以使创意得到更为充分的表达,吸引更多关注。

三、宝丰酒厂保护与活化方案

(一) 厂区内建筑现状

宝丰酒厂占地面积 16.9 万平方米,场地内存在三个时期的建筑,建筑物保存完好,仅一小部分建筑停止使用。建筑的外立面受风化侵蚀,除部分建筑门窗被替换外,大部分仍保持初始的木制与铁质门窗。建筑内部空间宽大,摆放着各类生产设备,仍在进行生产活动。(图 9)

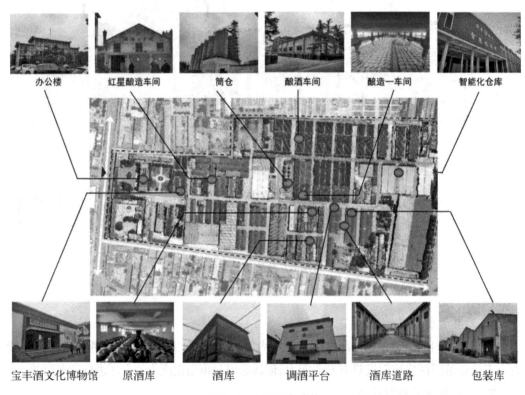

图 9　宝丰酒厂内建筑

北侧院落是外开放区域,主要包含办公楼、员工食堂、酒店、党建馆、文化博物馆、附属建筑及两个主要的绿化区域,拥有 77 个车位。宝丰酒业党建展览馆为一层平屋顶建筑,占地 390 平方米。由党建知识长廊、党建远程电教中心、党建展示大厅、党员学习活动室、档案资料室等组成。党建展示中心系统介绍了宝丰酒厂自 1950 年设立党组织后走过的光辉历程。宝丰酒文化博物馆占地 900 平方米,展厅设酒之源、酒之器、酒之史、酒之程、酒之魂、酒之荣、酒之景、酒之萃等展区,主要介绍国家级非物质文化遗产宝丰酒的酿造技艺和宝丰酒厂的发展历史。宝丰裕昌源大酒店为三层建筑,作为服务设施,可同时接待 600 人。(图 10)

(a) 宝丰酒业党建馆

(b) 酿酒技艺展

(c) 党建馆内部

(d) 裕昌源大酒店

图 10　宝丰酒厂开放区域照片

（图片来源：作者自摄）

南侧院落是生产区，拥有三处出入口，北侧大门通向开放区域，供参观者与职工通行。南侧与西侧大门通向城市道路，供厂内职工通行和货物运输。生产区域北侧为 1969 年建造的车间，其中红星车间、两个窖池、两个原酒库、一个地下酒库为平顶山市级文物保护单位。窖池为南北向单层坡屋顶建筑，红砖砌筑，屋顶为木制与钢混合结构，红机瓦铺顶，内置发酵池。红星车间为红砖与青砖混合砌筑，勒脚处水泥抹灰，屋顶为红瓦铺筑的硬山顶，屋脊处设置天窗通风，建筑坐北朝南，长 51 米，宽 37 米，屋顶距地面 8 米，大门上方有红色五角星和"酿酒二车间"字样。原酒库为青砖砌筑，钢木混合结构屋顶，红瓦铺顶，坐北朝南，长 51 米，宽 12 米，高 7.5 米，内置荆条酒海和木制酒海等原酒储存用具。地下酒库为上下两层，上层存放消防设施；下层深 5 米，为砖混结构酒库，内用陶坛存储原酒。

酒厂内的建筑可分为酿造车间、储酒库、罐装车间、包装车间，其中最重要的是酿造车间与储酒库。酿造车间可以分为两种，第一种窖池与蒸粮在同一个大空间内，第二种窖池与蒸粮分置于两个空间。蒸粮需要保持通风散热，控制空气质量，窖池需要避免阳光直射并保持温暖湿润。储酒库分为单层与多层两种类型，这两种酒库都需要稳定的温度、湿度，保持清洁、通风并要求避免光照，因此这类建筑窗户较小仅用来通风，室内较为昏暗。（图 11、表 1）

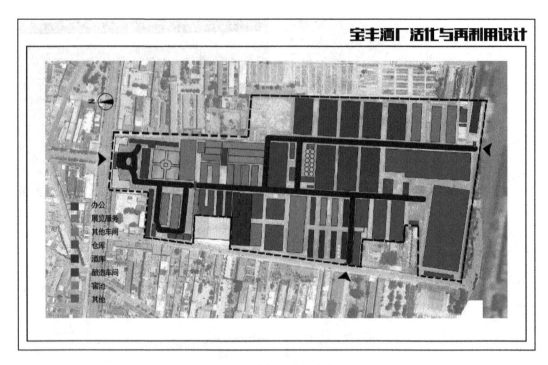

图 11　宝丰酒厂建筑分类图

（图片来源：作者自绘）

表 1　宝丰酒厂酿造车间、储酒库特征

序号	名称	类 型	功 能	空间特征	剖 面 图
1	酿造车间	与窖池在同一大空间	蒸粮、下曲、发酵、蒸馏出酒	多个建筑组合	
		与窖池不在同一大空间		完整大跨度空间，通风好	
2	储酒库	单层	白酒陈化老熟	空间避光、防火防水	
		多层			

（图片来源：作者自绘）

(三) 活化与再利用方案

1. 宝丰酒厂规划设计

宝丰酒厂展览模式为"前展览,后生产"的模式,这种模式便于保护有价值的实物遗产,便于就地获取展品,且能够真实与形象地展现工业生产过程,增强游客对工业遗产的认识。生产区域内的培曲楼、酿造车间、窖池、酒库等建筑和生产活动都具有代表性与可识别性,有着极高的展示价值,可以生产场景历史重现的手段展示宝丰酒厂生产工艺的趣味性与真实性。因此酒厂展示可以分为两个部分:一是以博物馆、党建馆为主的历史展览模式,二是以生产场景再现为主的实景展示模式。宝丰酒厂早期规划以生产活动为主,后期建设的展览设施与办公建筑空间混合,存在着交叉。(图12)

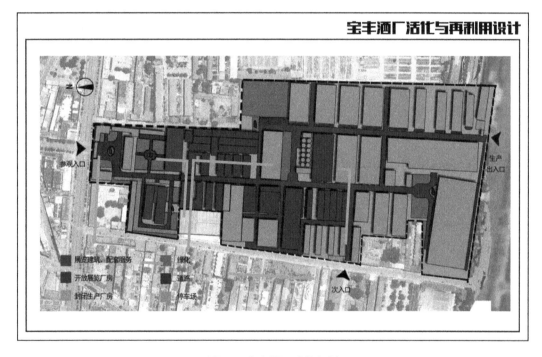

图12 宝丰酒厂功能规划

(图片来源:作者自绘)

在酒厂的规划中明确功能分区、理清生产与参观流线,梳理废弃空间,对绿化进行新的设计。厂区内的临时厂房和废弃库房保护价值较低,对其进行拆除,并对空闲地块进行整理利用。在入口、道路尽头、绿化处设置以"仪狄造酒"和宝丰酒历史发展为主题的雕塑小品,加强厂区内历史文化氛围。将开放区域向南扩大,从北到南划分为配套服务区、博物馆展览区、沉浸式参观区、生产区,能够真实、全面、完整地展示生产与工业建筑遗产特性。为了避免参观车流与生产车流交叉,增加参观出入口的检查程序,将厂区北侧人民路上的入口作为参观的主入口,南侧迎宾大道上的出入口作为生产入口。(图13)

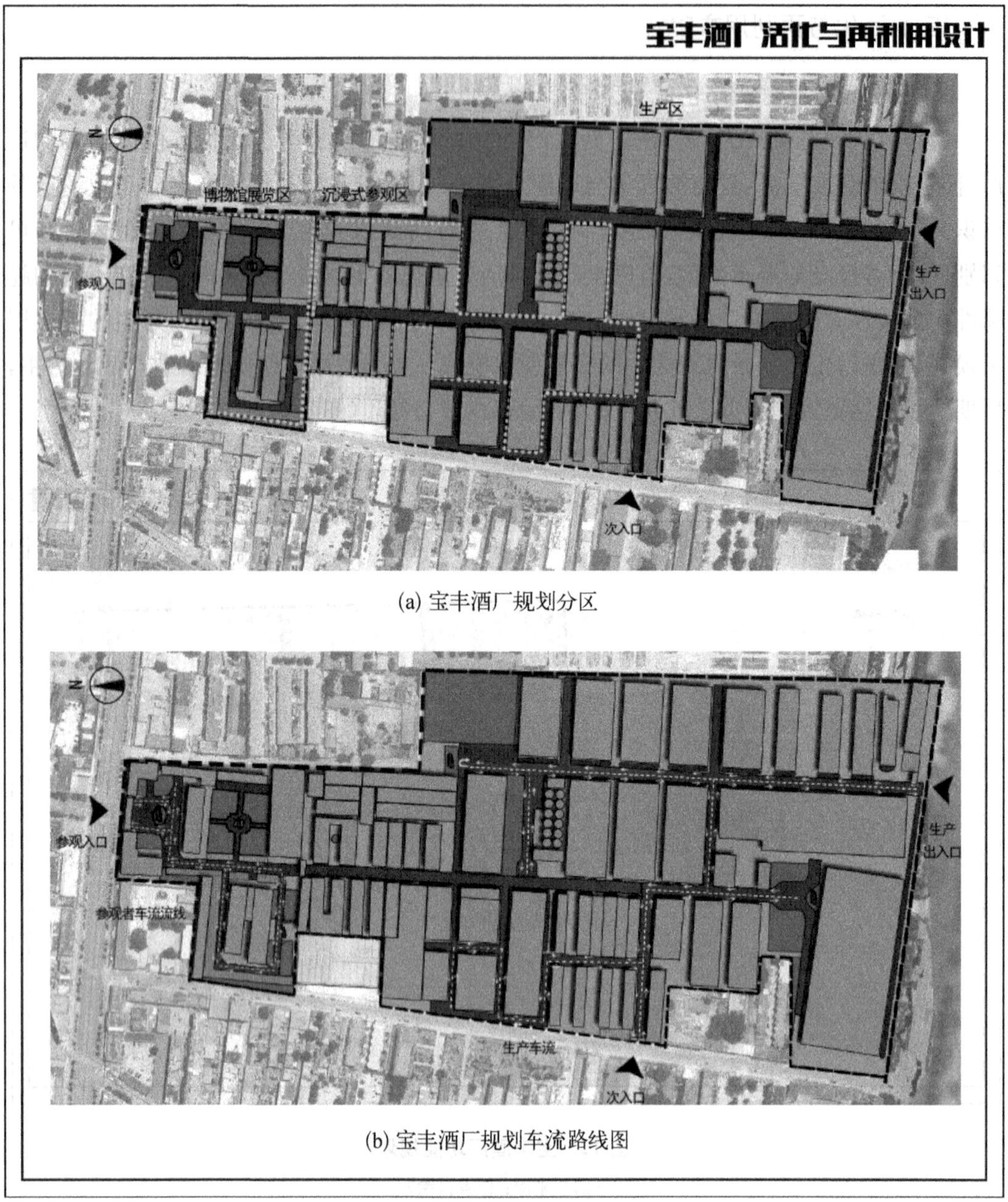

(a) 宝丰酒厂规划分区

(b) 宝丰酒厂规划车流路线图

图 13　宝丰酒厂规划分析图

（图片来源：作者自绘）

2. 单体更新设计

主要是对单体建筑的建筑面貌保护性更新与对建筑功能的更新。白酒生产会产生大量蒸汽与挥发性有机物，会对建筑造成侵蚀，长时间的风化会使建筑出现各种破损，因此要对建筑进行三个方面的更新：一是对长期受到水蒸气侵蚀的酿酒车间屋架与墙面进行加固。二是对缺损部分进行替换。宝丰酒厂内的门窗种类多样，造型上具有时代特点（图

14),长期受蒸汽侵蚀,木制窗框、百叶窗、玻璃老化,既影响使用和采光又存在安全问题;外建筑墙面风化剥落、建筑装饰缺失影响外观。三是对改建部分优化。随着酒厂的发展,有些建筑功能发生改变,酒厂对厂房进行了改建,这些改建部分选用材料随意、做工粗糙、墙面粉刷装饰等与酒厂原有风格不谐调,对这一部分构筑采用符合建筑风格的材质进行替换,对改建产生的暗空间与狭窄空间进行部分修改。

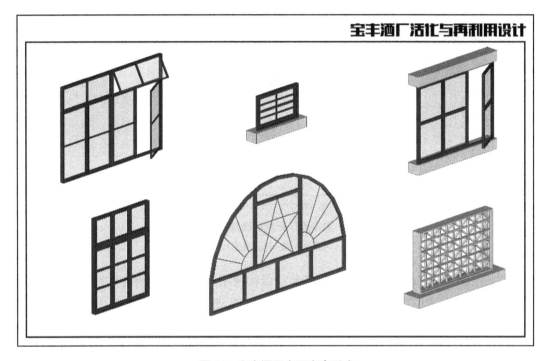

图14 宝丰酒厂主要窗户形式

在建筑功能更新上,将开放厂区建筑分为A、B两部分,A区内的建筑为1969年建设,其内包含宝丰酒生产过程所需的全部流程,将A区内的生产活动全部更新为展览活动,展示早期生产工艺和传统生产设备,通过对历史场景的还原和真实生产设备的展示,清晰真实地展现宝丰酒的发展和关键工业元素,同时避免对历史建筑进行大幅度改动。开放部分拌曲、蒸馏等工艺过程给游客体验,增强参观的参与感与趣味性。B区建筑主要为1976—1980年扩建的建筑,这一批建筑中的施工技术、生产设备等优于A区,是酒厂大规模机械化生产的证明。对B区建筑保留其生产活动,使游客可以参观现代化生产过程。(图15)

为满足A、B两部分功能变化,一是对建筑进行串联整合,再通过拆除部分隔墙、增设廊道、增设指引设施等手段,引导参观者按照合理的路线完成参观流程。二是对建筑内部的路线进行规划。在建筑内部参观时,为保证生产活动的顺利进行,可将参观人员与生产人员划分在不同的空间里。层高较高的厂房可将空间垂直划分,上层设置参观路线,减少对下层生产的影响;对于层高不适用于垂直划分的厂房空间,可以通过水平划分,对生产

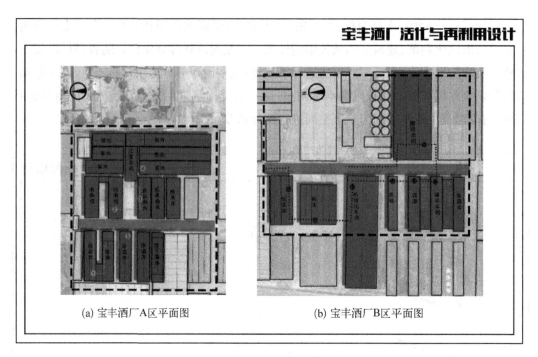

图 15　宝丰酒厂开放厂区部分平面图
（图片来源：作者自绘）

要求高的空间采用高透玻璃隔离，对生产要求低的使用契合建筑风格的材料进行分隔（图16）。三是通过扩大门窗面积，改拆部分墙体，增设人造光源以改善车间与酒库的昏暗环境。

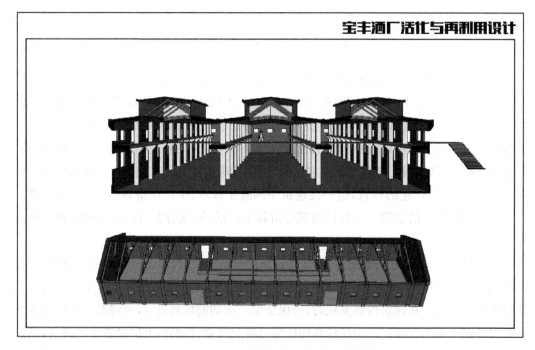

图 16　室内参观路线和景观示意图

四、结语

宝丰酒厂是目前河南省白酒工业遗产活化与再利用的典型,具有示范意义。通过对宝丰酒厂的活化与再利用的分析关注,探究对河南省白酒工业遗产保护与利用的策略和方法:以动态保护为主要理念,实现工业遗产的可持续发展。同时,要与地区资源协同发展,实现对资源合理利用,并抓住地域文化,形成自身特色。总之,河南省白酒工业遗产的保护与活化在地区的发展规划下,结合酒文化历史及社会价值,在整合地区文化资源和物质资源的基础上对遗产实施有效利用,实现遗产的可持续发展,促进地方经济的多元化和社会文化的繁荣,是白酒类工业遗产的有效发展路径。

参考文献

[1] 邓雪燕.宜宾地区酒类工业遗产之保护利用研究[D].云南大学,2020.
[2] 刘伯英,李匡.北京工业遗产评价办法初探[J].建筑学报,2008(12).
[3] 梁航琳,杨昌鸣.中国城市化进程中文化遗产保护对策研究——文化遗产的动态保护观[J].建筑师,2006(2).
[4] 邵文杰总纂,河南省地方史志办公室编纂.河南省志 第29卷[M].郑州:河南人民出版社,1995.
[5] 唐文龙,魏滨生,曾蓓,孔维府,刘涛,阮仕立.张裕瑞那城堡酒庄工业旅游开发路径分析[J].中外葡萄与葡萄酒,2022(2).
[6] 王宇.成都水井街古酒坊及遗址保护[D].西安建筑科技大学,2007.
[7] 杨裕主编;宝丰县史志编纂委员会编.宝丰县志[M].北京:方志出版社,1996.
[8] 杨洲.历史建筑动态保护理念与实践——以上海总商会旧址为例[D].西安建筑科技大学,2021.
[9] 张文浩.基于青岛城市特色的殖民时期工业遗产保护与再利用研究[D].青岛理工大学,2018.

曲靖地区三线工业遗产的适应性再利用研究

罗 菁

(云南艺术学院)

摘　要：通过对工业废弃地适应性再利用的意义解析，分析曲靖地区三线工业遗产地的建设背景、分布特点及建筑物构成，探析目前曲靖地区三线工业遗产的发展现状及其将来可能的发展，为乡村三线工业遗产的适应性再利用提供对策。

关键词：三线工业遗产；曲靖地区；乡村工业遗产；适应性再利用

一、工业废弃地的适应性再利用

随着工业化进程和产业结构调整，大量的工业场地被废弃。这些被遗弃的工业场地通常存在着环境污染、空间浪费和资源浪费等问题。而三线地区的工业废弃地不仅存在于城市空间中，也存在于乡村环境下，适应性再利用不仅存在于城市，在乡村环境中同样重要，如何对这些工业废弃地进行再利用成为国土空间资源规划的重要一问。

在城市中，工业废弃地的再利用不仅可以减少土地资源的消耗，也可以有效缓解土地紧缺的问题，提高土地利用效率；而乡村中同样面临和农业争夺用地的问题，为了保持耕地红线问题，工业废弃地的再利用也能够为乡村公共空间发展提供契机。

而很多工业废弃地也存在土壤、水体、大气等方面的问题，对周围环境和居民的健康造成威胁，通过对工业废弃地的再利用，可以用先进的方法改造和治理以前无法处理的污染物，对修复生态系统、提升环境质量有重要意义，是生态环境修复的重要环节。

工业废弃地的再利用对于促进经济发展也有积极意义。通过重新的开发和利用，可以吸引投资、创造就业机会、促进经济繁荣；可以帮助农村剩余劳动力灵活就业，在农忙时节务农，在非农忙时节就近就业，拓宽收入渠道，增加幸福感和获得感，对乡村振兴也大有裨益。

二、曲靖三线建设的历史

（一）曲靖地区三线建设背景

20世纪60年代，为应对动荡的世界局势，中央把全国分成一线、二线、三线三个具有军事和经济地理含义的区域。以"备战备荒"为指导思想，在祖国中西部地区开展了一场大规模国防、科技、工业、交通基础设施建设。云南处于国防一线，同时也是我国地缘国防战略的大后方。适宜的地理位置、自然环境条件且丰富的金属矿产和煤炭资源，既是"一线"又是"三线"的特殊地缘政治环境，赋予了云南三线建设独特的面貌和经验。云南三线建设以成昆铁路和贵昆铁路为依托，集中在昆明、楚雄、曲靖一带的山区中，成为国家"三线建设"的八个重点省份之一。1964年至1980年，云南经历了两个建设高潮，共建成164个企事业单位，完成投资150.95亿元。

曲靖地区位于云南省东部，是连接省会昆明及内陆地区的重要通道。在新中国成立之前，曲靖地区就有矿产资源开发、叙昆铁路修建及沾益机场修建等工业发展的基础条件；新中国成立后的"156项工程"及重点项目中有会泽铅锌矿、富源煤矿、越州钢铁厂、以礼河水电站、潦浒陶瓷厂、化工工业等项目集中建设，为曲靖地区工业发展提供持续动力，成为云南"三线建设"的重点地区。曲靖地区三线建设项目主要包括铁路交通线、地方兵器工业、地方电子工业和船舶工业等。

（二）曲靖地区贵昆铁路的建设与废弃

在三线建设铁路工程中，云南境内有成昆铁路和贵昆铁路。成昆铁路作为三线建设的重点项目，在1970年全线通车，并在1974年向全世界宣布了它的存在，成为三线建设攻克技术难题的一条标志性铁路。而比它早建成四年的贵昆铁路保存下的资料相对较少。贵昆铁路在长期的建设和使用中一直处于保密状态，是云南最早连接内陆的铁路线。

1966年建成的贵昆铁路云南段大部分都在曲靖境内。1958年，铁道部决定内昆线和黔滇线（即贵昆铁路）在云南境内共用一段线路，就是威宁（贵州）经天生桥至宣威后利用叙昆铁路原有的部分沾益到昆明的线路。铁道兵部队3万多人和铁道部第二工程局担任施工，还有滇黔两省10万名民工和煤炭、冶金系统部分工程队（1964年年底撤走）参加贵昆铁路的工程建设，施工的高峰时期，在这条路上有近20万人。沾益至昆明段沿用叙昆铁路的米轨，而且为了保证工农业的物资运输，在准轨建成之前仍维持了米轨的运营，因此有很多临时过渡工程。1959年年底，宣威至昆明段的桥隧路基等基本完成。1964年秋展开西南铁路建设大会战。1966年3月4日，三线建设的重点项目——贵昆铁路提前九个月在观音岩大桥接轨通车。1966年7月1日交贵昆铁路局接管，从此，云南结束了"火车不通国内通国外"的历史，云南的铁路线终于不再是断在中国的西南角落，而是连接到了全国的准轨铁路网中。

贵昆铁路在建成时的牵引方式为内燃机车,但随着经济发展的需要和日益增大的运输需求,1980年,国家决定对贵昆铁路进行电气化改造。经过十年的时间,贵昆铁路电气化全线开通,全线隧道187座、延长80公里,桥梁301座、延长20公里,桥隧总延长占线路长度的16%,并在昆明举行了隆重的开车剪彩仪式。

2007年贵昆铁路沾益段运输能力提升项目开工。全线按照国铁级干线双线设计,全长217公里,最高设计速度为每小时160公里。2012年12月6日凌晨,新建六沾复线在背开柱拨接,原线切断,新贵昆铁路完成双线电气化改造,是云南第一条双线电气化铁路,成为沪昆高速铁路的重要组成部分。

随着铁路干线的不断升级,在三线时期建设的铁路线路被淘汰和弃用,留下的路基、桥梁和隧道等构筑物讲述着那段烽火岁月的故事。而老贵昆铁路曲靖境内的部分路段由于修建水库以及改线的原因也全部废弃,在曲靖境内留下好几段被切割开来的路基、桥梁、隧道以及车站。

(三)曲靖地区三线工厂的建设与废弃

曲靖地区的三线工厂主要是军工厂,按照"靠山、分散、隐蔽""靠山近水扎大营"的原则,选址多在交通不便、人迹罕至的山坳和峡谷中,部分厂区建有铁路专用线。

从1964年开始,按照中央、省委的部署,曲靖地区境内各军工企业先后组建筹建领导小组,并开展各工厂选点筹建工作。先后建立云南铸造厂,云南铸造二厂,云南模具二厂、三厂,云南机器二厂、三厂、五厂,云南包装厂、燃料一厂、水碾一厂、龙江化工厂,云南跃进机械厂、红星机械厂、东山机械厂、金星机械厂、旭东机械厂,国营西南云水机械厂、高峰机械厂、东光机械厂等19家中央和省属三线企业,同时建立三线企业专门医院一所。三线建设期间,曲靖地区不折不扣落实党中央的重大战略部署,为我国的国防事业作出了较大贡献。与此同时,三线工厂的到来,也为曲靖带来了科学思想、时尚观念和先进技术,改变了曲靖的经济和人口结构,促进了曲靖的经济发展和社会文化进步。

曲靖地区的三线工厂由于其军工属性,在很长一段时间内其资料保密、与世隔绝,不为人所知。20世纪80年代开始,云南的三线建设进入了调整改造的阶段,很多三线工厂开始"军转民"的调整和改造,利用其资源和技术等优势,生产了一批质量过硬、被大众熟知的民用产品,赢得了市场口碑,成为一代人的记忆。

但在调整过程中也暴露了企业的布局调整、产品结构调整与企业的改组、改制、改造结合不够紧密的问题,部分企业在搬迁过程中,未能将搬迁建厂与调整产品结构、技术改造统一考虑,以致不同程度地出现了"新厂址、老设备""新厂房、老产品"的情况。也有的企业搬迁后开发了适销对路的产品,但未能将这些新的产品、项目从旧机制中剥离出来,无法适应社会主义市场经济,出现被老机制拖垮、拖死的情况。

三、曲靖三线建设工业遗产地的分类及特点

(一) 线路型遗产

以贵昆铁路为代表的线路型三线遗产,部分路段已经废弃,铁轨被拆除,桥梁被损毁(贵昆铁路云贵交界的天生桥只剩桥墩)。如在曲靖经开区境内有一段被废弃的贵昆铁路,它的旁边就是新建的沪昆复线。经过经济开发区的贵昆铁路旧线路东起曲靖火车站、西至前进水库西北角,总长约 21 公里,主要包括大花桥段、铁人三项公园段、南海子污水处理厂段等;又如,宣威市乐丰乡背开柱展线长 16 公里,被废弃后铁路线路被拆除,只剩下在丛山峻岭中穿梭的桥隧群;还有在"亚洲第一土坝"毛家村水库旁的 762 厘米窄轨线路的路基,是当年为运送水库建设材料修建的。

这些线路工业遗产不仅连接了不同的工业区域,还促进了沿线地区的经济发展和社会变革,见证了工业时代的兴起和发展,是工业历史的重要载体。这些线路遗产通常包含了丰富的历史信息,如建筑风格、技术革新、生产流程等,反映了特定时期工业建设发展的特点和水平,它们不仅是技术进步的见证,是工业文明发展的重要标志,也是地域文化和社会记忆的重要组成部分。这些遗产对于传承历史文化、弘扬工业精神、促进社区发展等方面都具有重要作用。

(二) 乡村中废弃的三线工业遗产

以曲靖船舶工业鱼雷基地的三个厂为例,其建设初期其实就是一场军工、科技人员向大山深处的逆行,这三个厂都是当时"156 项工程"之一,属于苏联援建的军工项目,1969 年由于国际关系紧张,为工厂的安全和保密,于是在国家第二批三线建设项目中将其搬迁至云南,建厂初期的技术与建设人员,几乎全部来自对口援建单位。工厂选址都在山中,远离城市,甚至远离当时的农村,有厂区、住宅、医院、学校、工人俱乐部等,是标准的"三线小社会",这些厂区大多建设在地震带上,厂区分散,条件艰苦,没有生活物资,搬离后被完全废弃,但规模较大。

国营西南云水机械厂,位于马龙县王家庄格里村,筹建于 1969 年,占地面积 62.83 万平方米,建筑面积 11.66 万平方米,1970 年兴建,1981 年竣工投产。晋南侯马 874 厂(原国营山西平阳机械厂)是云水机械厂的对口援建单位。1980 年开始着手民用产品的开发,生产的高速工业缝纫机填补了云南工业缝纫机的空白,还生产烟草机械、液压支柱、输送机械、真空包装机械和 130 汽车后桥等民用产品。1997 年,该厂整体搬迁到昆明市东郊。

国营西南高峰机械厂位于马龙县马过河镇的上中和村西南约 1 公里的乌蒙山脉中,筹建于 1969 年,1970 年正式开始破土动工,占地 2 200 多亩。大同 616 厂(原国营山西发动机厂)是高峰机械厂的主要援建单位,在 1982 年前,高峰机械厂生产军工产品,其后开

始"军转民",生产民用产品,在 20 世纪 90 年代中期,适应社会需要,整厂搬迁到了昆明。厂区已经基本被拆除,只剩生活区,全是青砖、红砖楼房,还有二楼砖石结构的独栋洋房。

国营西南东光机械厂位于马龙县的八角洞和盛家田之间,厂房在龙泉(潭)河西岸的黄牛山和水牛山下。1970 年动工,1982 年正式投产,占地面积 2 837.91 亩,建筑面积 9.1 万平方米。有专用铁路线仓库,接贵昆铁路鸡头村车站。

(三)城中或城郊的三线工业遗产

城中或城郊的三线工厂有离城市近但厂区规模小的特点。如云南模具三厂,原来在在良县张角冲,1965 年 8 月筹建,1967 年 1 月建成投产,占地面积 51.8 万平万米,为为云南省 11 个地方军工厂和 6 个配套厂服务的中心工具厂,生产任务有多品种、多类型的刀具、量具、夹具、模具等。1978 年,随着军工企业的战略转移,军品工装减少,根据"军民结合"的方针,组织民用产品,并积极开发电梯、烟机设备等并大量投入市场。1989 年,曲靖城区新厂址建成,在曲靖市南宁北路 286 号,占地面积约 91 亩,建筑面积约 2.6 万平方米,整体面积缩小,厂房空间缩小。

四、曲靖地区三线工业遗产的适应性再利用

曲靖地区的三线工业遗产承载着丰富的历史与文化内涵,它们不仅见证了工业时代的辉煌,也反映了特定时期的社会变革与发展。因此,对这些遗产进行适应性再利用,不仅是对历史的尊重,也是对未来的期待。

(一)废弃线路的旅游观光线重建

贵昆铁路马过河段部分线路已经被打造成凤龙湾童话镇观光火车线的一部分,虽然牵引机头用的是电机,但其运行在原有贵昆线上,且将其作为交通线连接景区,受到游客欢迎。

这条线路目前是全国唯一由民营企业投资兴建的准轨旅游观光火车铁路,线路全长约 22 公里,首期已建成 8 公里,单程游览时长约 35 分钟。时光火车将凤龙湾童话镇与马过河旅游景区相连,途经五大站点,穿越六个不同主题的梦幻隧道,一站一主题,一站一风情。同时,时光火车也承载着厚重丰富的火车历史文化,准轨、米轨、寸轨三轨并存。游览时光火车线路,不仅可将小镇梦幻迷人风光尽收眼底,同时还能见证不同时代的铁路发展印记。

根据铁路这一主题,将废弃的绿皮老式火车打造成怀旧铁路主题营地,在火车上吃着火锅唱着歌不再是电影里才有的场景,小三峡站火车营地为游客带来了独特的视觉和体验。同时围绕铁路线建设不同主题的火车文化隧道、花墙隧道等,带给游客不同的游览感受。火车文化隧道则利用贵昆铁路线 560 米隧道遗址,通过收藏和陈列老枕木、老铁轨、

探照灯、马灯、老铁路工具等,运用声、光、电的视觉手法,打造以地方铁路发展史为内容的专题性文化长廊,记录下云南铁路发展的漫长岁月,让凤龙湾童话镇成为游客了解云南铁路文化发展历程的窗口。

经开区段的贵昆铁路废弃线路目前也在计划打造成为旅游景区、网红打卡景点,也可以改造成为公园和文创园区,列入历史文化旅游保护等。以不同的形式对其进行综合利用,不仅可以传承历史文脉,还能对辖区内已有的三元宫红色文化、爨文化、翠山影视文化、铁人三项赛高原体育文化和东片区已建设的寥廓山生态廊道等旅游资源进行串联,带动周边生态文化旅游协调发展,将铁路沿线片区打造为新的经济增长点。

(二)自发的徒步旧贵昆铁路

铁路在修建过程中往往由于坡度较大,需要通过环绕的方式降低坡度。这种修建铁路的方式与今天直接打通隧道有所不同,往往需要在大地上铺陈开来层层上升下降,由此构成展线,也是老铁路线上的一道美丽风景线。荷马岭—背开柱—木嘎是贵昆铁路在乌蒙山区的一条展线,从木嘎车站(昆明方向)开始经过背开柱车站,到荷马岭车站(贵阳方向),荷马岭到木嘎站支线距离不足4公里,但是铁路在这里转了两圈,设了三个站点,共20多公里的区间内层层叠叠的展线穿梭在崇山峻岭中。荷马岭车站建在悬崖峭壁上,站内就有两座桥,设两股铁道;背开柱车站有半截建在隧道里。这样的车站设计在云贵高原这种山区也是因地制宜的典范了。2012年,沾六复线开通,运行了46年的贵昆铁路退出历史舞台,荷马岭展线被废弃,现在剩下的遗迹已经成为徒步爱好者的好去处。

但是这样的户外活动有一定的风险,需要组织者有一定的经验以及相关的急救知识,如果要在此条线路上进行大规模的旅游开发,需要更加全面的规划和准备。首先,对于安全性的考虑必不可少,徒步线路应当设置明显的安全警示标志,并配备必要的急救设备和人员。同时,线路周边应当建设合适的休息点和补给站,为游客提供必要的服务。此外,为了防止游客对自然环境的破坏,应制定严格的环保规定并由专人进行管理和监督。

为了更好地吸引游客,可以结合当地的特色文化进行开发。例如,在线路周边设置一些展示当地历史文化的景点,让游客在徒步的过程中也能深入了解当地的文化底蕴;同时,还可以举办一些与铁路文化等相关的活动,增加游客的参与感和体验感。

对于旅游开发的可持续性也需要进行充分的考虑。在开发过程中,应尊重和保护当地的生态环境,避免过度开发对自然环境造成破坏。同时,应积极探索与当地社区的合作方式,让社区居民从旅游开发中受益,形成良性的互动。

(三)废弃铁路景观和乡村环境的打造

沾益区彩云社区邓家山村把废弃的铁路隧道改建成为美丽的餐厅、酒吧,游客可在河岸荒坡围炉煮茶、露营烧烤,还建有儿童游乐设施。废弃多年的老贵昆铁路天生坝四号明峒隧道被打造为"就在九孔桥"农旅文融合项目,将当地田园韵味与隧道光影融于一体,并在景区内建设彩云隧道夜市配套设施、乡村旅游停车场、游客步道、木栈道、石头路、木屋、露营基地等旅游观光区域,让停运的铁路隧道再次"活起来"。项目的发展还可带动彩云社区及周边其他社区如旅游休闲、运输、服务、农家乐等产业的发展,解决当地居民的就近务工就业难题,带动居民增收,稳定增加周边从事农产品深加工、餐饮、娱乐、旅游、住宿等从业人员岗位数量,为有自主创业经营意愿的人员提供发展的平台。

(四)乡村公共空间的开发

工业遗产废弃地作为乡村公共空间的开发,为乡村带来新的活力与可能性。这些废弃地不仅承载着丰富的工业历史与文化,还具备独特的空间结构和景观特色,为乡村公共空间的建设提供了宝贵的资源。

通过合理规划与设计,可以将工业遗产废弃地转化为乡村公园、广场或文化活动中心,为村民提供休闲娱乐的场所。在改造过程中,可以保留部分工业建筑和设施,通过修缮和改造,使其焕发新的生机。同时,结合乡村的自然环境和景观特色,打造独具特色的乡村公共空间。

工业遗产废弃地还可以作为乡村文化展示和教育的平台。通过设立展览馆、陈列室等,展示乡村工业发展的历史脉络和文化内涵,让村民和游客了解乡村工业的发展历程和成就,提高村民对工业遗产的认识和保护意识。

在开发过程中,应注重生态环保和可持续发展的理念。通过合理的土地利用和生态修复,保护乡村的自然环境和生态系统。通过加强与当地社区的合作与沟通,确保工业遗产废弃地的开发符合村民的意愿和利益,实现共赢发展。

例如,马龙区鸡头村据说在明代就有戍边屯兵,据《马龙县地名志》记载:"明代军屯之地。原名'旗头村',屯兵的旗军头目驻于此得名。"三线建设时期这里的煤机厂职工子弟学校,现在闲置被租用作为当地街道办公场所。《太阳照耀独龙江》在此搭棚取景拍摄,让废弃多年已经鲜为人知的工厂出现在人们的视线里。这些废弃厂房可以改造为公共空间,成为村民活动中心、多功能空间,以供农民集市展示和销售农副产品以及艺术品,成为生产者和消费者直接交流的场所。而旁边八角洞村紧挨着原国营西南东光机械厂旧址,美丽乡村建设将当时国营西南东光机械厂生产、设备等内容画到墙上,还原那个时代的真实生产生活场景。旁边东光工业园区内机械轰鸣、人声鼎沸,现代工业与美丽乡村有机融合,是工业文化和农业文化的有机结合。

(五)文化创意产业园区

这一类型适合在城区内的三线工业遗产。近些年,由废置厂房改造而成的创意园也逐渐走进大家的视野,成为旅游打卡、放松休闲的选择,除了独特的艺术氛围,那些有关过去的记忆也能——浮现。这些工业遗产往往拥有独特的建筑风格和空间布局,为艺术家和创意工作者提供了良好的创作环境。通过引入文化产业,可以激发遗产地的活力,促进文化创新和经济发展。

目前,曲靖正在将"M3文化产业园"的项目以"模三"命名为"M3",依托云南模具三厂闲置厂房,合理有效利用厂房特性,以创新为核心,充分结合文化艺术与经济,植入科技手段,融入现代风格元素,真正实现从"老厂区"到"文化区"再到"文化创意区"的转变,打造融入爨文化、工业遗址为主题的独具吸引力的文化、创意、休闲、娱乐、美食综合一体的产业发展示范基地。

五、国营云水机械厂的整体开发项目

曲靖市马龙区国营云水机械厂位于云南省曲靖市马龙区王家庄街道格里社区,是曲靖市马龙区三线建设时期重要的厂区之一,厂区占地约51万平方米,建筑面积11.66万平方米,主要从事鱼雷零部件制造,包括机床加工、镀锌、镀铬、酸洗、爆破试验等工艺。

在对云水机械厂开发前先对原厂地进行了生态治理。由于历史原因,云水机械厂原场地污染严重,主要污染指标为石油烃、六价铬、铅、镉、砷、镍和锌。2019年1月,曲靖市生态环境局马龙分局组织对曲靖市马龙区云水机械厂原厂址开展了土壤污染状况调查,根据初查结果,进一步开展了详查及风险评估,确定该地块为污染地块,因该地块位于车马碧水库径流区,且部分污染区域在水库汇水淹没区范围内,地理位置较敏感,对生态环境要求高。为确保车马碧水库蓄水安全,2020年1月,生态环境局马龙分局报请区政府,组织对该场地受重金属及石油烃污染的土壤开展修复治理,采用异位化学氧化和原位固化稳定化修复技术,共治理修复污染土壤16 328.29立方米,安全处置危险废物25吨,安全处理重金属超标废水521立方米。经修复治理,受重金属污染土壤和建筑固废物经稳定化处理后浸出值低于地表水Ⅲ类标准,受石油烃污染土壤经过异位化学氧化处理后石油烃污染浓度低于GB 36600规定的一类用地限值,现场地表水修复后经过检测满足绿化用水要求,现场危废已彻底清理。该区域对车马碧水库蓄水不再造成影响。

经过治理的云水机械厂开始了整体连片开发的项目。马龙区与云南天辅文旅开发有限公司举行"云水记忆"旅游度假区项目签约仪式。据悉,该项目计划总投资8.6亿元,项目规划面积约7平方公里,项目按照"一次规划,逐步开发"的原则和国家4A级景区建设标准,分三期投资建设,主要建设内容包括:项目核心区建设;水电路网气、排污环保、停车场、游客服务中心、博物馆、射击馆、特色商业街、文创产业园等基础设施及相关配套服务设施建设;产业示范区和工业遗产保护示范项目建设;项目辐射带动区建设。该项目实行现代文旅产业发展理念和经营机制,着力打造集红色文化体验、文化创意产业、生态康养度假为一体的综合性旅游度假区,项目建成后将有效提升马龙区的社会美誉度和知名度。

同时,马龙区结合车马碧水库周边成片开发方案,积极打造云水赏秋观景、八角洞工业文旅新村、大凹子苗寨、中国工农红军一军团部驻地旧址、老角寨、扯度生态走廊等多条文化旅游线路，形成整体连片开发，通过三线项目建设工业遗产，发挥三线建设历史库存的文化价值，带动全域旅游可持续发展，把过去的三线情深变成时代记忆、奋斗情怀，让"老面孔"成为"新地标""网红点""打卡地"，让饱经岁月洗礼的斑驳墙体、厂房、车间等重新焕发活力，吸引游客重温国家记忆、回味时代乡愁。

六、小结

三线工业遗产大多有规模大、靠山隐蔽、交通不便、建筑物老化和破损等特点，其经济功能丧失，需要找到新的经济活力和产业定位。这些工业用地有土地资源的优势，本身就不是耕地，不需要再改变土地使用性质，有利于现阶段的开发；而这些场地通常面临生态环境问题，对于这些工业废弃地的再利用需要进行环境治理和生态修复，这对于目前大的生态环境来说也是有利于争取到资金支持的。

在适应性再利用的过程中，我们需要注重保护遗产的原始风貌和历史价值，避免过度开发和商业化。同时，也要积极引入现代科技和管理手段，提升遗产的利用效率和可持续发展水平。

三线工业遗产也可以作为教育基地，向公众展示工业历史、技术和文化。通过设立展览馆、博物馆等形式，让更多的人了解三线建设的历史背景和重要意义，增强人们的文化认同感和自豪感。通过打造特色旅游线路、开发旅游产品等方式，吸引游客前来参观游览，带动当地经济发展。总之，曲靖地区的三线工业遗产是宝贵的历史资源，我们应该充分利用这些资源，推动当地的文化、经济和社会发展，通过适应性再利用，让这些遗产在新的时代焕发出新的生机与活力。

参考文献

[1] Storm, Anna. Post-Industrial Landscape Scars. Palgrave Macmillan, 2014.
[2] 曲靖工业史(1368—2018)[M].云南人民出版社,2020.
[3] "云水记忆"项目资料来源于《曲靖市马龙区全域旅游发展规划(2018—2035)》。

船舶工业遗产的价值意蕴与活化策略研究

曲明磊　黄文玲　李金勇　王一然

（中国船舶集团有限公司第七一四研究所）

摘　要：中国船舶工业遗产是工业文明的重要载体和历史文化的重要组成部分。本文基于实地调研，对中国船舶工业文化遗产进行梳理，对其生成依据及价值意蕴进行深入研究，在分析中国船舶工业遗产的特点和保护利用方面存在问题的基础上，提出了船舶工业遗产活化利用的策略。

关键词：船舶工业遗产；价值意蕴；活化策略

根据《下塔吉尔宪章》，同时根据中国工业遗产的范围和条件，中国科学技术协会、工业和信息化部分别组织了全国范围内"中国工业遗产保护名录""国家工业遗产名单"的认定评选。中国科学技术协会《中国工业遗产保护名录》（第一批至第三批）、工业和信息化部《国家工业遗产名单》（第一批至第五批）发布的信息显示，目前我国共有12处船舶工业遗产入选。

基于已认定的船舶工业遗产名单，本文对中国船舶集团有限公司所属相关成员单位进行了实地调研考察，对船舶工业遗产生成依据及其价值意蕴进行探究，基于调研现状分析船舶工业遗产的特点，并检省保护利用得失，以求为船舶工业遗产活化利用提供参考借鉴。

一、中国船舶工业遗产的生成依据及其价值意蕴

（一）生成依据

根据中国城市近现代工业遗产保护体系的研究界定，中国工业遗产被定为1840—1978年之间生成的与工业相关的历史遗存。就船舶工业而言，以1949年中华人民共和国成立为界，可以分为近代工业发展时期（1840—1949）和现代工业发展时期（1949—1978），经过认定的近代船舶工业遗产共有10处，主要形成在三个历史时期和三种身份资金来源：第一次鸦片战争后外商外资创办的柯拜船坞、上海董家渡船坞、大连造船厂及其修船南坞、上海船厂造机车间，洋务运动中官僚官办的"四局二坞"中的江南机器制造总局、福建船政局、旅顺船坞、大沽船坞，辛亥革命后民营资本兴办的广南船坞、沪东船厂（马

勒船厂)。经过认定的现代工业遗产主要有两处,分别是"一五"时期"156 项工程"项目中的渤海造船厂和汾西机器厂。三线建设时期我国在内地建设的造修船企业尚无经过认证的工业遗产,另外还有一大批符合工业遗产条件的船舶遗存尚待认定。(表1)

表1 中国船舶工业遗产生成时期分布

时期	身份资金类别	船舶工业遗产典型代表
中国近代工业发展时期	鸦片战争后外商外资创办	柯拜船坞(1851)、上海董家渡船坞(1853)、上海船厂造机车间(1862)、大连造船厂及其修船南坞(1898);未经认定的还有录顺船坞(1858)等
	洋务运动官办	江南机器制造总局(1865)、福建船政局(1866)、旅顺船坞(1883)、大沽船坞(1880);未经认定的有天津机器局、黄埔船局
	辛亥革命后民办	广南船坞(1914);未经认定的有上海中华造船厂(1926)、沪东船厂(马勒船厂)(1928)等
中国现代工业发展时期	"一五"时期"156项工程"	汾西机器厂(1953)、渤海造船厂(1954);尚未认定的还有武昌造船厂(1953改扩建)、陕西柴油机厂(1953)、广州造船厂(1954)、河南柴油机厂(1958)、保定蓄电池厂(1958)、九江仪表厂(1959)等
	三线建设时期	重庆造船厂(1965)、川东造船厂(1965)、西江造船厂(1965)、江洲造船厂(1969)、云水机械厂(1970)、宜昌柴油机厂以及 716、711、715、710 所旧址等 60 余个符合遗产条件但尚未认定

(二)价值意蕴

中国船舶工业遗产具有突出的历史、社会、科技、文化、经济价值,反映了中国近现代工业技术、管理、组织等的发展脉络,以列入《中国工业遗产保护名录》《国家工业遗产名单》的 12 处船舶工业遗产为例,其价值意蕴如表 2 所示。

表2 中国船舶工业遗产的价值意蕴

船舶工业遗产(已认定的12处)	始建年份	价值意蕴	认定机构及时间
柯拜船坞(现为广州黄埔造船厂厂区)	1851年	● 外国人在中国开设的第一个造船坞,中国近代第一座石船坞 ● 新中国军舰、公务船、挖泥船与海洋工程装备基地	中国科学技术协会《中国工业遗产保护名录》(第一批),2018年
江南机器制造总局(现江南造船厂旧址,含 1904 年创办的求新制造机器轮船厂)	1865年	● 中国近代工业发源地,第一家造船厂、第一磅无烟火药、第一门工业火炮、第一炉钢 ● 中国第一批正规产业工人 ● 新中国第一艘潜艇、护卫舰、第一台万吨压水机,第一艘航天测量船,远洋调查船等	中国科学技术协会《中国工业遗产保护名录》(第一批),2018年

续 表

船舶工业遗产（已认定的12处）	始建年份	价值意蕴	认定机构及时间
福建船政局（现为马尾船厂厂区及船政文化园区）	1866年	● 近代中国第二家机器造船厂，第一艘千吨木壳兵轮，第一台实用蒸汽机，第一艘钢甲巡洋舰 ● 第一架飞机 ● 第一批欧洲留学生 ● 创办了第一所海军学校，组建第一支海军舰队	1. 中国科学技术协会《中国工业遗产保护名录》（第一批），2018年 2. 工业和信息化部《国家工业遗产名单》（第四批），2020年
大沽船坞（现为北洋水师大沽船坞遗址纪念馆）	1880年	● 中国第三所近代造船所，中国北方最早的船舶修建厂 ● 重要的军火基地，制造出中国首批仿德后膛炮、马克西姆重机枪、大沽造步枪等枪械 ● 培育了中国北方第一代产业工人	中国科学技术协会《中国工业遗产保护名录》（第一批），2018年
旅顺船坞（现为辽南船厂厂区）	1883年	● 清北洋水师保障基地 ● 架设了东北第一条国内电报线路和中国第一条国际电报线路，建成国内第一条自来水管线，形成了东北第一批产业工人队伍，带动了大连城市的建立与发展 ● 至今仍是人民海军装备保障的重要基础设施	1. 中国科学技术协会《中国工业遗产保护名录》（第一批），2018年 2. 工业和信息化部《国家工业遗产名单》（第一批），2018年
董家渡船坞（中华造船厂）	1853年	● 上海历史上第一个完善的近代船坞，"远东最佳船坞" ● 上海现存最早的近代船坞	中国科学技术协会《中国工业遗产保护名录》（第二批），2019年
上海船厂造机车间（前身为祥生船厂）	1862年	● 中国船舶工业的发源地之一，祥生船厂为当时远东地区设备最好的船厂，当时"东方最大的造修船垄断组织之一" ● 20世纪80年代以来位居国内修船业之首 ● 中国船用柴油机生产基地，建造出中国第一台2 000匹马力的低速柴油机（1958年），我国第一台具有世界水平的引进柴油机（1978年），中国第一台随船出口的低速柴油机	中国科学技术协会《中国工业遗产保护名录》（第二批），2019年
大连造船厂及修船南坞	1898年	● 中国近现代造船业重大事件发生地见证地，中国最大造船厂之一，创造新中国80多个第一 ● 民用船：新中国第一艘万吨轮，第一艘按照国际造船规范建造的"长城"号，第一艘30万吨油船，第一座半潜式钻进平台 ● 军用船：新中国第一艘炮艇、第一艘国产驱逐舰、第一艘弹道导弹潜艇、第一艘油水补给舰、第一艘航母、第二艘航母	1. 中国科学技术协会《中国工业遗产保护名录》（第二批），2019年 2. 工业和信息化部《国家工业遗产名单》（第四批）2020年（大连造船厂修船南坞）

续 表

船舶工业遗产（已认定的12处）	始建年份	价值意蕴	认定机构及时间
广南船坞	1914年	● 新中国船舶工业建设发展的重要见证，南海舰艇的主要建造者 ● 新中国第一代战斗快艇，第一艘大型半潜式运输船"泰安口"号，第一艘豪华客滚船"威斯比"号 ● 中国首家造船上市公司	中国科学技术协会《中国工业遗产保护名录》（第二批），2019年
汾西机器厂	1953年	● 新中国成立后苏联援建的"156项工程"之一 ● 我国第一座水下兵器总装厂	中国科学技术协会《中国工业遗产保护名录》（第二批），2019年
上海沪东中华造船厂（437厂、424厂）	1928年	● 前身英商马勒机器造船厂，上海市第一家直属造船企业 ● 引领中国LNG船和集装箱船行业发展，创造多个"世界首创和中国第一" ● 人民海军护卫舰和登陆舰的"摇篮"	中国科学技术协会《中国工业遗产保护名录》（第三批），2023年
渤海造船厂（431厂）	1954年	● 新中国成立后苏联援建的"156项工程"之一，新中国建设的第一个造船厂 ● 中国第一艘核潜艇的诞生地 ● 生产了世界最大VLCC超大型油船、世界最大炼铁设备、三峡水电站第一个转轮	中国科学技术协会《中国工业遗产保护名录》（第三批），2023年

二、船舶工业遗产的特点

从实地调研和文献研究的情况来看，中国船舶工业遗产点多面广、遍布全国，资源丰富、种类齐全，价值高昂、不可替代。

（一）点多面广，遍布全国

从北到南，从沿海到内地都有分布。其中，环渤海湾地区以大连造船厂、天津大沽为主要代表；长江三角洲地区以江南造船（含求新船厂）、沪东中华、上海船厂造机车间、董家渡船坞为代表；珠三角地区以黄埔文冲之柯拜船坞、录顺船坞，广船国际的广南船坞为代表；重庆、昆明、西安等地区的三线船厂以及配套厂所都有工业遗产留存，如原重庆造船厂、川东造船厂、昆船原云水机械厂旧址、陕西柴油机厂、汾西机器厂等。

（二）资源丰富，种类齐全

船舶工业文化遗产涵盖船舶工业发展过程中留存的物质文化遗产和非物质文化遗产的全部，构成最有代表性的"工业景观"。物质文化遗产包括不可移动文物、可移动文物以及文件资料。据调研,目前中国船舶工业遗产主要以不可移动遗存为主,可移动遗存和文件资料虽然遗失较为严重,但仍有大量遗存。

(三) 价值高昂,不可替代

船舶工业遗产普遍具有较高的历史价值、科技价值、艺术价值、社会价值和经济价值。既有中国近现代工业的发源地——江南造船原址部分建筑和设备设施,也有新中国船舶工业的见证地——大连造船、黄埔船厂等代表性建筑,还有苏联援建的"156项工程"之汾西机器厂、渤海造船厂,也有三线建设时期的工业遗产重庆造船厂、川东造船厂等;既有现代化的船舶总装车间,也有船舶配套的设备设施和产品。这些工业遗产特色鲜明、代表性强,是近现代工业文化的缩影,也是船舶工业发展的见证,更是所在城市的重要记忆与地标性建筑。

三、船舶工业遗产现状与活化策略

(一) 船舶工业遗产活化利用存在的问题

通过调研发现,目前船舶工业遗产保护再利用存在着重视不够、家底不清、产权不清、保护不力等诸多问题。特别是对船舶工业遗产独特的历史价值、文化价值、科技价值、经济价值和社会价值等缺少深入系统研究,缺乏保护再利用的理念、方法和经验,加上企业搬迁、城市更新、资金困难等多种原因,部分船舶工业遗产首当其冲成为城市建设的牺牲品,流失现象较为严重。

1. 缺少规划,保护不力

一方面,定性不明,缺乏规划。对于尚在使用的具有船舶工业遗存性质的老建筑、老设备设施、档案资料等,缺乏统筹设计规划,文化遗产的定性尚不明确,开发利用方式尚未定论。另一方面,保护不力,翻新不当。据调研,目前存在对一些宝贵的船舶工业老建筑直接拆除或推倒重建的现象;或对老建筑内部进行彻底的翻新;或将老建筑废弃任其荒芜;或在整理物资的过程中未能识别出具有重要历史文物价值的老物件、老设备、老资料,将其当废弃物处理等现象。

2. 产权不清,开发不力

通过调研发现,一些关键性的、具有代表意义的船舶工业遗存,随着城市产业结构和社会生活方式发生变化,有的产权已经移交给当地政府,有的还在船舶企业手中,有的列为文物保护单位,保护和开发形式多种多样,但多以开发商业地产为主,一定程度上破坏了船舶工业文化遗产的整体性和真原性。

(二) 船舶工业遗产活化利用模式和典型案例

纵观国内外工业遗产活化利用案例,主要有博物馆、景观公园、物业开发和创意园四种活化利用模式。调研发现,我国船舶工业遗产活化利用的模式也是这四种,主要是物业开发模式和创意园区模式,或者四种模式的综合体模式(图1)。

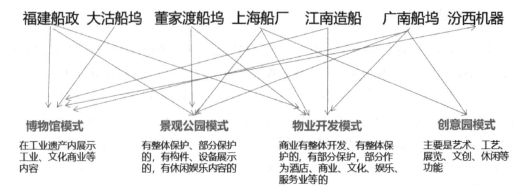

图1 船舶工业遗产活化利用的四种模式

目前完成活化利用的案例有上海船厂旧址(博物馆模式+创意园区模式)、江南造船部分旧址(物业开发模式+博物馆模式)、福建船政局(博物馆模式+景区物业开发建设)、大沽船坞(博物馆模式),正在规划改造更新的原沪东船厂旧址(物业开发模式+创意园区模式)、广州造船厂旧址广南船坞(物业开发模式+博物馆模式+景观公园园区模式)。另外,汾西机器厂5号办公楼的(博物馆模式)活化利用也值得学习借鉴。

总体来说,对船舶工业遗产进行活化利用做得较好的项目不多,集中在上海、广州两地。两地在城市更新过程中注重船舶工业遗产的活化利用和开发,形成比较成熟的开发利用模式,保存了不少船舶工业遗产厂房、设备和环境。

1. 原上海船厂的活化利用——船厂1862

始建于1862年的上海船厂变身为保留船厂工业建筑遗迹的文化综合体,其活化改造由日本建筑师隈研吾操刀,修旧如旧,厂房尽可能地保留原样,通过加层让空间得以有效利用,最终形成一个26 000平方米的时尚艺术商业空间,包含800座的中型艺术剧院、约16 000平方米的沉浸式艺术商业中心,集展览、演艺、发布会、高端餐饮、定制设计师品牌为一体,成为"永不落幕的舞台、永不间断的展览、永不退潮的时尚"(图2)。

上海市文物局利用两个老船坞和保留的历史建筑,建设长江口二号古船博物馆。经过六年的努力,长江口二号古船于2022年11月被整体打捞出水并运送到上海船厂船坞,古船博物馆成为上海市又一标志性建筑,上海船厂老船坞获得新生。

2. 原江南造船厂部分旧址——中国船舶馆以及中国船舶新总部

在原江南造船厂旧址上建设的中国船舶馆,作为上海世博会浦西园区的主体,占地面积约5 000平方米。其在上海世博会期间接待了大量游客,产生了重要的社会影响,成为黄浦江边的船舶工业遗产活化利用的一个代表。原江南造船厂旧址江南造船总办公厅楼、黄楼、红楼、翻译楼、民国海军司令部等均已被列为上海市文物保护单位。

图2　现在的船厂1862

上海市正在原江南造船厂旧址建设上海工业博物馆,同步改建中国船舶馆。中国船舶集团拟在此规划建设新总部基地。

3. 百年沪东船厂即将变身世界级滨水区

2022年,上海市浦东新区宣布将把在马勒船厂基础上发展的沪东中华船厂地块(原沪东中华浦东厂区地块)开发为上海具有全球影响力的世界级滨水区的重要组成部分,项目将活化利用马勒船厂工业遗产和厂区内的历史保护建筑,打造黄浦江沿岸开发的创新样本。(图3)

图3　原沪东中华浦东厂区地块开发概念图

4. 原广州造船厂旧址改造

广州造船厂搬迁后已经明确规划建设广船遗产主题公园，最大限度保护文化遗产，原地保留与活化传统风貌建筑4处——广州造船厂船坞及1号、2号、3号船台；集中保留塔吊、龙门吊、钢轨等工业特色建筑物，延续广船历史记忆，利用船坞深9米的地下空间，以地下建筑物形式，增加博物馆文化展示功能，保留龙门架，植入垂直交通并改造为空中展厅与室外咖啡等。车歪岛炮台则结合历史文保单位，作为船坞博物馆室外扩展——户外展示教育岛。此外，在毗邻船坞博物馆的位置新建广船文化艺术中心，在地上一层、地下两层体量中置入展览、餐饮零售等功能，与滨江市民广场、阳光草坪形成紧密的整体，提供丰富的全天候市民文化活动。（图4）

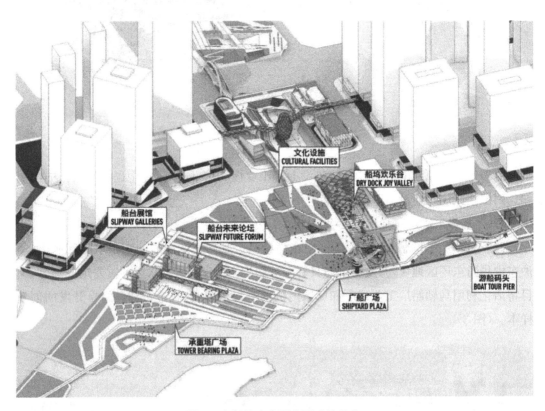

图4　广船遗产主题公园功能分布

5. 福建船政博物馆

福建船政局遗址群包括中坡炮台、昭忠祠、英国领事分馆、轮机车间等。围绕着福建船政局，地方政府先是在马尾船厂遗址上建设了福建船政博物馆。2022年1月3日，中国船政文化博物馆新馆正式开馆。地方启动了船政文化城建设，沿着船政天后宫—总理船政衙门—造船厂片区，以最大限度保留史迹的原真性为原则，先后完成船政古街、船政格致园、船政官街等五个区域以及"国保"福建船政建筑、昭忠祠，"省保"马限山近代建筑群等的修缮保护。目前地方正在将原福建船政地块建设成为5A级景区，并展开了申请世界文化遗产的相关保护工作。

6. 大沽船坞遗址博物馆

天津的大沽船坞遗址博物馆位于天津造船厂内，这个博物馆里保存有当时的剪床、冲床一些机器设备以及一些当时制造出的军火武器，属于企业自建博物馆。

7. 汾西机器厂5号办公楼活化利用

中国船舶集团汾西重工有限公司在保障条件建设、技术改造过程中，重视对苏联援建的船舶工业遗产的保护，在5号办公楼规划建设了汾西重工展览馆，在保留原建筑整体风格不变的前提下，展示了工厂每个时期的发展历程和苏联设计图纸等大量技术档案，现在是山西省爱国主义教育基地(图6)。但是由于军工保密的原因和资金限制，汾西重工对苏联援建的两座大跨度厂房以及生活区等的活化利用尚未制定相关策略。

图6 汾西重工将5号楼(红色小楼)建设成展览馆

(三) 船舶工业遗产活化策略

1. 厘清活化利用主体

船舶工业遗产保护利用应当发挥遗产所有权人的主体作用，坚持政府引导、社会参与，保护优先、合理利用，动态传承、可持续发展的原则。

船舶工业遗产产权移交地方的，应由地方政府纳入当地经济、社会发展规划和城乡建设规划，结合地方资源特色和历史传承，通过专项资金(基金)等方式，结合城市更新、文旅产业等政策支持，将船舶工业遗产融入城市发展格局，注重生态保护、整体保护、周边保护，与自然人文和谐共生，最大限度保留与利用船舶工业文化遗产。船舶工业遗产产权隶属中央企业的，应由央企总部负责组织本企业遗产申报、推荐工作，协助工业遗产主管部门对保护利用工作进行监督管理。

2. 分类实施保护利用

根据工业遗产核心物项规定,结合目前对船舶工业的调研情况,船舶工业遗产的保护利用涉及三种情况:一是经认定已列入保护名录的工业遗产,二是符合船舶工业遗产范围但尚未进行申报认定的工业遗存,三是与船舶工业遗产密切相关的非物质文化遗产。

针对第一种情况,应遵从《中华人民共和国文物保护法》《国家工业遗产管理办法》《关于加强工业遗产保护的通知》等规定和要求。从文物保护法的规定出发,船舶工业遗产活化利用的基本原则应遵从以下六项原则:一是原真性原则,依据历史资料、不主观推测;二是最小干预原则,无创修缮、不锦上添花;三是可识别性原则,添加构件可以识别、不以假乱真;四是可逆性原则,加固和更替构件易于拆除;五是完整性原则,保护建筑本体的同时保护环境氛围;六是例外原则。鉴于船舶工业遗产大部分占用较大空间资源、土地资源,全部保留原有全貌并不现实,所以对于船舶工业遗产特别是船厂旧址的活化利用,应区别对待,特别是在完整性、原真性方面还应放开口子,更多关注如何完整保存和再现工业遗产承载的各种价值信息。

针对第二种情况,对于尚未列入国家或地方工业遗产的船舶工业遗存,建议主管部门制定切实可行的工业遗产保护工作计划,有步骤地开展工业遗产的调查、评估、认定、保护与利用等各项工作。首先要摸清工业遗产底数,认定遗产价值,了解保存状况,在此基础上,有重点地开展保护管理、利用发展等工作。

针对第三种情况,要注重识别和挖掘船舶工业遗产背后的精神符号,用新的手段传播厚重的遗产文化精神。建议加强对船舶工业遗产的宣传报道和传播推广,宣传其重要价值、保护理念、历史人文、科技工艺、景观风貌和品牌内涵等;综合利用互联网、大数据、云计算等新一代信息技术,开展船舶工业文艺作品创作、展览、科普和爱国主义教育等活动,弘扬科学家精神、工匠精神、劳模精神和企业家精神等船舶精神,促进中国船舶工业文化传播与推广,塑造新时代中国船舶工业品牌形象。

3. 构建文旅产业体系

以文旅融合赋能船舶工业遗产活化利用。城市转型建设的实践证明,工业遗产再利用与产业的升级结合发展能获得更多的结合发展和更强劲的创新发展驱动力。虽然《下塔吉尔宪章》没有将工业遗产这种显而易见的经济价值列入工业遗产固有的价值体系,但这正是工业遗产作为一种新类别的文化遗产区别于其他文化遗产共同价值取向的最大特点——工业遗产保护的特殊性体现在其内在属性脱离不了产业经济、外在运营,也脱离不了企业管理,所以其发展模式势必以产业经济的发展为导向。

将船舶工业遗产可持续利用与文化创意产业结合,实现保护和发展双赢,成为当前船舶工业遗产活化利用的发展趋势,可以上海为中心,在大连、武汉、广州建设三个船舶工业博物馆分馆,在其他地方建设各具船舶特色的文化园区,形成"1+3+N"的船舶工业博物馆体系,并积极运用新一代信息技术打造数字化、可视化、互动化、智能化新型船舶工业博物馆。

　　此外,可依托工业遗产和老旧厂房、工业博物馆、现代工厂等工业文化特色资源,建立一批船舶工业文化教育实践基地和爱国主义教育基地,建设船舶工业遗址公园,打造船舶相关工业文化产业园区、特色街区、创新创业基地、文化和旅游消费场所,创建一批船舶工业旅游示范基地,不断提高船舶工业遗产的活化利用水平。

　　打造船舶工业精品旅游线路,重点打造以江南造船厂旧址、远望1号船等为代表的船舶工业发展史旅游精品线路;以大连造船厂为代表的现代船舶工业和航母精神博物馆;以青岛北船、外高桥造船为代表的民用船舶工业旅游线路等。

参考文献

[1] 程望.当代船舶工业[M].北京:当代中国出版社.1992.
[2] (日)青木信夫,徐苏斌,吴葱.工业遗产信息采集与管理体系研究[M].北京:中国城市出版社.2021.
[3] 吕建昌.当代工业遗产保护与利用研究:聚焦三线建设工业遗产[M].上海:复旦大学出版社.2020.
[4] 刘凌雯,李小海.船舶工业遗产保护及创意产业集聚区创建研究[J].上海城市规划.2012(5).
[5] 辛元欧.中国近代船舶工业史[M].上海:上海古籍出版社.1999.
[6] 俞孔坚,方婉丽.中国工业遗产初探[J].建筑学报,2006(8).
[7] 中国工业遗产发展报告.中国工业文化发展报告(2022)[M].北京:电子工业出版社.2022.

社交韧性导向下的工业遗产再利用策略研究
——以长春拖拉机厂为例

唐 晔[1,2] 梁 超[1]

（1. 吉林艺术学院　2. 澳门城市大学）

摘　要：工业遗产的再利用不仅要考虑物质层面的保护与更新，更应注重其社会功能的重塑和区域参与度的提升。工业遗存是城市韧性的短板，社交韧性的提升必然是厂区健康发展的基础。本文以社交韧性的视角探讨工业遗产再利用改造策略，通过对长春拖拉机厂的历史背景、工业遗存特点以及周边需求进行分析，构建出公共性、互动性与可持续性三者融合的社交与记忆空间。在保留原有工业结构与场地记忆的基础上，以社交韧性为基准导向激活工业遗产的社会价值，增强并坚实区域凝聚力，促进城区更新中的社会包容性与文化传承。

关键词：社交韧性；工业遗产；改造策略；长春拖拉机厂

一、研究缘起

随着社会经济的发展和城市化进程的加速，工业遗产再利用逐渐成为当今热点议题。以历史文化著称的城市街区具有独特的场所感和认同感，是传统工业城市魅力的重要构成。工业建筑遗产的保护与更新必须把历史文化传统、场所感同当前的经济需求结合，随之会产生能够创造就业和工业建筑遗产再利用的新兴产业。长春拖拉机厂（以下简称长拖厂）则是当前重点见证光辉历程的工业建筑遗产，承载着中国工业化进程重要记忆，其独特的工业风貌、丰富的历史信息与城市肌理中的位置，为后续的更新提供了广阔的可能性。通过长春拖拉机厂空间改造和再利用，不仅可以激活沉睡的场地记忆，还可以为周边街区环境提供新的功能和服务，提升区域的社会经济价值，实现工业遗产的可持续发展。

调研发现长拖厂存在缺少面对城市发展的韧性能力，韧性城市强调了城市在面对各种风险和挑战时的综合能力、恢复力和适应能力。通过建设韧性城市，可以更好地保障城市的安全、稳定和可持续发展。韧性城市是一个具有整体承载能力的城市，可以被看作是未来城市发展的方向。根据城市韧性的内涵，从区域需求的角度对长拖厂策略评估总结到几点韧性需求,一是生理韧性:包容性、宽容度的空间;二是安全韧性:安全避灾、可识别的空间;三是社交韧性:活动多元复合的空间;四是实现自我韧性:创造创新价值的空间。对以上四方面进行韧性特征分析,总结出当前厂区存在韧性问题:物理性衰败明显、架构性衰退突出、功能性退化不可避免。据此提出厂区韧性提升从社交韧性角度切入,确保研究的全面性和深入性,为工业遗产的再利用提供理论指导和实践参考。

社交韧性作为确保遗产成功转型并持续发展的关键因素,强调了覆盖区域在面对变化或挑战时的适应与恢复能力,以及其支持区域活动和功能多样性的能力。当遗产地被重新定义和改造时,居民的参与和认同感是项目成功的关键,可以正向引导其对新功能的接受度与归属感,保持其活力和凝聚力,从而提高研究项目的社会可持续性。本文通过对厂区本体及周边区域空间的调研,从理论研究和实际经验出发,运用历史分析、实地调研、需求评估等多种方法进行深度研究。

二、厂区社群解读

(一) 周边韧性现状

1. 街区价值梳理

长拖厂曾是国内最大的轮式拖拉机生产基地,隶属于长春市二道区,其北侧为东新路,南临荣光路。作为长春工业发展历程中的重要组成部分,在历史、社会、文化、艺术、科技、经济等多个建筑遗产保护层面价值维度上对后世影响深远。厂区始建于1958年,1966年正式投产,但在2006年停止了生产活动。最北边厂房与空地2019年被改造为长拖1958(图1),2021年长发集团和长春万科启动对长拖厂旧址保护与开发利用的工作。厂区以中央大道为轴线布局,建筑平面大多为矩形和U形排布,建筑立面井然有序、和谐统一(图2)。长拖厂总占地面积58.3万平方米,其中厂区占地面积39.5万平方米、厂房建筑占地面积16.55万平方米、厂房建筑面积13.66万平方米,职工住宅建筑面积6.7万平方米,仓库建筑面积1.29万平方米,其余为配套设施、道路和绿化工程面积。

图 1 长拖 1958

(图片来源:作者自摄)

图 2 厂区中央大道

(图片来源:长拖博物馆)

厂区与苏联援建的洛阳第一拖拉机厂格局相似,呈现以中央大道为轴、建筑分布两侧、道路网络如棋盘式交错铺展的苏式风格,代表了长春市"二五"时期独特的城市记忆,极具历史价值。20 世纪 60—70 年代,生产东方红 28 型拖拉机,产品畅销东北、华北、西北、中原等地区,并作为援外产品出口阿尔巴尼亚等国。至 20 世纪 80 年代,为适应农村改革,长拖厂最早推出小四轮拖拉机,获得国家金牛奖和牡丹杯,出口亚、非、拉美等国家。长拖厂作为中国农业机械制造行业的先驱之一,在长春及吉林省悠久的工业发展脉络中占据着举足轻重的历史地位,其贡献深远地影响了区域乃至全国的农业机械化进程。

第一,社会价值。自然更迭中蕴含着生命的循环与不息,以长拖工业生产为依托,一种独特的集体主义生活文化悄然形成。其深刻反映了计划经济时期工业办社会的历史背景以及那种紧密团结、相互扶持的集体主义居住交往模式,这固然是社会价值深刻体现的生动例证。长春拖拉机厂在鼎盛时期拥有一万多名职工,为当地提供了大量的就业机会,对稳定社会、促进经济发展起到了积极作用。工厂还建立了现代家属区、学校、医院等配套设施,为职工及其家庭提供了良好的生活环境,提升了当地的社会福祉(图 3)。长拖厂曾经作为吉林省技术力量最雄厚的企业之一,培育出一大批优秀的人才,走上了国家重要的工作岗位。长拖厂是长春城市记忆的重要组成部分,承载着无数长春人的记忆和情感,是长春工业文化的象征之一,也是城市文化认同的重要符号。随着城市的发展和变迁,长拖厂逐渐从生产场景转变为生活场景和生态场景,成为市民休闲娱乐的新去处和文化旅游的新热点。

图 3　员工老照片

(图片来源:长拖博物馆)

第二,文化价值。厂区作为工业文明的见证者,是推动地区乃至国家现代化进程的重要力量,更是具有深厚工业文化底蕴的物质载体,无疑具有较高的文化价值。从人文关怀上,我们可以深刻感受到其生产观念与管理制度的显著进步。从过往的"唯生产至上"这一单一导向,逐步转变为"安全生产"与"以人为本"并重的核心理念,这一变化不仅标志着企业发展战略的深刻调整,更彰显了长春拖拉机厂对职工日益深厚的人文关怀。

第三，艺术价值。厂房车间内部排架结构气势恢宏，建筑形态上体现力量与秩序并存的"工业机械美学特征"（图4）。桁架与立柱之间的精细构造是工程力学美学的杰作，红色砖墙的建筑外立面简洁、整齐且富有韵律，其建筑构造反映艺术价值。长拖厂建筑外部的红砖墙结构目前依然完好，其外部立面设计巧妙地映射出内部功能的实用性，避免了繁复的凹凸变化，展现出一种简约而不失力量的美感（图5）。其大面积、规整有序、风格粗犷的工业厂房建筑群风貌，也是具有鲜明区域特色的地标性存在。

图4　车间结构
（图片来源：作者自摄）

图5　建筑外立面
（图片来源：作者自摄）

第四，科技价值。长拖厂在农机制造领域积累了丰富的技术经验和人才资源，为后续的农机科技创新和产业升级奠定了坚实基础。工厂在生产过程中不断引进和消化国外先进技术，推动了我国农机制造技术的提升和进步。原厂房建筑为典型的苏式大跨厂房，空间总尺寸达到140 m×52.5 m，主体厂房柱跨为22.5 m×6 m。这种大跨度的设计使得车间内部空间宽敞，有利于大型设备的布置和生产流程的优化。厂区车间结构上，采用拱形钢筋混凝土桁架和钢筋混凝土薄腹梁形成连续跨、高低跨组合的结构形式，这种结构形式在20世纪50年代的中国具有独创性。其材料选用、预制工艺以及现场吊装等流程均运用较高技术，体现了当时的技术水平和工艺特点。对工业建筑的研究具有极高的科学价值。

2. 街区空间布局

原厂区以南北向中央大道为轴线，西侧建有♯1齿轮车间、♯2加工车间、♯3机械生产车间、职工宿舍、办公楼，东侧建有♯4总装配车间、♯5冲压车间、♯6锻造车间等。根据街区居民社交韧性需求，研究将厂区辐射范围界定在北侧四通路、南侧吉林大路、西侧东盛大街、东侧东环城路（图6）。其中部分厂区及周边已售出作为民用房地产开发，现已从工业用地转向居住用地（图7）。现厂区留存区域及周边布局十分复杂，北部区域与热力发电厂相接，北方、东南方原有职工宿舍与周边住宅小区相邻，其他地段业态布局相对混乱。厂区周围用地以住宅为主，功能业态呈现复杂且多元并存的韧性特征。基于以上区位韧性情况，综合考虑园区整体性，提出现留存部分厂区的策略规划（图8）。

图6　范围界定

（图片来源：作者自绘）

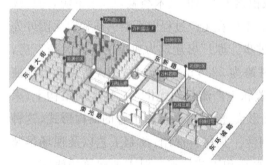

图7　街区开发现状

（图片来源：作者自绘）

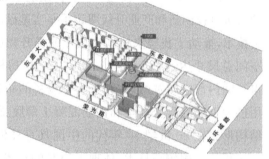

图8　策略规划用地

（图片来源：作者自绘）

3. 周边交通情况

从交通可达性的角度出发，聚焦于厂区周边布局优化，通过改善交通条件与设施配置，增强居民与厂区之间的日常互动与联系，从而提升居民对厂区的社交韧性。策略核心在于构建15分钟生活圈的概念。

15分钟生活圈指的是在15分钟步行范围能满足至少90%的生活需要，包括餐饮、购物、娱乐、学习、医疗、工作等。策略实践意义在于社交韧性导向下提升厂区周边的活力、创造力、多样性。园区内外"双十字"结构，连接厂房空间动线，塑造城市功能，故以厂区街道为核心,对应服务半径 1 000 m 左右,研究范围足以辐射周边居民生活需求,但对部分偏远街道的可达性会有一定偏差,即需各层次串联共同形成 15 分钟生活圈活力空间体系(图 9、图 10)。

图 9　15 分钟生活圈辐射范围

(图片来源:作者自绘)

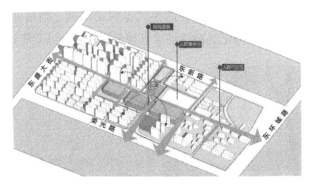

图 10　人群可达性

(图片来源:作者自绘)

(二) 韧性问题梳理

随着近年城市更新工作的全面推进,长拖厂作为具有深厚历史底蕴的工业遗产,其改造提升变得刻不容缓。通过保护利用工业遗产，挖掘其现实价值和可持续发展途径，让历史文化街区焕发新的活力，同时促进城市经济、文化、社会等多方面的综合发展。经过调研发现，长拖厂存在如下社交韧性问题：

1. 物理性衰败明显：厂区闲置低效，城市发展受阻

调研发现主要的社交韧性问题在于部分厂区闲置，并没有进行良好的整合规划，周边居民的基础生活需求尚待充分满足，社会认同感和归属感正在逐步消失（图11）。而厂区作为该地区的核心地带，其转型升级为大型综合园区的规划，不仅显著提升居民生活质量，更将有力推动城市的整体发展与繁荣。

图 11　厂区闲置现状

（图片来源：作者自摄）

2. 架构性衰退突出：区域老龄化严重，公共活动空间缺失

长拖厂工业生产时期员工众多，也恰形成热络的邻里关系，呈现出一种集体主义生活文化，但如今公共空间的缺失使昔日交往的模式也深受影响。当前儿童公园是一个主要的集群空间，但并不能满足多样化的韧性需求且规模也相对较小（图12）。

图 12　公共空间活力不足

（图片来源：作者自摄）

3. 功能性退化不可避免：商业设施匮乏,消费活力不足

长拖厂原♯3厂房改造的长拖1958项目在商业上是失败的,其商业空间中空空荡荡、人流稀少(图13)。鉴于满足周边居民韧性需求的考量,提高现有消费结构,促进整个厂区的发展,商业空间内要打造一个集休闲、娱乐、互动于一体的社区空间。

图 13 商业空间人流稀少

(图片来源：作者自摄)

三、研究方法与区域评估

(一) 公众集群探究

对于公众集群采用空间句法中凸空间分析法对厂区进行量化分析,旨在根据数据对周边人群社交韧性需求进行充分例证。在凸空间模型构建中,将场地进行合理绘制矢量化平面图,对照场地空间的现状形成凸空间封闭图形,运用 Depthmap 建立空间相互连接关系,生成凸空间模型。研究中发现深度值越高的空间,其整合度就越低;深度值越高,可达性越差。在具体的计算方法上,深度值的倒数实际上就等于整合度的数值,散点图呈负相关趋势(表1、图14)。故在两数据都倾向于在中间区域选择设定文化空间,这处选址既有较高的可达性,步行到达时间也能较少,便于厂区工业遗产文化价值输出。

表 1 量化指标计算统计表

空间名称(编号)	整合度	深度值
♯3 机械生产车间(1)	0.71	4.59
♯1 齿轮车间(29)	0.83	4.07
♯5 冲压车间(22)	0.76	3.34

续　表

空间名称(编号)	整合度	深度值
儿童公园(4)	1.2	3.1
♯2 加工车间(14)	1.2	3.1
♯4 总装配车间(9)	1.06	3.38

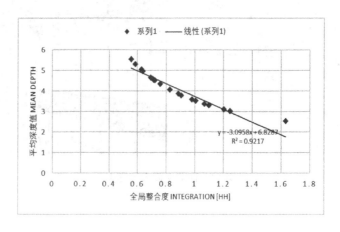

图 14　厂区空间协同度散点图

1. 整合度分析

整合度表示系统中某一空间与其他空间集聚或离散的程度。整合度高的空间可达性越高，人群对于空间的熟知度也就越高，整合度越高的地方，人流量越大，进而吸引商业、休闲等公共基础设施到整合度较高的区域。颜色越深，空间整合度越高；颜色越淡，空间整合度越低。根据运算图示化可知(图 15)，厂区以街道为核心出发，♯2 加工车间、儿童公园周边区域整合度最高，右侧♯4 总装空间整合度次之，其余空间整合度相对较低。可达性最高的两处地点最能吸引人流，在兼顾街区居民韧性的社交需求的条件下形成休闲空间最为合理。

2. 深度值分析

深度值表示某一空间到达其它空间所需经过的最小连接数。从总体上说，城市空间系统走向开放，那些空间结构较为优化、城市空间深度值较低的区域，有利于经济活动的开展，自然繁荣发达。颜色越深，深度值越高；颜色越淡，深度值越低，区域越容易到达。根据运算图示化可知(图 16)，由于厂区以中央景观大道为主轴，笔直的线性空间形成了空间纵深感，从而使位于厂区北部、西部与南部的边界区域深度值较高。对于厂区而言，人们到达这三个区域所花费的步数较多。但对于兼顾街区居民韧性的社交需求而言，人们到达这三个区域所花费的时间则最少。在此条件下规划商业空间才能更好地促进街区经济发展。

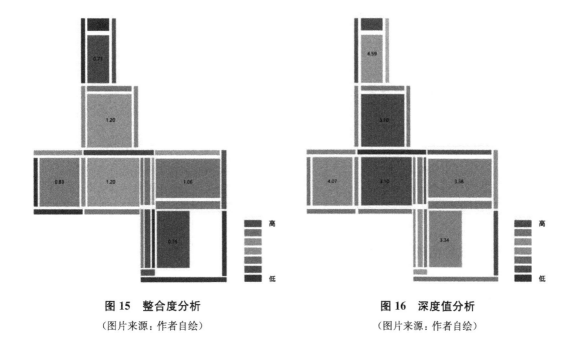

图 15　整合度分析
（图片来源：作者自绘）

图 16　深度值分析
（图片来源：作者自绘）

（二）区域社交需求评估

当代人们更倾向于寻求业态多元化、布局科学合理的消费活动场所，以满足其日益增长的个性化与多元化需求。为优化此类场所的功能结构规划，我们从区域需求进行评估，提出可行性策略（表2）。策略提出引入综合商业空间、文化展览、文化体验空间、公共休闲场所等功能设施活化厂区活力以促进长春拖拉机厂工业遗产的再利用。

表 2　长春拖拉机厂工业遗产再利用区域社交需求评估表

区域需求	发展定位	评估举措	策略提出
厂区本体需求	工业记忆活化展示	建筑遗产展示	文化空间
	厂区资源优化利用	整合资源及再利用	公共活动空间
	厂区环境整治改善	生态平衡重建	生态公园
周边社群需求	优化生活区域	增置生活休憩空间	公共活动空间
	改善环境质量	完善绿化系统	自然乐园
	增进居民福祉	设置居民需求设施	公众集会区域 商业空间

续 表

区域需求	发展定位	评估举措	策略提出
区域发展需求	健全设施体系	补充区域功能缺失	展览、阅读空间 商业空间 公众集会区域
	弘扬工业文明	展示工业文化	文化空间
	激活地方动能 增强区域活力	周边与厂区综合规划利用举措	社区共享空间 群众活动场所

三、社交韧性导向的改造策略

根据地理位置、建筑面积、交通可达性业态布局,秉持区域商业集群规划的原则,设置各业态分布并符合居民15分钟生活圈的出行要求。旨在全面激活并丰富各区域模块发展,还能增强区域间的互补性与协同效应,为消费者提供更加丰富多样、便捷高效的购物、休闲及娱乐体验,从而推动周边整体环境的繁荣与发展。在现有厂区内引入三种业态,分别为商业空间、休闲空间和文化空间(图17)。

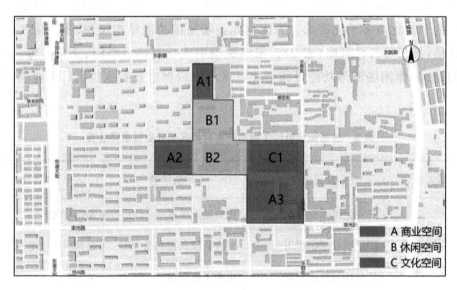

图 17 业态空间分布

(图片来源:作者自绘)

(一)商业空间的重构与融合

首先,选择了三个位于厂区规划边界的 A1、A2 和 A3 区域进行商业开发,这些区域紧邻城市次干道，有显著的交通便捷性，其优越的地理位置不仅能够促进消费结构的形成，还为商业活动的开展奠定基础。其次，这三个被选中的区域周边环绕着密集的居民区，这一布局优势直接对接了居民的日常消费需求，使得我们可以更加精准地规划和发展符合居民生活韧性偏好的商业业态。此举不仅能够有效提升居民生活的便利性，还能显著降低后续的商业空间修缮与开发成本，实现经济效益与社会效益的双赢。

在车间的改造过程中，主要的社交韧性需求则要增进居民福祉、补充区域功能，大型工业空间的模块化划分是重构策略的核心部分。这一策略旨在将原有的单一生产空间转化为多功能的商业区域，同时保持其原有的结构特征。模块化策略将大空间有效地分割为不同规模和功能的单元体块，以适应各种商业需求。例如，在保证居民社交韧性需求的同时，巧妙地将厂区划分出多个商业模块，根据商家的需求和活动的性质调整空间布局，将原来的生产线区域转化为一系列连续的零售店铺，通过开放式的布局鼓励消费者之间的互动和聚集。另外购物旅游的融合不仅满足居民生活需求，还可吸引游客驻足，可根据韧性需求不断更新改造区域及功能，如规划主题乐园和研学服务中心等，这些业态构成多功能商旅服务。商业改造不仅是一次物理空间的转变，更是一次对传统工业遗产与现代消费文化的深度融合，体现了对历史尊重与创新发展的并重。

（二）休闲空间的分割与创新

首先，选择了两块位于厂区规划中心的 B1 和 B2 区域进行休闲开发，一块是现有空地儿童公园公众集会区域，另一块是原＃2厂房作为室内体育休闲。选址在厂区核心区域可以增加园内整体人流量，促进经济消费。其次，现有规划的儿童公园区域对于公众集群效果良好，将厂区资源优化利用、健全体育设施迎合居民韧性需求条件下，室内外休闲结合的模式才更好的创新公共空间。

休闲空间室内外结合选址具有较强的互补性，一方面有助于促进社区成员之间的互动和交流。在室外公园举办社区活动、节日庆典等，可以吸引更多人参与，增强社区凝聚力。而室内体育馆则可以作为社区运动队、兴趣小组的训练和比赛场地，进一步加深社区成员之间的联系和合作。另一方面，通过合理分割和管理，可以将室外公园和室内体育馆的设施和资源进行有效整合，避免重复建设和资源浪费。例如，可以在公园内设置通往体育馆的便捷通道，方便公众在两个场所之间自由穿梭；在体育馆内设置休息区，让运动后的公众可以前往公园散步放松等。这种结合也是从城市规划和居民韧性需求的考虑，能够提升街区的整体形象和品质，更能提高居民的幸福感和归属感。

（三）文化空间的整合与优化

首先，选择了一个位于厂区规划东侧边界的 C1 区域进行文化开发，位于厂区主干道上，交通可达性高，临近开发人流密集的休闲区域，做到最大化增流。其次，区域韧性强调弘扬工业文明、工业记忆活化展示，所以策略提出景观与文化的整合开发，商旅与展览空间的结合,便于促进厂区文化、价值输出,为厂区增值增效。

街区价值梳理有效地验证了必不可少的文化空间展示何其重要,在尊重居民社交韧性需求的前提下,营造富有场地精神的纪念性展览空间需要从多个方面入手,首先,厂区展品、空间环境、观众三者融合体验,创造一个有意义的叙事环境。例如,精心设置的展览空间,观者可以在视觉、听觉甚至触觉等方面全方位地感受园区的历史文化价值。展览空间更能有效提升公众参与度,考虑不同观众参与形式,提供多样化互动可能,根据社交需求整合公众的参与点,优化文化空间探索新方法。其次,在厂区设置文化空间不仅是对工业遗产文化的再利用,也可使观者在游玩的同时感受故事的力量和艺术的魅力。

五、结语

本文以长拖厂周边历史街区为研究对象,对周边的现状及其社会、文化等价值和区域社交韧性需求进行分析,总结出周边人群所处韧性现状和厂区闲置低效,城市发展受阻,区域老龄化严重,公共活动空间缺失;商业设施匮乏,消费活力不足等问题,故将再利用策略落实到厂区部分未开发区域,以满足居民15分钟生活圈的社交韧性需求。研究社交韧性导向下的工业遗产再利用策略提出将厂区划分为三大区块,即带动经济的商业空间、吸引人流的休闲空间、展示魅力的文化空间。这是文化与历史价值的保留与传承、经济发展新动力的创造、社会与环境的双重效益、创新与传承的有机结合,这些共同构成了工业遗产再利用策略的重要性和必要性。

参考文献

[1] 唐晔,王文瑾.公众参与下的一汽历史文化街区保护与更新[J].城市建筑,2021(5).
[2] 唐晔,周子萱.工业历史街区振兴背景下的文旅融合探析[J].吉林艺术学院学报,2020(5).
[3] 朱宸希.韧性城市理论视角下的城市失落空间优化设计研究[D].河北工业大学,2022.
[4] 高源镁.长春拖拉机厂工业建筑保护与利用研究[D].吉林建筑大学,2014.
[5] 王梦雪,韩锐.基于凸空间法的长春市近现代工业遗产空间形态研究[J].当代建筑,2022(11).
[6] 段然.寒地工业遗产保护与再利用研究[D].吉林建筑大学,2023.
[7] 胡英爽.桂林市历史城区慢行交通系统优化研究[D].桂林理工大学,2023.
[8] 高晶.工业遗产绿色化改造策略研究[D].吉林建筑大学,2017.
[9] 郭彩萍.韧性视角下北京甘家口街道社区型街道空间优化设计研究[D].北京交通大学,2021.
[10] 阚小溪,郑悦.基于空间句法理论的城市公园空间组织分析——以厦门市中山、白鹭洲公园为例[J].中外建筑,2017(10).
[11] 李林杰,韩锐.基于空间句法的"一五"时期工业遗产空间特征研究——以"长春第一汽车制造厂"为例[J].当代建筑,2021(11).
[12] 刘抚英,刘艺蓉,郭赵薇.基于"空间句法"的工业建筑遗产空间再生评价研究——以沈阳市"铁西1905文化创意园"为例[J].低温建筑技术,2019(6).
[13] 刘子珺.城市更新背景下的工业建筑遗产活化利用研究[D].山东工艺美术学院,2022.
[14] 柳红明,高晶.重焕寒地老工业区活力——长春拖拉机厂更新改造构想[J].吉林建筑大学学报,2016(4).

[15] 鹿磊,韩福文.试论吉林工业遗产保护与旅游利用[J].改革与战略,2010(1).
[16] 莫畏,孙维晗."一五""二五"时期长春市工业遗产现状及特征分析[J].沈阳建筑大学学报(社会科学版),2016(2).
[17] 沈海泳,林璐瑶.基于凸空间分析法的浙南丽水明清时期民居空间形态研究[J].家具与室内装饰,2024(5).
[18] 王春晖,于冬波,董舫.历史街区的价值评价及旅游开发研究[J].兰台世界,2011(8).
[19] 夏寅飞.长春市工业遗产的形态特征与保护对策研究[D].吉林建筑工程学院,2011.
[20] 徐庆.微更新视角下的工业遗产保护再利用研究[D].吉林艺术学院,2021.
[21] 杨亦松.基于空间句法理论的公园活动空间组织与使用者行为研究[D].北京林业大学,2020.
[22] 张新佳,宋飔,吕扬,等.基于"生态,景观,文化"三位一体的城市棕地景观改造研究——以长春拖拉机厂为例[J].城市发展研究,2018(8).

江苏工业遗产活化利用的问题检视与路径思考

章景然

（南京工业大学）

摘　要：工业遗产作为工业文化的重要载体，见证了我国工业化进程不同阶段的历史风貌与时代特征，承载着城市记忆，印刻着发展足迹。本报告拟分析江苏工业遗产活化利用的体系构建和存在问题，并建设性地提出路径思考，通过全面激活工业遗产文化、科技、经济驱动力，构建工业遗产更新与城市复兴的良性互动模式，实现经济效益和社会效益的双赢，将城市建设与文化传承、人文发展与经济繁荣相结合，为推进江苏人文经济高质量发展提供持续动力。

关键词：工业遗产；活化利用；工业文化；人文经济

2023年7月，习近平总书记在江苏省苏州市考察时称赞"苏州在传统与现代的结合上做得很好，不仅有历史文化传承，而且有高科技创新和高质量发展，代表未来的发展方向"；同年全国两会期间，习近平总书记在参加江苏代表团审议时指出："上有天堂下有苏杭，苏杭都是在经济发展上走在前列的城市。文化很发达的地方，经济照样走在前面。可以研究一下这里面的人文经济学。"2024年4月16日，第8期《求是》杂志发表的习近平总书记重要文章中指出："要让文物说话，让历史说话，让文化说话。"这些重要论述系统性地揭示了文化与经济、人文与科技之间的内在联系，亦为文化遗产发展提供了指导思路。工业遗产作为人类文明和历史发展的见证，具有历史文化、科学技术、美学艺术等重要价值，江苏作为我国近现代工业发祥地之一，国家工业遗产数量居全国前列，对江苏工业文化遗产活化利用现状的探究具有重要现实意义。全面激活江苏工业遗产的内驱力，推动文化与经济的深度融合，赋能江苏人文经济新发展，有助于以工业遗产为纽带，彰显江苏特色、引领高质量发展的重要示范阵地，构建具有历史积淀和时代活力的现代经济新格局。

一、江苏工业遗产保护利用体系构建

(一) 颁布专项法规条例

1. 纳入广义文化保护范畴内的地方性法规。

2001年江苏省人民代表大会常务委员会通过《江苏省历史文化名城名镇保护条例》,2003年江苏省第十届人大常委会第6次会议通过《江苏省文物保护条例》,2006年江苏省十届人大常委会第25次会议通过《江苏省非物质文化遗产保护条例》并于2013年江苏省十一届人大常委会第32次会议进行修订,这些政策法规将工业遗产纳入文物保护、非物质文化遗产保护的广义范畴内进行统一保护管理。

2. 针对工业遗产精准范畴的专项法规。

2017年,我国"国家工业遗产"的认定工作的开始,工业遗产认定方法日趋成熟,遗产地域分布更加均衡。2018年,工信部发布《国家工业遗产管理暂行办法》;2021年,工信部等八部委联合发布《推进工业文化发展实施方案(2021—2025年)》;2023年,工信部印发《国家工业遗产管理办法》。而江苏部分地区工业遗产保护走在全国前列:早在2007年,无锡市政府就印发了《无锡市工业遗产普查及认定办法》,公布了无锡首批工业遗产保护名录;2017年,南京市规划与自然资源局发布《南京市工业遗产保护规划》,公布了自1840年到1978年间全市52处工业遗产项目;2019年12月,江苏省人大常委会通过的《关于促进大运河文化带建设的决定》中明确提出:"利用大运河两岸老旧厂房、仓库等工业遗产发展工业文化旅游。"2023年,江苏省工业和信息化厅发布《江苏省工业遗产管理办法》,结合江苏实际,因地制宜地推动工业遗产保护工作的开展。

(二) 统筹规划重点扶持

江苏针对工业遗产保护工作经历了从局部规划到全局统筹的发展历程,对本省工业遗产进行深入调研、摸清底数、贯彻落实。1982年,我国发布第一批24座国家历史文化名城,江苏独占鳌头,南京、苏州、扬州三座城市入选。2010年起,南京规划局委托南京历史文化名城研究会针对工业遗产进行普查研究工作,从全市工矿企业中遴选出50余处工业遗产名录。2013年年底,南京规划局联合南京市经信委,委托东南大学等三家单位联合编制《南京市工业遗产保护规划》,通过综合评价进行分类保护,并界定各名录,提出推荐历史建筑150余处,因地制宜地提出可供操作的保护与再利用策略,其保护规划于2017年1月正式通过。南京主城首批普查公布自1840年起至1978年间的52处工业遗产[①];同年

---

① 包括北河口水厂(原民国首都水厂)、永利厂(现为南化公司),建成于民国时期,是中国化工企业的摇篮)、南京晨光机器厂(原金陵机器制造局,现为1865文化创意园区)、南京肉联厂(原民国和记洋行)及下关码头、下关发电厂、南京手表厂、熊猫集团、南京炼油厂、浦镇车辆厂、江南水泥厂民国住宅区等。

8月,南京规划部门公布经市政府批复的全市工业遗产保护规划,将40处工矿企业纳入最新保护名录,其中包括Ⅰ类工业遗产11处、Ⅱ类工业遗产16处、Ⅲ类工业遗产13处,按照"找出来、保下来、活起来"的总体思路,为和记洋行、金陵船厂等工业遗产老建筑挂牌,进行抢救性保护工作。2020年10月,江苏自然资源厅制定《江苏省市县国土空间总体规划编制指南(试行)》,全面梳理包含工业遗产在内的各类历史文化遗存,明确保护对象,提出具体保护要求;同年12月,江苏省工信厅组织编撰完成《江苏省工业遗产地图(2020版)》。2022年,江苏省工信厅、江苏省科协、江苏省科学传播中心共同编撰出版系列丛书《百年记忆——江苏工业遗产的光辉》。江苏省全面加强工业遗产信息化管理,促进工业遗存活化利用,执行过渡期土地政策保障。省内各地针对历史价值、社会价值、文化内涵等工业遗产,在尽可能保持建筑原貌的前提下,对一些有保护价值的厂区进行统一规划和建设,充分挖掘潜能,打造多种方式加以保护利用。

(三) 打造多层次品牌类型

江苏工业遗产创新转型升级,打造成工业博物馆类(展览馆、体验馆)、文化创意产业类、工业文化旅游类、民生休闲公园类等活化利用类型,如茂新面粉厂、永泰丝厂、坛丘缫丝厂分别被打造为"中国民族工商业博物馆""中国丝业博物馆""东方丝博园",恒顺醋业、洋河酒厂分别成立了"中国醋文化博物馆""洋河酿酒作坊老窖池群"以供民众参观游览。部分工业遗产打造为文化创意园与产业园区,如徐州贾汪权台煤矿遗址打造为"权台煤矿遗址创意园"、常州大明纱厂打造为"天虹大明1921创意园"、南京第二机床厂打造为"南京国创园"、淮阴新华印刷厂打造为"淮安淮印时光文创园"、洋务运动时期创办的金陵机器制造局摇身一变成为"晨光1865科技·创意产业园"等。同时,江苏省自2012年开始推动省级工业旅游的发展,涵盖工业遗产和博物馆等多种类型,进一步促进文化与经济融合发展,形成南钢工业文化旅游区、唐闸北市工业旅游区等工业旅游品牌。昔日的南京首都电厂下关发电所进行扩建,打造由老码头、水上景赏平台、展览馆和市民互动区组成的江景公园,无锡老国营化肥厂打造为江南运河文化公园。历经百年的历史变迁,工业遗址已经成为文化、创意、旅游、休闲为一体的文化产业基地,为城市注入了新的活力和创意,不仅延续了工业遗产的历史价值,也为城市带来了社会效益和经济效益。

二、江苏工业遗产保护利用的问题

江苏各级政府通过完善法制法规,将工业遗产纳入规划和保护名录,积极探索工业遗产的保护和开发,推动诸多江苏工业遗产完成时代转型;不断健全工业旅游标准化体系,加大工业旅游发展专项扶持,鼓励更多标杆型企业向普通游客打开大门,工业旅游初具规模;根据各自特点因地制宜地活化利用,建立以改善周边环境、提高生活质量为改造目标的下关火车主题园,以对外展示老字号品牌文化、推动传统企业转型升级为宗旨的扬州谢馥春香粉厂等诸多类型的工业遗存主题园。但与此同时,亦存在亟待解决的问题。

(一) 民众对工业遗产相关认知度较低

从全国范围看,民众对工业遗产认知存在不足,据光明日报联合调研组发放的 1 000 份问卷结果显示,62.3%的调查对象表示不太了解工业遗产,12.8%的调查对象表示完全不了解。

江苏亦存在这一问题,笔者针对工业遗产概念与价值对江苏 263 位高校学生进行调研,受访者中本科一年级学生居多,占 55.72%,其余本科二、三、四年级的学生分别占 18.57%、12.85%、12.86%;其中工科生占 55.71%,理科生占 12.86%,文科生占 31.43%;受访者中江苏本地学生约占总数的 40%,非江苏本地学生约占 50%。对于工业文化遗产了解程度方面,表示比较了解的学生仅占 5.71%,一般了解的占 35.71%,不太了解的占 55.72%,没有听过的占 2.86%;只有 37.14%的学生曾参观过家乡工业遗产场址。整体而言,高校学生对工业文化遗产保护的认知与看法在一定程度上受到教育、社会和个人等因素的影响。大多数高校学生对工业文化遗产保护有一定的了解,支持工业文化遗产保护,认可工业遗产的价值,但对其内涵和价值认识不够深入,参与意愿并不强烈,他们普遍认为工业文化遗产保护是政府和专家的事情,与自己关系不大。针对南京金陵机器制造局、下关火车站、首都电厂、江南水泥厂等工业遗址进行深度走访发现,游览者及园区部分文化创意工作者对所在工业遗迹了解亦较为不足,对其历史背景稍有了解的被访者仅占 10.4%。

针对民生类工业遗产品类以扬州谢馥春为例,调研发现此类工业遗产的认知区域差异明显,132 位受访者中,表示了解该品牌的群体大多来自江苏扬州或辐散到周边其他江苏城市,占 23.6%,实地考察的省外群体则表示其知名度偏低,有 76.4%的受访者表示"没听过"。在年龄层次方面,多数年轻群体对产品的认知和认可度较低,了解或购买此品类的群体多集中在 45 岁以上。

因此,从江苏工业遗产的概念与价值、历史背景与传承故事等诸多方面看,仍有较大的宣传空间。

(二) 工业遗产为中心的文旅利用度不足

2016 年,国家旅游局发布《全国工业旅游发展纲要(2016—2025 年)(征求意见稿)》,纲要提出到 2025 年"要在全国创建 1 000 个以企业为依托的国家工业旅游示范点、100 个以专业工业城镇和产业园区为依托的工业旅游基地、10 个以传统老工业基地为依托的工业旅游城市,初步构建协调发展的产品格局"。2021 年,国务院印发的《"十四五"旅游业发展规划》中"鼓励依托工业生产场所、生产工艺和工业遗产开展工业旅游,建设一批国家工业旅游示范基地","鼓励各地区利用工业遗址、老旧厂房开设文化和旅游消费场所"。在国家政策规划和各部门配合下,以工业文化为元素的工业旅游发展迅速,截至 2022 年,我国有工业旅游企业1 200余家,其中全国工业旅游示范点有345处。预计到2025年,工业旅游接待游客总量预计将超过10亿人次,旅游直接收入总量超过2 000亿元。截至2023年年底,江苏全省已有国家工业旅游示范基地6家、省级工业旅游区142家,分布于南京、苏州、常州、镇江、宿迁等多个城市。依据2023年江苏省工业旅游区名单分析,除了中车浦镇轨道交通工业旅游区、戚机厂火车文化园等传统工业遗迹,其他80%以上工业旅游主要是蓝豹服饰体验观光园、华佳丝绸创意文化产业园、中亿丰罗普斯金红色铝行家、艺术鸭智创中心、亚振家居工业旅游区等科技型、观光型、消费型的现代工业园区,工业遗产类示范单位占比有限。2023年,江苏省工业旅游现场推进会发布了首批全省工业旅游自驾线路,包括常州创意时光之旅、苏州工业风雅之旅、南通缘聚风华之旅,其中自驾线路串联牛首山、游子山等自然风光、漆器文化、乳制品生成等游览景点,工业遗迹品类主要涉及中国醋文化博物馆、晨光1865创意产业园等几处,省内如江南水泥厂、下关码头等经典工业遗迹的利用度、文旅线路的串联度不足。

(三) 工业遗迹场馆公共服务相对欠缺

一是硬件设施落后,影响游客参观体验。不少工业遗产在原址基础上改造升级成主题文化教育基地和小景点等,但有不少景点的基础设施建设情况不容乐观,没有修建环境优越的游客休憩区和相关配套服务设施等。如连云港锦屏磷矿遗址,在基本保留工业气息的矿山原貌后,缺乏相应室内展览馆、餐饮店铺等,导致游客体验感不佳。二是交通衔接不便,缺乏辨识度高的招牌。常州以"工业+旅游"为核心,2021年常州经开区大运河红色工业旅游线成功入选省"运河百景",该路线串联了戚电公司、大明厂、戚机公司、运河公园等资源,打造运河红色文旅实景课堂。有的地理位置偏远的工业遗产,面临着因交通不便而缺少客流量和曝光度的局面。外地游客往往会优先选择知名度高、交通便利的大众旅游景点,只有少数情况下会考虑交通不便及知名度低的小众景点。三是服务水平不高,工作人员服务意识不足。部分工业遗产商业化气息过重,景区内文化氛围不够浓厚,如下关火车主题园的津浦书店内,需消费入座、咖啡等定价较高及售卖人员态度冷漠等均影响游客体验感;国创园缺少导览路线、路牌指示等服务,通过导航仍难以寻找到目标门店,园区内未见工作人员提供咨询。四是缺乏专业人员管理,工业遗产保护整体意识不足。通过走访发现,普通游览者无法进入部分工业遗产展区,由于部分工业遗产尚未停产,游客进入展区影响其生产秩序,同时部分企业难以设立专门管理人员处理游客事务,往往采用兼职人员负责,通过单位联系进行拍摄与参观。部分已停产的工业遗产场区更难以对此问题予以调试解决。如金陵机器制造局工作人员不接受工业遗产方面的电话受访,现场只有保安负责安全事务;中车戚墅堰机车有限公司厂区的戚机厂旧址虽然设立展区,但调研组并未成功入内;永利䤕厂陈列馆网站显示可预约参观,但预约电话并未接听等诸多情况。工业遗产的宣传缺乏系统性专业性,只依靠微信公众号平台与部分自媒体不定期推送,受众面不广,媒体引流度有待加强。

(四) 本地化优势特色凸显度不足

随着中国城镇化与现代化发展，在城市地理空间改造过程中，忽视甚至损坏一些工业遗迹的情况在城市文化保护理念的推动下已有较大改变。但在工业遗产活化利用保护工作的迅速推动下，类型同质化又成为全国普遍存在的问题。就江苏而言，仅南京一地便打造诸多文化产业园区，如南京油泵油嘴厂改建为创意中央产业园、南京电影机械厂改建为江苏文化产业园、秦淮南京第二机床厂改造为国创园、南京太平瓷件厂改建创意东八区、鼓楼南京曙光机械厂改建为幕府山产业园等，但通过走访发现，此类文化产业园项目大多局限在文化创意商业区的消费理念，对文化内涵挖掘与文化氛围打造明显不足；或者集中在厂区环境与建设风貌、企业文化与历史介绍、参观生产线、购买产品等方面，提供特色住宿场所、了解工人生活、智慧化场景介绍、工业项目体验等产品开发与公共服务相对不足，鲜有将工业遗产与江苏特色街区、江苏历史文脉进行历史勾连，在大历史观的视角下将工业文化、大国工匠、中国式现代化的"整体路径"与近代工业江苏实践的"特殊路径"凸显出来的。江苏工业遗产是近代工业的起源地，具有明显的外来影响，反映了中西工业文化的融合与冲突，通过工业遗产等方面的文化交流、文明互鉴，成为中国式现代化江苏实践的展示途径，呈现出早期中国民族实业家在外来经济压力下努力发展的民族精神，映射了江苏社会结构和经济模式的变革，为推动文化繁荣、建设文化强国、建设中华民族现代文明建构了全新的文化范式，但这一顶层规划与视野分析还较为欠缺。

三、江苏工业遗产活化利用的举措建议

(一) 挖掘工业遗产内涵，重拾城市记忆激活城市魅力

江苏工业遗产从创办的时代背景来看大体分为晚清、民国和新中国成立后三个时段，主要集中在以下几个区域：苏南地区主要包括南京、苏州、无锡、常州等，该地区是江苏工业化最早的区域，19世纪中期至20世纪初，作为中国早期工业化的核心地带，积累了军工、化工、铁路等丰富的工业遗产；苏中地区包括扬州、泰州、南通等，该地区的工业遗产主要形成于近现代，集中在棉纺、缫丝、面粉等领域；苏北地区包括徐州、连云港、淮安等，该地区工业化起步较晚，但依托丰富的自然资源，围绕煤炭、磷矿、盐业、酒业等形成了一批重要的工业遗址。江苏工业遗产的多样性及其在不同历史时期的独特价值，为江苏工业遗产的保护与利用提供了宝贵的经验，也成为江苏城市内涵、品质、特色的重要标志。工业遗产承载着丰富的文化内涵，反映了不同时期江苏人民的社会生活样貌，其中蕴含丰富的人文精神，其建筑风格、工艺技术、生产方式等方面展示了江苏社会的发展水平和文化特征，更立体地展现了江苏历史脉络和文化底蕴，为城市注入了独特的生命力和活力。

2015年12月，习近平总书记在中央城市工作会议上发表重要讲话时指出："城市是一个民族文化和情感记忆的载体，历史文化是城市魅力之关键。古人讲，'万物有所生，而

独知守其根'。"江苏丰富多样的工业遗产有诸多挖掘的文化内涵，可综合运用江苏地标性工业遗产符号、标识等方法重塑城市文化记忆，因为集体文化记忆依赖于特定的文物、符号、习俗、语言等载体，工业遗产的开发与利用可深入发挥各项载体的合成功能，使文化记忆得以再现和传递。通过媒体宣传、校企合作、产学研持续增效、红色基地建设、文旅结合等多种方式，使民众充分感受工业遗产蕴含的工匠精神与创新精神，营造文化叙事空间，在与中国历史文化、江苏历史文化协调发展的前提下，打造江苏的文化记忆，以激活情感共振下的社会凝聚与社会认同。

（二）应用科技驱动手段，激发工业文化产业新型模式

2024年3月5日，习近平总书记参加十四届全国人大二次会议江苏代表团审议时强调要"因地制宜发展新质生产力"，总书记与江苏代表探讨大国工匠精神与文物工作，表明总书记对江苏文化建设的殷切希望，为江苏文化建设指明路径。江苏将科技赋能工业遗产，因地制宜地打造具有地方特色的文化遗产景观，整合科技创新资源，将工业遗产作为新兴产业和未来产业进行统筹，这一路径不仅是实现工业遗产创造性转化与创新性发展的动力，同时也是引领中华文明迈向新形态发展的重要纽带。可利用数字技术对工业遗产进行三维扫描、虚拟展示和保护性修复，建立工业遗产数据信息库、数字档案馆、数字博物馆、数字文化街区等，进行科普与文旅相结合、研究与保存价值于一体的综合性开发；打造江苏特色数字工业旅游场景，推动工业博物馆智慧化，借助AI讲解、虚拟现实、全息投影等技术，沉浸式立体化呈现工厂运行与生活场景，营造工业旅游文化氛围；借助互联网和大数据技术，建设智慧旅游平台，提升文旅产品的推广和销售效率。以上借助科技驱动手段，不仅可缓解场馆解说服务人员不足的问题，同时亦可为工业遗产提高吸引力与知名度、缓解工业创意园区流量不足门店停业的窘态。在当今"互联网＋"时代，提高网络曝光度是吸引游客的必不可少的手段。贵州村超、天水麻辣烫、开封王婆等主题内容在短视频平台爆红是带动地方客流量的核心因素，网络传播媒介拥有巨大影响力。对此，江苏各工业遗产应紧跟时代步伐，完善好景区网络信息化工作，扎实提升服务接待水平，提高游客满意度，做好网络宣传工作。

（三）把握市场经济规律，助推工业文旅发挥持续效能

江苏工业遗产经济开发尚存在完善空间，经调查发现，与经典文旅线路相比，工业遗产线路开发较为不足，从江苏南京、苏州、扬州等旅游重点城市而言，知名景点浏览量已超景区接待负荷，如在2024年"五一"小长假期间，夫子庙景区客流147.2万人次，门东客流49.8万人次，加之秦淮河一带南京中国科举博物馆、老门东等邻近景区，加剧客流集聚，也增加了安全隐患。与此对比，工业遗产等诸多沿江而建的首都电厂旧址公园等具有良好地理优势的场域并未发挥其经济效能，客流多以附近居民为主。针对江苏此种文旅客流过于集聚情况，江苏应联合省文旅厅、工信厅、教育厅、科技厅等多个部门加强整体规

划、设计与开发,进一步打造与丰富文化新场景新模式新业态,培育文旅融合精品,满足不同消费群体的需求,提供个性化、定制化文旅服务,提升消费体验,促进消费增长,拓展人文消费市场,深入推进景区联动,打造特色旅游线路。针对名气不高且人流量少的工业遗产,可采用套票的形式与周边知名景区门票串联销售。该方式可极大促进工业遗产客流量增长,提供更多展现工业遗产风貌的机会。例如可参考南京钟山风景区"四景区套票"售卖形式,该套票将钟山风景区内四个分散景点紧密结合起来,利用套票打折促销的形式吸引更多的客流量,突破原有地缘效应,与共享经济相结合,可打造共享商业空间。再如广州针对红色文旅客流量不足的问题,设立"1路红色公交车",将以"公交＋文化＋理论＋文明"结合起来,从越秀区开出,"红色公交"可搭乘游客沿线参观中共三大会址、黄花岗烈士陵园、农讲所纪念馆等红色景点,设立青少年志愿讲解员,由一汽巴士公司和广州农讲所深度共联共建,创新新时代公交营运服务模式,使"红色旅游"客流量迅速增加,串联起羊城的红色印记。因而,参照广州红色文旅模式,可进一步在工业旅游大框架下设立江苏工业遗产文旅示范区,如南京长江大桥、和记洋行旧址、下关火车主题公园和民国首都电厂遗址公园等四个工业遗产沿鼓楼区滨江分布,相距不过两三公里,可尝试通过网络出售景区套票的形式将各景区紧密联合,开辟新颖的近代工业主题旅游线路,拉动客流量增长。

工业文化遗产弘扬科学家精神的探索与研究
——以"航空发动机高空模拟试验基地旧址"为例

黄 利

（中国航发四川燃气涡轮研究院）

摘 要：一个国家的工业文化遗产，代表着这个国家发展的历史进程和科技水平，记录了国家经济社会发展的时代特征和历史风貌，更印刻了一代代科学家们的精神和激情燃烧的岁月。本文以国家工业遗产"航空发动机高空模拟试验基地旧址"为例，就如何利用工业文化遗产大力弘扬科学家精神进行了探索与研究，可以对同类的工业文化遗产在弘扬科学家精神实践时给予一些启发和帮助。

关键词：工业文化遗产；科学家精神；探索；研究

一、研究的背景与意义

（一）工业文化遗产在新时代的积极作用

"历史是文化的载体，文化是历史的血脉。"一个民族的文化遗产，承载着这个民族的认同感与自豪感；一个国家的工业文化遗产，代表着这个国家发展的历史进程和科技水平。这些工业遗产，记录了国家经济社会发展的时代特征和历史风貌，更印刻了一代代科学家们"爱国、创新、求实、奉献、协同、育人"的科学家精神和激情燃烧的岁月。

"航空发动机高空模拟试验基地旧址"（即中国航发四川燃气涡轮研究院松花岭基地，以下简称松花岭基地或基地）位于四川省江油市大康镇松花岭村，在搬迁前拥有国内唯一的大型连续气源航空发动机高空模拟试车台，曾获"95'全国十大科技成就"和"国家科技进步特等奖"，是我国20世纪大型试验设施建设和运行的最高科技水平的典型代表，使我国成为继美、英、法、俄之后第五个拥有此类大型试验设施的国家，被誉为"亚洲第一台"，为我国航空动力的建设和发展作出了重大贡献。

在新时代，松花岭基地虽然已经基本停止科研试验，但作为国家级的工业文化遗产，其突出的科技地位、显著的三线文化、传承的红色基因、不灭的伟大精神，与高空台设备、厂房等遗迹一道构成重要的历史遗存和文化载体，可教育和激励后来者为中华民族的伟大复兴而奋勇前行。

（二）弘扬科学家精神的现实意义与目的

弘扬科学家精神，要明确科学精神与科学家精神的不同之处，以及弘扬科学家精神对于构建新时代社会主义和谐社会所具有的促进和推动作用；要强调科学家的社会属性，以及在不同时代表现出的不同风貌、不同精神和不同特征。

弘扬科学家精神，是为了纠正当前社会的一些不正之风，树立更加正确的价值导向；是为了在科学界内部打击学术不端等行为，重塑科技工作者正确的人生观、价值观和世界观。

弘扬科学家精神，旨在充分发掘和利用各类教育资源，鼓励社会各界积极参与科学家精神的弘扬工作，在全社会形成尊重知识、崇尚创新、尊重人才、热爱科学、献身科学的浓厚氛围。

利用松花岭基地弘扬科学家精神，正是响应国家要求，充分利用试验基地的存量资源和基地建设几十年来所积累和沉淀的精神文化，通过讲述一代代航空发动机领域科学家们的点滴故事，大力开展科普教育，弘扬科学家精神。

（三）工业文化遗产所承载的科学家精神

工业文化遗产是一种跨领域的现实综合体，具有跨学科的特性，其价值产生的过程是复杂而多元的，这决定了工业文化遗产多层次的价值体系以及所承载的多重性精神体系。因为工业本身就是科学进步的一种体现，所以也将更多地承载和展现科学家精神。

这其中不乏科学家们胸怀祖国、服务人民的爱国精神，勇攀高峰、敢为人先的创新精神，追求真理、严谨治学的求实精神，淡泊名利、潜心研究的奉献精神，集智攻关、团结协作的协同精神，甘为人梯、奖掖后进的育人精神。

松花岭基地作为国家级工业文化遗产，承载着深厚的历史价值、科技价值、社会价值、文化价值和艺术价值，在其建设发展过程中，更是涌现出大量优秀的科学家。除了上述精神，还承载着航空发动机科技工作者们的理性精神，这既是科学家们长期遵循的价值规范，也是他们在科学活动中的精神支柱；承载着他们的批判精神，表现为不迷信、不盲从的科学态度。他们在这里工作、学习和生活，其间的点点滴滴无不体现出一位科学家应有的精神和价值。

二、各类工业文化遗产在弘扬科学家精神方面的经验分析

为充分研究工业文化遗产对弘扬科学家精神的助推作用，课题组先后调研了二十余家行业内外的各类企事业单位，并重点关注它们在发掘工业文化遗产、弘扬科学家精神方面的好经验好做法。

(一) 注重工匠精神的经营型企业类

在调研的单位中,以嘉阳煤矿、嘉华水泥厂、水井坊等为代表的经营型企业十分注重工匠精神。在其展示的内容中,往往会突出展现在本行业最具代表性的先进工作者或杰出工匠。以水井坊为例,其典型人物代表都是传承了工匠精神、将传统的酿酒工艺做到极致的顶级酿酒师,有些甚至是非物质文化遗产的传承人。这类企业更注重杰出工匠对企业经营发展所起到的模范作用和所作出的不可替代的贡献。

(二) 注重工艺水平的生产型军工类

在调研的单位中,以解放军 5707 厂、解放军 5701 厂、中国航发黎阳、航空工业贵飞、航空工业成飞等为代表的生产型军工企业则更注重工艺水平高超的技术模范,展示典型代表人物的工艺技能。以成飞为例,他们在成飞公园中展示了大量体型庞大的飞机实物和模型,处处彰显了其在航空领域工艺水平的先进性,而其代表人物则是这一方面的专家,体现了在科技时代精益求精的技术追求。

(三) 注重创新创效的科研型军工类

在调研的单位中,以 585 所、核动力院、两弹城、航天六院红光沟遗址等为代表的军工科研院(所)则与之前两类有着明显的区别。这类单位更多地展示了其在科学技术方面的领先性、唯一性或不可替代性。展示的人物大多是高学历、高职称的高级知识分子,是本行业、本领域创新创效或取得突出贡献的专家学者。以中国两弹城为例,里面就展示了大量学部委员(院士)的工作生活环境和个人介绍,具备了弘扬科学家精神的典型模式,值得借鉴。

(四) 注重营商环境的商业文化创意园

在调研的单位中,还有一类特殊的单位,如电子九所绵阳 126 文创园、遵义 1964 文创园、成都东郊记忆等,由于运营模式的问题,在开发过程中以打造商业文化氛围为主。以东郊记忆为例,园区中有一处商业怀旧展厅(附带售卖文创产品)展示其历史文化,其他地方均为配合营商环境打造了一些类似怀旧风的场景,对人物精神和时代风貌的展示内容相对较少。因其地理位置的优势,具有较好的营商环境。

总体来看,各类工业文化遗产在展示科学家及各类先进代表人物时,大多采用了比较常见的平面展板展示,配合人物生平或人物故事进行介绍;少数增加了文物、遗物或历史档案辅助展示;极少数重要人士,如院士、国内外知名的专家学者等,增加了故居、塑像、人物专题视频或纪录片等方式进行补充展示。但由于上述调研单位的主业不同、性质不同、侧重点不同,在申报工业遗产保护及有效开发方面仍情况各异,所取得的成果也不尽相同。

三、航空发动机高空模拟试验基地旧址所展现的科技文化内涵

(一) 悠久的历史沿革

1965年,国家组建航空喷气发动机研究所,以高空模拟试车台为重点,并确定在四川江油建设基地。1977年,高空台一期工程基本建设完成。1993年,各项技术指标基本达到设计要求。1996年,松花岭基地经过30年的建设,连续气源航空发动机高空模拟试车台通过国家竣工验收,并被评为1995年"全国十大科技成就"之一;1997年,荣获年度"国家科技进步特等奖"。2010年,因受"5·12"特大地震影响,国家同意高空台异地重建。2021年年底,松花岭基地设备搬迁工作基本完成,基本结束科研试验的历史使命。

(二) 丰富的文化内涵

松花岭基地建设伊始,秉承"深挖洞、广积粮""备战备荒为人民"和"靠山、分散、进洞"的三线建设要求,选址于远离城市的观雾山下、平通河畔,其建筑几乎都是带有20世纪六七十年代"多快好省"的半军事化风格。同时,由于军工企业较高的保密性要求和三线企业独立工矿区的特点,松花岭基地俨然就是个小社会——幼儿园、子弟学校、职工医院、派出所、法庭、消防队、邮局、银行、供销社、俱乐部等机构一应俱全,具备典型的三线文化内涵。

松花岭基地是国家唯一的大型航空发动机高空模拟试车台,承担了几十个型号、上百台航空发动机的科研试验和国家型号鉴定试验,代表国家对航空发动机进行试验鉴定。目前国内所有在役、在研的航空发动机均在此试验飞上蓝天,为我国航空装备研制和国防建设作出了突出贡献,是我国自主研制航空发动机不可或缺的最重要的试验设备,具备深厚的科技文化内涵。

松花岭基地占地约1 300亩,总装机容量达20万千瓦,拥有国内最大的风洞气源。高空台从20世纪60年代开始建设,70年代完成一期工程建设和调试,90年代全部建成投产,获得"中国建筑工程鲁班奖(国家优质工程)"。在其建设过程中涉及的大型空气压缩、制冷、干燥、空分技术和大型给排水、水处理、换热技术以及大型供配电、变频、控制技术等在一定程度上代表了20世纪我国在技术、装备、工程等方面的最高科技水平,凝聚了各行各业大量科学家的智慧,也反映了我国"集中力量办大事"的社会主义制度优越性,是研究我国科技工业发展历程的重要物证,具备特有的工业文化内涵。

基地内建有各类文化纪念园和董绍庸故居等科学家人物展室,与高空台设备、厂房遗迹等一道构成了传承科学家精神和红色基因、三线文化、军工文化、自主创新文化、抗震救灾精神的重要历史遗存和文化载体。

(三) 突出的科学家精神

基地建设伊始,留英归国并参加两航起义的航空发动机专家、涡轮院首任技术副所长董绍庸曾在日记上写道:"共产党员不应该留恋城市优越的生活条件,而是应到艰苦的地

方去,到祖国最需要的地方去。"随后,以董绍庸为代表的一批批航空发动机专家远离大都市,来到松花岭的大山之中开始默默耕耘。

航空发动机先驱吴大观作为论证专家组组长,对启动基地的建设作出了重要贡献。首任所长苗逢润、政委刘子英带头投身基地建设,几经反复,不断论证,以求真务实的科学家精神迎来了基地建设的阶段性成果。

之后的几十年,来自五湖四海的一代代涡轮院人"不忘初心、牢记使命",在中华民族伟大复兴的新长征路上艰苦奋斗、勇于创新,先后涌现出院士刘大响、总设计师江和甫等一大批知名的航空发动机专家,他们拒绝了国外的优渥生活和私企的高职高薪,忍受着"山清水秀房子漏,鸟语花香厕所臭"的艰苦生活和远离故土、远离亲人的痛苦,以特有的科学家乐观精神,在大山沟中辛勤耕耘、默默奉献,用自己的心血与汗水为中国航空发动机事业的发展作出了杰出贡献。

在新时代,一批又一批年轻的科技工作者们继续继承和沿着先辈科学家们的精神和足迹,以爱国、创新、求实、奉献、协同、育人为内核的科学家精神激励自己,投身航空发动机试验研制,为早日突破动力技术提升、实现航空强国的夙愿而不懈努力。

四、航空发动机高空模拟试验基地旧址弘扬科学家精神的典型做法

2021年6月,松花岭基地正式获得"国家工业遗产"授牌,同年获得"中央企业工业文化遗产(军工行业)"授牌。而在此前后,中国航空发动机研究院(简称涡轮院)也一直以各种方式持续开展各类弘扬科学家精神的活动。2023年,松花岭基地正式获批成为中国"科学家精神教育基地"。(图1)

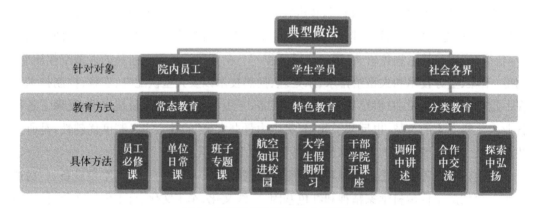

图1 弘扬科学家精神的典型做法

(一)针对内部各级员工开展常态教育

1. 将弘扬科学家精神做为新入职员工的必修课

院每年在新员工入职培训时都要开展专门的企业文化培训,其中一个重要的环节就是

以真人、真事、真情讲述前辈科学家们的艰苦创业史和科研攻坚史,既为大家树立一批榜样、一个标杆,又可告诫新员工:今天的一切来之不易,我辈当继续发奋图强,以延续前辈之精神。

2. 将弘扬科学家精神做为各单位学习的日常课

院各单位经常通过本单位的集中学习或主题党日等,学习各级各类科学家的精神与情怀,学习他们的先进事迹。曾开展过行业外"两弹一星"功勋科学家、航天英雄等学习,开展过行业内吴大观、颜鸣皋、张恩和等科学家的学习,更积极利用院内典型,开展过刘大响院士、江和甫总工程师等科学家以及周振德、姜长信等先进人物的专题学习。

3. 将弘扬科学家精神做为院领导班子的专题课

院经常在党委理论中心组学习中开展人物方面的专题学习。除了上级要求开展的先进典型人物学习,还时常加入科技先锋、科技领军人或前辈科学家们的先进事迹进行学习,开展了如"重走松岭路,不忘松岭心"等主题学习,以此抚今追昔、借古鉴今,鼓舞院班子成员不忘初心、牢记使命,奋力走好航空发动机自主研制的新长征路。

(二) 针对各类学生学员开展特色教育

1. 开展"航空知识进校园"活动

从2000年起,涡轮院就主动将航空科普知识送进中小学校,并已形成常态化的特色教育活动。前往授课的"科学老师"会以简单易懂的原理介绍吸引学生们研究科学的兴趣,鼓励小朋友们从小立志做科学家,对中小学生从小树立正确的人生观、价值观给予积极的引导和帮助。

2. 开展"大学生假期研习"实践

一直以来,涡轮院和高校特别是各航空院校开展了紧密的产学研合作,是北航、南航、西工大等多所航空院校的校外实训基地。每年借大学生寒暑假或校外实习走出校园之际,让他们来院参观学习、亲身实践,如北航的"吴大观班"走进松花岭等,一批批大学生相继来院,与科学家们近距离交流认识,培养这些未来科学家们的严谨敬业精神。

3. 开展"干部学院办讲座"探索

涡轮院积极与地方院校就近开展培训合作,不仅是某些高校的理事单位,还与部分干部管理学院等合作开设专题课,派出资深专家学者讲授科学家精神文化课。通过讲述一代代科学家们学习、工作、生活的点滴,让参加培训的干部读懂科学家的精神世界,激励他们心怀使命、不负重任,仰望星空、继续前行。

(三) 针对社会各界人士开展分类教育

1. 在国家部委和地方政府的参观与调研中讲述科学家精神

由于松花岭基地的特殊地位,常常会有上级机关和地方政府来院调研,涡轮院经常会借此机会,在参观过程中通过大量实际、生动的案例与故事,讲述基地建设史和科技发展史,并重点突出其中的优秀科技工作者和先进典型人物,以此展现科学家们严谨细致、刻苦钻研的精神与情怀,树立起科学家们默默无闻、为国奉献的光辉形象。

2. 在兄弟单位和高等院校的合作与学习中交流科学家精神

在科技协作中,涡轮院常常与同类的兄弟单位和高等院校开展技术方面的合作,而这些单位同样有很多类似的科研攻坚故事和令人敬仰、值得学习的科学家。涡轮院会借此机会开展交流,既推介院内的技术先锋,又了解对方的科技精英,不仅有利于促进彼此的开放融合,还能达到相互学习、相互促进的良好效果。

3. 在各类媒体和社会公众的好奇与探索中弘扬科学家精神

科学家对社会公众来说,是一个距离自己较远且非常神秘的群体,大多只能通过媒体"远观",难以真正走进他们、了解他们。涡轮院借松花岭基地逐步开放的契机,一方面向公众进行航空发动机知识的科普,另一方面也满足大家的好奇心,向大家展现科学家们异于常人的专心、专注与钻研能力,更好地弘扬科学家精神。

五、充分利用工业文化遗产持续弘扬科学家精神的思考与启示

(一) 弘扬科学家精神要有载体

无论何种精神,都有其承载的载体,这些载体是直观表现其精神的物质化呈现。在这些载体中,博物馆、陈列馆可以较为全面地展示科学家工作、学习、生活的方方面面,便于大家在一地一处集中学习参观;工作场景和生活场景更侧重于实地实景的展示,能让大家亲身感受科学家们当时所处的环境与氛围;实物档案和文献资料更注重还原历史的真实性,可以让大家按图索骥,追本溯源,了解更多人物背后的故事;而书籍照片和影音影像则更侧重于直观感受,便于大家快速简明地了解科学家们的主要事迹、重要成就、重大贡献和其背后彰显的不同精神。

(二) 弘扬科学家精神要有途径

在具备丰富载体的同时,通过不同途径进行科学家精神的弘扬与传播往往也会起到不同的效果。例如现场讲解简单明了,在有专人讲述的情况下,受众无须事前了解,只要去现场聆听即可;人物传记详细全面,便于那些非常感兴趣的受众进行深入了解;而影视纪录片直观精炼,视觉观影的效果也更容易让人留下深刻印象,加深记忆。此外,除了上述形式方面的途径,在弘扬科学家精神时往往更加需要通过媒体宣传来扩大影响。在新媒体时代,除了传统的新闻报道、电影、电视剧等,还有更多如短视频、小软文等不同途径的传播渠道值得我们去发掘。如同"重要的事情说三遍",反复的媒体宣传可以让更多的受众知晓并加深印象、产生共鸣。

(三) 弘扬科学家精神要有故事

每一位科学家都是实实在在有故事的人,都实实在在有着其个人不同的情感与经历。

生硬的讲述从来都只会适得其反，只有通过更多点滴的生动故事才能更好地感染人、感动人。科学家们所塑造的精神从来不是一时一天的瞬间展现，而是在他们漫长的工作、学习、生活和情感经历中慢慢累积形成的，是一个又一个有血有肉的鲜活故事串联而成的。他们每一个人都是真实的、具体的，但又是性格迥异、各有千秋、独一无二的。将他们的故事讲好，将他们的人物讲活，才能更好地让科学家精神具体化、具象化，让更多的人以通俗易懂的方式了解科学家精神、学习科学家精神，并愿意自觉践行科学家精神。

（四）弘扬科学家精神关键在人

弘扬科学家精神除了要有合适的载体、灵活的方式、丰富的内容，更为关键的还是人。这个"人"是两方面的人：一方面是能够承载科学家精神的典型代表，这类人必须经得起历史和实践的考验，是真正意义上能够代表科学家这一类群体且很好展现科学家精神的先进典型。另一方面是接受科学家精神洗礼的受众，他们中有大中小学生，有党员领导干部，也有大量的普通群众。所以，在针对不同受众时，应该有所侧重地讲述不同的人、不同的内容，要能让大家产生积极主动的意愿，感兴趣、愿意听、想了解且听得进去，这样才能真正实现弘扬科学家精神的目的和意义。

工业考古与工业遗产修复

晚清制炮技术巅峰：江南机器制造总局仿造的英国式前后装线膛阿摩斯壮巨炮*

刘鸿亮　任金帅

(河南科技大学马克思主义学院)

摘　要：时至世界铁甲舰时代(1855—1905)，西方海防炮台正以广阔的设防地区代替地下要塞，陆海用炮正加速向后装线膛速射巨炮方向发展；此时期实施皇权专制的晚清正处于洋务运动时期，建海军与修炮台成了重中之重，各地军工厂局外购与自制了众多英式、德式、法式、美式前后装线膛炮等，整体限定在引进与低水平自立的层次，最终"炮用克虏伯"成为共识，此与国人对德国人的好感，以及克虏伯炮的横契式炮栓胜过以往的英国式阿摩斯壮后装线膛巨炮的螺旋式炮栓有关；迄今西洋传华的各式炮型的规模、水准、弹药构造以及发挥作用等诸多问题并不被大众所熟知，这将不利于对近代中国军事史、中国近代化史的深入研究，因此，研究之具有必要性与迫切性；今在中国沿海调研了 8 门晚清仿制的英国式阿摩斯壮式前后装线膛巨炮，它是 19 世纪七八十年代欧洲陆海兼用的主战炮型，代表了中国制炮技术的最高水准。中国在此时期，以制炮规模最大、水准最高的江南制造总局(以下简称沪局)为代表，仿造了英国式前后装巨炮约有 160 门之多，主要在炮台以及舰船上使用，身量很大，成本奇高，在全国兵工厂局仿造的约 4 000 余门火炮中，抑或是在沪局仿造的 1 700 余门炮中，占比很小；并且与火炮相辅相成的晚清四大水师舰队仅是要塞式舰队，配置该炮型最多的福建船政舰队未闻有任何优异的表现；该炮型遗存是晚清大办洋务的一个缩影、沪局仿制洋炮所能达到最高水准的体现，是除了德国克虏伯炮之外对晚清影响最大的西洋炮型，也是中国军队配置"万国牌"炮式的一些反映。

关键词：洋务运动；江南制造总局；英国人阿摩斯壮；德国克虏伯炮

在中华民族走向繁荣富强的今天，在国家国防发展战略从"海防"向"海权"过渡的当下，在国家文物政策"构建话语和叙事体系，推动'人类命运共同体'构建、讲好中国故事、

---

* 基金项目：全国考古人才振兴计划资助(项目编号：2024 - 269)；2022 年度河南省教育厅古籍整理研究项目"《演炮图说》《演炮图说辑要》《演炮图说后编》三本古籍中的图录与解读"资助。

传播好中国声音,展现可信、可爱、可敬的中国形象"有条不紊推行的此时,以在核武器出现之前的七百余年间、最能代表人类生产力水平的典型——19世纪末期沪局造的英国式前后装线膛巨炮为个案,明晰其来龙去脉,可从军事角度增进对中国国防和海防史的了解,对探究中华民族深厚的军事文化底蕴的具有重要的意义。同时鉴古以知今,但愿此历史遗存能成为今日中国军事发展的警醒物以及中英大众感触历史的途径和沟通明天的桥梁。

虽从13世纪末开始中国已把火炮用于陆海战争中,但一直没有按用途作明显的区分。岸炮与舰炮的区别主要体现在重量上,至于其轻重计量,在《钦定大清会典》中载:

凡制造火器,大者曰炮。其制或铁或铜或铁心铜体或铜质木环或铁质饰金,重自五百六十斤至七千斤,轻自三百九十斤至二十七斤。长自一尺七寸至丈有二尺。其击远或宜铁弹或益铅子,均助以火药,引以烘药。铁弹自四十八两至四百八十两,铅子自二两至二十八两,火药至一两三钱至八十两,烘药自三四钱至二两。皆按炮尺高下度数,以定所及之远近。①

西洋按舰炮口径大小,分为大口径舰炮(15.2～40.6厘米)、中口径舰炮(7.6～13厘米)和小口径舰炮(2～5.7厘米)②。主炮一般有12厘米、15厘米、17厘米、21厘米和31.5厘米几种规格,副炮则在7～12生③不等。受舰队吨位的影响,舰炮以中小型居多④。

一、问题析出以及研究之的述评

近代以来的中西竞逐史,海防问题尤为突出。维护一个国家海防安全最重要的力量无疑是海军,近代海军诞生于欧洲。至于中国,明清长期把水军称为"水师",背离大海、陆权型发展是明清王朝主要的国家战略,海防从属于边防,边防从属于国防,无海权观念。此使得水师提升乏力,御侮能力低下。时至鸦片战争前后,是中国海防起步及国家海防安全观形成的初期,中国真正意义上的海防发展是在洋务运动时期,海军的起步早于陆军。

从15—19世纪,中国连续错失了两次世界科学革命的发展机遇,至洋务运动时期,仅浮光掠影式地参与到世界第二次科学革命的浪潮中去。譬如,在甲午战争前,绝大多数国人未曾意识到中国要进行一场真正的国家制度变革,他们所从事的洋务被局限在一个非常有限的范围内。朝廷过分重视陆军,对于海军建设,仅仅把其看作保卫本土海岸线及港

---

① 四库全书·钦定大清会典·军器(册619,史部377,卷73).嘉庆二十三年(1818)刻本:677.
② [英]理查德·希尔.铁甲舰时代的海上战争[M].谢江萍译.上海人民出版社,2005:20.
③ 生是Centimeter的简称;清朝1尺=今32厘米;欧洲1节=1.852千米/小时,英国1英尺=0.3048米,1英寸=2.54厘米,英国1磅=12两=16盎司=0.454千克,英国1码=3英尺=0.9144米;英国1英里=1760码=1609.344米。英国1英镑=20先令,1先令=12便士(Richard Endsor, *The Restoration Warship: The Design, Construction and Career of a Third Rate of Charles II's Navy*. Annapolis: Naval Institute Press, 2009: 232).鸦片战争前后的清朝1两银子=1.388西班牙银元=英国6先令8便士([美]张馨保.林钦差与鸦片战争[M].徐梅芬译.福建人民出版社,1989:1),即英国1英镑约等于清朝白银3两。
④ 游战洪.德国军事技术对北洋海军的影响[J].中国科技史料,1998(4).

口要塞的辅助力量而已,"要塞舰队"角色突出。

清廷上下建立了42家军工厂局,生产了包括当时清军所需要的各种武器装备,初步形成了中国近代军事工业体系,为改善清军的武器装备和国家的海防设施提供了物质条件。1865—1867年,沪局、金陵机器局、福州船政局和天津机器局四个大型兵工厂相继建立,其中最大军工厂局是位于上海的沪局。

沪局是集枪炮、军舰、弹药、水雷等制造于一身的综合性兵工厂,是晚清首家、同时也是规模最大的仿造德式克虏伯炮的兵工厂,从测绘、仿造入手,所仿种类甚多,技术主要源于此前消化吸收的英国技术。

在此时期,各地军工厂局外购与仿制了众多英式阿摩斯壮(简称阿炮)[①]、惠特沃斯(简称惠炮)[②]、瓦瓦司[③]前后装线膛炮和德式克虏伯(简称克炮)、格鲁森[④]后装线膛炮等,但清人由于对德国军事的仿效,"炮用克虏伯"逐渐成为共识,其他炮式仅起辅助作用。而此期间,沪局得益于通商口岸所在地的优势,除了仿制德国克虏伯后装线膛炮之外,也在仿造英国式阿摩斯壮型前后装线膛炮,并且在三十余年间仿造的英国阿炮型身量最大、水准最高,其制造的规模、水准、弹药构造以及发挥作用等细节值得深究。

以往论著对之研究,经历了从单纯的侵略与反侵略斗争史向近代史[⑤⑥]、政治史[⑦⑧]、军事史[⑨⑩⑪⑫]、中外关系史[⑬]和国际关系史等多元研究的转变,并达到相当的学术高度。美中不足的是社会史方面的解读明显多于技术史。今以沪局造前后装线膛阿摩斯壮巨炮为例,对其调研,可窥一豹而知全身,将有助于解决洋务运动时期晚清上下制炮的渊源、火炮材质、造法、弹药、水准、作用等问题,其释疑可对丰富洋务运动史、中西火炮史、中西炮台史、上海史等内容起到添砖加瓦的作用。

---

① 英国利物浦商人阿摩斯壮(Sir William Armstrong,1810—1900年,清人译为爱默斯德伦)受雇于英国皇家海军。英国在伦敦泰晤士河畔建伍尔维奇皇家兵工厂(Wooolwich Royal Arsenal),向海外出口阿摩斯壮式前后装线膛大炮。

② 英国人惠特沃斯(Joseph Whitworth,1803—1887年,清人译为倭得滑什)曾建私营炮厂,该厂在19世纪末与私营阿摩斯壮炮厂合并。

③ 英国人瓦瓦司(Josiah Vavasseur,1834—1908年),其创制的火炮在中国被译为瓦瓦苏尔、威亚威亚沙、法华士、歪歪士、瓦瓦锁、阜物士等,中国官方称其为瓦瓦司炮。1866年,瓦瓦司在泰晤士河南岸的拜尔港建成火炮工厂(London Ordnance Works& Co,1746—1860年),后在竞争中败于阿摩斯壮炮厂。

④ Hermann Gruson(1821—1895年),1893年后克炮厂将其合并,更名为弗里德里希·克虏伯·格鲁森工厂(Friedrich Krupp-Grusonwerk)。

⑤ 潘向明.清史编年:光绪朝[M].中国人民大学出版社,2000:11.

⑥ 孙烈.德国克虏伯与晚清火炮——贸易与仿制模式下的技术转移[M].山东教育出版社,2015:3.

⑦ 《中国近代兵器工业》编审委员会.中国近代兵器工业——清末至民国的兵器工业[M].国防工业出版社,1998.

⑧ 闫俊侠.晚清西方兵学译著在中国的传播(1860—1895年)[D].复旦大学,2007:3.

⑨ 王尔敏.清季兵工业兴起[M].台北"中央研究院"近代史研究所,1963.

⑩ 李琴芳.清末民初的上海制造局(上海兵工厂)考述[J].军事历史研究,2006(3).

⑪ 牛俊法.论近代清军的装备与战术[J].史学月刊,1985(6).

⑫ [英]理查德·希尔.铁甲舰时代的海上战争[M].谢江萍译.上海人民出版社,2005:20.

⑬ 莫冠婷.1879年美国领事协助广东当局购炮案初探[J].中山大学学报(社会科学版),2010(2).

二、对中国遗存英国阿摩斯壮前后装线膛巨炮的调研

时至洋务运动时期,当时西方诸殖民强国军事技术正处于铁甲舰时代(且正处于世界第二次科学技术革命发生时期),到 19 世纪 80 年代前,装线膛式巨炮风行了十年,火炮对装甲(攻击对防御)的大争斗统一起来了,武器系统三个基本要素中的打击力、防护力和机动力高度统一,对殖民战争起到了推动作用,使以英国为代表的欧洲国家的影响力和控制力如虎添翼,并有大量新式和趋于过时的前后装线膛炮流落到了包括中国在内的诸多发展中国家。

阿摩斯壮是英国著名的制炮专家,他制造的各种炮型在 19 世纪中叶与德国克炮齐名,同为世界最精良的火炮。阿炮在位于伦敦的伍尔维奇皇家兵工厂(Wooolwich Royal Arsenal)生产,它传华后,成为福建船政舰队的主战炮位。今在沿海进行英国式阿摩斯壮前后装线膛巨炮的调研,发现南自海南省,及依次向北的广东省、浙江省、山东省、北京市、辽宁省都有遗存,但数量甚少,仅有 8 门,且 2 门为后装型,普遍有标识及沪局制的说明。

表 1 迄今在中国沿海见到的英国阿摩斯壮前后装线膛巨炮的详况

巨炮所在地	数量及情况	详细数据
海南省的秀英炮台	1 门英国造前装阿炮(残)	缺失
广东东莞虎门沙角古炮台	广东官方外购 1 门英国造前装阿炮的花费 9 632.4 两白银	炮长 3.5 米,炮尾至后蒂长 16 厘米,重 15911 磅,铁炮架上刻有"SIAW. G. ARMSTRONG NO",另一边刻有"WEIGH 15911. 磅"。膛径 18 厘米,口外径 33 厘米,底径 72 厘米
广东汕头崎碌古炮台	2 门英国造前装阿炮	2 炮数据与上述完全相同
中国人民革命军事博物馆	1 门沪局造的前装阿炮"义胜营大将军",铭文"光绪壬午年造 江南制造总局 第十九尊"	光绪八年(1882 年),全长 3.5 米,膛径 18 厘米。1900 年八国联军侵华战争爆发,时至 9 月 21 日,德、俄侵略军攻占直隶省北塘。俄军企图将一门清人仿制的阿摩斯壮前装线膛炮掠走,因船小炮重失事,炮沉于海底
辽宁省营口西炮台	2 门清人仿制的前装阿炮,铭文"光绪壬午年 江南制造总局造"	2 炮数据相同。均是 1882 年造,膛径 17 厘米,体长 2.2 米,重 1.2 万斤。
中国甲午战争博物馆	1 门清人仿制的后装阿炮	1888 年沪局制造,筒长 4.6 米,重 16.7 吨
浙江乍浦古炮台	1 门清人仿制的后装阿炮	1888 年沪局制造

(1) 1879 年,两广总督刘坤一为修筑仍是中式的虎门炮台,托美国人林乾向英国阿摩斯壮公司外购 12 门钢炮[①]。但区区 12 门洋炮中,9 门为前装式,3 门是后装式,弹药与炮

---

① 莫冠婷.1879 年美国领事协助广东当局购炮案初探[J].中山大学学报(社会科学版),2010(2).

架不一,此反映出英人外售火炮时的良莠不齐,以及清廷大吏外购行知的混乱。

(2) 同治十三年(1874),广东水师提督方耀主持修建广东汕头崎碌炮台,光绪五年(1879年)竣工,耗资 8 万多银元,为环圆形三合土结构。炮台周围长 60 丈、高 1.7 丈,有垛口 29 个,设炮 8 尊,门匾石刻"沙汕头讯"。与隔岸苏安山上的另一座炮台遥相呼应,扼住汕头海湾入口,是粤东地区的主要海防建筑①。今炮台门前展览有 2 门阿炮,各部数据与广东虎门沙角古炮台中的英炮完全相同,为 1879 年广东官方外购的 12 门洋炮之中的 2 门。

图 1 汕头崎碌炮台遗存的 2 门阿炮之一,数据与虎门沙角炮台的遗存完全相同(炮侧身、炮口、炮尾、炮耳及其铭文)

(3) 晚清奉天营口西炮台迄今遗存有 2 门"万斤重阿摩斯壮前膛钢炮",残损厉害,是沪局仿造的阿炮 7 英寸 19 倍口径大炮,重一万二千斤(图 2)。天津北塘炮台也有装备此炮型②。

图 2 辽宁营口西炮台展览的一门沪局于 1882 年造的前装线膛钢炮(前身缺失),长 2.2 米,铭文"光绪壬午年 江南制造总局造"

(4) 中国浙江乍浦南湾炮台,为杭州湾浙西第一门户。1894 年始建,浙江巡抚廖寿丰命人用三合土筑就,炮台残高 4.15 米和 4.45 米(离其不远的是天妃宫古炮台)。此炮台迄今遗存有 1 门沪局仿造的后装线膛阿炮(图 3),钢为里、熟铁为表的特征明显,炮身可 25°~30° 调节,基座可 360° 旋转。炮身铭文"光绪戊子年造 江南制造总局"等及团龙纹饰。

(5) 时至中日甲午战争,在山东威海刘公岛附近的日岛炮台上,配置 2 门后装线膛 20 生地阱阿炮。日岛炮台另装备有 2 门 12 生克虏伯要塞炮和 4 门机关炮。在 1895 年爆发的刘公岛保卫战中,日岛炮台由萨镇冰带领 3 名洋员和 55 名水兵驻守,多次击退日舰对威海湾的进攻,直到全部火炮被摧毁,弹药库被引爆,方才弃守。其中之一的阿炮被日军炮弹击断了炮管,战后被日军拆卸后抛入海中,后被潮水冲回到了沙滩,1986 年海港集团

---

① 李绪洪. 汕头崎碌炮台—中国近代一个重要的军事建筑[J]. 工业建筑(增刊),2006(36).
② 叶祖珪. 沿江沿海各省炮台图说·直隶大沽北塘炮台贴说. 中国国家博物馆藏清钞本.

图 3　乍浦南湾古炮台遗存的沪局 1888 年仿造的 1 门英国阿摩斯壮后膛炮型

和文物部门将之拉到了公所的院子里。当时的旅顺、大连、威海卫、大沽等要塞,都安有这类地阱炮。"此炮是 19 世纪中期以后首创于英国的一种全新兵器,主要目的就是用于海岸要塞防御。它的炮管除了耳轴直径较大外,与一般的要塞炮并无大的区别,其最重要的设计在于可折叠的炮架。"①(图 4、图 5)

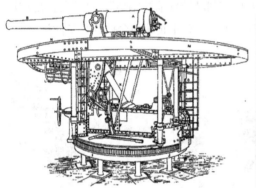

图 4　1887 年英国 6 英寸口径后装线膛炮发射后的情景图②,此炮型为螺旋式炮栓形制③

图 5　山东威海北洋海军公所门前遗存的 19 世纪 90 年代沪局仿制的一门英式阿摩斯壮后装线膛炮,属于日岛炮台配备的 20 生的地阱炮

---

① 陈悦. 甲午海战[M]. 中信出版社,2014:438.
② Richard N J Wright, *the Chinese Steam navy*. London: Chatham Publishing, 2000:22.
③ 王记华. 甲午战争残炮身世辨疑[J]. 中国港口博物馆馆刊专辑(增刊),2016(1).

以上看出，迄今中国沿海遗存 2 000 余门火炮中，英国式阿摩斯壮前后装炮占量很少，仅有 8 门，均属于大口径钢炮，根据其传华时间以及沪局仿制此的时间，可判断出其铁质炮架皆为架退式，射速很慢。史书记载最大的后装线膛阿炮迄今没有发现。

三、洋务运动时期中国购买和仿制洋炮的水准

（一）13—19 世纪中国炮型的演进

火炮构思是从中国而起，其设计与制造技术在 15 世纪明朝中期以前领先于欧洲。但在随后的时间内，西方科技发展迅猛，逐渐被欧洲诸殖民强国反超。国人对其认知多处于经验层面，所制火炮名称众多，形制杂乱，与同期起步的欧洲国家相比，同世界兵器发展的进程相比，发展速度甚是缓慢，"画一、制式"观念厥无，杀伤力有限。制式武器是由军队首脑机关批准、正式列入部队装备系列的武器，分为占编武器和不占编武器两种。画一，同划一，是一致、一律的意思①。

自 13 世纪中国冷兵器发展到顶峰后，在元朝末年火炮得以发明，尔后逐渐流散到世界各地，并在 16—20 世纪西技东传的过程中，衍生出佛狼机后装滑膛炮系列（Frankish Breech-Loaders cannon）、前装滑膛红衣炮（Red-barbarian Cannon，即西方的加农炮）系列、榴弹炮系列、臼炮系列、卡龙炮系列，中国自创的前后装抬炮（Jingall/Gingall/Wall gun）系列，仿制和引进的英国阿摩斯壮、惠特沃斯、瓦瓦司后装线膛炮系列，德国克虏伯后装线膛炮系列等。

（二）洋务运动时期中国军工厂局的规模以及炮型的变革

明清时期国家能力大体与发展农业经济、维持皇权专制的国家目标相一致，正是此使得中国无法发生工业革命；当列强叩开中国的国门，将中国强行纳入世界体系后，时至洋务运动时期，清廷上下启动了工业化进程，"部分国人拉开了中国向西方学习、对外开放的近代化帷幕，传统社会向近代的转型首先在器物层面展开，逐步扩大到制度层面和精神层面"②。

19 世纪 60—90 年代，清廷上下进行了约 35 年的"现代化"运动——洋务运动，发展海军与完善海防是其重要的一环。已丧失世界首次科学和工业革命发展机遇的中国，火炮以自制为主，同时采购、仿造英国、德国、法国、美国等洋炮，数量占了很大比例，但只有"杂式"而无制式，另包含弹药计数百种。

自 1861 年总理衙门成立到 1911 年 10 月清帝退位，历时 50 年，除广西、西藏、内蒙古和青海外，军工厂局遍及各地，几经增改，由各省督抚、将军建立的大小工厂共计 42 个。其标志性事件链：自强运动的发起→沪局的创立→沪局翻译馆的创立与发展→近代机器与轮船的仿制→栗色药的仿制→炼钢能力的初步发展→后装线膛炮的仿制→李鸿章对德国的关注与好感→双方互派人员学习→淮军与北洋海军广采克虏伯军火→李鸿章赴德访

---

① 辞海编辑委员会.辞海[Z].辞书出版社，2010：766～767，2455.
② 欧阳跃峰.1860 年：巨痛与自强[M].东方出版社，2015：413.

问克虏伯公司→仿德国克虏伯式火炮的定型与列装①。

从炮型划分,分为臼炮(1864—1875)、前装滑膛炮(1870—1882)、旧式后装线膛炮(1860—1905)和新式的英国和德国造后装线膛炮与管退炮(1905—1920)四个发展阶段,每一阶段的周期为10~15年。从仿制技术划分,分铸铁身管(1864—1878)、钢膛熟铁身管(1878—1890)和锻钢增强身管(1890—1920)三个阶段②。

(三) 对洋务运动时期中国炮型水准的界定

晚清上下通过聘请洋人、派弁留洋、设立学堂等方式,使得船炮技术有所提高,但与兵工厂的仿制生产和技术能力的提高结合得不够紧密,尚处于"购买、仿制"的低级阶段,呈现出明显的阶段性。

晚清上下由于受各种技术和皇权专制制度的制约,在军事技艺上老是步西洋后尘,数十年间无一器一物出自创新,永远在仿造西洋样式。这是当时人无法克制的一项困难。在人才、知识的储备与新知识的传播方面,其本身的分量远不及铁路、矿务和航运,甚至尚不及纺织业的地位③。

四、中国外购洋炮的运作体制、译书机构的成立以及西洋前后装线膛巨炮传华概况

(一) 晚清上下购买洋炮的运作体制以及外购洋炮的水准

此时期清廷上下向外洋订购的百余艘舰船主要由总理衙门和南北洋大臣、两广总督、湖广总督等直接与海军驻地相关的高阶督抚来完成,而购买的难以计数的陆军枪炮和军工厂所需设备物料则主要由各地督抚来主持。直到清末新政进而编练新军期间,清廷对军品外购的实际控制才有所加强④。

各厂局各自为政,满足于低水平重复而鲜有彼此配套,更无意于技术标准和制式的统一,纷纷采购国外军火,出现了负责采购的大批从事军火贸易的洋行、买办和官僚的复杂关系网;在1905年初定武器制式之前,采购、仿造国外的各式枪械、火炮、炮弹、枪弹和火药前后计数百种,只有"杂式"而无制式⑤。

(二) 晚清上下仿制洋炮的前期准备——译书机构的纷纷出现

清廷认为外购西洋军火的成本过高而且发生战争时外国列强往往实行禁运和抬高价

---

① 孙烈. 德国克虏伯与晚清火炮——贸易与仿制模式下的技术转移[M]. 山东教育出版社,2014:5,21.
② 孙烈. 德国克虏伯与晚清火炮——贸易与仿制模式下的技术转移[M]. 山东教育出版社,2014:249.
③ 王尔敏. 清季兵工业兴起[M]. 台北"中央研究院"近代史研究所,1963:34.
④ 吴松弟. 一部深入考查近代国防和军队改革史的力作——《华洋军品贸易的管理与实施》出版[J]. 中国经济史研究,2015(6).
⑤ 孙烈. 德国克虏伯与晚清火炮——贸易与仿制模式下的技术转移[M]. 山东教育出版社,2014:307.

格,居中勒索,吃亏很大。所以在外购之生产设备的同时,也开始仿造生产。而仿制之前的工作,非翻译西洋书籍莫属。清政府成立了大量的翻译出版机构,上海的沪局、北京的同文馆,以国际公法、化学、法律方面的书籍影响最大,其中自然科学、应用科技、军事类占据绝大部分。译书与出版西学书刊的机构主要有三家,即沪局、同文馆和广学会。

沪局译员由中外学者共同组成,"有裨实用"的翻译出版宗旨决定了其书籍以应用科学类为主,它是中国编译科技著作最多的机构,更是中国早期重要的兵工专业情报翻译机构,质量之高,影响之大,当时罕有其匹,编译持续时间最长,译著最多,代表了该时期绝大多数国人所能了解的西方科技知识的最高水平①。

(三) 英国后装线膛阿炮的由来以及传华

从18世纪下半叶到19世纪五六十年代,西洋诸国制炮材质经历了从灰口铸铁、可锻铸铁再到铸钢的发展历程。此动力乃是18世纪下半叶世界首次科学和工业革命乃至19世纪70年代世界第二次科学技术革命所致。

1846年,意大利人卡瓦利(Cavali)少校最先创制后装线膛架退炮;1858年,法国海军首先采用后膛炮,该年英国将此列为制式火炮;1859年,此炮首先被装在一艘外为铁甲内为木质的战船上。其采取了后来制炮一直遵循的组合结构新原则,是在钢筒外面层层缠绕铁条(后来用钢管钢箍)制造。由于制法独特,其性能和技术优于以往的滑膛炮(制法为砂型铸模与实心钻炮膛技术,图6)。

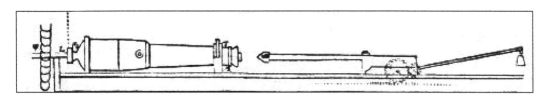

图6 《兵船炮法》所载清人绘制的实心钻炮膛制造前装滑膛炮情景②

中国史料《兵船炮法》中对英国式后装线膛阿炮制造、技术和性能有载:

阿摩斯壮所制来复炮,造法甚精。其初造一小炮,钢为里而熟铁为表,熟铁用斜绕法与钢相合,炮管径二寸,有来复线,所用之弹长而上哆,计长六寸半,重五磅,生铁为质,外面铅皮,内有小空,可装炸药。弹嘴用自来火药引,炮重五千磅,用药十两(十六两为一磅),距炮四千五百尺,昂度二十六分。凡演八次,均能及靶,高七尺半,阔五尺,可透过硬木三尺。厥后改制大炮,不用钢裹,全用熟铁层层斜绕成管,随绕随锤,成炮时重1 200磅。……其炮管前后通澈,尾有螺丝,螺丝亦中空如管。药膛之后有孔,上出于炮面,纳钢塞以做炮底,钢塞下端加软质以合药膛。螺丝旋紧时,推令钢塞封其后口,及炮发时,软质

---

① 王扬宗.江南制造局翻译馆史略[J].中国科技史料,1988(3).
② 郭亮、王雪迎主编.江南制造局科技译著集成·军事科技卷(第二分册)[M].中国科技大学出版社,2017:200.

涨大,堵塞更坚,自不拽去火药之气,药线眼亦穿于钢塞中。螺丝之柄横出于旁,其端如锤,每将螺丝旋绕半周,即用此锤击之,以免太紧。造炮时将铁杆绕成螺丝式,每绕成一管,长二三尺,然后将数管锤合成一管,自炮口至炮耳为一管,其后套以两管,其最后之管,但作箍形而不作螺旋,其中间炮耳处之一段,但作直纹而不作螺旋。①

此史料中所言的钢塞指锁栓、螺丝柄指尾栓(图7)。

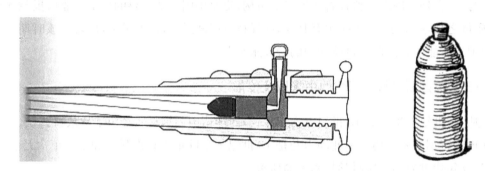

图7　英国后装线膛阿炮各部结构图②;英国阿炮锥头柱体型炮弹③

图8中的该炮钢为里、熟铁为表的特征明显,炮耳铭文"Weigh 3963 磅,40R Prep 247 磅",知该炮重1 799 千克,残长 250 厘米,膛径 12 厘米,口外径 25 厘米,底径 30 厘米,耳长＝耳径＝13 厘米。

图8　福建福州马尾的中国船政文化博物馆展览的1门英国40磅弹阿摩斯壮后装线膛炮(后尾、后尾结构、炮口、螺旋后钮)

1860 年,英军在对华战争中首次试用了阿炮,使用者提出了有利的报告,但反对革新的偏见极大④。1862 年后,因为在战斗中多重膛线、铅涂弹和后装设计的阿炮屡出问题,英国政府于 1864 年宣布停止制造阿炮。

---

①　[清]朱恩锡笔述. 兵船炮法(卷3)[M]. [美]金楷理(Carl T. Kreyer, 1839—1914 年)口译. 国家图书馆藏书藏本. 同治十二年(1873 年)刻本:37.
②　[日]水野大树. 图解火炮[M]. 黄昱翔译,台湾新北枫书坊文化出版社,2015:29.
③　Carman, W. Y, *A history of firearms: from earliest times to* 1914. London: Routledge & K. Paul, 1955:166.
④　[英]伯里. 新编剑桥世界近代史·10·欧洲势力的顶峰 1830—1870[M]. 中国社会科学院世界历史研究所译. 中国社会科学出版社,1999:417.

(四) 英国式前装线膛阿炮的技术概况

由于英国海军不喜欢阿炮,使私人对阿摩斯壮的批评更加有力,于是英国政府委员会建议终止与阿摩斯壮的合同,1864 年大炮完全交由伍尔维奇皇家兵工生产。1865 年,英国一个军械委员会建议回到前装炮,但这次的前装炮要装膛线①。至 19 世纪 70 年代,线膛炮很快成为世界上火炮的主流和标准设计,但前装炮型有着先天不足,其因填装弹药麻烦而影响射速。此外,火炮越来越多地被安装在铁制(后为钢制)炮架上,以增加抗震性和耐用性。

西洋史料有对阿炮形制演变、制造、使用之法有说明②。

清人记载之:"泰西之炮英国用前膛来福大炮,乌里治官厂所造也。大至一百吨,子重一千磅,内钢而外熟铁。其前膛铜炮,膛内三棱。又有阿摩士壮商厂所造者,制法与乌里治厂同(图 9)。小炮间用后膛,亦阿摩士壮所造也。此外,商厂曰瓦瓦司,曰回特沃德,皆专造钢炮。"③

图 9 英国典型的前装线膛阿炮的剖面及弹药爆炸图④

英国私营火炮商惠特沃思、瓦瓦司制炮历程和阿炮类似,尤其惠特沃思炮精度更高,使制炮业真正成为科学(图 10)⑤。

图 10 广东虎门林则徐纪念馆展览的一门广东军方 1879 年购买的惠特沃思前装线膛炮⑥

---

① [美]哈伯斯塔特.火炮[M].李小明译.中国人民大学出版社,2004:30.
② (英)巴那比、克理同.英国水师考[M].[清]钟天纬译、张荫桓编辑.国家图书馆藏书.光绪十二年(1886)江南制造局刊本:9.
③ 薛福成.出使四国日记[M].宝海校注.社会科学文献出版社,2007:204.
④ H. Enfield, *The Encyclopedia of Weaponry*. Middlesex, Guinness Pub. Ltd, 1992:73.
⑤ 刘鸿亮,张媛媛.第二次鸦片战争时期侵华西洋线膛火炮技术及以后在华的传播研究[J].历史教学,2015(18).
⑥ M. Cole Philip, *Civil War Artillery at Gettysburg: Organization, Equipment, Ammunition and Tactics*. Cambridge, Mass, Da Capo Pr, 2002:98.

惠炮使用时间约 60 年(1840—1900),中国人称之为"回特活德钢炮"或"倭得滑什炮"。惠炮最典型的特征是六角形炮口,不过其前装线膛炮型没有在英国军队中推广,主要用于出口,曾在美国南北战争中发威。

该炮长 350 厘米,炮尾至后蒂长 50 厘米,膛径 23 厘米,口外径 46 厘米,底径 88 厘米,耳长 25 厘米,耳径 20 厘米。

(五)西洋后装线膛炮式

前装线膛的短炮管不适于 19 世纪 70 年代晚期投入使用的威力强大的缓燃火药。到 1880 年后,带来复线的后装线膛炮在欧洲才广泛使用。1886 年,英国海军终于再次把大口径后装炮列为标配。此时无烟火药的诞生也使得新型火炮的开发成为可能,于是阿摩斯壮私营公司便投入到新型后装线膛火炮的研制中。1880 年,阿摩斯壮发明了后膛炮的隔断螺栓炮闩,提供了现代火炮快速装填和稳定的后膛闭锁装置。

(六)英国阿炮在国际上的竞争对手德国克虏伯炮

1847 年,阿尔弗雷德·克虏伯(Krupp,清人译为克鹿卜,1812—1887 年)制造了首尊铸钢炮,确切说是一种在铸铁管内嵌套有铸钢内管的后膛炮。1851 年,他在英国伦敦举办的"万国工业博览会"上展出了一门全钢的 6 磅弹后装线膛炮模型,同时还有一块 4 300 磅(约 2 千克)几乎无瑕疵的钢锭,其重量 2 倍于此前的最高记录,是运用高超的劳动协作以几十只坩埚同时浇铸而成的杰作[①]。

此炮证明是未来发展的先驱。克虏伯也试图与英国两家枪炮私营商竞争,1857 年试制了后装线膛火炮,技术上一举超越了英国阿炮,1858 年开始大规模生产钢炮。克虏伯的生意真正兴隆起来是在 1863 年以后,因为当时俄国人向他订购了大批火炮。1864 年,克虏伯制造了全钢后装线膛炮,即闭锁性能较好的层成炮和装箍炮,1867 年后该炮被装备于陆海军中,其锲形炮栓与闩体形成的闭锁方式完全突破了阿摩斯壮螺栓式闭锁机构,是火炮设计技术的一大进步。

(七)英国阿炮、德国克炮使用的炮弹样式

在 19 世纪 80 年代之前,克虏伯公司制造了一种特制的铅壳弹。在构造上,分为本体和外壳两部分,本体为铁质,内部中空,用以容纳火药、钢柱或其他填充物。本体的头部为尖锥形,底部平坦,其中部直径小于头部,且外壁有多道内凹的螺纹。本体造成后,采用专用的铜制模具固定在炮弹本体中部外侧,往其中注入铅水,冷却后即在炮弹本体中部形成一层铅壳,即外壳。因炮弹本体上有内凹的螺纹,铅壳可较牢靠地固定住,而铅壳表面由预制的模具定型会产生多道外凸的螺纹,以此作为弹箍,发射时可卡入炮弹膛线,使得炮

---

① 孙烈. 德国克虏伯与晚清火炮——贸易与仿制模式下的技术转移[M]. 山东教育出版社,2014:21.

弹能够旋转出膛。但因铅壳不可避免地会出现表面不光洁和外径尺寸有偏差的问题,故需由工人用锉刀修整表面,磨平开模线,逐一校准铅壳的外径。19世纪80年代后,伴随冶金工艺的发展,铅壳弹逐渐退出海军主流,取而代之的是采用铜弹箍的炮弹。新的弹体是一体成型,铜弹箍在弹体制成后被直接套上固定,因为铜较铅耐磨和耐高温,弹箍数量也远少于铁弹①。

前后装线膛阿炮炮弹应是爆炸弹,是一种熟铁或钢质弹体,头钝薄壁,内部的药膛容量大,填装黑火药,命中目标后会爆炸起火,主要通过燃烧来破坏敌方目标。它外形较长,头部留有带螺纹的开孔,配套安装弹头着发引信,引信直接撞击目标后会引爆弹头(图11、图12)。

图 11　欧洲前后装线膛炮发射的榴弹与药囊构造图②,德国克炮使用的 4 枚铅壳弹③

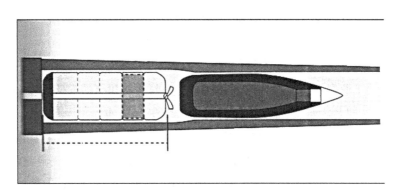

图 12　前后装线膛炮发射的穿甲弹药示意图④

西洋铜弹箍技术传华需要一个过程,它在中国不会很快地被采用,故晚清仿制的洋炮使用的炮弹应为落伍的铅壳弹,而在19世纪80年代修筑的厦门胡里山炮台遗存的炮弹推测,弹体外应为铜弹箍。

---

① 陈悦.中国军舰图志:1855—1911[M].上海书店出版社,2015:280.
② [日]水野大树.图解火炮[M].黄昱翔译.台湾新北枫书坊文化出版社,2015:43.
③ 陈悦.中国军舰图志:1855—1911[M].上海书店出版社,2015:280.
④ [日]水野大树.图解火炮[M].黄昱翔译.台湾新北枫书坊文化出版社,2015:45.

(八) 阿炮开花弹填充的火药应是黑火药

至 19 世纪 80 年代,无烟药取代了黑火药、栗色药(经过钝化了的黑火药,颜色较浅,爆炸比较缓慢,使用时需要用少量黑火药作引药引发),被用作枪炮发射药。晚清火药制造虽紧跟世界潮流,问题在于基础太差,生产仰仗洋员,无烟药的质与量均不甚理想,仿制过程曲折,更不要说技术含量更高的苦味酸炸药了。譬如,晚清以沪局为代表,确曾仿成无烟药(1893 年),只是国家军器管理条块分割,故无烟药最终未批量使用至火炮上。

因此,上述清人仿造的阿炮、惠炮、克炮发射炮弹中的黑火药即使能命中目标,爆炸的威力也极有限,不会引起大火。而且,黑火药容易受潮,爆炸特性不好,有时即使引信已经工作,弹头内的黑火药也有可能不会爆炸;黑火药爆温过高容易烧蚀内膛,而且燃烧后的火药残渣过多不易清除,每次发射后内膛必须刷洗干净方可再次装填,会耗费大量时间。另外,它燃烧也不均匀,无法产生良好的弹道效果。最让人头疼的是发射药——栗色药燃烧后会产生大量刺鼻的白色浓烟,如果是顶风发射,倒灌的浓烟不仅会影响士兵的观测,炮手还会有中毒窒息的危险,这也就是当时海战中要抢占上风位置的原因。这些在无形中又给晚清陆海部队本就射速不高的旧式架退炮套上了一道枷锁①。

五、包括沪局在内的诸多军工厂局的建立以及仿制洋炮的概况

(一) 晚清包括沪局在内的众多兵工厂局的建立

晚清新式兵工业发轫于 1861 年 12 月湘军统帅曾国藩建立的安庆内军械所。凡兴造新式枪炮之工厂,即名之曰"机器局",但此名词出现在 1865 年。

同治四年(1865),淮军统帅李鸿章署理两江总督后,在南京聚宝门外雨花台附近设金陵炮局,简称宁局,并将马格里主持之苏州洋炮局的一个车间移至金陵雨花台②。此后逐渐改良设备,扩充规模,成为能制造数种口径大炮、炮车、炮弹、枪子及其他军用品之军工厂③。

1865 年,李鸿章在上海创建了沪局。沪局名称变化:江南制造总局(1865 年 6 月至 1911 年 11 月)—上海制造局(1911—1917 年)—上海兵工厂(1917—1931 年)。

1866 年,清帝批准了左宗棠的奏折:和法国人签订合同,在福州建立一座大型造船厂。1867 年,崇厚在恭亲王奕䜣的赞助下,求得李鸿章的帮助在天津建立了一座兵工

---

① 陈悦. 甲午海战[M]. 中信出版社,2014:138.
② 杨东梁,谭绍兵,黎烈军. 清史编年:第十卷 同治朝[M]. 中国人民大学出版社,2000:150.
③ 杨东梁,谭绍兵,黎烈军. 清史编年:第十卷 同治朝[M]. 中国人民大学出版社,2000:150.

厂①。《清史稿·12·兵志序·制造》载：

同治四年江苏巡抚李鸿章疏言，统军在江南剿贼，习见西洋火器之精，乃弃习用之抬枪、鸟枪，而改为洋枪队。……必须就近设局自造，以省繁费。江苏先设三局。嗣因丁日昌在上海购得机器铁厂一座，将丁日昌、韩殿甲二局移并上海铁厂。以后能移设金陵附近，滨江僻地，最为久远之谋。五年闽浙总督左宗棠疏言，外洋开花炮，近日督饬工匠仿造，已成三十余尊。用尺测量，施放与西洋同其功用。十三年船政大臣沈葆桢疏请饬沿江海各省，仿津、沪二厂，自设枪炮子药厂局。

至1890年，沪局占地已达700余亩，发展成拥有16个分厂和1个工程处，有锅炉31座、各种工作母机662台，总马力达10 657匹，厂房2 579间，员工总数3 592人②，最多时甚至高达3 800余人。

1890—1893年，津局的炼钢厂建成，采用新工艺制造的枪炮和舰船钢甲所用的钢材，质量与进口的同类钢材相差无几，这使中国军用钢材达到一定程度的自给。

1894年，张之洞在汉阳建立湖北枪炮厂，次年正式开工，可年产88式毛瑟步枪1.5万支，各种口径(3.7生、5.3生、5.7生)格鲁森式山炮、野炮等百余门以及炮车和各种枪炮弹药，成为中国首个钢铁联合企业。

以上四大兵工厂的建立，形成中国近代兵器工业的雏形，在一定程度上缩短了兵器制造同西方国家的差距，同时也推动了地方政府兴办兵工厂的积极性。

(二) 晚清诸多军工厂局外购、仿造洋炮的情况

(1) 清廷大量购买西洋前装滑膛炮的时间始自1854年，当时向中国出售武器的主要是英、法、美等欧美国家的私商。1874—1900年，以购买和仿制英国前装线膛阿炮为主，间或购买少量的后装线膛阿炮。至1900年，以沪局为代表的各地炮厂纷纷停造前装线膛阿炮。

(2) 清廷购买洋炮自1887年向后膛发展，自1892年向速射炮发展，并从原来的架退式(刚性炮架)发展到管退式(弹性炮架)。

(3) 晚清以购买英国阿炮、德国克炮为代表，常是在缺乏直接了解其信息的情况下，被动地接受洋行与捐客们的游说和讨价还价。交易中，最重要的问题是价格、利润与佣金，技术合作则可有可无。在销售时，洋行或多或少提供不同程度的技术服务，最常见的形式是将产品手册或炮表等相关资料翻译成中文；中国采购量总数虽多，但比较分散，面对强敌难以形成火力优势；种类众多，口径杂乱，没有制式观念③。

(4) 在甲午战争之前，清人对阿炮、克炮的仿造主要集中在炮弹、炮车及零部件等方

---

① [清] 魏允恭.江南机器制造局记·附卷[M].光绪三十一年(1905年)：147.
② 姜铎.论江南制造总局[J].中国社会经济史研究,1983(4).
③ 孙烈.德国克虏伯与晚清火炮——贸易与仿制模式下的技术转移[M].山东教育出版社,2014：307.

面,间或有一些仿制全套火炮的例子。即便如此,在诸多厂局中,真正能生产西洋炮身的只有沪局、宁局和汉厂①。

(5)至清末,中国经历了甲午战争的失败,清军实力锐减,加之国库空虚、军购乏力,尽管仍采购德国克虏伯公司的军火,但已不似先前那种几近迷恋的程度。而在中国大发战争财、手握重金的日本迅速取代了中国的位置,成为克虏伯公司在东亚最重要的贸易伙伴。②

六、沪局、宁局生产铸钢、钢炮的历程

机床是工作母机,钢是工业和铁炮的基本材料。

(一)西洋钢的生产

18世纪中叶以后西洋钻炮孔技术的发展,实际上也在倒逼冶金的进步。由于船和炮的防护与进攻的关系一直是矛与盾的拉锯战的关系,铁在海中易锈,较之木材包铜的船壳更易受腐蚀,维修工作量大,对铁板的需求使欧洲冶金业获得了更大的发展。

至19世纪上半叶,钢质造炮始于位于德国普鲁士莱茵兰的克虏伯公司,但此材质太脆,所以在废弃更为可靠的铸铁、锻铁、青铜武器方面,意见难以一致。这一时期的英国制炮技术在材料方面开始了一场革命,即通过酸性转炉炼钢法,批量生产优质钢,其费用与铸铁和锻铁相比不相上下③。

1856年,英国冶金学家贝塞麦(Bessemer,1813—1898年)发明了酸性底吹转炉炼钢法;1865年,法国冶金学家马丁(Martin,1824—1915年)发明了平炉炼钢法

人们发现在高温铁水中吹入空气可以增加铁的可塑性,于是在19世纪中期,工匠们在熟铁的基础上发明了钢。钢较之铁不仅强度好、韧性好,而且轻又不易生锈,显然是制造船炮不可多得的好材料。但一开始,其产量低,价格昂贵,而且在生产过程中对其坚固性和可靠性方面的控制尚处于试验阶段,仅用于一些相对不太重要的结构中。

约在1881年以后,随着平炉炼钢法的完善,已能完全控制钢的质量,钢的使用就普及开来④。平炉炼钢法技术在19世纪末传入中国。

(二)英国阿摩斯壮式钢炮的诞生

先前泥模法铸炮使炮外壁先行冷却,之后便定了型,此会造成炮内壁在冷却过程中被

---

① 杨杰.论洋务运动时期德国对中国海军装备建设的影响[D].国防科学技术大学,2007:20.
② 孙烈.德国克虏伯与晚清火炮——贸易与仿制模式下的技术转移[M].山东教育出版社,2014:305.
③ [美]杜普伊.武器和战争的演变[M].李志兴,严瑞池等译.军事科学出版社,1985:220.
④ [美]杜普伊.武器和战争的演变[M].李志兴,严瑞池等译.军事科学出版社,1985:252.

拉伸,其坚固程度远远比不上炮外壁。要解决这个问题,只能让炮管从内而外地冷却,使内壁增压和坚固。在1829年,法国海军军官用铁箍紧套铸铁炮管,获得成功。1843年,美国教授用此法为政府制造了几门套筒炮。

英国随后把空心铸件工艺应用于阿摩斯壮前后装线膛炮制造中。阿炮、惠炮是钢制炮管,其制作工艺:"首先按所设计的口径铸成火炮的内管,尔后在内管的外部,依次紧箍一层至数层套箍或套筒而成。每一层内筒(箍)的内径,在冷却状态时稍小于被套管的外径,加热膨胀恰好套在内管上,冷却收缩后便紧紧套在内管上,成为致密坚固的钢炮。时人称之为'成层炮'或'装箍炮'。"①

(三)晚清钢铁的产生

1887年,火器家徐建寅在宁局自行设计、建造克虏伯钢炉,自行生产了克虏伯铸钢。这是中国第一炉铸钢,是中国铸钢业的起始。随着克虏伯铸钢炮的仿制成功,宁局工程师们解决了克炮特种用钢的难题。接着,徐建寅又仿制成功了后装线膛纯钢炮,这是中国第一代纯钢炮②。

(四)沪局造钢炮的情况

1890年,沪局从英国购买了炼钢设备,办起西门子(Siemens,1826—1904年)平炉炼钢厂,兼有锻压、轧制、铸造、机械加工等冷热处理能力。1890年,筹设中国最早的炼钢厂;1891年,炼出中国首炉钢水,工艺仿阿摩斯壮炮厂,原料用"瑞典生铁、英国海默太生铁,及本厂剪下碎钢、外洋钒锰铝镍等料"③。

"炮钢,专备造炮用,每年厂中能炼钢一千五百吨,能造成七生五管退炮一百五十尊。按磅计值,每钢料一尊,值价银五钱。"④

从中西制炮材质史看出,1892年以前,沪局生产的前后装线膛炮的材质应多是熟铁,纯钢炮很少,显然落后于时代,此与中国重工业缺失有关。迄今遗存中国沿海的英国原装阿炮,其钢铁材质源于英国,无疑是天经地义的。而沪局仿制的钢炮,钢料来自何处?宁局钢铁的产生时间为1887年,沪局所制几门钢炮最早时间为1882年,如此只有一种可能,即钢料来自英国,随同外购的钢炮而至。

(五)晚清规模最大、水准最高的沪局生产阿炮、克炮的历程

(1) 19世纪60年代清人对西洋短管臼炮的仿制。沪局是中国第一个制造机器

---

① 莫冠婷.1879年美国领事协助广东当局购炮案初探[J].中山大学学报(社会科学版),2010(2).
② 南京市秦淮区地方志编纂委员会办公室编,曹路宝主编.记忆1865[M].方志出版社,2007:156.
③ 沪局.江南制造局出品说明书(第二集).清宣统二年(1910年)铅印本:65.
④ 江南制造局编.江南制造局出品说明书(第二集).清宣统二年(1910年)铅印本:65.

设备的工厂,1867—1904 年间,共造出各种机器 692 台,其中车、刨、钻、锯 249 台。各机器局初建之时,所仿制的洋炮均为短炸炮,又名田鸡炮、飞炮,其射击距离有限,命中精度差,威力较小①。沪局仿制西洋前装滑膛炮,主要为 1864 年率先仿成的 24 磅弹生铁短炸炮,又称天炮或田鸡炮。1867—1876 年,沪局总计生产各种前装滑膛炮 129 门。

(2) 19 世纪 70 年代清人对英国式后装线膛炮的仿制。1874—1900 年,以购买和仿制英国前装线膛阿炮为主,间或购买或仿制少量的后装线膛架退式阿炮,有 3~380 磅弹炮等 16 个型号。如 1873 年,沪局仿成"九磅子后膛熟铁来复炮一尊,并炮架一座"②。但对早期的后膛炮的仿制只是昙花一现,却结束了我国不能制造后膛炮的历史。

(3) 1874 年清人对英国式前装线膛炮的仿制。1867 年,沪局始造 12、18、40 磅子炮弹,是中国最早生产的前装线膛炮弹,头部呈蛋形,其余为长形圆柱体。1874 年,沪局开始仿制新式前装线膛炮,购买了英国生产的阿摩斯壮数种炮以为模式。1874 年沪局设黑火药厂,1875 年仿造林明登枪与水雷造法,增枪炮子弹机。1880 年造来福枪、马梯尼枪、林明登枪,1891 年研制出快利步枪,1896 年江南新厂造快利新枪。

(4) 1878—1888 年清人对英国阿摩斯壮式前装线膛炮的发展。1882 年,宁局制成格鲁森式 3.7 生可移动式 2 磅子后膛架退炮。1878 年,沪局仿成中国首门钢质 40 磅子阿摩斯壮熟铁箍前装线膛炮,在英人麦根(Megan)的督导下,以钢管为内管外加一熟铁箍,以增加炮身强度。膛径为 4.7 英寸,身长 2.75 米,炮管长为口径的 41 倍,有膛线,射程远,最大射程可达 4 700 米。至 1886 年,共产出 40、80、120、180 磅子等多口径前装线膛炮近百门。这些火炮多安置在吴淞口等沿江海炮台,作为岸炮使用。

(5) 清人对英国后装线膛架退炮仿制。19 世纪七八十年代,世界上后膛炮取代了前膛炮。后膛炮装填灵捷,射速比前膛炮快 4~5 倍。后膛炮的出现,立刻受到中国兵工技术人员的关注。1887 年,沪局制成阿摩斯壮式 20.3 生 180 磅弹要塞用全钢后膛炮,使我国制炮技术提到了一个新的水平。1890—1893 年,沪局共造出 12 英寸口径、800 磅子全钢后膛炮 4 门,装于吴淞和江阴要塞,这是当时制造的口径最大的全钢后膛炮,身长 35 英尺,来复线 36 条,内装栗色药饼 300 磅,单孔黑药饼 200 磅。1890 年前,生产后膛炮弹,以包铅作导引部,有简单的碰炸引信,弹内装黑火药,用袋装黑火药或栗色药作发射药,用一般点火具点火。1890 年以后,开始以铜作导引部,炸药为黑炸药或石子药,发射药为无烟药,有底火和药筒,有较复杂的着发引信。

(6) 清人仿制的英国阿摩斯壮式快炮的情况。1879 年,法国人发明了气体复进机,19 世纪 80 年代,西方各国利用这一技术争相研制管退炮。19 世纪 90 年代,西洋管退技术被研制出来,通过在火炮上安装制退复进机,使后坐部分能在发射后利用自身的后

---

① 刘申宁. 论晚清军工建设[J]. 军事历史研究,1991(1).
② [清] 魏允恭. 江南机器制造局记·附卷[M]. 光绪三十一年(1905 年):70.

坐力自动恢复到原位,省去了复位和重新瞄准的时间,射速大为提高,至少是同口径架退炮的 4~5 倍,被称为"速射炮"。1892 年,沪局造出中国首门英国阿摩斯壮式 12 生后装管退式舰炮(又称速射炮,最大射程 7 000 码,至 1903 年共生产 56 门,发射实心、开花和子母弹三种)①。这种炮装配最新式的制退复进机,成为我国自制的第一门管退炮。

(7) 清人仿制的德国式克虏伯管退山炮的情况。近代中德正式通商始于 1861 年,该年也标志着中德之间建立了正式的外交关系。1904 年,清廷设练兵处,由奕劻总理火炮画一问题。该年两江总督张之洞提出采购与制造克虏伯 15 生舰炮和 7.5 生山炮,画一问题才得以初步统一。沪局在定型之前,共试制了五个型号(4.7、5.7、7.6、12、15 生)的仿克炮,都配有轮式炮架。1905 年,沪局造出一门首种制式炮——仿克虏伯 14 倍横栓 7.5 生管退螺闩式(1908 年后改为横锲式,实际是走了弯路)山炮,有 176 个零部件,采用筒紧身管,由两层钢管以过盈配合的方式套在一起,身长 1.05 米,管重 102.06 千克,后座长 0.93 米,膛线 28 道,车轮直径 0.8 米,榴弹重 5.3 千克,最大射程 4 300 米。1907 年,造出 4 门各不相同的 7 生的半快炮样炮,运京后,提交陆军部审核。

(8) 沪局制造弹药的情况。1871 年,沪局翻译馆译出《制火药法》,1874 年沪局制造火药时便参考了此书;1872 年所译的《克虏伯炮弹造法》《克虏伯炮饼药法》,是 1878 年沪局制造各种炮弹时的重要参考书②。至 19 世纪 80 年代,无烟药取代了黑火药、栗色药被用作枪炮发射药,沪局是中国早期采用机器生产西式黑色药和无烟药的工厂。1892 年,沪局设栗色药厂;1893 年,从瑞生银行转售德国的一套无烟药设备,在上海龙华建成中国第一个无烟药厂,次年正式投产,年产 6 万余磅,仅比造栗色药晚两年。尽管生产仰仗洋员、质量不甚理想、仿制过程曲折但确为中国首家,实有开创之功,也培养了自己的技术力量。晚清官员对炮用弹药的重视程度远不及火枪,德国克虏伯公司曾建议更新为新式炮弹,却被李鸿章拒绝。因此中国在火炮种类上,既有早期的黑火药弹,也有后来的栗色药和更晚的无烟药;既有包铅弹,也有铜壳弹;既有药包分装弹,也有定装弹。另外,还有穿甲弹、榴霰弹等③。1903—1904 年间,沪局因裁节经费,黑火药、栗火药两厂停办。

(9) 包括沪局在内的各地兵工厂局制炮规模。沪局新式炮厂设于 1869 年,大体是仿英国阿摩斯壮炮厂。所产分大炮、快炮两种：大炮口径为 15~30 厘米不等,共分九种,而以 20 厘米及 23 厘米两种最多;快炮口径为 4~15 厘米,共有五种。就生产量言,除去所造之旧式劈山炮不计,此种新式炮位自设厂至 1904 年,总计生产 742 尊。其产量虽不及

---

① 《中国近代兵器工业》编审委员会. 中国近代兵器工业——清末至民国的兵器工业[M]. 国防工业出版社,1998：5,44.
② 熊月之,张敏. 上海通史：第 6 卷·晚清文化[M]. 上海人民出版社,1999：139.
③ 孙烈. 德国克虏伯与晚清火炮——贸易与仿制模式下的技术转移[M]. 山东教育出版社,2014：160.

后起的汉阳枪炮厂,但就每炮的大小而言,沪局所造大炮全国均无其匹①。

1867—1911年,沪局、津局、山东机器局和四川机器局四厂,共生产枪械24.856 4万支,各种火炮3 874尊,约占百万清军需求量的20%,加上其他厂局的产品,约可满足清军需求量的40%左右②。如1867—1904年间,沪局共造各种火炮1 731门,约占四局仿造西洋炮总量3 874尊的45%,各种炮弹162.9万发。1874—1899年间,共生产水雷、地雷1 510个,各式洋枪7.273万余支③④。沪局造最大后装线膛要塞炮重52吨,采用800磅弹,在千码以内,可击穿19英寸厚铁甲⑤。

1874—1904年间,沪局共生产黑火药233.15吨;1893—1905年间,生产栗色药524吨。1895年开始生产无烟药,至1911年共生产17.44吨⑥。

七、对沪局造英国式阿摩斯壮前后装钢炮质量、发挥作用等的评析

近代中国炮型起点高,但改进缓慢,经验常常大于理性。时至洋务运动时期,中西兵工科技的互动与受限,凸显军事新知识本土化与适用性传播的一般规律。中国军事科技一时获得了超越社会经济基础可能的畸形发展,但工业基础积弱、财政拮据、科技落后、东西文明存在差异,造成新兴的兵器工业因得不到及时的补给而在中途陷于困境。购买和仿制西洋炮型众多,但自创寥寥;"画一和制式"行知厥无,发展一直靠外力推动;仿制的西洋炮型质量均劣于同期的西洋炮型。譬如,沪局尽管是中国军工厂局规模最大与水准最高的制炮工厂,但仅生产了英国式前后装线膛阿炮160余门,仅为购买和仿制的众多洋炮的陪衬,在晚清御侮战争中未闻其有任何优异的表现,其中原因值得追究。

(一) 对其质量优劣的评析

(1) 沪局制此炮型数量奇少的状况决定了它在御侮战中仅是陪衬而已。晚清军制混杂,有八旗、绿营、湘军、淮军、防军、练军、新军等。湘军、淮军、防军、练军、新军等配置的枪炮来源于购买以及就近的军工厂局,各厂局制炮时间大致从1867年始,终于20世纪初。从表2可以看出,沪局造炮数量与同期其他厂局相比,确实鹤立鸡群,占了全国的一多半,枪支弹药的数量均高于其他厂局。

---

① 王尔敏.清季兵工业的兴起[M].广西师范大学出版社,2009:63.
② 施渡桥.论洋务派经营军工企业的主导思想与御侮主旨[J].近代史研究,1996(2).
③ 刘申宁.论晚清军工建设[J].军事历史研究,1991(1).
④ 施渡桥.论洋务派经营军工企业的主导思想与御侮主旨[J].近代史研究,1996(2).
⑤ 王尔敏.清季兵工业的兴起[M].广西师范大学出版社,2009:63.
⑥ 《中国近代兵器工业》编审委员会.中国近代兵器工业——清末至民国的兵器工业[M].国防工业出版社,1998:139.

表2 晚清部分兵工厂局生产枪炮、弹药数量统计表①

厂 名	统计生产时间	枪（支）	炮（尊）	子弹（万粒）	炮弹（万颗）	火药（万斤）
沪局	1867—1894	72 730	1 731	780.3	162.9	608
天津机器局	1868—1881	520	600	393.8	39.9	437
福建机器局	1889—1902	200	28	320		
山东机器局	1867—1911	430	8	2 859		478
四川机器局	1880—1893	16 638	3	306.9	0.5	110.7
四川机器局	1906	1 400		137.9		2.8
吉林机器局	1896—1899			620.9	2	
湖北枪炮厂	1890—1906	101 690	865	4 343.8	69.3	
北洋机器局	1904—1911			5 540		72
合计		193 608	3 235	15 302.6	274.6	1 708.5

沪局从1907年正式生产克虏伯式7.5生管退式前装山炮,至1928年停产,共仿制494门;若从1867仿制前装滑膛炮算起,该局共仿制洋炮约1 731尊。但是,如果考虑到该局年产50炮的规划,实际完成量尚不足计划的一半。从技术上讲,由于英国和德国公司对于中国的贸易原则:热衷军火贸易,冷处理与中国的技术合作。在近半个世纪的交往中,双方从未有任何知识产权的转让行为,此使得主要利用自身力量的沪局造炮局限明显:炮身短,初速小,射程近,关键的炮门、制退复进系统的仿制效果欠佳。1921年,汉阳兵工厂试造沪式山炮,初速和射程均明显增加。即沪局仿制船炮技术在很长一段时间里不得要领,管理弊端众多。生产上资产闲置、浪费与靡费钱财,一些设计无视实际要求,制造中大量沿用前一阶段落后技术的特征明显②。

(2) 沪局制的前后装线膛阿炮型之大在全国未出其右,绝对代表了国内制炮的最高水准。有史料为证:李鸿章于1890年秋间:"饬令专就曼利夏、新毛瑟枪两式讲求仿造。该局总办道员刘麒祥觅得此两项枪支并购阿摩斯壮快炮一尊,逐件拆卸,认真考验,督率厂员华洋匠且悉心仿造,竭两年之力,将枪炮先后造成。经该厂演试,能与西洋所造新式一律。于上年九月间派员赍送来津。臣鸿章委派军械局道员张士珩会同各营将领督同洋教习分目逐细考察……坚致灵捷德国新毛瑟相等,速率、线路更凌驾曼利夏之上。又验得

---

① 刘申宁.论晚清军工建设[J].军事历史研究,1991(1).
② 孙烈.德国克虏伯与晚清火炮——贸易与仿制模式下的技术转移[M].山东教育出版社,2014:245—248.

该炮用全钢套箍制造,随炮钢子计重四十五磅,用德厂配造经远,来远快船最坚厚之钢面铁甲为靶……弹子竟能深入三四寸……每分钟可放子十二出。"①

李鸿章据以奏闻,并称:"泰西各国,枪炮之学俱系专门名家,或世代相传以臻极诣……每一器成,其国家必重加赏擢,特示旌异,故能才异竞奋,利器日新……上海机器局为各省制造最大之厂,该局员等苦思力索,不惮繁难,奋勉图功,竟能于数年之间创造新式枪炮,与西洋最精之器无异,为中国向来所未有。"②

(3)以沪局仿制的英国阿炮型为代表的晚清铜铁炮技术具有阶段性和成本奇高的特点。技术转移的一个周期分作技术引进、技术本土化、技术独立三个阶段。西洋船炮技术向晚清的技术转移刚刚迈入第三阶段。其在中国的本土化,实质是中国传统社会以最小的转型实现对西方工业文明成果的吸纳,在形式上主要表现为兵工厂局对西方先进工业技术的一次不完整的消化吸收。晚清兵工厂局花费巨大,但在品种、产量和质量等方面始终无法与国外同行相比,这也是德式克炮和毛瑟枪等德制武器长时间扬威中国军火市场的原因之一。低水平重复占用了潜在技术升级的资源,其最后的结果是中西总体的技术梯度的落差非但没有缩小,反而变得更大。如果自身纵向比较还不算明显的话,那么与紧邻和同时搞洋务的日本国稍作横向比较,则落后的局面立现。因为在20世纪初,兵工厂选择日本产品为仿制对象,而不是直接瞄准欧美更高水准的产品。最终,所谓的自制火炮也仅能勉强仿制日式装备,而与欧美的差距则愈拉愈大③。

如清廷大吏李鸿章把沪局看作其打败捻军的原因之一,但是总的说来,此局却使他大失所望,不得不依靠进口武器。1871年,他在组建津局时,决定集中力量制造林明敦和克虏伯炮所用的子弹和炮弹。和初期的枪炮工业一样,轮船制造方面最初努力的结果也令人扫兴。沪局制造弹药和轮船的成本之所以极高,主要由于两个原因:其一是几乎所需材料都是进口;其二是洋员和中国官员的薪水高④。

(4)无统一规划和炮型的标准化,"画一"问题到20世纪初才被意识到。如此杂乱的状况肯定造成驾驭困难,输出的团属火力不足,从而影响御侮效果。也使得陆海部队在对付国内反叛民众时尚且绰绰有余,然与西方有厚重的自然科学理论支撑的制式化军器相比,反差甚大,也使得在诸多御侮战争中,屡战屡败,留下了中国枪炮"万国牌"乱象和官兵羸弱的身影。

(5)晚清购买和仿制英国压倒性前装结构以及其后装螺旋炮栓装置的阿炮终被后膛装及横楔式炮栓的德国克虏伯炮型所替代。1883年,李鸿章始知后装线膛巨炮乃大势所趋。如此认知水平,使得火炮画一问题久拖不决,极大影响了包括沪局在内的晚清军工厂

---

① 李鸿章全集·第五册·奏稿[M].时代文艺出版社,1998:2819~2820.
② 李鸿章全集·第五册·奏稿[M].时代文艺出版社,1998:2820.
③ 孙烈.德国克虏伯与晚清火炮——贸易与仿制模式下的技术转移[M].山东教育出版社,2014:306.
④ 费正清.剑桥中国晚清史(1800—1911年)(上卷)[M].中国社会科学院历史研究所编译室译.中国社会科学出版社,1993:505~508.

局的发展。史载：

> 惟查泰西各国所用枪炮，巧样百出，日新月异。查有德国克虏伯厂所造新式全钢后膛快炮一种，与英国阿摩士壮厂所造亦属相同，较平常炮位每放一出可以放至四五出，灵捷异常，以之安置炮台、兵轮，洵称利器。职道祺祥前在外洋曾经见过，兹与华洋各匠再三讨论，拟由职局设法仿造。①

在19世纪70年代清廷开展的海防大讨论中，由于对后起之秀德国人的好感，许多督抚一致指出克炮是当时世界上最先进的大炮，都提出购买之以改善清军的武器装备。时任直隶总督兼北洋通商大臣的李鸿章等人从"枪炮宜一律"出发，强调陆海用炮需专采西洋一家的好处，进而推动了克虏伯炮在中国陆海军队中的推广。

"炮用克虏伯"逐渐成了清人的共识，成为清廷引进与仿造的主要对象，最终外购了数十个品种、3000尊左右，多用于中国陆路防御。直至1899年，直隶总督裕禄提出采购与制造克虏伯7.5生山炮，画一问题得以初步解决。

> 炮钢，专备造炮用，每年厂中能炼钢一千五百吨，能造成七生五管退炮一百五十尊。按磅计值，每钢料一磅，值价银五钱。②

1903年12月4日，清廷设练兵处，由奕劻任总理。上谕云：

> 前因各直省军制、操法、器械，未能一律，叠经降旨，饬下各督抚，认真讲求操练，以期画一。乃历时既久，尚少成效，必须于京师特设总汇之处，随时考查督练，以期整齐，而重戎政。著派庆亲王奕劻总理练兵事宜，袁世凯近在北洋，著派充会办练兵大臣，并派铁良襄同办理。③

该年，两江总督张之洞又提出采购与制造克虏伯7.5生管退山炮的问题：

> 当整顿武备时，军营所用枪械，宜归一律……其炮厂所造车轮炮，亦不甚合用，必须购新式造枪机器，每年能造五万支快枪者，添配新式造炮机器，每年能造大台炮十尊，七生的半口径快炮二百尊者，庶数年之后，足以应各省之求，而归画一。④

1905年，沪局仿制出首门仿克虏伯7.5生螺闩式（1908年后又改为横锲式）管退式山炮，代表了晚清制炮技术的最高水准⑤。"后被汉阳10年式75毫米山炮所取代……1921年，汉阳兵工厂仿日本大正6年式75毫米山炮，称汉10年式75毫米山炮。此炮与沪造75毫米山炮相比，炮身为口径的18倍，初速加大到342米/秒，最大射程6000米，放列全重增加到610公斤。炮管为单层，炮闩为隔断螺纹式，紧塞作用好，比沪造炮闩横楔式强

---

① [清]魏允恭.江南制造局记（附卷）[M].光绪三十一年（1905）刻本：8.
② 沪局.江南机器制造局出品说明书（第二集）.宣统二年（1910）铅印本：65.
③ 潘向明.清史编年：光绪朝（下）[M].中国人民大学出版社，2000：326.
④ 赵尔巽.清史稿（卷一〇五一卷一四〇）[M].吉林人民出版社，1998：2843～2844.
⑤ 孙烈.德国克虏伯与晚清火炮——贸易与仿制模式下的技术转移[M].山东教育出版社，2014：13.

度大……到1928年为止,累计生产68门。"①

(二) 英国阿炮型钢炮在晚清御侮战争中发挥的些许作用

英式阿摩斯壮前装线膛炮多用于海岸炮台和舰船,始于1867年购买的德式克虏伯后装线膛炮用于陆海各方面,但两者总体水平均落后于同期国际主流。

(1) 晚清与此前最大的不同是,中国与外部世界的关系发生了根本性变化,国人传统的"夷夏观"被彻底颠覆,正是在此意义上,第二次鸦片战争才成为中国近代历史的真正转折点。太平天国之后清廷之所以能有所谓"同治中兴",是因为得到了列强的支持;列强也得益于清廷对外立场的转变,可以在华谋取更多利益。因此,晚清时期中外合作是主流,是清廷能够延续近半个世纪统治的根本原因②。

在此期间,兴办了中国最早使用机器生产的军工厂局,出现正规化近代炮队;军事技术变革推动了政治权力结构变迁,加快了军事教育转型;国防力量增强,逐步起到减少外患及平定内忧的作用。

舰艇上配置的武器,火炮无疑数量最大,也最为重要。晚清各地的铸炮业,大体上北洋舰只多仰给于津局,南洋舰只多仰给于沪局,粤海巡防船多仰给于广州机器局。沿江要塞炮台,大多由沪局及其他制造局支持,沿海要塞,除一部分重炮系由沪局供应外,则经常添购外洋新式大炮③。

(2) 前后装线膛阿炮在晚清诸多炮型中的陪衬地位已决定了其在御侮战争中的无关紧要的角色,但也偶尔会露下峥嵘。

英国前后装阿炮型发挥作用的御侮战争是中法战争和中日甲午战争,当以中法战争时期为最多。中法战争时期,正是世界上前后装线膛炮的换装之时。作为该战争中最大的一场敌对舰队的海战——发生于1884年8月23日的马江战役,是近代中国海军发展中的重要战役。此战无疑是敌对双方各型舰炮的比拼,由此也引发了对洋务运动实施实效的评价问题。参战的福建船政舰艇(11艘中仅含2艘铁壳船)所载的四五十门舰炮中,有英式阿摩斯壮前后装炮、惠特沃斯前装炮、瓦瓦司前装炮和德式克虏伯后装线膛炮等,其中以19生的英式前装线膛阿炮为主,舰队无机关炮。侵华法军对其参数了如指掌。而侵华法军主战舰艇(12艘中居然含9艘铁壳船)所载的七八十门舰炮中,以12种后装线膛炮为主,以14生的后装线膛炮最多,且还配备了当时的新式武器——哈气凯斯五管机关炮和鱼雷等。由此可见,福建船政舰队杂乱的舰炮水准明显滞后于世界舰炮发展的主流,何况法军还阴谋频出④。

---

① 《中国近代兵器工业》编审委员会.中国近代兵器工业——清末至民国的兵器工业[M].国防工业出版社,1998:45.
② 仲伟民.全球史视野:对晚清时局的一种新解读[J].探索与争鸣,2020(2).
③ 王尔敏.清季兵工业的兴起[M].广西师范大学出版社,2009:105.
④ 刘鸿亮,霍玉敏.中法船炮与马江之战[J].自然辩证法通讯,2020(8).

(三) 晚清配置的前后装线膛阿炮数量甚少、作用甚微的原因

在世界科学技术的交流中，进化与扩散本应具有全球化的特征，然而在中国，军事科学技术的跨国流动却具一些非全球化的特征。譬如，时至晚清，以英国、德国兵工技术为代表的西方知识，通过战争、传教、军火贸易、军事援助、接纳留学生等渠道影响中国，但受到仍固守皇权专制官方的思想、制度、物质层面的因素制约，在仿制英国阿炮、德国毛瑟枪和克虏伯炮的过程中，创新乏善可陈，整体限定在引进与低水平自立的层次，制约其发展的因素如下：

(1) 洋务派秉承"中学为体、西学为用"的宗旨发展之。"中学为体、西学为用"是洋务派开展自强运动的基本纲领和指导思想，但是洋务派内部分裂成众多的集团，由于自身的阶级属性和政治地位，既不能代表新的生产力和生产关系，又无法按照近代资本主义的市场经济机制来运行近代工业和企业，因此也就无法改变中国的前途和命运①。譬如，清廷大吏李鸿章等人从"枪炮宜一律"的观念出发，强调陆海用炮专采西洋一家的好处，进而客观上推动了德国克炮在中国陆海军队中的推广。但是，一贯奉行"以夷制夷"的李鸿章等人不可能完全倒向德国一方。他祭出"以夷制夷"的法宝，表面上让英国人和德国人相互周旋，其实也带来诸多弊端，如决策效率低下、武器制式和技术标准难于统一、配套和训练难度增大等问题，军购渠道呈现出的复杂性和不确定性为日后御侮战争失败埋下了隐患②。

(2) 船炮本为一体的矛和盾拉锯战的关系在晚清未得到充分的体现，其决定了本已落伍的英国阿炮型作用的式微。15 世纪至 19 世纪末期，中国在核心兵器——战船、火炮、火枪与炮台技术方面呈现矛和盾拉锯战关系表现不突出，此与中国自古流行的"道器观"关系甚大，并且技术决定战术，晚清陆海战术的变革更是缓慢。1874—1884 年的十年间，清廷掀起了向西方购买舰船的热潮。有此凭借，清廷拟编成北洋、南洋、福建、广东四支海军舰队。"就整体而言，特征是北重南轻。以北洋最强，南洋次之，福建又次之，广东最弱"③。

当时，朝野上下仍然固守"以陆制海"的消极海权观，直至中法战争时期，才系统学习到了西洋海权理论，在此前后，中国四大水师舰队次第成立，但此实质仅为"地方要塞舰队"，无角逐大海的海权理念。就是当时充当清朝国家海军角色的北洋海军，其主要作用在于保卫京师门户的渤海，看似是守势，实际是力量弱小时的无奈选择。战略不明，行知混乱，"要塞舰队"的覆灭是迟早的。譬如，北洋大臣李鸿章的言论颇具代表性："我之造

---

① 杨怀中. 洋务派"科学救国"思想及其对中国近代科技发展的影响[J]. 自然辩证法通讯，2011 (5).
② 孙烈. 德国克虏伯与晚清火炮——贸易与仿制模式下的技术转移[M]. 山东教育出版社，2014：322.
③ 吴兆清. 晚清四洋海军述评[J]. 故宫博物院院刊，2014(1).

船本无驰骋域外之意,不过以守疆土、保和局而已……庶无事扬威海上,有警时仍可收进海口,以守为战。"①

再如炮台技术,至19世纪80年代,李鸿章招募了德国陆军工程师汉纳根(Hanneken,1855—1925年)等人,在沿海重要位置,参考西式风格,许多甚至直接聘请洋人主持与修筑,尤其仿照德国最新式暗炮台建筑,为北洋舰队所属的大沽口、旅顺和威海卫基地设计和修筑了新式海岸炮台,安装德国克虏伯后装线膛式、英国前后装阿炮线膛式等巨炮数十门。炮台墙体内砌条石,外筑三合土,可防敌人榴弹炮轰击②。

晚清上下虽兴建了亚洲最强大的沿海堡垒式要塞式体系,但与世界野战筑垒体系的发展趋势相比还是慢了一拍,并且要塞炮台式体系需要与海防舰队相辅相成,才能发挥作用。遗憾的是,晚清海岸炮台只强调正面攻击力,经常忽略后路防御,没有真正掌握西方炮台技术的精髓,因此在实战中必将付出代价。

(3) 缺乏"量化"思维的自然观以及火器理论的落后是深层次原因。时至晚清,李鸿章等洋务大员虽励精图治,军购与仿造却被似是而非的"画一"所误,制式观念淡薄,虽出现了少量制式的枪、炮、弹、药,但陆海军的武器装备体系远未成型。甲午战争失败后,各省武器主要技术参数统一才渐成共识。"画一"的含义也逐步明晰,与制式更加接近。不同标准的优劣比较,实际上反映了以"仿造"为本的制造业受国际"强势"标准牵制并与之博弈的过程③。

(4) 中国自古"崇文抑武"的军事氛围和长期实施的皇权专制抑制炮型变革。固守陆上发展的国家海防战略使其发展的财力不足,清朝官兵素质低下直接制约火炮"制式"和"画一"的发展,"科技革命"不充分的背景决定了晚清炮型的混乱。

---

① 李鸿章全书·第二册·奏稿[M].时代文艺出版社,1998:874.
② 刘鸿亮.鸦片战争前后中国江海炮台技术研究[J].自然辩证法通讯,2017(3).
③ 孙烈.德国克虏伯与晚清火炮——贸易与仿制模式下的技术转移[M].山东教育出版社,2014:245.

污水处理厂工业设施遗产修缮与再生议题
——基于"南京市第一新住宅区氧气化粪厂旧址修缮和展示工程"的设计技术探讨*

樊怡君　赵英卉　马松瑞　张雨慧　张　鹏

（同济大学建筑设计研究院（集团）有限公司）

摘　要：南京市第一新住宅区氧气化粪厂建于1936年，是现存可考的江苏省最早的污水处理厂[①]。历经战争动乱、政权更迭，厂区初貌已不复存在，原有的设施设备也在历史洪流中被逐步掩埋。随着2021年工程考古，久埋地下的水处理设施得以重现，为我们揭开了民国时期市政发展的历史篇章。本文将对南京市第一新住宅区氧气化粪厂（也称江苏路污水处理厂）的历史发展脉络、特征工艺、设施遗存进行展开叙述，并以"南京市第一新住宅区氧气化粪厂旧址修缮和展示工程"为例，提出其保护与展示模式，总结此类市政设施相应的文物修缮方法措施，就其修缮及再生设计技术要点进行探讨。

关键词：氧气化粪厂；工业设施遗产；修缮技术；活化再生

一、前世溯源：南京市第一新住宅区氧气化粪厂

（一）历史变迁初考

南京市第一新住宅区氧气化粪厂（也称江苏路污水处理厂）位于南京市鼓楼区江苏路20号，在今颐和路历史文化街区内，是片区中重要的历史节点，也是鼓楼区第一批不可移动文物。

民国十八年（1929年），国民政府编制《首都计划》，特聘美国建筑师墨菲主持设计工作，这是南京历史上第一个现代意义上的城市建设规划。《首都计划》首次将颐和路所在片区定位为"第一新住宅区"，并设渠道计划，认为雨水、污水水沟应分而设之。1930年，

---

*　基金项目："十四五"国家重点研发计划项目"基于文脉保护的城市风貌特色塑造理论与关键技术"课题"立足地域材料与传统工法的活化利用技术研发与综合应用示范"（2023YFC3805505）。
①　江苏省地方志编纂委员会.江苏省志·城乡建设志[M].江苏人民出版社，2008.

工务局拟具新住宅区详细计划,初步绘定了大方巷、大佛寺、三君庵至古林寺一带的住宅区域。

1931年12月,工务局开始计划建筑新住宅区下水道工程①。1933年,市政当局利用庚子赔款兴办水利,市工务局成立下水道工程处,并聘请外籍专家做顾问,制定旧城区采用截流制、新区采用分流制的排水规划,并先后建成下水道20余公里,除在一些主次干道下埋设部分下水道外,在山西路一带的新住宅区内,建成雨污分流排水系统②。同时开始污水化粪厂的选址及设计工作,计划建成之后服务于新住宅区全四区之用,最终将化粪厂选址落于第一新住宅区东侧空地,即今江苏路20号厂址处。

1934年2月10日,工务局呈送新住宅区氧气化粪厂的图纸,并于2月12日由内政部批复通过(图1)。新住宅区氧气化粪厂由全国经济委员会卫生实验处环境卫生系负责设计工作,设计者为刘弗祺(美)③。1934年11月25日,氧气化粪厂正式实施开工。1935年,在厂区化粪池迎江苏路一侧加建竹篱。1936年,因厂区使用需要,厂区新建V字形坡顶办公楼一处,位于北侧街角,包含办公、宿舍及厨房卫浴等功能。自此,由美商设计,南京特别市政府工务局下关道路工程处承建的南京市第一新住宅区氧气化粪厂落

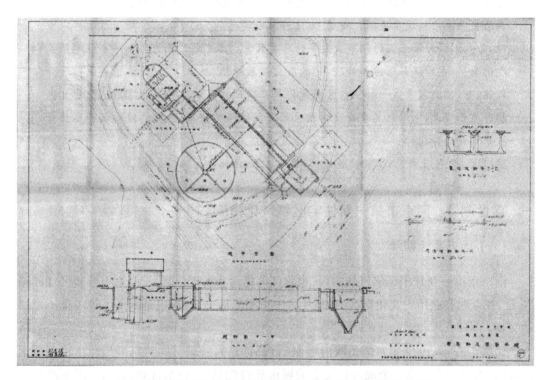

图1　第一新住宅区氧气化粪厂民国二十三年(1934)的设计图纸

---

① 赵姗姗.南京颐和路街区近代规划与建筑研究[D].东南大学,2017.
② 南京市地方志编纂委员会.南京市政建设志[M].海天出版社,1994:221.
③ 赵姗姗.南京颐和路街区近代规划与建筑研究[D].东南大学,2017:53.

成,总投资近 2.6 万美元,占地 3 000 平方米。厂区运作一年后,1937 年因南京沦陷,污水处理厂停止运转。

抗战胜利后,厂区重新启动,但因费用拮据,时开时停,直至 20 世纪 60 年代初恢复运转,其间曾向南京炼油厂提供活性污泥,供其污水处理之用。"文革"期间,污水厂再度停用,厂内机件被拆走,全厂遭到破坏,厂外管道淤塞损坏。①

1976 年,南京市区排水和污水整治工程被批准列入国家计划,修建中保村污水处理厂;1983 年,玄武湖东岸又兴建了锁金村污水处理厂②,原江苏路污水厂逐渐退出历史工业舞台;1985 年,江苏路污水处理厂改建为市排水管理处办公处所,厂区拆除原有 V 形建筑,新建多处办公楼,污水处理设施也被逐步填埋,在原末步沉淀池上方新修喷泉花池,形成我们 2018 年初步调研时的厂区景象(图 2)。2021 年,因工程考古,现场地表打开,厂区原有的全套污水处理池得以再现。

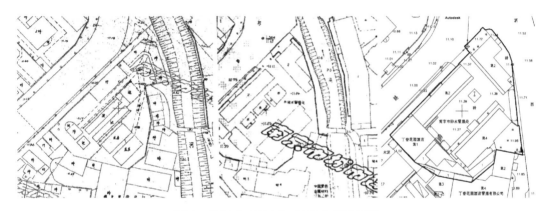

图 2　1981 年、2000 年、2018 年历史地图

(二) 特征工艺与工业设施

根据厂区相关历史档案记载(图 3 至图 5),原污水处理厂的污水处理采用二级生物工艺,市政污水依次经进水井、集水井、带格帘的粗砂沉淀池(又名粗渣沉淀槽)、初步沉淀池进入曝气池(又称氧化池)进行充分的生物化学反应,最后进入末步沉淀池,处理后的清水排入小河,废弃物经干渣场运出。现对各水池及工艺设施介绍如下。

进水井直接连通市政污水管,进水管口处设铁格帘。池体为钢筋混凝土结构,平面为半圆形,半径 2 米,深 4.7 米,容积 6.3 立方米,池内装有净空 2.5 厘米铁格帘一道,作为过滤装置。

集水井底部与进水井相连通,井宽 1.7 米、长 4 米、深 5.2 米。井内装有 2 台水泵:一台是 5 匹马力,水泵抽水量为 1.2 立方米/分钟;另一台 3 匹马力,水泵抽水量为 0.6 立方

---

① 南京市地方志编纂委员会.南京市政建设志[M].海天出版社,1994:288.
② 南京市地方志编纂委员会.南京市政建设志[M].海天出版社,1994:287.

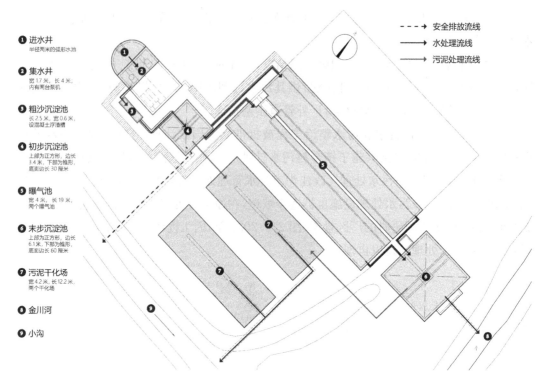

图 3　南京市第一新住宅区氧气化粪厂污水处理流程简图

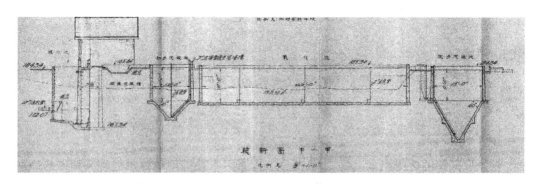

图 4　南京市第一新住宅区氧气化粪厂水池剖面设计图纸

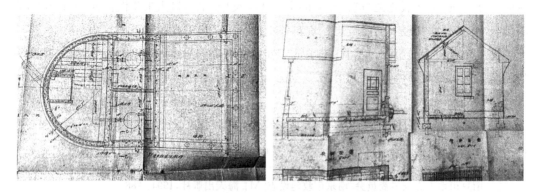

图 5　氧气化粪厂进水井、集水井、机器房历史设计图纸

米/分钟。水泵扬程高度为6.1米,马达设备为3相、50 Hz、220 V。马达连接水泵处设有5厘米直径的钢杆启闭设备,属于浮动电动接触开关。池内有铁扶梯可供人员下井,末端有15厘米排水管接入粗砂沉淀池。

在集水井泵房上部设有机器房(图6),房内除马达水泵外还设有2台鼓风机,风量为每分钟8.5立方米,压力7千克/平方米,输出的空气用于曝气和提升污泥。每台鼓风机用15匹马力电动机皮带传动,电机是1 500 r/min,3相,50 Hz,电压220 V/380 V。在正常情况下,鼓风机至少可达到60%工作效率,另一台备用。

图6　氧气化粪厂机房设备历史档案图

粗砂沉淀池长2.5米、宽0.6米,容积为0.9立方米,设有净空尺寸1.25厘米格栅一道。格栅顶部有混凝土浮渣槽,槽深15厘米、宽30厘米。粗渣沉淀后的污水经混凝土引水槽通入初步沉淀池,槽宽30厘米、深30厘米,槽底纵坡1‰,引水槽末端有25厘米铸铁管延伸至初步沉淀池缓冲箱。

初步沉淀池顶投影面为正方形,上部为长方体,下部为倒锥形,每边长3.4米,上部高2.3米,下部高3.2米,底部有30厘米×30厘米小平底,容积总量为46立方米。污水在池内平均流量停留时间为2小时27分钟,最大流量时停留时间为1小时1分钟。缓冲箱平面为边长46厘米的正方形,高1.22米,由两根横木跨过池子支撑。箱子中央设有直径为10厘米的污泥排泥管,排泥管底部是喇叭口,离池底15厘米,在喇叭口处装有6.2厘米口径的空气管用于提升污泥。

初步沉淀池出水口有两处,尺寸为30厘米×10厘米,备有活动闸门,出水口底高程低于进水口12.7厘米。离出水口30厘米处有浮渣挡板一块,淹没深度为12.7厘米。出水口有两道引水槽,槽宽20厘米、深80厘米,一道长8.6米,一道长10.3米,分别通入两个曝气池。此外还设有安全排放管,当曝气池发生故障时,池中污水可经直径30厘米长

12.2 米的下水道直接排入小河。初次沉淀池沉淀的悬浮固体和颗粒固体经直径 10 厘米铸铁管坡度 0.3% 送入污泥干化场。(图 7)

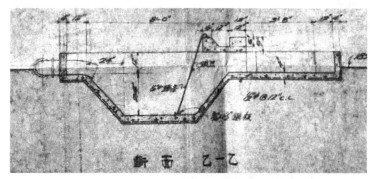
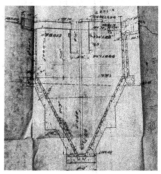

图 7　氧气化粪厂粗砂沉淀槽、初步沉淀池历史设计图纸

曝气池有两个,平面均为长方形,宽 4 米,长 19 米。每个曝气池侧壁有两根进水污水管,均匀布置并伸入水面以下 60 厘米,每根水管距进水口 15 厘米处设污泥回流管(泥渣分布管)。在距离池壁 76 厘米、离池底 90 厘米处设有横跨水池的可折叠木隔板,板的断面尺寸为 5 厘米×30 厘米。单个水池的容积为 257 立方米,平均流盘的曝气停留时间 4 小时 44 分钟,最大流量曝气停留时间为 3 小时 10 分钟,按污泥回流量为进水量 25% 考虑。如两个曝气池同时运转,平均流盘曝气时间为 9 小时 28 分钟,最大流量曝气时间为 6 小时 20 分钟。

靠近池体内隔墙的池底处装置有 30 厘米×30 厘米×3.8 厘米空气扩散板(微孔过滤板),共有三行,每行有 47 片,根据需空气量大小,分成 4 组,即 7、14、17 和 9 片,每个池子总计有 141 片,两个池子总数为 282 片,扩散板总面积占曝气池总面积的 1/5,并用水泥砂浆嵌入精制空气槽内。

每个曝气池设有三根副空气管,从埋设在中间池壁中的主空气管道分支而出,连通池底空气槽。副管直径 6.4 厘米,每根管都装有手动开关阀。靠近污水进水口的空气管,供给 7 片组及部分 14 片组的空气;第二根空气管,供给 14 片组剩余部分及局部 17 片组的空气,第三根空气管靠近出水口,供给剩余 9 片组的空气,这样的排列方式是为了保证入口处相较出口处给予了更多的空气(污水进水口浓度高,所需空气量多,故空气管供给空气扩散板数少些),保证曝气效率。此外设有四根 19 厘米的放水管,以及时排除通风中断后渗入空气槽内的水。曝气池有两个出水口,30 厘米×22.7 厘米,设有直杆上下开启闸门,出水口高程低于进水口底 12.7 厘米。(图 8)

曝气池的水流入 30 厘米×30 厘米的出水槽,经由直径 25 厘米铸铁管进入末步沉淀池的缓冲箱,缓冲箱构造与初步沉淀池一样,支撑缓冲箱的梁与水流方向垂直。沉淀池上部为 6.1 米×6.1 米,高 3 米,下部高 3.7 米,底部为 0.6 米×0.6 米。最大流量沉淀时间为 3 小时 10 分钟;平均流量沉淀时间为 4 小时 44 分。出水口有两个,尺寸为 30 厘米×23 厘米,设有上下垂直移动的闸门,出水口高程低于进水口 12.5 厘米。出水引入 30 厘米的下水道管,坡

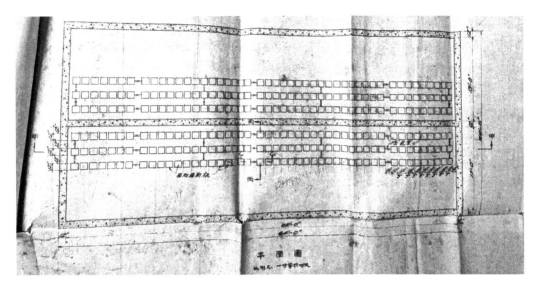

图 8　氧气化粪厂曝气池内部平面历史图纸

度 0.3%，排入小河。

空气管道方面，有两根直径 15 厘米的空气主管从鼓风机伸出按设在两个曝气池隔墙上，引进的空气经六根 6.4 厘米空气副管进入两个曝气池的空气扩散板。初步沉淀池和末步沉淀池利用与主管相连的 4 厘米口径空气支管进行污泥提升，还有一根口径 1.25 厘米的管道用于将计量槽内的回流泥冲回曝气池。

末步沉淀池设有一根 10 厘米口径的污泥管，在距离池底 15 厘米处有管咀，可通过静水压力将污泥提升至平面 75 厘米×75 厘米、深 3.05 米的污泥井，污泥井底设有直径 10 厘米、管咀 15 厘米的铸铁管，同时配有 4 厘米空气管将污泥提升至污泥干化场。（图 9）

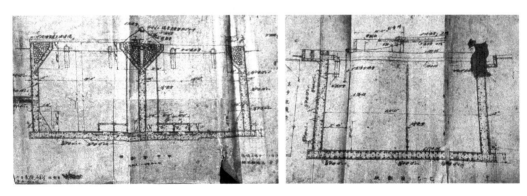

图 9　氧气化粪厂曝气池、末步沉淀池剖面历史图纸

末步沉淀池的污泥，经过直径 10 厘米的铸铁管，流到计量槽，槽的尺寸是 30 厘米×30 厘米×180 厘米，计量槽进口有挡板，出口设有 60°的三角堰。三角堰前设直径 7.5 厘米溢流管，管坡度为 0.2%，将计量后的污泥通过重力回流至末步沉淀池污泥井。末步沉淀池剩余污泥经过 10 厘米直径、0.3% 坡度的铸铁管送入污泥干化场。

厂区原先设两个干化场,每个面积是 55.9 平方米,共计 112 平方米,场上建玻璃罩房(干化房),两玻璃房间留有 1.8 米宽车道,以利运输污泥。场底设有砖砌坡向场中心直径 15 厘米的排水管,以坡度 0.7% 接入直径 23 厘米排水管,以坡度 0.45% 排入小沟。管长度 15 米,污泥进口处设有排水井,防止冲刷干化场床。两个干化场也可连在一起,在中间用一道隔墙隔开,运输污泥的车间,设在干化场的两侧。干化场地面铺过滤层材料,构造自上而下依次为 30 厘米厚的煤渣、粒径 0.3 厘米的砾石、粒径 5 厘米的块石,块石靠近边墙处厚度为 15 厘米,中间厚度为 45 厘米。(图 10)

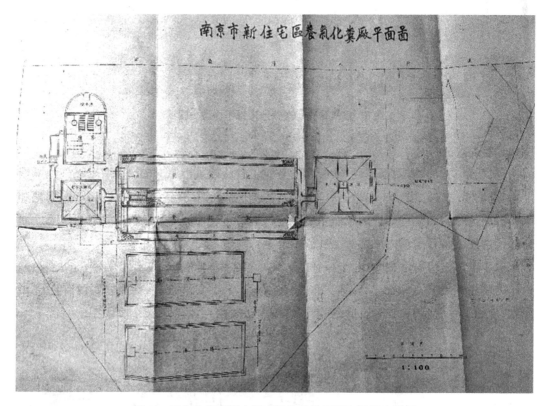

图 10　氧气化粪厂污水处理设施整体平面布局历史图纸

二. 今生再现:厂区考古遗存与价值评估

(一)现状遗存实录

本次考古内容再现了厂区遗留的进水井、集水井、粗砂沉淀池、初步沉淀池、曝气池、末步沉淀池及水池间的连接槽等几处混凝土设施主体,均埋于地表以下。各水池定位及相对关系见现场勘察测绘图(图 11),进水井、集水井标高为 9.26 米;粗砂沉淀池、初步沉淀池标高为 9.45 米,同现状室外标高齐平;曝气池标高为 9.20 米。水池总占地面积约 267.71 平方米(图 12)。2021 年 6 月,文物部门重新核定文物本体范围为图 11 中深色区

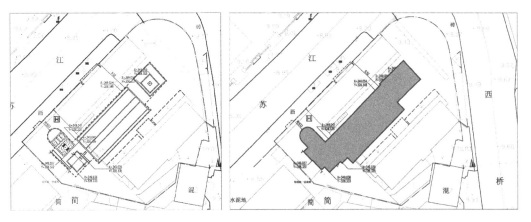

图 11 2021 年现场勘测图与新界定文物范围

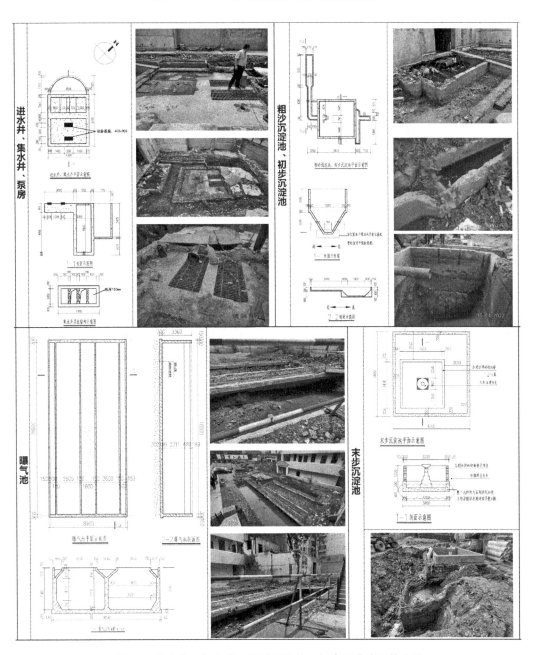

图 12 进水井—集水井—粗砂沉淀池—初步沉淀池现状实录

域。原厂区大量的金属管道及机器设备都已损坏遗失,鼓风机房、干化房等建筑也在厂区后期的改建中拆毁,但现存水池设施仍可反映厂区历史上的主要格局。

现场挖掘出的混凝土水池,均有不同程度的损坏,主要包括:后期加建、混凝土面层污迹、表面裂缝,钢筋锈胀导致混凝土破损剥落,局部池壁缺损,池壁植物根茎生长等(图13)。

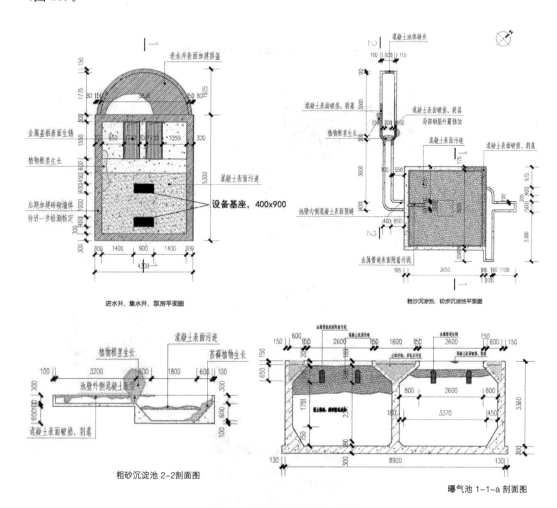

图13 遗存水池损坏分析图

(二)遗产价值评估

1. 历史价值

江苏路污水处理厂最初于1936年建成,是南京也是江苏省目前为止可考的最早的污水处理厂。厂区建成之初主要处理第一新住宅区的生活污水,由美商设计,南京市工务局下水道工程处负责建设。厂区污水处理采用二级生物处理技术,这是南京城区采用污水生化处理的开端,是南京近代市政工业的重要见证(图14)。

图 14　江苏路污水处理厂与第一新住宅区相对位置分析

2. 社会价值

1927年,国民政府定都南京,次年着手国都规划建设,由美国建筑师墨菲主事、吕彦直等国内专家协助。1929年12月5日,《首都计划》正式由国民政府公布,是南京在民国时期编制的最完整的城市规划,也是南京历史上第一个现代意义上的城市建设规划,"全部计划皆为百年而设,非供一时之用"。

1933年,"南京市工务局成立下水道工程处,聘请外籍专家做顾问制定排水规划,确定旧城区采用截流制,新区为分流制"[①]。在颐和路第一新住宅区内,建成雨污分流排水系统。"埋设管径15~30厘米的污水管道,总长度11 173米,开创江苏省内污水管工程建设之先河"[②]。1936年配套建成的第一新住宅区氧气化粪厂,是南京现代化市政发展过程中的代表性节点遗存。

---

① 江苏省地方志编纂委员会.江苏省志·城乡建设志[M].江苏人民出版社,2008:779.
② 江苏省地方志编纂委员会.江苏省志·城乡建设志[M].江苏人民出版社,2008:779.

3. 科学价值

江苏路污水处理厂由美商设计,采用当时先进的二级生物处理设备与工艺。设有提升泵房、粗砂沉淀池、初步沉淀池、曝气池、末步沉淀池及干化房、鼓风机房等构筑物。其中曝气池为推流式,底部设空气扩散板供气;沉淀池为立式,中心管进水,周边出水;污泥干化房系玻璃屋顶,污泥经砂石过滤层脱水后运走,污泥水不回流。其处理工艺代表了民国时期最先进的污水处理水平,具备充分的科学价值。

4. 艺术价值

厂区现存混凝土工业水池数量完整,体量巨大,具有特殊的空间形体。各处水池的空间形态与尺度相异,形成变换的空间序列(图15)。

历史遗留的粗糙混凝土同局部残留的锈蚀管道,共同营造出强烈的工业感与历史沧桑感,成为颐和路片区气质独特的重要节点。

图 15　江苏路污水处理厂遗存水池 3D 构图

三. 活化再生：遗产修缮与展陈设计技术要点

(一) 总体保护再生设计策略综述

本次文物修缮与展陈设计遵循文物本体原址原土原状保护的原则,即在保护文物本体完整的同时,保留文物的原始位置与周边土体环境。由于本次挖掘的文物水池设施均位于地下,对文物的保护与展示参照了遗址保护的方法采用"大空间厅棚围护保护"的方式,即在文物水池上方建设博物馆建筑,将文物水池封入室内进行保护,辅以相应的展览空间。

博物馆以氧气化粪厂水池遗存为实物载体,承托整个颐和路片区的历史文化展示功能,将曾经服务于第一新住宅区的污水处理厂这一生活处理的终端,转化为服务于颐和路历史街区的文化博物馆这一街区展示的序篇。

建筑以文物水池为空间中心,做大跨通高中庭,水池本体作为重要展品陈列于中庭,水池上方局部做玻璃地面,为人们提供更近距离的参观互动,顶层建筑空出局部天井,使得天光可以洒下,落于文物之上(图16、图17)。

文物本体的修缮设计包括池体本身的破坏修复与水池内部清空展示后带来的水池抗浮设计。设计基于专业机构对现场文物的地质勘察报告与结构安全性现状鉴定报告。池体破坏修复主要针对混凝土池壁的各种病害以及残留金属管道的修复。而抗浮设计在解决力学问题之余还需兼顾文物展示的效果。

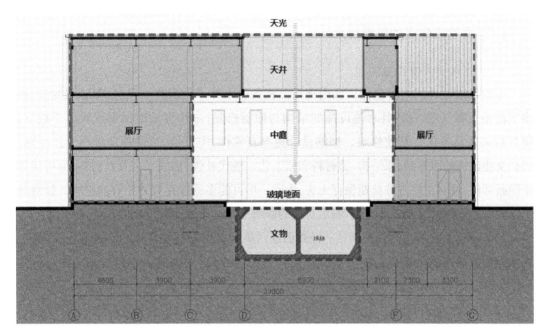

图 16　保护设计总体策略剖面图示

图 17　博物馆室内文物展陈效果

文物的展陈设计重点处理了新建建筑与文物本体之间的衔接关系。建筑主体结构及水池上方玻璃地面构造、水池展陈所需的灯光设施设备均与文物本体脱开,同时保护文物周边的土体。对于玻璃地面以下的文物空气环境进行持续监测与调节,并采用光触媒抑制剂抑制微生物生长。

（二）文物本体保护修缮技术

1. 池体保护修缮措施

本次修缮设计的内容包括厂区内现已发掘的进水井—集水井—泵房、粗砂沉淀池、初步沉淀池及曝气池，这四处水池设施的结构与面层修复，末步沉淀池保留原状埋于地下，待日后条件具备再行开挖修缮。修缮设计遵循真实性、完整性、可逆性及最小干预原则。保护文物建筑的原形制、原结构、原材料和原工艺。现代补强、加固工艺及新材料，尽可能用于隐蔽部位，且对文物古迹长期保存无害、无碍。尽可能多地保存文物原有的材料。针对每个水池特定部位的详细破坏类型，制定对症的修缮措施。总体而言，包含如下几种措施。

（1）混凝土面层污渍病害清洁：轻微面层污染及无扩展性破坏性的污迹应现状保护，无法看出墙面本色的严重污染以及破坏性的表面污迹，采用碳硅尼龙刷人工清洗。清理清洁工作完成后，表面做一层敷贴式降盐处理。

（2）混凝土表面裂缝：水池内壁轻微面层裂缝可清理表面后直接进行展示，外壁面层裂缝采用聚合物改性（加筋）水泥基修补剂修补，超过50毫米的结构裂缝采用聚合物改性微膨胀水泥基注浆料灌缝填补。

（3）混凝土破损剥落导致钢筋锈胀：将生锈钢筋表面混凝土碳化层凿除，对生锈钢筋进行除锈，涂刷阻锈剂，视结构需要加补钢筋，混凝土保护层采用可识别性的聚合物水泥基修补剂进行修补，最后对水池整体表面做无色透明硅烷进行防碳化保护。

（4）混凝土池壁缺损：钢筋除锈，采用不强于原有池壁混凝土等级的水泥砂浆修补缺失的池壁，新修补部分做可识别性处理，表面干净平整，颜色同整体水池相协调。

（5）混凝土底板涌水：需进一步检测涌水原因，若底部管道洞口未封闭，可采用改性聚合物水泥注浆料进行封闭处理；若为结构底板裂缝导致的涌水，可采用压力注浆法、注射法及表面封闭法对不同宽度的裂缝进行修复。

（6）后期加建结构：拆除后期加建砖墙、喷泉等。拆除时注意对原有池体池壁进行保护，尽可能采取人工拆除方式，避免机器振动等对池体造成二次破坏。

（7）金属管道锈蚀：对锈蚀管道表面进行干喷砂除锈清洁，并涂刷阻锈剂。

（8）植物根茎生长导致混凝土裂缝破损：根除植物，喷除草剂后采用人工机械方式彻底清除根系，清理完成后喷5%草甘膦除草剂杀死杂草种子及可能残留根系，防止来年复活；植物位于文物周边时，需连同杂草赖以生存的积土一并清除；由于植物根系导致的结构裂缝采用聚合物改性微膨胀水泥基注浆料灌缝填实，再进行面层修补。

（9）清理回填：结合场地与文物整体展示设计考虑，对末步沉淀池进行清理回填处理。回填时需对末步沉淀池进行全面考古勘察，清理文物水池内外现有污泥垃圾，对有持续破坏的病害进行清洁、修缮，再用洁净灰土进行回填。

各水池详细损坏与修缮措施见表1至表4。

表 1 进水井—集水井—泵房损坏描述与修缮措施

序号	水池名称	部位示意	损坏描述	现状照片	修缮措施
❶	进水井		进水井内部垃圾掩埋，池壁有明显污迹		1. 水池内部垃圾、淤泥清理 2. 对于表面黑色污迹进一步检测，若有持续范围扩大，对面层有持续性破坏，则需采用物理清洗及化学试剂清洗等方式全部清洁，再重新修补面层，做界面保护；若仅为陈古锈，对面层无进一步破坏，则仅需对面层进行表面物清洗，保留大部分其黑色古锈
❷	进水井		进水井残存后期浇筑顶盖，原貌掩埋		拆除进水井残存后期浇筑顶盖，展现原有井体。拆除时注意对原有池体池壁进行保护，避免机器振动等对池体造成二次破坏，必要时采取人工拆除方式
❸	集水井、泵房		集水井及泵房周围残青砖墙基		进一步检测判别残存砌体墙是否为泵房遗物。若是，建议进行表面清洁保留，若为后期加建建筑墙基，则拆除清理。还原井表原貌
❹	集水井、泵房		泵房底板靠近墙基边被植物根系破坏		清除现有植物，连同根系一并清除，扎根较深时可采用打针等方式破坏其根部活性。若根系造成较大结构裂缝，则需使用灌浆料对结构裂缝进行填补，再进行面层做旧修复
❺	泵房		原有设备基础遗留，周边面层污损严重		清理基础及周边面层污泥污渍，展示基础原有范围与面貌

表2 粗砂沉淀池—初步沉淀池损坏描述与修缮措施

序号	水池名称	部位示意	损坏描述	现状照片	修缮措施
❶	粗砂沉淀池		粗砂沉淀池壁板混凝土破损剥落，钢筋外露锈蚀严重		若无进一步破坏趋势，可清理周边植物破坏及表面污迹对破损状态进行展示
❷	粗砂沉淀池		粗砂沉淀池北侧壁板破损缺失，钢筋外露锈蚀严重		对生锈钢筋进行除锈，涂刷阻锈剂，视结构需要加补钢筋，采用不强于原有池壁混凝土等级的水泥砂浆修补缺失的池壁，新修补部分做可识别性处理，表面干净平整颜色同整体水池相协调
❸	粗砂沉淀池		粗砂沉淀池池壁混凝土裂缝，最大宽度1.2 mm		水池内壁面层裂缝可清理表面后直接进行展示，外壁面层裂缝须采用聚合物改性（加筋）水泥基修补剂修补，超过50 mm的结构裂缝采用聚合物改性微膨胀水泥基注浆料灌缝
❹	初步沉淀池		初步沉淀池池壁顶部混凝土剥落		判断是否为碳化引起的混凝土缺失剥落，若是，则需对混凝土表面进行清洁清理，剥除已碳化粉化的部分，对表面做防碳化处理
❺	初步沉淀池		初步沉淀池内部污泥污迹		清理池内污泥，对于池壁表面黑色污迹进一步检测，若范围持续扩大或对面层有持续性破坏，则需采用物理清面保护；若仅为陈年古锈，对面层无进一步破坏，则仅需对面层进行表面物理清洗，保留大部分具黑色古锈

表3 曝气池损坏描述与修缮措施

序号	水池名称	部位示意	损坏描述	现状照片	修缮措施
❶	曝气池		抽水过程中可见底板涌水现象		进一步探测底板用水原因,若为底板结构破坏所致,需进行结构修补加固
❷	曝气池		池壁斜板顶部破损,垂直向纵筋露出、锈蚀		将生锈钢筋表面混凝土碳化层凿除,对生锈钢筋进行除采用可识别性的聚合物水泥基修补剂进行修补,最后做无色透明硅烷进行防碳化保护
❸	曝气池		池壁黑色污迹,管道表面锈蚀		判断池壁黑色污迹是否为陈年古锈,若黑色污迹对面层无进一步破坏,则仅需对面层进行表面物理清洗,保留大部分具黑色古锈。对管道表面进行除锈清洁,涂刷防锈剂保护
❹	曝气池		池壁壁板缺损严重,范围约2.0米×1.7米×1.7米		采用不强于原有池壁混凝土等级的水泥砂浆重新支模浇筑修补缺失的池壁,新修补部分做可识别性处理,表面干净平整,颜色同整体水池相协调
❺	曝气池		池壁顶部局部混凝土剥落		混凝土表面进行清洁清理,剥除已碳化粉化的部分,对表面做防碳化处理

表 4 末步沉淀池损坏描述与修缮措

序号	水池名称	部位示意	损坏描述	现状照片	修缮措施
❶	末步沉淀池		池壁后期加建约1.2米高砖砌池体，表面贴瓷砖		拆除后期加建砖砌体及瓷砖饰面，对混凝土池体顶面行清洁修缮
❷	末步沉淀池		后期新浇筑底板，加建喷泉		拆除喷泉及后期加建混凝土顶板，展现原有井体。拆阳时注意对原有池体池壁进行保护，避免机器振动等对体造成二次破坏，必要时采取人工拆除方式
❸	末步沉淀池		混凝土池壁局部缺失，破损露筋		重做混凝土保护层，防止钢筋进一步锈蚀破坏。新做的混凝土强度不应高于原有混凝土池壁，且应具有可别性后采用干净黏土对文物进行回填处理
❹	末步沉淀池		可能存在植物根系破坏		清除池壁内外周围植物，连同植物根系及其土壤一同清除。检查有无植物根系造成的池体破坏，结构裂缝等用水泥灌浆填实修补，防止后期进一步破坏。后采用干净黏土对文物进行回填处理

2. 水池抗浮设计

由于水池周围地下常水位高于文物水池池底标高，池体将承受浮力与周围土体的侧向压力，因此文物的修缮设计还需考虑水土压力条件下水池的抗浮与抗侧安全。结合水池形态及文物展示需求，提供了填土与铁块配重-钢框架两种抗浮方案。

填土设计：由于进水井—集水井的平面小、深度深，初步沉淀池的剖面呈倒锥形，此两处水池内部采用灰土分层回填设计。集水井填土高度 0.65 米，进水井与其填土高度顶面相平，初步沉淀池填至棱台倒锥形顶部。在填土前，于池壁填土范围内一圈贴高分子防水卷材防止后续地下水的渗入。填土时筛分粒径小于 4 毫米石灰和砂土，按 1∶1 配制灰土进行回填，可起到有效抑菌效果。土层上铺粒径 5～10 毫米的细石子，表面铺 10～

20 mm深灰色景观装饰碎石子,防止扬尘(图18)。

曝气池共两个池体,空间体量较大,底部空气扩散板阵列及竖向金属通气管均保留完整,可作为特征部位进行对外展示。曝气池的抗浮设计充分结合了展陈需求,采用铁块配重-钢框架方案:在靠近水池外壁的半侧配重铁块,铁块尺寸为430毫米×430毫米×430毫米,平面布置做像素化流动曲线形态,上下叠放两层,总计392块。铁块表面镀锌,光洁平整,同池底粗糙而整齐的空气扩散板阵列形成鲜明对照(图19)。方案充分展示了近中间Y形池壁两侧空气扩散板及通气管道。池中每隔一定间距附加钢框架支撑抵御侧壁外部土体推力,钢框架表面喷涂黑色氟碳漆。

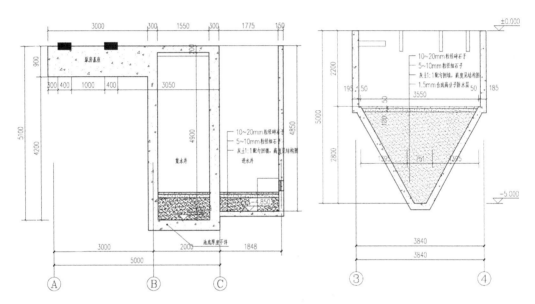

图18 进水井集水井、初步沉淀池填土设计剖面图

图19 水池铁块配重-钢框架设计效果图

（三）展陈设计中的新旧衔接技术要点

文物本体与新建建筑的新旧衔接设计主要表现在建筑结构退界控制、曝气池上方玻璃地面构造以及文物微环境的湿度控制三个方面（图20）。

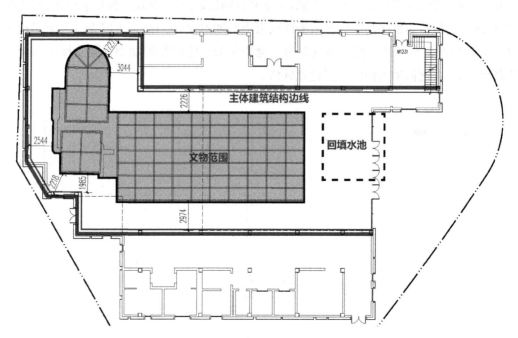

图20　主体建筑结构与文物水池退界

文物两侧的建筑主体结构采用大跨设计。结构基础尽可能地远离文物，并采取充分的支护措施以保护文物水池在建筑施工以及后期使用过程中不受影响。建筑方案将大多数结构柱落于文物2米范围以外，个别处出于场地限制将最近距离控制于约1.7米处。由于场地限制末步沉淀池在本次设计中采用了灰土回填的策略，其上方刚好为建筑入口幕墙，其幕墙结构采用悬吊式，避免对文物水池造成过多附加荷载。

室内进水井、集水井的部分采取了开敞展示的方式，水池周围采用玻璃栏板做安全维护，可保证水池内环境与室内空气的流通。初步沉淀池与曝气池上方铺设了玻璃地板，玻璃地面的构造由主体结构基础伸出挑梁以承接玻璃地面下端钢梁，整体结构同文物本体脱开。玻璃地面完成面同室内完成面齐平，玻璃面设可开启扇供检修、通风（图21）。展陈所需的灯光设备同地板钢梁统筹设计。

同时，对曝气池玻璃地板以下的文物环境进行湿度调节控制，防止温度差异引起的地板结露影响观瞻，以及高湿环境对文物本体的侵蚀破坏。方案采用了中央除湿系统，在建筑机房中设一台除湿机，除湿机前后送回风管分别接至曝气池，水池内设多个送风口和回风口，风管走在建筑地面层内，风口隐藏于水池周围的土层侧壁。除湿机产生的水可以排至机房地漏或接至室外排水沟。此外采用光触媒抑制剂预防微生物生长，保证水池环境清洁,常采用二氧化钛溶胶保护材料和二氧化钛纳米保护材料。

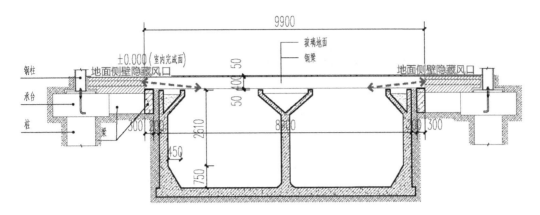

图21 水池—玻璃地面横剖节点构造图

四. 结语

污水处理是中国近代城市化过程中重要的市政建设工程,实现了从古时依托自然河流自净能力的被动净化到人为工业化的主动净化之转变。这是人类生活方式的重大改变,也意味着城市现代化的开端。

随着近代上海等沿海城市的开埠,西方市政建设技术引入中国,污水处理厂也率先在租界出现,如上海东区污水处理厂[①]。东区污水处理厂现已改造为永久性污水处理技术博物馆,成为教科书式的市政设施遗产保护典范。江苏路污水处理厂作为规模、历史重要性等均难及项背的小型市政设施遗产,势必需要探索一种新的活化保护方式。在"南京市第一新住宅区氧气化粪厂旧址修缮和展示工程"项目中,我们将厂区污水处理设施的保护再生,依托于整个颐和路历史街区[②]的文化展示,遗产本体成为颐和路历史文化博物馆建筑的核心,与整个颐和路片区实现共荣。

这样的保护策略直接决定了文物本体的修缮与最终的展示息息相关。对混凝土材质的修缮,在修复的同时,更需注重修补材料与文物原物之间的整体观瞻体验;抗浮设计在保证水池结构安全的前提下,更要考虑抗浮构件作为展品的美学表达;而整体外围建筑的建设,在空间、结构、构造等多个层面体现对文物的保护与关注。愿这其中涉及的多种保护措施与技术,可为广大类似的小型工业设施遗产的保护再生提供借鉴与思路。

---

① 上海东区污水处理厂博物馆位于河间路1283号,东区污水处理厂由英国工部局筹建于1921年,1926年建成,是亚洲至今仍在运行的历史最悠久的污水处理厂。厂内现存历史建筑有老实验楼和压缩机房。初沉池、曝气池和二沉池也是建厂之初所建。老实验楼和老压缩机房部分改造为展厅,配以展板及实物陈列,介绍东区污水处理厂的历史、国内外污水处理系统的发展、污水处理工艺等知识,厂区中则露天陈列着污水处理厂曾经使用过的老设备。

② 即南京市第一新住宅区。

工业遗产视域下的近现代沉船探析
——以中山舰为例

高霄旭

（上海大学）

摘　要：20世纪六七十年代，近现代沉船开始成为国际水下考古领域关注的对象，时至今日，"近现代沉船考古"已发展成为具有全球性意义的重要概念，近现代沉船在很多国家的水下文化遗产中都占有很大比例。作为当前我国水下考古发展"一主线两翼"的组成部分，近十年来围绕甲午海战中方沉舰等近现代沉船开展了一系列考古调查、发掘、整理和研究工作，取得了重大进展。我国的近现代沉船通常具备水下文化遗产、革命文物和工业遗产等多重属性，不同领域围绕沉船开展研究的切入点亦各具特色。本文以我国水下考古早期阶段的代表性案例中山舰为例，从工业遗产的价值阐释和全生命周期管理的理念和方法展开分析和讨论，探究近现代沉船保护与利用的基本策略与工作方法。

关键词：工业遗产；近现代沉船；水下考古；中山舰

自20世纪六七十年代以来，以两次世界大战时期的沉舰为代表的近现代沉船逐步受到国际水下考古领域的关注，并逐步发展成为水下文化遗产保护、研究和利用的对象。在澳大利亚，西澳大利亚州政府1964年通过并颁布实施《博物馆法修正案》（*Museum Act Amendment Act*），决定保护该州水域内1900年以前的沉船，无论其材质是木制还是铁质，是帆船还是蒸汽船[①]。1972年，乔治·巴斯以南北战争时期的两艘沉船为例，证明开展近现代沉船水下考古研究的价值[②]。工业考古学也是在相近历史阶段逐渐为传统主流考古学所接受，成为具有一定影响力的研究领域。尽管按照联合国教科文组织《保护水下文化遗产公约》中水下文化遗产至少部分或全部位于水下100年以上的限定，一战沉舰和

[①] Jeffery, B. Historic shipwreck legislation, in M. Staniforth & M. Nash (ed.) Maritime archaeology: Australian approaches[M]. New York: Springer/Kluwer/Plenum Press, 2006.

[②] Bass, G. F. A history of seafaring based on underwater archaeology[M]. London: Thames and Hudson, 1972.

二战沉舰刚刚成为或仍未成为适用客体，但世界上很多国家和地区都已经在积极推动一战、二战时期水下文化遗产的调查、保护和管理，联合国教科文组织曾在2015年和2017年先后汇编出版了一战时期水下文化遗产论文集①和二战时期相关水下文化遗产保护和管理最佳实践报告书②，其重要程度和发展潜力可见一斑。

我国水下考古事业发端于20世纪80年代后期，而近现代沉船作为我国水下考古工作对象的时间更短。从水下考古探测等技术条件上看，近现代沉舰沉没时间相对较短，战舰体积较大且为铁质，利用现代探测设备展开调查时，搜寻到的概率会更高。2012年辽宁丹东大鹿岛沉船遗址调查工作完成后，相关专业人员便提出在大鹿岛海域开展甲午海战战舰专项水下调查工作的建议③。基于国际上对近现代沉舰日益重视的发展背景以及在相关技术层面的可行性，国家文物局自2014年起即着手规划推动北洋海军沉舰的水下考古工作④，将调查与保护提上日程，已先后调查发现了致远、经远等近现代沉舰，通过近几年的工作，还在威海湾陆续发现了定远、靖远和来远三艘沉舰。在水下沉舰调查、保护与研究的基础上，近现代海防要塞、海军船史档案、地上和滨水工业遗产以及出水文物等方面的调查和研究也都有所进展，为推进甲午海战历史研究等课题提供了更加丰富的学术支撑和视角。

我国近现代沉船兼具水下文化遗产、革命文物和工业遗产等多重属性，不同领域开展具体实践和研究的切入点和理论方法各有特点。纵观我国水下考古发展历程，早期阶段曾对一艘重要的近现代沉船——中山舰开展过一系列工作。尽管在同一阶段主管部门也曾考虑打捞其他近现代沉舰，比如1996年国家文物局正式批准成立了"中国甲午海战'致远舰'打捞筹备办公室"，并在上文提到的辽宁大鹿岛设立了指挥部，于1997年成功定位了沉舰，但由于种种原因，打捞行动暂停⑤。因此，中山舰的打捞、修复、保护、展示和利用成为我国开展水下考古工作早期阶段为数不多的近现代沉舰案例之一，有必要对其价值和经验加以梳理和总结⑥。从不同视角梳理其蕴含的价值和相关工作的经验、教训，既有助于理解我国水下考古领域早期理念的演变过程，也为今后推动近现代沉舰调查和保护事业发展带来更多启示。本文以工业遗产研究视域对中山舰的"前世今生"所承载的各类价值加以阐释，再应用全生命周期管理的理念和方法对中山舰水下考古和水下文化遗产保护利用展开分析和讨论，最后，针对近现代沉船保护与利用提出工作策

---

① Guerin U, Silva A, Simonds L (ed.) The Underwater Cultural Heritage from World War I[C]. Paris: UNESCO, 2015.
② Pacific Underwater Cultural Heritage Partnership. Underwater Cultural Heritage in the Pacific-Report on Good Practice in the Protection and Management of World War II-related Underwater Cultural Heritage[M]. Paris: UNESCO, 2017.
③ 朱滨.闽滨滨海：水下考古物探技术集成[M].海峡文艺出版社,2015.
④ 宋新潮.序：北洋海军沉舰调查——我国水下考古的新篇章[J].自然与文化遗产研究, 2020(7).
⑤ 马明飞,李星燃.甲午海战沉船的发掘与保护[J].中华环境,2021(6).
⑥ 湖北省水下文化遗产保护中心.中山舰打捞与文物保护利用[M].科学出版社,2019.

略和方法上的几点思考。

一、中山舰的价值阐释

甲午海战失败致使北洋海军覆灭,原北洋海军驻地尽失,列强完全控制了我国黄海、渤海、南海的制海权,乃至内河航行权。之后的戊戌变法引发义和团运动和八国联军之役,朝野对海军重要性的认识有所提振,开启了重振海军的艰辛历程。海军大臣载洵携海军副都统萨镇冰岛沿海沿江九省巡阅后,便赴德、法、英等国考察海军;1910 年 7 月抵美国考察,又转赴日本,在此稍早之前,中国已向日本订购了一批鱼雷艇、炮舰。此时,又向日本三菱造船所订造永丰号炮舰,于当年 11 月回国。

1911 年,辛亥革命爆发,清王朝被推翻,中华民国成立。先后任临时及正式大总统的袁世凯,宣布承认一系列外交条约和协议,认同在日本订购舰船的协议。北洋政府派李国圻、郑贞能赴日本监造永丰舰,三菱造船所对造舰工作抓得很紧,正式动工后,不到一年时间在 1912 年 6 月便建成下水,造价为 68 万日元,同时,还建造了永丰舰的一艘小型附属船①。永丰舰(后更名为中山舰)是长崎三菱造船所为国外打造的第一艘军舰。下水成功后,中日双方签订契约,未付的 34 万日元,以 6.5% 的年利率,在一年之内付清。1913 年 1 月,在日本长崎举行了交接仪式后,永丰舰开赴上海,于 1 月 15 日抵达吴淞,20 日由袁世凯政府的北京海军部接收,编入海军第一舰队。

自 1912 年 6 月在日建成下水,到 1938 年 10 月被击沉,再到 1997 年 1 月整体打捞出水,至 2011 年 9 月中山舰博物馆正式开放,从永丰舰到中山舰,至今已走过 110 余年的历程。自 1913 年至 1938 年服役的 25 年间,中山舰经历了北京北洋政府、广州革命政府和南京国民政府三个时期,亲历了一系列重大历史事件并建立了卓越的功勋。自 1986 年 5 月有关专家学者提出打捞并陈列中山舰到 2011 年 9 月实现面向公众展示推广的发展阶段,刚好也是中国水下考古从无到有、由弱变强的 25 年,围绕中山舰开展的研讨、论证和实践,客观上也在一定程度推动了中国水下文化遗产保护和利用的历史进程。

中山舰承载的价值涉及不同的维度,作为革命文物具备重要的历史价值和社会价值;整体作为水下文化遗产和大型可移动文物具有显著的科技价值;以修复后的中山舰、出水的舰载文物为藏品基础新建中山舰博物馆,开展相关保护、研究和展示,具有广泛的社会价值、科技价值和艺术价值。因此,纵观中山舰 110 余年的历程,从工业遗产的视角看,其承载的价值是立体而多元的。以下从中山舰的全生命周期历程出发,系统梳理和阐释中山舰作为一项特殊工业遗产而蕴含的历史价值、社会价值、科技价值和艺术价值。

---

① 皮明庥. 中山舰史话[M]. 武汉出版社,2011.

(一) 历史价值

中山舰最突出的历史价值体现在其与重要历史事件、人物的密切联系。

根据目前对相关史料的梳理和研究,中山舰的历史波澜起伏、风云变幻。1916年6月25日,李鼎新以海军总司令的名义与第一舰队司令林葆怿、练习舰队司令曾兆麟以及海军各舰长联名通电全国,参加护国讨袁战争,永丰舰便参加了"护国运动"。1917年参加第一次护法运动,1920年参加第二次护法运动。1920年4月,经历了夺舰事件后,孙中山改组了护法舰队。1922年发生陈炯明叛变,孙中山在广州蒙难,辗转登上永丰舰。1922年6月17日至8月9日,孙中山在舰上召集军事会议,发布平叛的最高指令。其间他曾登上驾驶台,命令舰队炮击叛军;也曾大声疾呼:"民国存亡,在此一举,今日之事,有进无退。"1923年1月6日孙中山组织的讨逆军击败陈炯明,2月21日由上海返回广州,建立大元帅府,出任大元帅,孙中山携夫人宋庆龄再度登上永丰舰,这是化险为夷的感怀与纪念,也是风雨同舟的探望与谢忱,更是乘风破浪的激励与鞭策[①]。

1925年3月,孙中山逝世,举国悲痛,国民党中央与全国各地纷纷举行悼念活动。在其逝世一个月后的4月12日,举行隆重的易名典礼,将永丰舰更名为中山舰以资纪念。中山舰和一代伟人孙中山的名字相随相连,也赋予了这艘军舰永恒的时代价值。1926年3月20日,发生中山舰事件。1927年至1928年,海军参加国民革命军。抗日战争爆发后,中山舰编入南京国民政府海军部舰队参加江阴抗战,随后又参加武汉保卫战,1938年10月24日在金口殉难。[②]

中山舰25年服役期的征程曲折而复杂,但其大部分时间都站在了正义或进步的方面,参与了反帝反封建的斗争,最终在金口与日军军机海空对决,在不屈的抗争中沉没。昂起的舰首象征着顽强与信念,谱写出中华民族一曲悲歌,也留下了难以磨灭的历史印记。总之,中山舰是20世纪上半叶中国历史进程的重要见证,承载着丰富而独特的历史价值。

(二) 社会价值

从中山舰本体的客观状态来看,在其建成后的110余年时间里可划分为三个阶段:第一阶段,1913年至1938年为服役期,是一艘承担军事目的的船只;第二阶段,1938年沉没至1997年打捞出水前为沉没期,是一处位于水下的近现代文物;第三阶段,1997年打捞出水后开展并完成修复与保护,于2011年建成专题博物馆并公开展出至今。其中第三阶段将中山舰打捞出水、修复保护和陈列展示,运用它对广大公众开展爱国主义教育、对中国近现代革命历史传统进行宣传,对于激发公众爱国热情、促进祖国的和平统一具有重要的社会意义。

---

① 枫丹露.一艘军舰的故事——从永丰舰到中山舰[J].侨协杂志,2012(1).
② 祁金刚.百年风云话名舰——中山舰[J].武汉文史资料,2021(10).

作为一代名舰,中山舰在国内外具有广泛影响,在打捞出水和妥善修复后进行展示和对外交流,一方面有利于博物馆所在地以文化旅游产业开发带动区域经济发展,另一方面,也能够团结海内外华人华侨支持我国现代化建设事业[1]。足见其巨大的社会效益和潜在的经济收益[2]。

此外,武汉市中山舰博物馆以全国文物普查工作等为契机,围绕中山舰及其相关文物进行深入挖掘与研究,比如研究人员发现中山舰出水文物中有一百多件涉及德国的文物,便就此专门开展了"从中山舰出水文物中窥探民国中德关系的发展研究",系统梳理了与德国有关的馆藏文物及其背后的故事,并以这项研究成果为基础,于2019年12月底推出原创展览"舰证中德交往——中山舰出水文物特展",展览讲述近代中德关系以及中德贸易发展状况的同时,也从一个侧面体现出近代中国民族工业发展的艰辛。而作为近现代中国海军发展史上的名舰之一,从永丰舰更名的中山舰,同其他舰船一道见证了中国从苦难到荣光、从屈辱到辉煌的奋进历程。

2021年,由武汉市中山舰博物馆、中国人民解放军海军博物馆、中国甲午战争博物馆和中国人民海军诞生地纪念馆四家单位联合举办的"舰证强军——中国百年名舰展",以历史进程为主线,讲述自甲午海战以来中国海军历经苦难、不断成长的故事,将一个个"舰证"海军发展的标志性历史坐标物提取与串联,选择每个历史时期最具代表性的军舰,让观众能够多维度、多视角、沉浸式地亲身体会到中国海军不断发展壮大的历史进程[3]。中山舰博物馆通过"以点及面"的方式,向广大观众宣传推广了中国海军发展史,搭建起爱国主义与国防教育的平台。

(三)科技价值

中山舰的科技价值集中体现在水下考古实践以及水下文化遗产保护与修复等方面。

我国水下考古领域对于中山舰打捞是否属于水下考古具有争议。一种观点是中山舰的整体打捞是我国内陆区域第一次水下考古发掘,是我国水下考古的一次重要实践,为我国水下考古积累了整体打捞大型文物舰船的宝贵经验[4]。2014年10月,在国家水下文化遗产保护宁波基地正式对外开放的首个全面、系统反映我国水下考古20多年发展历程和主要成就的专题性水下考古陈列——"水下考古在中国"专题陈列[5],即将中山舰出水文物列为展览重要组成部分之一。有研究者认为,中山舰打捞保护和"南海Ⅰ号"沉船整体

---

[1] 湖北省水下文化遗产保护中心. 中山舰打捞与文物保护利用[M]. 科学出版社, 2019.
[2] 武汉市中山舰博物馆. 中山舰水下考古科研报告. 内部资料, 2013.
[3] 刘念. "舰证"百年征程 凝聚奋进力量——武汉市中山舰博物馆"舰证"系列之路[N]. 中国文物报, 2024-1-26(8).
[4] 湖北省水下文化遗产保护中心. 中山舰打捞与文物保护利用[M]. 科学出版社, 2019.
[5] 宁波市文物考古研究所, 宁波中国港口博物馆, 国家文物局水下文化遗产保护中心. 水下考古在中国: 专题陈列图录[M]. 宁波出版社, 2015.

打捞都属于水下文化遗产的"异地保护"措施①。另一种观点则并未将其视为水下考古的科学实践。1995 年 11 月 23 日,国家文物局《关于同意打捞"中山"舰的批复》(〔1995〕文物文字)中同意湖北省人民政府呈报的中山舰整体打捞和修复保护方案,并明确实施打捞和修复保护等具体工作由湖北省文化厅会同中国历史博物馆水下考古研究室等单位组织协调。但当时因整体的发掘方案已经基本确定,打捞工程的承包合同也已签订,方案和合同所关注的重点是沉舰本体,对其内部的其他可移动文物的要求较低,仅是在吸沙管出口处安置过滤网防止文物流失以及仔细收集散存舰体四周的文物②,应对的措施比较简单,突发情况的应急预案准备并不充分。中国历史博物馆水下考古研究室主任张威带领徐海滨、孙键、李斌等人的团队在现场负责水下摄影工作③,通过水下微光摄像技术拍摄到"中山舰"铭牌及船体情况④,在一定程度上弥补了沉舰部分考古资料信息的损失,但仍有大量的研究线索和信息无法通过这种打捞方式获取而遗憾的永远丢失了。中国学者编写的水下考古学专业教材《水下考古学概论》一书中⑤,也并未提及中山舰。

笔者认为,中山舰打捞相关工作的思路与方法,与 20 世纪 90 年代我国科学的水下考古调查与发掘项目(比如辽宁绥中三道岗沉船)具有显著差异,很难为专业的水下考古工作者完全认可,但需要提出的是,这个项目前期开展的各项工作为推动我国水下考古事业的发生与早期阶段的发展作出了特殊贡献。早在 20 世纪 60 年代,我国打捞部门已经开始调查水下沉舰并收集船载物品。1966 年 4 月 5 日,江苏靖江打捞队潜水员展宝发首次探得"中山舰"沉没位置;在此之后,长江航道局武汉分局打捞队又数次探测并取出车钟、铁锚、望远镜、枪炮弹药、保险柜、餐具等舰载物品⑥。1988 年 5 月 3 日,中山舰整体打捞前期探摸工程在金口水域正式展开,工程由湖北省文化厅委托海军三八六一八部队承担,交通部长江航政管理局武汉分局、中国科学院测量与地球物理研究所、空军八七二四九部队以及金口镇人民政府等单位给予了大力支持⑦。该项工程一方面为制定中山舰整体打捞工程方案提供了科学资料,另一方面体现出水下考古与海军、打捞、交通等部门的密切关系,成为 1987 年"水下考古工作协调小组"成立后开展跨部门业务合作的具体实践案例。同时,中山舰的打捞工作也较早地树立起我国水下考古领域对于沉船开展"整体打捞"的工作理念。

除了在水下考古领域集中体现出的科技价值,中山舰及其相关出水文物在修复、预防性保护等方面都承载着一定的科技价值。修复方面,根据国家文物局批复的《中山舰修复方案》相关要求,中山舰需要"恢复到 1925 年前的状态,保留 1938 年沉没时的右舷弹孔"。

---

① 魏峻. 中国水下文化遗产保护现状与未来[J]. 国际博物馆(中文版),2008(4).
② 武汉市中山舰博物馆. 中山舰水下考古科研报告. 内部资料,2013.
③ 湖北省水下文化遗产保护中心. 中山舰打捞与文物保护利用[M]. 科学出版社,2019.
④ 俞伟超. 十年来中国水下考古学的主要成果[J]. 福建文博,1997(2).
⑤ 宋建忠. 水下考古学概论[M]. 科学出版社,2023.
⑥ 佚名."中山舰"出水在望[N]. 中国文物报,1988-1-15(4).
⑦ 梁华平. 中山舰打捞工程已拉开序幕[N]. 中国文物报,1988-5-27(1).

湖北造船厂对中山舰进行整体修复,包括舰体修复、舰体及舰载设备文物(机械部分)除锈保护、舱室复原、整体涂装、保护等四大部分。由于缺少原始资料,加之毁坏严重,要做到"修旧如旧"十分困难,许多工艺在极其困难的条件下,完全靠工人们的惊人毅力和智慧才得以完成。如为了更换中山舰左侧甲板,工人们抡起18磅重的大锤,在炎热的天气里,将1.5厘米厚的钢板一锤一锤地敲打成标准的舰体曲线①。在预防性保护方面,中山舰作为我国最大的可移动文物,自2011年正式开馆以来经历了多轮次的舰体预防性保护工作。2016年,博物馆建立了舰体监测系统,对中山舰的保存环境、材料损伤、结构变形、强度和陈列安全等进行长期动态监测,以便为展陈现场存在的安全隐患及时作出预警②。

(四)艺术价值

中山舰的艺术价值一方面在于舰体的造型美感,另一方面则体现在其保护与传承的核心载体——武汉市中山舰博物馆的建筑本体。武汉市中山舰博物馆"舰馆合一"的建筑方案立意"舰魂铸碑",通过简洁、具有雕塑感的几何块体穿插与组合,勾勒出中山舰博物馆的主体形象,其形式设计参照了瑞典瓦萨号舰船博物馆,彰显出中山舰作为我国最大体量的可移动文物在保护和利用中的艺术价值和审美内涵。博物馆作为安放打捞出水的中山舰的场址,坐落于长江金口岸边的中山舰纪念园区之内,以全新方式让一代名舰风华再现。从园区大门进入,漫步栈桥,穿过波光粼粼的金鸡湖,一座形同战舰的建筑便是武汉市中山舰博物馆,建筑物的"舰艏"一端朝着金鸡湖,好似昂首待航③。

园区内的牛头山上矗立着中山舰阵亡将士纪念碑和恢宏生动的武汉会战雕塑群。纪念碑由25根石柱组成,每一根都代表一位烈士,25根剑直指南天的雕塑柱,象征英勇迎战日本战机不幸阵亡的25名中山舰战士。博物馆由两幢相连的建筑构成,舰体陈列厅为全钢架构,中山舰则稳坐其中。粗犷厚重的花岗岩、精致挺拔的钢结构,中空玻璃和金属板材相结合,实现视觉通透和建筑节能。整个纪念园区融历史文化和自然风光为一体,景象磅礴大气、和谐庄重。④

二、中山舰的全生命周期管理

通过以上对中山舰所承载的丰富而多元遗产价值的初步梳理,不难发现中山舰在不同历史阶段的重点价值有一定的差异。随着对中山舰及其相关文献、史料、出水文物等研究的不断深入,其价值体系也将得到持续深化和延展。自1912年建成下水至今,中山舰

---

① 祁金刚.百年风云话名舰——中山舰[J].武汉文史资料,2021(10).
② 刘念."舰证"百年征程 凝聚奋进力量——武汉市中山舰博物馆"舰证"系列之路[N].中国文物报,2024-1-26(8).
③ 何欣禹.十年磨一"舰" 英气传千古[N].人民日报(海外版),2018-12-11(7).
④ 张卫国,刘志辉.中山舰与武汉会战[M].武汉出版社,2011.

历经了空间和功能的转变,作为水下遗存见证了中国水下考古的发生与早期发展,目前则采用兴建博物馆作为文化遗产载体的方式迎来发展的"新局面"。

(一)中山舰的功能变迁与面临风险

2021年4月中山舰博物馆推出的原创展览"战舰重生——中山舰水下考古成果展"(以下简称"战舰重生"展览)解构了中山舰全生命周期发展历程的全貌。"战舰重生"展览第一部分"铁血英姿 名舰光辉历程"系统阐述了这艘战舰1913年至1938年间作为军事装备履行初始功能的历程。在革命与战争的年代,从永丰舰到易名中山舰,一代名舰历经护法运动、保护孙中山脱险、中山舰事件等重大事件,1938年10月24日在金口抗战殉国,沉入长江金口龙床矶江底,在25年服役期里沉淀了大量的时代价值。

中山舰自此就成为具有鲜明革命文物属性的水下物质遗存,但客观上也不可避免地影响了长江干线船舶通航安全和航运发展。自20世纪50年代起,出于交通运输部门的实际要求,相关打捞队为了清理航道,同时获取经济效益,对长江水域的沉船进行了探摸和打捞。"大跃进"时期,在"以钢为纲"方针指引下,长江沿线城市打捞队甚至掀起了打捞近现代铁质沉船的高潮,各打捞单位都承担了高指标打捞沉船的任务,一直持续到"文化大革命"前夕[1]。由于当时对近现代沉船尚未形成文物保护的意识,因此打捞方案均为破坏性的商业打捞,仅是在打捞前开展沉舰状况勘探时,由潜水员捞取少量船载物品。1966年和1985年,江苏省靖江打捞队和长江航道局打捞队曾分别针对中山舰制定过打捞计划,均采用对舰体进行爆破解体后再打捞出水。除了打捞队,中山舰及船载物品也面临着私人打捞而被破坏的风险[2]。鉴于中山舰重要的历史、学术、教育和旅游开发等方面的重大价值,同时又面临着被破坏的风险,以妥当方式打捞中山舰是必要而紧迫的。

(二)作为中国水下考古早期发展的见证

在我国科学的水下考古事业于1987年真正建立起来之前,近现代沉船曾被视为一种待开发的旅游观光资源。比如,打捞中山舰出水并陈列展示的目的之一就是可以更好地推动当地的旅游开发和经济发展。再比如,20世纪80年代初海军某部在旅顺海域意外打捞到"济远舰"舰艉150毫米克虏伯炮等文物后,经国家文物局批准,由国家旅游局拨款300万元计划将"济远舰"整体打捞出水并修复展出[3],这反映了当时对于这类特殊文化遗存的认识具有一定的局限性。实际上,对沉没于江底的中山舰进行打捞、修复和公开展示具有重要的意义,因此,湖北、江苏和广东三省都希望将其打捞出水并在各自的省会展出,最终文化部文物事业管理局在批复江苏省文化厅的文件中明确了中山舰的打捞权归于湖北省。1988年3

---

[1] 周崇发.风雨中山舰[M].海天出版社,2013.
[2] 湖北省水下文化遗产保护中心.中山舰打捞与文物保护利用[M].科学出版社,2019.
[3] 姜鸣.备受争议的"济远"号巡洋舰[J].舰船知识,2002(11).

月 25 日,国家文物事业管理局〔1988〕文物字第 162 号公文中明确了国家文物行政主管部门对中山舰打捞工作的意见:

中山舰是我国重要水下文物之一,具有重要的政治和历史价值,必须采取慎重和科学的方法进行发掘;中山舰现存于湖北境内长江水下,湖北省政府及文物部门明确表示已经制定出打捞方案,待论证后报我局审批。鉴于以上情况,此事可由湖北省筹备、申请,报我局批准后方可施行。

中山舰的水下考古与水下文化遗产保护工作始于 1986 年 8 月,至 2011 年 9 月中山舰博物馆正式对外开放时完成了大部分基础工作,历时 25 年。调查、打捞、修复、保护和陈列展示中山舰是一项庞大而复杂的系统工程,开创了中国大型舰船水下发掘和整体打捞的先河。相关部门和人员在整个实施过程中积累了大量实践经验,对于我国水下考古事业而言,无疑是一笔宝贵的财富。中山舰打捞和水下文化遗产保护项目,与绥中三道岗元代沉船考古和白鹤梁题刻原址水下保护工程一道,成为奠定我国水下考古与水下文化遗产保护领域早期发展的重要成果,同时也为构建我国水下文化遗产科学管理能力与跨部门协调能力作出了重大贡献。

围绕中山舰开展的一系列工作及其积累的宝贵经验,对我国"十二五"期间完成《水下考古工作规程(征求意见稿)》的编制工作具有借鉴意义(表1);与此同时,也推动了我国水下沉船"整体打捞"和"就地(或就近)保护"等理念的形成与发展。但不可否认的是,由于中山舰沉船打捞工作立项以及具体执行的时期,我国水下考古的科学化进程刚刚起步,因此不应忽视这项工作存在的诸多缺憾,比如对于沉舰舰体的保护与修复,在一定程度上破坏了文化遗产的真实性,整个打捞过程导致船载文物"背景"信息的大量丢失等,需要从中吸取教训、积累经验。

表 1 中山舰水下考古工作流程与水下考古工作规程的比较

中山舰打捞与保护工作流程	水下考古工作规程(2011)	水下考古工作规程(2023)
打捞前的调查与探摸 打捞方案的论证和制定 正式打捞前的探查工作	水下考古组织管理 水下考古调查	实施单位与负责人职责 水下考古调查
打捞工程的全面实施 修复保护工程的实施 出水文物的发掘清理与保护	水下考古发掘 出水文物保护	水下考古发掘 出水文物现场保护与管理
中山舰勘测与修复方案制定 修复后的舰体迁移工程 中山舰博物馆的建成开放	水下考古安全体系	水下考古安全管理
中山舰价值的传播与推广	考古资料管理 考古资料刊布	资料整理 成果发布 资料管理

（三）以博物馆作为平台载体的新发展

有研究者将水下博物馆划分为陆基型、半水下型、全水下型和船舰型等四种类型[①]，而中山舰博物馆属于船舰型之中罕见的利用考古出水船舰修复后建馆的案例。2011年中山舰博物馆正式对外开放后，随着文物整理与初步保护工作的完成，以博物馆作为中山舰及出水文物保护、管理、研究、展示和推广的平台载体，逐步走向综合保护与利用阶段，迎来了传承与发展的"新局面"。

以2011年在日本长崎举办的国际交流合作展览"孙文·梅屋庄吉与长崎"为例，中山舰博物馆在开馆伊始便向该特展出借了9件出水文物（一级文物4件、二级文物2件、一般文物3件），其中不仅包含了带有"永丰"铭文的餐具和器具，还有日本长崎"林久一"制甲种舷灯（图1）等舰上装备，利用船载器物将这艘军舰的沉浮往事呈现给广大日本观众，加强中山舰及其所蕴含的各类价值的推广力度，以期提升其国际影响力。日本前首相福田康夫、时任长崎县知事中村法道等有关人士300人参加了展览的开幕式（图2）。

**图1　日本长崎"林久一"
制甲种舷灯**

（图片来源：武汉市中山舰博物馆）

图2　"孙文·梅屋庄吉与长崎"展览开幕式

（图片来源：日本长崎历史文化博物馆）

---

① 臧振华,黄汉彰,郑莹.澎湖建置水下博物馆的缘由、构想与展望//见澎湖县政府文化局编.2021澎湖学第21届学术研讨会论文集[C].2022.

三、关于近现代沉船保护利用的几点思考

水下考古以及水下文化遗产领域研究发展的新趋势之一体现在对于海洋文化景观和海洋社区的关注,围绕各类水域(海洋、湖泊、河流和湿地等)创造的环境在历史上塑造社会和文化展开研究与讨论。近现代沉舰在其服役阶段通常承载着比较多的时代内涵和历史价值,其中涉及的很多具体人物和事件,虽然各类档案、文献史料等会有相对翔实的记录,但是船体、船载文物等物质类遗存往往会揭示更加丰富的历史细节。在回顾和梳理中山舰110余年的历程基础上,结合当前我国水下考古和文化遗产保护利用发展趋势,针对近现代沉船保护利用提出以下三点思考,供学界和业界参考。

(一)贯穿全生命周期挖掘和认定近现代沉船所承载的价值

参照工业遗产全生命周期管理的模式构建围绕近现代沉船的研究对象、文化遗存、遗产分类、战略规划、技术分析和实操工具为基本流程的近现代沉船全生命周期管理的分析与研究模式(图3)。

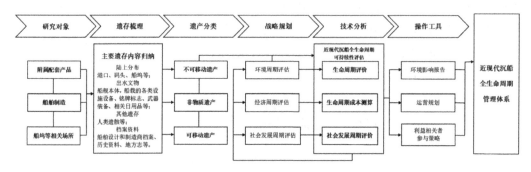

图3 近现代沉船全生命周期管理的分析与研究模式示意图
(图片来源:作者自绘)

近现代沉船作为一类工业制品沉没或失事后留存于水下的文化遗产,所蕴含的遗产价值往往贯穿于舰船的整个历史进程。从工业遗产的价值范畴看,舰船本体在建造阶段可能会产生一定的科技价值,在行使其基本功能阶段往往会积聚一定的历史价值,在开展水下考古和水下文化遗产保护阶段会形成社会价值和科技价值,而在后续更加长久的保护与利用阶段,将有机会实现更加丰富而广泛的社会价值、审美价值甚至是经济价值等。当然,针对某一艘特定的近现代沉船展开持续的研究,无论目前正处于其生命周期的哪个阶段,都有机会从中发掘出更丰富的价值内涵。

(二)针对重要的涉水文化遗产开展陆水结合的考古调查与发掘

相比年代久远的古代沉船,近现代沉船相关的文献史料以及具有密切关联性的陆上

考古或文化遗产通常更加丰富而具体。因此，在开展近现代沉船水下考古、学术研究和遗产保护利用的过程中，应特别注重在沉船本体基础上，针对其他相关重要涉水文化遗产（包括相关的工业遗产等）开展陆地与水下相结合的考古调查与发掘。

列入世界文化遗产"明治日本工业革命遗产"的遗产点之一——三重津海军基地历史遗址，尽管因申报对象本身不可回避的历史问题等原因而受到外界质疑①，但在筹备"申遗"阶段，日本政府及有关方面开展的细致史料梳理、考古发掘及基础研究工作值得思考和借鉴。这处江户时代末期佐贺藩使用西式船只进行海军教育的设施，也作为修造和停泊船只的一个基地。1858年，佐贺氏扩大了位于三重津的家族造船厂，并建立了一个海军教育中心，培训西式船舶的操作技术，加强该藩的海军实力。此外，还进一步开发了船舶维修设施——船坞。1865年，成功建造了日本第一艘实用蒸汽船"凉风丸"。三重津遗址的史料梳理工作在地方教育部门、科研机构主持下持续开展，2001年和2012年先后在遗址范围内针对专门问题进行考古发掘，解决了遗址边界、船坞构造和工作方式等问题。考古工作结束后，遗址虽然已经全部回填，但是一系列发掘记录和研究成果都作为珍贵的资料和素材在其专题纪念馆中得以充分展示和传播②。

（三）构建起更加科学的近现代沉船全生命周期管理和实践体系

我国水下考古专业人员在开展有关近代沉舰水下考古实践后，根据水下保存状况和现实保护条件提出了三种差异化的保护方法（表2）。

表2 近现代沉船的保护策略与具体方法（据周春水，2015）

保存状况	保护策略与具体方法
保存状况较差	水下清理风险较大，可设立沉舰遗址保护区，纳入拟建设的监控体系中，包括开展定期或不定期的海上执法活动
保存状况一般	可进行水下清理，提取出重要遗物后再原址掩没，在海面或水底建立纪念碑或标志物
保存状况较好	沉船的刚性结构强，可将沉舰整体打捞出水，在岸上对舱内进行清理。清理完毕后，再将沉舰放入近岸的清澈海水中，也可构建水下廊道，供人参观和瞻仰

针对上述三种策略和保护方法，鉴于我国水下文化遗产保护的严峻形势，研究者个人更倾向于第三种方式。将水下尤其是海洋铁质文物打捞出水，使之脱离水下的静态、低氧环境而暴露于空气中，将加速其锈蚀进程；而通过重修并涂层（往往是不可逆的修复过程），则极有可能改变文物原貌，在一定程度上造成文化遗产的"真实性"降低。因此，在清

---

① 赵宏伟.中国应阻止"明治工业革命"申遗[R].人大重阳研究动态，2015-5-20.
② 佐贺市教育委员会社会教育部文化振兴课世界遗产调查室.20区发掘调查现地说明会资料——幕末佐贺藩"三重津海军所迹".2013-12-1.

理完沉船舱体后,加上腐蚀块再重新放置于水下环境,是相对妥当并可以节省大笔保护费用的处理方式①。但是,如果后续采取前文提及的"全水下型"水下博物馆模式向公众开放、展示并开展活化利用,则很可能需要投入更大的人力、物力和财力,需要积极探索有吸引力、互利共赢的多方参与共同保护利用机制和模式来提供保障和支撑。

  总之,从近现代沉船全生命周期管理的视角出发,为实现保护与利用之间的动态平衡,将牵涉更多环节与复杂因素。中山舰作为特定历史阶段水下文化遗存保护与利用的经典案例,深化对其整个工作过程的梳理与反思,对今后我国近现代沉船的水下考古以及文化遗产保护传承等方面将产生积极的影响。

---

  ① 周春水.近代沉舰遗址的调查与保护——以"丹东Ⅰ号"沉船为例//见国家文物局水下文化遗产保护中、宁波中国港口博物馆、宁波市文物考古研究所.新技术·新方法·新思路——首届"水下考古·宁波论坛"文集[C].科学出版社,2015.

世界废弃火车站遗存与保护

——加拿大火车博物馆遗存保护印象

谢友宁

（河海大学）

摘　要：19世纪初，火车"上线"，至今约有200年的历史。火车是工业文明显著标志，火车的动力也推进了社会文明的进程。当矿产资源开发受到了限制或停止，火车线路随城镇乡布局调整而改变，许多火车站点关闭或废弃。本文试图从废弃火车站的文献、图片及加拿大多伦多火车（或铁路）博物馆的观察与体验，提供一个工业考古的新路径，讨论一下"废弃火车站遗存与保护"的话题，借鉴一下国外经历的过程。

关键词：废弃火车站；工业遗产；火车发展史；世界

19世纪初，火车"上线"，至今约有200年的历史。火车是工业文明显著标志，火车的动力也推进了社会文明的进程。一部火车史，可谓半个工业文明史。火车站链接了乡村、工矿企业、城市及社区，成为联系与发展重要的枢纽。

资料显示，世界上最早出现的铁路车站为货运用途。世界上第一个火车站是1825年英国的斯托克顿。为什么是斯托克顿？从地理环境观察，斯托克顿和达灵顿都位于英格兰的东北部靠近北海出海口的地方，两个城镇都位于蒂斯河畔，斯托克顿靠近入海口，以北48千米就是纽卡斯尔，而达灵顿附近有一处南达勒姆煤矿。纽卡斯尔的煤矿有各种铁路线衔接入海口，水运也比较方便，如果修建一条衔接煤矿与蒂斯河入海口的铁路，将会大幅度降低成本。从技术水平观察，当时的斯托克顿和达灵顿制造业水平都是比较高的，修建铁路可以促进物流，降低成本[①]。

又有一则故事说：一直为铁路奔走操劳的爱德华·皮斯想利用自己的影响力，为家乡做一些好事，而这条铁路的投资人都是两个城市的企业家和商业大亨。他们早就拟定了修建铁路的计划，但是事情不是一帆风顺的，修铁路始终遭到封建贵族们的千般阻挠和

---

① 资料来源：https://www.sohu.com/a/303863119_100058214[2024-4-13].

反对。贵族们认为,修铁路有违圣经的教义,是对上帝的背叛。强调说火车冒出的黑烟不仅损害田禾,使五谷不生,而且会毒化草地,连乳牛也不能出奶了。因此,几次申请计划都没有得到国会的批准,计划一拖再拖。

关于"火车站",也有人认为:斯托克顿至达灵顿铁路(Stockton and Darlington Railway)是世界上第一条商营铁路,而由于它的用途是运货(主要是矿产),所以并不存在"正式"的火车站。如果以客运为维度,真正的第一个铁路车站应该为1830年开通的英国利物浦至曼彻斯特铁路(Liverpool and Manchester Railway)而建的火车站,今日在曼彻斯特,利物浦路车站幸运地被保存了下来,作为当地的科学博物馆。

关于这段历史还有一个插曲,即利物浦至曼彻斯特铁路在1830年9月15日启动,而这也是现代铁路的原型。铁路公司指派史蒂文生规划线路,这在当时需要最先进的技术;大型火车站、63座商桥梁与高架桥、从不到3米到1000米的坡度,甚至有一座长达3.2公里的隧道等。然而不幸的是,铁路开通的第一天就发生铁路史上第一起意外死亡事故。国会议员哈斯基森(William Huskisson)因为过于兴奋而分神,在其跨过铁轨要跟威林顿公爵(Wellington)讲话时,被迎面而来的"火箭号"撞上,当场身亡[①]。

还有一则消息称:"废弃百年老车站,新生为现代活力的全球总部办公室"[②],消息一出,引发人们关注。消息中提及的"Viger车站","维基百科"解释:废弃的维格广场(Place Viger),原是加拿大魁北克省蒙特利尔市的一家集豪华酒店和火车站一体的车站,建于1898年,名字来源于该市第一任市长雅克·维格(Jacques Viger)。后因蒙特利尔商业中心向西北部的转移,20世纪30年代经济萧条,冲击了维格广场,使其也变得萧条。1935年酒店关闭,1951年火车站也关闭。之后,该具有法国传统风格的建筑被出售给蒙特利尔市。后又几经周折,于2014年5月,新业主、房地产开发商Jesta与合作伙伴宣布了一项耗资2.5亿美元的综合体重建计划,包括住宅和办公空间。同年9月,加拿大新兴软件提供商Lightspeed宣布将把蒙特利尔办事处迁至Viger综合大楼。这可谓是传统与现代结合,历史遗存与再利用的优秀案例。

本文试图对火车(铁道)、废弃火车站的文献、图片及加拿大多伦多火车(或铁路)博物馆的观察与体验,提供一个工业考古的新路径,讨论废弃火车站遗存与保护的话题并借鉴国外经历的过程。

一、废弃火车站究竟有多少

目前还没有一个统计数据可以表明"废弃火车站"的数量,几千个或上万个?据悉,火车站被废止的最著名案例是"比钦大斧",英国铁路的总工程师理查德·比钦博士,出于节

---

① 资料来源:https:medium/@bookrep_republic.[2024-04-11].
② Maxime-Alexis, Frappier, Joan Renaud, Laure Giordani, et al. 废弃的百年老车站,新生为现代活力的全球总部办公室——Lightspeed全球新总部[J]. 设计家,2016(3).

约政府开支的考虑，废止了近 6 000 英里铁路和 2 363 个车站（包括货运站、编组站以及工矿企业站）、435 个干线车站①。

笔者利用智慧的"副驾驶"（Copilot），让其帮忙"巡航"了一遍，因受数据限制，其仅列举一些值得一看的废弃火车站，提供了车站的一些跟踪线索②：

其一，Canfranc 国际火车站（西班牙）：Canfranc 国际火车站曾是 20 世纪初欧洲最大、最豪华的火车站之一。在其运营期间，这座装饰艺术风格的建筑让法国和西班牙的人们穿梭于比利牛斯山脉之间；在二战期间，它还成为逃离纳粹政权的犹太人的避难所。其二，密歇根中央火车站（美国底特律）：密歇根中央火车站被誉为底特律的"埃利斯岛"，它曾将当地居民送往战场，也欢迎那些准备在汽车城蓬勃发展的人们；尽管它在 1988 年关闭，但计划作为福特汽车公司的校园重新开放。其三，安哈尔特火车站（德国柏林）：自 1841 年启用以来，安哈尔特火车站无疑是柏林最重要的铁路站之一，这座豪华的建筑装饰着锌雕塑，将德国首都与莱比锡、法兰克福和慕尼黑连接起来。但它的历史并不如外观那么美丽，这座车站曾被用来驱逐该市三分之一的犹太人，二战结束时遭到盟军轰炸。其四，Gudauta 火车站（格鲁吉亚阿布哈兹）：阿布哈兹是格鲁吉亚黑海东海岸的一个分离地区，这里有许多废弃的火车站。这座荒废的车站于 1990 年停用，但其引人注目的柱廊仍然存在。其五，拉各斯旧火车站（葡萄牙拉各斯）：拉各斯旧火车站于 1922 年开放，位于阿尔加维线的西端。尽管它运营了许多年，但在 2003 年被一座新的、更现代的建筑所取代。如今，游客仍然前来拍摄这座火车站的红色屋顶和马赛克瓷砖。

令笔者高兴的是近期获得了戴维得·罗斯（David Ross）编著的《废弃火车站——站台、信号灯留给世界的足迹》（英文版，2022）一书，作者用采集到的 200 多幅实景图片的方式揭示了欧洲、非洲和中东地区、亚洲和太平洋地区、北美、南美和加勒比海地区等废弃火车站的部分状况，让我们了解到了"废弃火车站"是世界性的普遍现象，是历史进程中必然发生的一件事情，是社会文明进程的印迹，提出的问题是如何去选择保存和再利用这些历史遗存。

火车曾垄断过内陆运输，至少在欧美一些国家是这样的。人类社会运输走过了人力、牛马、船、火车、汽车、飞机等各个不同运输速度时代。其中，火车又区分为蒸汽机、内燃机、电力、电磁几个时期，其关键是内部动力的变化。这和各时期的科技水平直接相关。当矿产资源开发受到限制或停止时，许多火车站点被关闭或废弃，这在戴维得·罗斯搜集的资料中得到了实证。罗斯还有意识地抓拍了一些沙漠地带零星的小火车站，如苏丹的 6 号站③。从图片上看，废弃的火车站周边还遗存着供水水箱、辅助建筑、

---

① 资料来源：https://copilot.microsoft.com/?showconv=1/[2024-4-20]
② 资料来源：https://copilot.microsoft.com/?showconv=1/[2024-4-20]
③ David Ross. Abandoned train station——rail station, yards, signal boxes and track that the world left behind[M]. London：Amberbooksltd, 2022：92-93.

铁轨、机车、车轮及零星构件等，尤其是沙漠地带的几棵葱绿的树很是显眼，让人感觉到生命的顽强。

阅读中，笔者注意到了寿命最短的火车站，也有建成后十来年没有启用的火车站。如德国慕尼黑奥林匹克体育场站，建于1972年，关闭于1988年，且于2003年拆除轨道，仅存16年时间。其间曾有专家建议将此站点作为连接去慕尼黑机场站，结果遭到了否定。再如我国通州的亦庄火车站，2010年建成，不知何原因，一直未有启用，此案例也被戴维德·罗斯收入书中。可谓刚刚诞生，就已经"死亡"。当时笔者专门在网上跟踪注意到当地最新消息称"亦庄火车站有望于2024年8月启用"，后于2024年10月1日投入运营。

二、废弃火车站遗存留有工业发展印迹

（一）矿产货物运输线

1825年，第一条铁路线（从斯托克顿至达灵顿）即矿产线。

布莱克斯特火车站（Blacksboat, Moray）是位于苏格兰斯卡斯皮（Strathspey）线路上的一座风格典型的火车站，也是货运站。该火车站有两个站台，一个是木制建筑，另外一个是利用当地石头搭建的，至今仍然保存着。该站开业于1863年，关闭于1965年。由于当时主要运输酒类货物，因此被当地称为"威士忌线"，它提供了众多酿酒原料及酒类商品的往来，这部分线路现在已经是行者（包括骑行）步道的一个衔接点。

北爱尔兰巴利米纳·库申达尔和红湾铁路建于1870年代初，用于运输当地矿山的铁矿石。从1888年起，这条994毫米（3英尺）轨距的线路，也将乘客运送到帕克莫尔（Parkmore）。客运服务于1930年终止，全线于1940年关闭[①]。

我国的野溪站是京门铁路上的一个小站，曾经也是一条运煤线。目前，站牌、轨道及前方的隧道仍然保存。京门铁路是一条历史悠久的线路，全线共11站，也称京门支线或大台铁路，由詹天佑于1906年建造。线路全长53公里，是一条单线铁路，主要是将门头沟的煤炭运抵西直门，为京张铁路的蒸汽机车提供燃料。

（二）国际海运、铁路及联合运输线

位于英格兰昆特的福克斯顿港口站，1849年开放，当时这条铁路与海运线路衔接，曾为第一条服务国际的海运、铁路运输线，一度垄断英格兰和法国运输。随着汽车运输和1994年英吉利海峡隧道的打通，2014年该火车站停止使用，目前作为一座遗产站点被保存着[②]。

---

① David Ross. Abandoned train station——rail station, yards, signal boxes and track that the world left behind[M]. London：Amberbooksltd, 2022：16.

② David Ross. Abandoned train station——rail station, yards, signal boxes and track that the world left behind[M]. London：Amberbooksltd, 2022：18.

乔普林联合车站(Union Station, Joplin, Missouri)是一个历史悠久的火车站[①]，位于密苏里州贾斯珀县乔普林。该车站为多条铁路提供服务，其中两条是堪萨斯城南部铁路和密苏里-堪萨斯-德克萨斯铁路。该车站由加拿大出生的建筑师路易斯·柯蒂斯(Louis Curtiss)设计，于1911年7月竣工，因其在混凝土中使用采矿废料作为原料而受到关注。1969年11月4日，最后一班列车"南方美女号"抵达该站，结束了该站长达58年的持续服务。1973年3月14日，该车站被列入国家史迹名录。2021年10月，车站被密苏里州保护组织列为危险场所。该车站支持者于2022年5月4日宣布，计划开展全国营销活动，寻找有兴趣的各方来修复和使用这座拥有110年历史的车站[②]。

(三) 农业产品运输线

火车对于边缘乡村的蔬菜、水果、麦子、土豆、玉米等农作物运输十分重要，因为这些农产品具有季节性、保鲜性等特性，在当地没有加工能力的前提下，更要求及时运输至城镇。在汽运还不太发达的前提条件下，火车成为主要运输工具。如英国剑桥郡希斯顿站，建于1847年，重点是关心农业产品的运输，尤其是水果。该站关闭于1966年，运行近120年。

随着时代的进步，科技水平的提高，乡村的需求发生了转移，火车停运、站点废除的情况逐步出现，其实这本身也是体现了一种社会的进步。

三、废弃火车站遗存保护方式

废弃火车站遗存主要在于其建筑物外观、特色及周边环境空间。对历史遗存的火车站保护与利用方式，笔者主要通过《废弃火车站》一书及网络资料进行梳理与分析，一般有以下几个方式。

(一) 作为别墅或公寓

历史上的一些火车站，建筑式样很是讲究，有的存在于镇、村的邻近位置，交通环境还不错。虽然火车站有时孤零零地独处在一处，但聪明的设计师仍然把它们改造成为别墅或公寓，出售或租赁给那些需要的人。

如位于英格兰的斯塔福德郡站，站点主要建筑具有意大利风格，该站于1849开业，1965年关闭，且于1979年将车站的部分建筑物改造为提供度假的住宿[③]。位于斯塔福德郡的奥尔顿塔目前已成为世界十大游乐场之一。

[①] David Ross. Abandoned train station——rail station, yards, signal boxes and track that the world left behind[M]. London：Amberbooksltd, 2022：168.
[②] 资料来源：https://en.m.wikipedia.org/wiki/Joplin_Union_Depot[2024-4-17]
[③] David Ross. Abandoned train station——rail station, yards, signal boxes and track that the world left behind[M]. London：Amberbooksltd, 2022：21.

(二) 作为博物馆或展览厅

巴黎奥赛博物馆即废弃火车站改建而成的,现在是一个以典藏印象派艺术作品为特色的博物馆,享有很高的声誉。当时的密特朗总统在博物馆落成典礼上所说的"拥抱过往情怀,在自由的思想上尽情享受一切美好的事情",充分体现了巴黎人浪漫的价值观,所以,用艺术装扮老旧火车站的观点能够达成一致就可以理解了。

巴黎奥赛火车站建于1889年,为1900年7月举办的巴黎万国博览会而建。为此,全部建设过程中,设计师花费了许多心思,尽力将火车站的风格与巴黎融为一体。当时,就有人感叹:"这个火车站仿佛是一座陈列艺术品的宫殿。"这也为未来留下伏笔。该火车站运行近40年,后因技术进步,原火车站的站台长度不够,只能迁移,于1939年关闭①。

贝尔谢巴土耳其火车站是位于以色列贝尔谢巴市的一座奥斯曼火车站,位于旧城以西②。维基百科解释:该站于1915年10月启用,当时正值奥斯曼帝国统治巴勒斯坦以及第一次世界大战西奈和巴勒斯坦军事行动期间。车站建筑群包括一座风格和设计与巴勒斯坦其他奥斯曼火车站类似的车站大楼、一座水塔、一座站长住宿楼和一个维修站。通往贝尔谢巴的铁路使奥斯曼帝国能够快速补给其在该地区的军队,并使该车站成为战争期间的主要军事中心。1918年5月3日,英国将贝尔谢巴铁路与拉法附近的Qantara海岸线连接起来,而通过苏拉尔干河与北部的旧线被废弃,因为它不是标准轨距。1927年7月,贝尔谢巴和Qantara之间的线路也停运,车站也因使用率低和维护成本高而关闭。以色列独立后,以色列铁路公司沿改进的路线以标准轨距重建了通往贝尔谢巴的铁路,这条铁路没有到达旧车站——奥斯曼火车站。1991年,该火车站被列为国家历史古迹;2013年,车站综合体和建筑物经过翻修并作为小型铁路遗产博物馆开放③。

(三) 改造为酒店或旅馆

法国的奥恩巴尼奥勒德洛恩火车站,开业于1881年,2002年关闭。2012年,市政府将其翻新为这个地区度假村的一部分。火车站历史遗存中的时钟仍然指向5点,具体是上午或下午时间,已无法考证④。

西班牙的坎弗兰克火车站,开业于1928年,1970年关闭。这是西班牙与法国间的一条国际线路,因两国的轨距不同,所有货物必须从一个轨距的列车上转移到另一个轨距的列车上才能继续运输。目前,西班牙一边仍然在使用,法国一方面已停止使用,成为半废

---

① Vanmo. 巴黎奥赛博物馆把世界最有名的印象派作品装进废弃火车站[J]. 城市地理,2022(9).
② David Ross. Abandoned train station——rail station, yards, signal boxes and track that the world left behind[M]. London:Amberbooksltd,2022:92-93.
③ 资料来源:https://en.m.wikipedia.org/wiki/Beersheba_Turkish_railway_station.[2024-4-17]
④ David Ross. Abandoned train station——rail station, yards, signal boxes and track that the world left behind[M]. London:Amberbooksltd,2022:40.

弃的火车站。如今,坎弗兰火车站被改造成酒店,受到了旅游者的欢迎①。

(四) 改造为购物中心

俄罗斯彼得堡的瓦尔沙夫斯基站,开业于1851年,2001年关闭。目前主楼和火车棚已分别改建为一个购物中心,有效利用了这个历史遗存②。

(五) 利用周边环境,构建步道,可行走或骑行

有相当一部分废弃车站,零星、分散,远离城市、村庄,处于无人监管状态。社会保护组织或社团联合步道设计师,有意识地通过步道的衔接,将废弃车站纳入人们视野,让民众贴近工业文明史和人类文明史,也发挥了遗产的价值,激发人们对于遗产的关注。如前面提及的苏格兰"威士忌线",车站前仍然保存着的黑衣船木货物大棚,引发了旅行者的兴趣。

(六) 挖掘再造新场景

遗存的保护,还包括其他各种方式的探索。例如日本北海道户松车站,该站已没有铁轨,然而却游人如潮。该车站建于1929年,1987年幌内线关闭时同时关闭。由于之前曾是煤矿工业控制地区,所以之后被当地志愿者利用内容优势,重新改造为铁路历史资源中心。车站建筑特色明显,屋顶为谷仓式,状如日本将棋瓦,时代感强。室内图片布置还原历史场景③,是一个微型的"石炭博物馆"。从窗口往里看,可见售票窗口挂满了过去的纪念品,工人团体、家庭照片、风景和活动广告等。荧光灯管和裸露的装饰,都表明志愿者在此的尽心尽力,这也为提高地方的美誉度作出了贡献。

四、加拿大废弃火车站保护与实践

加拿大重视火车遗产的保护,关于火车的博物馆存在多个。有温哥华列治文地区的铁路博物馆、蒙特利尔的火车博物馆和多伦多地区市中心CN塔附近和Milton附近的火车博物馆等。以下以多伦多地区为例。

(一) 安大略省乌克斯布里奇铁路博物馆的实践

位于安大略省乌克斯布里奇的乌克斯布里奇火车站,该车站大楼因大干线铁路于

---

① David Ross. Abandoned train station——rail station, yards, signal boxes and track that the world left behind[M]. London: Amberbooksltd, 2022: 48-49.
② David Ross. Abandoned train station——rail station, yards, signal boxes and track that the world left behind[M]. London: Amberbooksltd, 2022: 67.
③ David Ross. Abandoned train station——rail station, yards, signal boxes and track that the world left behind[M]. London: Amberbooksltd, 2022: 114-115.

1904 年建造,由乌克斯布里奇镇拥有和维护,并根据《安大略省遗产法》第四部分指定保护。

据维基百科介绍①,乌克斯布里奇分区建于 1871 年,当时车站所在线路名为多伦多和尼皮辛铁路,是一条 3 英尺 6 英寸(1 067 毫米)的窄轨铁路。之后该线转换为标准轨距并于 1882 年被米德兰铁路公司收购。后经过一系列合并和收购,该线路于 1923 年成为加拿大国家铁路(CN)的一部分。

20 世纪 80 年代,CN 开始放弃该线路。乌克斯布里奇以北的轨道被拆除,但乌克斯布里奇以南的线路被 GO Transit(现为 Metrolinx)购买,以保留其用于可能的乌克斯布里奇—多伦多通勤铁路服务。在推出此类服务之前,约克—达勒姆铁路是老埃尔姆车站以北的唯一运营线路。

由于车站屋顶修缮状况不佳且更新成本高昂,乌克斯布里奇镇议会于 2013 年讨论了关闭遗产火车站的问题。但人们指出,该结构对社区很重要,并且是唯一的火车站,该车站有一个女巫帽式的屋顶,目前保持着相对良好的形状。目前,部分轨道继续短暂运行,部分轨道被移除,以前的线路成为横贯加拿大步道的一部分。

(二)罗克伍德车站保护与实践

罗克伍德车站于 1912 年建成。2023 年 10 月,笔者实地进行一场体验,

4 日,我们一行在该车站登上老火车"LONDON 号",沿旧轨转了一圈。因为该线路已经荒废,唯有留存的一段,原站台位置也适当位移了十来米,让游客们能够感受昔日的光影。我感觉在生态林里转了一圈,途经两侧是茂密的树林,铁道无情地把它们分开,穿梭其中,历史感增加了许多。

坐在车上的游客注目着迎面而来的一排排树木,包括已经倒下、横叉在树与树之间的朽木、断枝。虽然这些树枝已经失去生命,但是朽木与旺盛的参天大树对比,也挺有意思,是不是一个"轮回"? 令人琢磨。

据悉,这个火车站是加拿大境内的一个站台,此铁路线于 1971 年关闭,之后电力铁路公司将其捐赠给了火车博物馆,站台移位此处,于 1972 年开放,这个站台也作为历史遗产予以保护。我以为,这个遗产点不仅仅是站台建筑、轨道,还应当包括周边的环境。

站台边上建有一个火车博物馆,展品有:原有的轨道、罗克伍德站台、废弃的或是简易搭建的两个巨大车库,车库内部摆满了老旧火车车厢或相关物件、照片,还有些待维修、恢复展出的车厢和停在铁轨上的废旧车轮。另一端的树林中,有两节旧车厢停留在那里,车厢外壳破损,部分玻璃窗已经分离,岁月的痕迹,毫无掩饰地表露出来,似乎在说:"我老了。"

我在购票处的商店里关注了一些画和老照片、图书、文创商品。这些画是各个时期的

---

① 资料来源:https://en.m.wikipedia.org/wiki/York%E2%80%93Durham_Heritage_Railway

老火车,从19世纪30年代前后开始,其中有一张1936年的,画中有加拿大的第一辆火车:一个车头加上一节车厢,运输的好像是木材,车厢上坐着两个工人。可见,当时工人们对于这个"怪物"是何等的惊喜,能够坐在上面驾驶它,又是何等的风光。

(三) 从废弃火车站到火车博物馆的策划与印象

游览废弃火车站和火车博物馆留下的印象,可以粗浅地归纳为以下几点。

1. 增添城市文化底蕴

昔日的乌克斯布里奇火车站,现被称为CN塔下的铁路博物馆,位于多伦多繁华的城市之中,周围大楼林立,占地面积不大体验感却挺好。节假日,旅游者或市民们Walk in City时,坐一坐观光小火车,有兴趣者可以坐下来观看一下横穿加拿大火车的纪录片,放松一下,如此可以更进一步贴近这个城市发展的步伐,了解城市的发展史。

2. 原生态

米尔顿(Milton)的这个火车博物馆自1972年运行至今已经50余年了,可以认为它完全原生态,几乎没有专门的雕饰,连站内的Washroom都是简易的一个箱子,不能用现代意义的标准去评估它。这可能也是北美的一个特色,遗产保存与低成本运行,也是可持续的措施。

3. 碎片化展览

博物馆展陈的历史照片、物件都是因地制宜零散布展的,没有特别的装饰,简单而质朴。人们在售票处的商店里、在机车陈列的大棚里、在火车的车厢里都可以通过照片了解一些历史的车型,通过想象还原一些场景。

4. 简易的大棚展厅

集中的老车厢及相关构件,如交通信号灯、搬运行李箱的推车、站台的座椅、发报机、打字机、机修钢架及路牌等,主要置放在博物馆中心简易的大棚里,管理成本很低,这里甚至可以被认为是一个超大的展厅。

5. 体验性

博物馆最核心的活动之一是乘着老旧的火车慢行一段路程,享受路上流动的风景,回忆一段时光。有游客为此写下"秋天乘复古小火车赏枫叶,电影感满满"的心语。

记得,坐在我旁边的是一位爱好摄影的年轻姑娘,她们一行还有几位。她给我分享了她摄影的作品,一片郁郁葱葱的树林,构图巧妙,像是一幅画,很美。她问:"需要不需要移位窗口?"我说:"谢谢了,不需要。"且告诉她:"你们记录的是影像,我可能记录的是文字。"

火车慢悠悠地晃荡,单程估计不足2公里,到站了,游客们可以下车,周围转转。在一片林子里,让我感觉又进入了一个故事里。周边搭建着一间小屋车站,还模拟了一节供小朋友玩的小车厢,车厢前面装有一个可打的铃铛。不远处,还有一个利用旧车厢改建的咖啡屋,门口放着一两张小桌椅。

6. 户外展品

依据展品特征,部分火车构建和废旧火车箱段置放室外,田野里甚至也存放着展品,呈现自然的"荒野性",如此室内、室外空间的变换,把游人拉回了几十年前的场景。笔者以为,这也是米尔顿火车博物馆的又一个特色。它完全打破了人们对于一般博物馆的认知。此时我想,这可不可以划归为生态博物馆一类呢?或者称之为混合型吧。

五、结语

火车的首次出现约在1825年,当时,蒸汽机为动力的火车,其能量只能拖动少量几节车厢,车身长度很短。加上铁轨铺设速度慢的问题,轨道线路不够长,所以,运输线也不长,主要用于厂矿企业的运输。之后,从蒸汽机发展为内燃机、电力、悬浮磁等,线路四通八达,速度越来越快,"压缩"了距离,实现了许多的可能性。这可能就是工业的力量。

一部火车发展史,可谓是人类进步史。当下,数字化、元宇宙时代的交通运输,又有怎样的故事呢?令人思考。

"156项工程"工业住区周边式街坊形态特征研究
——以一汽生活区为例

唐 晔[1,2] 许婧婧[1]

(1. 吉林艺术学院 2. 澳门城市大学)

摘 要：本文以长春第一汽车制造厂(简称一汽)生活区为研究对象,探讨"156项工程"背景下工业住区周边式街坊形态的特征。研究通过梳理苏联工业住区模式以及分析苏联援建背景下中国一汽工业住区的设计与规划,深入探讨一汽工业住区与苏联模式的关联性。指出一汽生活区的街坊形式在继承苏联工业住区模式核心特征的同时,也根据中国本土条件进行了适当调整和创新。通过对一汽生活区的案例研究,旨在揭示20世纪50年代中国工业住区规划设计中苏联模式的影响及其本土化过程,为理解这一特殊历史时期的城市规划实践提供新的视角。同时,本研究对于当代工业住区的规划设计也具有一定的启示意义。

关键词：156项工程;工业住区;周边式街坊;一汽生活区;苏联模式

"156项工程"作为中华人民共和国建立初期苏联援建的156个工业项目的简称,其推进标志着中国正式迈入有计划、大规模的工业建设阶段。这一系列项目的成功实施,为中国初步奠定了坚实的社会主义工业基础,不仅为后续的社会发展与经济建设铺设了重要基石,更深刻推动了城市面貌的革新与国家工业实力的飞跃。这些承载着历史重量的建设项目,不仅是国民经济建设历程中的重大里程碑,其建筑技术与艺术特征更是特定历史时期城市风貌的鲜活写照,蕴含着丰富的文化遗产价值。尤为值得一提的是,随着一汽、一重等标志性工业项目的崛起,工业住区的建设亦被置于前所未有的高度,其设计理念与布局形态展现出鲜明的时代特色与功能需求。因此,深入回顾并剖析苏联规划模式对我国工业住区建设的深远影响,不仅具有重要的学术探讨价值,更为当前城市更新与工业遗产保护实践提供了宝贵的历史镜鉴与现实启示。特别是在工业遗产保护日益受到重视的今天,对工业住区这一关键组成部分的深入研究,有助于我们更全面地把握工业遗产的完整性与多样性,促进其在当代社会中的可持续传承与发展。

本文借助文献综述、实地考察等多种方法，系统地梳理了苏联工业住区模式的发展历程及其显著特点，同时深入剖析了这一模式对一汽工业住区设计与规划所产生的实际影响。旨在通过全面解读社会主义工业化初期城市居住区的形成与演变过程，探索在借鉴外来模式的基础上如何进行有效的本土化创新与调整。这一过程不仅有助于深化对工业遗产保护再利用理论的认识，更为当前的城市更新实践提供了宝贵的参考与借鉴。

一、苏联工业住区模式

1917年十月革命胜利后，苏联作为世界上首个社会主义国家，其在社会经济结构与城市规划建设领域的探索与实践，为全球社会主义阵营树立了深远的影响。特别是在1927年，苏联确立了旨在将国家打造为社会主义工业化强国的首个五年计划。随着该计划的深入实施，众多工厂如雨后春笋般涌现，工人队伍也迅速壮大。为应对随之而来的工人住房需求的急剧增长，苏维埃政权提出了大规模建设工业住区的宏伟构想，并将"最大限度地关怀人，改善人们的生活条件，为人们创造设备齐全、居住舒适的住宅"[1]作为基本原则。在这一时期，苏联的城市规划工作以"废除资产阶级私有制，全力改善工人阶级的居住与生活质量"[2]为核心目标，充分展现了社会主义理念、计划经济模式与现代主义乌托邦思想的紧密融合与相互渗透。

（一）苏联工业住区模式的背景与演变

1. 社会主义现实主义影响下的苏联工业住区

作为首个社会主义国家，苏联的城市规划策略显著区别于资本主义国家的模式。在斯大林提出的"民族形式、社会主义内容"的核心理念下，苏联致力于探索一种既能铭记历史时代又能体现社会主义特质的建筑风格。在谢尔盖·基罗夫倡导的"苏维埃宫殿"设计竞赛中，脱颖而出的前三名设计方案均展现出对古典主义风格的深刻致敬，这在一定程度上反映了斯大林及最高苏维埃领导层对古典美学价值的认可与推崇。

随着国家意识形态的深入贯彻，社会主义城市规划的指导思想日益清晰，苏联的城市规划策略逐渐从现代主义风格转型为融合民族特色的社会主义现实主义风格。此处的"民族形式，社会主义内容"不仅是对苏联文化政策核心要求的精炼概括，更在城市建设实践中体现为对劳动人民福祉的深切关怀以及对建筑功能完善性与公众服务性的高度重视。在此思想框架的引领下，苏联的城市与工业住宅建筑发展路径得到了明确界定，即强调工作与生活空间的集体化整合，倡导工作与居住环境的平等和谐，并通过构建有序的空

---

[1] ［苏］库连诺夫（М. И. Куренной）工人镇的规划和修建[M]. 文洛等译. 建筑工程出版社. 1958：5.
[2] 李浩. 1930年代苏联的"社会主义城市"规划建设——关于"苏联规划模式"源头的历史考察[J]. 城市规划，2018(10).

间布局形态,促进城市内部组织结构的优化与高效运行。这一系列规划原则与实践策略,共同塑造了苏联城市风貌的独特面貌,体现了社会主义国家在城市规划领域的理性思考与深远规划①。

2. 苏联住区模式的演变

苏联的工业住宅发展伴随着工业化进程。随着城市工业人口的急剧增长,城区内逐渐形成了不规则街坊式的初步形态,住宅密集化问题日益严峻。在20世纪20年代末至30年代初的苏联城市建设中,行列式住宅建筑布局取得了显著进展。此类建筑布局的优势显著:它能确保多数居住空间享有充足的日照,同时推动住宅建设的标准化与机械化进程。行列式建筑不仅优化了居民的居住条件,还加速了建筑行业的现代化步伐。其标准化与机械化的特性,为实现大规模住宅建设提供了可能,有效应对了快速城市化背景下激增的住房需求。尽管行列式布局在提升住宅的日照与通风性能方面表现优异,但在地形适应与街道空间组织上却面临挑战,其与传统街道布局的不协调性促使苏联规划者开始寻求在行列式和街坊式之间的平衡。苏联政府坚持认为,建设社会主义城市这一伟大任务必须采用最经济的建筑方法。借鉴了19世纪俄国建筑师沿街直线布置建筑的方法,对已形成围合式街坊的区域进行了改造。此举既保留了城市的原有风貌和肌理,又遵循了经济性原则。

斯大林执政时期,苏联住宅区规划经历了深刻变革。住宅区建设以社会主义现实主义风格为主导,建筑布局往往呈现出中轴对称、庄严肃穆的特点。工业住宅的布局特征更为鲜明,以周边式街坊为基本构成单位。从最初的行列式布局到后期强调周边式街坊布局的转变,不仅反映了苏联在政治、经济、历史传统及实用性等多方面的综合考量,也彰显了苏联城市规划在面对复杂问题时的调整与适应能力。

(二) 苏联工业住区的主要特征

1. 住区空间集体化

苏联集体主义思想的核心根源可追溯至马克思与恩格斯的理论框架。他们明确指出,劳动实践是集体形成与发展的驱动力,劳动生产的存在必然伴随着集体的存在。为维护每位劳动者的根本利益,坚持集体主义道德原则成为不可或缺之要素②。在苏联工业化建设的进程中,这一原则得到了充分体现。作为劳动者的工厂工人,其利益得到了高度重视。工厂及其配套工业住区的规划与建设,均严格遵循了集体主义原则。马克思与恩格斯进一步阐述道:"个人全面发展的前提在于集体,唯有在集体之中,个人方能获得实现其潜能的必要条件,进而享有真正的自由。"③这一理念深刻影响了苏联工人的思想意

---

① [苏] 雅·克拉夫秋克(Я. Кравчук). 苏联城市建设与建筑艺术:第1册[M]. 城市建设总局,清华大学建筑系译. 建筑工程出版社,1955.
② 蒋伟琳. 列宁集体主义思想研究[D]. 阜阳师范大学,2023.
③ 马克思,恩格斯. 马克思恩格斯选集:第1卷[M]. 人民出版社,1995.

识,激励他们为追求更加完善的集体生活、实现社会主义与共产主义的伟大目标而不懈努力。在此背景下,工业住区的建设采取了标准化的设计策略,旨在通过成本控制与空间优化,为集体活动的展开创造更为广阔的空间。工人们不仅在工厂内共同劳动,更在住区的公共空间内共享日常生活,这种高度集体化的生活方式,不仅促进了社会的平等与团结,也加深了工人之间的情感联系。

此外,工业住区还配备了包括行政中心、商店、食堂、洗衣店及休闲广场在内的各类公共设施(图1),这些设施的集中设置不仅满足了工人的基本生活需求,也进一步强化了住区的集体化特征,为集体主义生活方式在苏联工业化进程中的生动实践与深入发展提供了有力支撑。

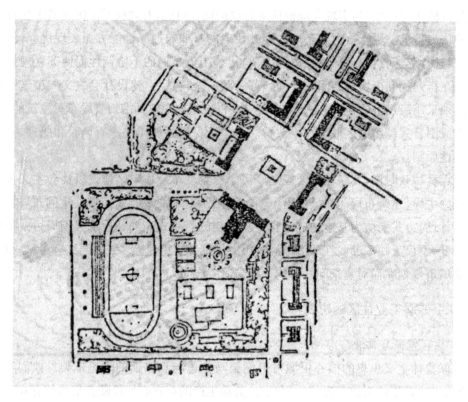

图1 苏联住宅区的广场

(图片来源:《苏联工人住宅区设计》)

2. 建筑平立面标准化

早在苏维埃政权初期,苏联就开始使用由人民委员部和各主管部门拟制的标准设计;在卫国战争以前,苏联已经应用了大量的标准化设计①。1944 年,苏联首次提出住宅"成套"标准设计方法,即根据标准化的要求编制出组合一段街道或者一个完整建筑群所需各

---

① [苏] A. A. 阿凡钦柯. 苏联城市建设原理讲义(下)[M]. 刘景鹤译. 人民教育出版社,1959.

种标准平面、立面和拼接单元①。这种标准化设计的目的,是为了提高建设速度、降低建设成本、满足社会主义大兴工业化的需求。

1946 年,由苏联石油工业部建筑设计室 S. A. 玛斯利赫(Maslikh S. A.)、C. A. 雅发(Yafa O. A.)、H. B. 民基福洛娃(Nikiforova N. V.)、M. H. 斯洛廷采娃(Slotintseva M. N.)共同完成 201 系列标准住宅设计②,该系列的标准类型符合苏联中部气候地区。在成套的标准设计中包含不同类型的房屋,用来组合形成体积、外形和长度不同的平直型和拐角型的房屋(表1)。通过几种不同形式的标准单元组合,可以形成和谐统一的街坊建筑群(图2)。在户型设计上,设计出多样化的选择,包括两室、三室及四室等多种布局,每种户型均设有几种不同的空间规划方案,以满足不同居住需求。建筑立面的设计则采用了创新的截段法(图3),通过预制装饰构件的灵活组合,在"重复"中展现出统一的秩序美。

表1 201 系列标准设计组合方案(部分)

楼型	平面	立面
12号		
2号		
18号		

(资料来源:作者根据《苏联城市建设原理讲义(下册)》整理绘制)

---

① [苏]普列新,[苏]斯米尔诺夫.住宅成套标准设计法[M].城市建设总局译.建筑工程出版社,1956.
② 张宝方."单位社区单元"视角下长春一汽早期生活区的价值认知和保护利用[D].中国建筑设计研究院,2021.

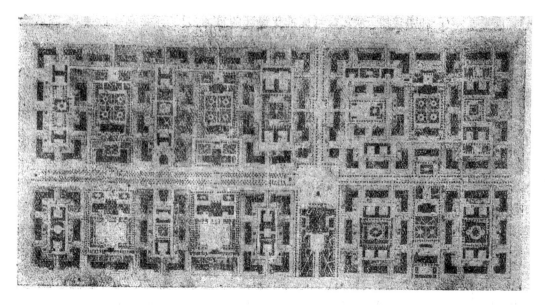

图 2　按 201 套标准设计修建的街坊平面
(图片来源:《苏联城市建设原理讲义(下册)》)

图 3　用截段法设计组合形成的标准住宅正立面图
(图片来源:作者根据《2—5 层住宅标准设计》绘制)

3. 住区布局艺术化

苏联早期的城市建设和建筑布局,深受早期构成主义、至上主义及后续社会主义现实主义等多元艺术与文化流派之影响,进而孕育出丰富多彩的布局形态。依据早期住区规划的系统梳理,其规划布局形态可明确划分为行列式布局、周边式布局、混合式布局与自由式布局四种类型①。这些布局形态,在宏观层面上,显著地展现出独特的艺术化特质,既映射出时代的精神气质,又彰显了别具一格的审美取向。

---

① 肖春瑶. 社会主义新生活的探索与实验[D]. 北京交通大学,2022.

其中，行列式布局亦称"尽端式"布局①，其设计基础根植于一字形、U字形或T字形的建筑平面布局，严格恪守行列排列的几何原则。特别是U字形布局，通过精妙的对称与重复手法运用，赋予了整体空间以严谨的秩序之美（表2）。此外，该布局还巧妙地将建筑长轴与日照方向相协调，以最大化利用自然光线，从而营造出既科学又富有艺术韵味的居住环境。

表2 行列式布局

布局	建筑剪影	整体关系
行列式		

（资料来源：作者根据《苏联城市建设原理讲义（下册）》整理与自绘）

周边式布局依据区域特点细分为单层周边式、双层周边式及集团周边式，住区规模愈大，结构愈复杂，公共服务设施愈趋完善（表3）。就集团周边式而言，内部设施多样，整体布局协调统一，展现出对称与均衡的美学原则。

表3 周边式布局的三种形式

布局	单层周边式	双层周边式	集团周边式
建筑剪影			
整体关系			

（资料来源：作者根据《苏联城市建设原理讲义（下册）》整理与自绘）

---

① ［苏］A. A. 阿凡钦柯. 苏联城市建设原理讲义（下）[M]. 刘景鹤译. 人民教育出版社，1959.

混合式布局是行列式与周边式布局的有机结合,通过精确调整行列与周边围合空间的比例及其复杂度,创造出一种既统一和谐又充满变化的布局形式,该布局展现出强烈的节奏与韵律感(图4)。相较之下,自由式布局则彻底摒弃了传统布局的束缚,以独特的艺术手法彰显出高度的个性化与灵活性(表4)。

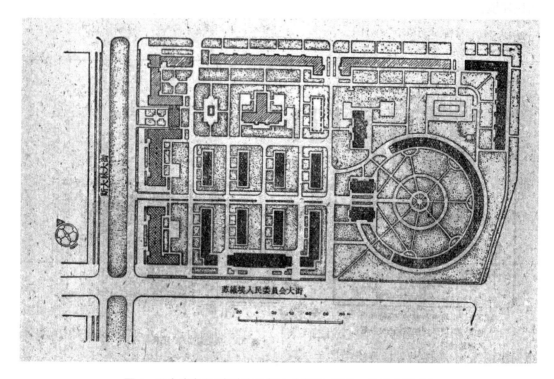

图4　混合式布局(查坡洛什第3号街坊,1933—1934年建成)

(图片来源:《苏联城市建设原理讲义(下册)》)

表4　自由式布局案例

沙博洛夫克住宅区	库兹明公社住区	莫斯科住宅区

(资料来源:作者根据《社会主义新生活的探索与实验1920至1930年代苏联住区规划研究》自绘)

在多种艺术流派的共同影响下,苏联建筑布局展现出了多样化的风貌,这些建筑不仅功能完备,而且美学价值显著,各具独特魅力,充分体现了功能性与美学的完美融合。

二、技术转移背景下的中国一汽工业住区设计与规划

(一) 苏联援建中国"156项工程"与一汽工业住区的建立

第二次世界大战结束后,苏联政府高度重视并着手启动全面的城市复兴与住宅建设战略。至20世纪50年代,随着工业领域的蓬勃发展,苏联的城市建设进程显著加速,国家经济生活水平实现了显著提升,这一历史性成就不仅巩固了自身的社会主义基础,也为其他社会主义国家的未来发展树立了典范。1950年2月14日,中苏两国政府正式签署了《中苏友好同盟条约》,标志着新中国与苏联之间的友好合作关系迈入了一个全新的发展阶段,也正式拉开了新中国向苏联全面学习的序幕。苏联政府表现出高度的合作意愿与支持力度,援建156个重点项目全面推动新中国的工业化进程,并先后选派了超过3 000名专业的专家和顾问来华,为中国在各领域的建设提供了强有力的智力支持与技术指导[①]。

东北地区依托近代工业所形成的初步基础以及完善的铁路运输等交通条件,有56个项目实施建设。其中,长春第一汽车制造厂是中国汽车工业发展的重要历史见证,第一汽车制造厂历史文化街区于2010年经吉林省人民政府批准公布为历史文化街区,2013年经国务院批准公布为国家级文物保护单位,2015年被住建部评为中国历史文化街区[②]。第一汽车制造厂的建设作为我国汽车工业的重要里程碑,也是中苏友好合作的象征。

在苏联的援助下,1953年7月15日举行了隆重的一汽奠基仪式,并在经过三年的紧张建设后,于1956年7月15日顺利建成投产[③]。作为单一工厂新建项目,在选址与规划过程中充分考虑了铁路资源的便捷性以及长春市既有的工业布局特点,构建了一个与生产区紧密衔接的工业生活区。一汽的设计与建设均采用了苏联的标准化设计理念与街坊式规划方法,使得其空间布局、建筑风格以及生产流程等方面均与苏联的工业生产区和生活区保持了高度的相似性与协调性。

(二) 一汽工业住区的设计标准化原则

1954年2月12—20日,中央人民政府建筑工程部组织召开全国标准设计会议。明确会议的目的是:学习苏联,提高标准设计水平的同时贯彻节约精神,保证质量,降低造价[④]。

1. 空间布局

一汽工业住区的平面设计秉持着严谨与理性的原则,采用了周边式布局策略,其空间

---

① 李之吉.单位职工社区中的集体主义生活东北老工业区居住建筑格局的变迁[J].时代建筑,2007(6).
② 唐晔,李昕颖.价值体系导向的吉林省"156项工程"工业建筑遗产构成解析[J].湖南包装,2024(6).
③ 孟庆伦.长春一汽历史文化街区老住宅楼小户型改造设计研究[D].吉林建筑大学,2021.
④ 王俊杰.中国城市单元式住宅的兴起:苏联影响下的住宅标准设计,1949—1957[J].建筑学报,2018(1).

布局鲜明地展现出几何对称的美学特征,通过明确的轴线规划,将建筑物沿道路精心布置。这一布局手法在街坊内外空间之间构筑了一道清晰的分界线,赋予了整个区域强烈的向心性特质①。网格式道路系统的采用,不仅有效划分并连接了各个组团,还确保了内部道路与外部道路之间的明确区分(图5)。内部道路宽度精心设定为4~5米,最长路段可达60米,整体布局呈现横平竖直的规整格局,给人以井然有序的视觉感受,仿佛置身于一个精心雕琢的小型公园之中,宅间绿地更是增添了居住的惬意与宁静(图6、图7)。

宿舍建筑群则以围合的方式巧妙构建,建筑入口朝向内院,营造了一个相对独立且充满温馨氛围的居住环境,同时增强了居民之间的归属感和交流机会。在工业生活区和与生产区的区域之间以绿化带作为过渡,以其良好的隔音与防尘效果,有效缓解了工厂噪声与污染对职工生活的影响,为职工创造了一个宁静、舒适的居住空间(图8)。

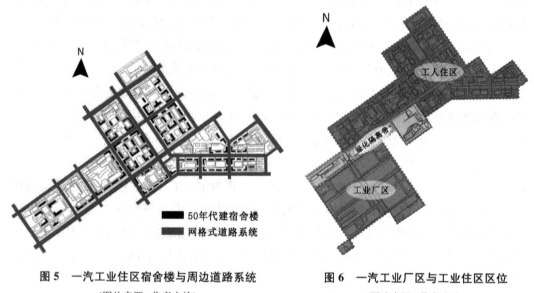

图5　一汽工业住区宿舍楼与周边道路系统
(图片来源:作者自绘)

图6　一汽工业厂区与工业住区区位
(图片来源:作者自绘)

为满足职工生活的多样性需求,还在工业住区内配备了完善的公共设施,包括休闲娱乐设施、运动场所、便利店等,不仅丰富了职工的业余生活,还为他们提供了便捷、高效的生活服务,确保了职工能够在紧张的工作之余,享受到轻松、愉悦的生活体验。

2. 单元平面

单元是住宅标准设计的核心部分,我国工业住宅标准设计的原则:"按照标准构件和模数原则设计标准单元,通过标准单元的组合变化形成不同的住宅建筑,最终形成居住区多样化的群体。"②"一五"计划期间东北地区住宅全套标准单元开始采用一梯三户单元,

---

① 刘伯英,韦拉. 从"一汽""一拖"看苏联向中国工业住宅区标准设计的技术转移[J]. 工业建筑,2019(7).

② 李雪. 东北老工业区住区空间格局与建筑形态研究[D]. 吉林建筑大学,2017.

图 7 工业住区宅间绿地	图 8 工业住区宅间绿地
（图片来源：http://xhslink.com/eWSZhR）	（图片来源：作者自摄）

其中三室、四室户型居多①。

一汽工业住区有多种户型，每栋建筑楼身直线部分对应的平面户型与楼身拐角部分对应的户型平面组合各不相同（表5）。单个户型面积最小的为32平方米，分布于迎春社区，平面为一室一厅单向采光；最大的户型有104平方米，分布于昆仑路和文光路社区，多室一厨二卫二洗浴间②。单个户型，当面积越大时，内部隔墙也就更多，房间面积小并且走廊狭长曲折的特征越加明显，这是为了顺应"一五"初期提出的"先生产、后生活"③的工业住宅区在建设理念——人均居住面积只有3～4米，由几个家庭合住，大家共用厨房、卫生间以及户内走廊。

表 5 不同户型平面组合

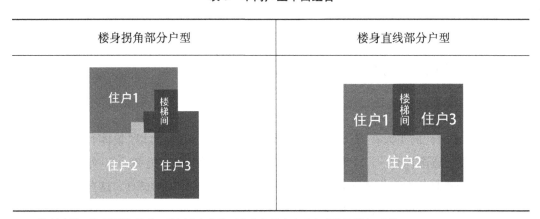

（资料来源：作者根据《长春一汽历史文化街区老住宅楼小户型改造设计研究》改绘）

---

① ［苏］科列里科夫，［苏］查理斯曼，［苏］格里别尔格. 2—5层住宅标准设计[M]. 马嗣昭译. 建筑工程出版社，1956.
② 孟庆伦. 长春一汽历史文化街区老住宅楼小户型改造设计研究[D]. 吉林建筑大学，2021.
③ 王俊杰. 中国城市单元式住宅的兴起：苏联影响下的住宅标准设计，1949—1957[J]. 建筑学报，2018(1).

3. 立面装饰

苏联在推进工业化住宅建设的进程中，开创性地运用了预制构件装饰立面的技术路径，为住宅设计领域开辟了一条崭新的道路。其中，截段设计法作为苏联住宅建筑立面设计的核心策略，通过巧妙地编排有限的建筑预制件与装饰元素，不仅极大地丰富了立面的视觉效果，还实现了造型上的多样化与个性化。该方法的核心在于，"门窗均采用同一尺寸，可相互替换，并且能够根据需求放置于立面任意处"①，从而创造出既统一又不失变化的建筑外观。

这种设计思路不仅赋予了建筑立面高度的灵活性与多样性，还因其高度的经济性而备受推崇。在标准设计框架下，统一的门窗尺寸不仅简化了生产流程，促进了大规模生产的实现，还显著缩短了施工周期，降低了建设成本。一汽工业住区作为这一设计理念的实践者，其建筑立面的设计严格遵循苏联标准住宅的截段设计法，采用了经典的三段式构图布局（图 9），使得整个住区在视觉上呈现和谐统一而又富有层次感的视觉效果。立面上的门窗设计同样遵循大小一致、排列有序的原则，这种整齐划一的设计风格不仅提升了住区的整体美观度，也符合了当时工业化生产的需求，极大地推动了建设效率的提升。

图 9　一汽的三段式截段设计法立面

（图片来源：作者自绘）

三、一汽工业住区与苏联模式的关联性

（一）空间布局的集体性构建

计划经济时代的工人在群体层面形成了一种共产主义意识，以"集体和国家利益为先"的奉献精神逐渐内化②。一汽工业住区延续了苏联在 20 世纪 20—30 年代的围合式布局形态、公共服务设施集中布局以及标准化住宅平面设计的形式③。这些设计模式的模仿，使一汽的工人在此形成了集体性的生活方式。

---

① 刘伯英,韦拉. 从"一汽""一拖"看苏联向中国工业住宅区标准设计的技术转移[J]. 工业建筑，2019(7).
② Hoffmann C. The Chinese Worker[M]. New York: State University of New York Press, 1974: 63-65.
③ 肖春瑶. 社会主义新生活的探索与实验[D]. 北京交通大学，2022.

空间布局的集体性特征在一汽工业住区中得到了显著体现,具体体现在居住单元的空间划分与公共空间的设计上。从居住单元的最小尺度来看,高标准的设计将原本的大进深空间划分给多个小家庭共用,厨房、卫生间及走廊成为共用空间,这一变化体现了对空间高效利用的追求,同时也是"高标准"与"经济性"建设原则在微观层面的融合体现(图10)。这一设计减少了私人空间的面积,但促进了公共空间的扩展,增强了邻里间的互动与交流。

图 10　多户共用厨房、卫生间、走廊示意图
（图片来源：作者根据《单位社区与集体生活——以一汽工人住区为例》改绘）

在住区整体规划层面,网格式的道路系统显著提升了内部道路空间的使用效率,为职工提供了便捷高效的出行条件。同时,周边式街坊布局与道路网络相结合,形成绿地与宽敞空闲地带,这些空间成为工人日常交往与休憩的重要场所,体现了空间布局对居民社交活动的支持作用(图11)。

图 11　绿地边的工人交往活动
（图片来源：长春规划展览馆"电影《朝霞》中的一汽"）

住区内配置了多样化的公共设施,如食堂、公园、广场与工人文化宫这样的集合性公共娱乐空间(图12),这些公共设施的设置与空间布局的设计相互呼应,共同构成了一个功能完善、空间高效的住区环境。

图 12　公园——共青团花园

（图片来源：http://xhslink.com/RrHUhR）

（二）集体空间的人性化建造

集体空间在苏联社会主义中被视为一种积极倡导和发展的空间形式，其中包含新工业聚落和社会主义聚落的住宅方式。苏联开始采取公社化生活方式，把公共服务设施布置在居住街坊或居住综合体之中作为公共单元用于社会交流，集体生活模式逐渐被人们接纳①。1953 年，苏联人民委员会和联共中央委员员会"关于莫斯科做建总体规划"的决议中规定了在居住建筑中布置公共建筑物的基本原则，其中，学校、俱乐部、诊疗所、食堂以及其他为居民服务的文化福利机构都应该布置在几个居住街坊的中心区域，对于配套设施及建筑的布置形式，使它们不是仅为一所住宅内的居民服务，而是为几十所住宅内的居民服务。在街道交通非常发达的大城市中，街坊建筑的布局布置具有特别重大的意义②。

一汽工业住宅区规划中，充分体现出社会主义制度的优越性和对集体空间的高度重视。一汽工业住区的街坊是城市生活居住用地的一部分，四周围绕着街道，主要用来布置住宅以及居民日常生活服务的机构和设施。居住街坊规划的主要任务就是把住宅、儿童

---

① 魏琰. 苏联援建对西安现代工业城市建设影响的历史研究[D]. 西安建筑科技大学，2016.
② ［苏］B. B. 巴布洛夫. 城市规划与修建[M]. 都市规划委员会翻译组译. 建筑工程出版社，1959.

托管场所、商店以及绿地、体育竞技场、休闲场地和杂用房有规模且协调组织性地布置在街坊用地内来为居民创造良好的生活条件。

在设计住宅时,通常考虑到需要修建的工人住宅区其所服务的工业企业的固有特征,空间布局力求规整对称,基本上是依据住宅区的街路建筑来设的实际需要,会产生各种与这些基本型不同的型,但多为三层建筑。为了完美解决生活的需求,通常建设公共建筑场所、公园或社会性建筑物(俱乐部、学校、医院、商店、儿童设施等)及其相应区域的绿化①。

(三) 民族形式的本土化创新

苏联的"社会主义现实主义"自20世纪30年代发展到建筑领域以来,逐渐形成了"社会主义内容,民族形式"的口号。从苏联的文献来看,"民族形式"基本是指俄罗斯以及加盟共和国各民族的古典主义艺术和建筑②。受苏联建筑风格影响,"156项工程"工业建筑的形态在满足内部使用功能的同时,沿袭了苏联援建的建筑风格③,这种民族形式被带到了中国长春一汽工业住区的建筑形式中。但是当时以梁思成为首的一批中国建筑师,致力于将这种"民族形式"本土化,形成具有中国传统文化的民族形式。梁思成在《祖国的建设》中表明了他心目中的民族形式。梁思成企图用这两张图(图13)说明两个问题:第一,无论房屋大小,层数高低,都可以用我们传统的形式和"文法"处理;民族形式的取得首先在建筑群和建筑物的总轮廓,其次在墙面和门窗等部分的比例和韵律,花纹装饰只是其中次要的因素。④ 这样,梁思成从理论和式样两个方面完成了苏联建筑理论的中国化。

图13　梁思成对"民族形式"的想象

(图片来源:《祖国的建筑》)

---

① [苏] В. Б. 科列里科,住宅标准设计的编制方法问题[M]. 城市建设出版社译. 城市建设出版社,1957.
② 李雪. 东北老工业区住区空间格局与建筑形态研究[D]. 吉林建筑大学,2017.
③ 唐晔,李子涵. 工业建筑遗产的时代性与功能性特征解读——以哈尔滨市"156项工程"为例[J]. 中外建筑,2024(11).
④ 梁思成. 梁思成文集(四)[M]. 中国建筑工业出版社,1986:156~157.

以中国古代宫殿和庙宇建筑为基本范式的"大屋顶"是中国化的"民族形式"。其基本特征是,主体建筑分屋顶、墙身和基座上中下三段;屋顶一般敷设琉璃瓦,檐口有相应的木结构装饰构件,如斗拱、檐椽和飞檐椽;梁枋部位有彩画点缀①。

一汽工业住区分为两期建成(图14),其中一期工程位于迎春路两侧,是1953年建设的宿舍形式。这一期工程的建筑形制以及局部的装饰构件细节都完全遵循了苏联的标准设计,其外观特征显著,表现为红砖砌筑的墙体、高耸的拱形窗户、白色边框的窗户以及典型的欧式屋顶结构(图15)。而位于东风大街北侧、占地面积更大的区域则是在1954年建成的二期工程。受梁思成等提出的民族形式影响,与一期不同的是二期工程的屋顶采用了具有中国传统建筑文化式样的大屋顶设计,其外观同样引人注目,包括红砖墙体、独特的六边形窗户、装饰有花边图案的窗户以及中式庑殿式屋顶(图16)。此外,在二期工程的屋檐下方还设有混凝土制成的斗拱结构,这些斗拱从简单的一斗三升形式到复杂的五踩出挑形式不等,增添了建筑的独特韵味。阳台的设计也十分精细,装饰有中国传统纹样,与垂花门的造型相得益彰(图17)。

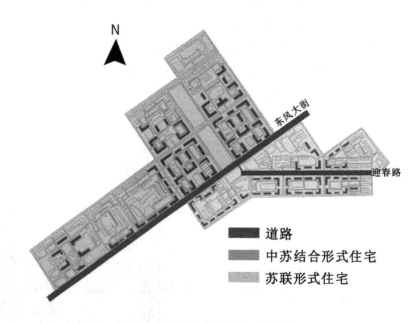

图14 中国传统与苏联模式住宅分区

(图片来源:作者自绘)

苏联工业住区模式的形成源于社会主义现实主义思潮,强调集体主义和标准化。这些特征在一汽生活区的设计中得到了充分体现,包括空间布局的集体性构建、住宅单元的高标准建造以及建筑风格的艺术化处理。然而,一汽生活区并非简单地照搬苏联模式,而是根据中国的实际情况进行了创新和调整。在中国的本土化过程中,一汽生活区不仅继

---

① 刘伯英,韦拉. 从"一汽""一拖"看苏联向中国工业住宅区标准设计的技术转移[J]. 工业建筑,2019(7).

图 15　一汽住宅区-苏联建筑装饰形式　　　**图 16　一汽住宅区-中国传统建筑装饰形式**

（图片来源：作者自摄与整理）

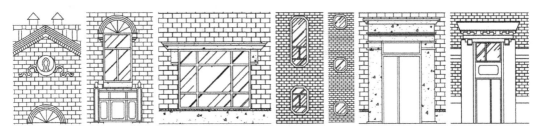

图 17　一汽住宅区内建筑的风貌符号

（图片来源：作者自绘）

承了苏联模式的核心理念，还根据中国社会文化及经济条件进行了创新。此外，一汽生活区在立面装饰和建筑风格上也体现了民族形式的本土化创新，反映了中国传统文化的元素。这种对苏联模式的吸收和创新不仅反映了当时中国城市规划和建筑设计的发展方向，也为我们理解 20 世纪 50 年代中国工业化进程中的城市空间演变提供了宝贵的案例。一汽生活区的建设经验对于当代工业住区的规划设计仍具有重要的参考价值，特别是在如何平衡工业生产需求与居民生活质量方面。

水利渡槽：人民公社时期河南乡村工业遗产现状调研与价值初探

徐嘉豪　郑东军

（郑州大学建筑学院）

摘　要：河南是农业大省，遍布在乡野田间的乡村工业遗产蕴含着丰富的历史、文化、信息和经济等价值。本文以乡村工业遗产中的水利渡槽为研究重点，在对河南省内水利渡槽使用现状调研的基础上，梳理其分布、类型和保护再利用的情况并进行分析和总结，以期为河南乡村工业遗产的保护和传承提供基础数据和再利用对策。

关键词：河南省；乡村工业遗产；水利渡槽；ArcGIS；保护与再利用

当代城市中的工业遗产研究已逐步在理论和实践中发展，乡村中的工业遗产也开始受到关注，尤其是在我国人民公社时期所建设的大量与农业生产相关的建筑和设施，成为一个时代的记忆，且不少仍发挥着重要的生产功能。1958年，中共中央《关于在农村建立人民公社问题的决议》宣告了人民公社制度的诞生，此后人民公社在神州大地上相继建立，在20世纪70年代又掀起了"农业学大寨"的浪潮。人民公社制度同时给乡村建设实践与规划带来了革旧立新，其中最具代表性的便是水利工程中的渡槽。这一时期建造的水利渡槽为新中国的农业发展作出了巨大贡献。尽管它们的建造年代不甚久远，但巨大的数量和独特的历史价值使其正在被纳入当代工业遗产保护的范畴[1]。

人民公社时期河南积极响应国家号召，规划建设了红旗渠、陆浑灌区等水利工程，同时也建造了大量水利渡槽。随着时代的变化和技术的发展，不少渡槽不再被农业灌溉所需要，大规模地被遗弃在农田里，产生了丰富的工业遗产存留。但目前已开展的工业建筑遗产保护与再利用实践研究多是集中在城市中的，对于河南省内数量庞大的水利渡槽工业遗产，则有待进一步的梳理和研究。

渡槽的价值可参考《下塔吉尔宪章》中对工业遗产的定义来确定：具有历史学、社会学、建筑学和科技、审美价值的工业文化遗存[2]。河南村落间的渡槽、水渠等乡村工业遗

---

[1] 朱晓明，王霞飞，赵颖. 天水飞渡 工程图景与乡村渡槽 1958—1983[M]. 同济大学出版社，2024.
[2] 郑东军，蒋晖. 河南工业建筑遗产调查与保护再利用策略研究[J]. 文物建筑，2021.

产广泛建设于人民公社时期,其中渡槽尤其代表了乡村水利建设的较高水准,兼具工程遗产和乡村工业遗产的价值,是我们研究乡村发展史的独特遗产。同时,渡槽作为承载时代乡土记忆与社会关系的集中载体,也是衡量河南省工业发展和社会进步的重要遗存。

因此,本文以河南省水利渡槽作为研究重点,针对河南乡村工业遗产的分布使用现状和类型特征进行系统调研,以定性分析的方法对河南近现代渡槽建设与分布进行研究,对河南水利渡槽的使用现状进行调查并提出保护与再利用策略。

一、河南水利渡槽工业遗产发展概述

通过对河南现存水利渡槽的调研及相关文献资料的整理,本文选取1958—1984年这一时间段的河南渡槽建设作为研究对象和背景,同时为河南渡槽的调查和选取提供依据和参考。分别对各个时期的渡槽建设进行归纳和总结,发现河南渡槽的发展大体可分为三个阶段(表1)。

表1 各时期河南省渡槽发展阶段分析①

时期	时代背景	发展特点	案例	图片
1958—1971	人民公社成立	各地广泛开展渡槽建设,以砖石渡槽为主,建造水平一般	薛庄渡槽:全长1 640米,最高处12米,为嵖岈山卫星人民公社的劳动人民所建造,现为驻马店市文物保护单位	
1971—1980	大搞农田基本建设	发展迅速,以石拱渡槽为主,开始向钢筋混凝土、预制式过渡,建造技术有所提高	九里渡槽:位于信阳市淮滨县,长约60米,使用红砖,槽身上满布"农业学大寨"标语,是人民公社高潮时期的重要实证	
1980年后	农村经济体制改革	前期停滞后趋于稳定,乡村渡槽开始废弃,仅余大型灌区的配套渡槽仍在建设	铁窑河渡槽:位于偃师市,工业化程度高,长475米,最大高度69米,为"河南省第一高渡槽"	

---

① 朱晓明,王霞飞,赵颖.天水飞渡 工程图景与乡村渡槽 1958—1983[M].同济大学出版社,2024.

20世纪50年代,由于连年的自然灾害,河南各地长期严重缺水,农作物产量低,迫切需要整顿水库,提供配套水利工程。此时在林县水利建设调查中发现任村乡桑耳庄和河顺乡马家山两村通过劈山修渠的方式解决了人畜用水问题,成为红旗渠建设的契机。从1960年破土动工到1969年建成完工,林县人民不怕牺牲艰苦奋斗,于太行山麓建设了全长1 500千米的总干渠,其间架设渡槽达151处,较典型的有南谷洞渡槽(图1)、夺丰渡槽(图2)和曙光渡槽等,这些渡槽以其壮丽的身姿阐释了延绵不绝的红旗渠精神,并启发了后续河南渡槽的建设工作。

图1　正在建设中的南谷洞渡槽

图2　建成的夺丰渡槽

到了20世纪70年代,大搞农田基本建设成为"农业学大寨"的一项重要内容,同时受红旗渠建成影响,河南掀起了农田水利建设的高潮,这也是渡槽建设的又一个高峰。这一时期是乡村水利渡槽建造数量最多、设计特征最突出、地域特色最鲜明的一个时期。在普遍缺乏大型机械设施的条件下,一座渡槽的建成往往代表了几个公社甚至一个县的力量,村民们自力更生,仅靠手挑肩扛便架设出这些数百米长、数十米高的庞然大物。这一时期的渡槽建设以石拱渡槽为主,结构设计的进步和施工方法的改良使其跨度较60年代有所提高,形制也开始复杂多样,具有一定的工业化水准。这一时期的渡槽上多刻有"五角星""农业学大寨""自力更生艰苦创业"等红色印记,具有鲜明的时代特色。修建于平顶山市宝丰县的红旗渡槽(图3)和安阳市林州市跃进渠南干渠的群英渡槽(图4)都是这一时期渡槽建设的典型代表。

20世纪80年代,随着人民公社制度的落幕,农村经济体制发生了巨大转变,已然建成的渡槽突然间不再被需要,大多失去了实际功能。新渡槽的建设也有所停滞,或是被废弃,或是取消修建计划,仅有少量大型灌区的配套渡槽仍在继续建设。这一时期渡槽的预制化结构形式有了很大进步,多数采用机械设备进行施工,钢筋混凝土等材料开始占据主导,这类渡槽外观往往规模庞大,并且向工业化标准靠拢,不再具有独特的时代烙印。实例有洛阳市嵩县的伊河渡槽(图5)和南阳市淅川县厚坡镇的荡堰河渡槽(图6)等。

图 3　宝丰红旗渡槽

图 4　林州群英渡槽

图 5　嵩县伊河渡槽

图 6　淅川县荡堰河渡槽

渡槽的建设、使用和废弃为我们开辟了观察河南省近现代乡村建设的独特窗口，从中可以窥见20世纪60—80年代河南农业发展的乡村历史进程、工业技术进步和社会文化状态。

二、河南水利渡槽工业遗产分布与特征

（一）研究范围

通过对河南水利渡槽发展调研可以看出，出于对农业的需要和发展要求，河南这一时期的渡槽建设数量多、分布广、标准高，具有丰富的研究价值。本文通过实地调研和查阅文献等方式对河南水利渡槽进行统计分析，并根据时间、空间和类型来界定研究范围[①]。将时间范围划定为人民公社时期（1958—1984），将空间范围划定为河南省2023年行政区划范围内，其中包含郑州市、开封市、洛阳市、平顶山市和安阳市等17个地市。类型上可根据材料、施工方式和规模等来进行区分，由于河南渡槽数量庞大、各具特色，本文不再以类型进行

---

① 刘抚英,蒋亚静,文旭涛.浙江省近现代水利工程工业遗产调查[J].工业建筑,2016(2).

分类,将研究对象范围划定为截至 2024 年 6 月第一批调查的共计 190 座渡槽。

(二) 河南渡槽的数据分析

进一步按照长度对统计的 190 座渡槽进行划分,可分为小型渡槽(300 米以下)共 111 座、中型渡槽(300~1 000 米)共 67 座和大型渡槽(1 000 米)共 12 座(表 1)。

表 1 依据长度分类的河南渡槽数量统计

长度(米)	<300	300~1 000	>1 000	合计
数量(座)	111	67	12	190

从地域上看,洛阳的渡槽数量最多,达到 48 座;安阳、信阳和南阳的渡槽数量次之,为 20 座以上;郑州、平顶山、济源、许昌、驻马店和鹤壁的渡槽数量相对较少,在 10 座左右;焦作、新乡、三门峡、商丘和漯河的渡槽零星分布,只有个位数;而周口、濮阳和开封因地处平原,水网丰富,在调研中没有发现渡槽遗存(表 2)。不同地区的渡槽数量差异较大,分布不均衡,说明渡槽建设和规划受到多方面因素影响。

表 2 河南各市现有渡槽数量统计

地区	洛阳	安阳	信阳	南阳	郑州	平顶山	济源	许昌	驻马店	鹤壁	焦作	新乡	三门峡	商丘	漯河	周口	濮阳	开封	合计
数量(座)	48	24	23	20	12	11	11	9	9	9	6	4	2	1	1	0	0	0	190

在使用情况上,190 座渡槽中已废弃的有 135 座,占总数的 71%;尚在使用的仅有 44 座,为总数的 23.15%;另有 7 座被列入各级文物保护单位名单、4 座被改造为旅游景点,这类改造利用的渡槽数量仅占总数的 5.87%。说明河南省内大量的水利渡槽工业遗产尚未得到重视,有充足的保护和再利用空间。

(三) 河南渡槽的空间分布特征

为了研究河南水利渡槽的空间密度和位置关系,运用 ArcGIS 软件进行可视化分析(图 7)。可以看出,河南渡槽的空间分布并不均衡,水利渡槽主要集中在河南的北部、中部和南部,而在西部和东部两个方向则分布较少,呈现出强烈的聚集性和地域差异。其中洛阳、三门峡、南阳和信阳等市依附山脉,山地居多,地势崎岖复杂,渡槽数量及规模远高于平原地区,呈聚集态势。而商丘、周口、漯河等市位于平原,水网密集,对水利建设的需求不大,因而渡槽数量较少。同时小型渡槽的点空间分布较零散且空间距离大,不利于进行整体性保护规划。

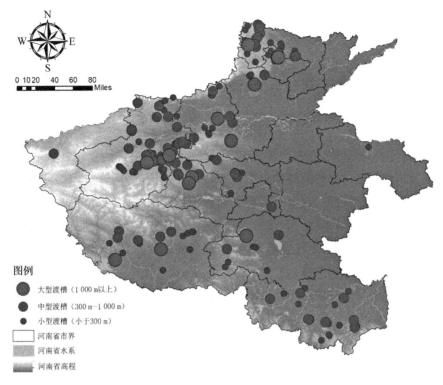

图 7　基于 ArcGIS 的河南渡槽分布图

（图片来源：作者自绘）

工业建设同时与道路运输的关系紧密，通过卫星图像（图 8）可以看出，在平原地区多数渡槽的规划均与道路呈现紧邻或靠近的关系，也因此成为乡间一道亮丽的风景线。而山区的渡槽则往往铺设在两座山体之间，与道路成交错关系。

图 8　渡槽与道路关系图

（图片来源：作者自绘）

渡槽的分布还与灌区河流的关系密不可分,洛阳、信阳、济源和三门峡等市地处山区、其灌区、水库建设及河流较多,需要大量渡槽引水输水,其渡槽数量明显多于其他地区。

三、河南水利渡槽的利用现状与工业遗产价值

(一)河南渡槽的利用现状

河南的农业发展见证了近现代渡槽建设的兴衰起落。由于社会的变革和工业技术的发展,河南渡槽建设经过短暂的辉煌之后迅速衰落并遭到废弃,昔日宏伟的身影不再,取而代之的是破败的断壁残垣,仅有少数仍在发挥作用。随着人们对精神文明建设的逐渐重视,渡槽这种极具时代特征的水利设施开始被纳入工业遗产保护的范畴,它们身上铭刻的红色标语、伟人语录,无一不代表着人民"为有牺牲多壮志,敢教日月换新天"的奋斗精神,是具有革命信仰的纪念丰碑。

通过调研,河南渡槽的使用现状大体有以下几类:

1. 已被拆除的渡槽

早年间由于人们的保护意识不够以及未能认识到水利渡槽的工业遗产价值,部分不再被使用的渡槽出于安全隐患等原因被拆除,如始建于1988年的信阳市新县箭厂河渡槽,由于年久失修、风化侵蚀,产生了严重的安全隐患,于2024年被拆除。除人工拆除的渡槽外,也有部分是因多年废弃或者天气灾害导致的自然倒塌,如商丘柘城的"文革"渡槽和洛阳偃师的游殿村渡槽,目前都仅剩残段,余下的部分也只剩残砖碎石。这类渡槽中不乏有地位或价值较重要的,但很难再复原和保护再利用。

2. 废弃闲置的渡槽

这一部分渡槽数量最大。由于不再为农业灌溉所需要,大量渡槽被弃置在河南乡村的田间地头,由于数量太多,未能得到有效的保护和再利用,如若没有妥善措施处理,后续也难逃倒塌或拆除的命运。如洛阳偃师的西蔡庄渡槽(图9),全部都用青砖红石垒砌而成,槽身上刻有"天连五岭银锄落开出大寨田,地动三河铁臂摇引黄上邙山"的时代标语,具有极高的历史价值,亟待保护。

3. 仍在使用的渡槽

一部分渡槽作为大型灌区及水库的配套设施,由于地位特殊而难以被取代,至今仍在发挥作用。如1985年竣工的巩义陆浑灌区西村渡槽,全长320米,最高处达23米,截至2010年

图9 西蔡庄渡槽

年底累计向巩义市境内引水14 462万立方米,一举解决了巩义市的用水问题。信阳市光山县的徐湾村渡槽(图10),系混凝土预制式建造,采用轻巧薄壳的U形槽身结构。这类渡槽的特点是工业化程度高、建造技术先进,规模十分宏大,建造时间也较晚。对于此类仍在使用的渡槽,应做好相应保护,注意巡检维修,延长其使用寿命。

图10　光山县徐湾村渡槽

4. 保护改造的渡槽

受保护改造的渡槽较少,这类渡槽具有重要的历史和文化价值,如槽身上的时代宣传语以及先进的施工技艺等,展现了当时的时代特征和人民面貌,因此入选了各级文物保护单位名录,受到了保护和再利用。另有一些渡槽被改造为旅游景点等,可为后续渡槽的保护和再利用工作提供借鉴。如南阳市内乡县的青年渡槽(图11),作为内乡县第一批历史建筑,具有丰富的红色文化价值,目前已成为当地党史学习的展览景点。1966年修建的济源市花石村七一渡槽(图12),现已被改造为"愚公天河第一漂"的旅游景点,焕发了新的生机。

图11　南阳市内乡县青年渡槽　　　　**图12　济源市花石村七一渡槽**

(二)河南渡槽的工业遗产价值

我国的近代工业化进程艰辛而困苦,渡槽作为新中国现代化工业建设中积累下来的具有突出价值的工业遗产,是几代人不畏艰险、无私奉献的象征,也代表了中国人民"愚公移山,改造中国"的革命精神,凝结了珍贵的价值。渡槽的价值是多维度的,探讨其核心价值的意义,便是通过渡槽这一物质载体,保留其背后所蕴含的文化、社会、经济和时代等价值。2019年,四川省泸县奇峰渡槽和广东省罗定市长岗坡渡槽都被纳入第八批全国重点文物保护单位名录,证明渡槽的价值正在逐渐被认识,也为河南省的渡槽保护提供了借鉴。河南省内的渡槽保护与研究工作起步较晚,还有许多需要发掘的地方。

1. 历史文化价值

渡槽是河南近现代工业发展历程的侧面印证。在人民公社时期大规模山河治理的过程中,遍布中原大地的渡槽见证了这段现代农业水利发展的起承转合,见证了人定胜天波澜壮阔的奋斗史。多数渡槽身上镌刻的豪言壮语,生动展现了当时人们高昂的精神面貌和集体化劳作的文化特征,其蕴含的历史价值不可忽视。不少渡槽建设中所使用的先进施工技术也是急需保留的珍贵遗产。

2. 情感记忆价值

历经风雨洗礼的渡槽总是默默诉说着历史的沧桑,其伟岸身影背后是几代人的汗水与心血,也凝结着人们的记忆和情感。通过渡槽,我们可以在怀旧的情感共鸣中感受特定历史时代的精神回响,见证那段不可磨灭的岁月。随着渡槽的逐步拆除,人们对于过往生产生活的情感寄托也在逐渐消逝。为了留存这些老一代人的情感记忆,也作为对后代教育的最好教材,对渡槽的保护显得尤为重要①。

3. 景观价值

渡槽不同于其他建筑而更偏向于构筑物,宏伟巨大的建筑造型尺度、巧妙独特的工程结构、严谨优美的形态外观、灵活多样的建筑材料都使其产生了千变万化的美感,也赋予了其别样的景观价值。同时,渡槽的造型设计多与当地历史文化风格契合,彰显的是强烈的乡土审美取向,本身就是得天独厚的"人造风景"。因此在其不再具有实际功能之后,应当逐步发掘其潜在的美学和景观价值,基于其宏大险峻的美学语言,在保护与改造过程中可充分展示其大地景观般的独特之美。

四、河南水利渡槽工业遗产的保护与再利用策略

对于河南现存的渡槽工业遗产,应以文物保护的视角看待(表3),以原状保护为主,抓紧抢救现状尚好的渡槽,避免其情况进一步恶化。对于价值突出的渡槽进行合理利

---

① 申辰,郑东军. 基于GIS技术的河南新乡市近现代工业遗产保护与再利用探研[J]. 建筑与文化,2023(6).

用,促进物质功能与精神价值的结合。同时加强渡槽的建档和管理工作,建立相应的价值体系和评价机制,针对不同类型的渡槽因地制宜,有针对性地提出相应的保护再利用策略,以实现渡槽工业遗产的可持续发展。目前省内已有一些渡槽的保护和再利用实践。

表3 录入文物保护单位名录的河南渡槽

编号	名称	地理位置	文保级别、类型
1	薛庄渡槽	驻马店市遂平县嵖岈山镇薛庄村	市级文物保护单位
2	邵店渡槽	驻马店市上蔡县	
3	郎庄三级提灌站站渡槽	许昌市禹州市褚河镇	
4	九里渡槽	信阳市淮滨县张庄乡九里村	
5	张小庄渡槽	驻马店市遂平县嵖岈山镇常韩村	
6	抓沟渡槽	洛阳市嵩县德亭镇张湾村君地村	不可移动文物
7	长虹渡槽	鹤壁市山城区	
8	伊河渡槽	洛阳市嵩县田湖镇铺沟村	
9	窑洞银河渡槽	鹤壁市大河涧乡窑洞村	
10	星光渡槽	洛阳市嵩县何村乡罗庄村下罗庄村	
11	西坪村渡槽	洛阳市嵩县德亭镇龙王庙村西坪村	
12	吴沟村渡槽	洛阳市嵩县德亭镇龙王庙村西坪村	
13	团结渡槽	洛阳市嵩县何村乡南河村东	
14	铁门渡槽	洛阳市新安县铁门镇	
15	寺沟村渡槽	洛阳市嵩县德亭镇佛泉寺村寺沟村	不可移动文物
16	洒落二级提灌站渡槽	洛阳市嵩县田湖镇洒落村	
17	南台村渡槽	洛阳市嵩县德亭镇南台村南	
17	龙王庙村渡槽	洛阳市嵩县德亭镇龙王庙村西	
19	东风渡槽	鹤壁市山城区	
20	大石桥渡槽	洛阳市嵩县田湖镇大石桥村	
21	西岭提灌站渡槽	洛阳市汝阳县城关镇西街村	历史建筑保护名录
22	群英渡槽	信阳市潢川县双柳镇李楼村	
23	青年渡槽	南阳市内乡县桃庄河村	

（一）文物保护类的渡槽

对于具有较高历史价值的渡槽，应避免对于渡槽原状的破坏，对于毁损部分加以修缮，做到"修旧如旧"，尽可能保证其完整性和原真性①，还原其原始面貌，最大限度保留其工业遗产价值和时代特色。同时周边区域可建造如红色教育基地等附属建筑，使参观者可身临其境地感受当时的时代氛围并了解渡槽背后的历史文化故事。如信阳市淮滨县的九里渡槽、驻马店市遂平县的薛庄渡槽和驻马店市上蔡县的邵店渡槽（图13），均已列入各市文物保护单位名录中，其价值得到了充分保护。

图 13　驻马店市上蔡县邵店渡槽

（二）修缮使用类的渡槽

该类渡槽具有一定的历史价值，部分也仍在使用中。对于这类渡槽，通过梳理统计和资源整合，及时进行修缮和加固，保持其实用功能，延长其使用寿命，既可节约投资成本，又可发掘其文旅价值，使其成为"活的纪念碑"，带动区域整体发展。如2021年洛阳市伊川县陆浑灌区的柴庄沟渡槽（图14）受洪水侵害而毁损严重，但其功能重要，影响着汝州、巩义两市人民的日常用水，因而没有遭到废弃，而是经过紧张抢修后便又投入使用。洛阳

图 14　洛阳市伊川县柴庄沟渡槽

---

① 刘伯英，李匡. 工业遗产的构成与价值评价方法[J]. 建筑创作，2006(9).

市伊川县的伊河渡槽,横架于国道与伊河之上,连通了河谷两侧的山峦,雄伟壮观、气势磅礴,已然成为当地的标志。

(三) 更新改造类的渡槽

此类渡槽一般自身价值有限,因不再有实际功能而被废弃在田野间,在渡槽中所占的数量最多。但由于所处位置偏僻及建造质量过硬等原因,尽管得不到及时有效的保护,也能够得到留存。在对其进行保护再利用时,应尽可能保留渡槽主体与结构,根据现有条件结合农业生产与乡村绿化,实行"大地园林化"改造,形成乡村园林化景观,既可美化乡村环境、促进村民的精神文明建设,又可实现废弃渡槽的功能从实用灌溉转向美学情感。实例如安阳市林州市的桃园渡槽(图 15),现已改造为桃园渡槽红色主题公园,不仅保存了渡槽的历史文化价值,更为林州旅游增添了新的亮点。

图 15　安阳市林州市桃园渡槽

五、结语

河南省内的水利渡槽是前人留给我们的宝贵财富,如何保护并利用好这些乡村工业遗产也是时代赋予我们的历史责任。当下对于工业遗产的关注逐渐提高,迫切需要的是对即将消亡的乡村工业遗产进行有效保护,避免其遭到进一步破坏,造成文化与历史价值的损失。因此,本文通过对河南水利渡槽现状进行初步调研与分析,挖掘其背后的潜在价值,以期为河南乡村工业遗产的调查研究和保护工作抛砖引玉。

工业遗产视角下的造币厂比较研究
——以法国巴黎造币厂和英国皇家造币厂为例

汪哲涵[1] 高霄旭[2]

(1. 上海造币有限公司 2. 上海大学)

摘 要：从工业遗产的视角研究法国巴黎造币厂和英国皇家造币厂的历史变迁、遗产要素、遗产保护利用等问题，进行初步对比分析，补充我国工业遗产对于印制行业的基础研究。

关键词：法国巴黎造币厂；英国皇家造币厂；工业遗产；博物馆

货币是人类社会经济活动中不可或缺的一种工具，历史可以追溯到数千年前。作为商品经济发展的产物，货币大到与国家主权息息相关，小至应用于每个人的日常生活。以往谈起货币，通常是置于金融、政治、经济等语境下展开分析研究，但狭义货币即M0（正在流通的现金），也就是人们平常使用的纸钞、硬币等，本身也是一种工业产品。设计、研发、制造货币这一特殊产品的行业现称为印制行业，包括印钞厂、造币厂、钞票纸厂以及特种防伪、特种油墨、雕刻制版等专业门类，在大众眼中极具神秘色彩。伴随着货币的规模化生产，其背后的造币厂既有金融基础设施的功能属性，又承载印钞与造币工业持续发展了上千年。如今，一些国家的印钞厂、造币厂因历史悠久、遗存丰富、主题独特、发展转型与一定的开放性等，逐渐进入更多人的视野，在原有金融基础设施、铸币工厂的身份上，又多了一重工业遗产与工业旅游的文化色彩。

在已公布的五批国家工业遗产中，北京印钞厂、上海造币厂、沈阳造币厂作为中国印钞造币技术近代化的代表入选名录。但国内目前鲜见以工业遗产视角分析研究国内印钞造币工厂的相关论文、著作，《工业遗产视角下的户部造币总厂研究》与《北京印钞公司近代工业遗产调查》是两篇具有代表性的对造币厂与印钞厂工业遗产的基础研究，还有学者对近代造币工业建筑进行研究[①]，以往的其他相关研究，一是围绕印钞厂、造币厂自身的历史沿革、工厂/企业管理、科研技术等方面，如北京印钞厂、上海印钞厂、沈阳造币厂与上

---

① 彭长歆.张之洞与清末广东钱局的创建[J].建筑学报.2015(6)；张复合.原财政部印刷局中卫门翻建保护[J].建筑史论文集，2000(2).

海造币厂等相关的厂志、厂史研究、文化宣传读物等;二是以金融史、货币史、钱币学为主的传统史学与文物研究,连带着钱币相关的铸造工艺变迁与工厂选址、运行研究;三是研究某一地区的工业发展或文化遗产及历史建筑分布,零星提到印钞厂、造币厂等工业遗存;四是与科技史、冶金史学科交叉的金属铸币工艺、材料成分、鉴定等以及机器铸币工艺传播等方面的探索。诚然,学界的关注程度及研究数量与印制行业的特殊性及保密性有一定关系。

近年来,中国非现支付业务发展迅猛,央行数字货币展开试点,现金支付环境受到极大冲击,M0占M2的比例长期呈下降趋势,国内印钞造币企业面临着转型发展的迫切需求,特别是有一定历史积淀的企业,不单纯是传统制造业的转型突破,更融入了遗产保护与活化利用、城市更新、文旅融合等多重语境。造币厂的可持续发展与遗产保护利用在国外已有先例,且国际造币企业当前都面临着硬币需求下降的现实情况与充满挑战的经营环境。在中国印制行业高质量发展和自身谋求转型的背景下,选取存续至今且历史都已超过1 100年的法国巴黎造币厂与英国皇家造币厂进行比较分析,以期从中汲取经验,为做好我国印钞造币工业遗产的保护与利用工作提供参考。

一、历史变迁

(一) 法国巴黎造币厂(Monnaie de Paris)

巴黎造币厂始建于864年,是法国最古老的机构,也是世界上最古老的企业之一。法国历史上,铸币权长期为国王、地方封建领主、男爵、神职人员所共享。864年,西法兰克国王查理二世颁布了法国重要法律文献《皮特雷敕令》,与造币相关的规定和执行细则占据了该敕令正文的最大篇幅(第8—24章),其内容涵盖了银币制造、流通、使用的各个环节以及相关各个方面[1]。由此,巴黎造币厂作为隶属于王室的铸币厂及当时其他八个铸币厂的补充而成立,以助力当时社会的币制改革与经济秩序稳固。通过《皮特雷敕令》以及中世纪颁布的法令,国王欲将铸币权集中于自己手中。在国家统一的过程中,加洛林王朝和卡佩王朝的国王将铸币权与发行权作为王权。巴黎造币厂作为法国唯一一个自成立以来一直不间断生产的工厂,也成为旧制度时期法国第一家工厂,历史上法国官方勋章的铸造者,目前也是巴黎市中心最后一家还在运营的工厂。

自巴黎造币厂建立后的几个世纪以来,不同历史时期造币厂的数量各不相同,当时硬币都是用锤子手工铸造的,直到17世纪末路易十四统治时期,法国各地铸造的硬币才达到统一。1691年,法国有27家造币厂,随后数量逐渐减少,到1870年只剩下波尔多、巴黎和斯特拉斯堡3家。自1878年以来,只有巴黎造币厂仍然存续至今。其厂址由西岱岛迁往古监狱所在地,最后由路易十五下令将造币厂迁往巴黎六区孔蒂码头。迁址工作于

---

[1] 种法胜,王晋新.论864年《皮特雷敕令》——兼析9世纪中叶西法兰克王国的法律形成机制[J].古代文明,2018(2).

1769年年底开始筹备,1771年4月30日奠基,1775年12月20日完工,如今塞纳河左岸的巴黎造币公司由此诞生。1973年,部分硬币生产迁移至新建的位于法国南部吉伦特省的佩萨克厂区。

巴黎造币厂自1796年起隶属于财政部,已成为欧洲最大的货币发行机构之一。巴黎造币厂除为国家制造流通币、纪念币及生产、销售其他产品的使命外,法国政府还赋予其保护、恢复和向公众展示其历史藏品、保护利用其不可移动遗产;保护、发扬和传播其技艺知识的使命。受经济压力特别是产能过剩的影响,巴黎造币厂于2007年成为受国家资助的公共工商业机构(EPIC),以寻求转型。其主要挑战来自要充分发展其市场型业务,补贴其本身职能,确保收支平衡;如何更好利用其巴黎厂区这一城市地标获得更多盈利。在近20年的转型之路上,已逐渐实现扭亏为盈。

巴黎造币厂内设三个主要管理机构:董事会、文化委员会和执行委员会。董事会负责制定公司总体发展战略,审批年度预算,处理重要事务。文化委员会于2008年年底组建,负责策展、推广、宣传、推动创意活动等事务,成员来自国内外文化界和工商界的知名人士。执行委员会主抓经营管理事务。

(二) 英国皇家造币厂(The Royal Mint)

英国皇家造币厂是英国最古老的企业,从880年起为阿尔弗雷德大帝到现在的查尔斯三世,一直服务于英国君主和政府铸造硬币。无从考证皇家造币厂建立的确切时间,目前追溯到的9世纪下半叶这一起点,是以形成强健的铸币规范、生产统一形式的的硬币以及背后支撑的铸币政策为判断依据的。

9世纪下半叶,阿尔弗雷德在成功抵御了维京人的入侵后,于886年占领伦敦并完全控制了英格兰南部区域,成为名副其实的"盎格鲁-撒克逊人的国王"。880年,皇家造币厂开始铸造阿尔弗雷德大帝时期的银币。其后的银币通常印有国王的肖像和尊号以及相关的基督教信息,有助于扩大国王的政治影响,也是国王统治权威的象征。随着中世纪诸多国王对铸币权的重视,英格兰货币从区域性铸造发展到了全国性铸造,并逐步建立起王室管控的货币制度[①]。

自11世纪诺曼王朝的首位英格兰国王威廉一世开始,伦敦塔成为皇家权力的象征。1279年,在爱德华一世时期,皇家造币厂搬到了英格兰防御城堡——伦敦塔内更安全的地方并且形成了由官员等级构成的更加清晰的组织架构,造币厂这一机构越来越被正式确立。据官方记录,伦敦塔内的造币厂建设花费共729英镑17先令8½便士(旧式货币体系),并有"保存造币厂宝藏的小塔(the little tower where the treasure of the mint is kept)"的记载。爱德华三世时期,皇家造币厂于1340年铸造了第一枚正式流通的贵族金币(noble),价值6先令8便士。1489年,亨利七世下令铸造一种称作索维林(Sovereign)的

---

① 崔洪健.政治统一视野下中世纪早期英格兰货币制度的形成[J].南京师大学报(社会科学版). 2022(11).

新式金币以彰显他的统治权威。500多年后的今天，它依然是皇家造币厂的旗舰币之一。

皇家造币厂历史上还迎来著名的科学家牛顿先后担任督办（Warden of Royal Mint）和厂长（Master of Royal Mint）一共超过30年，这30多年正是英国从银本位向金本位转化的时期。而英国从法律上正式实行金本位制在1816年利物浦成为联合王国首相以后，随着币制改革重铸索维林（Sovereign），其一大特征是背面图案是由意大利雕刻师皮斯特鲁奇创作的圣乔治屠龙图，这也是钱币史上最具标志性的设计之一。

1282年，皇家造币厂正式开启名为"the Trial of the Pyx"的独立检验程序，以检查所生产硬币的工艺质量并延续至今。这项质检机制的建立，不仅确保了硬币的质量、成色、工艺，还通过货币标准化建立了皇家造币厂在社会中的信誉。皇家造币厂在查理二世时期实现了由手工打制到采用马拉轧机和螺旋压机制造硬币的现代化生产。1662年开始，这一技术革新使得硬币生产效率大幅提升，也提高了硬币的质量控制与工艺精确度。

1810年，为了扩大生产规模与满足机械化生产需要，皇家造币厂搬至距伦敦塔几百米处的塔山，新建了一个配备当时最新的蒸汽机并按工序排列的新厂房，使得造币厂更高效满足国内外日益增长的硬币需求。直到19世纪80年代，一方面随着工业与科技的发展，另一方面为了应对国内外硬币需求的巨大增长，皇家造币厂重建并扩建了厂房，安装了新的压印机，并增加了熔化和轧制工序，工厂不再使用蒸汽动力而是电动力。1968年，皇家造币厂从伦敦塔山搬迁至南威尔士兰特里森特新建的厂房，并由英国女王伊丽莎白二世正式揭幕。新厂区面对的第一个项目便是极为具有挑战性的、为应对英国新十进制货币体系而需生产的数十亿枚硬币。此后，硬币生产逐渐从伦敦迁至南威尔士的新厂区，最后一枚在伦敦塔山铸造的硬币是1974版的索维林（Sovereign）金币。

19世纪开始，随着英国的海外贸易与殖民扩张，皇家造币厂逐渐扩大规模并拥有海外分厂，另一方面，开始在重要战役中承担勋奖章的制造商角色。因1851年在澳大利亚发现金矿，皇家造币厂考虑金币生产而开设的第一家分厂，于1855年在悉尼开业。

1870年开始，由财政大臣兼任造币厂厂长。进入20世纪，皇家造币厂海外业务大幅提升，造币厂高管甚至亲自走遍世界各地寻找订单。皇家造币厂还承担了一项新的任务——制作官方印章，副厂长则被任命为王室和政府印章的权威雕刻师，官方印章也包括为其他国家制造的订单。

如今的皇家造币厂是隶属于英国财政部的国有有限责任公司，主要职能是生产英国流通币、保障货币发行，2012年的伦敦奥运会奖牌也由其制作。皇家造币厂正向消费品牌转型，2016年开发了参观体验中心。现董事会吸纳了具有国际奢侈品零售背景、且曾担任过时尚品牌领导职务的成员。其最新发布的五年计划重点是坚持多元化发展，开拓新业务和新市场。英国皇家造币厂下设专门从事观光、能源、销售、资产管理等业务的子公司。

此外，皇家造币厂积淀下强大的工艺技术水平与生产制造应变能力。在新冠疫情期间，仅用一周时间就将原有生产线和线下体验空间调整为医疗护目镜、口罩等紧急医疗物资的紧急生产线。

(三) 比较分析

从出现原因来看，法国巴黎造币厂和英国皇家造币厂在成立之前，各境内都已有其他数个造币厂，两者诞生皆源于执政国王想要进一步集中铸币权、发行属于自己且质量更好的货币以稳固统治、提升威望，不同之处在于巴黎造币厂伴随敕令出现，皇家造币厂则是在一个刚刚获得统一、建立稳定秩序不久的社会环境下应运而生。

从发展轨迹来看，两者都是伴随着各自所服务的王室、政权或国家铸造货币，与其政治统一进程基本一致，共同经历了战争与政治动荡、社会与经济进步、以及科学与技术发展，厂址几经变迁，从铸币工坊到国家企业，它的历史与国家历史紧密交织在一起。通过对硬币质量的精益求精与工厂及产品管理制度的完善，都从一千多年前的手工铸币工坊逐渐成为存续至今的现代化国际大型造币企业，以大规模生产的精确性为荣，产品种类从硬币拓展至各类金属制品，现均为各自国家的唯一官方造币厂。

二、工业遗产要素

(一) 法国巴黎造币厂

1. 物质遗产

(1) 历史建筑。巴黎造币厂老厂区保存的 18 世纪历史建筑物作为路易十五时期第一个重大的建设项目，至今在外观上没有显著的改变，现为塞纳河沿岸的著名地标之一。历史建筑为新古典主义风格，由 Jacques-Denis Antoine 设计，功能最初有车间、办公与住宿，建筑环绕着一个大型内部庭院，被看作是法国大革命之前的新古典主义建筑的重要样本。（图 1）

图 1　巴黎造币厂历史建筑

(2) 产品及相关铸造机器、工具、档案等实物遗存。造币厂及其博物馆藏品主要保存在佩斯萨克遗产保护区（La Reserve Patrimoniale de Pessa）与巴黎硬币勋奖章收藏中心（Medaillier Monetaire）。据官网公布，造币厂收藏了约 30 万件硬币藏品，包括硬币、奖章、代币、装饰品、矿石、老工具、档案文件、旧式机器设备、绘画和雕塑等以及传承了几个世纪的古老艺术品。其中，钱币类藏品汇集古今中外。除了各类保存良好的金属制品，用于设计生产这些产品的铸币工具、机器设备（螺旋压印机等）、称量工具和设计图稿也是造币厂作为工业遗产的重要物质遗产。另外，造币厂大部分历史档案、出版物、印刷物、手写卷及文件等纸质藏品出于预防性保护考虑，现已转移至财政部经济和金融档案局保存。

2. 知识技艺、艺术设计等非物质遗产

作为公共商业和文化机构，也是巴黎最后一家仍在运营的艺术工厂，巴黎造币厂延续传承了几个世纪的工匠造币技艺与币章设计传统。其在币章设计领域积淀了深厚的艺术造诣，结合细腻的模具雕刻技艺、金属铸造加工技术，其所生产的纪念币与纪念章题材广泛多元，设计和工艺效果具有自身特色与品质，带有法兰西独有的浪漫与激情，在艺术收藏界享有口碑。巴黎造币厂历史上汇聚了众多杰出的艺术家，如19世纪的雕刻大师与徽章设计巨匠德罗兹、远渡重洋扬名美国的杜普雷，对币章艺术设计起到引领性作用。

（二）英国皇家造币厂

1. 建筑遗产

1968年，英国皇家造币厂迁至南威尔士兰特里森特的新厂房，这一现代化建筑群专门为造币厂和博物馆设计，配备了参观者所需的各种设施。而原伦敦塔山的造币厂只保留下1809年由James Johnson和Robert Smirke设计的大楼和入口门房，此处遗址于1986年起随着伦敦金融城的建设被重新开发，并被称为"Royal Mint Court"，所有权现属于中国驻英国大使馆。（图2）

图2 摄于20世纪60年代的伦敦塔山皇家造币厂大楼

2. 产品及相关铸造机器、工具、档案等实物遗存

英国皇家造币厂及其博物馆收藏约 8 万枚硬币，贯穿从古希腊和古罗马到现在的各个历史时期，主要集中在 1660 年以后，为英国和海外铸造的各类样币和试铸币独具特色；收藏约 1.2 万枚勋奖章，最早的可以追溯到 19 世纪初；收藏有最早可追溯到 19 世纪末的 1 万多张照片和底片，内容包括工艺及设备、产品设计，特别是对现在厂址建造的全面记录。

保存下来的铸造硬币或勋奖章用到的老工具、旧式机器设备（模具雕刻机、测量及称重工具、压印机、检验试板、自动计数机、包装机等）、文件档案等同样是作为工业遗产的重要物质遗产。

（三）比较分析

从遗产要素和保护收藏来看，法国巴黎造币厂和英国皇家造币厂因国家造币厂的性质相同且延续至今，都保留有完整的自身产品（硬币、勋奖章、铜章等金属产品）、文件档案、造币所用的手工打制工具到现代化压印机、模具雕刻机等实物。巴黎造币厂因厂址一直留在巴黎，且现巴黎厂区已延续几百年历史而保留下历史建筑物，皇家造币厂则在近 60 年内由伦敦迁到威尔士南部地区，原伦敦塔山造币厂部分建筑遗址虽有保留，但已与现在的造币厂没有直接关系了。

两者能拥有数量众多、保存完好的实物遗存皆有赖于：一是造币厂自身的管理制度，特别是对硬币、勋奖章、模具等特殊产品的严格管控，构成保留实物时间全面、类别系统的基础条件；二是基于丰富的收藏与历史积淀，都建立了博物馆，极大促进了实物遗存、历史文献的记录、整理、收藏与保管工作，使得遗产保护走向正式化、规范化。

三、工业遗产保护利用

（一）法国巴黎造币厂

巴黎造币厂将自身定位为法国文化的代表与先锋，认为是一个值得工作的企业也是一个开放的企业——是城市生活的一部分，通过每年举办当代艺术展览、博物馆之夜、欧洲遗产日、音乐会以及电影节等文化活动，鼓励传统文化与现代艺术的融合交汇，传播货币、勋奖章历史文化知识。作为联合国教科文组织、法国文化及通信部、巴黎市政厅和洛桑爱丽舍宫博物馆的文化合作伙伴，其承担着旧厂历史建筑群、文物收藏、传统手工技艺的保护、传承和普及任务，各国游客可以在巴黎造币厂感受到丰富多彩的历史文化氛围。

始建于 1833 年的巴黎造币厂博物馆设于厂区新古典主义风格建筑内，经过六年翻新改造后于 2017 年重新向社会开放，以收藏展示法国货币及国外钱币、造币工艺为主，展览内容兼具工业（造币材料、工艺和实物设备）、艺术（产品设计、模具雕刻与金属艺术）、金融（货币科普、贸易与货币反假）等语境。博物馆的大部分面积都成为永久展览场所，原来用

作车间的区域保留了设计、模具雕刻的工作室及其生产设备工具作为展示型生产,观众也可体验铸币工艺中的某一环节得到一枚自己打制的纪念章,这些既是博物馆展示内容的重要特色组成部分,也是工业遗产活化利用的体现。博物馆将传统博物馆陈列与铸造工艺展示有机结合,将展览空间与制造车间相互联结,给予观众看、摸、听、闻多感官体验。(图3)

图3 巴黎造币厂博物馆

近年来,造币厂不断加大投入巴黎厂区以寻求现代化转变,博物馆及其周边区域被打造为融合文化、商业、艺术等业态的货币文化园区(名为Conti 11),引入工艺品商店、高端餐厅、咖啡馆、各类文化艺术临展等。此处被寄予希望成为造币厂未来的业务增长极,并以此增强其核心造币与销售业务,让社会各界与所生产的货币、艺术品建立联系,促进对外交流,在传统与现代间架起一座桥梁。巴黎造币厂是法国奢侈品联合会的成员单位,与众多服装、钟表、酒类等奢侈品牌在产品开发、活动运营方面保持着长期的合作关系,如曾在园区举办时装秀,为千年的造币厂持续注入活力。2023年,园区共接待超过16万名游客,其中6.3万名游客参观了博物馆。

另一方面,巴黎造币厂不仅对外积极塑造良好的公共形象,对内正面向职工打造理想工作场所,通过一系列活动加强对于自身国家造币厂的身份认同感、历史传承的自豪感。2023年是佩萨克厂区成立50周年,造币厂与当地政府特别策划组织了两天活动,包括举办追溯工厂建设的展览、娱乐活动、工厂参观、自助餐和庆祝活动,以此造币厂所有员工、前员工和地方政府聚集在一起,加强内部凝聚力。

(二) 英国皇家造币厂

英国皇家造币厂博物馆开设超过200年历史,1816年由当时的造币厂厂长波尔建立,主要目的是通过收集梳理藏品为硬币设计雕刻师在设计新产品时提供激发灵感的素材,这一功能一直保留到今天。1818年,博物馆收到英国古董收藏家班克斯捐赠的涵盖了整个英国历史的约2 500枚硬币和奖章,馆藏得到了有力充实。博物馆在成立之初的几十年中,主要工作就是编纂藏品目录。博物馆直到20世纪才有了第一位策展人,开始在厂房中协调出专用于展示的空间。但好景不长,随着造币业务的快速增长,展厅被占用,展览也被迫取消。

今天呈现在公众面前的皇家造币厂博物馆是随厂址迁到兰特里森特后新建的展示空间。2016年,在博物馆成立200周年之际,造币厂又新开放了一座造价770万英镑的集博物馆与工厂观光等功能的体验中心,展示英国1 100年的造币历史与强大的造币工艺。体验中心主要包含如下区域:"皇家造币厂与社区""皇家造币厂与世界""铸币""皇家造币厂的另一面""从坯饼到银行""硬币的意义""硬币和收藏",介绍了英国皇家造币厂在本地发源的历史及走向世界的历程、英国铸币的历史和工艺演变、英国皇家造币厂除了铸货币之外的其他业务、现代英国硬币的铸造步骤、硬币的使用场景与以及硬币收藏传统。博物馆设有专门的网站(https://www.royalmintmuseum.org.uk),数字化藏品已超过1万件,网站同时免费提供名为"Mintlings"的儿童线上教育学习资源。(图4)

图4 英国皇家造币厂博物馆

(三) 比较分析

法国巴黎造币厂和英国皇家造币厂现都被官方或自身赋予历史传承、文化传播的职责,两者都有遗产保护这一"天然"的使命,同时因社会经济发展对硬币需求下降的影响以及公众日益高涨的文旅、文创消费热情,两家千年老厂不得不从品牌故事、文化艺术活动、参观旅游等方面着手推动企业转型,这也可看作是两者遗产保护利用的自生动力。

从遗产保护利用方式来看,两者都以建立博物馆与开放展示型生产区域为主,观众在此都可了解到造币工艺的全部流程与不同时期、不同国家的硬币,两者皆以博物馆为核心,一是举办各类文化教育活动,二是融入餐饮、商业等业态,进一步提升公众对于其身份和工业遗产的认知与参与,增加营收、扩大影响力的同时也履行了社会责任。

一枚小小的硬币能够反映一个国家的个性,集中展现当时的艺术、宗教、技术和政治,既是交换的媒介，也是一个国家政治主权的象征和文学艺术、铸造技术的传播手段与集中载体，具有丰富的经济、文化、艺术、工业内涵。在当前中国非现支付环境越来越普遍的情况下，现金纸钞、硬币与人们的生活渐行渐远，印制行业也面临着转型发展的历史命题，如何更好保护活化利用这一神秘特殊行业的工业遗产也是当前亟待研究的课题。本文仅对法英两家造币厂进行了粗浅的梳理与初步对比分析，希望抛砖引玉引起更多学者对于印钞厂、造币厂的关注，进而参与到遗产保护与阐释利用、工业旅游、城市更新等具体实践中。